U0483544

THE RED BOOK

A READER'S EDITION

LIBER NOVUS

原著 ◎ [瑞士]

荣格

(C. G. JUNG)

编译 ◎ [英]

索努·沙姆达萨尼

(SONU SHAMDASANI)

英译 ◎

[瑞士] 马克·凯博斯(MARK KYBURZ)

[美] 约翰·派克(JOHN PECK)

中译 ◎ 周党伟

图书在版编目（CIP）数据

红书 /（瑞士）荣格（C. G. Jung）著；（英）索努·沙姆达萨尼（Sonu Shamdasani）编译；周党伟译．—北京：机械工业出版社，2016.10（2025.10 重印）
书名原文：The Red Book

ISBN 978-7-111-55144-7

I. 红… II. ① 荣… ② 索… ③ 周… III. 精神分析 – 分析心理学 IV. B84-065

中国版本图书馆 CIP 数据核字（2016）第 243101 号

北京市版权局著作权合同登记 图字：01-2014-7787 号。

红书

出版发行：机械工业出版社（北京市西城区百万庄大街 22 号 邮政编码：100037）
责任编辑：李欣玮　　责任校对：董纪丽
印　　刷：北京联兴盛业印刷股份有限公司
版　　次：2025 年 10 月第 1 版第 36 次印刷
开　　本：186mm × 240mm 1/16
印　　张：37.25
书　　号：ISBN 978-7-111-55144-7
定　　价：199.00 元

客服电话：（010）88361066 68326294

翻译出版说明

近年来随着我国经济的发展，大众对心理学知识和应用的需求与日俱增，特别是心理重建被列为灾后重建的项目之后，政府对民众心理健康的重视也在不断提升，与此相关的大量著作被翻译引进。瑞士著名心理学家卡尔·古斯塔夫·荣格对现代心理学甚至东西方思想均产生了巨大的影响，但是荣格的作品在我国引进得却比较少。究其原因，最主要是因为荣格的理论经常被认为晦涩难懂，而且荣格拥有惊人的渊博知识，在著述时旁征博引，作品内容涵盖范围广泛，另外由于荣格最重要的著作《红书》尚未正式出版，所以人们在理解荣格的其他著作时总会遇到各式各样的困难。

鉴于此，在组织翻译荣格的作品时，对出版者而言也是一个巨大的挑战，从获得版权授权，到寻找专家翻译解读，到编辑排版，每一步都需要慎重对待。例如为了读者理解和研究《红书》方便起见，我们特地将部分图片和图注处理为在一个对开页面的蝴蝶页形式，以及尽量遵照原书的处理方式，最大程度地保留页下注、图注、页边标注原稿中的分页页码等，以使读者尽可能方便地进行阅读和研究。

荣格在《红书》中使用大量隐喻的方式如实地记录自己的内心经历和思想过程，而且沿用柏拉图式的哲学对话形式。同时，因受到西方近代哲学的影响，尼采等哲学家的作品和概念经常会出现在《红书》中，因此如果没有大量注解的帮助，将不能完整地理解《红书》的思想。

荣格所生活的时代，西方社会形态正在逐渐从封建社会过渡到现代文明社会，荣格身处这一历史时期，其思想和行为也不可避免地带着时代的烙印。尽管人类早已经迈进了 21 世纪的现代文明社会，但这本荣格思想最核心的作品，仍能够带给当今读者领悟心理学的重要启示，深刻体会到现今出版和阅读本书的意义和价值所在。书中大师许多精辟独到的见解，借鉴学习之意义不言而喻，但由于受当时时代背景、社会氛围、个人社会阅历、政治立场等方方面面的局限性，作者的某些观点仍不免过于体现个人主观认识，偏颇、困囿之处在所难免，请读者在阅读时仔细斟辨，批判接受，客观继承。

第一卷

目 录

第二卷

引子

我曾向你们讲过，

那些年，即我追寻内在意象的那些年，

是我生命中最重要的时光，其他一切皆源自这里。

生命的真正历程始于彼时，之后的种种细节已不再重要。

我的整个人生，都在努力阐释那些从无意识深处喷涌而出的内容。

它们像一股神秘莫测的洪流将我淹没，几近将我冲垮。

这些内容，远非一生所能穷尽其蕴。

后来的一切，不过是对其进行外在的分类、科学的阐释以及融入生活的尝试。

而那个神圣的起点，孕育一切的源头，就始于那段时光。

——荣格（C. G. Jung），1957

当C. G. 荣格继承人协会决定出版《红书》，从那个值得纪念的一刻起，十多年已经过去了，而这部多层次作品应该针对什么样的读者群体，却引发了大量的思考：专业的心理学史研究者？普通的读者？目标是注重意象的视觉型的人？爱好书法的人？精美图书的收藏家？出版的形式和设计应该优先考虑哪些方面？这些问题都很难回答，因为即便是昂贵的原始皮革封面都包含着一种信息，令人难以解读。很多提议被讨论，后来又被放弃。最终，W. W. 诺顿出版公司找到一个合适的解决方法：将完整的图片复制出版，并在2009年面世，出版所取得的巨大成功证明当初出版社的决定非常正确。这部作品迅速在世界范围内传播，并且已经被翻译成九种语言。很明显，设计一本书不仅要照顾到作品本身的各个方面，还要考虑到不同的读者群体。如果将那些为成功出版这部书做过贡献的人的名单列出来，那么这个名单将不是一般的长。但是，有两个人应该被特别感谢，他们是吉姆·梅尔斯（W. W. 诺顿出版公司）和索努·沙姆达萨尼（腓利门基金会）。

自1962年起，C. G. 荣格的《红书》已广为人知。但是，此书今天才得以首次出版，最终到达广大读者手中。荣格在《回忆·梦·反思》中已经描述过它的起源，它是次级文献中被无数次讨论的主题。因此，我在这里只做一个简要的介绍。

1913年是荣格生命中关键的一年。他在这一年开始进行一项自我实验，并一直持续到 1930 年，这项实验就是后来众所周知的“直面无意识”。在这项实验的过程中，他发展出一项技术，可以借助它“到达（他的）内在过程的底部”，“把情绪转译成意象”和“抓住活跃在……‘地下’的幻想”，后来他将这种技术称为“主动想象”。他首先在《黑书》中记录自己的幻想，后来对这些文本进行修改，并加入对它们的思考，随后将修订后的内容用花体字誊抄到一本名为《新书》（*Liber Novus*）且用红色皮革封皮包着的书中，并配上自己的绘画。这本书一直被称为《红书》。

荣格把自己的内在经历讲给自己的妻子和亲密的同伴。1925 年，他在苏黎世的心理学俱乐部做了一系列关于他的专业和个人发展的报告，其中他也提到了他的主动想象技术。除此之外，他对此严格保密。例如，他没有跟自己的孩子讲过自己的自我实验，孩子们也没有发现任何异常。很明显，对他而言，很难解释清楚到底发生了什么事情。如果他让一个孩子在他写作和绘画的时候看着他，这也是对这个孩子爱的表现。因此，对于荣格的后人而言，《红书》总是被一股神秘的气息包围着。1930 年，荣格结束了自己的自我实验，并放下《红书》的创作，但他并未写完这部作品。尽管它在荣格的书房中占有一个无上荣耀的地位，但他却让它沉睡了数十年。与此同时，他通过自我实验获得的领悟对他随后的作品产生了直接的影响。1959 年，他试图在旧草稿的基础上将全部的文本誊抄到《红书》中，并尝试将一幅未完成的画作画完。他也开始为这部书写后记，但不知道什么原因，花体字的誊抄和后记都戛然而止了。

尽管荣格积极考虑将《红书》出版，但他从来没有做出必要的行动。1916 年，他私下将《向死者的七次布道》出版，这部短小的作品源自他的直面无意识。一直到 1958 年，他才出版 1916 年描述主动想象技术的论文《超越功能》。有很多的原因可以解释他为什么不出版《红书》，如他所言，这部书没有完成，他对炼金术这一主题的研究兴趣不断增加，使他无法继续写完此书。在回顾这段经历的时候，他把在《红书》中细致地处理自己的幻想描述为一个必要但麻烦的“美学化详尽阐述”。直到 1957 年年末，荣格宣称《黑书》和《红书》都是他的自传性记录，但是他不希望将它们收录在《荣格全集》中，因为这两部作品不具备学术特征。作为让步，他允许阿尼拉·亚菲在写《回忆·梦·反思》时可以摘录《黑书》和《红书》中的内容，而事实上她并没有引用。

1961 年，荣格去世。他的全部作品归他的子孙们集体所有，之后子孙们成立 C. G. 荣格继承人协会。荣格遗产的版权给他的子孙们同时带来义务和挑战：将德文版的《荣格全集》全部出版。在荣格的遗嘱中，他希望《黑书》和《红书》由他的家人保管，但没有进一步做详细的说明。由于荣格特意指出不能将《红书》收录进《荣格全集》中，因此继承人协会认为这是荣格对这部书最后的遗愿，而且完全是一件私人的事情。继承人协会守护着荣格未出版的作品，就像守护一座宝藏一样，从来未考虑过再出版任何作品。《红书》一直留在荣格的书房中长达二十多年，由弗朗茨·荣格保管，是他接管了父亲的房子。

1983 年，继承人协会将《红书》放到一个保险箱中，他们明白这部作品是无可替代的。1984 年，新任的执行委员会拍摄五张照片为家族所用，这是荣格的子孙们第一次有机会近距离观摩这部书。这次细致的处理有它的益处。相对于其他东西，《红书》得到良好的保管是理所当然的，事实上，数十年以来，它几乎从未被打开过。

1990 年之后，德文版《荣格全集》（也是著作选集）的编辑告一段落，执行委员会决定开始彻底详查所有可以找得到的未出版的材料，并思考进一步的出版。由于继承人协会在 1994 年将档案和编辑的重任委托给了我，因此我接下了这项任务。结果我们找到与《红书》有关的一整套草稿和不同的版本，其中就包含花体字抄本中已经遗失的那一部分，它以草稿的形式出现，还有一部名为《审视》的手稿，这一部分接着从草稿结束的地方开始写，包含《向死者的七次布道》。但是，是否和如何将这些重要的材料出版，还是一个存在争议的问题。乍一看，这些材料的风格和内容与荣格的其他作品几乎没有共通之处，很多事实并不清晰，而且到 20 世纪 90 年代中期，没有人能够对这些材料提供一手的信息。

但是，自荣格那个时代以来，心理学史的研究已经取得了巨大的进展，而且在今天能够提供一种新的研究方法。当我在进行这些项目的时候，我遇到了索努·沙姆达萨尼。我们就进一步出版荣格著作的可能性进行了大量的讨论，主要包括一般的著作，当然还有《红书》。这部著作从一个特定的环境中涌现出来，而生活在 21 世纪的读者并不熟悉这个环境。但是一名心理学史专家却能够将这部历史文献呈献给现代的读者，借助于原始资料，沙姆达萨尼可以将它嵌入原来的文化情境中，置于科学的历史中，并和荣格的生活与工作相联系。1999 年，索努·沙姆达萨尼提出一项出版计划，并遵循计划的指导原则。2000 年春，在没有经过讨论的情况下，继承人协会决定根据沙姆达萨尼的提议将《红书》公开出版，并委托索努·沙姆达萨尼负责编辑。

多年之后，我多次被问到为什么现在将《红书》出版。我们的一些新的理解起到主要的作用：荣格本人并没有把《红书》视为一个秘密，虽然看起来它似乎就是一个秘密。文本中有很多处包含“我亲爱的朋友”的话语，换句话说，它针对的是一名读者。事实上，荣格让自己亲密的朋友誊抄这部作品，并和他们一起探讨这些抄本。他并没有直截了当地拒绝出版，他仅仅是没有解决这个问题。而且，荣格自己说他后期作品的所有素材都是来源于他的直面无意识。因此，作为直面无意识的记录，《红书》已经超越私人的领域，成为他著作的核心。这样的理解能够让荣格的孙辈们用一种新的眼光来审视现状。决策的过程需要时间，而典型的文本内容、概念和资料能够帮助荣格的子孙们在面对充满情绪的事物时做出更加理性的决定。最终，继承人协会民主决定《红书》可以出版。从决定到现在出版，中间经历了很长一段过程，但结果却令人久久难以忘怀。如果没有这么多人的协作，一起为这个共同的目标奉献自己的技巧和精力，这部书根本不可能出版。在这里，我代表 C. G. 荣格的后代子孙，向所有的参与者致以最衷心的谢意！

乌尔里希·霍尼
C. G. 荣格作品基金会
2009 年 4 月

由于那些未出版的复本仍在流通中，因此《红书》最终非常有可能在某个时期以某种形式进入公众的视野。在这里，我要向那些为此书的出版付出艰辛劳动的人致以衷心的谢意，感谢大家的彼此合作和贡献每个人独特的智慧。

C. G. 荣格继承人协会（2008 年解散）经过激烈的讨论之后，在 2000 年春季决定出版这部作品。这个项目由继承人协会执行委员委托乌尔里希·霍尼策划，而霍尔尼是继承人协会的前任经理人和主席，现在担任 C. G. 荣格作品基金会（前身是继承人协会）主席。沃尔夫冈·鲍曼在 2000 ~ 2004 年担任继承人协会主席，他在 2000 年秋季签署出版协议，从而使这项工作得以顺利展开，继承人协会承担大部分的开支。C. G. 荣格作品基金会向以下组织和个人致以衷心的感谢：苏黎世出版商海因里希·茨魏费尔在策划阶段提供技术支持，苏黎世联邦理工学院唐纳德·库珀基金会提供大量的捐助，罗尔佛·奥夫·德毛尔提供的法律意见与合同的协助，里奥·拉罗萨和彼得·弗里茨对合同谈判的协助。

2003 年是非常重要的一年，编辑工作收到了博盖特基金会和一位匿名捐赠者的资助。从 2004 年开始，腓利门基金会开始支持资助工作，这是一个为出版荣格未发表的作品而专门成立的募集资金的基金会。在这里，我要十分感谢斯蒂芬·马丁。无论这个版本有什么样的缺陷，没有腓利门基金董事会的支持，该书的编辑和翻译都不可能达到今天的水平，董事会成员有：汤姆·查尔斯沃斯、吉尔达·弗兰茨、南希·芙洛蒂、朱迪斯·哈里斯、詹姆斯·霍利斯、斯蒂芬·马丁和尤金·泰勒。腓利门基金会向那些捐赠人致以衷心的谢意，特别是MSST基金会、卡罗琳·格兰特·费伊和朱迪斯·哈里斯，还有在英文翻译的过程中南希·芙洛蒂和劳伦斯·德罗森的突出贡献。

没有麦琪·巴伦和希美纳·罗埃利·德安古洛的支持，我不可能完成这个项目。这个项目的启动和荣格作品的思想史研究在1993～1998年得到惠康基金会的支持，1999年得到跨文化心理学院的支持，1998～2001年得到索伦基金会的支持。在这个项目进行的过程中，伦敦大学学院医学史中心的惠康基金会（前身是惠康医学史学院）为我提供了非常理想的研究环境。我的朋友和同事对我所做的项目严格保密，我非常感谢他们将这个秘密保守长达13年之久。

2000年年末至2003年年初，C. G. 荣格继承人协会同意出版这部著作，并启动出版项目。乌尔里希·霍尼对这项研究提供了诸多的帮助，并制作一部花体字抄本的修正后的抄本。苏珊娜·霍尔尼誊抄了荣格的《黑书》。1999、2001和2003年，项目组对荣格家族成员做过三次报告，分别由海伦·霍尔尼·荣格（1999，2001）和安德烈·荣格（2003）举办。彼得·荣格为出版的细节和早期的编辑工作提出建议，安德烈和维尔尼·荣格为我们无数次到荣格的图书馆查阅书籍和手稿提供了大量的帮助，安德烈·荣格把荣格家族档案馆中很多无价的信息提供给我们。

此版本得益于南希·芙洛蒂、拉里和桑德拉·维贡的帮助，正是他们的引介，我才能够与诺顿出版公司的吉姆·梅尔斯结识，而梅尔斯此前已经成功地出版了拉里·维贡现代版《新书》和《梦》的复制版。除吉姆·梅尔斯外，这部作品再也找不到更适合的编辑。此书的设计和排版面临诸多挑战，最后都得到了完美的解决。对此书做出卓越贡献的有埃里克·贝克、拉里·维贡和艾米·吴。卡罗尔·罗斯孜孜不倦且一丝不苟地进行文本编辑工作，奥斯丁·奥德里斯科尔连续不断地协助编辑，休·米尔斯坦和约翰·萨普拉把花体字抄本扫描合成数字图片，这些人细心又细致的工作（通过声呐系统定位）完全符合且匹配得上荣格在精彩地融合古代和现代的过程中用花体字书写时的细心与细致程度。丹尼斯·萨维尼为扫描《红书》贡献出自己的影片工作室。在意大利的蒙达多里印刷时，南希·弗里曼、塞尔吉奥·布鲁尼里和他们的同事们付出了巨大的努力，从技术上确保了这部书最高的印刷质量。

2006年，马克·凯博斯和约翰·派克也加入到翻译工作中（这样的合作是出于翻译艺术的特别需要）。我们定期的电话会议让我们有更多的机会从微观水平上进行讨论，会议中的幽默为一直沉浸在深度精神中的我们带来非常必要的活跃氛围。他们在后期编辑工作中的贡献是无价的，而且约翰·派克找到的几个重要典故都超出了我的知识范围。

希美纳·罗埃利·德安古洛、海伦·霍尔尼·荣格、皮埃尔·科勒和后来的莱昂哈德·西雷格尔给出20世纪20年代在荣格圈子中的氛围的重要回忆，莱昂哈德·西雷格尔回忆了这段时期对达达主义运动的批判和艺术与心理学之间的冲突。

埃里克·霍尔农为埃及文参考书目提供咨询，菲利克斯·瓦尔德将图片155进行数字化特写，乌尔里希·霍尼辨认出图片上非常小的献词，盖·阿特维尔识别出阿拉伯文的献词，乌尔里希·霍尼提供了密特拉教仪式（注I，577页）的参考文献。戴维·奥斯瓦尔德指出，荣格在注314中指的可能就是《无声之书》(*Mutus Liber*)(456页)。托马斯·费特克内希特使我注意到并协助我查阅J. B. 郎的论文集，斯蒂芬·马丁重新找到了荣格写给J. B. 郎的信。保罗·毕肖普、温迪·多尼格和蕾切尔·麦克德莫特解答了很多疑问。

感谢恩斯特·法尔泽德指出38页注145的问题，翻译斯托克麦尔写给荣格的信，修改德文版序言译文和注释中大量的错误。

感谢C. G. 荣格作品基金会和保罗与彼得·弗里茨版权代理公司允许我引用荣格未出版的手稿和通信中的内容，感谢希美纳·罗埃利·德安古洛允许我引用卡莉·拜恩斯的通信和日记中的内容。

我主要负责的是文本组织、序言和整体架构。就像104页（注29）所写的那头驴子一样，我很开心最近终于能够成功地卸下这个重担。

索努·沙姆达萨尼

导 读

新书——荣格之《红书》[1]

◎索努·沙姆达萨尼

卡尔·古斯塔夫·荣格被公认为现代西方思想界中的一位重要人物，而他的作品却一直引发争议不断。荣格对现代心理学、心理治疗和精神病学的形成起到了非常重要的作用，一大批国际分析心理学家以他的名义从事自己的职业。在专业范围之外，荣格的作品也有广泛的影响：荣格和弗洛伊德是大部分人接触心理学时会首先想到的名字，他们的思想已经在艺术、人文科学、电影和流行文化中得到广泛的传播。荣格也被广泛地认为是新时代运动的发起人之一。但是，认识到这本书处在荣格全部作品的核心位置上是一次惊人发现，他花费在这本书上的时间不少于16年，而今天这本书终于得以面世。

很少有未出版的著作像荣格的《红书》(或称为《新书》)一样对20世纪的社会和思想史产生如此深远的影响，荣格将这本书视为自己后期著作的核心，也长期将其视为自己后期作品的关键来源。但是此前这本书除了激发一些人的好奇之外，还一直没有能够公开发行以供研究使用。

1 以下内容部分直接引自《荣格与现代心理学的形成》(剑桥：剑桥大学出版社，2003)一书，笔者在此书中重新建构荣格心理学的形成过程。荣格把这部作品称为《新书》或者《红书》，它今天已经为公众所熟知。因为很多证据表明前者是这本书实际的书名，因此，为了保持一致性，笔者将此书统称为《新书》。笔者在《书中的荣格传记》(纽约：W. W. 诺顿出版公司，2012)以及与詹姆斯·希尔曼合著的《死者的哀怨：红书之后的心理学》(纽约：W. W. 诺顿出版公司，2013)中对这些主题有更全面的阐述。

文化时刻

在20世纪的前几十年，文学、心理学和视觉艺术领域出现了大量的实验。作家们试图摒弃具象派传统规则的限制，开始全方位地探索和描绘内在经验，如梦、幻象和幻觉，他们使用新的形式和旧瓶装新酒的方式进行实验。从超现实主义作家的自动书写到古斯塔夫·麦林克的哥特式幻想，作家们开始越发接近和碰触到心理学家的研究，而心理学家也在进行类似于作家的探索。艺术家和作家的结合产生新的插图及排版形式、新的文本与图像结构。心理学家也在尝试克服哲学心理学的局限，开始对艺术家和作家的领域进行探索，文学、艺术和心理学之间还没有清晰的界限，作家和艺术家可以借鉴心理学家的研究，反之亦然。一些重要的心理学家如阿尔弗雷德·比奈和查尔斯·里歇也经常用笔名写戏剧和文学作品，这些作品也是他们“科学的”工作的写照[2]。古斯塔夫·费希纳是心理物理学和实验心理学的奠基人之一，他把植物和地球的灵魂描述为一个蓝色的天使[3]。在同一时期，一些作家如安德烈·布勒东和菲利普·苏波也在刻苦研读并应用心理研究者和变态心理学家的研究结果，如弗雷德里克·迈尔斯、西奥多·弗洛诺瓦和皮埃尔·让内。W. B. 叶芝使用心灵的自动书写在《幻象》[4]中创作出一种诗化的心理宇宙学。个体都在从各个角度上去寻找新的形式来描绘真实的内在经验，寻求精神和文化上的更新。在柏林，雨果·鲍尔写道：

> 1913年的世界和社会看起来像这个样子：生命完全被幽禁和束缚，某种经济宿命论开始盛行；无论一个人是否认可这个观点，他们都被赋予一个特定的角色，每一个角色都带有自己的爱好和特点。教堂被认为是一个无关紧要的“赎罪作坊”，文学被看作是一个安全的出口……每天都最亟待解决的问题是：是否有一种足够强大的力量来终结这种状态？如果没有，一个人如何逃脱？[5]

2 杰奎琳·卡卢瓦，《双重与多重人格：科学与虚构之间》（巴黎：法国大学出版社，1993）。

3 古斯塔夫·西奥多·费希纳，《一个科学家的宗教》，沃尔特·劳里编译（纽约：潘塞恩图书公司，1946）。

4 让·斯塔罗宾斯基，“弗洛伊德，布勒东，迈尔斯”。《想象力的王国Ⅱ：重要的关系》（巴黎：噶利玛出版社，1970）与W. B. 叶芝，《幻象》（伦敦：维尔纳·劳里出版社，1925）。荣格藏有一本《幻象》。

5 《逃离这个时代：一个达达主义者的日记》，约翰·埃德尔菲尔德编辑，A. 莱明斯翻译（伯克利：加利福尼亚大学出版社，1996），第1页。

在这段文化的危机中，荣格进行了一次长期的自我实验，从而写成一部文学体裁的心理学著作《新书》。

今天，我们站在心理学与文学之间鸿沟的另一侧，会把《新书》视为是这两者之间还未完全确定分离时所涌现出来的产物，而对《新书》的研究会有助于我们弄清楚鸿沟是如何产生的。但是，首先我们会有一个问题：荣格是谁?

荣格是谁?

荣格于1875年生于康斯坦斯湖畔的凯斯维尔，在他6个月大时，他们举家搬迁到莱茵河瀑布边的劳芬。他是长子，有一个妹妹，他的父亲是瑞士的一名新教牧师。荣格在晚年写了一篇回忆录，命名为《我人生的早期经历》，后来这篇回忆录经过大量的修改之后被收录在《回忆・梦・反思》[6]中，荣格在书中详细叙述了影响他选心理学为职业的关键事件。这篇回忆录主要关注荣格儿童时期的梦、幻象和幻想，可以视为《新书》的序言。

在第一个梦中，荣格发现他自己站在一片低洼的草地上，那里有一个石头砌的洞，他看见一排石阶一直通下去，他顺着石阶走下去，发现自己处在一间地下室中。房间中有一个金色的宝座，后来发现宝座上类似树桩的东西是由皮和肉构成的，顶端有一只眼睛，后来他听到母亲的声音，告诉他那是“食人怪”。荣格不确定母亲是说这个东西实际上会吃小孩子还是就等同于神灵，这一点深深地影响了他对神的意象。多年以后，他意识到那个东西是一个阴茎，几十年以后，他才懂得那是一种在仪式中被崇拜的生殖器，洞内就是一个地下的神庙，荣格把这个梦视为他开始“进入大地的秘密”。[7]

荣格在童年时期体验到一系列视觉的幻想，他似乎也具有自发地唤起意象的能力。在1935年的一次演讲中，荣格回想起自己外祖母的一幅画像，他像一个

6 关于这本书如何被误读为荣格的自传，见拙著《被传记作家扒光的荣格》(伦敦，卡纳克图书公司，2004)。第一章，“‘如何抓住这只鸟’：荣格和他的第一批传记作家”。也见亚伦・埃尔姆斯，“荣格的反虚构化”，《发掘生命：传记与心理学的艰难结合》(纽约：牛津大学出版社，1994)。

7 《回忆・梦・反思》，30页。

孩子一样看着它，直到他“看到”外祖父走下楼梯。[8]

荣格 12 岁时，在一个阳光灿烂的日子，他来到巴塞尔大教堂广场，看到阳光在新铺的光彩夺目的瓷砖上闪耀，他感觉到一种可怕的、罪恶的念头正在逼近，他尝试掩盖这些念头，因此情绪持续低落了好几天。最后当他发现是神想让他有这些念头时，就像神刻意让亚当和夏娃犯罪一样，他开始深入思考这件事情，并看到神坐在自己的宝座上，一块硕大的粪便从宝座下掉了下来，散落在教堂的新屋顶上，把教堂砸得粉碎。有了这个意象之后，荣格感受到一种他以前从来没有体验过的欣喜和如释重负感，他感到自己是在“直面活生生的神，神全知全能且自由地站在《圣经》和教堂之上”。[9]他在神面前感到很孤独，之后他才开始承担起自己真正的责任。正是直接且及时地面对活生生的神，却发现神不在教堂和《圣经》里，荣格才意识到他的父亲是缺失的。

这种被拣选的感觉导致他在进行第一次圣餐礼时对教堂的彻底失望，他一直相信圣餐礼将会是一次美好的经历，但实际上却索然无味。他总结道：“对我而言，这代表神的消失，宗教也不复存在，我再也不会去教堂了，那里没有生命，只有死亡。”[10]

荣格从这个时候开始如饥似渴地进行阅读，他被歌德的《浮士德》深深地吸引，他被发生在墨菲斯托菲里斯身上的事情打动，而且歌德十分重视恶的形象。在哲学上，叔本华对荣格的影响很大，叔本华承认恶的存在并且宣称世界充满苦难和痛苦。

荣格也有一种活在两个世纪之中的感觉，而且非常怀念 18 世纪。他的双重感觉使他形成两种相异的人格，他称它们为第一人格和第二人格。第一人格是那个巴塞尔的男生，他爱阅读小说；第二人格独自思考宗教，处于自然和宇宙合一的状态。第二人格居住在“神的世界中”，他的感觉最真实。第一人格希望自己能够不受抑郁的困扰和第二人格的孤立。当第二人格登场时，给人的感觉就像一个已经去世很久但精神一直存在的人进入到房间里一样。第二人格没有明确的特征，他与历史相连接，特别是中世纪。对于第二人格而言，第一人格有缺陷，显

---

8 “心理学基本概念”，《荣格全集第 18 卷》，§397。

9 《回忆·梦·反思》，57 页。

10 《回忆·梦·反思》，73 页。

得笨拙，需要第二人格去容忍，第一人格和第二人格的相互作用贯穿荣格的一生。正如荣格所看到的一样，我们也是如此，即我们一部分的生命活在当下，另一部分生命连接到过去。

当荣格要选择职业的时候，两个人格之间的冲突尤为激烈，第一人格追求自然科学，第二人格选择人文科学，在这个时候，荣格做了两个具有决定意义的梦。在第一个梦中，荣格沿着莱茵河走进一大片阴暗的森林，他来到一座坟前，便开始动手挖起来，直到他发现了一些史前动物的遗骨，这个梦唤醒他学习更多自然科学知识的欲望。第二个梦中，荣格发现自己身处在一片森林中，森林中溪流交错，他发现一个圆形的水塘，水塘周围灌木丛生。他在水塘中看到一种漂亮的生物，那是一只巨大的放线虫。有了这两个梦之后，他选择了自然科学，为了解决生计，他决定学医。后来荣格又做了另外一个梦，梦中他处在一个陌生的地方，大雾弥漫，他顶着风缓慢前行。他保护着一盏小灯，而这盏灯随时都有可能熄灭。他看到一个硕大的黑色人影正在靠近，他吓坏了。他醒过来后，便即刻意识到这个人影就是小灯照在他身上形成的阴影。荣格认为第一人格就是那个提灯人，第二人格像影子一样跟随，他将之视为一个信号，提示他要跟着第一人格前行，而不要回头看第二人格的世界。

大学时代，荣格的两个人格之间还在继续斗争。除了医学学习之外，他制订了一个密集的课外阅读计划，特别是尼采、叔本华、斯韦登伯格[11]和唯灵论作家的著作。尼采的《查拉图斯特拉如是说》给荣格留下深刻的印象，他感觉自己的第二人格与查拉图斯特拉类似，很担心自己的第二人格也会变得如此的病态。[12]他加入了一个名叫饶芬吉亚的学生辩论社团，并做了很多次主题报告。他对招魂术特别感兴趣，招魂术是巫师尝试使用科学的方法探索超自然力量和证明灵魂不朽的途径。

---

11 伊曼努尔·斯韦登伯格（1688—1772），瑞典科学家和基督教神秘主义者，他在1743年经历一次宗教危机，并将之记录在他的《梦的日记》上。他在1745年看到神的幻象。从此之后，他便倾注一生的心血把他自己在天堂和地狱的所见所闻和在天使界的耳闻目睹结合起来，并诠释《圣经》的内在和象征含义。斯韦登伯格认为《圣经》有两层含义，第一层是实体的、字面的含义，第二层是内在的、精神的含义，这两层含义有共通之处。他主张“新教会”的出现象征一个新精神时代的到来。根据斯韦登伯格的观点，有些人生下来就从父母那里遗传到恶的因子，出生时就带有恶的烙印，他们与精神的人截然相反。人注定要进天堂，如果一个人的灵魂没有重生和获得新生就无法上天堂。达成上天堂的目标在于博爱和忠诚。尤金·泰勒，“荣格论斯韦登伯格和复活”，《荣格历史》，2，2 (2007)，27 ~ 31页。

12 《回忆·梦·反思》，120页。

现代招魂术出现在19世纪后半叶，并在欧洲和美洲广泛传播开来。通过招魂术激发各种恍惚状态（trances）开始广为流传，伴随恍惚状态产生的现象有恍惚的话语、呓语、自动书写和晶球幻视。同时一些科学家开始对招魂术现象感兴趣，如克鲁克斯、措尔纳和华莱士，一些心理学家也开始对招魂术感兴趣，如弗洛伊德、费伦齐、布洛伊尔、詹姆斯、迈尔斯、柏格森、让内、斯坦利·霍尔、施伦克–诺律、摩尔、德索、里歇和弗洛诺瓦。

荣格在巴塞尔读大学时，经常和同学一起参加降神会活动。1896年，他们对荣格的表妹海伦·普莱斯维克进行了一系列的长时间观察，她似乎具有通灵能力。荣格发现表妹在恍惚状态下会表现出多种不同的人格，而且自己可以通过暗示唤出这些人格。在恍惚状态下，已经去世的亲戚会出现，她完全转变成这些人物。她可以讲出自己所化身的人物的故事，清晰地表现出一种神秘的宇宙学，象征一个曼荼罗。[13]普莱斯维克的降神活动一直持续到有人发现她身体的特异现象是假装出来的，从此之后降神会活动也终止了。

荣格在1899年阅读到理查德·冯·卡夫–艾宾的《精神病学教科书》时，他意识到精神病学将成为自己的职业，这象征他两个人格的兴趣点融合在一起了，他经历了一个类似于转向自然科学结构的过程。荣格从医学院毕业之后，于1900年年底在伯格霍茨利医院获得一个助理医生的职位。伯格霍茨利医院在尤金·布罗伊勒领导下，成为当时一所先进的诊所。在19世纪末，众多人物都在努力建立一种新的科学心理学，即通过引入科学的方法将心理学转变成一门科学，打破之前所有人类的理解模式。当时，新兴的心理学并不被人看好，只被视为是科技革命的完结。由于布罗伊勒和上一任院长奥古斯特·弗雷尔的努力，心理学研究和催眠才得以在伯格霍茨利扮演突出的角色。

荣格的医学博士论文研究的是降神现象的心理机制，主要是分析海伦·普莱斯维克的降神活动，[14]虽然他的兴趣主要集中在个案降神表现的真实性上，但是在这期间，他也研读了弗雷德里克·迈尔斯、威廉·詹姆斯的著作，特别是西奥多·弗洛诺瓦的著作。1899年年底，弗洛诺瓦出版了一本研究灵媒海伦·斯密斯

13 《荣格全集第1卷》，§66，Image 2。

14 “论被称作超自然现象的心理学和病理学：一则精神病学案例研究”，1902，《荣格全集第1卷》。

的著作，这本书在当时很畅销。[15] 弗洛诺瓦的创新之处在于他完全从心理学的角度上研究这个个案，把心理学当作一种研究阈下意识的手段。弗洛诺瓦、弗雷德里克·迈尔斯和威廉·詹姆斯的研究给心理学带来了重要的改变。他们认为不论所谓的降神术体验的有效性如何，这种体验能够对阈下意识的结构产生影响深远的洞察，从而可以把人类的心理当作一个整体进行探索。通过这些心理学家的工作，灵媒开始成为新心理学的重要研究对象。随着这次转变，灵媒使用的手段，例如自动书写、恍惚的话语和晶球幻视，都开始被心理学家们使用，成为心理实验研究的首要工具。在心理治疗领域，皮埃尔·让内和莫顿·普林斯使用自动书写和晶球凝视的方法来揭示隐藏的记忆和潜意识固着的观念。自动书写可以揭露潜在的人格，从而可以与潜在的人格对话。[16] 对于让内和普林斯而言，与潜在人格对话的目的是重新整合人格。

荣格被弗洛诺瓦的书深深地吸引住，决定把它翻译成德文，但是弗洛诺瓦已经将这本书授权给另外一位译者。弗洛诺瓦的研究对荣格论文的影响非常明显，荣格在论文中也是纯粹使用心理学的视角对个案进行研究。荣格的研究非常接近弗洛诺瓦在《从印度到火星》建构的模型，无论是在研究对象上，还是在对海伦降神活动的心理机制诠释方面，都很接近弗洛诺瓦的模型。荣格的论文也显示他使用自动书写作为一种心理学研究方法。

1902 年，荣格与艾玛·劳申巴赫订婚，两人婚后育有 5 个子女。一直到这个时候，荣格都在写日记。在日记的最后部分，荣格在一篇日期为 1902 年 5 月的日记中写道："从此我不再孤独，而且我只能刻意地回忆起可怕又美好的孤独感，而这是幸福爱情的阴影一面。"[17] 对荣格而言，他的婚姻标志着他离开了已经习以为常的孤独。

荣格年轻的时候经常去参观巴塞尔艺术博物馆，他非常着迷于霍尔拜因和勃克林的作品，还有其他一些荷兰画家的作品。[18] 在他的后期研究中，他用将近

15 西奥多·弗洛诺瓦，《从印度到火星：一个有幻想语言的多重人格案例》，索努·沙姆达萨尼编，D. 弗米利耶译（普林斯顿：普林斯顿大学出版社，1900/1994）。

16 皮埃尔·让内，《神经症和强迫观念》（巴黎：阿尔坎书店，1898）；莫顿·普林斯，《人格的临床与实验研究》（马萨诸塞州，剑桥：科幻艺术出版社，1929）。

17 《黑书 2》，p.1（荣格家族档案馆；所有《黑书》的内容都保存在荣格家族档案馆）。

18 阿尼拉·亚菲写《回忆·梦·反思》时，采访荣格的记录，164 页。

一年的时间专心研究这些画。从这个时候开始，荣格的画作开始表现出具象派的风格，具有较高的专业技能和良好的技术水平。[19] 在 1902 ~ 1903 年，荣格从伯格霍茨利离职到巴黎跟随当时法国心理学领军人物皮埃尔·让内学习，让内当时执教于法兰西大学。在法国学习期间，他热爱绘画和参观博物馆，频繁到卢浮宫参观，他特别关注古代的艺术：古埃及的艺术品、文艺复兴时期的作品，如弗拉·安杰利科、莱昂纳多·达·芬奇、鲁本斯和弗兰斯·哈尔斯的作品。他购买了很多画作、雕刻和画作复本，用这些东西装饰自己的新家。他使用油彩和水彩作画。1903 年 1 月，他去伦敦参观大英博物馆时，就特别关注馆中埃及、阿兹台克和印加人的藏品。[20]

学习归来之后，荣格又重新回到伯格霍茨利，继续在原来的岗位上工作，与弗朗茨·里克林一起进行词语联想的分析研究，荣格与同事进行了一系列大量的实验，并对实验结果进行数据分析。荣格早期研究的基础概念来自弗洛诺瓦和让内，他尝试将这些概念与威廉·冯特和艾米尔·克里培林的研究的方法论结合起来。荣格和里克林使用的联想实验是由弗兰西斯·高尔顿设计的，冯特、克里培林和古斯塔夫·阿沙芬堡将高尔顿设计的实验应用到心理学和神经病学领域。布罗伊勒发起这项研究的目的是为临床鉴别诊断找到一个快速有效的方式，但是伯格霍茨利小组未能达到这个目的，而他们被显著的反应障碍和反应时的延长所吸引，荣格和里克林认为是被压抑的情绪性情结的存在导致反应障碍，荣格根据他们的实验发展出一个综合的情结心理学。[21]

联想实验奠定了荣格的个人声誉，使他成为精神病学界一颗冉冉升起的新星。1906 年，他应用自己的全新情结理论研究早发性痴呆（后被称为精神分裂症）的心理机制，论证妄想的成因。[22] 对于荣格连同当时其他一大批类似于让内和阿道夫·梅尔一样的精神病学家和心理学家而言，精神不健康的人和精神健康的人不能够被截然分开，因为从精神健康到不健康是一个连续过渡的过程。两年

19　格哈德·维尔，《荣格图传》，M. 库恩译（波斯顿：香巴拉出版社，1989），47 页；阿尼拉·亚菲编辑，《 C. G. 荣格：文字与意象》（普林斯顿：普林斯顿大学出版社 / 波林根系类丛书，1979）。42 ~ 43 页。

20　阿尼拉·亚菲写《回忆·梦·反思》时，采访荣格的记录，164 页，一些未出版的信件，荣格家族档案馆。

21　“对健康人群的联想实验研究”，1904，《荣格全集第 2 卷》。

22　“早发性痴呆的心理学”，《荣格全集第 3 卷》。

之后，荣格提出："如果我们找到一种方法能够发掘患者的人性奥秘，精神错乱的内在结构就会呈现出来，我们就能够认识到心理疾病仅仅是对情绪问题的一种异常反应，而我们正常人对这些情绪问题并不陌生。"[23]

荣格对精神病学和心理学中的实验和统计方法存在的局限性越来越感到失望，他在伯格霍茨利的住院部引入催眠治疗。他因此开始对心理治疗感兴趣，并将临床会谈视为一种研究方法。1904 年左右，布罗伊勒将精神分析引进伯格霍茨利，并开始与弗洛伊德通信，让弗洛伊德帮助他分析自己的梦。[24] 1906 年，荣格开始与弗洛伊德通信。荣格和弗洛伊德的关系在很大程度上被神化了，铸就一个以弗洛伊德为中心的神话，而弗洛伊德和精神分析被视为是荣格心理学的原始来源。荣格在多个场合中都对这种观点予以反驳，例如在 20 世纪 30 年代的一篇未发表的文章中，荣格写道："我从弗洛伊德学派中分裂出来，但弗洛伊德绝不是我唯一的知识来源。在遇到弗洛伊德之前，我已经有了自己的科学态度和情结理论，在我所遇到的老师中，布罗伊勒、皮埃尔·让内和西奥多·弗洛诺瓦对我影响最大。"[25] 弗洛伊德和荣格很明显来自不同的文化传统，因为都对心理疾病的心理机制和心理治疗感兴趣而走到一起，他们共同的目标是在心理学基础上形成一种科学心理治疗，反过来，又能够通过对个体生活的临床深度研究巩固心理学的地位。

在布罗伊勒和荣格的领导下，伯格霍茨利成为精神分析运动的中心。1908 年，《精神分析和精神病理学研究年鉴》创刊，布罗伊勒和弗洛伊德任主编，荣格任执行主编。在他们的推动下，精神分析在德语区的精神病领域中有了一定的地位。1909 年，克拉克大学授予荣格荣誉博士学位，以表彰他的联想实验研究。1910 年国际精神分析协会成立，荣格任主席。在他和弗洛伊德合作的这段时期里，他成为精神分析运动的主要设计师。而对荣格而言，这是一场非常具有制度性和政治性的活动。这场运动后来因为意见的分歧和观点强烈的不一致而最终四分五裂。

---

23 "精神病患者的内容"，《荣格全集第 3 卷》，§339。

24 弗洛伊德档案，国会图书馆。请参考恩斯特·法尔泽德，"一段矛盾关系的故事：西格蒙德·弗洛伊德与尤金·布罗伊勒"，《分析心理学杂志》2007 年第 52 期，343 ~ 368 页。

25 荣格的藏品。

陶醉于神话

1908 年，荣格在屈斯纳赫特的苏黎世湖畔购置一块土地，接着在这块地上建了一座房子，并在这座房子中度过余生。1909 年，荣格从伯格霍茨利辞职，全身心投入到不断增加的个案治疗和研究兴趣中。在离开伯格霍茨利的同时，荣格的研究兴趣也转向对神话、民间故事和宗教的研究，他也为自己的私人图书馆购置大量的学术书籍。荣格最终在这些研究的基础上写成《力比多的转化与象征》，这本书分两个部分在 1911 年和 1912 年出版。这本书可以视作是荣格返回到自己思想的源头和文化与宗教观念的标志，他发现神话作品如此令人兴奋和陶醉。1925 年他回忆道："那时候，我看起来就好像生活在我创造的精神病院里，游走于各种幻想的形象之间——人马座、仙女、萨提尔、神和女神，他们仿佛都是患者，我正在为他们做分析。每当我读到一篇希腊或黑人神话时，感觉就好像一个疯子在跟我讲述他的历史。"[26] 19 世纪末，在新兴的比较宗教学和民族心理学领域出现了知识的大爆炸，大量原著被收集在一起，第一次被翻译成英文，并形成历史学术作品合集，例如马克斯·缪勒编纂的《东方圣典》。[27] 对于很多人来说，这些著作代表一种重要的世界观，与基督教的世界观相对应。

荣格在《力比多的转化与象征》中划分出两种思维方式，由于受到威廉·詹姆斯的启发，荣格将定向思维和幻想思维进行对比，前者是言语和逻辑思维，后者是被动、联想和意象思维，前者的例证是科学，而后者是神话。荣格认为古代人缺乏定向思维的能力，而定向思维是一种现代习得的能力。当幻想思维停止的时候，定向思维便开始出现。《力比多的转化与象征》对幻想思维进行广泛研究，也对在梦中和幻想中不断出现的神话主题进行研究。荣格重申史前人、原始人和儿童存在人类学的差异，他认为对成年人当下的幻觉思维进行解释，同时也有助于充分理解儿童、野蛮人和史前人类的思想。[28] 荣格在这本书中将 19 世纪的记忆、遗传和无意识理论综合在一起，并假设每一个人身上仍然存在着种系发生学的无意识层，这层无意识由神话意象构成。对于荣格而言，神话是力比多的象

26 《荣格心理学引论》，24 页。

27 荣格藏有一套完整的《东方圣典》。

28 荣格，"无意识的心理学"，《荣格全集 B》，§36。荣格在 1952 年修订了这本书，并重新命名（"转化的象征"，《荣格全集第 5 卷》，§29）。

征，它们能描绘出力比多的典型活动。他使用人类学的方法将五彩缤纷的神话故事放在一起进行比较研究，并对它们分析诠释，后来他将这种比较法命名为“放大”。他认为一定存在典型的神话与情结的种族心理发展特征相一致。沿着雅各布·布克哈特的思路，荣格将这种典型神话称为“原始意象”（Urbilder），其中有一种神话被特别赋予核心的地位：英雄的神话。对于荣格而言，英雄神话象征一个人的生命过程，即努力变得独立并摆脱母亲。他把乱伦动机解读为试图返回母亲的身体而获得再生。后来荣格将这本书视为他发现集体无意识的标志，尽管集体无意识这个术语在后来才出现。[29]

荣格的好友兼同事阿方斯·米德在1912年发表了一系列文章，他在文章中指出梦的功能并不是愿望的满足，而是起平衡或补偿作用，梦在试图解决个体的道德冲突。因此，梦不仅指向过去，而且是在为未来铺路。米德发展了弗洛诺瓦提出的潜意识具有创造性想象的观点。荣格沿着这个脉络，继承了米德的观点。对于荣格和米德而言，梦的概念发生了改变，其他与无意识有关的现象也都会随之发生改变。

《力比多的转化与象征》是荣格在1911年写成的，这一年他36岁。在1952年重新修订这本书时，荣格在前言中写道：“这是一个十分重要的年龄，它标志着人生后半生的开始，在这段时期，人的心理会发生变化，出现心理转变。”[30]他还表示自己已经意识到与弗洛伊德合作的失败，并非常感激妻子对他的支持。完成这本书之后，荣格意识到没有神话的生命会意味着什么。一个没有神话的人“就像被连根拔起一样，与过去、与自己身上延续的祖先生活、与他所处的人类社会皆失去联系”。[31]如他随后所写：

我不由得严肃地问自己：“你生活在什么样的神话里?”我发现我找不到这个问题的答案，只得承认我的生活没有神话，甚至也没有生活在神话里，而是置身于理论上的可能性所形成的飘忽不定中，我开始对这些理论产生越来越强烈的不信任感……因此，我很自然地去开始寻找“我的”神话，并将之视为所有工作的

29 “C. G. 荣格学院成立时的发言，苏黎世，1948年4月24日”，《荣格全集第18卷》，§1131。

30 《荣格全集第5卷》，xxvi页。

31 《荣格全集第5卷》，xxix页。

重心。我也提醒自己，如果我不知道自己的神话，那么在治疗患者的时候，我如何恰如其分地照顾到个人因素？对我来说也即个体差异，对他人的了解是非常必要的。[32]

荣格通过神话研究发现自己缺乏神话，因此他开始去了解自己的神话，即他自己的“个体差异”。[33]因此我们看到荣格开始进行自我实验，他的自我实验在某种程度上可以被视为是在回应他的研究所产生的理论问题，而这些问题都集中体现在《力比多的转化与象征》上。

“我的最艰难实验”

荣格在1912年做了一些具有重要意义的梦，而他却无法理解这些梦。他特别重视其中的两个梦，他认为这两个梦显示出弗洛伊德释梦理论的局限性。第一个梦的内容如下：

我来到一座南方的小镇，站在小镇的一条上坡街道上，街道两旁有狭窄的楼梯可以爬上去。现在是正午12点，阳光灿烂。一名年长的奥地利海关稽查员或类似的人从我旁边经过，他在想着自己的事情。突然有人说：“这就是那个不死之人，他在三四十年前就已经去世了，但是尸体一直没有腐烂。”我感到非常惊讶。这时候一个高大的人物出现了，他是一位威猛强大的骑士，穿着微黄色的盔甲，他看上去很强壮，难以捉摸，而且把什么都不放在眼里。他背后背着一个马耳他十字，他从12世纪的时候就出现在这里，而且每天都是在中午12点到13点之间绕行相同的路线。没有人对这两个特异现象表示惊奇，而我却感到非常惊讶。

我不再使用任何诠释技巧来解释这个梦。想到那个年长的奥地利人，弗洛伊德便出现在了我的脑海里；想到骑士，我就想到了自己。

32 《荣格全集第5卷》，xxix页。

33 《荣格心理学引论》，25页。

内在有个声音说："这都是空洞和令人厌恶的东西。"而我必须要忍受它。[34]

荣格感到这个梦很压抑且具有迷惑性，弗洛伊德也无法做出诠释。[35] 大概一年半之后，荣格又做了另外一个梦：

我梦到当时（1912 年圣诞节之后不久）我和我的孩子们正坐在一个城堡的房间里，这是一个由很多石柱支撑的开阔大厅，装饰得富丽堂皇，我和孩子们围坐在一张圆桌子旁，正对着桌子的天花板上悬挂着一个漂亮的墨绿色石头。突然有一只鸥或鸽子飞了进来，轻轻地飞落在桌子上。我告诉孩子们不要出声，以免他们把这只漂亮的白鸟吓跑了。突然这只鸟变成一个八岁的小孩，是一个皮肤白皙的小女孩，和我的孩子们绕着大厅里成排的石柱嬉戏起来。突然这个孩子又变回了鸥或鸽子，她这样对我说："只有在午夜的第一个钟头我才能变成人类，因为雄鸽在这时候正忙着和那十二个死者在一起。"说完这些话，这只鸟就飞走了，接着我就醒了。[36]

在《黑书 2》中，荣格指出正是这个梦使他决定与三年前遇见的那位女性（托尼·伍尔夫）建立关系。[37] 他在 1925 年认为是这个梦"使他开始相信无意识不仅是由死气沉沉的材料构成的，而且包含很多有生命力的内容"。[38] 他补充说，他想到了翠玉录（Tabula smaragdina）的故事、十二使徒的故事、黄道十二宫的标志，等等，但是他却"完全无法理解这个梦，只是感到梦中包含大量无意识的活力。我知道任何技术都无法解开这个梦的谜底；我所有能做的事情就是等待，

34 《黑书 2》，25 ~ 26 页。

35 1925 年，荣格对这个梦做出以下诠释："这个梦的意义主要在那个古代人物身上，也即那个十字军战士，而非奥地利官员，很明显奥地利官员代表弗洛伊德的理论，因为十字军战士是一个原型形象，他是 12 世纪时基督教的象征，而这个象征在今天并不存在，但是从另外一个角度上看，这个十字军战士并未彻底死去。十字军战士出现在梅斯特·艾克哈特所生活的年代，这是一个崇尚骑士文化的年代，也是一个思想百花齐放的年代，一旦骑士被杀害，他们仍能重获新生。但是，当这个梦出现的时候，我那时还不能对它做出这样的解释。"（《荣格心理学引论》，42 页）

36 《黑书 2》，17 ~ 18 页。

37 《黑书 2》，17 页。

38 《荣格心理学引论》，42 页。

继续生活，并且观察我的幻想”。[39] 这些梦使荣格开始分析自己童年的记忆，但是没有任何收获，他意识到自己需要重新找到童年时期的情绪基调。他回想起来自己小时候非常喜欢建造房屋和其他建筑，于是他又开始这样做了起来。

荣格在进行自我分析的过程中，也在不断地发展自己的理论。在 1913 年的慕尼黑精神分析大会上，他提出了自己的心理类型理论，他认为力比多有两个基本的运动：外倾，这一类主体的兴趣主要指向外在世界；内倾，这一类主体的兴趣主要指向内在世界。根据这个观点，荣格假设人可以分为两类，分类标准是外倾和内倾哪一个占主导。弗洛伊德和阿德勒的心理学实际上就充分验证了他们之间类型的不同，而这两种类型的人都需要自己的心理学使自己的价值能够得到充分发挥。[40]

一个月后的某一天，荣格乘火车去沙夫豪森，他在清醒的状态下体验到一个幻象，他看到整个欧洲正在被摧毁，血流成河，而且在两周之后，同样是在这段旅程上，这个幻象又再次出现。[41] 荣格在 1925 年谈到这段经历的时候说：“我被视为群山包围的瑞士，被淹没的那一部分世界可以视为是我之前关系的残余。”因此他对自己的状态做出以下诊断：“我心想，‘如果这个梦意味着什么，那么它就意味着我无可救药了’。”[42] 有了这些体验之后，荣格非常害怕自己会变成疯子。[43] 他回想起来自己最初认为这个幻象的意象预示着一场革命即将爆发，但他从未想到会是一场战争的爆发，他的结论是自己“受到了精神病的威

39 《黑书 2》，40 ～ 41 页。E. A. 贝内特记录下了荣格对这个梦的评论：“最初，荣格认为那‘十二个死者’是指圣诞节前的 12 天，因为在传统上女巫们都认为圣诞节是一年中的黑暗时刻。说‘圣诞节之前’也是在说‘在太阳再次升起之前’，因为圣诞节正好是一年的转折点，密特拉教把这一天定为太阳诞生之日……多年之后，荣格才把这个梦和赫尔墨斯与 12 个鸽子联系在一起。”(《相遇荣格：E. A. 贝内特与荣格在 1946-1961 年的对话录》(伦敦：昂科出版社，1982；苏黎世，岱蒙出版社，1985）1951 年，荣格在《科莱女神的心理学》一文中以匿名的形式（个案 Z）呈现了《新书》的部分内容（把它们描述为一个梦系列的构成部分)，追溯阿尼玛的转化过程。他指出，这个梦“说明阿尼玛就像一个精灵，只有部分具有人的特征，她也可以成为一只小鸟，意味着她完全属于大自然，并可以从人的范围（如意识）中消失（如无意识)”(《荣格全集第 9 卷》，§371）。也见《回忆·梦·反思》，195 ～ 196 页。

40 “论心理类型的问题”，《荣格全集第 6 卷》。

41 见下文，第 102 页。

42 《荣格心理学引论》，47 ～ 48 页。

43 芭芭拉·汉娜回忆说：“在后来的几年里，荣格常常说，他怀疑自己心智是否健全的痛苦感本应该因为他同时在外部世界所取得的成就而减轻，特别是自己在美国取得的成就。”[《荣格的生活与工作：传记体回忆录》(纽约：派瑞吉图书，1976），109 页]

胁”。[44]之后，他又有了一个类似的幻象：

在接下来的冬天，某一天的晚上，我站在窗前向北方望去，我看见一道血红色的光芒，从远处看去就像海上的一道波光，从东部一直延伸至西部，穿越整个欧洲北部。此时有一个人问我对世界上即将发生的事情有什么看法，我说我没有头绪，但我看到了鲜血，血流成河。[45]

在战争爆发前夕，世界末日的意象广泛出现在欧洲的文学和艺术作品中。例如，1912 年，瓦西里·康定斯创作出世界性的灾难即将到来的作品。从 1912 年到 1914 年，路德维格·米德内尔画了一系列被视为是灾难场景的作品，画面主要是被摧毁的城市、尸体和混乱。[46]当时预言到处流传。1899 年，美国著名灵媒里奥诺拉·派铂预言在即将到来的 20 世纪，世界上的不同地区之间会爆发一场残酷的战争，战争将会荡涤这个世界，从而揭示唯灵论的真相。1918 年，唯灵论者和福尔摩斯探案系列作品的作者亚瑟·柯南·道尔认为第一次世界大战已经被预言到。[47]

荣格在《新书》中记录他在火车上的幻想时，内在有一个声音告诉他这个幻想描绘的内容将会完全变成现实。最初，他从主观和预测性的角度上诠释这个幻想，即这个梦描绘的是他的世界即将遭到破坏，他对此做出的回应就是对自己进行一次心理学研究。在荣格的那个时代，医学和心理学都会进行自我实验，内省是心理学研究的一个主要工具。

荣格意识到《力比多的转化与象征》这本书“可以被视为是他本人，对这本书的分析不可避免地会导致他对自己无意识过程的分析”。[48]他把自己的东西投射到弗兰克·米勒小姐的身上，而他从来没有见过米勒小姐。这时候，荣格一直是一位活跃的思想家，而且一直反对幻想：“幻想是一种不纯粹的思维形式，有

44 《回忆·梦·反思》，200 页。

45 《草稿》，8 页。

46 格尔达·布鲁尔和伊内斯·瓦格曼，《路德维格·米德内尔（1884—1966）：版画复制家，画家，作家》(斯图加特：戈尔德·哈特耶出版社，1991)，第 2 卷，124 ~ 149 页。见杰·温特，《记忆之地，哀悼之所：欧洲文化历史中的大战》(剑桥：剑桥大学出版社，1995)，145 ~ 177 页。

47 亚瑟·柯南·道尔，《新启示与重要信息》(伦敦：心理出版社，1918)，9 页。

48 《荣格心理学引论》，28 页。

点像乱伦性交，从理智的立场上看，幻想完全是不道德的。”[49] 他现在反而开始去分析自己的幻想，仔细记录下所有幻想的内容，并且还要克服进行这项工作时的大量阻抗：“容许幻想在我身上出现，就像一个人进入车间以后，发现所有的工具都在不受他的意志控制地飞来飞去所产生的效果一样。”[50] 在研究这些幻想时，荣格意识到他是在研究心灵的神话创造功能。[51]

荣格又重新找到那本他在 1902 年放在一旁的棕色笔记本，开始在笔记本中继续书写。[52] 他使用隐喻的方式记录自己的内在状态，例如处在一片沙漠中，阳光炙热难耐（指的是意识）。在 1925 年的讲座中，荣格说他那时候想到自己可以按照顺序把自己的思考也写下来。他是“在写自传性的材料，而不是在写自传”。[53] 自柏拉图式对话产生以来，对话形式已经成为西方哲学思辨的一种主导形式。公元 387 年，圣奥古斯丁写出了《独语录》，内容是他自己和指导他的“理性”之间进行的长期对话。他们以这样的方式展开他们之间的对话：

当很多事情在我心里翻腾，一连好几天我都在孜孜不倦地探寻我的自我，我的善是什么，以及那该被摒弃的恶是什么，突然有个声音对我说——它是什么？是我自己还是别人？在我外面还是在我里面？（这正是我想要了解的东西，但我却一无所知。）[54]

而荣格在《黑书 2》中这样写：

我这样问我自己：“我正在做的是什么呢？它显然不是科学，那它到底是什么呢？”突然有一个声音告诉我：“那是艺术。”我感到这个声音非常诡异，因为我认为我所写的内容根本不是艺术。因此我有了一个结论，“或许我的无意识正

---

49 《荣格心理学引论》，28 页。

50 《荣格心理学引论》，28 页。

51 阿尼拉·亚菲写《回忆·梦·反思》时，采访荣格的记录，23 页。

52 第二个笔记本的颜色是黑色，因此荣格将这两本日记称为《黑书》。

53 《荣格心理学引论》，48 页。

54 圣奥古斯丁，《独语录和灵魂的不朽》，杰拉德·沃森编译（沃敏斯特：阿里斯与菲利普出版社，1990），23 页。沃森指出，圣奥古斯丁“经历过一段有巨大压力的时期，他几乎精神崩溃，《独语录》是他自我治疗的一种形式，他尝试进行对话，甚至是写作来治疗自己”（v 页）。

在形成一个不同于意识性的我的人格，而这个人格现在一定要出来表现”。我不知道确切原因，但是我很确信那个说我的作品是艺术的声音来自一位女性……我很明确地告诉那个声音我正在创作的不是艺术，而且我感到自己内部对这个声音产生了巨大的阻抗。但是从此之后这个声音不再出现了，我便继续写下去。这一次我将她抓住，并且告诉她：“不，这不是艺术。”之后我感觉我们好像是在进行辩论。[55]

荣格认为这个声音是“原始意义上的灵魂”，他将之称为阿尼玛（在拉丁语中代表灵魂）。[56]荣格说：“在对所有的材料进行分析时，实际上我是在给阿尼玛写信，阿尼玛是我身上的一部分，但和我的立场不同。我听到一个新角色对我的评论——我在跟一个灵魂并且是一位女性做分析。”[57]荣格在回顾这段经历的时候说这是他的一个荷兰女患者的声音，这位女患者在 1912 ~ 1918 年接受荣格的分析，她成功地说服荣格的一位精神病学同事相信自己就是一个被误解的艺术家。她认为无意识就是艺术，而荣格坚持认为无意识是自然现象。[58]笔者认为这位女性就是玛利亚·莫尔泽，因为她当时是荣格的圈子中唯一一位荷兰女性，而那位荣格的朋友兼同事就是弗朗茨·里克林，他逐渐放弃分析而转向绘画。里克林在 1913 年成为奥古斯托·贾科梅蒂的学生，奥古斯托是阿尔伯托·贾科梅蒂的叔叔，也是一位早期重要的抽象主义画家，小有名气。[59]

《黑书 2》中九月份的记录描述了荣格回归到自己灵魂的感觉，他详细记录下那些影响他选择科学研究的梦，还有最近那些让他回归到自己灵魂的梦。如他

55 《荣格心理学引论》，42 页。根据荣格的这一段记录，这段对话似乎发生在 1913 年秋季，但是具体时间并不是很确定，因为这一段对话没有出现在《黑书》中，在其他手稿中也找不到这一段对话。如果这里的这个时间是正确的，而且在其他材料缺失的情况下，那么这个声音所说的内容就出现在《黑书 2》9 月份的记录中，而不是出现在后来的《新书》或其他的绘画文本中。

56 《荣格心理学引论》，44 页。

57 《荣格心理学引论》，46 页。

58 阿尼拉·亚菲写《回忆·梦·反思》时，采访荣格的记录，171 页。

59 里克林的绘画通常是模仿奥古斯托·贾科梅蒂的风格：半象征主义和完全抽象主义的作品，搭配柔和的浮色。彼得·里克林的个人藏品。苏黎世美术馆藏有一幅里克林在 1915/1916 年的绘画，名为《布道》，由玛利亚·莫尔泽在 1945 年捐赠。贾科梅蒂回忆说：“里克林的心理学知识相当了得，我之前从未听说过这些知识。他是一位现代的魔术师，我曾经以为他能够变魔术。”[《佛罗伦萨记事：布里特回忆录》(苏黎世：拉舍尔出版社，1943)，86 ~ 87 页]

在1925年回忆起这段经历时所说，第一段创作时期在9月份结束："前途未卜，我想我需要更多的内省……我通过幻想自己正在挖坑的方式设计出这样一种单调的方法，并且完全把幻想视为真实的内容。"[60]第一次这样的实验发生在1913年12月12日。[61]

如前文所述，荣格对灵媒的恍惚状态已经进行了大量的研究，在恍惚状态中，灵媒们被鼓励在清醒状态下产生幻想和视觉幻象，并进行自动书写实验。许多宗教传统也会进行视觉意象化实践，例如在圣依纳爵·罗耀拉进行的第五次属灵操练中，他指导每个人如何"透过眼睛看到地狱的长度、宽度和深度"并使用全部器官进行直接体验。[62]斯韦登伯格也进行过"自动书写"，在他自动书写的日记中，其中一篇日记的内容如下：

> 1748年1月26日。如果可以，诸灵能够彻底占据那些与他们在交流的人，以至于看起来现实世界中只有诸灵一样；尽管他们表现得很明显，而事实上，诸灵则是通过自己的媒介进行思想交流，甚至还可以是文学作品；因为诸灵有时候，实际上是经常，在我写作的时候控制我的手，好像我的手就是他们自己的一样；因此诸灵认为不是我在写作，而是他们在写作。[63]

维也纳的精神分析师赫伯特·希尔贝雷从1909年开始对处在半睡半醒状态下的自己进行实验，希尔贝雷试图让意象出现，他认为这些意象本身是之前一系列思想的象征描述。希尔贝雷与荣格通信，并把自己文章的单行本寄给荣格。[64]

---

60 《荣格心理学引论》，51页。

61 这个幻象可以在《第一部》的第五章看到，此章名为"未来的地狱之旅"，126页。

62 圣依纳爵·罗耀拉，"神操"，《作品集》，J. 穆尼提斯和P. 恩丁翻译（伦敦：企鹅出版集团，1996），298页。1939～1940年间，荣格在苏黎世联邦理工学院（ETH）的讲座中报告了对圣依纳爵·罗耀拉神操的评论（《腓利门系列丛书》，即将出版）。

63 这一段再次出现在威廉·怀特的《斯韦登伯格：生平与著作》，第1卷（伦敦：巴斯出版社，1996），293～294页。荣格在他所藏的这本书中，将本段的第二部分在页边空白处用一条线画出来。

64 希尔贝雷，"一种方法的报告：某种象征性幻觉现象的引发与观察"，《精神分析和精神病理学研究年鉴》，1909年第2期，513～525页。

1912年，一位名叫路德维希·施陶登迈尔（1865—1933）的实验化学教授出版了一本名为《魔法是一门实验科学》的书。施陶登迈尔在1901年开始进行自我实验，他最先进行的是自动书写。在一系列的人物相继出现之后，他发现自己不用书写就可以和这些人物进行对话了。[65] 他还诱发视听幻觉。他所有的研究目的就是通过自我实验为魔法提供一个科学的解释，他认为理解魔法的关键在于对幻觉和“潜意识”（Unterbewußtsein）概念的认识，而且他也特别重视人格化的作用。[66] 因此我们可以看到，荣格的自我实验程序和历史上还有当代的很多实践非常相似，而且荣格本人也很熟悉这些实践。

从1913年12月开始，荣格继续他的自我实验：在清醒状态下刻意激发一个幻觉，接着进入这个幻觉，就像进入一部戏剧一样，这些幻觉可以被理解为一类以画面形式进行的戏剧化思考。在阅读他的幻觉时，荣格的神话研究产生的影响就显而易见了。某些人物和概念都是直接来自他阅读过的作品，并且形式和风格印证了他对神话和史诗世界的迷恋。在《黑书》中，荣格按照日期的顺序写下自己的幻想，并附上他对自己心理状态的思考和在理解幻觉时遇到的困难。《黑书》并不是一本记录事件的日记，也几乎没有记录梦，相反是在记录一个实验。他在1913年把第一本《黑书》称为“我最艰难实验的作品”。[67]

在回顾这段历史的时候，荣格说当时自己的科学问题是想仔细观察在切断意识的时候，会有什么事情发生。梦的例子表明背景活动是存在的，他希望能找到一种方法可以让背景活动涌现出来，就像一个人服用了酶斯卡灵之后所表现的一样。[68]

在梦书的1917年4月17日条目中，荣格写道：“从此以后，一直频繁进行清空意识的练习。”[69] 他的自我实验有明确的目的——使心灵的内容自发地显现。荣格回忆说在意识的阈限之下，一切都是有生命有活力的。在那个时候，他好像

65 施陶登迈尔，《魔法是一门实验科学》(莱比锡：大学出版集团，1912)，19页。

66 荣格藏有一本施陶登迈尔的著作，并在书中将某些段落标记了出来。

67 《黑书2》，58页。

68 阿尼拉·亚菲写《回忆·梦·反思》时，采访荣格的记录，381页。

69 《梦》，荣格家族档案馆，9页。

听到了什么东西。后来，他意识到那是他在对自己小声说话。[70]

从 1913 年 11 月到 1914 年的 7 月，荣格仍然不确定自己进行的实验和关注幻想的含义具有什么样的意义和作用，而且这种不确定感还在增加。在这段时间里，腓利门在一个梦中出现，他后来被证明是在之后幻想中的一个重要人物。荣格的详细记录如下：

梦中出现一片如大海般的蔚蓝天空，但天空中飘着的不是云，而是扁平的棕色泥块。泥块好像要散裂一样，泥块之间蓝色的海水开始显现，但是海水就是蓝色的天空。突然，右侧出现一个长着翅膀的人，横穿过天空。我看到他是一个老人，头上长着牛角，他系着一串钥匙，钥匙总共有四把，他手里拿着其中一把钥匙，好像要去开一把锁。他有着翠鸟般的翅膀，而且翅膀的颜色也和翠鸟的一样。由于我无法理解这个梦中的意象，我便把它画了下来，从而能够将它印刻在我的记忆里。[71]

在荣格画这个意象的时候，他在湖边自己家的花园里发现一只死翠鸟（在苏黎世这一带，翠鸟十分罕见）。[72]

荣格没有给出这个梦的具体日期。腓利门这个人物在 1914 年 2 月 27 日第一次出现在《黑书》中，但是没有翠鸟般的翅膀。对于荣格而言，腓利门象征更高的洞察力，就像一个宗教导师一样的人物，荣格与腓利门到花园中散步。他回想起来腓利门是由以利亚这个人物发展而来的，以利亚曾经出现在他的幻想中：

腓利门是一个异教徒，他带来的是一种具有诺斯替教色彩的埃及－希腊般氛围……我从他那里学习到了心灵的客观性和心灵的真实性。通过和腓利门的交

70 阿尼拉·亚菲写《回忆·梦·反思》时，采访荣格的记录，145 页。荣格对玛格丽特·奥斯特洛夫斯基－萨克斯说："处在困境的时候，主动想象是一项非常重要的技术，即在天降之祸出现的时候，把它讲出来，但只有一个人感觉到自己是在面对一道空白的墙时才有意义。当我和弗洛伊德分裂的时候，我的感受就是这样，我不知道我在想什么。我只是感觉到，'事实并非如此'。然后我构思出'象征思考'，并用两年的时间构思主动想象，之后大量的想法涌入我的头脑，我无法自拔。同样的想法再次出现。我开始求助于我的双手，开始雕刻木头，之后我看清了自己的道路。"[《与 C. G. 荣格对话》(苏黎世：尤瑞斯·德鲁克出版社，1971)，18 页]

71 《回忆·梦·反思》，207 页。

72 《回忆·梦·反思》，207 页。

流，我厘清了我自己和我的思考对象之间的区别……从心理学的角度上看，腓利门就象征更高的洞察力。[73]

1914年4月20日，荣格辞去国际精神分析协会主席的职务，4月30日，荣格辞去苏黎世大学医学院的讲师教职。在大学教书使他感觉到自己被暴露在一种危险的境地，他必须要找到一个全新的方向，否则在这样的状态下去教学，对学生是不公平的。[74] 在6月和7月间，荣格接连三次都做了一个相同的梦，梦中他处在一片陌生的土地上，他必须乘船赶紧回家，紧接着严寒从天而降。[75]

1914年7月10日，苏黎世精神分析协会以15票赞成1票反对的比例选择脱离国际精神分析协会。在会议纪要中，对这次脱离给出的原因是弗洛伊德已经建立一种正统教会，这样会妨碍自由且独立的分析。[76] 苏黎世精神分析协会更名为分析心理协会，荣格积极参与到协会的活动中，与协会成员每两周见面一次，他同时也忙于治疗实践。1913 ~ 1914年，他每天都要治疗1 ~ 9个患者，每周治疗5天，平均下来每天要治疗5 ~ 7个患者。[77]

分析心理协会会议纪要没有记录荣格在这一段时间的个人经历。他本人也没有向别人提及自己的幻想，而是继续和同仁们探讨心理学的理论问题，他在这段时期的个人通信中也是如此。[78] 他每年还继续到部队服兵役。[79] 他在这个时期一直进行学术活动并承担起家庭的责任，但是每晚都会进行自己的自我探索。[80] 证据显示他在随后的几年中仍然在继续进行他的自我探索活动。荣格说在这段时期他的家庭和职业"一直是令人开心的现实，并且确保我能够处在正常的状态且真实地存在着"。[81]

1914年7月24日，荣格在伦敦精神医学协会演讲，演讲的题目是《论心理

73 《回忆·梦·反思》，207 ~ 208页。

74 《回忆·梦·反思》，219页。

75 见下文，102页。

76 苏黎世精神分析协会会议纪要。

77 荣格的预约记录本，荣格家族档案馆。

78 基于对收藏在苏黎世联邦理工学院中荣格在1930年之前的通信和在其他档案馆中的与个人收藏的通信进行系统研究的结果。

79 服役时间为：1913年，16天；1914年，14天；1915年，67天；1916年，34天；1917年，117天（荣格的兵役册，荣格家族档案馆）。

80 见下文，130页。

81 《回忆·梦·反思》，214页。

学的理解》，演讲内容是如何使用不同的方式诠释类似的幻想。在这次演讲中，他将弗洛伊德基于因果关系的分析归因法和苏黎世学派的建构法进行对比，他认为前者的缺陷是把所有的问题都追溯到早期的因素上，而这种方法只看到问题的一半，并没有掌握现象本身有生命力的意义。如果一个人企图使用这种方法理解歌德的《浮士德》，就像一个人从矿物学的角度上去理解哥特式建筑一样。[82] 有生命力的含义“只存在于我们通过自己体验它并沉浸其中的时候”。[83] 由于生命本质上在不断更新，所以仅仅通过回溯是没有办法理解的。因此建构的立场会提出疑问，“如果忽略当下的心灵，如何桥接未来”。[84] 荣格在这篇文章中隐晦地给出他不对自己的幻想进行因果和回溯分析的合理原因，同时也在警告那些被诱惑去进行因果和回溯分析的人。荣格全新的诠释模式是对精神分析的批判和革新，这种诠释模式重新连接到斯韦登伯格的精神诠释学所使用的象征法。

1914 年 7 月 28 日，荣格在英国医学协会的阿伯丁的会议上做了一次题为《无意识在精神病理学中的重要性》的演讲。[85] 他认为在神经症患者和精神病患者身上，无意识在试图补偿片面化的意识态度。而失衡的个体会对抗这种补偿，对立的两端会变得更加两极分化。具有矫正作用的冲动通过无意识的语言呈现出来的时候，便是疗愈的开始，但是它们突破界限的形式导致意识无法接受它们。

一个月前，也即 1914 年 6 月 28 日，奥匈帝国的王储弗朗茨·斐迪南大公被 19 岁的塞尔维亚学生加夫里洛·普林西普刺杀，8 月 1 日，第一次世界大战爆发。荣格在 1925 年说：“我感觉到自己就是一个过度补偿的精神病患者，直到 1914 年 8 月 1 日，我才如释重负。”[86] 多年之后，他对米尔恰·伊利亚德说：

作为一名精神科医生，我很焦虑，用当时流行的话来说，我开始怀疑自己是不是走在“成为一名精神分裂症患者”的路上……我当时正准备为即将在阿伯丁举行的会议写一篇关于精神分裂症的讲稿，我不断跟我自己说：“我就是在讲我自己！我非常有可能在读完这篇文章之后疯掉。”这个会议即将在 1914 年的 7 月

---

82 荣格，“论心理学的理解”，《荣格全集第 3 卷》，§396。

83 荣格，“论心理学的理解”，《荣格全集第 3 卷》，§398。

84 荣格，“论心理学的理解”，《荣格全集第 3 卷》，§399。

85 《荣格全集第 3 卷》。

86 《荣格心理学引论》，48 页。

举行，与我在南海旅行时所做的三个梦预见的时间完全吻合。7 月 31 日，在我的演讲刚刚结束之后不久，我从报纸上看到战争爆发了，我终于明白了这一切是怎么回事。当我第二天在荷兰登陆时，我比任何人都开心。现在我很确定我没有受到精神分裂症的威胁，我明白我的梦和我的幻觉都来自集体无意识层面，我现在要做的是去深化和验证我的发现，这也是我这 40 年来一直在做的事情。[87]

这时候，荣格认为他的幻想所描绘的内容不会出现在自己的身上，而是在欧洲大陆发生。换句话说，这是对集体事件的预知，他后来将之称为“大”梦。[88] 在认识到这一点之后，他便试图去检视自己所体验到的其他幻想是否真实和真实到什么程度，并试图去理解他的个人幻想和集体事件之间的一致性的含义。《红书》的大部分内容都是由荣格对幻想的检视和理解构成的。他在《审视》这本书中写的是战争的爆发使他能够理解自己以前体验到的大部分内容，并给他带来勇气将《新书》的前半部分写出来。[89] 因此他认为战争的爆发让他明白自己会变成疯子的恐惧是错误的，毫不夸张地说，战争是不宣而战，《新书》同样也没有成形。1955 年和 1956 年间，在讨论到主动想象的时候，荣格评论说“为什么这次的卷入如此像一个精神病患者所为，原因就是当病人正在整合相同的幻想材料时，精神病患者会成为幻想材料的牺牲品，因为他无法整合这些材料，而是被这些材料吞噬了。”[90]

需要重点指出的是，荣格认为大约有 12 个独立的幻想具有预测性：

1 ~ 2，1913 年 10 月
血流成河与白骨堆积如山的幻象反复出现，且有个声音说这一切都会实现。
3，1913 年秋季
血流成河，覆盖整个北部地区的幻象。

87 “战斗”的访谈（1952），《C. G. 荣格演讲集：采访和邂逅》，威廉・麦圭尔和 R. F. C. 霍尔编辑（波林根系列丛书，普林斯顿：普林斯顿大学出版社，1977），233 ~ 234 页。见下文，103 页。

88 见下文，103 页。

89 见下文，494 页。

90 “神秘结合”，《荣格全集第 14 卷》，§756。关于荣格变疯的神话，是弗洛伊德派学者最先提出来的，目的是否定荣格的工作成果，见拙著《被传记作家扒光的荣格》。

4 ~ 5，1913 年 12 月 12 日，15 日

已去世英雄的意象和在梦中杀掉西格弗里德。

6，1913 年 12 月 25 日

巨人的脚踩在城市之上的意象，谋杀和血腥残忍的意象。

7，1914 年 1 月 2 日

血流成河的意象和一大群死去的人列队前行的意象。

8，1914 年 1 月 22 日

他的灵魂从深处走上来，问他是否愿意相信战争和毁灭。她给他看毁灭、军事武器、人体残骸、沉船、被摧毁的国家等诸多意象。

9，1914 年 5 月 21 日

一个声音说祭物落在左右两侧。

10 ~ 12，1914 年 6 ~ 7 月

三次做梦都梦到他处在一片陌生的土地上，必须乘船赶紧回家，紧接着严寒从天而降。[91]

《新书》

荣格开始写《新书》的草稿，他很认真地把《黑书》中大部分的幻想都誊写到《新书》上，接着为每一个幻想都补充一段抒情文字，并诠释每一段时期的意义。逐字比较之后发现，荣格是在如实誊抄自己的幻想，誊抄时只做了很小的修改和把内容划分成章节，因此，《新书》内所有幻想的先后顺序几乎和《黑书》内的顺序一模一样。当荣格在书中写某一个特定幻想出现在“第二天晚上”，等等，他所写的是一个精确的时间，而非一种文学表现手法，而且他也没有修改材料的内容和语言。荣格认为自己要“忠于事实本身”，因此自己所写的内容才不会被误解为是虚构的作品。草稿以致“朋友”开篇，而且之后“朋友”这个词频繁出现。《黑书》和《新书》之间最大的区别是：前者只供荣格个人使用，可以视为实验记录；而后者是公之于众的，以某种形式供别人阅读。

荣格在 1914 年 9 月仔细研读了尼采的《查拉图斯特拉如是说》，而他在年轻

---

91 见 14 ~ 15 页，102 页，140 页，175 页，234 页，396 页，488 页。

的时候就已经读过这本书。荣格后来回忆说，“接着，精灵将我抓住，并把我带到一个沙漠国家中，在这里阅读查拉图斯特拉的作品。”[92]《新书》的结构和风格受到《查拉图斯特拉如是说》的强烈影响。与尼采的《查拉图斯特拉如是说》一样，荣格把《黑书》的内容拆分成一系列的小章节誊写到《新书》上。虽然查拉图斯特拉声称神已死，但是《新书》中描绘的是神在灵魂中的再生。也有迹象表明荣格在这段时间也阅读了但丁的《神曲》,《新书》的结构具有《神曲》的色彩。[93]《新书》描绘的是荣格下地狱的过程，而尽管但丁利用的是一个既定的宇宙学，但荣格是在尝试形成一个新的个人宇宙学。腓利门在荣格的作品中扮演的角色就类似于查拉图斯特拉在尼采的作品中和维吉尔在但丁的作品中所扮演的角色。

《草稿》中大约50%的内容都是直接来自《黑书》，荣格在此基础上新添加大约35处评注。在这些评注中，他试图借助这些幻想获得一般的心理学原理，也试图去理解幻想所呈现的内容在多大程度上以一种象征的形式在现实世界中发生。1913年，荣格提出在客观水平上诠释和在主观水平上释梦存在差异，前者把梦中的客体视为真实客体的表象，后者认为梦中的每一个元素都和梦者有关。[94]荣格的描述不仅可以被视为是从主观水平上诠释自己的幻想，而且他书中的描写程序也可以被视为试图从“集体”的水平上诠释自己的幻想。他没有尝试对自己的幻想进行还原式分析，而是把它们视为是在描绘自己身上一般心理原则的功能(例如内倾与外倾的关系、思维和快乐的关系等)，也是在描绘即将发生的具体或象征事件。《草稿》的第二层代表荣格最初进行的核心和大范围的尝试是在发展和应用自己的建构法，第二层本身就是一个诠释学的实验。严格意义上讲，《新

92 詹姆斯·贾勒特编,《尼采的查拉图斯特拉：1934-1939年演讲集》(波林根丛书，普林斯顿：普林斯顿大学出版社，1988)，381页。关于荣格对尼采的解读，见保罗·毕肖普,《狄奥尼索斯式原我：论C. G. 荣格对尼采的接受》(柏林：沃尔特·德格鲁伊特出版社)。马丁·利布舍尔，“神秘的相似性：尼采的诠释学力量和卡尔·古斯塔夫·荣格的分析式诠释”,《看这部作品：20世纪重读尼采》，鲁迪格·戈尔和邓肯·拉吉编(伦敦/哥廷根，范登霍克 & 鲁普雷希特出版社,2003),37 ~ 50页;“荣格抛弃弗洛伊德而活在接受尼采的光芒下”,《历史的轮回》，雷纳特·雷什克编(2001)，255 ~ 260页；格雷厄姆·帕克斯，“尼采与荣格：矛盾的理解”,《尼采和深度心理学》，雅各布·格罗姆，韦弗·桑塔力诺和罗纳德·莱勒编(奥尔巴尼：纽约州立大学出版社，1999)，69，213页。

93 《黑书2》中，荣格在1913年12月26日引用了“炼狱篇”中某些篇章的内容(104页)。见下文，177页，注213。

94 1913年，米德已经提到荣格对“客观水平”和“主观水平”的“完美论述”(“论梦的问题”,《精神分析和精神病理学研究年鉴之5》，1913，657 ~ 658页)。荣格在1914年1月30日在苏黎世精神分析协会讨论了这一部分内容，苏黎世心理分析协会会议纪要。

书》不需要额外的诠释，因为它本身就含有对自己的诠释。

虽然荣格在写《草稿》时没有添加任何学术性的参考文献，但文稿中又有对哲学、宗教和文学作品的大量直接引用和间接提及。他意识性地选择把学术放在一边，但是《红书》中对这些作品的幻想和思考都是一个学者所为，事实上，许多自我实验和《新书》的创作都是在他的图书馆中进行的。如果荣格决定出版这本书，他或许会为之附上参考文献。

在写完《草稿》之后，荣格把它打印了出来，并进行编辑，还手工修改了其中一篇文稿（指的是《修改的草稿》）。从注释上看，荣格似乎让某人（不是艾玛・荣格、托尼・伍尔夫和玛利亚・莫尔泽的笔迹）读过他的草稿，此人评论了荣格的编辑，并指出某些荣格想要删除的地方应该保留下来。[95] 这本书的第一部分没有标题，但实际上第一部分的标题是《第一卷》，而且是写在羊皮纸上的。接着荣格又从装订商艾米尔・史泰利那里购得一部大的对折本，有六百多页，包着红色的皮革封面，他在书脊上写着《新书》。后来他把羊皮纸插进对折本中，并在此基础上继续写《第二卷》。这本书看起来就像一部中世纪的手抄本，使用古典式花体书法书写，段首是一系列的字母缩写。荣格把第一部书命名为“来者的路”，并将《以赛亚书》和《约翰福音》的部分内容置于标题之下，因此这本书像是一部先知的作品。

在《草稿》中，荣格把从《黑书》那里誊写来的内容分为不同的章节。荣格在誊写《黑书》的内容到红色皮革卷的过程中，他修改了某些章的标题，并加入新的内容，又重新编辑内容材料。荣格主要删除和修改的对象是第二层的诠释和叙述，而非幻想材料本身，基本上是缩减文本内容。荣格后来在一直不断修改第二层的内容，在把文字内容誊写到这个版本之前，第二层的内容已经出现，因此第二层出现的年代顺序和合成的过程清晰可见。因为荣格的第二层论述有时候会很隐晦地指向下一部分所写的幻想，因此直接根据幻想出现的年代顺序进行阅读，随后再连续阅读第二层的内容，也是非常有帮助的。

荣格随后使用一些绘画、有装饰图案填充的首字母、带有装饰的边框和边栏

95 例如，在《修改的草稿》的第 39 页，页边的空白处写着“很好！为什么要删掉？”荣格好像采纳了这个意见，把原始段落保留下来了。见下文，131 页，第二段。

图解这些文本。最初，这些画直接与文本相对应，后来，这些画开始变得更加象征化，它们本身就是主动想象。文本和图画的结合使人想到威廉·布莱克的诗画作品，而荣格也比较熟悉布莱克的作品。[96]

《新书》中有一张图片的原稿被保存了下来，这张图显示所有图片都是经过精心制作的，先用铅笔描出轮廓，随后使用颜料仔细描绘，[97] 其他所有图片似乎也是按照这个程序制作而成。从这些被保存下来的绘画来看，令人吃惊的是，这些绘画从 1902 ~ 1903 年的具象派画法突然飞跃到 1915 年以后的抽象主义和半象征主义画法。

艺术与苏黎世学派

今天荣格的图书馆中仍然藏有一小部分现代艺术的书籍，但有些书籍经年累月之后可能已经散开无法翻阅。他拥有一系列奥迪隆·雷东的绘画作品，而且他也对奥迪隆·雷东进行过研究。[98] 他在巴黎学习的时候，应该看过雷东的作品，他对象征主义运动的强烈回响出现在《新书》的绘画中。

1910 年 10 月，荣格和他的好友沃尔夫冈·斯托克麦尔骑自行车到意大利北部旅行。他们到拉文纳参观，[99] 当地的壁画和镶嵌图画给荣格留下深刻的印象，这些作品似乎对荣格的绘画作品产生一定的影响：高饱和色的使用、马赛克般的表现形式和不使用透视画法画出的二维形象。

1913 年，荣格在纽约的时候，他有可能参观了军械库博览会，这是美国最

96 荣格在 1921 年曾经引用过布莱克的《天堂与地狱的婚姻》(《荣格全集第 6 卷》，§422n，§460)；在《心理学与炼金术》一书中，荣格提到布莱克的两幅画（《荣格全集第 12 卷》，Image 14 和 Image 19）。他在 1948 年 11 月 11 日写给裴罗·纳纳伍迪的一封信中说："我发现布莱克有一个非常诱人的研究，因为他把自己还未完全理解和完全没有理解的幻想内容集中在一起。我认为，这些都是艺术作品，而非如实地把无意识的过程表现出来。"(《荣格通信集》第 2 卷，513 ~ 514 页)

97 见下文，附录 A。

98 雷东，《绘画作品全集》，(巴黎：秘书处出版社，1913)，安德烈·梅莱里奥，《奥迪隆·雷东：画家、素描家与雕刻家》，(巴黎：亨利·福洛瑞出版社，1923)。还有一本论述现代艺术的书，这本书对现代艺术提出严厉的批判：马克斯·拉斐尔，《从莫奈到毕加索：现代绘画的审美和创作基础》(慕尼黑：海豚出版社，1913)。

99 荣格在 1910 年 10 月 20 日写给弗洛伊德的信，《弗洛伊德与荣格通信集》，威廉·麦圭尔编，R. 曼海姆和 R. F. C. 霍尔译（普林斯顿：波林根丛书，普林斯顿大学出版社，1974），359 页。

重要的现代艺术国际博览会（展览会到3月15日结束，荣格在3月4日前往纽约）。他在1925年的讲座中提到过马歇尔·杜尚的画作《走下楼梯的裸女》，而这幅作品在当时的展览中曾引起轰动。[100] 在这次演讲中，他也提到自己还研究过毕加索的绘画作品。由于荣格没有进行深入的研究，因此他对现代艺术的理解更多是来自身边的熟人。

在第一次世界大战期间，苏黎世学派的成员和艺术家之间往来频繁，他们都是先锋派运动的一部分，而且他们的社交圈彼此重合。[101] 1913年，艾丽卡·施莱格尔找荣格做分析，她的丈夫是尤金·施莱格尔，他们夫妇是托尼·伍尔夫的好朋友。而艾丽卡·施莱格尔是苏菲·托依伯的妹妹，她后来成为心理学俱乐部的图书管理员。心理学俱乐部的成员也经常被邀请参加一些达达主义的活动。1917年3月29日，在达达美术馆的开幕庆祝仪式上，雨果·鲍尔注意到人群中有心理学俱乐部的成员。[102] 当晚的节目有苏菲·托依伯的抽象舞蹈，雨果·鲍尔、汉斯·阿普和特里斯坦·查拉的诗朗诵。苏菲·托依伯师从拉班，她和阿普一起为心理俱乐部的会员开设了一期舞蹈培训班。心理学俱乐部举行了一场假面舞会，她还为这场舞会设计服装。[103] 1918年，她在苏黎世表演了一场牵线木偶剧《鹿王》，演出地点就在伯格霍茨利旁边的树林中。故事的内容是俄狄浦斯·考姆普莱克斯博士的对头弗洛伊德·厄奈利库斯被原始力比多变成了鹦鹉，讽刺滑稽地模仿荣格的《力比多的转化与象征》中的主题和荣格与弗洛伊德的冲突。[104] 但是，荣格圈子里的人和某些达达主义艺术家之间的关系开始逐渐变得紧张起来。1917年5月，艾美·亨宁斯写信给雨果·鲍尔说"心理学俱乐部"如今已经不存在了。[105] 1918年，荣格在一篇瑞士评论的文章中对达达主义提出批评，达达

100 《荣格心理学引论》，59页。

101 莱纳·楚赫，《超现实主义者和C. G. 荣格：超现实主义者贝斯佩耶·冯·马克斯·恩斯特、维克多·布劳纳和汉斯·阿普对分析心理学接纳的研究》（魏玛：范德格拉夫出版社，2004）。

102 《逃离这个时代：一个达达主义者的日记》，102页。

103 格丽塔·施特勒，《苏菲·托依伯：1989年12月15日—1900年3月，巴黎当代艺术博物馆》中的"传记"，（巴黎：巴黎博物馆协会，1989），124页；艾琳·瓦兰金的采访，藏于荣格传记档案馆，康特韦医学图书馆，29页。

104 木偶被收藏在苏黎世的贝勒里夫博物馆。见布鲁诺·米克尔，"苏菲·托依伯-阿普的牵线木偶剧"，《苏菲·托依伯：1989年12月15日—1900年3月，巴黎当代艺术博物馆》，59～68页。

105 雨果·鲍尔和艾琳·瓦兰金，《苏黎世的往事：1915-1917年纪要》（苏黎世：诺亚方舟出版社，1978），132页。

主义者们当然不会忽略荣格的批评。[106] 荣格的绘画作品与达达主义者的绘画作品之间最主要的区别是荣格特别强调意义和含义。

荣格并不是在真空中进行自我探索和创造性实验，在这段时期，他周围的朋友也对艺术和绘画有强烈的兴趣，阿方斯·米德写了一部关于费迪南德·霍德勒的专著，[107] 并与他保持友好的通信往来。[108] 1916 年左右，米德产生了一系列的幻象或清醒状态下的幻想，他以匿名的形式发表了这些内容。当他把这些讲给荣格听的时候，荣格回应说："什么，你也有这样的经历？"[109] 汉斯·施密德也以一种类似于荣格创作《新书》的方式把自己的幻想通过书写和绘画呈现出来。莫尔泽热衷于不断增加苏黎世学派的艺术活动次数，她感觉这个圈子需要更多的艺术家，并把里克林视为一个典型。[110] J. B. 郎当时在接受里克林的分析，他也开始绘画象征作品。莫尔泽使用图文结合的方式写了一本书，她称之为《圣经》，同时她也建议自己的患者范妮·鲍迪奇·卡茨也这么做。[111]

1919 年，苏黎世艺术博物馆举办了一场名为"新生"的展览，里克林的一部分画作就在其中，他认为自己是一位瑞士表现主义画家，和汉斯·阿普、苏菲·托依伯、弗兰西斯·皮卡比亚、奥古斯托·贾科梅蒂齐名。[112] 按照荣格的人脉关系，如果他愿意，他很容易能够以这样的形式把自己的某些作品展览出来。

---

106 荣格，"论无意识"，《荣格全集第 10 卷》，§44；法莫斯，《达达评论》，391（1919）；特里斯坦·查拉，《达达主义》，4 ~ 5（1919）。

107 《费迪南德·霍德勒：他的速写绘画的心理发展过程和对瑞士民族文化发展的重要性概述》（苏黎世：拉舍尔出版社，1916）。

108 米德的论文。

109 米德的访谈，荣格传记档案馆，康特韦医学图书馆，9 页。

110 弗朗茨·里克林在 1915 年 5 月 20 日写给苏菲·里克林的信，《里克林论文集》。

111 范妮·鲍迪奇·卡茨这时候正在接受莫尔泽的分析，她在 1916 年 8 月 17 日的日记中写道："对于她（指莫尔泽）的这本书，也即她的《圣经》，使用文字结合图片的方式写成，我也必须这么做。"据卡茨说，莫尔泽将自己的绘画视为"纯粹的主观想象，绝非艺术作品"（7 月 31 日，康特韦医学图书馆）。但卡茨有一次在日记中写到莫尔泽的时候说，"莫尔泽写的就是艺术，真正的艺术，是宗教的表达"（1916 年 8 月 24 日）。1916 年，莫尔泽在心理学俱乐部的一次讨论会上报告了自己从心理的角度上对里克林一些绘画作品所做的诠释（见拙著《邪典：荣格和分析心理学的创立》[伦敦：劳特里奇，1998]，102 页）。关于郎的部分，见托马斯·费特克莱希特编辑的《灵魂的黑暗与粗暴：赫尔曼·黑塞与精神分析家约瑟夫·郎的通信集，1916-1944》（法兰克福：苏卡普夫出版社，2006）。

112 《"新生"展览首发式》，苏黎世艺术博物馆，根据 J. B. 郎的记载，有一次他去里克林家的时候，荣格和奥古斯托·贾科梅蒂当时也在（《日记》，1916 年 12 月 3 日，9 页；《郎的论文集》，瑞士图书馆档案室，伯尔尼）。

因此在这种环境下，他很有可能也是根据这个思路，否认自己的作品是艺术。

艾丽卡・施莱格尔多次与荣格探讨艺术，她记下了这样一次交流：

昨天，我带着珍珠徽章（珍珠是苏菲帮我绣上去的）到荣格家做客。荣格非常喜欢这个徽章，它让荣格开始兴致勃勃地谈论起艺术，谈了将近一个小时。他谈到奥古斯托・贾科梅蒂的学生里克林，他发现里克林较小的作品具有一定的美学价值，而较大的作品平淡无奇。事实上，里克林已经完全消失在自己的艺术中，他完全变得难以理解。他的作品就像一堵墙，墙上水波粼粼，无法进行分析，除非一个人变得像刀子一样尖锐锋利。里克林在某种程度上已经融入到艺术之中。但是艺术和科学仅仅是为创造性精神服务，而不是创造性精神为它们服务。

关于我自己的作品，同样也需要弄清楚它是不是真正的艺术。童话和图片本质上都含有宗教的意义，我也明白，我的作品在某种程度上和在某些时候，必须要接触到现实的人。[113]

对于荣格而言，弗朗茨・里克林在某种程度上就像一个幽灵，而他自己要避免这样的宿命。这段话也显示荣格通过自我实验，把艺术和科学放在同等重要的位置上。

因此，《新书》的创作绝对不是一项特定和特异的活动，也不是精神疾病的产物。这项活动显示心理和艺术实践紧密地交织在一起，而且当时很多人都在进行这项活动。

集体的实验

从 1915 年开始，荣格就心理类型问题与他的好友汉斯・施密德进行通信，两人就这一问题探讨很长一段时间。这些通信并没有直接显示出荣格在进行自我实验，表明他在这段时期发展的理论并不仅是源自他的主动想象，还部分包含了一些传统的心理学理论构建。[114] 1915 年 3 月 5 日，荣格在写给斯密斯・伊利・叶

113 1921 年 3 月 11 日，"日记"，《施莱格尔论文集》。

114 约翰・毕比和恩斯特・法尔泽德编辑，《腓利门系列丛书》，即将出版。

利非的一封信中说：

> 我仍在一座小镇服兵役，这里有很多医疗实践工作要做，而且还要骑马行军……在我服兵役之前，我的生活相当平静，我的时间都用来接诊病人和研究探索，尤其是对两种类型心理学和无意识的合成倾向进行探索。[115]

荣格在自我探索期间，经历了动荡的状态。他说自己体验到了巨大的恐惧，有时候自己必须扶着桌子才能够保持自己不会解体，[116] 而且“我频繁感到自己非常兴奋，只能通过瑜伽修炼消除这些情绪。但由于我的目的是去发现我身上发生了什么事情，所以我只有在完全让自己冷静下来之后才进行自我探索，才能够继续探索无意识”。[117]

荣格说当时托尼·伍尔夫也开始卷入到无意识探索中，同样体验到一系列同样的意象。荣格发现自己可以和伍尔夫讨论自己的感受，但是她失去了方向感，也陷入类似的混乱中。[118] 而且，他的妻子在这一点上也无法为他提供帮助。因此，他这样写道：“我竭尽全力所忍受的就是一股残暴的力量。”[119]

伊迪丝·洛克菲勒·麦考密克在 1913 年前往苏黎世找荣格做分析，她在 1916 年年初捐赠 36 万瑞士法郎成立心理学俱乐部。成立之初，俱乐部大约有 60 名会员。对于荣格而言，成立俱乐部是为了研究个体与群体的关系，并且能够为心理学观察提供一个自然的环境，从而克服一对一分析的局限。与此同时，一群专业的分析师仍然活跃在分析心理学协会。[120] 荣格参与了两个组织的全部活动。

荣格的自我实验也预示着他的分析工作将发生变化，他鼓励自己的病人也进行同样的自我实验过程，教导病人学习如何进行主动想象、如何进行内在对话、

---

115 约翰·伯纳姆，《叶利非：美国心理学家和生理学家和他与西格蒙德·弗洛伊德及 C. G. 荣格的通信集》，威廉·麦圭尔编（芝加哥：芝加哥大学出版社，1983），196 ~ 197 页。

116 阿尼拉·亚菲写《回忆·梦·反思》时，采访荣格的记录，174 页。

117 《回忆·梦·反思》，201 页。

118 阿尼拉·亚菲写《回忆·梦·反思》时，采访荣格的记录，174 页。

119 《回忆·梦·反思》，201 页。

120 关于俱乐部的成立，见拙著《邪典：荣格和分析心理学的创立》。

如何把自己的幻想画出来，他视自己的经历为典范。在 1925 年的讲座中，荣格说："我从病人那里获取所有实证材料，但是我从内部获取解决问题的办法，也即从对无意识过程的观察结果中获得。"[121]

缇娜·科勒从 1921 年开始接受荣格的分析，后来回忆说荣格"经常会谈到自己和自己的经历"：

在分析的早期，当一个人开始进入分析的时候，那本所谓的"红书"经常被打开着放在画架上。荣格博士在其中作画或刚刚完成一幅画。有时候，他会把自己画的内容给我看。他非常细心且细致地绘制这些画并为每一幅画都配上精美的文字，这些都证明了他进行这项活动的重要性。因此，这是师者在身体力行告诉学生为精神的发展付出时间和精力是值得的。[122]

科勒在与荣格和托尼·伍尔夫分析的过程中，使用了主动想象，还有绘画。荣格所进行的自我实验绝非只有他一个人在做，他的直面无意识是一种集体行为，在这个过程中，他和自己的病人们在一起直面无意识。荣格周围的人形成一个前卫的群体，共同进行社会实验，他们希望能够借此转化自己和周围人的生命。

死者的归来

在这期间，空前残酷的第一次世界大战爆发，死者的归来这一主题开始广泛流传，例如阿贝尔·冈斯的电影《我控诉》。[123] 死亡人数的不断增加也使人们恢复了对招魂术的兴趣。将近一年之后，荣格在 1915 年又继续《黑书》的创作，他又有了一系列新幻想，他此时已经完成这部草稿的《第一卷》和《第二卷》两部分。[124] 在 1916 年年初，荣格在自己家中体验到一系列令人印象深刻的通灵

121 《荣格心理学引论》，35 页。

122 "C. G. 荣格：回忆与思考"，《内在之光》35（1972），11 页。关于缇娜·科勒，见温蒂·斯温，《荣格与主动想象》（萨尔布鲁根：缪勒博士出版社，2007）。

123 温特，《记忆之地，哀伤之所》。18，69 页和 133 ~ 144 页。

124 对于这一点，《黑书 5》增加了一个注释："到这个时候，第一部分和第二部分（指《红书》）已经完成，就在大战开始之后不久"（86 页）。这段话是荣格亲手所写，而"指《红书》"是别人添加上去的。

学事件。1923年，荣格把这个事情讲给卡莉·德安古洛（后来改姓为拜恩斯）。卡莉的记录如下：

一天夜里，你的儿子在睡梦中胡言乱语，不停地挥舞四肢，并说自己无法醒来。你的妻子最终来寻求你的帮助，以使孩子能够安静下来，你只能把冰冷的衣服盖在他身上，最后他消停下来，接着睡着了。他在第二天起床后，对昨晚发生的事一无所知，但他看起来非常精疲力竭，你告诉他今天就不用去上学了，他没有问为什么，似乎不去上学是一件理所当然的事情。但是，他出乎意料地拿来纸和铅笔开始作画，他画的内容如下——在画面中央，一个人正在用鱼钩钓鱼。左侧一个魔鬼正在对这个钓鱼的人说着什么，你儿子把魔鬼所说的内容写了下来，因为钓鱼人正在钓鱼，所以魔鬼专门来这里找他。但是右侧是一个天使，天使说："不，你不能把这个人带走，他只钓坏鱼，从不钓好鱼。"你的儿子画完这幅画之后，他感到很满足。那天夜里，你的两个女儿认为她们在自己的房间里看到了幽灵。第二天你写出了《向死者的七次布道》，而且你自己知道，从那以后再也没有任何东西来扰乱你的家人，这种事情再也不会发生。我当然知道你就是儿子画中的钓鱼人，你也这么告诉我，但是你儿子不知道这个。[125]

在《回忆·梦·反思》中，荣格的详细记录如下：

就在周日下午五点钟左右，大门上的门铃开始发疯似的丁零丁零响了起来。这是一个阳光灿烂的夏日，两个女佣都在厨房里忙着，从我的位置上看去，可以看到大门外的空地。大家都立即起身去看看是谁在按门铃，但是打开门后，却连人影都没看到。我当时正坐在门铃的旁边，因此不但听到了门铃声，而且也看到门铃当时在动。我们所有人都只好目瞪口呆地相互看着。当时的气氛十分沉闷，我绝非是在打诳语！随后，我意识到某种事情要发生了。仿佛一大群人走进了房子，把整个房屋塞得满满的，屋子里到处都是鬼。这些鬼密密麻麻一直挤到门口，空气闷得几乎让人喘不过气来。至于我自己，则浑身抖个不停，心里在问："老天啊，这到底是怎么回事？"然后，他们便齐声大喊："我们是从耶路撒冷回来的，我们在那里找不到我们要找的东西。"这是我在《向死者的七次布道》中

125 《卡莉·拜恩斯论文集》，当代医学档案馆，惠康图书馆，伦敦。

开篇所写的话。

随后，我便文思如泉涌，经过三个晚上的书写，我便完成了这篇文章。只要我一拿起笔，这群鬼就立刻烟消云散了。房间变得非常安静，空气也清新了。闹鬼的事情到此结束。[126]

1914 年 1 月 17 日，死者出现在荣格的幻想中，他们说要去耶路撒冷，要在圣墓之前祈祷，[127] 显然，他们没有成功。这段时期荣格的幻想在写《向死者的七次布道》时达到巅峰，它是荣格以诺斯替教创世神话的形式建构的一个心理宇宙模型。在荣格的幻想中，一个新的神已经从他的灵魂中诞生，这个神就是青蛙之子阿布拉克萨斯（Abraxas）。荣格从象征的角度上理解这个模型，他把这个形象看作是基督教的神和撒旦的结合，因此是在描绘西方神的意象的转化。直到 1952 年，荣格才在《答约伯书》中详细论述这个主题。

荣格在为写《力比多的转化与象征》一书准备素材的过程中，读了很多诺斯替教的文献。1915 年 1 月 ~ 10 月，他在服兵役期间，研读了诺斯替教的作品。在写完《黑书》中的《向死者的七次布道》之后，荣格使用花体字将这些内容原封不动地誊抄到另外一本书中，并微调了部分内容的顺序。他又在标题下添加以下题词："对死者的七次教诲，巴西利德斯写于亚历山大城，东方和西方在这里交汇。"[128] 随后他私下把这篇文章打印了出来，又加上一段题词："从希腊原文翻译成德文。"这段文字显示出 19 世纪末的古典文学在文体上对荣格所产生的影响。荣格说这篇文章写于心理学俱乐部成立之际，他把它当作礼物送给成立俱乐部的伊迪丝・洛克菲勒・麦考密克。[129] 他又印了几本送给了一些朋友和知己。荣格在送给阿方斯・米德的那一本上写道：

我不能为这篇文章署上我的名字，但是我选择了一个人物的名字作为替代，这个人物是基督教早期的一位伟大思想家，而他的名字被基督教刻意抹掉了。这种感觉就像当你正在承受巨大压力的时候，一颗成熟的果实出乎意料地砸在你的

---

126 《回忆・梦・反思》，215 ~ 216 页。

127 见下文，349 页。

128 历史上的巴西利德斯是一位诺斯替教徒，公元 2 世纪时在亚历山大执教。见 521 页注 81。

129 阿尼拉・亚菲写《回忆・梦・反思》时，采访荣格的记录，26 页。

腿上，给你带来一线希望，使你在最艰难的时刻感到些许安慰。[130]

1916年1月16日，荣格在《黑书》中画了一幅曼荼罗（见附录A），这是第一张“普天大系”（Systema Munditotius）的草图。随后，他继续在这张曼荼罗上作画，并用英语在这幅画的背面写道：“这是我在1916年画的第一幅曼荼罗，它代表整个无意识世界。”《黑书》中的幻想还在继续，而普天大系这幅曼荼罗就是以绘画的方式呈现《向死者的七次布道》的宇宙学。

1917年6月11日至10月2日期间，荣格成为英军战区战俘监管上校，驻扎在夏托达堡。大约在8月份，他写信告诉斯密斯·伊利·叶利非说兵役完全把他从工作中抽离出来，他打算等兵役结束回家之后，写一篇关于类型的文章。他在这封信的结尾处总结道：“我们周围的一切未发生改变，显得那么安静，但其他的一切都被战争吞噬了，精神病人数一直在增长，不停地增长。”[131]

在这个时候，他仍然觉得自己还处在混乱中，直到战争结束，一切才开始变得清晰。[132]从8月初到9月底的这段时间里，他用铅笔在服兵役时军队所发的笔记本上画了27幅曼荼罗，并将这个笔记本保存了下来。[133]最初他无法理解这些曼荼罗，只是感觉到它们非常重要。自8月20日起，他几乎每天都画一张曼荼罗，这给他一种每天拍一张照片的感觉，同时他还观察这些曼荼罗都发生了什么变化。他回忆说自己曾收到一封信，来自“那位荷兰女性，它让我感到非常心神不宁”。[134]这封信正是莫尔泽所写，她认为“这些来自无意识的幻想都具有艺术价值，应该把它们视为艺术”。[135]荣格感到非常不安，因为这个观点并不是没有意义，而且当代的画家们都在尝试从无意识中获取艺术的灵感，因此他开始怀疑自己的幻觉是不是自发和自然的。第二天，他又画了一幅曼荼罗，而这幅曼荼罗周边的一部分出现了中断，变得不再对称：

130 1917年1月19日，《荣格通信集》第1卷，33～34页。荣格也寄给乔兰德·亚考毕一本《向死者的七次布道》，荣格将这篇文章的内容形容为“来自无意识加工过程的珍品”（1928年10月7日，乔兰德·亚考毕）。

131 约翰·C. 伯纳姆，《美国精神分析师和精神病学家叶利非》，199页。

132 阿尼拉·亚菲写《回忆·梦·反思》时，采访荣格的记录，172页。

133 见附录A。

134 《回忆·梦·反思》，220页。

135 《回忆·梦·反思》，220页。

之后，我才逐渐发现什么才是真正的曼荼罗："成形、变形、永恒心灵的永恒创造性。"曼荼罗就是原我，也即人格的完整性，而且如果一切进展顺利，原我是和谐的，但原我无法容忍自欺欺人。我所画的曼荼罗就是与原我状态有关的密码，而且曼荼罗每天都会把这些密码传递给我。[136]

荣格所说的那幅不对称的曼荼罗画于1917年8月6日。[137]第二行的文字引自歌德的《浮士德》，原文的内容是墨菲斯托菲里斯正在告诉浮士德通往母神世界的道路。

墨菲斯托菲里斯：
一个烧红的宝鼎会告诉你，
你已经走到极深的异境。
借着宝鼎的光你会看见那些母神，
她们有的坐着，有的站着，有的在行走。
这是成形和变形的象征，
这是永恒心灵的永恒创造性，
周围全是万物的意象，
它们看不到你，只能看到你的影子。
你要稳住你的心，因为前方的危险实在太大，
你要径直走向宝鼎，
用你手中的钥匙碰触它！[138]

而这封信并未被公开。但是，1918年12月21日，荣格随后在夏托达堡又写了一封信，而这封信也没有出版，他在信中写道："莫尔泽女士的信再次让我变得心烦意乱。"[139]荣格在《新书》中复制了那幅不对称的曼荼罗。荣格指出，

136 《回忆·梦·反思》，221页。

137 见附录A。

138 《浮士德》第2幕，第1场，6287f。

139 荣格未出版的信，荣格家族档案馆。这里也有一幅莫尔泽所画的四方形曼荼罗，但没有注明作画的具体日期，她在曼荼罗下方附上一段简短的文字："图示个体化或个体化过程"（心理学俱乐部图书馆，苏黎世）。

他正是在这段时间第一次注意到原我这个概念："我认为原我就像一个单子，我也是一个单子，单子就是我的世界。曼荼罗就代表单子，相当于微观的灵魂本质。"[140] 此时，荣格仍然不知道这条路会通向何方，但是他开始意识到曼荼罗就代表这条路的终极目标："然而，当我开始画曼荼罗的时候，我便发现，所有我走的路，我做的努力，都把我带回到同一个点上，也即一个中心点。而曼荼罗代表所有的道路。"[141] 到 20 世纪 20 年代，荣格对曼荼罗意义的理解又加深了。

《草稿》中包含了 1913 年 10 月到 1914 年 2 月的幻想。1917 年冬季，荣格开始写一本全新的书稿，并将之命名为《审视》，开始在曾经中断的地方写起，将 1913 年 4 月至 1916 年 6 月的幻想全部誊写到这一部的书稿中。就像在《新书》的第一部和第二部中所作的一样，他也为这一部书中的幻想配上诠释性的评论。[142] 他把《向死者的七次布道》也收录进了这一部作品里，并为每一次布道都加上腓利门的评论。在这些评论中，腓利门非常强调他的教诲具有补偿性：他刻意精确地指出逝者所缺乏的概念。《审视》构成《新书》的《第三卷》，因此整部《新书》的顺序如下：

第一卷：来者的路
第二卷：犯错者的意象
第三卷：审视

在这段时期，荣格继续使用古典花体书法并配上图画的方式誊抄《草稿》的内容。《黑书》中的幻想开始变得更加不连贯，1917 年秋，他在《审视》中描绘出原我的重要性，[143] 这一部分包含荣格的神的重生的幻象，最后以描绘阿布拉克萨斯的形象结束。此时他意识到这本书前一部分（即第一卷和第二卷）的主要内容实际上都来自腓利门。[144] 荣格发现自己身上存在一个先知一样的智慧老人，而他本人并不是这个老人，这象征一种批判性的否定认同。1918 年 1 月 17 日，荣

140 《回忆・梦・反思》，221 页。印度教中的原我 / 自我概念是荣格的原我概念的直接来源，荣格在 1921 年出版的《心理类型》一书中对这一部分进行了探讨，也在《尼采的查拉图斯特拉》一书的部分章节中进行了探讨（见注 29，496 页）。

141 《回忆・梦・反思》，221 页。

142 在《审视》书稿的第 23 页出现了日期"1917 年 11 月 27 日"，表示这些内容写于 1917 年的下半年，因此发生在夏托达堡的曼荼罗体验之后。

143 见下文，482 页 f。

144 见下文，493 页。

格在写给 J. B. 郎的信中说：

> 我们要把对无意识的工作放在首位，我们的病人会间接地从无意识的工作中获益。危险也存在于先知的幻觉中，而对无意识的探索通常会产生先知的幻觉。魔鬼如是说——要鄙视所有的理性和科学，因为它们是人类至高无上的权柄。即使我们被迫承认非理性（的存在），也绝非有失得当。[145]

荣格在“研究”自己的幻想时，主要做的工作就是区分幻想中的声音和角色。例如，在《黑书》中，对死者进行布道的是荣格的“自我”；在《审视》中，对死者讲话的不再是荣格的“自我”，而是腓利门；在《黑书》中，与荣格进行对话的主要是荣格的灵魂；而在《新书》的某些章节中，对话的对象变成了蛇和鸟。在 1916 年 1 月的一次对话中，荣格的灵魂告诉他，如果上和下没有结合在一起，她将会分裂成三个部分：一条蛇、人类的灵魂、一只鸟或天上的灵魂（后者将去面见诸神）。因此可以将荣格在书中的不断改变视为是他在思考他对自己灵魂的三元本质的理解。[146]

在这段时期，荣格继续研究自己的幻想，同时也有一些证据显示，他会和自己的好友探讨这些内容。1918 年 3 月，荣格写信给 J. B. 郎，而荣格之前已经把一部分自己所写的幻想内容寄给 J. B. 郎，荣格在信中说：

> 我只能告诉你我还在进行这项探索，正如你在自己身上所观察到的情况一样，我们在形成对无意识的评价之前去体验无意识的内容是非常重要的。我非常同意你的观点，我们必须掌握诺斯替教派和新柏拉图主义的知识，因为这些知识都是重要的系统，包含有利于形成无意识精神理论基础的材料。我已经对自己身上的这一部分探索了很长时间，并且我也有大量的机会可以将我的部分经验和那些人的内容进行比较，这也是我为什么非常乐意从你这里听到更多类似的观点。我为你在这个领域的探索所获得的全部发现感到非常开心，而且你发现的问题都能够得到解决。到目前，我仍然缺乏同伴，我很开心你能够和我一起前行。我认为你尽可能原封不动地把你的无意识内容记录下来是非常重要的，我所记录的内

145 私人藏品，斯蒂芬·马丁。文中引用的话源自《浮士德》中墨菲斯托菲里斯的独白（第一幕，1851f）。

146 见下文，576 页。

容非常庞杂，一部分非常栩栩如生，而且几乎所有的内容都需要说明，但是我完全不具备的是与现代材料进行比较。查拉图斯特拉是由非常强烈的意识形成的，麦林克从美学的角度上进行润饰，但我觉得他缺乏对宗教的忠诚。[147]

《新书》的内容

因此，《新书》呈现的是一系列的主动想象和荣格对其进行理解的尝试。荣格的理解主要围绕着大量纵横交错的脉络展开：尝试理解自己、整合与发展自己人格的多个部分；尝试理解一般的人格结构；尝试理解个体与当今的社会及与死者的团体之间的关系；尝试理解基督教产生的心理和历史效应；尝试把握住未来西方宗教的走向。荣格也在这本书中论述了其他主题，主要包括：自我认知的本质，灵魂的本质，思考和情感与心理类型的关系，内在与外在的男性和女性特质之间的关系，对立结合，孤独，学术与学习的价值，科学的地位，象征的意义和如何理解象征，战争的含义，疯狂、神圣的疯狂和精神医学，今天应该如何理解效法基督，神之死，尼采的历史重要性，魔法与理性的关系。

这本书的主要内容是描述荣格重新获得自己的灵魂和他如何在那个精神异化的时代克服重重困难。这些最终通过新神的意象重生和以心理学与神学宇宙观的形式发展出一种新的世界观得以实现。《新书》本身一方面可以被理解为在描绘荣格的个体化过程，另一方面可以被视为他在把个体化当作一般心理模式进行详尽阐述。在这本书的开始部分，荣格重新找回自己的灵魂，紧接着进行一系列的幻想探索，从而形成一种连贯的叙事。他发现自己在此之前都是在为时代的精神服务，特点就是认同其作用和价值。除此之外，这个时代也存在一种深度精神，它通往灵魂之物。用荣格后来传记性回忆录中的话来说，时代精神等同于他的第一人格，深度精神等同于他的第二人格。因此，这一段时期可以视为他重新回到第二人格的价值观上。之后的章节遵循的是另外一种格式：它们以阐述戏剧般的视觉幻想开篇。在这些幻想中，荣格遇到一系列不同背景的人物形象，并与他们展开对话。他面临的情况是，随时都有出乎意料的事情发生，有令人震惊的话语出现。他尝试去理解到底发生了什么事情，并把这些事情和话语的意义转化为一

147 私人藏品，斯蒂芬·马丁。

般的心理学概念和原理。荣格认为这些幻想之所以重要，是因为它们事实上是来自神话式想象，而当前这个理性时代所缺乏的就是神话式想象。个体化的过程在于能够与幻想的人物或集体无意识的内容进行对话，并把幻想的人物和集体无意识的内容整合到意识中，那么我们就能够重新找到在现代社会中已经遗失掉的神话式想象所具有的价值，从而调和时代的精神与深度精神。这次的探索形成荣格后期学术著作的基调。

“生命的新泉”

1916 年，荣格写了几篇论文和一本小书，此时，他开始尝试使用当时的心理学语言把《新书》中的一些主题转译出来，并思考自己进行这项活动的意义和规律。值得注意的是，荣格是在这些作品中第一次呈现出自己的心理学成熟的主要内容架构。笔者在导读中不会呈现所有这些论文的内容，仅大致概述那些与《新书》的内容有最直接联系的部分。

在 1911 年至 1914 年之间的作品中，荣格主要关注的是建构一个结构性的一般人类功能和心理治疗框架。除了他的早期情结理论之外，我们可以看到，他已经形成了诸多概念，诸如神话意象存在于种系发生的无意识中、无性别特征的能量、一般的内倾和外倾类型、梦的补偿和预测功能、使用综合性和建构性的态度对待幻想。他在继续详尽探索和发展这些概念的同时，又涌现出一个新的目标：尝试为更高的发展提供一个更普通的框架，他将之称作个体化过程，这是他的自我实验所出的重要理论成果。从此之后，荣格将全部的生命都奉献在全面细化个体化过程之上，并从历史和跨文化的维度上比较这个过程。

1916 年，荣格在分析心理协会做了一次名为《无意识的结构》的讲座，讲座论文首先被翻译成法文发表在弗洛诺瓦的《心理学档案》的杂志上。[148] 他在这篇论文中把无意识分为两层：第一层是个人无意识，主要由个人经历的积淀构成，其中一部分内容与意识的内容有重合；[149] 第二层是非个人无意识或集体心

148 荣格与弗洛伊德决裂之后，他发现弗洛诺瓦仍然在支持他。见弗洛诺瓦与荣格，《从印度到火星》，ix 页。

149 《荣格全集第 7 卷》，§§444 ~ 446。

灵。[150] 意识和个人无意识来自个人的人生经历，集体心灵来自继承。[151] 在这篇论文中，荣格讨论了同化无意识时所产生的奇怪现象，他指出当一个人吞并集体心灵的某些内容，并把这一部分视为自己的个人特质时，这个人会体验到极端的优越和自卑两种状态。他借用歌德和阿尔弗雷德·阿德勒的术语"如神一般"来描述这种状态的特征，这是一种个人和集体心灵相融合时所产生的一种状态，是出现在分析中的危险之一。

荣格认为区分个人和集体心灵是一项非常艰巨的任务。第一个不利因素就是人格面具，也即一个人的"面具"或"角色"，它代表一个人把集体心灵中的某些部分错误地当成个体心灵的内容。当一个人开始分析这一点的时候，人格便会消解到集体心灵中，从而产生一系列的幻想："所有神话思维和情感宝藏都被打开了。"[152] 这种状态和精神失常的区别在于这种状态实际上是刻意而为。

因此，会有两种可能出现：一种人会试图退行性地恢复人格面具，回到以前的状态，但是几乎没有摆脱无意识的可能。或者，一种人会接受这种如神一般的状态。但是除这两种可能性之外，还存在第三种可能性：使用诠释学的方法治疗创造性幻想。这样做的结果会导致个体心灵和集体心灵融合在一起。荣格随后修订了这篇文章，但没有注明修订的日期，他在修订版中引入了阿尼玛这个概念，而阿尼玛是与人格面具相对应的部分。荣格把人格面具和阿尼玛视为"主体 – 意象"。在这篇文章中，荣格将阿尼玛定义为"集体无意识所看到的主体"。[153]

对"如神一般"的状态本身的起伏不定进行如此淋漓尽致的描述，也反映出荣格在直面无意识时自己的某些情绪状态。区辨和分析人格面具对应的是《新书》的开篇部分，荣格一开始就让自己脱离自己的角色和成就，尝试重新连接自己的灵魂。神话幻想的释放紧接着在他身上出现，而使用诠释学的方法治疗创造性幻想正是《新书》第二层的内容，将个人和非个人无意识区分开为理解荣格的神话幻想提供了理论基础：这表示荣格并不认为神话幻想来自他的个人无意识，而是从集体心灵那里遗传而来。如果是这样，那么他的幻想就是来自集体人类遗传的

150 《荣格全集第 7 卷》，§449。

151 《荣格全集第 7 卷》，§459。

152 《荣格全集第 7 卷》，§468。

153 《荣格全集第 7 卷》，§521。

心灵层面，它们绝非仅仅是个人特有的或者随机出现的内容。

同年 10 月，荣格在心理学俱乐部做了两场报告。第一个报告的题目是《适应》，荣格认为适应有两种形式：适应内在和外在的状况。“内在”被理解为无意识，适应“内在”会产生对个体化的需求，与适应他者相反。满足这个需求同时脱离相应集体所认可的原则会导致一种非常严重的罪疚感，而这种罪疚感需要得到补偿，并唤起一种新的“集体功能”，因为个体在离开自己的社会之后，需要产生可以替代他所逃离的社会的价值观，而这些新的价值观使个体能够对集体做出补偿。个体化只适用于少部分人，对于那些没有足够创造性的人而言，最好重新建立与社会集体相一致的价值观。个体不仅要创造出新的价值观，而且必须是得到社会认可的价值观，因为社会“有权利期待具有可实现性的价值观”。[154]

以荣格当时的情况来看，他已经脱离社会认可的原则去追求自己的“个体化”，从而导致他认为自己必须要产生在社会上具有可实现性的价值观作为补偿。因此他进入一种两难的境地：荣格以在《新书》中体现这些新价值观的形式会被社会接受和认可吗？而正是这个对社会要求的承诺导致荣格和达达主义者的无政府主义分道扬镳。

第二个报告的题目是《个体化和集体主义》。他认为个体化和集体主义是对立统一的，二者通过罪疚感连接在一起。社会要求人们相互模仿，因为通过模仿，一个人就能够获得自己的价值观。在分析中，“患者通过模仿学习个体化，因为这个过程能够让他重新获得以前的价值观”。[155] 因此可以把这一句话视为荣格如何看待模仿在分析治疗中的作用，那时候，荣格经常鼓励自己的患者进行类似的发展过程。分析过程激发的是已经存在于患者身上的价值观，而不是对患者进行暗示。

11 月，荣格在黑里绍服兵役时写了一篇论“超越功能”的论文，但这篇论文直到 1957 年才发表。他在这篇论文中描绘了可以引出和利用幻觉的方法，后来他将这种方法命名为主动想象，并阐述其治疗原理。这篇论文可以被视为是荣格自我实验的中期报告，也可以被视为《新书》的前言。

---

154 《荣格全集第 18 卷》，§1098。

155 《荣格全集第 18 卷》，§1100。

荣格指出在分析中获得的新态度会变得老旧，需要无意识的材料不断对意识的态度进行补充并对意识的片面化倾向进行修正。因为能量的张力在睡眠中会变低，所以梦就是无意识处于劣势的表现。也就是说，其他来源已经变成自发的幻想。最近刚发现荣格一本记录梦的书，里面包含的是他从 1917 年到 1925 年之间一系列的梦。[156] 将这本梦书和《黑书》的内容详细比较之后发现，荣格的主动想象并非直接源自他的梦，因为两部书的内容是相互独立的。

荣格如此描述他的引发自发性幻想的技术："要进行的训练包括首先系统进行消除批判性注意的练习，随后产生一个意识的真空。"[157] 接着将注意力集中到一个特定的情绪上，试图最大限度地注意到所有幻想，与之相连的联想便开始出现。最终的目的是允许幻想自由地活动，在自由联想的过程中不脱离原始的情绪。这个过程能够让情绪以具体或象征的方式表现出来，从而使情绪更加接近意识，因此情绪就会变得更加容易理解。做这些能够带来一种赋予活力的效果。个体可以根据自己的偏好，选择进行素描、绘画或雕刻：

> 视觉类型的人应该集中关注产生内在意象的期待，一般说来，这样的幻想意象就会如实出现，或许是在半睡半醒的状态下出现，接着仔细地把它们记录下来。听觉类型的人通常能听到内在的言语，最初听到的可能仅仅是一些片段或者明显没有意义的句子……其他人在这时候仅仅能听到自己的"其他"声音……更为罕见的是自动书写，不论是直接书写还是在占卜板上书写，但书写与前两种类型同等重要。[158]

一旦幻象已经产生并具体表现出来，有两种方法可以对它们进一步工作：创造性的构思和理解。这两种方法相辅相成，在产生超越功能时二者缺一不可，而超越功能就是来自意识与无意识内容的结合。

荣格指出，对于很多人而言，在书写的过程中很容易就能够发现"其他"的声音，并从现实中自我的立场上进行回应："实际上就像是两个有生命力的人之

156 荣格家族档案馆。

157 《荣格全集第 8 卷》，§155。

158 《荣格全集第 8 卷》，§§170 ~ 171。占卜板是一个小木板，由可以滚动的滑轮支撑着，有利于自动书写。

间在进行对话……”[159] 对话创造超越功能，从而拓宽意识。荣格的《黑书》创作就是在清醒的状态下描写内在对话并激发幻想的典型，荣格在《新书》中的探索就类似于创造性的构思和理解之间的相互作用。荣格当时并没有发表这篇论文，他后来说自己从来没有真正完成有关超越功能的作品，因为他根本没有全心去做这件事情。[160]

1917 年，荣格出版了一本小书，但这本书却有一个很长的名字：《无意识过程的心理学：现代分析心理学的理论和方法》。1916 年 12 月，荣格在这本书的前言中指出伴随着战争的心理过程已经让混乱的无意识问题受到前所未有的关注。而个人的心理与国家的心理一样，只有个人的态度发生改变，才能够让整个文化得到更新。[161]《新书》的核心内容就是将个体事件和集体事件之间纵横交错的关系理清楚。对于荣格而言，他自己具有预知能力的幻象与战争的爆发之间的联系使深藏在个体幻想与世事之间的潜在关系得以显现，因此个人心理和国家心理之间的关系也随之出现。而接下来的任务就是进一步细化这些关系。

荣格认为，一个人在分析和整合完个人无意识的内容之后，就能够应对来自无意识中种系演化层的幻想。[162]《无意识过程的心理学》系统地论述了集体的、超越个人的和绝对的无意识，这三个无意识可以互换、意义相同。荣格认为，一个人要通过把无意识当作身外之物将其明显地呈现出来，此人才能使自己摆脱无意识。把自我（I）和非我（not-I）区分开是十分重要的，换句话说，就是把自我与集体心灵或集体无意识区分开。为了做到这个，“人必须在自我的功能（I-function）上站稳脚跟，也就是说，他必须完全满足日常生活的要求，那么他在自己所生活的社会上在各个方面都是一个非常重要的人物”。[163] 荣格在这段时

---

159 《荣格全集第 8 卷》，§186。

160 阿尼拉·亚菲写《回忆·梦·反思》时，采访荣格的记录，380 页。

161 《荣格全集第 7 卷》，3 ~ 4 页。

162 1943 年，荣格在这本书的修订版中补充说，个人无意识“类似于阴影形象，经常出现在梦中”（《荣格全集第 7 卷》，§103）。他又补充了对这个形象所下的定义：“我把阴影理解为人格的‘消极’面，是所有潜藏的且令人厌恶的内容之和，包括未被充分发展的功能和个人无意识的内容”（《荣格全集第 7 卷》，§103n）。荣格将这一阶段的个体化过程定义为与无意识相遇（见《荣格全集第 9 卷》Ⅱ，§§13 ~ 19）。

163 “无意识过程的心理学”，荣格著，《分析心理学论文集》，康斯坦斯·龙编（伦敦：贝勒，廷德尔 & 考克斯出版集团，1917，第二版），416 ~ 447 页。

期，一直在努力完成这些任务。

荣格在《力比多的转化与象征》一书中把集体无意识的内容称为典型神话或原始意象，他将这些“主导性内容”称为“支配性的力量，诸神，即主导性法则和原理的意象，意象序列中的一般规律，是大脑从现实的过程中接收到的信息序列”。[164] 人们需要特别注意这些主导性内容，尤为重要的是“神话或集体心理的内容会脱离意识的对象，并把它们巩固成个体心灵之外的心理现实”。[165] 注意到这些能够让一个人应对祖先历史中被激活的残留物，把个人的无意识和非个人的无意识区分开能够导致能量的释放。

以上荣格的评论也是在反映他的个人活动：尝试区分出现的各种角色，“把这些角色巩固成心理现实”。荣格能够认识到这些人物本身就拥有一个心理现实，他们不仅仅是主观臆造的事物。他能认识到这一点，主要是得益于以利亚这个幻觉人物：心灵的客观性。[166]

荣格认为由法国大革命开创的理性和批判时代压抑了宗教及非理性主义，这种压抑已经带来了严重的后果，导致非理性主义以世界大战的形式爆发。因此，将非理性视为一种心理要素是历史的必然。对非理性形式的接受就是《新书》的主题之一。

荣格在《无意识过程的心理学》一书中提出心理类型的概念，他认为类型的心理特征被推向不同的极端是一种正常的发展过程。通过对类型的研究，他提出了物极必反的概念（enantiodromia），也称作对立转化原理，换句话说就是进入内倾情感和外倾思维其中一种功能，另一种功能就会出现在无意识中，而对立功能的发展导致个体化的出现。由于对立功能无法被意识接受，所以必须用一个特定的技术对它工作，也就是说，对立功能的意识化是超越功能的结果。如果一个人还没有和自己的无意识合一，那么无意识就是一个威胁。但是随着超越功能的

164 “无意识过程的心理学”，荣格著，《分析心理学论文集》，康斯坦斯·龙编（伦敦：贝勒，廷德尔 & 考克斯出版集团，1917，第二版），432 页。

165 “无意识过程的心理学”，荣格著，《分析心理学论文集》，康斯坦斯·龙编（伦敦：贝勒，廷德尔 & 考克斯出版集团，1917，第二版），435 页。

166 《荣格心理学引论》，103 页。

形成，失调便不复存在。再平衡可以使一个人得以接触到无意识的多产和有益一面，无意识包含无数代人的智慧和经验，因此它就是一个无与伦比的人生向导。对立功能的发展出现在《新书》的“神秘遭遇”部分。[167] 整部《新书》都是在描写荣格试图获得存在于无意识中的智慧的过程，他在书中向自己的灵魂发问，问她看到了什么和自己那些幻想的意义是什么。在这本书中，无意识被视为是更高智慧的来源。荣格在这篇论文的结语中透露出他的新概念具有个人和实验的性质：“我们的时代正在寻找生命的新泉，我找到一股，并饮用里面的泉水，我感觉泉水的味道很好。”[168]

原我之路

1918 年，荣格写了一篇名为《论无意识》的论文，他在这篇文章中指出我们所有人都站在两个世界之间：外在知觉的世界和无意识知觉的世界。这种区分描述的是他在那个时候的经验。荣格写到弗里德里希·席勒认为这两个世界可以通过艺术彼此接近，相反，荣格主张，“我认为理性事实和非理性事实的结合与其说可以在艺术上看到，不如说是在象征本身上看到，因为象征的本质就是同时包含理性和非理性。”[169] 荣格认为，象征源自无意识，象征的创造性是无意识最重要的功能。虽然无意识的补偿功能一直存在，但是只有我们愿意去认识它时，象征的创造性功能才会出现。在这篇论文中，我们看到荣格一直在回避把自己的作品视为艺术的观点，他认为自己的作品不是艺术，而是象征，象征是这部作品的最关键所在。《新书》呈现的就是荣格在认识和复原象征的创造性力量，描绘的是他在尝试理解象征的本质，并从象征的角度上观察自己的幻想。他的结论是：在任何既定的时期，无意识的内容都是相对的，而且是不断变化的。而我们当下要做的是“根据活动的无意识力量改造自己的观点”。[170] 因此他当时面临的一个任务就是将他在直面无意识的过程中形成的概念转译出来，并在《新书》中以文字和象征的形式表现出来，用一种符合当时习惯的语言讲出来。

167 见下文，155 ~ 163 页。

168 《分析心理学论文集》，444 页。这一句只出现在荣格这部书的第一版中。

169 《荣格全集第 10 卷》，§24。

170 《荣格全集第 10 卷》，§48。

1919 年，荣格到英格兰参加了心理研究协会举办的会议，他本人也是该协会的荣誉会员，他在会议上报告的论文题目是《精神信仰的心理学基础》。[171] 荣格在这篇论文中区分出两种集体无意识会被激活的情境。在第一种情境中，个体生命中危机的出现和希望与期待的崩塌会导致集体无意识的激活；在第二种情境中，社会、政治和宗教的巨大动荡会导致集体无意识的激活。在以上两种情境中，受到盛行态度压抑的因素就会累积到集体无意识中。具有强烈直觉功能的个体能够觉察到这些，并试图把它们转译成可以交流的思想。一旦这些内容能够被成功地转译成可以交流的语言，就能够带来拯救效果，但无意识的内容都具有令人不安的效果。在第一种情境中，集体无意识会取代现实，但这是病理性的；在第二种情境中，个体会感到很混乱，但这并不是一种病理性状态。这个区分暗示荣格认为自己所经历的就是第二种情境，换句话说，是整个文化的动荡导致集体无意识被激活。因此，他最初之所以在 1913 年担心自己即将成为精神病患者，是因为他没有认识到这两种情境的差异。

1918 年，荣格在心理学俱乐部做了一系列关于类型学的报告，当时他已经对这个主题进行了大量的学术探究，他在 1921 年出版的《心理类型》一书中详细论述和扩展了讲座中论文的主题。由于他也在《新书》中探索这些问题，因此《心理类型》最重要的一章就是第五章“诗歌中的类型问题”。荣格在这一章讨论的基本内容是如何通过象征的结合或和解所产生的结果来解决对立问题，这种形式也是《新书》的核心主题之一。荣格细致分析了印度教、道家、梅斯特·艾克哈特，还有在卡尔·施皮彻勒的作品中如何解决对立的问题。这一章可以视为是对历史来源的冥想催生他在《新书》中的概念，也标志着一种重要方法的引入。荣格并没有直接讨论《新书》中对立和解的问题，而是从历史的角度上比较和评论这些内容。

1921 年，“原我”成为一个心理学概念。荣格对它的定义如下：

既然自我（I）是我的意识场的中心，那么它就不是我心灵的全部，而仅仅是诸多情结中的其中一个。因此要区分自我和原我，由于自我仅仅是我意识的主体，而原我是我的全部，因此原我也包含无意识心灵。从这个意义上讲，原我

---

171 《荣格全集第 8 卷》。

就是一个（理想的）巨大整体（greatness），包括且包含自我。在无意识幻想中，原我通常以高级的或理想的人格形式出现，就像浮士德之于歌德，查拉图斯特拉之于尼采。[172]

荣格将印度教中的梵天 / 阿特曼（Brahman/Atman）等同于原我。同时，他又提出一个灵魂的定义。他认为，灵魂拥有补偿人格面具的特性，而意识的态度所缺乏的就是灵魂所拥有的这种特性。灵魂的这种补偿特性也会影响到灵魂的性别角色。因此男性拥有的是具有女性特质的灵魂，或称为阿尼玛；女性拥有的是具有男性特质的灵魂，或称为阿尼姆斯。[173] 这相当于男性身上和女性身上都具有男性和女性特质。荣格还指出，从理性的角度上看，灵魂带来的意象是没有价值的。荣格认为使用这些意象的方式有四种。

第一种使用这些意象的方式是艺术，不论一个人具有什么样的艺术天赋，都可以使用这种方式；第二种是哲学思辨；第三种是准宗教的方式，会导致异端邪说和成立教派；第四种是千方百计地利用这些意象的动力。[174]

从这个角度上看，以心理学的方式利用这些意象代表的是“第五种方式”。如果要成功利用这些意象，心理学必须与艺术、哲学和宗教完全划清界限。这种必要性是荣格拒绝其他方式的原因。

在后来的《黑书》中，荣格继续详细阐述自己的“神话”，而其中的人物发生了变化，转变成其他的人物，人物分化同时伴随着人物形象之间的融合，他同时把这些人物视为潜藏在人格结构中的某些侧面。1922 年 1 月 5 日，荣格就自己的职业和《新书》与他的灵魂展开了一段对话：

[我：] 我觉得我必须和你谈谈！我这么疲惫，你为什么不让我睡觉？我想我的问题都是你造成的。是什么导致你让我无法入眠？

[灵魂：] 现在不是睡觉的时候，你要保持清醒，为夜里要进行的探索准备重

---

172 《心理类型》,《荣格全集第 6 卷》, §706。

173 《心理类型》,《荣格全集第 6 卷》, §§804 ~ 805。

174 《荣格全集第 6 卷》, §426。

要的素材。重大的探索即将开始。

[我：]什么重大的探索？

[灵魂：]你必须立即开始重大的探索。这是一项十分艰难的探索，如果你白天没有时间进行这项探索，那么你晚上就没有时间休息。

[我：]但是我根本不知道这项探索即将开始。

[灵魂：]但是你可以根据事实告诉我，是我这么久以来一直在影响你休息。你在很长一段时间内都没有意识到这个问题，现在你必须到一个更高水平的意识上。

[我：]我已经准备好了。那是什么？说！

[灵魂：]你认真听着：放弃基督教徒的身份非常简单。但是接下来要做什么呢？会有更多的状况出现，所有的事情都在等着你。但是你呢？你仍然保持沉默，什么都不说，但是你必须讲话。你为什么还没有接收到天启？你不能隐藏它，你在用这种形式关注自己吗？当这种形式是一个与天启有关的问题，它是不是很重要？

[我：]但是你不认为我应该把自己所写的内容发表？这是一桩十分不幸的事情，谁能理解？

[灵魂：]不，听我说！你不能解散一个联姻，也即你我的联姻，没有人能够把我排挤走……我要一个人统治这个联姻。

[我：]那么你一定要统治？到底是什么导致你如此自以为是？

[灵魂：]我之所以拥有这项权利，是因为我在为你服务，你在呼唤我。我也可以这么说，你是第一位的，但最重要的是要优先考虑你的呼唤。

[我：]但是，我在呼唤什么呢？

[灵魂：]一个新的宗教和宗教的文告。

[我：]哦，神啊！我该如何去做？

[灵魂：]不要有这种渺小的信念。没有人比你更清楚自己的想法，也没有人像你一样能够把它说出来。

[我：]如果你没有撒谎的话，谁知道你说的是真的呢？

[灵魂：]你扪心自问我是否在撒谎。我讲的都是事实。[175]

175 《黑书 7》，92 页 c。

他的灵魂明确地告诉他应该把自己所写的内容发表，但他却犹豫不决。三天后，他的灵魂告诉他，新的宗教“仅在人类关系的转变中出现，关系绝不会让自己被最深层的知识取代，而且宗教不仅仅由知识构成，反而在看得到的水平上，宗教由一种全新的人事秩序构成，因此不要期待再从我身上得到更多的知识。你自己明白你想知道一切与天启显现有关的内容，但你没有活出你在这个时代应该活出的一切”。荣格的“自我”回答说：“我完全理解并全部接受你说的话。但是，有一点我还是不明白，知识如何在生命中转化，你必须教我这一点。”他的灵魂说：“这一点没有什么好说的，它并不像你想象的那么理性，这是一条象征的路。”[176]

因此，荣格当下面临的任务就是如何把他通过自我探索学习到的内容在生命中实现和体现出来。从他 1923 年在康沃尔的珀尔泽斯的讲座开始，此后的一段时期内，宗教心理学和宗教与心理学自身之间的关系，这两个主题在他的工作中日益变得突出。他试图发展出一个宗教形成过程的心理学，与其说他在鼓吹的是一个新的具有预言性的天启，不如说他的兴趣点主要集中在宗教体验的心理学上。他的任务就是描绘出个体的神秘体验如何转译和转化成各种象征，最终成为教条和宗教组织的教义，最后，他研究的是这些象征的心理功能。对于分析心理学而言，在宗教形成过程的心理学成功建立以后，至关重要的是在肯定宗教态度的同时，又不能成为一种教义。[177]

1922 年，荣格写了一篇名为《分析心理学与诗歌艺术作品之间的关系》的论文。他在论文中划分两种类型的作品：第一种作品完全源自作者的目的；第二种作品支配作者，例如，歌德的《浮士德》的第二部分和尼采的《查拉图斯特拉如是说》就是这一类具有象征意义的作品。荣格认为能够支配作者的作品皆来自集体无意识，在这种情况下，创造性的过程就存在于无意识地激活的一种原型意象中。原型能够让我们释放出一种比我们自己的声音更强有力的声音：

---

176 《黑书 7》，95 页。在次年的一次讲座中，荣格论述到个体与宗教之间的关系这个主题：“没有个体能够脱离个体关系而独立存在，这也是你们教会存在的基础，个体关系是无形教会的外在形式。”（《 C. G. 荣格博士分析心理学讲座笔记》，英格兰，珀尔泽斯，1923 年 7 月 14 日 ~ 27 日，由讲座的学员整理，82 页）

177 关于荣格的宗教心理学，见詹姆斯·海希西，《神的意象：荣格宗教心理学研究》（路易斯堡：巴克内尔大学出版社，1979），安·拉莫斯，《在神的阴影下：维克多·怀特和 C. G. 荣格之间的合作》（纽约：保禄会出版社，1994）。也见笔者的论文《在新生状态中》，《分析心理学杂志》，1999 年 44 期，539 ~ 545 页。

任何使用原始意象说话的人都能以千百种声音说话，这样的人迷人且强大……能够把我们个人的命运转变成整个人类的命运，激发出我们身上有史以来一切慈善的力量，这些力量使人类在每一次的危险中都能找到一处避难所，并在那里度过最漫长的黑夜。[178]

创作出这样一类作品的艺术家能够教化时代的精神，并且补偿时代的片面化。在描述这一类象征作品的起源时，荣格似乎也把自己的创作考虑在内。因此虽然荣格拒绝把《新书》视为“艺术”，但是荣格对这本书的思考是他后来概念和艺术理论的主要来源。这篇论文暗含的一个问题是，当时的心理学能否在教化时代的精神和补偿当时的片面化方面起到相应的作用。从这个时候起，他开始使用这种方式为自己精确地设定心理学任务。[179]

公开讨论

自 1922 年起，除艾玛·荣格和托尼·伍尔夫外，荣格还跟卡莉·拜恩斯和沃尔夫冈·斯托克麦尔就如何处置《新书》的问题进行了大量的讨论，主要是围绕着是否有可能将它出版，由于这些讨论是他还在创作《新书》时进行的，所以非常重要。卡莉·芬克出生于 1883 年，在瓦萨学院跟随克里斯汀·曼学习，而曼是最早追随荣格的美国人之一。1910 年，卡莉·芬克与杰米·德安古洛结婚，1911 年在约翰斯·霍普金斯大学完成医学训练。1921 年，卡莉·芬克和杰米·德安古洛离婚，并与克里斯汀·曼一起前往苏黎世。随后她开始接受荣格的分析，但她从来没有进行过分析实践，但是荣格非常欣赏她的批判性思维。1927 年，卡莉·芬克与彼得·拜恩斯结婚，随后又在 1931 年离婚。荣格请卡莉·芬克帮忙把《新书》重新抄写一份，因为自从上一次誊抄之后，他又增加大量的内容。卡莉·芬克从 1924 年到 1925 年一直在做这项工作，而荣格在这段时间去了非洲。由于她的打字机太重，因此她先把这些内容手抄下来，随后再用打字机打印出来。

178 《荣格全集第 15 卷》，§130。

179 1930 年，荣格扩展了这个主题，并将第一类型的作品描述为“心理学的作品”，将后者称为“意象作品”。“心理学与诗歌”，《荣格全集第 15 卷》。

这些笔记是卡莉·芬克与荣格的讨论记录，她以给荣格写信的形式把这些内容写下来，但没有寄出去。

1922 年 10 月 2 日

你说麦林克在另外一本名为《白色多米尼克》的书中所使用的象征正是你最初在揭示自己的无意识时使用的，此外你还说，他曾提到一部《红书》，他说这本书包含一些神秘的内容，你正在这本书中写你的无意识，而且是你把这本书称为《红书》。[180] 你说你不知道如何处置你的这本书。你说可以把麦林克的作品形式归为小说，这没有问题，但是你只能运用科学和哲学的方法，不能让自己的内容带上小说的色彩。我说你可以使用查拉图斯特拉的形式，你认为可行，但是你很厌倦这种形式，我也有这种感觉。接着你告诉我，你可以把它制作成一部自传，对我而言，这个想法再好不过了，因为你写的内容看起来就像你在生动地讲话。但是除了以这种形式出版所面临的困难以外，你说不想把这些内容公开，因为公开这些就像要你卖掉自己的房子一样。我完全支持你的想法，甚至可以说，由于这本书象征宇宙向一个中心的集聚，而你把它视为纯粹的个人物品，表示你把它当作你自己了，而有些内容你并不想你的病人们看到……我们都很开心，因为我立即明白了你的实际想法。歌德在创作《浮士德》的第二部分时，也陷入到了类似的困境中，此时他已经进入无意识，并且发现很难找到正确的形式，最后到他去世的时候，这部分的草稿还留在他的抽屉中。你说你之前相当多的经历会被人认为是一个完全精神失常之人的表现，如果将你的这些记录出版，你将失去的不仅仅是科学家这个身份，还有你作为一个普通人的资格，但是我认为如果你从《诗歌和真理》(*Dichtung und Wahrheit*) 的角度上来看它，那么人们会根据事情本身做出自己的选择。[181] 你拒绝把这本书的任何内容写成诗歌，因为所有内容

180 见麦林克，《白色多米尼克》，M. 米切尔译（1921/1994），第 7 章，“创始人”带来新的英雄克里斯托弗，也即“任何人只要拥有这部朱红色的书，这是具有永恒生命的植物，能够唤起属灵的气息，是拯救生命的秘密，都将会与尸体融合……它之所以被称为朱红色的书，是因为根据古代中国的信仰，红色是那些达到最完美阶段的人所穿服装的颜色，这些人是为拯救人类而活在世上”（91 页）。荣格非常喜欢麦林克的小说。1921 年，在提到超越功能和无意识幻想时，荣格指出，从美学的角度上详细描述这些内容的情况常见于文学作品中，而且“我认为麦林克的两部作品应该特别引起注意：《机器人》和《绿面》”。《心理类型》第 6 卷，§205。荣格认为麦林克是一位“空想”艺术家［“心理学与诗歌”（1930），《荣格全集第 15 卷》，§142］，而且他也非常喜欢麦林克的炼金术实验［《心理学与炼金术》（1944），《荣格全集第 12 卷》，§341n］。

181 这段引文源自歌德的自传，《歌德自传：诗歌与真理》，R. 海特纳译（普林斯顿：普林斯顿大学出版社，1994）。

都是纪实，但是我不认为大量使用一个面具是虚伪的表现，因为这样做能够保护你不受非利士人（Philistia）的伤害，而且正像我说的那样，非利士人有自己的权利，你面临的选择可能是成为一名疯子，而非利士人是一群经验不足的傻瓜，他们只会选择伤害你，但是如果他们把你当作诗人，他们就可以挽回颜面。你说书中大部分内容都像如尼文一样的神秘符号出现在你的脑海里，而且对这些如尼文所做的解释完全没有意义，但是最终结果是否有意义都无关紧要了。就你的情况来看，我认为你意识到的创作步骤很明显比之前的任何人都多。在大多数情况下，心灵明显会自动地筛选掉无关的材料并直接给出最终结果，而你却记录下了整个事件、母体过程和结果。当然，掌控整个过程更加难上加难。我的话讲完了。

1923 年 1 月

你前一段时间跟我讲的话令我深思，突然有一天当我读到“戏剧的序幕”（Vorspiel auf dem Theater）时，[182] 我就想到你也可以使用歌德巧妙处理整部《浮士德》的手法，也就是说，把创造性和永恒与消极和转瞬即逝的人物同时置于对立的两端。可能你无法立即看出来这一点与《红书》有什么关系，但我会慢慢跟你解释。根据我的理解，你写这本书的目的是让人们用一种新的视角审视自己的灵魂，但无论如何，有很多内容已经超出了一般人的理解范围，就像你在自己生命中的某一时期也几乎无法理解它一样。这样看来，这本书就是你奉献给世界的一颗“珠宝”，不是吗？我的观点是我们需要给它一定程度的保护，免得它会被随手扔到臭水沟中，最终被那个奇怪老土的犹太人利用。

在我看来，你能提供的最好保护就是把这本书本身纳入到展示那些试图攻击它的不同力量上。你在任何情境下都能辨别是非黑白，这是你最大的天赋之一，所以对于大多数攻击这本书的人而言，你比他们更加知道他们想破坏的是什么。你能不能不要以彼之道还施彼身？或许你在序言中就是这么做的，或许你在面对公众时，会采取这样的态度：“要么接受它，要么放弃它；要么祝福它，要么诅咒它。你们怎么选择都无所谓”。这都没问题，无论在什么情况下，真理是永远不会被磨灭的。如果不耗费你太多的精力，我希望你再做一些其他的事情。

182 这里指的是《浮士德》的开场部分：导演、诗人和小丑之间的对话。

1924年1月26日

你在前一天晚上做了一个梦，你梦到我以伪装的形式出现，准备去誊抄《红书》，你一整天都在思考这个梦，尤其是在见我之前，你在和沃顿博士分析的时候（我想她会感到开心）……正如你所说，你已经决定将《红书》呈现的所有无意识材料都交给我，想看一看我作为一个局外人和不带偏见的旁观者对这本书有什么想法。你说托尼已经与这本书融为一体，除了对出版这件事情不感兴趣之外，也没有兴趣把它变成一种可以使用的形式。她已经迷失在你所说的“翩翩飞舞”（bird fluttering）中。至于你自己，你说你一直知道怎么应对自己的想法，但是你在这里却束手无策了。当你接近这些想法的时候，你已经完全陷入其中，无法自拔，而且对任何东西都没有把握了。你很确定有些内容非常重要，但你却找不到合适的形式，就如你所说的，现在它们看起来就像从精神病院中冒出来的一样。所以你安排我誊抄《红书》的内容，而这些内容你在此之前已经誊抄过一次，但是自从上次誊抄完之后，你又增加了很多内容，因此你想再把它重新誊抄一遍，在我誊抄的过程中，你会向我解释里面的内容，因为你说只有你能够理解里面几乎所有的内容。这样下来，我们可以就很多从来没有在分析过程中出现的问题进行探讨，我就可以在这个基础上理解你的想法。你又告诉了我一些你自己对《红书》的态度。你说有些内容严重伤害了你对事物适合性的感觉，但是当它们到来的时候，你又不能弃之不顾，因而你开始遵循“自愿”原则，即不做任何修正，你一直坚持这么做下去。有些图片看起来非常幼稚，但这就是它们本来的样子。各式各样的人物都在说话，如以利亚、天父腓利门等，但你认为所有这些都应该是你所称为的“上主”。你很确信天父腓利门还启示过佛祖、摩尼、基督、穆罕默德，据说所有这些人物都跟神有过交流。[183]但是其他人物把自己认同为神，而你对此坚决否认。你说认同神根本不适合你，因为你一直是一位心理学家，而心理学家了解认同神的过程。那么我会说，当下的主要任务就是能够让世人也了解这个过程，从而不会让人们觉得上主就是自己的笼中之物，可以召之即来挥之即去。人们要把上主想象为火柱，永远在移动，永远不在人类的掌握之中。是的，你说上主就是如此。随着你讲得越多，我越来越意识到你身上充满无数想法。你说上主身上的阴影永恒存在，我能感觉到其中的真理。[184]

---

183 关于这段话，见 Image 154 的题字，438 页，注 282。

184 《卡莉·拜恩斯论文集》，当代医学档案馆，惠康图书馆，伦敦。

1月30日，卡莉·拜恩斯记录下了荣格说过她曾经告诉他的一个梦：

这是在为《红书》做准备，因为《红书》讲述的是现实世界和精神世界之间的战斗。你说在这场战斗中，你几乎被撕成碎片，但是你在尽最大的努力让自己脚踏实地并立足于现实。因此，你说对你而言，这就是对你所有想法的考验，而你却不把任何想法放在心上，因为无论想法被插上什么样的翅膀，它们终将消逝在时空中，不会在现实中留下任何痕迹。[185]

在一封没有注明日期和收信人且未完成的书信中，卡莉·拜恩斯谈到她对《新书》重要性的看法和出版此书的必要性：

例如，我在阅读《红书》的时候，会发现它所讲的内容都是在为今天的我们指明正确的道路，而当我发现托尼把这本书拒之门外的时候，我感到十分震惊。如果她也像我一样吸收了同样多的《红书》内容，也不会在心灵中产生一个无意识点，而且我认为这不是将《红书》读过三遍还是四遍的问题。另外还有一个令人费解的事情，即她为什么对荣格将《红书》出版毫无兴趣。我们国家的很多人应该都读读这本书，而且是一口气读完，因为它对当今的很多东西所进行的重新思考和澄清，动摇了所有尝试去寻找生命线索的人……他的每一句话都带有个人的活力和色彩，并且坦率直接地写出所有内容，就像康沃尔之火在他身上燃烧一样。[186]

当然，正如他所说的那样，如果他原封不动地将这本书出版，他将会永远离开理性科学界的争论。但是除此之外，肯定还有其他的方法，这些方法可以避免他做傻事，为了不让那些需要这本书的人等太久，我们必须把大部分的精力放在准备这本书上。我一直相信他肯定能够把自己所说的书写出来，果然他没有辜负我的希望。他出版自己的著作是为了最大限度地医治这个世界，或者可以说这些

185 《卡莉·拜恩斯论文集》，当代医学档案馆，惠康图书馆，伦敦。

186 这里指的是珀尔泽斯的讲座。

内容都是源自他的头脑、源自他的心。[187]

这些讨论十分形象地呈现出荣格对《红书》的出版问题所进行的深入思考，他感觉到核心问题就是如何理解这本书的起源，很担心这本书会被人误读。由于这本书的风格会让公众大感意外，因此荣格对此非常担心。他后来跟阿尼拉·亚菲讲，他要为这本书寻找到合适的形式，才能让它面世，因为它看起来太像预言了，不符合荣格的特点。[188]

在荣格的圈子里，他们似乎对这些问题有过几次讨论。1924 年 5 月 29 日，卡莉·拜恩斯记录下了她和彼得·拜恩斯的一次讨论，彼得认为只有那些了解荣格的人才能够读懂《新书》，相反，卡莉认为这本书：

是在用一个人的灵魂记录宇宙的变迁，就像一个人站在海边，聆听着奇怪且令人敬畏的音乐，但是他却无法解释为什么自己的心会隐隐作痛，或者为什么有一种想哭的冲动堵在嗓子眼，我想《红书》给人带来的也是这种感觉，也即一个人竭力想借助它的神圣感将自己解脱出来，从而达到一个前所未有的高度。[189]

更多的证据显示，荣格也把《新书》的复本给了其他密友，并和他们讨论出版书中内容的可能性。沃尔夫冈·斯托克麦尔就是其中的一位，荣格在 1907 年与他结识。在他为斯托克麦尔写的讣文中，荣格赞扬他是第一位对自己的作品感兴趣的德国人，他说斯托克麦尔是一位真正的朋友，经常跟自己结伴去意大利和在瑞士旅行，他们几乎每年都会见面。荣格这样评价斯托克麦尔：

187 笔者认为这封信是写给她前夫杰米·德安古洛的。他在 1924 年 7 月 20 日写信给她："我想你肯定像我一样忙，而你是在忙于荣格的那些材料……我读了你的信，就是那封你说你在做这件事情的信，你警告我不要把这件事情讲给任何人，你还说你不应该把这件事情告诉我，但是你知道我一直都以你为豪。"(《卡莉·拜恩斯论文集》，当代医学档案馆，惠康图书馆，伦敦)

188 阿尼拉·亚菲写《回忆·梦·反思》时，采访荣格的记录，169 页。

189 《卡莉·拜恩斯论文集》，当代医学档案馆，惠康图书馆，伦敦。

他的与众不同之处在于对病态心理过程的极大兴趣和深入理解。我还发现他比较能够认同和接受我较广的视角，这对我后期的比较心理学作品起到非常重要的作用。[190]

斯托克麦尔和荣格一起把“我们的重要渗透”纳入到中国古典哲学、印度和密宗瑜伽的神秘思辨中。[191]

1924 年 12 月 22 日，斯托克麦尔写信给荣格说：

我经常渴望能够拥有一本《红书》，如果可以的话，我希望能够把它抄下来；但是当它在我手上的时候，我没有誊抄，而它现在已经不在我手上了。在最近的幻想中，我看到一种装订松散的“文档”杂志，内容来自“锤炼无意识”，里面图文并茂。[192]

很明显，荣格寄过一些材料给斯托克麦尔。1925 年 4 月 30 日，斯托克麦尔写信给荣格说：

我们同时看了《审视》这一部分，它同样给人一种你仍处在极大的精神错乱中的感觉。[193] 从《红书》中节选一部分放到这样的集体环境中是值得尝试的，当然你的评论不可或缺，因为你要调整的地方也主要集中在这里，这里有极其重要的丰富资源，包含意识的和无意识的。而且我明显是在幻想“制作一个同样的复制品”，你能够理解我的行为：你不用害怕来自我身上的外倾魔力。绘画也具有很强大的吸引力。[194]

荣格“评论”部分的手稿（见附录 B）应该和这些讨论直接相连。

因此荣格圈子里的人对《新书》的重要性和是否出版它持不同的观点，而这

190 “斯托克麦尔讣文”，荣格的藏品。

191 “斯托克麦尔讣文”，荣格的藏品。

192 荣格的藏品，荣格写给斯托克麦尔的回信还未发现。

193 这里指的是《新书》的第二卷，见下文注 4，188 页。

194 荣格的藏品。

些都取决于荣格的最终决定。卡莉·拜恩斯没有把《新书》誊抄完，她只誊抄到第二卷的前 27 页。在接下来的六年中，她主要集中精力将荣格的论文翻译成英文，接着她又开始翻译《易经》。

在某一时期，笔者估计应该是在 20 世纪 20 年代中期，荣格又回到《草稿》中，重新进行编辑，在将近 250 页的内容上增删。他的修改主要是为了使语言和术语现代化，[195] 同时又修改了他已经使用花体字誊抄到《新书》中的内容，还有某些遗漏的内容。很难想象他为什么要这么做，除非他在严肃地思考出版这本书。

1925 年，荣格在心理学俱乐部做了多场分析心理学的报告，他在这些报告中提到了《新书》中的某些重要幻想。他向听众描述自己如何展开这些幻想和这些幻想如何构成心理类型思想的基础，还有理解幻想起源的关键所在。卡莉·拜恩斯把这些讲座记录下来并编辑成书。同年，彼得·拜恩斯开始准备把《向死者的七次布道》翻译成英文，但并未公开出版，[196] 荣格送了几本给他母语是英语的学生。在一封被认为是写给亨利·莫瑞感谢荣格寄给他此书的回信中，荣格写道：

> 我深信出现在我脑海里的这些想法都是相当美好的东西，正是因为我了解这些东西，所以我可以毫不费力（毫不脸红）地跟你讲我曾经是多么地阻抗和固执，在它们第一次到来的时候，这是一个多么大的麻烦啊，一直到我能够读懂象征语言之前，它们都比我迟钝的意识强大。[197]

荣格很有可能是把出版《向死者的七次布道》当作出版《红书》的一次尝试。芭芭拉·汉娜认为荣格对出版《向死者的七次布道》感到很后悔，而且“强烈感觉到自己应该只把它留在《红书》中”。[198]

荣格在某个时候写了一篇名为“评论”的手稿，内容是对第一卷中的第九、

---

195 例如，用“时代精神”(Zeitgeist) 替换掉“时代精神”(Geist der Zeit)，用“思想”(Idee) 替换掉“展望”(Vordenken)。

196 伦敦：史都华和沃特金斯出版社，1925。

197 1925 年 5 月 2 日，《莫瑞论文集》，霍顿图书馆，哈佛大学，原文为英文。麦克·福特汉姆回想起来，在他的分析进入到相应的“高级”阶段时，彼得·拜恩斯也送了他一本，并且要他发誓会严格保密（私人交流，1991）。

198 《荣格的生活与工作：传记体回忆录》，121 页。

第十、第十一章的评论（见附录 B）。他在 1925 年的讲座中已经讨论过一些幻想，当时还谈到了更细节的内容。从风格和构思的角度上看，笔者认为这一部分文本大概是在 20 世纪 20 年代中期完成的。他很有可能已经写了或者准备为其他章写更多的“评论”，但是迄今还未发现这些内容。这份手稿显示他为理解每一个幻想的细节做了大量的工作。

荣格将《新书》的复本送给了很多人——卡莉·拜恩斯、彼得·拜恩斯、阿尼拉·亚菲、沃尔夫冈·斯托克麦尔和托尼·伍尔夫，这些复本也有可能会转给其他人。1937 年，彼得·拜恩斯的房子被一场大火烧毁，他手中的《新书》也遭到破坏。多年以后，他写信问荣格是否可以再送他一份复本，并表示想将它翻译成英文。[199] 荣格回复说：“我试试看能否再给你做一本《红书》的复本，请不要担心翻译的问题，我可以肯定它已经有两个或三个译本了。但是我不知道是谁翻译的，翻译得怎么样。”[200] 这个译本数量的推测应该是根据他给出去的复本数量所做的假设。

荣格也让以下人物读过或看过《新书》：理查德·霍尔、缇娜·凯勒、詹姆斯·科什、希美纳·罗伊丽·德安古洛（当时还是个孩子）和库尔特·伍尔夫。阿尼拉·亚菲读过《黑书》，缇娜·凯勒读过《黑书》的某些章节。荣格很有可能也向其他密友展示过《新书》，例如埃米尔·梅特纳、弗朗茨·里克林、艾丽卡·施莱格尔、汉斯·特吕布和玛丽 - 路易丝·冯·弗朗茨。很明显，荣格只让那些他完全信任的人看这本书，而且他认为这些人能够完全理解他的想法，而他的相当一部分学生都不符合这一标准。

心理治疗的转化

《新书》对理解荣格的新治疗模式的涌现具有关键作用。1912 年，荣格在《力比多的转化与象征》一书中认为神话幻想（像在《新书》中呈现的一样）的出现

199 1941 年 11 月 23 日，荣格的藏品。

200 1942 年 1 月 22 日，《荣格通信集》第 1 卷，312 页。

是无意识的种系发生层出现松动的标志，也是精神分裂症的征兆。而通过自我实验，荣格彻底改变了自己的立场：他认为这时候最重要的不再是任何特定内容的出现，而是个体对这些内容的态度，特别是个体自己的世界观能否容纳这一类材料。这就能够解释他为什么在《新书》的后记中为那些粗略阅读此书的人附上自己的评论，如果一个人无法涵容和理解荣格的经历，那么这本书看起来很疯狂，而且作者有可能已经发疯。[201] 在第二卷的第十五章中，他对当时的精神医学提出批判，指出精神医学不能够将宗教经验或神圣的疯狂与心理病理学区分开。即使幻象和幻想的内容没有诊断的价值，但他依然坚持认真看待这些内容也是非常重要的。[202]

根据自己的经验，荣格发展出心理治疗目标和方法的新概念。现代心理治疗诞生于 19 世纪末，从诞生之日起，这个学科最初关注的就是如何治疗功能性神经障碍或神经症，这些疾病也开始进入公众的视野。第一次世界大战之后，荣格对心理治疗实践进行重构，从此心理治疗不再只局限于精神病理学的治疗，它开始变成一种通过促进个体化过程给个体带来更高层次发展的实践。荣格的重构不仅对分析心理学的发展产生深远的影响，对整体的心理治疗也是如此。

为了说明他在《新书》中所获概念的有效性，荣格试图呈现出他在这个过程中所描绘的内容并非独一无二，他发展出的这些概念也适用于其他人。为了研究患者的作品，他开始广泛地收藏患者的绘画。而为了不让患者和自己的画作分开，一般他会让患者为他制作一份复本。[203]

在这段时期，荣格继续引导自己的患者如何在清醒的状态下诱导出各种意象。1926 年，克里斯汀娜·摩根开始接受荣格的分析。她在阅读《心理类型》一书时，受到该书的思想的吸引，前来寻求荣格的帮助，希望能够解决自己的人际关系和抑郁问题。在 1926 年的一次分析中，摩根记录下了荣格建议她如何诱发幻想：

201 见下文，565 页。

202 参阅荣格在讨论完斯韦登伯格之后的评论，《亚菲论文集》，苏黎世理工学院。

203 这些绘画依然保存在屈斯纳赫特的 C. G. 荣格研究院供研究使用。

那么，你可以看到这些幻象非常模糊，不可名状，而幻象仅仅是开始。为了能够将这些幻象具体化，最初你只能使用视网膜。接下来并非一直强迫意象出来，而只是想着向内看。当你看到这些意象时，你就想把它们留住，并观察它们把你带到何处，它们如何变化。紧接着你自己便尝试进入到自己的画面中，即成为演员中的一员。当我开始这么做的时候，我看到很多景色。随后我开始学习如何把自己置于景色中，紧接着里面的人物开始对我说话，我也会回应他们……人们都说他有艺术家的气质，但是只有我的无意识在支配我。现在我已经学会了如何演这场戏剧和外在生活的戏剧，因此没有什么能够伤害到我了。我现在写出1000页来自无意识的内容（并讲到一个巨人变成一颗蛋的意象）。[204]

荣格把自己实验的细节讲给自己的患者，并指导他们这样做。在他们对自己的意象流进行实验时，荣格扮演的角色是他们的督导。摩根记录下了荣格所说的话：

现在，我感觉自己应该跟你谈谈这些幻想……这些幻想看起来相当微弱，尽是同一动机的不断重复。这些幻想中还没有足够的火和热，它们应该再多燃烧一段时间……你必须停留在幻想中更久，也就是说处在幻想中的是你自己意识的批判性自我，你会提出自己的判断和批判……我可以跟你解释我为什么要告诉你我的经历。在我在写这本书的时候，突然看到一名男性正站在那里盯着我的肩膀。一颗金粒从我的书中飞出来，并击中了他的眼睛，他问我是否愿意帮他把金粒取出来，我说不行，除非他告诉我他是谁，但他说他不会告诉我。你看我就知道会是这样。如果我按照他要求的去做，那么他将会沉入到无意识中，我将无法获得这段经历的意义。例如，为什么他完全是从无意识中出现的。最后，他告诉我，他会跟我讲前几天我所遇到的某些象形文字的意思。他讲完之后，我把金粒从他的眼中取出来，接着他就消失了。[205]

荣格甚至会建议自己的患者去创作自己的《红书》。摩根回忆起荣格曾说：

---

204 1926年7月8日，分析笔记，康特韦医学图书馆。文中提到这个意象出现在《新书》第二卷的第十一章，300页。

205 《新书》第二卷的第十一章，300页。1926年10月12日，文中提到的这段情节发生于魔法师“哈”（Ha）现身的时候，见下文，333页，注释155。

我建议你尽最大的可能把它（幻象）完美地记录下来，最好记录在装帧精美的书中。看起来你似乎是在把这些幻象变得一文不值，但是你必须这么做，因为这样你才能够摆脱它们的力量。例如，如果你用的是这双眼睛，它们便不会再吸引你。你绝对不能尝试让这些幻象再次回来。去想象它，并把它画出来。如果某些贵重的书中有类似的图画，你可以找到这本书，翻阅这本书，这本书就会成为你的教会所在地，也即你的大教堂，你的精神就在这个安静的地方，你会在这里得到更新。如果有人告诉你这么做是病态的或是神经症行为，只要你听从他们，你就会丢失自己的灵魂，因为你的灵魂就在那部贵重的书中。[206]

在 1929 年写给 J. A. 吉尔伯特的一封信中，荣格这样评价自己的治疗程序：

有时候我发现，在治疗这样的患者时，鼓励他们把特定的内容通过绘画或写作的方式表现出来非常有助于治疗。在这种情况下，会出现很多让人无法理解的情境，几乎没有什么合适的语言可以形容来自无意识幻想的碎片。我让患者去找他们自己的象征表现，也就是他们的“神话”。[207]

腓利门的圣地

20 世纪 20 年代，荣格的兴趣开始从誊抄《新书》和详尽阐述《黑书》中自己的神话转移到建造波林根的塔楼之上。1920 年，荣格在波林根的苏黎世湖畔上游购置一块土地，在此之前，他和他的家人度假时经常在苏黎世湖周围露营。他感觉他需要把自己最深层的想法在石头上呈现出来，还要建造一座完全原始的住所：“但是，对我而言，文字和纸张似乎不够真实，我需要其他的东西。”[208] 他在石头上忏悔，塔楼是“个体化的表现”。多年以来，他一直在壁上作画，在墙上雕刻，塔楼或许可以被视为是《新书》的三维式延续：它的“第四卷”。在第二卷的末尾处，荣格写道：“我必须将中世纪的部分补上，也即我身上的中世

206 《新书》第二卷的第十一章，300 页。1926 年 7 月 12 日。

207 1929 年 12 月 20 日，荣格的藏品（原文为英文）。

208 《回忆·梦·反思》，250 页。

纪，我们只完成了别人的中世纪。我必须尽快开始，因为隐士在这个时候都消失了。”[209] 值得注意的是，这座塔楼是刻意按照中世纪的建筑形式建造而成的，没有任何现代的设施。塔楼的修建是一项持续且不断展开的工作。荣格在塔楼的墙上刻下一段文字：“腓利门的圣殿—浮士德的忏悔”（Philemonis sacrum-Fausti poenitentia）（塔楼内一道墙壁上画的是腓利门的肖像）。1929 年 4 月 6 日，荣格给卫礼贤写信说：“人类为什么没有世俗的修道院式生活，谁的生活会脱离时代！”[210]

1923 年 1 月 9 日，荣格的母亲去世，1923 年 12 月 23/24 日，他做了以下的梦：

我在服兵役，跟随着一个大部队行军。前行到奥辛根的丛林，我在十字路口看到一处遗迹：一个有一米高、上方是青蛙或蟾蜍头的石头雕像矗立在那里。有一个男孩坐在雕像的后面，但他的头却是蟾蜍头。突然一个只有上半身的男人形象将手中的锚敲打进男孩的心脏，这个男人是一个罗马人。另一个半身像大约来自 1640 年，与前一个人的形象相同，接着他们变成了干尸，最后驶来一辆带有 17 世纪风格的四轮马车。车上坐着的是一位已经去世的人，但她仍然活着。当我叫她“女士”的时候，她转回头看着我，我意识到原来“女士”是一种对贵族的称谓。[211]

几年后，荣格明白了这个梦的意义。他在 1926 年 12 月 4 日写道：

到现在我才明白 1923 年 12 月 23/24 日的梦是什么意思，它意味着我的阿尼玛之死（“她不知道自己已经死亡”）。它正好出现在我母亲去世的时候……因为母亲去世，A.（阿尼玛）也突然沉默了下来。这是一个多么有意义的梦啊！[212]

过了几年，荣格与自己的灵魂又有了一些对话，但是在这个时候，他与阿尼

209　见下文 480 页。

210　荣格的藏品。

211　《黑书 7》，120 页。

212　《黑书 7》，121 页。

玛的冲突实际上已经停止。1927 年 1 月 2 日，他做了一个以利物浦（Livepool）为背景的梦：

几位瑞士的年轻人和我一起乘船到达利物浦。这是一个漆黑的雨夜，烟云密布。我们步行来到坐落在一片高地的上城。我们又来到花园中心的一个小圆湖旁，湖中心有一座小岛。人们说有位瑞士人住在这样一座到处是油烟、黑暗肮脏的城市中。但是在这座小岛上，我却看到一棵玉兰树耸立在那里，树上开满红色的花，在永恒的阳光照射下，光彩夺目，我在想："现在我明白那个瑞士朋友为什么要生活在这里了。很明显，他自己也知道原因。"我看到了城市的地图：[图片]。[213]

随后，荣格根据这张地图画了一幅曼荼罗。[214] 他赋予这个梦非常重要的意义，后来他评论说：

这个梦代表我当时的状况。我依然能够看到那身灰黄色的雨衣，雨滴在雨衣上闪耀。一切都让人感到极度不安，黑暗且模糊，就像我当时的感觉一样。但是我已经有一个超自然的美丽幻象，这就是我完全能够存活下来的原因……这时候，我认为自己已经达成自己的目标。人不可能再去超越这个中心，它就是终极目标，一切都会被引向这个中心。通过这个梦，我理解到原我就是方向和意义的原则与原型。[215]

荣格后来补充说他自己就是那个瑞士人，"自我"不是原我的中心，但是一个人可以通过"自我"看到神迹。那道微光就类似于真光（the great light）。从此之后，他不再画曼荼罗。这个梦已经呈现出无意识的发展过程，这不是一个线性的过程，他对这个发现感到非常满意。在那个时代，他感到十分孤独，而且他所专注的伟大事业无人能懂。在这个梦中，只有他看到了这棵树。当他们站在黑暗中的时候，那棵树在闪闪发光。如果他没有这样一个幻象，他的生命将会失去意义。[216]

---

213 《黑书 7》，124 页。图片见附录 A，562 页。

214 Image 159，这幅曼荼罗的复制品。

215 《回忆 · 梦 · 反思》，224 页。

216 阿尼拉 · 亚菲写《回忆 · 梦 · 反思》时，采访荣格的记录，159 ~ 160 页。

因此荣格认识到，原我是个体化的目标，而个体化并不是一个线性的过程，而是由围绕着原我的循环构成。这一认识给了荣格力量，如果不是认识到这一点，他的这些经历会使他发疯，或者让他周围的人发疯。[217] 他感到是曼荼罗绘画把他带到原我的“拯救功能中”，这就是他的自我拯救。现在他需要完成的一项工作就是将这些领悟统合到自己的生命和科学中。

1926 年，在《无意识过程的心理学》一书的修订版中，荣格着重强调中年过渡期的重要性。他认为一个人前半生是自然发展的阶段，在这个过程中，一个人首要的目标是在世界上立足、赚钱和养家；后半生是文化发展的阶段，涉及对早期价值观的再评估。后半生的目标之一就是保留以前的价值观，同时又认识到这些价值观的对立面，这就意味着个体需要发展自己人格中未得到发展和被忽略的方面。[218] 此时，个体化过程可以被视为是人类发展的一般模式。荣格认为当时的社会缺乏对过渡时期的引导，他相信自己的心理学填补了这项空白。在分析心理学之外，荣格的理论也对成人发展心理学领域产生了影响。很明显，他的危机经历导致他形成人生需要划分为两个阶段的概念框架。《新书》描述的是荣格在重新评估自己之前价值观和试图发展自己人格中被忽略的方面，因此这本书构成他理解如何成功地度过中年过渡期的基础。

1928 年，荣格出版了一本小书，书名是《自我与无意识的关系》，这本书是在他 1916 年的论文《无意识的结构》的基础上扩展而成的。在这本书中，他扩展了转化过程的“内部戏剧”，新增一部分详细论述个体化过程。他指出，当一个人处理完来自个人范围的幻想之后，就会遇到来自非个人范围的幻想。非个人的幻想并不是随机的，而是朝一个目标汇聚。因此后来的幻想可以被描述为启动的过程，这些过程能够让人找到与它们最近的类比。为了能够让这个过程出现，主动的参与是必需的：“当意识心理主动参与到这个过程中并经历过程的每一个阶段时……随后，下一个更高水平的意象总是在上一个已经成功获得的意象上产生，并目的性地向前发展。”[219]

---

217 阿尼拉·亚菲写《回忆·梦·反思》时，采访荣格的记录，173 页。

218 《荣格全集第 7 卷》，§§114 ~ 117。

219 《荣格全集第 7 卷》，§386。

在吸收完个人无意识、区分出人格面具和克服神一般的状态之后，在下一阶段中，男性要整合自己的阿尼玛，女性要整合自己的阿尼姆斯。荣格认为，能够区分真实的自己和在别人面前表现出来的自己非常重要，同样重要的还有意识到“自己与无意识的隐性关系”并在此基础上区分自己和阿尼玛。他指出，如果阿尼玛还处在无意识中，她就会被投射出来。儿童的第一个灵魂意象的载体是母亲，长大以后，变成那个能够激起男人情感的女人。男人需要具体化自己的阿尼玛，才能够以内在对话或主动想象的方式向阿尼玛提问。他认为每个人都有能力和自己的阿尼玛或阿尼姆斯展开对话，而主动想象就是这样一种内在对话的形式，它是一种戏剧化的思维。进行主动想象的关键部分是不去认同出现的想法，并克服认定是自己产生这些想法的观念。[220]最重要的是不去解释或理解这些幻想，只是去体验它们，这代表他从对创造性构思的强调转到论文中对超越功能的理解。他指出在进入幻想的时候，要完全按照字面意思对待它们，而在诠释幻想的时候，需要用象征的方式。[221]这是对荣格在《黑书》中所采取步骤的直接描述。这种讨论任务是具体化阿尼玛产生的效应和意识到潜藏在这些效应下的内容，从而把这些内容整合到意识中。在一个人熟悉了阿尼玛所反映的无意识过程之后，阿尼玛就会变成一种连接意识和无意识的功能，不再是自动的情结。此外，整合阿尼玛的过程也是《新书》和《黑书》的主题。(需要强调的是，实际上《新书》中的幻想不能按照字面的意思去读，而要按照象征的方式去读。把里面的话抽离具体的语境并直接引用都是对《新书》的严重误读。) 荣格指出，整合阿尼玛的过程会产生三种效应：

第一种效应是通过吸纳大量的和各式各样的无意识内容扩大意识范围，第二种效应是逐渐减小无意识的主导性影响，第三种效应是人格的改变。[222]

男性成功将阿尼玛整合之后，接下来会遭遇另外一个人物，即“超自然人格”。荣格认为，当阿尼玛失去她的“超自然力量”或能力时，已经同化了阿尼玛的男人将会拥有“超自然力量”，会变成一个“超自然人格，拥有高级的意志

220 《荣格全集第 7 卷》，§ 323。

221 《荣格全集第 7 卷》，§ 353。

222 《荣格全集第 7 卷》，§ 358。

和智慧，但这是一个集体无意识的主导者，公认的强大男性的原型形式有：英雄、领导、魔法师、巫师、圣人、人类和灵魂的主、诸神的同胞”。[223]因此男性在整合阿尼玛的同时，也会获得她拥有的力量，因此会不可避免地认同魔法师，在这个时候，他所面临的任务就是将他自己与魔法师区分开。荣格又补充说，对于女性而言，与魔法师相对应的是大母神。如果男性不再认为自己已经完全战胜阿尼玛，魔法师也不再拥有这个人，因此这个人就会认识到超自然力量真正所属的位置是“人格的中心点”，即原我，同化超自然人格的内容能够带来原我。荣格所描述的与超自然人格的相遇，无论是对它的认同还是随后的去除对它的认同，对应的则是《新书》中他与腓利门的相遇。对于原我，荣格写道：“它也可以被称为‘我们身上的神’，我们整个心灵生活的起点纵横交错地根植于这一点，我们所有最高的和最深的目的都指向它。”[224]荣格对原我的描述传递出他认识到的利物浦之梦的意义：

原我可以被视为对内在和外在冲突的一种补偿……原我也是生命的目标，因为原我是对与命运相关的一种组合的最完整表达，我们将这一组合称为个性……原我在某种程度上是一种非理性的体验，不可名状，自我既无法反对又无法服从它，但是可以与它形成依赖关系，围着它转，就像地球围着太阳转一样，那么个体化的目标就达到了。[225]

直面现世

荣格为什么不再创作《新书》？1959年，荣格在《新书》的后记中写道：

1930年与炼金术的邂逅使我离开了它（《新书》）。最终的结束在1928年到来，那时候我的好友卫礼贤将《黄金之花的秘密》的文稿寄给我，这是一部炼

223《荣格全集第7卷》，§377。

224《荣格全集第7卷》，§399。

225《荣格全集第7卷》，§399。

金术的经典。书中的内容找到它们自己进入现实的道路，所以我不再继续创作（《新书》）了。[226]

《新书》中还有一个更加完整的画作。荣格在1928年画了一幅名为“金色城堡”的曼荼罗（163页，复制品），在画完这幅曼荼罗之后，他对这幅曼荼罗中有很多中国元素感到十分吃惊。之后不久，卫礼贤就给他寄来一本名为《黄金之花的秘密》的经典，想请他为这部经典写一个评论。荣格对这部经典和它被寄来的时机感到很惊讶：

我做梦都没想到这部经典使我确信我关于曼荼罗和围绕中心旋转的想法都是正确的，这是打破我孤立无援状态的第一个事件。我开始意识到一种密切关系的存在，我能够在一些人和一些事之间建立连接。[227]

荣格在金色城堡这幅画的下方所写的文字表现出这次确认验证的重要性。[228]荣格对这部经典中的意象和概念与自己的绘画及幻想之间的诸多相似之处感到非常吃惊。他在1929年5月25日写信给卫礼贤说：“命运似乎在让我们二人扮演桥梁的两个支柱，支撑起连接东方和西方的大桥。”[229]后来他才意识到这部炼金术经典的本质是非常重要的，[230]荣格在1929年写完评论。他在1929年9月10日写信给卫礼贤说：“我完全被这部经典迷住了，它是如此地接近我们的无意识。”[231]

荣格为《黄金之花的秘密》所写的评论成为他人生的一个转折点，这是他第一次公开讨论曼荼罗的意义，这也是荣格第一次以匿名的形式把《新书》的三幅

226 见下文，559页。

227 《回忆·梦·反思》，222 ~ 223页。

228 见下文，449页，注307。

229 荣格的藏品。

230 德文第二版的序言，“《黄金之花的秘密》的评论”，《荣格全集第13卷》，4页。

231 卫礼贤非常感激荣格为他写评论，他在1929年10月24日写信给荣格说：“我再一次被你的评论深深地打动。”（荣格的藏品）

曼荼罗当作欧洲曼荼罗的范例展示出来，并对它们进行评论。[232] 1929 年 10 月 28 日，他针对这本书中的曼荼罗写信给卫礼贤说："这些意象正是通过它们自身相互放大，它们为无意识的欧洲精神在试图理解东方的末世学时提供一个完美的意象。"[233] 在"欧洲的无意识精神"和东方的末世学之间建立连接成为荣格在 20 世纪 30 年代的主要研究主题之一，后来他又继续与印度学研究者威廉·豪尔和海因里希·齐默合作。[234] 同时，这本书的形式也非常关键：不去揭示自己所进行实验的全部细节，也不揭示病人的，荣格使用与中国经典相对应的部分以一种间接的方式谈论他们的实验，就像他在《心理类型》的第五章所做的一样。当时，这种隐喻的方法已经成为他的首选形式。他并不是把自己的经历直接写下来，而是对秘传修炼中的类似过程进行评论，这些秘传修炼大多数都是中世纪的炼金术。

之后不久，荣格突然中断了《新书》的创作，留下最后一整页的空白，他不再誊抄。他后来回忆说，当他到达这个中心点或道的时候，他应该去入世了，此后，他开始举办多场讲座。[235] 因此"直面无意识"结束，"直面现世"开始。荣格补充说，他将这些讲座活动视为是对自己多年向内全神贯注的一种补偿形式。[236]

个体化过程的比较研究

荣格大概是在 1910 年左右接触到炼金术的文献。1912 年，西奥多·弗洛诺

---

232 见 Image 105、Image 159 和 Image 163，1950 年，这三幅曼荼罗和另外两幅曼荼罗以匿名的形式出现在荣格编辑的杂志上，《无意识的形式：心理学经典著作》，第 7 卷（苏黎世：拉舍尔出版社，1950）。

233 荣格的藏品。

234 关于这个主题，见《昆达利尼瑜伽的心理学：1932 年 C. G. 荣格讲座集》，索努·沙姆达萨尼编（波林根丛书，普林斯顿：普林斯顿大学出版社，1926）。

235 阿尼拉·亚菲写《回忆·梦·反思》时，采访荣格的记录，15 页。

236 1923 年 2 月 8 日，卡莉·拜恩斯记录下了去年春天她与荣格对这一部分进行的一次讨论："你 [荣格] 说不论一个人多么脱离群体，他总有自己特殊的天赋，因为他尚未履行完自己的全部责任，从心理学的角度上讲，除非他能够成功地在集体中行使自己的功能。对于在集体中行使功能，我们一般指的是通过一种社会性的方式与人们'混在一起'，而非通过专业或商业关系。你的意思是如果一个人脱离这些集体关系，他丧失的那些东西将会使他无法承受。"（《卡莉·拜恩斯论文集》，当代医学档案馆，惠康图书馆，伦敦）

瓦在日内瓦大学的讲座中报告了对炼金术的心理学诠释，赫伯特·希尔贝雷在1914年出版了一部与炼金术有关的巨著。[237]荣格追随着弗洛诺瓦和希尔贝雷的足迹来到炼金术领域，从心理学的角度上思考炼金术。他对炼金术的理解基于两个主要命题：第一，炼金术士在他们的实验室中对这些文本和材料进行冥想时，他们的修炼实际上是一种形式的主动想象；第二，炼金术经典的象征类似于荣格和他的病人已经进入的个体化过程。

20世纪30年代，荣格的研究活动从《黑书》中的幻想转移到他的炼金术抄本上。他根据炼金术文献和相关的作品编制出一个百科全书式的目录，并根据关键词和主题编排索引。这些抄本构成他炼金术心理学作品的基础。

20世纪30年代之后，荣格放下《新书》的创作。虽然他已经不再直接探索它，但是它仍然处在他活动的中心。在心理治疗实践中，他继续尝试鼓励患者进行类似的发展过程，并确定他的经历中哪些方面是他独有的，哪些是共通的，从而可以应用到别人身上。在他的象征研究中，荣格对类似于《新书》中的意象和概念的事物很感兴趣。他仍然在研究的问题有：类似于个体化过程的东西是否在所有文化中都能看到？如果答案是肯定的，共同和差异的地方在哪里？从这个角度上看，荣格在1930年之后的工作都可以被视为对《新书》内容的延伸放大，并尝试将其内容转译为符合当代观念的形式。《新书》中的某些内容与荣格后期出版的作品中明确表达的观点非常相似，并代表它们最初的构想。[238]另外，《新书》中的很多内容都没有直接出现在《荣格全集》中，也没有被系统地概括出来，更没有以隐喻或间接提及的方式出现。因此，《新书》毫无疑问已经厘清了《荣格全集》中迄今为止最难以理解的方面。如果一个人没有研读《新书》，就无法理解荣格后期作品的起源，也不能完全理解他试图实现什么目标。同时，《荣格全集》在某种程度上可以被视为对《新书》的间接评论，二者交相呼应。

荣格把自己的“直面无意识”视为后期作品的来源，他说自己所有的作品和之后获得的一切都来自他进行的想象。他也曾尽最大的努力将这些东西表现出来，但用的是复杂难懂且有缺陷的语言。他经常感觉到好像“有庞大的石块轰然

237 《神秘主义的问题和象征》，S. E. 叶利非译（纽约：莫法特·亚德出版公司，1917）。

238 这些内容都在作品的脚注中。

砸在（他）身上，雷电交加，暴风雨接连不断”。他对自己没有被这些摧毁感到很震惊，而其他人却没能幸免，例如希尔贝雷。[239]

1957年，当库尔特·伍尔夫问他如何看待自己的学术著作和传记式的梦与幻想的笔记之间的关系时，他回答说：

正是这些最原始的素材强迫我对它进行探索，我的著作差不多就是在将这种光怪陆离的物质整合进我这个时代的世界观时所进行的一种成功尝试。最初的幻想和梦非常像炽烈且已经熔化了的玄武岩，接着结晶成石头，我便对石头进行工作。[240]

他又补充说："我用了45年才把我曾经的经历讲出来，呈现出我经历的事情，把它们写进我的科学著作中。"[241]

用荣格自己的话说，《新书》可以被视为自己个体化过程中不同阶段的记录。在他后期的作品中，荣格试图从他对病人和自己的比较研究之间找到一般规律性的共同元素。因此他后期的作品呈现的是一个整体框架、一个基本的梗概，没有对主体的细节论述。在回顾的时候，荣格将《红书》描述为以启示的方式构思事物的一种尝试。他希望这能够使自己得到解脱，但是他发现事实并非如此。后来荣格意识到自己必须返回到人文和自然科学的研究中，他需要从这些洞察中得出结论。因此，详尽阐述《红书》中的材料变得至关重要，但是他也必须明白道德义务，他为此付出的是自己的毕生精力和整个科研事业。[242]

1930年，荣格在苏黎世的心理学俱乐部开始对克里斯汀娜·摩根的幻觉幻象展开一系列的讲座，这些讲座在某种程度上可以被视为对《新书》的评论。为了说明他在《新书》中所获概念的实证效度，他必须呈现出自己所描写的过程并非特有的。

---

239 《回忆·梦·反思》，201页。阿尼拉·亚菲写《回忆·梦·反思》时，采访荣格的记录，144页。

240 《C. G. 荣格：回忆·梦·反思》(德文版)，阿尼拉·亚菲编（奥尔滕：瓦尔特出版社，1988），201页。

241 《C. G. 荣格：回忆·梦·反思》(德文版)，阿尼拉·亚菲编（奥尔滕：瓦尔特出版社，1988），201页。

242 阿尼拉·亚菲写《回忆·梦·反思》时，采访荣格的记录，148页。

在 1932 年进行的昆达利尼瑜伽的讲座中，荣格开始对秘传修炼进行比较研究，主要关注的是圣依纳爵·罗耀拉的神操、帕坦加利的瑜伽、佛教的冥想修炼和中世纪的炼金术，他就这些主题在苏黎世联邦理工学院（ETH）进行了大量的讲座。[243] 带来这些连接和比较的关键性洞察就是荣格认识到这些修炼都基于不同形式的主动想象，而它们的目标都是人格的转化，而荣格将人格的转化理解为个体化的过程。因此荣格在 ETH 的讲座提供的是主动想象的比较史，即构成《新书》基础的修炼。

1934 年，荣格第一次以个案的形式将对个体化过程的描述扩展后出版，他所写的个案是已经连续画了大量曼荼罗的克里斯丁·曼。荣格也提到自己正在进行的研究：

我之前自然使用的也是这种方法，它能够保证一个人在画每一张复杂的图画时，不对图画的真正含义有一丁点想法。在绘画时，图画似乎是自然而然地涌现出来，通常与个人的意识性意图相反。[244]

他指出这本书填补了他在描述治疗方法上的空白，因为他很少写有关主动想象的内容。他从 1916 年就开始使用主动想象这种方法，但只在 1928 年的《自我与无意识的关系》一书中有大致的描述，并在 1929 年为《黄金之花的秘密》所写的评注中第一次提到曼荼罗：

我至少有 13 年没有提过这些方法带来的结果，目的是避免任何可能的暗示。我确信这些东西（特别是曼荼罗）完全都是自发创作的，并非我的幻象对病人的暗示。[245]

通过历史研究，荣格确信人可以在任何时间和地点创作曼荼罗。他还指出，有些治疗师的患者也会创作曼荼罗，而这些治疗师并不是他的学生。他不出版《新书》的原因也可能是出于另外一种考虑：让他自己和那些批评他的人明确看

243 这些讲座即将出版，具体详情见 www.philemonfoundation.org。

244 “个体化过程的研究”，《荣格全集第 9 卷》I，§622。

245 “个体化过程的研究”，《荣格全集第 9 卷》I，§623。

到患者的成长，尤其是患者的曼荼罗意象并非源于他的暗示。他坚持认为曼荼罗意象是原型普遍存在的最佳例证。1936 年，他又提到自己在很长一段时间内都在使用主动想象这种方法，观察到很多象征，而多年之后，这些象征在他以前从来没有见过的经典中得到验证。[246]但是，从证据上看，由于荣格学识渊博，他自己的材料并不是一个特别具有说服力的例子，他的情况并不足以支持这些意象在不受任何先前经验影响下从集体无意识中自发地涌现出来的论点。

荣格在《新书》中清晰地呈现出他所理解的基督教历史的转化及象征转化的历史性。荣格在自己的炼金术和基督教教条的心理学著作以及几乎全部的《答约伯书》中论述的就是这一主题。正如我们所看到的一样，正是他在第一次世界大战之前看到的幻象具有预测性才导致他进行《新书》的创作。1952 年，通过和诺贝尔物理学奖获得者沃尔夫冈·保利的协作研究，荣格提出在非因果关系原则之下存在“有意义的巧合”，他将之称为共时性。[247]他认为，在特定的情境下，原型的积聚会产生时空的相对性，这就是共时性发生的原因。他试图把科学的认识扩展应用到现实发生的事件上，就像他在 1913 年和 1914 年的意象。

需要注意的是，《新书》与荣格的学术著作之间的关系并不是直接点对点的转译和阐释。早在 1916 年，荣格就开始寻找能够表达他的某些实验结果的学术语言，同时又继续详细描述自己的幻想。我们要尽可能地把《新书》和《黑书》视为荣格创作的私人作品，而他在创作这些作品时也在公开发表学术作品，尽管学术作品是由个人作品孕育而来的，但是这两种作品依然是截然不同的。在停下《新书》的创作之后，他通过建造塔楼、雕刻石头和绘画，继续精心制作自己的私人作品，也即他自己的神话。在这里，《新书》行使的功能就像一个活跃的中心，他的很多绘画和雕刻与它有关。在心理治疗实践中，荣格试图通过协助和督导患者自己的自我实验与象征的创造，使患者能够恢复生命的意义感。同时，他又试图详尽阐述普通的科学心理学。

246 “科莱女神的心理学”，《荣格全集第 9 卷》I，§33。

247 见 C. A. 梅尔编，《原子与原型：保利与荣格通信集》，贝弗利·扎布里斯基作序，D. 罗斯科译（普林斯顿：普林斯顿大学出版社，2001）。

《新书》的出版

在荣格停下《新书》创作之后，如何处置《新书》的问题依然存在，最终是否出版此书的问题一直悬而未决。1942 年 4 月 10 日，荣格在回答玛丽・梅隆是否印刷出版《向死者的七次布道》一书时说："关于印刷出版《向死者的七次布道》这一问题，我希望你再缓一段时间。我想再添加一些内容，但我对此却犹豫很多年。因为这样会冒很大的风险。"[248] 1944 年，荣格在一次严重的心脏病发作之后，无法继续出版计划了。

1952 年，露西・埃耶儿提出了一个为荣格写传记的方案，在奥尔加・弗洛贝的建议和荣格的坚持下，卡莉・拜恩斯与露西・埃耶儿共同执行这个方案。卡莉・拜恩斯认为应该以《新书》为基础写荣格的传记。[249] 让荣格感到失望的是，卡莉・拜恩斯后来退出了这个项目。经过几年露西・埃耶儿对他的采访之后，荣格在 1955 年终止了她的传记方案，因为他对她的进度很不满意。1956 年，库尔特・伍尔夫提出一个新的传记方案，这就是后来的《回忆・梦・反思》。在这一个阶段，荣格给了阿尼拉・亚菲一本《新书》草稿的复本，这个复本是托尼・伍尔夫制作的。荣格授权亚菲在写《回忆・梦・反思》的时候，可以直接引用《新书》和《黑书》的内容。[250] 荣格在接受阿尼拉・亚菲的采访时，会与亚菲一起讨论《新书》和他的自我实验。不幸的是，亚菲并没有把荣格所有的评论都写进书中。

1957 年 10 月 31 日，亚菲就《新书》的问题写信给波林根基金会的杰克・巴雷特。她告诉巴雷特，荣格希望把《新书》和《黑书》都捐给巴塞尔大学的图书馆，但是在 50 年内、80 年内或者更久，不能将它们公开，因为"他很讨厌那种认为对与他的生活有关的内容等都不了解的人都可以阅读这些材料的想法"。[251] 亚菲补充说，她不会在《回忆・梦・反思》中过多使用这些材料。在《回

---

248 荣格的藏品。荣格所想的似乎是腓利门的评论，见下文，521 ~ 537 页。

249 奥尔加・弗洛贝－卡普坦写给杰克・巴雷特的信，1953 年 1 月 6 日，波林根档案馆，国会图书馆。

250 荣格写给亚菲的信，1957 年 10 月 27 日，波林根档案馆，国会图书馆。

251 波林根档案馆，国会图书馆。亚菲将同样的记录寄给库尔特・伍尔夫，其中提到 30 年、50 年和 80 年的限制（未注明写信日期，收信日期为 1957 年 10 月 30 日），《库尔特・伍尔夫论文集》，耶鲁大学，拜内克图书馆。在阅读完阿尼拉・亚菲采访荣格的记录的第一部分之后，卡莉・拜恩斯在 1958 年 1 月 8 日写信给荣格说："这完全就是《红书》的序言，所以我可以安心地离开人世了。"（《卡莉・拜恩斯论文集》，当代医学档案馆，惠康图书馆，伦敦）

忆·梦·反思》的早期手稿中，亚菲曾把《第一卷》中大部分的打印稿文字誊抄进来。[252]但是在终稿中，这些都被删除了，而且亚菲也没有引用《新书》和《黑书》中的任何内容，亚菲以附录的形式把荣格为《新书》写的序言放进了德文版的《回忆·梦·反思》中。荣格为公开《新书》设置了一个弹性的时间限定，同样他也为出版与弗洛伊德的通信设置了类似的时间限定。[253]

1957年10月12日，荣格告诉亚菲他根本没有把《红书》写完。[254]根据亚菲的说法，荣格在经历一次长期的病痛折磨之后，在1959年的春天又重新拿起《新书》，准备把最后还未完成的意象写完。这一次，他仍然使用花体字誊抄草稿中的内容。亚菲注意到："但是，他依然无法或者不会完成这本书了，并告诉我这与死亡有关。"[255]花体字的誊抄进行到一半就突然停止了，而荣格又增加了一个后记，但也是只写了一半。信后的附言和荣格对将它们捐赠给档案馆的讨论都暗示荣格已经意识到这些作品最终都会在某个时期被研究。荣格去世后，按照他的遗愿，《新书》依然留在他的家中。

亚菲在1971年的艾诺斯报告《荣格一生中的创造性时期》中引用了《新书》草稿中的两段内容，她写到："我拥有一份抄本，荣格允许我在必要的时候引用里面的内容。"[256]这也是她唯一一次引用里面的内容。1972年，BBC在其为荣格制作的纪录片中展示了一些《新书》中的图片，此片的旁白是劳伦斯·范德普斯特。这些都让《新书》受到了广泛的关注。威廉·麦圭尔编辑出版的《弗洛伊德与荣格通信集》受到广泛称赞，1975年，他又代表普林斯顿大学出版社与荣格家族的律师汉斯·卡勒进行沟通，目的是出版《新书》、荣格家石雕的

---

252 《库尔特·伍尔夫论文集》，耶鲁大学，拜内克图书馆。前言已被删除，取而代之的是第一章的标题，"找回灵魂"。这一部分的另一复本不知被何人大量地编辑过，这个被编辑过的复本构成当时准备出版成书的一部分（荣格家族档案馆）。

253 从其自身的角度上看，《弗洛伊德与荣格通信集》的出版是非常重要的，但是《新书》和其他大量的信件依然未能得以出版，因此才会导致人们不断地强调错误的弗洛伊德中心论：如我们在《新书》中看到的一样，荣格所进入的领域与他所想象的精神分析相距甚远。

254 阿尼拉·亚菲写《回忆·梦·反思》时，采访荣格的记录，169页。

255 荣格/亚菲，《C. G. 荣格的回忆·梦·反思》德文版（奥尔滕：瓦尔特出版社，1988），387页。亚菲的其他评论都是错误的。

256 亚菲，"荣格一生中的创造性时期"，《斯普林：原型心理学和荣格思想年鉴》，1972，174页。

照片集、绘画和塔楼的照片。他提出将这些图片的复制品编辑成书，但有可能不附上相应的文本。他在信中写“我们暂时无法告诉你的是书的页数、需要多少文字和多少张照片，相应的内容和倾向于选择的文本”。[257] 事实上，出版社没有人见过或读过这本书，对之也知之甚少。后来这个请求被拒绝了。

1975 年，为纪念荣格诞辰 100 周年，一些《新书》中用花体字书写的内容被拍成照片在苏黎世展出。1977 年，亚菲出版《C. G. 荣格：文字与意象》一书，她在自己的书中使用了九幅《新书》中的绘画。1989 年，格哈德・维尔在他的《荣格图传》中加入了其他一些相关的绘画。[258]

1984 年，专业人员将《新书》拍成照片，同时用这些照片制作成五个复本，又将它们分给荣格的五个直系子孙家庭。1992 年，荣格家族开始检查荣格尚未出版的材料，而且此前，在荣格家族的支持下，德文《荣格全集》的出版计划已经启动（1995 年完成）。根据笔者的研究，我找到了其中一个抄本和《新书》的局部抄本，并在 1997 年把这些抄本交给荣格的后人。差不多同时，玛丽 – 路易丝・冯・弗朗茨把另外一个抄本交给荣格的子孙们。笔者受邀就这个主题和其出版的适合性进行报告，并针对这一主题做了一次公开演讲。在这些报告和讨论的

---

257 《麦圭尔论文集》，国会图书馆。1961 年，阿尼拉・亚菲向《荣格全集》的译者理查德・霍尔展示了《新书》，他写信告诉麦圭尔这次经历，“她（阿尼拉・亚菲）向我们展示了那本著名的《红书》，充满疯狂的绘画和评论，像是在修道院写的手稿，因此我对荣格将这部作品锁起来且自己保管着钥匙一点都不感到惊讶。尽管她之前告诉我荣格已经准许她查阅它，然而当荣格来到书房时，看到它躺在书桌上，虽然很幸运书是合着的，但是他也厉声对她说：‘它不应该在这里，把它拿走！’我发现有几幅曼荼罗出现在了《论曼荼罗的象征》一书中。虽然这样做会让复制的图片更加美观，但是我认为这么做并不明智，也不应该把绘画加入到自传中（而亚菲女士却敦促我这么做）。从某种意义上说，它确实应该和他的作品分开独立成书：就像自传是其他作品的重要补充一样，《红书》是自传的补充。《红书》给我留下了深刻的印象，很明显，荣格所经历的一切都像是在精神病患身上所发生的一样，甚至更多。相对于弗洛伊德的自我分析，荣格自己就像一个活动的精神病院！荣格与一个精神病院的常住患者之间唯一的区别就是，他拥有出奇的能力可以从幻想的可怕现实中走出来，从而能够观察和理解幻想中发生的事情，并将自己的经历提炼成一种有效的治疗体系。但是为了获得这样一个独特的成就，他只能发疯。他体验到的原始内容就是再现希尔贝雷的世界，唯一不同的是他有观察和摆脱的能力，还有去理解的驱动力，柯勒律治在他的《笔记本》中将有这样能力的人称为伟大的玄学家（将此用作荣格自传的题词再合适不过了！）：他用望远镜来观察自己的心灵。/ 看似乱糟糟的一团，/ 他却说看到的是一个美丽的宇宙，/ 他给意识添上的是宇宙内不为人知的宇宙。”（1961 年 3 月 17 日，波林根档案馆，国会图书馆）。这段引自柯勒律治的话后来的确以题词的形式出现在《回忆・梦・反思》中。

258 阿尼拉・亚菲编，《C. G. 荣格：文字与意象》，Image 52 ~ 57，Image 77 ~ 79，还有一张相关的图，Image 59。格哈德・维尔，《荣格图传》，40，140 ~ 141 页。

基础上，荣格家族成员在2000年决定将此书出版。

《新书》的创作是荣格自我实验的核心，它完全可以称得上是荣格所有作品的核心。如今，随着它的出版，我们就可以在原始文献的基础上研究当初到底发生了什么，而这些与那些有荣格有关的作品中所写的大量幻想、流言蜚语和猜测截然相反，我们也能够在此基础上理解荣格后期作品的来源和构成。将近一个世纪，阅读到这本书一直是一件不可能的事情，而在这期间出现的大量有关荣格的生活与工作的作品都没有参考这唯一一本最重要的记录资源。此书的出版象征韵律诗中的一次停顿，为充分理解荣格的作品开创了一个新的纪元。它打开的是一扇独一无二的窗户，我们可以透过这个窗户看到荣格如何找回自己的灵魂，如何通过找回自己的灵魂而建构一种心理学。导读到此结束，但导读绝非结语，意在抛砖引玉。

中译者按

◎周党伟

《新书》(《红书》)被视为荣格的私人日记，在荣格去世48年之后，由资深荣格学者索努·沙姆达萨尼教授经过大约13年的精心编译，最终在2009年得以出版。索努教授在18岁回到家乡寻找自己的心灵导师时，曾读到卫礼贤（理查德·威廉）翻译荣格评论的《黄金之花的秘密》，以及《荣格自传》，对荣格的思想和传记产生浓厚的兴趣，从而开始进行深入研究。经过多年的潜心研究，索努教授的成果得到了荣格家族的认可，经过一系列的讨论和论证，最终荣格家族授权索努教授负责编辑荣格所有未出版的著述和通信。腓利门基金会也因此在索努教授和斯蒂夫·马丁的倡导下于2003年成立，专门负责编辑整理出版荣格的遗著和信札。由腓利门基金会出版的荣格作品构成腓利门系列丛书，与以前出版的荣格作品共同形成完整的荣格作品全集，至今这些项目还在持续进行中。由于《新书》在荣格所有作品中的重要地位，因此它也成为腓利门系列丛书中最为重要的一册，它的出版不仅在分析心理学界，甚至是思想界都引起不小的反响。荣格的理论和思想的研究也因为《新书》的出版发生巨大的变化，以往对《新书》以及相关内容的猜测和幻想也都被打破，使得荣格的理论和思想中最重要的一环最终被填补上而变得完整。

鉴于《新书》自身的特殊性和重要性，腓利门基金会在处理《新书》翻译成英语以外的其他语言以及出版时非常谨慎，甚至专门为此制定特别的条款。出于种种的原因，《新书》的中文翻译和出版在其出版之后一直没有得到正式的授权，直到 2014 年译者前往伦敦跟随索努教授进行研究之时，才由机械工业出版社华章分社取得《新书》的中文授权，编辑联系译者进行翻译工作。但《新书》的翻译带来的挑战却远远超越译者的预料，译者在翻译的过程中也遭遇大量的难题，并在翻译的过程中不断地向老师和同行请教，从而形成今天《新书》的中译本。

荣格在创作《新书》的过程中所经历的语言危机使得他在描述自己的内在经验时面临很大的困难，他甚至也认为自己的行为是疯狂的。他不断地交替使用不同风格的语言模式，在记录和分析时使用的语言形式各异，但在翻译的过程中，中译者并未刻意将书中的语言转译成古语，也未刻意迎合现代化趋势，而是保持行文的连贯和一致性。

荣格在《新书》中所使用的三种语言风格也给译者带来比较特殊的困难，三种语言风格代表三种思维模式，即报告式、反思式和浪漫式的语体风格交替出现，相互呼应，但绝非荣格刻意而为，而是他丰厚的文化知识底蕴的自发呈现。因此在翻译的过程中，中译者试图借助比较成熟的三种文体翻译模式完整地呈现出《新书》的架构和内容，特别是书中在修辞风格上的互文模式。

尽管有大量的学术研究供参考，但由于荣格中译作品翻译风格各异，而且《新书》中的语体与《荣格全集》之间也存在着巨大的差异，因此如何选择《新书》的翻译模式也是译者主要考量的问题，在尊重荣格原著语体的同时，又如实地传递出历史转变时期的语言。所以译者将《新书》的德文本与英译本深入比较，从而尽量保持《新书》原有的特征，在转引《荣格全集》的内容时，译者主要参考的是德文版《荣格全集》的内容，并重新整理修改已有的英文版译文。英译者为《新书》增加大量的注解以利于《新书》的理解，其中引用了大量但丁、斯韦登伯格、歌德、叔本华和尼采等人的作品，例如《神曲》《浮士德》《作为意志和表象的世界》《查拉图斯特拉如是说》等，以及印度教中的经典，如《吠陀》《奥义书》和《薄伽梵歌》等，由于这些作品大部分已经被翻译成中文，因此译者在前人译文的基础上加以整理修改，使其符合荣格的语言模式和术语构成。《新书》中有大量从《圣经》中引用的经文，荣格本人直接引用的是路德版的《圣经》，英译者引用的是詹姆斯五世钦定版英文《圣经》，而中译《圣经》也有很多译本，中译者采用的是《圣经》新译本，以保持引文的一致性。

在翻译《新书》的内容时,《荣格全集》中的内容也影响着概念的转译。由于荣格所使用的很多概念在中文中并没有既定的词汇与之对应，因此译者在翻译的过程中尽量传递荣格在其作品中的原始定义。这里需要特别指出的是两个重要概念“Self”与“Individuation”。在荣格看来，“Self 就像一个单子，我也是一个单子，单子就是我的世界……相当于微观的灵魂本质”(37 页)，因此译者将之翻译成“原我”，国内也有学者将其翻译成“自性”。而“Individuation 是个体存在的形成和分化的一般过程，特别是个体的心理发展，成为一个有别于普遍性的存在，脱离集体心理。因此，Individuation 就是一个分化的过程，目标是发展成为个体人格”(524 页，注 85)，因此译者将之翻译成“个体化”，而国内也有学者为了契合“Self”的翻译将其翻译成“自性化”。荣格在《新书》中的概念也并非和《荣格全集》中的概念在形式和意义上高度一致，尽管在沙姆达萨尼看来，荣格的其他作品都可以视为是对《新书》的展开和注解，但概念和意义并非一一对应的关系，因此译者在翻译的过程中也充分考虑到了这一点。

“Izdubar”是荣格在《新书》中经常使用的名字，但“Izdubar”是“吉尔伽美什”(Gilgamesh)早期的名字，由于早期的误译而一直被沿用。现在已经证实，“吉尔伽美什”是史诗中的一个主要人物，而非以前认为的“Gistchubar”或“Izdubar”(注 96，247 页)。因此为了消除歧义，译者在译文中一直采用“吉尔伽美什”代表“Izdubar”。

《新书》的主体内容来自《花体字抄本》和《卡莉•拜恩斯的抄本》以及《审视》的《打印的草稿》，以及最后三十页的《草稿》内容，因此在中译的文本中依然沿用英译文本的划分方式，将《新书》中不同的内容进行标记。其他手稿和《新书》中的内容主要差别在“第二层”中的文字，而这一部分的文字都是荣格对原始经历的“诠释”，不同版本之间的差异之处在于荣格在不同时期“诠释”的变化。编者将不同的地方都加入到脚注中，但由于篇幅的限制，并非所有版本的改变都会被呈现出来，决定是否加入到《新书》中的因素是此部分是否有利于理解当时的状况和显示荣格的谨慎。

{} 中的数字代表的是《第二卷》第二十一章与《审视》中增加的副章。由于《第二卷》的 189 页之后的部分是选自《草稿》中的内容，而这一部分和《审视》的内容皆未被收录到《花体字抄本》中，因此荣格没有在这两部分中标注章节划分，为方便参考，加入带有数字的 {}，以区分不同的章节内容，从而形成第二十一章的副章或《审视》中的章节。

[2] 表示《草稿》中的第二层内容，第二层的内容是荣格对自己遭遇的评论。

[1] 代表回到《黑书》中的顺序。荣格在写完第二层的内容后会在下一章的开头回到《黑书》中的幻想顺序，在加入到副章的段落中，以 [1] 表示恢复到《黑书》的顺序。

荣格在《花体字抄本》中以彩色的首字母进行分段，中译文本中依然保留这种分段传统，但由于中文翻译和德文以及英文字母并不是一一对应的关系，因此中文字标注的红色和蓝色所在位置并非完全吻合。

[HI 000] 代表每一章的标题图及其所在的原稿中的页数。荣格在每一章的标题中以大写字母配图片的方式将章节标题画出来，因此为了保持章节标题的完整，每一章的图和标题都被完整地复制到每一章的标题之上，并在图片下用 [HI 000] 标出，000 指的是该图在原稿中的页数。

[Image 000] 指的是书中的插图及其所在原稿的页数。荣格也为书中的情节内容配有插图，译文中的插图也根据原稿内容置于文本的相应位置，并用 [Image 000] 标出，000 指的是该图在原稿的页数。

[OB 000] 表示的是荣格所绘制的装饰边框及其在原稿中的页数。荣格在书中为部分的内容绘制装饰性的边框，译文也根据原稿内容将边框置于文本的相应位置，并用 [OB 000] 标出，000 指的是该图在原稿的页数。

[BP 000] 表示的是荣格在页底绘制的图片及其在原稿中的页数。译文根据页底画在原稿中的位置将其置于文本的相应位置，并用 [BP 000] 标出，000 指的是该图在原稿的页数。

荣格在《新书》中使用了两种页码标注方式，为了方便读者定位译文中的内容在原稿中所在的位置，本书沿用英译本的页码标注方式：在《第一卷》中，左手面上的数字指的是张数页码，左手面和右手面共同构成一张。例如，fol.ii(v)/fol.iii(r) 指的是译文来自原稿的第二张（fol.ii）的左手面（verso），以及第三张（fol.iii）右手面（recto）。原稿从前一张到下一张的分界处在译文中用“/”标出，并在页边上标出分隔张数的页码。

在《第二卷》中，荣格使用的是现代页码标注方式，页边的“3/5”指的是原稿中第 3 页到第 5 页，文中的“/”表示原稿中页数分界的位置。文中的“/”和页边的“3/4”指的是从第 3 页到第 4 页。

由于《新书》中的语言风格与模式以及整体结构给译者所带来的挑战，以及译者的学识和精力有限，译文中难免有不妥之处，译文中的引文也难免会存在疏漏之处，欢迎专家和读者批评指正。

英译者按

◎马克·凯博斯
◎约翰·派克
◎索努·沙姆达萨尼

在开始写《新书》的时候，荣格经历了一次语言危机。深度精神直接挑战荣格按照时代精神对语言的使用，使荣格认识到他在自己灵魂领域获得的语言不再适用，他自己的认识和讲话能力不能够再对他为什么会说出这样的话或是什么在强迫他说话做出解释。在深度的世界里，所有类似的尝试都变得独断专行，甚至变得凶残。他被迫将自己在这些场合中所说的话理解为“疯狂”和被教唆如此去做。[1] 实际上，从一个更广的角度上看，他后来为自己的内在经验所找到的语言构成一部庞大的《神曲》：“时代中人，你是否相信，嘲笑比崇拜要低贱？你的评价标准在哪里，那是个错误的标尺吧？是生活的全部决定嘲笑和崇拜，而非根据你的判断。”[2]

在翻译荣格从第一次世界大战前就开始连续记录16载的与自己内在人物的意象遭遇时，我们一直把他视作一位普通人，认为他刚刚失去精神的依托，同时又卷入到一个巨大的旋涡中，而这个旋涡却以现代主义文学的名义离开。我们既不能将荣格做个人的记录时所使用的语言和形式现代化，也不让它们显得更加古老。

《新书》中的语言遵循三种主要的文学语体，每一种语体都给译者带来完全

1 见下文，100页。

2 见下文，101页。

不同的困难。第一种语体是如实报告荣格在意象遭遇中出现的幻想和内在对话，第二种语体仍然保持稳固和敏锐的概念化特征，最后第三种语体是以一种预言和先知的或浪漫和狂热的风格写成。荣格语言中的报告式、反思式和浪漫式语体之间的关系依然保留着喜剧的色彩，而但丁和歌德使用的就是这种方式。也就是说，在每一章中，描述性、概念性和狂热性的语体不断互相交叉渗透，同时又相互独立。所有这三种文学语体都为心灵的提升服务，每一章都是一个复调，同时又和其他章节共同构成复调。从 1917 年起，《审视》这一部分的复调开始成熟，它使用各式各样的语调发声。

读者很快就会发现，这种设计并非蓄意为之，而是来自荣格所全身心投入的实验。“编者按”图解的就是这种结构行文风格的演变。在这里，我们只需要看到荣格在第一仪式层使用的是叙述遭遇，通常是对话，随后，在“第二层”使用抒情般的方式详尽描述和评论此次遭遇。第一层避免使用更高的语调，而第二层把语调提高到或调整到对这段经历进行说教式、预言 - 预知式反思的水平上，在荣格的作品中，这种结构是独一无二的，更不是一种暂时的编排。反而，随着经历的不断累积，它们的筹码也在增加，因此《新书》就变成了一种实验，既是文学作品，又是心理和精神的作品。在荣格大量的已经发表和未发表的作品中，没任何一部作品能够像《新书》一样做得如此细致，且不断在语言上进行修订。

对于译者而言，这三种文学语体代表三种模型。我们在翻译时将它们和荣格当时作品中经常出现的探索性框架结合在一起。荣格的任务是找到一种语言，而不是使用现成的语言。预言式和概念性的语体本身可以被视为描述性语体的转译。也就是说，这些语体是从字面水平过渡到象征水平，用象征的水平进行放大，即用现代的方式类比但丁在他写给斯卡拉家族的康 · 格朗德的信中所说的“不同的方式”（modi diversi）。[3] 从真正意义上看，《新书》是通过互文的方式创作出来的。从行文方式的角度上看，这本书的修辞方法来源于内部互译或重评的交相呼应结构。因此，翻译这部著作的一个关键任务是要将这种结构准确无误地呈献给读者。

事实上，在中世纪的手抄本中，单一的和混合的绘画通常和其他对语言任

3 见露西雅 · 博尔德里尼对这些文学作品的翻译和讨论，《乔伊斯、但丁和文学关系的政治》（纽约：剑桥大学出版社，2001），30 ~ 35 页。

务的反思混合在一起，这种新的语言需要一种新兴脚本的支持。复调风格本身具备的多媒体样式在中世纪和未来之间形成一种象征的往复运动，恢复心灵的真实性。言语和视觉的意象使荣格扎根过去和当下，又着眼未来：产生一个层阶状的媒介，它的复调风格通过同一混合层的语言反映出来。

在翻译这部大约在 100 年前创作的作品时，先前的模式和数个世纪以来的评论的批判让译者受益匪浅。如果没有现成的模型，我们只能去想象如何翻译这部数十年以前的作品。因此，我们在把《新书》翻译成英文的过程中，回避了一些尚未出版或有待证实的模型，主要包括：彼得・拜恩斯在 1925 年用仿古体翻译的《向死者的七次布道》，他大量使用的维多利亚式俚语；R. F. C. 霍尔在将其他卷的波林根丛书翻译成《荣格全集》的过程中，被允许翻译这部书时试图概念性地进行合理化解释的版本；[4] 出自 R. J. 赫林达德之手的优雅文字。因此，我们的版本属于虚拟实体英文系列的一种，要考虑到这些虚拟模型强调的是如何把带有历史变化的语言嵌入到英语散文中，在翻译的过程中我们面对的是如何将《新书》中的语言和《荣格全集》的语言之间存在的大量相似性和差异性表现出来，如何同时呼应路德的德语特征和尼采在《查拉图斯特拉如是说》中同样的讽刺性模仿的诗文。由于我们采取这样的方式进行翻译，相应地，我们在引用《荣格全集》的内容时，也会重新翻译或谨慎地修改已有的英文译本。

《新书》出现在被米哈伊尔・巴赫金称为话式散文想象的文学动荡年代。[5]《括号》和《咒逐》的作者，盎格鲁 - 威尔士作家和艺术家戴维・琼斯指出第一次世界大战导致文学断层，而作家、艺术家和思想家们直接把第一次世界大战带来的影响称为“大断裂”。[6] 与这几十年其他的实验作品一样，《新书》对文学冒险的考古层进行发掘，将来之不易的意识既当作铲子用，又将其视作珍贵的陶片。在荣格积极思考是否出版《新书》的那些年里，他决定不利用这种文学方法为自己赢得名声，也不使用这种风格和里面的内容，从而决定不将它公之于众。到 1921 年，随着《心理类型》的出版，他发现自己的书房能够为他提供研究这些主题的场所，将它们转译为学术习语。

4 关于霍尔翻译荣格作品的问题，见《被传记作家扒光的荣格》，沙姆达萨尼，47 ~ 51 页。

5 见《对话式想象：四篇论文》，迈克尔・霍奎斯特。

6 戴维・琼斯，《奶妈的外套：戴维・琼斯书信中的自画像》，雷内・黑格编（伦敦：费伯 － 费伯出版社，1980），41 页 ff。

荣格清晰地将这三种语体之间的张力表现了出来，并呈献给未来的读者们，从内部圈子里的朋友到对文本不同层面进行阅读的更大范围的大众群体。这一点充分地体现在不同版本之间代词的频繁变化上，显示出他一直在思考未来的读者会以什么样的方式阅读他的文本。荣格前后一致地使用这种后来被巴赫金称为复调的对话姿态表示他再一次注意到未来可能的阅读群体，但同时又远离读者的问题，这不是因为他的自傲，而仅仅是为目标服务。这部私人宝藏中的绘画和幻想以隐秘的互文形式化身进入到荣格后期的作品中，作为晦涩深奥的线索潜藏在他全部的隐秘努力之下。

的确，我们可以想象荣格是笑着在论文《科莱女神的心理学》（1941）的最后一部分写下“3. 个案 Z”的。[7] 在这篇论文中，他以匿名的形式将自己《新书》中与灵魂的相遇总结出 12 段经历，并将它们称为“系列的梦”。他对这些内容的评论已经推动他这位冒险家和冒险中的主体进入到未来的讨论中。这部喜剧宏大精美：恭敬的主人礼待阿尼玛，并且谨慎使用一切诊断指标。他的语言灵活跨越两种情境，但在跨越的时候又带着神秘的面纱，语言的策略反映出荣格在保持丰富的双重性和情境性的同时又有更大目标。虽然荣格宣称他的秘密仪式是特殊的，不能以任何形式模仿，但他仍然将它们视为一个完整的精神过程，并且试图通过这样做来发展出一种习语，那么其他人就可以使用这种习语清晰地表达出自己的经验。

这是荣格自 1913 年以来通过无数个不眠之夜找到的改述自己大量不规则语言的方法，这种语言形状已改变，范围也发生了变化，并且变音和重音都加重了。因此，荣格在更高层的段落中依赖路德版的《圣经》进行衔接也不足为奇，因为路德的译本在德国文化中的地位坚如磐石。真神为我们坚固保障（Ein feste Burg）与“一个强大的堡垒”（a mighty fortress）相对应：因此考虑到类似的英文音调，我们在翻译的过程中使用的是钦定版《圣经》（KJV）。但是这样做会立即产生一个悖论：荣格在衔接时使用的中介已经将一种外来的精神移植到德语区，就像有人因此会说钦定版《圣经》在盎格鲁 - 撒克逊文化也有类似的移植。与马丁・布伯在 20 世纪 20 年代中期共同翻译了部分《旧约》的弗朗兹・罗森茨魏希指出，路德版的《圣经》是德国精神的伟大缔造者，他正是借助路德的译本无限接近自己灵感的来源：“为了安抚我们的灵魂，我们必须记住这样的话，必须忍受

7 《荣格全集第 9 卷》Ⅰ。

它们，从而能够给希伯来人一些空间，让他们比德国人做得更好。”[8]因此我们的翻译不能脱离荣格的一些模式，也不能让它变得比原文更加流畅，甚至不能改变其中的标点。我们要考虑的是但丁的“松散”取向，或者另外一种极端的形式，就像罗森茨魏希为路德加的注：“拖泥带水”。[9]

但是，即使这些古老且原始的话语有了广博知识的协助，也无法通过和借助语言接近荣格通过不稳定的经验所传达出的深邃思想。在对后来公开出版的传记进行评论时，荣格刻意回避夸张的风格，[10]以此掩盖他在《新书》中的痕迹。原始的经验使话语得以旋转，从而使此书开篇就变得生动起来。语言也下到地狱，来到死者的世界，它能让一个人失声，也能让一个人恢复说话的能力。

接下来，我们举一些例子以便使读者了解到这种因素的范围，从而详细地标出任何一次真实腹语的关键点，例如荣格冒着很大的风险让自己进行一场受控的降神活动，同时手中还拿着画板和笔。荷尔德林的头发丝一样细的鞭子和以赛亚的舌头上的红炭形成一体，还有柏拉图“正常的发狂”或神圣的疯狂：（1）“我的灵魂轻声对我说，急促又警醒，‘言语，言语，不要有太多的言语。安静，认真听：你是否认识到自己的疯狂，承认它吗？你是否发现你所有的根基都已完全陷入疯狂之中’。”[11]（2）荣格的灵魂：“有很多地狱般的言语之网，只有言语……尝试言语，重视言语……因为你是第一个身陷其中的人，因为言语都有含义。可以用言语拉起阴间。言语，最渺小，却又最强大。在言语中，空洞和充满交融在一起。因此言语是神的意象。”[12]（3）“但如果言语是象征，它就意味着一切。当道路进入死亡，我们被腐烂和恐怖包围着，道路升到黑暗中，以拯救的象征形式脱离口，也就是话语。”[13]（4）去世的女人：“让我说话，啊，你无法听到！多么困难，请让我说话！”[14]之后，它变成荣格手中的哈普，也即菲勒斯。（5）荣

8 马丁·布伯和弗朗兹·罗森茨魏希，《圣典与翻译》，劳伦斯·罗森伍德和埃弗雷特·福克斯译（布鲁明顿和印第安纳波利斯：印第安纳大学出版社，1994），49页，引自德文版《圣经》中《诗篇》的路德序言。

9 马丁·布伯和弗朗兹·罗森茨魏希，《圣典与翻译》，劳伦斯·罗森伍德和埃弗雷特·福克斯译（布鲁明顿和印第安纳波利斯：印第安纳大学出版社，1994），69页。

10 见下文，363页。

11 见下文，363页。

12 见下文，368页。

13 见下文，420页。

14 见下文，501页。

格的灵魂："你有不允许被隐藏起来的言语。"[15]（6）荣格："我的言语是什么？它只不过是微不足道之人的呓语……"灵魂："他们不相信你的话，但他们看到你的标志，不知就里地怀疑你是火热痛苦的信使……你开始口吃，说话吞吞吐吐。"[16]在为写荣格的传记所做的记录中，荣格回忆说，他仅把"非常拙劣的话语"带入到《新书》的原始经验中。[17]但有一个事实（7）与后来的所强调的内容严重不符："我知道腓利门已经使我陶醉，给我一种陌生又有不同敏感度的语言。在神升天的时候，所有这些都会消退，只有腓利门还保留着那种语言"。[18]

最后一个例子显示，荣格后来把《审视》之前所有第二层具有占卜性且狂热的话语都归于腓利门。他在这里所描述的陶醉实际上是指言语化、戏剧化、腹语般的柏拉图式的神圣疯狂。因此它削弱了我们在翻译时忠于《新书》的努力，而这种语体正是荣格文学实验的关键所在，就像他在竭尽全力为表现出自己内在的转化经历找到最合适的习语一样。因此，荣格找寻灵魂象征一个人寻找适切的对话和分化的语言。

这些例子自身的变化都会影响到对《荣格全集》的阅读，在使用《荣格全集》中的概念阅读和理解《新书》时也要格外小心。仅举一例来说明，读者会发现既对立又深度连接在一起的逻各斯和爱洛斯太过条理清晰而无法与《新书》中概念性和抒情 - 语言性的语体画等号。荣格对伊利亚和莎乐美之间关系的"评论"也显示出他们是一种发展性的关系，即一部"形成过程"的神秘戏剧，激发的是我们最深层的爱。[19]因此，《新书》中语言模态的跨度让这出神秘戏剧变得生动无比，但是又不直接与对立的心理功能画等号。

正是这种语言的复杂性使译者在翻译《新书》时能够驾驭它的修辞手法所跨越的阴间和救赎之间的张力。在荣格去世前两年，也即 1959 年，他为使用花体字所写的那本添加上一段简短的后记，这个后记中的修辞方法产生的张力背后有非常强大的力量。再一次游弋在这片彩图构成的海洋中时，他看到任何进一步的

15 见下文，519 页。

16 见下文，519 页。

17 见下文，阿尼拉 · 亚菲写《回忆 · 梦 · 反思》时，采访荣格的记录，148 页。

18 见下文，500 页。

19 见附录 B。

总结都是多余的。他写到一半便戛然而止，并放下这本书，就像一个人用上全部的力气终止自己的谈话一样。对应的部分无须再评论，任何评论都比不上书中语言的三种语体。磨难最终成就《神曲》，无须任何事后理论证明，《新书》必能经受住考验和责难。就像荣格在1957年告诉阿尼拉·亚菲的一样，对他的诽谤数不胜数，但他从不在意这些。[20]因此，那支拿起的笔才能够自信地将这部书交付到深度的轨道上，并迅速扩展到已经成为采石场的地方，最终开采出《荣格全集》和波林根苏黎世湖畔的塔楼。

在这篇英译者按中，我们仅仅呈现出支配我们翻译的一般原则。而如果我们将我们面临的选择和所做的决定是否正确的内容讨论完整呈现出来，那么也足以形成一本像这本书一样厚的作品。

20 阿尼拉·亚菲写《回忆·梦·反思》时，采访荣格的记录，183页。

编者按

◎索努•沙姆达萨尼

《新书》是一部未完成的手稿集，我们尚不清楚荣格打算如何将它写完，他将如何出版这部作品，抑或他是否想过将其付梓。我们找到一系列手稿，但没有一个版本能够单独成书。因此，这部书的文本可以有很多组合方式。这里呈现的是当前版本编排背后编者的逻辑依据。

以下是出现在《第一卷》和《第二卷》中现存的系列手稿：

《黑书》2至5（1913年9月至1914年4月）

《手写的草稿》（1914年夏至1915年）

《打印的草稿》（大约1915年）

《修改的草稿》（一层大约在1915年修改，另一层大约在1920年代中期修改）

《花体字抄本》（1915年至1930年，1959年重新开始，未完成）

《卡莉・拜恩斯的抄本》（1924年至1925年）

《耶鲁手稿・第一卷》，缺少前言（与《打印的草稿》相同）

《第一卷的编辑后草稿复本》，缺少前言，有修改，但不知出自谁之手（大约在20世纪50年代晚期，是《打印的草稿》被编辑后的版本）

《审视》这一部分有：

《黑书》5至6（1914年4月至1916年6月）

《用花体字抄写的〈向死者的七次布道〉》（1916年）

《印刷的〈向死者的七次布道〉》(1916年)
《手写的草稿》(大约1917年)
《打印的草稿》(大约1918年)
《卡莉·拜恩斯的抄本》(1925年)(27页，不全)

本书的编排首先采用的是《卡莉·拜恩斯的抄本》的修订版和《花体字抄本》中剩余内容的新抄本,《审视》中使用的是《打印的草稿》，并与其他现存版本进行逐句比较。最后30页全部使用的是《草稿》。不同手稿之间的主要变化出现在文本的“第二层”，这些修改代表荣格对幻想的心理学意义在不断地进行理解。就像荣格把《新书》视为一次“以暴露的形式进行详尽阐述的尝试”一样，不同版本之间的变化代表的就是这种“详尽阐述的尝试”，因此所有版本都是这部作品本身重要的一部分。书中的脚注会标出不同版本之间的重大变化，呈现出能够厘清一个特定部分的意义或材料。每一个手稿层都非常重要且有趣，将它们全部出版（需要另外数千页的书）是我们未来的任务。[1]

选用早期手稿中某些段落的标准就是一个问题：所选用的段落是否能够帮助读者理解当时发生的事情？除了这些变化固有的意义之外，加脚注有另外一重目的，它显示出荣格在不断修改文本时是多么细心谨慎。

荣格在《修改的草稿》中修改了两层。第一层修改出现在《草稿》被打印出来之后和《花体字抄本》誊写完成之前，和荣格后来誊抄的手稿一样。[2]紧接着是对将近200页打印稿的修改，是在《花体字抄本》之后进行的，笔者估计这些修改出现的时间是在20世纪20年代中期。这些修改使语言变得更加现代化，将术语和《心理类型》中的术语关联起来，同时也对一些内容进行厘清。荣格甚至修改了《草稿》中的一些材料，而这些材料在《花体字抄本》中被删除。笔者在脚注中呈现的是一些重要的变化。读者可以从这些变化中看到荣格在如何修订整个文本，如何完成这一层的修改。

为了方便引用，笔者将《第二卷》第二十一章“魔法师”和《审视》再分成不同的副章，每一副章都用带有数字的大括号{}标出。在必要的地方，编者都

1 有兴趣的读者可以将本书和收藏在耶鲁大学的《库尔特·伍尔夫论文集》中的《草稿》部分还有收藏在伦敦惠康藏馆之当代医学档案馆中的《卡莉·拜恩斯的抄本》进行比较。很有可能还有其他抄本尚未公开。

2 这部手稿中也有一些颜色标记。

会注明每一个幻想在《黑书》中的日期。添加进《草稿》的第二层用 [2] 标出，在下一章的开始，手稿又重新恢复成《新书》中幻想的顺序。在那些被分成不同部分的段落中，恢复成《黑书》中顺序的地方用 [1] 标出。

不同的手稿有不同的分段系统。在《草稿》中，每一段话通常由一两个句子构成，整个文本看起来就像一部散文诗。在《花体字抄本》中又是另外一种极端的表现，文本中的长段之间没有分开。最有逻辑的分段出现在《卡莉・拜恩斯的抄本》中，她频繁使用有色的大写字母作为分段的线索，由于她的分段似乎得到了荣格的首肯，因此她的分段方法是本书分段的基础。在某些章节中，书中的分段方法更加接近《草稿》和《花体字抄本》的分段法。在卡莉・拜恩斯抄本的第二部分，她誊抄的是《草稿》，因为《花体字抄本》还未写完，在本书中，笔者使用之前形成的分段方式对文本进行分段。笔者认为这能够呈现出该文本的最清晰和最易读的形式。

在《花体字抄本》中，荣格用红色和蓝色两种颜色将首字母画出来，有时候会加大文本的字体。本书也尝试在每一段中使用这种惯例，但由于英语单词对应的德语单词的首字母并不总能一一对应，选哪一个英文单词的首字母依据的是单词在文本中的相对位置，而粗体和加大的字体在文中使用斜体字替代。为了保持一致性，对荣格没有誊抄进《花体字抄本》的剩余部分依照相同的惯例分段。至于《向死者的七次布道》，字体的色彩变化根据的是荣格在 1916 年的印刷本。

将《审视》作为《新书》的一部分收录其中，编者主要出于以下考虑:《黑书》的内容在 1913 年 11 月开始,《第二卷》的内容在 1914 年 4 月结束，而《审视》的内容在同一天开始。《黑书》连续写到 1914 年 7 月 21 日，1915 年 6 月 3 日又开始继续写。在这期间，荣格写了《手写的草稿》。当卡莉・拜恩斯在 1924 年到 1925 年之间誊抄《新书》的时候，她抄写的第一部分依据的是荣格自己誊抄《花体字抄本》之前的《新书》。之后，她又继续誊抄《草稿》，接着誊抄到《审视》的 27 页，最后突然中止誊抄。

在《第二卷》的最后部分，荣格的灵魂已经跟随着重生的神升到天堂。此刻，荣格认为腓利门是个骗子，并回到他的“自我”上，他必须和“自我”生活在一起，并且教化“自我”。《审视》直接从他直面自己的“自我”开始，也提到重生的神已经升天，他的灵魂返回，并解释她为什么会消失。腓利门再次出现，并指导荣格如何与自己的灵魂、死者、神和魔鬼建立关系。在《审视》中，腓利门完全涌现出来，并且起到荣格在1925年的讲座和《回忆·梦·反思》中赋予他的重要性。《第一卷》和《第二卷》中的某些情节只有在《审视》中才变得清晰。同样，如果一个人没有阅读《第一卷》和《第二卷》,《审视》中的故事也将变得毫无意义。

在《审视》中的两个地方,《第一卷》和《第二卷》都以同样的方式被提及，强烈暗示这三部分都属于同一部作品：

接着战争爆发。这使我得以看到自己以前的经历，也使我有勇气将自己在这本书的前一部分所写的内容讲出来。[3]

因为神已经升天，腓利门也已经变得不一样。他最初以一位生活在遥远土地上的魔法师形象出现在我的面前，但我感到他很近，因为神已经升天，我知道腓利门已经使我陶醉，给我一种陌生又有不同敏感度的语言。在神升天的时候，所有这些都会消退，只有腓利门还保留着那种语言。但我感到他走的是另外一条不同于我所走的路。或许我在这本书的前一部分所写的大部分内容都是腓利门传给我的。[4]

这两段都提到“这本书的前一部分”，暗示这一部分的确是此书的一部分，而且荣格也将《审视》视为《新书》的一部分。

这一点也得到文本之间存在的大量内在连接的支持。一个例子是,《新书》中的曼荼罗实际上与原我的体验和仅在《审视》中描述到原我的向心性紧密相连。另外一个例子出现在《第二卷》的第十五章中，以西结和他的再洗礼派教徒同伴来到荣格面前，告诉荣格他们正在前往耶路撒冷的圣殿，因为他们感到不安，他们的生命没有结束。在《审视》中，逝者再次出现，他们告诉荣格他们已经从耶路撒冷归来，但在那里没有找到他们想要的东西。在这个时候，腓利门出现，并开始向死者展开七次布道。或许荣格原本打算将《审视》誊抄到《花体字抄本》中，并为之配图，因为书中还留有大量的空白页。

3 见下文，493页。

4 见下文，500页。

1958年1月8日，卡莉·拜恩斯问荣格："你是否还记得，当你在非洲旅行的时候，你曾经让我誊抄过相当一部分的《红书》？我一直誊抄到《审视》（Prüfungen）的开篇部分。这已经超过亚菲女士交给K. W（库尔特·伍尔夫）处置的那一部分，伍尔夫非常想读我抄写的这一部分。你觉得可以吗？"[5]荣格在1月24日回复说："我不反对你将《红书》的笔记本借给伍尔夫先生看。"[6]卡莉·拜恩斯在这里也把《审视》视为《新书》的一部分。

在注释中的引文中，省略号表示三段时期，对此不再着重强调。

5 荣格的藏品。

6 荣格的藏品。

Liber Primus

第一卷

[fol. i(r)][1]

序言　来者的路

[以赛亚说：谁会相信我们所传的？耶和华的膀臂向谁显露呢？他在耶和华面前如嫩芽生长起来，像根出于干旱之地；他没有佳形，也没有威仪，好叫我们仰慕他；他也没有美貌，使我们被他吸引。他被藐视，被人拒绝，是个多受痛苦、熟悉病患的人。他像个被人掩面不看的人一样；他被藐视，我们也不重视他。原来他担当了我们的病患，背负了我们的痛苦；我们却以为他受责打，被神击打和苦待了。(以赛亚书，53 章 1 至 4 节)。][2]

1　中世纪手稿并非根据页数编页码，而是根据正背面的两页构成的张数，前一面是正面（一本打开的书的右手面），后一面是背面（一本打开的书的左手面）。在《第一卷》中，荣格所遵循的便是这一传统。在《第二卷》中，他又恢复到当代的页码标注方式。

2　1921 年，荣格引用了这一章的前三节（路德版《圣经》），他写道："救世主的降生、救赎象征的产生，都是人无法预料的，精确地从这里找到解决之道也是最不可能的。"（《心理类型》,《荣格全集第 6 卷》，§439）

[因为有一个婴孩为我们而生，有一个儿子赐给我们；政权必担在他的肩头上；他的名必称为“奇妙的策士、全能的神、永恒的父、和平的君”。(以赛亚书，9章6节)。][3]

[约翰说：道成了肉身，住在我们中间，满有恩典和真理。我们见过他的荣光，正是从父而来的独生子的荣光。(约翰福音，1章14节)。]

[以赛亚说：旷野和干旱之地必欢喜；沙漠要快乐，又像番红花一般开花，必茂盛地开花，大大快乐，并且欢呼。黎巴嫩的荣耀、迦密和沙仑的华美也赐给它；人们必看见耶和华的荣耀、我们神的华美。你们要坚固无力的手，稳固摇动的膝。又对那些忧心的人说：“你们要刚强，不要惧怕。看哪！你们的神，他要来报仇，来施行报应，他必来拯救你们。”那时，瞎子的眼必打开，聋子的耳必畅通。那时，瘸子必像鹿一般跳跃，哑巴的舌头必大声欢呼；旷野必涌出大水，沙漠必流出江河。灼热的沙地必变为水池，干旱之地必变成泉源；在野狗的住处，就是它们躺卧之处，必成为青草、芦苇和蒲草生长的地方。那里必有一条大路，要称为“圣路”；不洁净的人不能经过，那是为那些行走正路的人预备的；愚昧的人不会在路上流连。(以赛亚书，35章1至8节)。][4]

[卡尔·古斯塔夫·荣格于主后1915年亲笔写于苏黎世屈斯纳赫特的家

fol.i(r)/i(v) 中。] /

---

3 1921年，荣格引用了这一节，他写道：“救赎的象征本质上是一个孩子，也就是说孩子般的或没有任何预设的态度属于这个象征和它的功能。这个‘孩子般的’态度必然带有另外一种引导性原则，将自我意志和理性的意图取代，它的‘如神一般’与‘优越性’意义相同。由于它本质上是非理性的，因此这种引导性原则以一种超自然的形式表现出来。以赛亚将他的逻辑关系表达得很清楚（9章5节）……这些可怕的标题重现救赎象征的核心特征。‘如神一般’效应的判别标准就是无意识冲动带来的不可抗拒性的力量。”(《心理类型》,《荣格全集第6卷》, §§442～443)

4 1955/1956年，荣格指出无意识的破坏性力量和建设性力量的对立结合与以赛亚在此章中所描写的应验类似（《神秘结合》,《荣格全集第14卷》, §528）。

[HI i(v)]

[2] 如果我用这个时代的精神讲话，[5] 我必然会说：没有人，也没有任何东西能够证明我所讲的内容正确与否。而对我而言，证明是多余的，因为我没有选择，我必须这样做。我已经知道除了这个时代的精神之外，仍有另外一种精神在起作用，也就是说，是这种精神在统治当代一切深度的东西。[6] 这个时代的精神只注重实用和价值，我也这样想过，我的人性也是这样想。但是另外一种精神迫使我发声，要超越实证、实用和意义。但我内心充满人类的骄傲，而且又被时代精神的自以为是所蒙蔽，我一直在躲避另一种精神。但是我并不认为自远古时代到今后未来，深度精神都会比时代的精神拥有更强大的力量，它们之间的关系会随着时代的发展而变化。深度精神已经征服判断力的所有骄傲和自大，将我带离对科学的信仰，掠夺走我在诠释和梳理事物方面的快乐，还使我献身于这个时代的理想破灭。他迫使我回到最低下且最简单的事情上。

深度精神带走了我的理解力和所有的知识，并让它们为无法解释和自相矛盾的事物服务。它剥夺了我说话的能力，并为所有那些不是为它服务的事物进行写作，也就是说融合意义和无意义，而这种融合产生终极意义。

但是，终极意义就是来者的路、道和桥梁。神还未到来，而要来的不是神，而是它出现在终极意义中的意象。[7] 神是一个意象，那些崇拜神的人，必须要用终极意义的意象崇拜他。

终极意义并非意义，也非荒谬，它是意象和力量的合一，将堂皇和力量糅合在一起。

---

5 在歌德的《浮士德》中，浮士德对瓦格纳说："你们所说的时代精神 / 其实乃是著者自己的精神 / 其中反映着时代的事件。"(《浮士德》，577 ~ 579 行)

6 《草稿》中继续写道，"而我并不知道这种精神，但是它很明显拥有这样的学识，它跟我说：'你的任务真奇怪！你必须公开你最深处和最底层的想法。' / 我对此很阻抗，因为我憎恨的就是那些庸俗和蛮横的人"(1 页)。

7 在《力比多的转化与象征》一书中，荣格把神解释为一种力比多的象征（《荣格全集 B》，§111）。在他后来的作品中，荣格重点强调的是神的意象和神的超自然存在之间的区别（参看 1952 年修订之后又重新命名的版本内新添加的段落，《转化的象征》,《荣格全集第 5 卷》，§95）。

终极意义既是开始，又是结束。它是跨越和应验之间的桥梁。[8]

其他神不能永生，唯有终极意义永不消失，它化身成意义，随后化身成荒谬，在意义和荒谬碰撞的电光火石之间，终极意义重获新生。

神的意象有一个阴影。终极意义是实体的存在，因此会投出一个阴影。那么什么东西既是真实的，又有身体，但却没有阴影呢？

阴影就是无意义，它没有力量，并且不能靠自己持续存在。但是无意义是终极意义的不可分割且永不消亡的孪生兄弟。

像植物一样，人也在生长，有些在光明中，有些在黑暗中。但有很多人需要的是黑暗，而非光明。

神的意象投下的阴影和其自身一样大。

终极意义可大可小，它犹如布满星星的太空一样广阔，又像人体中的一个细胞那样渺小。

我身上的时代精神想让我认识到终极意义的博大和广阔，而不是它的渺小。但是深度精神征服了这个狂妄的想法，我需要吞下它的渺小，借此治疗我身上的不朽。虽然它并不体面且不起眼，但却将我的内在全部烧毁。这甚至看起来有些荒谬又令人反感。但是深度精神却将我牢牢钳住，我必须承受所有自己酿下的苦果。[9]

时代精神诱惑我去相信这一切都属于神的意象投下的阴影。因此这一切都是致命的欺骗，阴影就是无意义。但是渺小、狭窄和平庸绝非无意义，而是神性的两种本质之一。

---

8 跨越（hinübergehen）、跨过（Übergang）、下行（Untergang）和桥（Brücke）在尼采的《查拉图斯特拉如是说》中代表一个人从普通人到超人（Übermensch）的通道。例如，“一个普通人身上最重要的不是目标，而是桥，一个普通人喜欢的应该是跨过和下行。/ 我喜欢那些除了下行之外不知道如何生活的人，因为他们就是那些正在转化的人”（R. 赫林达勒译［哈蒙兹沃思：企鹅出版社，1984］，44 页，翻译有改动；荣格在书中将这些词用下划线标出）。

9 荣格似乎指的是本书中后期发生的事情：吉尔伽美什的治愈力（《第二卷》，第 9 章），喝下由孤独准备的苦酒（《第二卷》，第 20 章）。

我拒绝承认日常生活属于神性的意象，我避开这种想法，将自己隐藏在最高大又最冰冷的恒星后面。

但是深度精神在那里将我抓住，强行把那杯苦酒放到我的双唇之间。[10]

时代精神轻声对我说：“终极意义、神的意象、热和冷的融合都是你自己，也只能是你。”但深度精神告诉我：“[11]你是一个永恒宇宙的意象，所有即将出现和正在消逝的终极秘密都在你的身上，如果你没有拥有它们，你是怎么知道它们的？”

由于我人性的软弱，深度精神才把这些话讲给我听。但是这些话仍然是多余的，由于我不能自由地将它讲出来，因为我必须这样。我要去讲，因为如果我不讲，深度精神就会把我的快乐和生活掠夺走。[12]我是它的奴仆，而这个奴仆并不清楚自己的手里拿着什么。如果这个奴仆不把它放到主人指定的地方，它将会把他的手烧焦。

我们的时代精神开始对我说话：“是什么紧急的情况迫使你把它全部讲出来？”这是一个非常可怕的诱惑，我想知道是什么内在和外在的约束强迫我这么做，由于我没有找到我能够理解的原因，因此我必须自己编造一个。但是我们的时代精神差一点没有利用这一点促成此事，而不让我把它讲出来。我再一次对原因和解释进行思考。但是深度精神对我说：“去理解一个东西是一座桥梁，也是返回到道路上的可能性。但去解释一件事物是非常武断的，有时候甚至会带来谋杀。你可细数过学者们有多少是杀人犯？”

但时代精神来到我的面前，把囊括我所有知识的大量书籍堆在我面前，书页都是由矿石制作而成，书内的文字都是由铁笔雕刻而成。接着深度精神指着永远不会消失的文字对我说：“你所说的都是疯话。”

的确如此，的确如此，我所说的都是大话、醉话和狂话。

---

10 《草稿》中继续写道：“喝完这杯酒的人此生将永远不会口渴，来世也不会口渴，因为他喝下的是跨越和完成，他喝下的是那条炽热的熔化了的生命之河，它在他的灵魂中凝结成坚硬的矿石，正在等待新的熔化和混合。”（4页）

11 《花体字抄本》中写的是：“~~终极意义~~”。

12 《草稿》中继续写道：“了解我的人能看出我没有撒谎，愿每一个人都问过自己的深度他是否需要我所说的那些东西。”（4页）

但深度精神走过来说："你所说的话中，有大话，有醉话，有不庄重、病态且粗鄙的话。而这种话遍布大街小巷，充满千家万户，所有人类的白天活动都受到它的约束。甚至外星球上也不例外。它是伟大的女主和神的一个本质。嘲笑它的人，也是被它嘲笑的对象。时代中人，你是否相信，嘲笑比崇拜要低贱？你的评价标准在哪里，那是个错误的标尺吧？[13]是生活的全部决定嘲笑和崇拜，而非根据你的判断。"

我也必须讲可笑的话。未来的人啊！你们在未来会通过嘲笑和崇拜认识终极意义，那是一种血腥的嘲笑和血腥的崇拜。献祭之血将这两极连接在一起。那些知道这种嘲笑和崇拜的人也是如此。

但是后来，我的人性靠近我说："当你说这些话的时候，你置于我身上的孤寂是多么孤独和冰冷啊！想一想存在所具有的毁灭性吧，以及那深度要求你去献祭时所造成的恐怖的血流吧。"[14]

但是深度精神说："没有人能够或可以停止献祭。献祭没有毁灭性，献祭是来者的基石。你没有进过修道院？不是已经有不计其数的人已经进入沙漠了吗？你要心存修道院，沙漠也在你心里。沙漠呼唤你，又把你拉回来，如果你被时代的镣铐束缚在世界上，沙漠的呼唤会摧毁所有的锁链。一点也不错，我为你准备的是孤独。"

此后，我的人性一直保持沉默。但是，我的精神发生了一些事情，我必须寻求怜悯。

我的话语并不完美。并不是因为我想要闪烁其词，但是除了找不到那些话之外，我也在用意象讲话。我无法借助任何东西将来自深度的话表达出来。

降临在我身上的怜悯给我带来信念、希望和足够的勇气，使我不再阻抗深度精神，而是讲出深度精神的话。但是，在我振作起来真正做这件事情之前，我需要一个可见的标志向我显示我身上的深度精神同时还有深度世事的统治者。

---

13 原文中是狂妄的人（Vermessener），含有形容词狂妄的（vermessen）隐含意义，也就是说缺少或没有判断标准，含有过度自信和自以为是的意思。

14 指的是下文中的幻象。

[15] 它出现在 1913 年 10 月，当时我在独自一人旅行，一天，突然一个幻象在光天化日之下出现在我的眼前：我看到可怕的洪水将整个北部和从北海到阿尔卑斯山之间低洼的平原覆盖。从英格兰到俄罗斯，从北海海岸到阿尔卑斯山，到处都是洪水。我看到黄色的波浪、漂浮的瓦砾和数不清的尸体。

这个幻象持续两个小时，我对此感到很困惑，也生病了。我无法诠释它。两周之后，这个幻象再次出现，比上一次更加强烈，而且内在有个声音在说："看着它，它完全是真实的，它即将到来，你不能怀疑它。"我又跟这个幻象搏斗了两个小时，而它将我牢牢控制住。它令我精疲力竭又困惑不已。所以我认为我已经发疯了。[16]

从那时起，对这个恐怖事件的焦虑不断回来，并直接出现在我的眼前。有一次我还看到整个北方血流成河。

1914 年 6 月的月初和月末，还有 7 月初，我连续三次都做了一个相同的梦：我在一片陌生的土地上，当时正值仲夏，突然一夜之间，严寒却从天而降，大海和河流全部被冰冻住，所有的绿色植物都结冰了。

第二个梦和第一个梦几乎相同。但是 7 月初的梦有所不同，梦的内容如下：

我在一片偏僻的英国土地上。[17] 我必须乘一艘快船尽快返回我的祖国。[18] 我很快就回到了家中。[19] 在我的祖国，我发现在仲夏之时，可怕的寒流从天而降，把所有的活物都变成了冰。有棵长有叶子但没有果子的树矗立在那里，树的叶子已经变成甜葡萄，而且通过霜的作用，葡萄充满疗愈力的果汁。[20] 我摘下一些葡

---

15 《修改的草稿》中写的是："我开始"（7 页）。

16 荣格多次讨论过这个幻象，每次都强调不同的细节：在 1925 年的分析心理学的讲座上（41 页 f）和米尔恰・伊利亚德的对话（见上文,22 页），在《回忆・梦・反思》中（199 ~ 200 页）。荣格在前往沙夫豪森的路上，他的岳母住在那里；他的 57 岁生日是在 10 月 17 日，这段路乘火车需要一个小时。

17 《草稿》中继续写道："和一个朋友（我在现实中经常说他缺乏远见且目光短浅）。"（8 页）

18 《草稿》中继续写道："但是，我的朋友想乘一艘小而慢的船返回，我认为他的想法很愚蠢又反常。"（8 页）

19 《草稿》中继续写道："非常奇怪的是，我发现我的朋友和我乘的明显是同一艘较快的船，而我却没有注意到他。"（8 ~ 9 页）

20 冰酒的酿制方法是，将葡萄留在葡萄树上直到经过霜冻之后，采摘下来，按压它们，将冰挤出来，再将冰水高度浓缩，美味香甜的冰酒就酿成了。

萄，将它们分发给正在焦急等待着的人群。[21]

现实情况是：当大战在欧洲各国之间爆发的时候，我在苏格兰，[22] 迫于战事，我必须选一艘最快的船和最短的路线回家。我遇到了将一切都冻住的巨大寒流，也看到了洪水和血海，并找到了那棵不结果实的树，霜已经将树的叶子转变成药物。我把已经成熟的果实摘下来送给你们，我不知道我倒给你们的是什么，多么令人陶醉的又苦又甜的美酒，喝完之后，在你们舌头上留下血腥的余味。

相信我。[23] 我给你们的不是说教和指示，我凭什么教你们呢？我跟你们讲这
fol.i(v)/ii(r) 个人的路，但不是你们自己的路。我的道路也不是你们的道路，因此我 / 无法教给你们。[24] 路就在我们身上，不在诸神那里，不在说教中，更不在律法里。我们身上有路、真理和生命。

灾难会降临在依照别人的方式为榜样而生活的人身上！生命与榜样相悖。如果你根据一个榜样去生活，那么你活出的就是榜样的生命，但是如果你不活出自己的生命，那么应该由谁活出你的生命？所以，活出你自己吧。[25]

路标已经倒下，我们前方都是未被开拓过的道路。[26] 不要贪婪地吞下别人的地里产出的水果。你可曾知道你自己就是肥沃的土地，可以长出为你所用的一切？

但是今天谁知道这些呢？谁知道通往灵魂中永远多产之地的道路？你仅仅通过外在表现去寻找，你们去读书和听从各种意见。这一切有什么用处？

---

21 《草稿》中继续写道："这是我的梦，我为理解它所做的全部努力最终都是白费，我折腾了好几天。但是，它的感觉太强烈了。"（9 页）荣格也把这个梦写进了《回忆·梦·反思》（200 页）。

22 见导读，23 页。

23 在《草稿》中，这里是致"我的朋友"（9 页）。

24 对比《约翰福音》14 章 6 节："耶稣对他说，'我就是道路、真理、生命，若不藉着我，没有人能到父那里去'。"

25 《草稿》中继续写道："这不是律法，但请注意到榜样和律法出现的时机，而且事先所划的条条框框已经变得衰微。"（10 页）

26 《草稿》中继续写道："如果我提供律法，喋喋不休地说教你，我的舌头就会萎缩。那些想得到这些的人也将一无所获。"（10 页）

唯一的道路就是你自己的道路。[27]

你在寻找道路？我提醒你不要追随我的道路，对你来说，它可能就是一条错误的道路。

愿每一个人都走自己的道路。

我不是你的救世主、立法者和高级导师，你也不再是小孩子。[28]

立法、改善、把事情变得简单，这些都会变成错误和邪恶。每个人都应该去寻找自己的路，一条通往团体之间互助友爱的路。人们会看到和感受到他们的路之间的相似性和共同点。

律法和说教的共通之处就是把人们逼向孤独，因此，他们就会逃离不想要的接触所带来的压力，但是孤独会把人变得敌对和充满恶意。

因此，给人尊严，让他们各自独立，这样，每个人才能够找到自己所属的团体，并去爱它。

力量对抗力量，蔑视对抗蔑视，而爱只会与爱相随。让人性有尊严，相信生命能够找到更好的路。

神性的一只眼看不到，一只耳朵听不到，它的秩序一团混乱。所以，要对世界的残缺有耐心，不要高估完美的美丽。[29]

---

27 《草稿》中继续写道："只存在一种律法，那就是你自己的律法。只存在一个真理，那就是你自己的真理。"（10页）

28 《草稿》中继续写道："一个人不应该把别人变成羊群，而应该把羊群变成人。深度精神的要求也是如此，其超越现在和过去。要为那些想要去听和去阅读的人说话和写作。但是不要跟在别人的后面跑，这样你才不会玷污人性的尊严，这才是不可多得的好事，尊严的不幸消失比没有尊严的疗愈力要好得多。任何一个想要医治灵魂的医生都会把人们视为是有病的，毫不夸张地说是这个人病了。任何一个想要牧养灵魂的牧羊人都会把人们视为羊群，这是在亵渎人的尊严，把人视作羊群是十分傲慢的表现。你有什么权利说别人有病和别人是一只羊？让他有尊严，他才能找到自己的优势或衰落的原因，还有自己的道路。"（Ⅱ页）

29 《草稿》中继续写道："我亲爱的朋友，这就是我能够告诉你的与我的中心思想有关的所有根据和目的，我一直在背负着这些，就像一头勤勉的驴子驮着重担一样，而这头驴子很乐意卸下这个重担。"（12页）

[HI ii(r)][30]

第一章[31] 重新找回灵魂

[2] 当我在 1913 年 10 月看到洪水的幻象时，它就发生在我人生中最重要的时刻。那时候，我的人生刚步入第四十个年头，我已经成功获得我想要的一切。我拥有荣誉、权力、财富、知识和所有人间的幸福。接着我不再有增加这些身外之物的欲望，我的欲望消退了，恐惧来到我的面前。[32] 洪水的幻象将我抓住，我感受到了深度精神，但我却无法理解他。[33] 而他让我的内心有了无法忍受的渴望，我说：

---

30 荣格在书中把白鸟视为自己的灵魂。关于荣格对炼金术中和平鸽的讨论，见《神秘结合》(1955/1956)(《荣格全集第 14 卷》，§81)。

31 《修改的草稿》中写有："第一夜"(13 页)。

32 《手写的草稿》中还有："亲爱的朋友！"(1 页)《草稿》中写有："亲爱的朋友！"(1 页) 1935 年 6 月 14 日，荣格在苏黎世理工学院的报告中写道，"这个点大约出现在人生的第三十五个年头，这个时候事情开始变化，它是生命阴影面的第一时刻，也是走向死亡的第一时刻。很明显但丁找到了这个点，那些读过《查拉图斯特拉如是说》的人会看到尼采也发现了它。当转折点到来的时候，人们通过以下几种方式面对它：有些人逃离它，有些人跳进去，而会有重要的事情在跳进去之人的外部发生。如果我们看不到这一点，命运会让我们看到"(芭芭拉 · 汉娜编，《现代心理学第 1 卷和第 2 卷：C. G. 荣格教授 1933 年 10 月至 1935 年 7 月苏黎世联邦理工学院讲座集》，第二版，[苏黎世：私人印刷，1959]，223 页)。

33 1913 年 10 月 27 日，荣格写信给弗洛伊德断绝他们之间的关系，并辞去《精神分析年鉴和心理病理学研究》的编辑一职（威廉 · 麦圭尔编，《弗洛伊德与荣格通信集》，曼海姆和 R. F. C. 霍尔译 [普林斯顿：普林斯顿大学出版社，波林根丛书，1974]，550 页)。

[I][34] “我的灵魂啊，你在哪里？你能听到我的声音吗？我在说话，我在呼喊，你在那里吗？我回来了，我又回来了。我已经抖掉沾在脚上的所有泥土，来到你的面前，我想和你在一起。经过多年的彷徨之后，我又回到了你的身边。我能将我看到的、经历到的和尝到的一切讲给你听吗？抑或，你是否愿意聆听所有来自生命和世界的噪声？但是我应该告诉你：我明白了一件事情，就是一个人必须活出这种生命。

“这种生命就是道路，这是一条广受欢迎且通往深不可测之地的道路，我们将之称为神圣。[35] 再无其他的道路，因为其他的道路都是错误的。我找到了这条正确的道路，它带领我来到你这里，找到我的灵魂。我回来了，平和又纯净。你还认得我吗？我们已经分别很久了！一切都变啦。那么我是如何找到你的呢？我的经历是多么奇怪啊！我该用什么话向你形容在这一条崎岖的道路上，是那颗美丽的恒星将我引领到你这里？我几乎已经被忘却的灵魂，请把你的双手递给我。能再次看到你，我是多么地开心快乐。生命再一次将我带回到你身边，让我们向生命中的悲欢喜乐致以谢意，感谢每一份快乐，感谢每一丝悲伤。我的灵魂啊，我要和你一起走完剩下的旅程。我要和你一起去漫游，上升到我的孤独中。”[36]

[2] 深度精神强迫我这么说，同时我还要忍受它与我对抗，因为我当时对它没有心理准备。我依然错误地背负着时代精神，对人类的灵魂有着不同的思考。我对灵魂有太多的思考和谈论，我知道很多与他有关的学术词汇，我评判他和把他变成一个科学研究对象。[37] 我以前不认为我的灵魂不能成为评判和认知的对象，而灵魂根本不可能成为我评判和认知的对象。[38] 因此，深度精神强迫我与我的灵

---

34 1913 年 11 月 12 日，在“渴望”之后，《草稿》还写有：“在下月初，我拿起自己的笔，开始写下这些。”（13 页）

35 这种肯定多次出现在荣格后期的作品中，见简・普拉特，“C. G. 荣格的谈话录：分析心理学是宗教吗？”《斯普林：原型心理学和荣格思想杂志》（1972），148 页。

36 荣格后来将他在这一段时期的个人转化作为一个范例来描述后半生的开始，通常标志着前半生的目标和抱负都成功实现之后回归到灵魂上（《转化的象征》[1952]，《荣格全集第 5 卷》，xxvi 页）；也见“生命的转折点”（1930，《荣格全集第 8 卷》）。

37 荣格指的是他的早期研究。例如，他在 1905 年写道：“通过联想实验，我们至少获得一定的手段，为使用实验的方式研究生病的灵魂铺平了道路。”（“联想实验的心理病理学意义”，《荣格全集第 2 卷》，§897）

38 在《心理类型》（1921）中，荣格指出，在心理学中，概念都是“研究者主观的心理积聚的结果”（《荣格全集第 6 卷》，§9）。这个反思成为他后期作品的一个重要主题（见拙著《荣格与现代心理学的形成》中“梦的科学”，§1）。

魂交谈，要求我把他当作一个有生命力且独立存在的生命。我必须意识到，我已丢失自己的灵魂。

从此，我们开始明白深度精神如何看待灵魂：它将她视为一个有生命力且独立存在的生命，在这一点上，它和时代精神的看法相反，时代精神认为灵魂是一种依赖于人的东西，她让自己接受评判和安排，我们能够理解她周围的一切。但是，我现在必须接受我之前所称作的灵魂实际上根本不是我的灵魂，而是一套死气沉沉的系统。[39] 因此，我必须把灵魂当作一个遥远且未知的事物与之交谈，它并不是通过我存在，但我是通过它存在。

一个人的欲望摆脱掉其他外部的事物之后，他才到达灵魂所在的地方。[40] 如果他找不到灵魂，空洞的恐惧将会压倒他，恐惧的长鞭将会不停地鞭打他，使他再一次陷入绝望的追求中，让他盲目渴望世界上空洞的东西。无休止的欲望把他变成一个傻瓜，使他忘记了自己灵魂的道路，再也找不回自己的灵魂了。他追逐所有的东西，会抓住它们，但是他却找不到自己的灵魂，因为他最终会发现他只存在于自己的身上。事实上，他的灵魂存在于人和事中，但是盲目的人只抓住人和事不放，而不是他在人和事那里的灵魂。他不了解自己的灵魂，又怎么能够将灵魂与人和事区分开呢？他能在欲望那里找到他的灵魂，而不是在欲望的对象上。如果他拥有自己的欲望，而他的欲望没有拥有他，他就能够碰触到自己的灵魂，因为他的欲望是自己灵魂的意象和表现。[41]

如果我们能够拥有一件事物的意象，那么我们就拥有了这个事物的一半。

意象的世界是整个世界的一半。如果一个人拥有整个世界，却没有拥有世界的意象，那么他就只拥有这个世界的一半，因为他的灵魂是贫瘠的，且一无所有。灵魂的财富以意象的形式存在。[42] 如果一个人拥有世界的意象，即使他的人

39 《草稿》中继续写道："是我精心设计的和从所谓的实验与评判中获得的死气沉沉的系统。"（16 页）

40 1913 年，荣格将这个过程称为力比多的内倾（"论心理类型的问题"，《荣格全集第 6 卷》）。

41 1912 年，荣格写道："根据客体的性质评判渴望是一种常见的错误……自然是人类赋予渴望和爱的最美特征。因此从力比多那里散发出的首要和最重要的是美学特征，它只代表自然的美。"（《力比多的转化与象征》，《荣格全集 B》，§ 147）

42 在《心理类型》中，荣格借助他的概念阿尼玛实体（esse in anima）阐述这个原始意象（《荣格全集第 6 卷》，§ 66ff-§ 711ff）。卡莉·拜恩斯在自己的日记中评论说："你说'意象'[Bild] 是世界的一半给我留下特别深刻的印象，正是这个东西让人性变得如此暗淡，人们都误解了这个东西。人们如此痴迷于世界，但是人们从来没有认真看待过'意象'，除非他们是诗人。"（1924 年 2 月 8 日，《卡莉·拜恩斯论文集》）

性是贫瘠的，且一无所有，他也会拥有半个世界。[43] 但是物质的欲望会把灵魂变成野兽，吞噬掉那些无法忍受的东西，并被自己吞噬的东西毒害。我的朋友，更明智的做法是滋养灵魂，否则你就会在自己的心中养育出恶龙和魔鬼。[44]

43 《草稿》中继续写道："如果他只为事物奋斗，虽然外在的财富会增加，他也将陷入贫困，他的灵魂将长期受到疾病的折磨。"（17 页）

44 《草稿》中继续写道："我的朋友，这个重新找回灵魂的比喻是为了让你知道你只看到了一半的我，因为我的灵魂已经将我丢弃。我敢肯定你没有注意到这一点，因为今天的你们还有多少人和自己的灵魂在一起？但是，如果没有灵魂，就没有引领我们超越时代的道路。"（17 页）卡莉·拜恩斯在自己的日记中对这一段评论道："[1924 年]2 月 8 日，我开始与你的灵魂对话。所有你说的内容都是正确的和真诚的。不要为年轻人在生命中觉醒而欢呼，而是像成熟的男人一样，用世界上最充分和最丰富的方式生活，说他突然在某一天夜里明白自己没有理解本质的所在。幻象出现在你力量的高度上，当你能够完美获得你在俗世取得的成功时，我不知道你如何强大到足以注意到它的程度。我真的支持你所说的一切和对它的理解。任何一个与自己的灵魂失去连接的人或已经知道赋予灵魂生命的人，都应该阅读此书。对我而言，每一个字都达到有生命力的程度，强化的正是我感觉脆弱的部分，但是正如你所说，在情绪化的今天，世界离灵魂很远。但这些都不重要，一部用血与火写就的书，能够撼动整个世界。"（《卡莉·拜恩斯论文集》）

Seele & gott. cap. ii

[HI ii(r)2][45]

第二章　灵魂与神

第二天夜里，我呼唤我的灵魂说：[46]

“我的灵魂啊，我很厌倦，我彷徨了这么久，我在自己外部寻找自己。如今，在经历过很多事情之后，我发现你就藏在这些事情的后面。因此我在事情上、人性上和世界上犯过很多错误之后，才有了这些发现。我找到了人，还有你，我的灵魂，我再次找到了你，我首先看到的是人的意象，接着是你。我在最意想不到的地方找到了你。你从黑暗的竖井中爬上来。你提前通过梦告诉我你是谁。[47] 梦在我心中燃烧，并驱使我做出非常鲁莽的举动，强迫我超越自己。你让我认识到自己之前并不知道的真理，让我开始一段旅程，但如果你无法保证你对这段旅程的了解，那么这个无尽的旅程会令我恐慌。

“我彷徨了很多年，时间之久，以至于我都忘记了自己还有灵魂。[48] 在我彷徨的时候，你在哪里？哪一个未知的彼岸保护你并为你提供避难之所？哦，你只能通过我讲话，我的话语和我都是你的象征和表现！我如何才能辨认出你？

45　1945 年，荣格对鸟和蛇的象征与树相连接的评论，“哲人树”(《荣格全集第 13 卷》，12 章)。

46　1913 年 11 月 14 日。

47　《草稿》中继续写道：“我无法理解这些梦，并试图使用我自己不恰当的方式去理解。”(18 页)

48　《草稿》中继续写道：“我属于人和事，我不属于自己。”在《黑书 2》中，荣格说他彷徨了 11 年（19 页)。他在 1902 年停止《黑书》的写作，1913 年秋季又开始继续写。

“你是谁，孩子？在我的梦中，你的表现像一个小孩或少女。[49] 我对你的神秘性一无所知。[50] 如果我像是在讲梦话，就像一个醉鬼一样，请原谅我，你是神吗？神是个孩子，还是少女？[51] 如果我是在胡言乱语，请原谅我。没有人听我说话。我轻声对你讲话，你知道我既不是一个酒鬼，也不是一个精神错乱的人，我的心因为伤口的疼痛而颤抖，而伤口的阴暗面带着充满愚弄的语气说：‘你在欺骗自己！你这么说就是为了欺骗别人，让他们相信你。你想成为先知，满足自己的野心。’伤口还在流血，我不能对这些愚弄装聋作哑。

“把你称作孩子，让我觉得非常奇怪，因为你的手中握有无限。[52] 我走在光明的道路上，你在暗中相随，把所有的碎片有意义地拼接在一起，并让我在每一个部分中看到整体。

“你带走了我想掌控的那一部分，并把我不抱任何期待的部分给我，你再一次从新的和意想不到的地方带来命运。在我播种的地方，你夺走了我的收成；在我撂荒的地方，你却给我百倍的果实。我一次又一次地迷失之后，又在一个我从来没有预料到的地方找到自己的路。在我孤独和几近崩溃的时候，是你在支撑我的信念。在每一个决定性的时刻，你都给我自信。”

[2] 我像一个疲倦的彷徨者，除了她之外，我在这个世界上什么都没有找到，我应该更加靠近我的灵魂。我要明白，我的灵魂最终是在一切事物的背后，如果我能够穿越世界，那么我最终就能找到自己的灵魂，但即使挚爱也不是最终的目标，也不是爱所一直追求的尽头，它们都是自己灵魂的象征。

---

49 《黑书 2》中继续写道：“而且我只能通过女性的灵魂再次找到你。”（8 页）

50 《黑书 2》中继续写道，“看，我有一个还没有被治愈的伤：我要给人留下深刻印象的野心”（8 页）。

51 《黑书 2》中继续写道，“我必须非常明确地告诉自己：神不是用一个孩子的意象活在每个人的灵魂中吗？荷鲁斯、塔吉丝和基督不都是孩子吗？狄奥尼索斯和赫拉克勒斯也都是圣童。基督，人类的神，不都称自己是人的儿子吗？他这么做的最深层想法是什么？人的女儿可以有神的名字吗？”（9 页）

52 《草稿》中继续写道：“以前的阴暗面多么浓厚啊！我的激情有多么猛烈和自私，完全被野心的魔鬼征服，即对荣誉、贪心、无情和热忱的欲望！那时候我是多么无知啊！生命忍痛离开了我，我也刻意疏远你，这么多年来我一直在这么做。我现在认识到这一切都是多么美好。但是我以为你丢了，虽然有时候我也以为是我丢了。但是你没有丢，我走在光明的道路上，你暗中相随，一步一步地引领我，把所有的碎片有意义地拼接在一起。”（20 ~ 21 页）

我的朋友，你能猜到我们的孤独已经升到什么样的高度了吗？

我必须认识到自己的思想中和梦里的渣滓都是灵魂的话语。我必须把它们牢记在心中，在脑海中翻来覆去地思考它们，就像对待我的挚爱跟我讲的话一样。梦是灵魂发出的具有引导性的话语。从此以后，我有什么理由不爱自己的梦，且不把这些谜一样的意象变成我日常思考的对象呢？你觉得梦既愚蠢又丑陋。什么是美丽？什么是丑陋？什么是聪明？什么是愚蠢？时代精神就是你的评价标准，但是不论在哪一极，深度精神都凌驾在时代精神之上。时代精神只知道大和小的
fol.ii(r)/ii(v) 区别，但这种区别是站不住脚的，就像时代精神自己认可的精神一样。/

深度精神甚至还教导我把自己的行动和决定都视作依赖于我的梦。梦为生命开路，即使你无法理解梦的语言，它们也在决定你。[53] 我们可以学习这种语言，但是谁能教导和学习它呢？只有学术是不够的，有一种心的知识能够产生更深的洞察。[54] 心的知识不在书上，也不是从老师的口中讲出来，而是从你身上生长出来，就像绿色的种子从黑土地里长出来一样，但是时代精神无论怎样都无法理解梦，因为灵魂所在的地方，学术知识是无法到达的。

但是我如何获得心的知识呢？你只有通过活出自己生命的全部，才能获得这种知识。如果你还能够活出自己从来没有活过的内容，而这些内容别人没有活过或没有想到过，那么你就能够活出自己生命的全部。[55] 你会说："但是我无法活出或想到别人活过或想到过的一切。"但是你应该说："我也应该会活出这样

53 1912 年，荣格很认可米德关于梦具有预测功能的观念（"一则精神分析理论报告"，《荣格全集第 4 卷》，§452）。1913 年 1 月 31 日，荣格在苏黎世精神分析协会的一次讨论中说："梦不仅满足婴儿期的愿望，也象征未来……梦通过象征给出答案，我们必须要明白这一点。"（苏黎世精神分析协会会议纪要，5 页）有关荣格的梦的理论发展，见拙著《荣格与现代心理学的形成》中"梦的科学"，§2。

54 这与布莱斯·帕斯卡的名言有异曲同工之妙："心有自己的逻辑，而理智对此却一无所知。"（《默想录》，423[伦敦：企鹅出版公司，1660/1995]，127 页）。荣格的帕斯卡的作品边栏处有很多标记。

55 1912 年，荣格认为如果一个人想"认识人类的灵魂"，只有学术知识是不够的。为此，一个人必须"搁置精确的科学和脱下学术的长袍，和自己的研究说再见，通过现实的世界、恐怖的牢狱、疯人院和精神病院、沉闷的乡村酒馆、妓院和赌场、上流社会的沙龙、股票交易所、社会主义者的集会、教堂、宗教的复兴和心旷神怡与心一起漫步，去体验一个人肉体的每一种形式的爱、恨和激情"（"心理学的新道路"，《荣格全集第 7 卷》，§409）。

的生命，我一定能活出，我也应该有这样的想法，我一定要这样想。”你似乎想逃离自己，从而可以不用活出那些你迄今为止还未活过的生命。[56]但是你无法逃离自己。一切时间和要求都要在你身上得到实现。如果你假装对这些要求视而不见，装聋作哑，那么你也会对自己视而不见，装聋作哑，你也将永远得不到心的知识。

心的知识就是如何理解你的心。

你会从一颗诡诈的心那里学到诡诈。

你会从一颗美好的心那里学到善良。

因此你对心的理解会变得完美，认为自己的心既有善良的一面，又有邪恶的一面。你会问：“什么？我也要活出邪恶？”

深度精神要求：“你也可以活出这样的生命，你需要这样生活。幸福无法决定你的幸福，也无法决定他人的幸福，幸福只能决定幸福本身。”

在社会上，幸福存在于我和他人之间。我也要这样生活，虽然我没有经历过这种生活，但是我仍然可以这样生活。我朝向深度去生活，深度开始说话。深度告诉我其他的真理，将我身上的意义和无意义结合在一起。

我必须认识到自己仅仅是灵魂的表现和象征。从深度精神的意义上看，我是自己的灵魂在这个有形世界上的一个象征，我完全就是一个奴隶，彻底被征服，绝对服从。深度精神教导我说：“我是孩子的仆人。”我听了这个意见，最先学会了极度的谦卑，这正是我最需要的。

当然，时代精神允许我信任自己的理性。他通过一个拥有成熟思想的领导者意象让我看到自己。但是深度精神教导我说我是一个仆人，实际上是一个孩子的

56　1931年，荣格评论父母未活过的生活对他们的孩子造成的致病性结果时说：“通常给孩子带来最强的心理影响的是那些父母……未活过的生命。如果我们不加上限定条件，这句话会相当表面和肤浅，即他们已经活过的生命在某种程度上未尝不是阻止父母这样做的老套借口。”（“弗朗西斯·威克斯序言，‘童年的精神世界’”，《荣格全集第17卷》，§87）

仆人，我很厌恶这个观点。但是我必须承认和接受我的灵魂就是一个孩子，我灵魂中的神也是一个孩子。[57]

如果你是男孩，你的神就是一位女人。
如果你是女人，你的神就是一位男孩。
如果你是男人，你的神就是一位少女。
神所在的地方，你就不在那里。
因此：有神的人就有智慧，神会让你变得完美。
少女未来会孕育。
男孩未来会带来孕育。
女人已经生育过。
男人已经带来过孕育。
所以：如果你现在像个孩子，你的神会从成熟的高度上一直下降到死亡。

但如果你已经是成人，无论是肉体上还是精神上，已经带来过孕育或者生育过，那么你的神会从幸福的摇篮上升到未来不可估量的高度上，将来上升到成熟和充满的高度上。

前方还有生命的是孩子。
活在当下的是成人。
如果你能活出自己生命的全部，你就是成人。
这时候仍然是孩子的人，他的神就会死亡。
这时候已经是成人的人，他的神就会继续存活。
深度精神把这个秘密教给我。
成功之人和不幸之人的神都是成人！
成功之人和不幸之人的神都是孩子！

---

57 在1925年的讲座中，荣格在这里对自己的思想进行解释："与阿尼玛和阿尼姆斯有关的想法引领我进一步深入到形而上学的问题，涌现出更多的东西，亟待重新检验。那时候，我还以康德哲学为基础，有很多问题可能永远得不到解决，因此我便不再继续深入思考，但是对我而言，如果我能找到关于阿尼玛的明确想法，那么为形成一个神的概念所做的尝试都是值得的，但我没有得到任何满意的结果，有一段时间，我在想阿尼玛或许就是神。我告诉自己，或许男人身上原本就有一个女神，但由于越来越厌倦女人对他的支配，所以就将此投向神。我实际上是把整个形而上学的问题都扔到阿尼玛那里，把它视为心灵中的主导精神。因此，我和自己就神的问题进行一场心理学的争论。"（《荣格心理学引论》，50页）

一个有未来的人和一个有未来的神，哪一个更好呢？

我没有答案，只要有生活，做决定就不可避免。

深度精神教导我说我的生命被一群圣童包围着。[58] 所有出乎意料的、生机勃勃的东西都通过他的手降临到我身上。

我感受到的这个儿童就是我身上永远在躁动的青春。[59]

在孩子气的男人身上，你感受到的是令人绝望的无常，所有你认为已经过去的，对他来说都还没到来，他的未来充满无常。

但是事物的无常在向你靠近，而无常却从未体验过人的意义。

你继续活出的是一种向前的生活，你带来生育或生出来者，你非常多产，你继续向前生活。

孩子气的人不生子女，他的来者是已经被孕育的和已经消亡的，这不是向前生活。[60]

我的神是一个孩子，怪不得会激起我身上时代精神的愚弄和蔑视。没有任何人像我一样嘲笑我自己。

你的神不是一个愚弄你的人，相反，你自己才是愚弄自己的人。你应该愚弄自己，并且不受其影响。如果你仍然没有从这本古老的圣书中学到这一点，那么走过去，喝下那个因为我们犯下的罪被愚弄和被折磨之人的血，吃下他的肉，[61] 那么你本质上就完全变成他了，拒绝他与你相分离，你必须成为他本人，不是成

---

58 1940 年，荣格报告了一个有关圣童主题的研究，收录在他和匈牙利古典主义学者卡尔·卡伦依合著的一部书中（见“论儿童原型的心理学”，《荣格全集第 9 卷》Ⅰ）。荣格认为儿童主题经常在个体化过程中出现。但是这里的儿童并不代表字面意义上的儿童期，这里强调的是其神话的特征。它补偿意识的片面化，并为未来人格的发展开路。在某种冲突的情况下，无意识的心灵能够产生结合对立面的象征。儿童就是这样一种象征，它预示着原我，通过人格中意识和无意识元素的结合而来。发生在儿童身上的典型命运象征心灵中这一类事件的发生，并伴随着原我的出现。儿童的诞生发生在心理层面，而非生理层面。

59 1940 年，荣格写道：“儿童主题的核心一面是其发展的特征，儿童是潜在的未来。”（“论儿童原型的心理学”，《荣格全集第 9 卷》Ⅰ，§278）

60 《草稿》中继续写道：“我的朋友，正如你所看到的，慈悲被授予成人，而不是幼稚的人。感谢我的神给我这些信息。不要让基督教的教义欺骗你！这些教义对很久很久以前那些最成熟的人有好处。今天，这些教义适合不成熟的心理。基督教不再给我们恩典，但我们仍然需要慈悲。这就是我所讲的来者的路，我自己通往慈悲的路。”（27 页）

61 即基督，见荣格，“弥撒中转化的象征”（1942，《荣格全集第 11 卷》）。

为基督徒，而是成为基督，否则在即将到来的神面前，你将毫无用处。

你们中间有人会相信自己可以避开这条路吗？他在这条路上能够靠欺骗越过基督的痛苦吗？我会说："这种欺骗自己的人，只能给自己带来伤害，他也就躺在棘刺和烈火之上了。没有人能够摆脱基督的路，因为这条路就是通往来者之路。你们注定都会成为基督。"[62]

你无法通过少做事征服旧教条，但多做事就可以做到。只要我接近自己的灵魂一步，都会引起我的魔鬼、嚼舌根的小人和搬弄是非之人轻蔑的嘲笑。他们嘲笑我的原因很简单，因为我在做奇怪的事情。

62 在《答约伯书》中，荣格写道："通过永远在人身上存在的第三个圣人，也就是圣灵，很多人会被基督化。"（1952，《荣格全集第 11 卷》，§758）

[HI ii(v)]

第三章　灵魂的恩宠

[63]第二天晚上，我必须把我能够想起的梦全部写下来，而且要如实记录。[64]我并不明白这样做的意义。为什么总是这样？原谅我的小题大做。但是，你想我这么做。我身上正在发生什么奇怪的事情？我知道得太多，以致看不到我踏上桥是多么摇摆不定。你要把我带到哪里去？原谅我想得太多，知识太丰富。我的双脚在犹豫是否要跟着你。你带的路通向什么样的朦胧幽暗之地？我必须学会应对无意义吗？如果这就是你想要的，那就这样吧。这一刻属于你。那里有什么，无意义在那里吗？我觉得好像只有无意义或疯狂。那里也有终极意义吗？我的灵魂，那就是你的意义吗？我拄着理解的拐杖，一瘸一拐地跟着你走。我是一个普通人，你像神一样大踏步向前走。这是多么地折磨啊！我必须回到自己那里，回到我最渺小的事情上。我认为自己灵魂中的事情都很渺小，小得可怜。你强迫我把它们看成大事，做成大事。这就是你的目的吗？我顺从你，但是我很害怕。你要聆听我的怀疑，否则我不能顺从你，因为你的意义就是终极意义，你的步伐就是神的步伐。

我明白，我也不应该去思考，那我也不应该再有思想了吗？我应该把自己

63　1913年11月15日。

64　《黑书2》中，荣格记下了两个具有决定意义的梦，这两个在19岁时做的梦引领他转向自然科学（13页f），《回忆·梦·反思》中有它们的描述。

完全交托到你的手中，但你是谁？我不信任你，一点也不信任，这是我对你的爱吗，我的快乐吗？我不信任任何一个英勇的人，还有你，我的灵魂？你的手重重地落在我身上，但是我信任你，我一定信任你。我没有设法去爱别人和信任他们吗，我是不是不能对你这么做？原谅我的怀疑，我知道怀疑你是一件可耻的事情，你知道让我撇下这个以自己的思想为豪的家伙是多么困难。我忘记了你也是我的朋友之一，是最应该信任的人。我应该把那些不属于你的东西给他们吗？我承认自己不公平，我之前似乎在蔑视你，我因重新找到你而快乐并不是发自内心，我也认为我身上那个蔑视嘲笑我的人是正确的。

我必须学会去爱你。[65] 我也应该放下自我评判吗？我很害怕。接着，我的灵魂对我说："这个恐惧会做出对我不利的证明！"千真万确，它会做出对你不利的证明。它会扼杀你和我之间神圣的信任。

[2] 命运是多么艰难啊！如果你走向自己的灵魂，你将首先失去意义。你会相信自己已经陷入无意义中，陷入永恒的混乱中。你是正确的！没有任何东西能够将你从混乱和无意义中释放出来，因为这是另外一半的世界。

只要你不幼稚，你的神就是个孩子。孩子是秩序、意义？抑或混乱、反复无常？混乱和无意义是秩序和意义之母，意义是那些已经成形且不会再形成的东西。

你已经打开灵魂的大门，让混乱的暗流进入你的秩序和意义中。如果你将秩序和混乱结合在一起生出圣童，也就是超越意义和无意义的终极意义。

你害怕打开这道门？我也害怕，因为我们都已经忘记神是可怕的了。基督教

65 在《黑书 2》中，荣格写道："在这里，有一个人站在我身旁，低声告诉我这些恐怖的事情——'你所写的东西将会被印刷出来并在人们之间流传。你想通过不寻常的作品引起轰动，尼采比你做得好，你是在模仿圣奥古斯丁'。"（20 页）这里指的是奥古斯丁的《忏悔录》（公元前 400 年），它是奥古斯丁在 45 岁时写的一篇祷文，他以自传的形式记录下自己与天主的对话（《忏悔录》，H. 查德威克译，[牛津：牛津大学出版社，1991]）。《忏悔录》是讲给神的话，记录的是他背离神的岁月和回归的方式，《新书》的开篇部分与此相呼应，荣格在这里对自己的灵魂讲话，记录的是自己背离她的岁月和自己回归的方式。在荣格公开出版的作品中，他多次提到奥古斯丁，并在《力比多的转化与象征》一书中数次引用《忏悔录》。

导我们：神是爱。[66] 但是你要知道爱也是可怕的。

我对一个充满爱的灵魂说话，当我不断靠近她时，恐惧将我征服，我堆砌起一座怀疑的墙，却没想到我用它防范自己可怕的灵魂。

你恐惧深度，它肯定让你毛骨悚然，因为来者的路经过这里。你必须忍受恐惧和怀疑的诱惑，同时承认你的恐惧已经被证实和你的怀疑是合理的。但是 / 它怎么可能是一个真正的诱惑和一个真正的征服呢？ fol.ii(v)/iii(r)

基督能够完全征服魔鬼的诱惑，但是无法抗拒神对善和理智的诱惑。[67] 因此，基督屈服于诅咒。[68]

你仍需要学习这些内容，不能向诱惑屈服，用你的意志做每一件事，那么你就会得到自由并超越基督。

我需要承认我必须向自己的恐惧屈服，是的，甚至更多，我甚至必须爱那些让我恐惧的东西。我们必须从圣人那里学习，虽然圣人受瘟疫感染病人的厌恶，但她却喝下由瘟疫感染而流出的脓，并感到像玫瑰一样芬芳。圣人的行为并非徒劳。[69]

在得到救赎和怜悯的方方面面，你都要依赖你的灵魂。因此，对你而言，做出任何牺牲都不算大。如果你的美德阻碍你的救赎，请抛弃它们，因为它们已经成为你的魔鬼。被美德奴役无异于被邪恶奴役。[70]

如果你认为你是自己灵魂的主人，那么你就成为她的仆人；如果你是她的仆

---

66 写给约翰的第一封信："神就是爱。凡住在爱里面的，就住在神里面，神也住在他里面。"（约翰一书，4 章 16 节）

67 基督在沙漠中受魔鬼 40 天的诱惑（《路加福音》，4 章 1 ~ 13 节）。

68 《马太福音》，21 章 18 ~ 20 节，"耶稣清早回城的时候，觉得饿了。他看见路旁有一棵无花果树，就走过去；但他在树上什么也找不到，只有叶子，就对树说：'你永远不再结果子了。'那棵树就立刻枯萎。门徒看见了，十分惊奇，说：'这棵无花果树是怎样立刻枯萎的呢？'"。荣格在 1944 年写道："基督，也就是我的基督不懂得咒语，事实上，他甚至不认可拉比耶稣对无辜的无花果树施的咒语。"（"我为什么不相信'天主教的真理'"，《荣格全集第 18 卷》，§1468）

69 《草稿》中继续写道："她们是为了你的救赎。"（34 页）

70 在《查拉图斯特拉如是说》中，尼采写道，"此外，即使具备一切道德，还必须懂得一件事：甚至是这些道德，也要在恰当的时候送它们入眠"（"道德的讲座"，56 页）。1939 年，荣格评论了东方从美德和邪恶中解放的观念（《荣格全集第 11 卷》，§826）。

人，就让自己成为她的主人，因为她需要被统治。这是你要走的第一步。

在接下来的六夜里，我身上的深度精神一直保持沉默，因为我在恐惧、抗拒和厌恶之间摇摆，它已经完全成为激情的猎物。我不能也不愿意聆听深度精神。但是在第七天夜里，深度精神开始对我说话："看着你的深度，向它祈祷，唤醒死者。"[71]

但是，我无助地站在那里，不知道要去做什么。我看着自己，唯一发现的就是早期梦的记忆，我当时把所有的梦都记下来，但是不知道它们能带来什么好处。我想抛弃一切回到日光下。但精神阻止了我，强迫我重新返回我自己。

71　1913年11月22日，在《黑书2》中，这些句子的内容是"一个声音说"（22页）。11月21日，荣格在苏黎世精神分析协会做一场报告，名为"无意识心理学的构想"。

[HI iii(r)]

第四章　沙漠

[72] 第六天夜里，我的灵魂把我带到沙漠中，来到我自己的原我的沙漠。我没有想到我的灵魂是一个沙漠，一片干燥炎热的沙漠，沙尘弥漫，也无水喝。这段旅程进入到滚烫的沙漠中，没有明确期待的目标踽踽而行？这片不毛之地多么可怕！对我而言，这条路是通往离人类非常遥远的地方。我一步一步向前走，不知道这段路程有多长。

为什么我的原我是一片沙漠？是我脱离常人和世事太久？我为什么要逃避自己的原我？是我太不珍惜自己？我逃避的是自己的灵魂所在的地方。当我不再是常人，不经世事之后，我就成了自己的思想。但是我不是自己的原我，我在直面自己的思想。我必须把自己的思想提升到和我的原我同样的高度。我的旅程要到那里，这也是为什么它要将我带离常人和世事而进入孤独。独行就会孤独？只有当原我是沙漠的时候，才是真正的孤独。[73] 我也应该在沙漠中建造出一座花园吗？我要成为一片荒芜之地的居民吗？我可以开放荒漠里的空中魔法花园吗？是什么引领我来到沙漠，我又在这里做什么呢？我不再信任自己的思想是一种欺骗吗？只有生命是真实的，也只有生命才能将我带领到沙漠，确实不是我的思维所为，因为思维一心想回到思想上，回到常人和世事间，因为它觉得在沙漠中很怪异。我的灵魂，我要在这里做什么？但是我的灵魂跟我说："等待。"我听到一句

72　1913 年 11 月 28 日。

73 《黑书 2》中继续写道："我听到这样的话，'在自己的沙漠中的是隐士'。这让我想到在叙利亚沙漠中的修道士。"（33 页）

非常残忍的话。折磨属于沙漠。[74]

我把一切都给了自己的灵魂，才来到灵魂所在的地方，发现这里是一片炎热的沙漠，荒凉又贫瘠。没有心理文化能够在你的灵魂中建造出花园。我培养自己的精神，也就是我身上的时代精神，而非转向所有灵魂事物所在的深度精神，即灵魂的世界。灵魂拥有自己的独特世界，只有原我能够进入到这里，或者完全成为自己的原我之人才能够进入到这里，这样的人既不在世事中，也不在常人中，更不在自己的思想中。通过将我的欲望避开人和事，我也将原我避开人和事，但是这正是我如何成为自己思想的安全猎物，是的，我已经完全变成了自己的思想。

[2] 我也必须通过将自己的欲望带离思想使我自己和我的思想分离，并且我立即发现我的原我变成了一片沙漠，在这里只有不安分的欲望的骄阳在燃烧。我被这片沙漠无尽的贫瘠所淹没。尽管这里曾经繁荣过，但是仍然缺乏欲望的创造性力量。不论欲望的创造性力量在哪里，都会有泉水滋润土壤中的种子，但是不要忘记等待。你是否看到当你的创造性力量转向现世时，那些毫无生机的事物就会在它下面和内部流动，这些东西就会生长和繁荣，你的思想如何流进肥沃的河流？如果你的创造性力量现在转向灵魂的所在地，你就会看到你的灵魂所在的地方就开始有生机，这片土地便会硕果累累。

没有人能够免于等待，但是大多数人不能够承受这种折磨，他们又带着贪婪返回到常人、世事和思想，从那时起，他们就变成了奴隶。因此，这一点清楚地证明这种人不能够忍受常人、世事和思想之外的东西，那么常人、世事和思想就会成为他的主人，因为他不能没有它们，甚至当他的灵魂变成富饶之地时也不行。尽管他的灵魂也是花园，需要常人、世事和思想，但是他只是它们的朋友，而非它们的奴隶和受它们愚弄的个体。

所有未来的一切都以意象出现：为找到他们的灵魂，古人进入沙漠。[75] 这是

---

74 《黑书 2》中继续写道：“我认为基督也在他自己的沙漠里。那些古代人也身体力行地进入过沙漠。他们是否也进入他们自己自我的沙漠？或者他们的自我不像我的这样贫瘠和荒凉？他们在这里全力对付魔鬼，我全力对付等待。对我而言，这里就像炙热的地狱。”（35 页）

75 大约在公元 285 年，圣安东尼进入埃及的沙漠中开始隐士的生活，其他隐士也紧随其后，安东尼和帕科米乌共同创建公共修道院。他们的修道院后来成为基督教修道院制度的基础，并迅速扩展到巴勒斯坦和叙利亚的沙漠。到公元四世纪，埃及沙漠中有数以万计的修道士。

一个意象，古人活在象征中，因为对他们而言，世界并没有变成真实。因此他们进入沙漠的孤独，让我们知道灵魂的所在地就是一片孤寂的沙漠。他们在那里看到大量的幻象，找到沙漠中的果实和美丽的灵魂之花。请认真思考古人遗留下的意象，他们呈现出来者的路。请认真回顾王朝的崩塌、生长和死亡、沙漠和修道院，它们都是来者的意象。一切都已经被预先告知，但谁知道如何去诠释?

如果你说这里不是灵魂的所在，那么它就不是。如果你说它是，它就是。请注意古代人用意象所说的话：言语就是创造性行为。古人云：太初有道。[76] 请考虑这一点，并认真思考它。

在无意义和终极意义之间摇摆的言语是最古老且最值得信任的。

76 《约翰福音》，1 章 1 节："太初有道，道与神同在，道就是神。"

沙漠中的经历

[77] 在经过艰苦卓绝的斗争之后，我离你更近了一点。这场斗争真艰难啊！我已经陷入到怀疑、困惑和蔑视的灌木丛中。我发现我必须和自己的灵魂单独在一起。我的灵魂啊，我两手空空地来到你的面前。你想听些什么？但是我的灵魂对我说：“如果你去到一个朋友那里，你是想带走些什么吗？”我知道并不必这样，但是我看上去似乎已经是一贫如洗。我很想坐在你的身旁，在这里至少能够感受到你身上充满生机的气息。我的道路是滚烫的沙漠，我每天都要走在沙尘弥漫的道路上。有时候，我的耐心很差，也曾经对自己绝望过，这些你都知道。

我的灵魂回答说：“你跟我讲话的口吻就像一个孩子在跟自己的母亲抱怨一样。但我不是你的母亲。”我不想去抱怨，但请容许我跟你说我要走的是一条漫长又枯燥的路。对我而言，你就像荒漠中一棵荫凉的树，我非常愿意享用你的树荫。但是我的灵魂回答说：“你是在贪图享乐，你的耐心呢？你的时候还未到。难道你忘记你为什么进入沙漠了吗？”

我的信念很弱，沙漠中的阳光晃眼，使我看不到任何东西。高温像铅块一样压在我身上，口渴折磨着我，我不敢想象这条没有尽头的路有多长，更重要的是，我看不到前方的任何东西。但是灵魂说：“你的口吻就像你仍然什么都没有

77 1913年12月11日。

学到过一样。你就不能等待吗？难道一切成熟的和已经完成的东西都会直接落入你的手中吗？你很充实，是的，你有很多目的和渴望！难道你仍然不知道通往真理的道路只向那些没有目的的人开放？”

哦，我的灵魂啊，我明白你所说的一切也就是我的思想。但是我不能遵从它去生活。灵魂说：“告诉我，你怎么相信你的思想会帮助你呢？”我总是喜欢说，事实上我也是一个普通人，像一个普通人一样有自己的缺点，有时候也无法做到最好。但是我的灵魂说：“这就是你认为的普通人？”我的灵魂啊，你很冷酷无情，但是你说的都很正确。我们奉献给生活的东西依然是那么少。我们应该像一棵树一样地生长，因为树对自己的生长法则一无所知。我们把自己绑定到目的上，却没有注意到，实际上，目的就是局限，是的，它是对生命的排斥。我们相信自己能够使用目的照亮黑暗，但却错过了目标。[78] 我们怎么还能指望通过捕风捉影提前预知呢？

让我来跟你讲我唯一的抱怨：我受到蔑视，蔑视来自我自己。但是我的灵魂对我说：“你小看自己吗？”我觉得没有。我的灵魂回答说：“那么，听着，你小看我吗？难道你仍然不知道，你写这本书不是为了满足自己的虚荣心，而是为了和我说话？如果你使用我给你的言辞对我讲话，又怎么能受到蔑视？那么，你可知道我是谁？你理解我、界定我并把我变成一个死板的公式了吗？你测量过我这深谷的深度吗？探索过我将要引领你去走的道路吗？如果你的虚荣心不深入骨髓，蔑视根本无法挑战你。”你的真理很残酷，我想在你的面前放下我的虚荣心，因为它将我蒙蔽。你看，当我今天来到你的面前时，这就是为什么我依然相信自己还是两手空空。但只要他们能够伸出双手，我并不认为你能将他们的双手装满，更何况他们也不愿意伸出双手。我不知道我是你的容器，没有你，就会空洞无物，但有了你，便能充满溢出。

[2] 这是我在沙漠中的第 25 个夜晚，我的灵魂用了这么长的时间才从自己生

78 在“《黄金之花的秘密》的评论”（1929）中，荣格对西方把一切都变成方法和目的倾向进行批判。如中国的经典和梅斯特·艾克哈特所描述的，最重要的训诫就是让心灵的事件顺其自然地发生，“让事情自然发生，无为而为，也就是梅斯特·艾克哈特所说的‘顺其自然’，对我而言，它已成为一把钥匙，使我能够成功打开通往这条路的门：一个人必须能够在心理上让事情自然发生”（《荣格全集第 13 卷》，§20）。

命的阴影中苏醒，成为一个独立于我的个体，来到我的面前。随后，我听到她严厉但却十分有益的话，我谨记在心，因为我无法克服对自己的蔑视。

时代精神自认为自己极度聪明，像其他类似的时代精神一样自负。但是智慧是单纯的，不仅仅是简单。正是因为这一点，聪明的人会愚弄智慧，因为愚弄是他的武器。他会使用尖锐的、恶毒的武器，因为他被幼稚的智慧困住不能自拔。如果他没有被困住，他就不需要武器。只有在沙漠中，我们才认识到我们自己可怕的单纯无知，但是我们害怕承认它："这就是我们为什么去蔑视。但是愚弄 / 没有获得单纯。愚弄落在愚弄者的身上，在沙漠中，没有人能够听到并回应，他因自己的蔑视而窒息。

fol.iii(r)/iii(v)

你越聪明，你的单纯就越愚蠢。在单纯方面，绝对的聪明就是绝对的愚蠢。我们无法通过让自己变得更聪明将自己从时代精神的聪明中拯救出来，但是通过接纳我们的聪明最憎恨的东西，就能够做到这一点，也就是接纳单纯。但是我们也不想成为虚假的傻瓜，因为这样我们会陷入到单纯中，而不是成为聪明的傻瓜。这会通往终极意义。聪明与目的连接在一起，单纯却对目的一无所知。聪明能够征服世界，但是单纯征服的是灵魂。所以，若想和灵魂在一起，请坚守精神贫穷的誓言。[79]

在对抗这一点的同时，我聪明的蔑视也在随之增加。[80] 很多人会嘲笑我的愚蠢，但是没有一个人的嘲笑比我对自己的嘲笑厉害。

所以我去征服蔑视，但是当我完全把蔑视征服时，我就很接近自己的灵魂了，而且她也开始对我说话，不久我便看到这片沙漠开始变绿。

79 基督在布道中说："心灵贫乏的人有福了，因为天国是他们的。"（《马太福音》，5 章 3 节）在很多的基督教会中，信徒会立下贫穷的誓言。1934 年，荣格写道："就像在基督教中一样，世俗的贫穷誓言将心理从地球上的富裕移开，就像精神的贫穷试图抛弃错误的精神富裕一样，从而不仅移除掉伟大的过去遗留下的毫无意义的残留，即今天他们称作的新教'教会'，也移除异国情调的诱惑，最终，转向自身，回到意识的冷光下，世界上的盲点像天上的星星一样多。"（"论集体无意识的原型"，《荣格全集第 9 卷》Ⅰ，§29）

80 《草稿》中继续写道，"同样，这一点也是古人的意象，他们以象征的方式生活：他们抛弃财富，从而和他们甘愿贫穷的灵魂保持一致。因此，我必须给予我的灵魂最极端的贫穷和贫困，而我的聪明就会起来蔑视这些"（47 页）。

[HI iii(v)]

第五章　未来的地狱之旅

[81] 第二天夜里，空气中充满各种声音。有一个很大的声音说："我正在坠落。"其他声音在中间困惑又激动地大叫："掉到哪里了？你想怎么样？"我要把自己托付给这些混乱吗？我感到不寒而栗，它深得可怕。你想让我试一下运气，进入我自己黑暗的疯狂？惶惑？惶惑？不论你是谁，只要你跌落，我也会和你一起跌落。

深度精神打开了我的双眼，我得以瞥见内在的事物、我灵魂的世界，很多事物已经成形并在不断变化。

[Image iii(v) 1]

81　1913年12月12日，《修改的草稿》中写的是："~~Ⅳ神秘戏剧。第一夜~~"（34页）。《黑书2》中继续写道："不久前的战斗是与蔑视的战斗，有一个幻象导致我三个夜晚无法入眠和三个白天饱受折磨，把我比作乡村药剂师G. 科勒（从头到尾）。我知道并认可这种风格。我认识到一个人必须把自己的心交给人类，但是要把理智交给人类的精神，也就是神。那么神的工作能够超越虚荣心，因为在心被理智取代的时候，再也没有什么比理智更虚伪。"（41页）戈特弗里德·科勒（1819—1890）是一位瑞士作家，见戈特弗里德·科勒的"乡村药剂师：一则浪漫的爱情故事"，《诗集：庄园的故事》（苏黎世：阿尔忒弥斯出版社，1984，35～417页）。

我看到一面灰色的岩壁，我顺着它滑到巨大的深度中。[82] 我站在一个黑洞中，黑色的秽物一直漫到我的脚踝，阴影将我笼罩。我被恐惧抓住，但我知道我必须进去。我从石头上的一条狭窄裂缝中爬了过去，到达一个洞中，洞的底部被黑水覆盖着。但除此之外，我还瞥见一块散发着红光的石头，而我必须到这里，我便蹚过这片污浊的水。洞中充满可怕的尖叫声。[83] 我拿起一块石头，用它将之前大石头上那道黑色的裂缝挡住。我把这块石头拿在手中，好奇地四下窥视。我不想听到那些声音，它们阻挡我前进的脚步。[84] 但是我想知道，这里应该有话要说，我将耳朵贴到开口处，听到地下流水的声音。我看到黑暗的溪流上有一颗血淋淋的人头，有个受伤的人和一个被杀死的人也漂浮在上面，我颤抖着注视这个景象许久。我看到一个巨大的黑色圣甲虫游过黑暗的溪流。

一颗红色的太阳在溪流的最深处闪耀，光线辐射穿过黑水。我看到黑色的石墙上有很多小蛇，在朝阳光闪烁的深度游去，我被恐惧控制住了。成千上万条蛇聚集在一起，将阳光遮住。暗夜降临，一条红色的血流，浓厚红色的血流涌出来，汹涌的血流持续了很长时间，接着慢慢退去。我被恐惧控制住了，我看到的是什么？[85]

---

82 《草稿》中继续写道："一个全身裹着皮革的矮人站在它的前面，看守着入口。"（48 页）

83 《修改的手稿》继续写道："这块石头必须被征服，它就是~~折磨人的~~石头，泛着红光的石头。"（35 页）《修改的手稿》中写的是："这是一个六面的水晶，发出一种微红色的冷光"（35 页）。阿尔布雷希特·迪特里希提到在阿里斯多芬尼斯的《青蛙》（他将之理解为俄耳甫斯教的起源）中，把阴间描绘成一个大湖，有很多蛇（《内克亚：对新发现的彼得启示的新解释》[莱比锡：托依布纳出版社，1893]，71 页）。荣格在书中将这些主题用下划线标出。迪特里希在 83 页又提到他的描述，荣格在页边空白处标记了出来，并在"黑暗和泥泞"下画线。迪特里希也提到俄耳甫斯教的阴间泥流的描绘（81 页），荣格在这本书最后的参考文献部分写的是"81 泥泞"。

84 《黑书 2》中继续写道："这个黑洞，我想知道它通向何方和它想说什么？一个神谕？这是皮媞亚所在的地方吗？"（43 页）

85 荣格在 1925 年的讲座中讲过这段经历，但强调的细节不同。他评论说："当我从幻想中出来之后，我认识到我的机制运作良好，但是我对自己看到的所有事物的意义感到无比困惑。我认为洞中发光的水晶像是智慧之石。我完全无法理解对英雄的秘密谋杀。当然，我知道这只甲虫是古代太阳的象征，落日，即发光的红圆盘，是一种原型。我认为那些蛇可能和埃及的内容相连，那时候我无法理解它们，因为它们太具有原型特征了，我不必找到这些连接。但是我能够将这些画面和我之前幻想到的内容联系起来。/ 尽管那个时候我还无法理解英雄被杀的意义，但是不久之后，我做了一个梦，我在梦中将西格弗雷德杀掉。我是在摧毁自己有效率的英雄理想。为了能够做出一个新的改变，我必须牺牲掉它，简而言之，为了能够获得可以激活劣势功能所必需的力比多，需要牺牲掉优势功能。"（《荣格心理学引论》，52 页 f）（杀掉西格弗雷德出现在下文第 7 章中。）荣格 1935 年 6 月 14 日在苏黎世理工学院的讲座中也以匿名的方式引用和讨论了这个幻想（《现代心理学》第 1 卷和第 2 卷，223 页）。

[Image iii(v) 2]

我的灵魂啊，请治愈怀疑给我带来的伤。怀疑也需要被克服，这样我才能够认识你的终极意义。这一切是多么遥远啊！我的阻力好大啊！我的精神就是一种折磨的精神，它撕碎我的期待，肢解又撕碎一切。我还是自己思想的受害者。当我能够让自己的思维平息下来时，那么我的思想，它们就像那些桀骜不驯的猎犬一样匍匐在我的脚下？当我的所有思想都在咆哮时，我怎能希望听到你更加响亮的声音，看到你更加清晰的脸庞？

我感到很震惊，但是我想要被惊吓到，因为我已经向你发誓，即使你让我陷入疯狂，我也会信任你，我的灵魂。如果我没有停留在庇荫处喝下苦水，我又怎能在你的烈日下行走？救救我，这样知识才不会让我窒息。知识的充满开始威胁到我，我的知识有成千上万种声音，像一支怒吼的狮队，当它们说话的时候，整个空气都在颤抖，我是毫无防备的牺牲品。让这个聪明的科学智者远离我，[86]邪恶的监狱长将灵魂捆住，并将其关在幽暗的囚室中。但重要的是，我得以摆脱评判之蛇，而它只以治愈之蛇的样子出现，但是在你身上却是致命的毒药和痛苦的死亡。我想经过一番洁净之后，穿着白袍下到你的深度，而不是像贼一样抓住任何我能拿到的东西后气喘吁吁地逃跑。让我继续留在神圣的[87]震惊中吧，这样我就能准备好一睹你的奇迹。让我的头贴在你门前的石头上，这样我就能准备好接收你的光了。

[2] 当沙漠开始生机盎然的时候，很多奇怪的植物都长了出来。你会觉得你

86 在《修改的草稿》中，“科学”被删掉了（37 页）。

87 在《修改的草稿》中，“更为有福的”被替换掉（38 页）。

自己是个疯子，而从某种意义上看，你实际就是个疯子。[88]这个时代的基督教在某种程度上缺乏疯狂，缺乏神圣的生活。请注意古人以意象的形式教导我们的内容：疯狂即神圣。[89]但是，由于古人在具体的事件中活出这种意象，而对于我们而言，意象变成了一种欺骗，因为我们已经成为现实世界的主人。毋庸置疑的是：如果你进入灵魂的世界，你就像一个疯子，你的医生会把你视为病人。我在这里所说的可以被视为疾病，没有人比我更把它视为疾病。

这就是我如何征服疯狂的。如果你不知道神圣的疯狂是什么，那么请不要做任何评判，静等结果，[90]却发现神圣的疯狂只不过是时代精神将深度精神战胜的结果。如果深度精神能够翻身，并强迫一个人不使用人类的语言讲话，那么这个

---

88 在《修改的草稿》中，这句话被替换为："疯狂在增长"（38页）。

89 神圣的疯狂这一主题有一段很长的历史，经常被引用的章句是《斐德罗篇》中苏格拉底的辩论：疯狂，"是诸神的馈赠，是上苍给人的最高恩赐"（柏拉图，《斐德罗篇和通信》VII 和 VIII，W. 汉密尔顿译［伦敦：企鹅出版公司，1986］，46页244行）。苏格拉底区分出四种神圣的疯狂：（1）预言家发神谕时的疯狂，例如特尔斐神殿上的预言家；（2）当古人的罪恶带来灾难时，现身在种种洁净和消灾密仪里的疯狂；（3）来自缪斯那里的咏歌作诗的疯狂，若没有沾染缪斯的疯狂，就不会成为好诗人；（4）由神遣来人类身上的情爱的疯狂。在文艺复兴时期，神圣的疯狂这一主题又重新被像费奇诺一样的新柏拉图主义者和像伊拉斯谟一样的人文主义者再次提起，其中伊拉斯谟的论述尤为重要，因为他将经典的柏拉图概念和基督教结合在一起。对于伊拉斯谟而言，基督教是最高形式的受到神灵启示的疯狂。像柏拉图一样，伊拉斯谟区分出两种疯狂："因此，只要灵魂能够正确地使用自己的躯体器官，就可以将这个人称为心智健全的；但事实上，当它挣脱锁链，试图获得自由，竭力逃脱躯体的束缚时，就可以将这个人称为精神异常。如果异常以躯体的疾病或缺陷的形态出现，人们可以直接看到这种异常。但是我们会发现，精神异常的这一类人能够预言即将发生的事情，能够讲出他们之前从未听过的语言，写出他们之前从未学过的东西，同时也能够显现出某些神圣的东西。"（《愚人颂》，M. A. 斯克里奇译［伦敦：企鹅出版公司，1988］，128 ~ 129页）。他补充说，如果精神异常"通过神圣的热情表现出来，那么它就不是所谓的精神异常，但是它又像一般的精神异常，所以大多数人无法将二者区分开"。对于普通人而言，这两种疯狂形式的表现是相同的。基督教徒寻求的快乐"只不过是某种形式的疯狂"，那些有这种"类似于疯狂体验的人，他们的讲话语无伦次且不自然，发出的声音没有意义，他们的表情瞬息万变……事实上，他们实际上是欣喜若狂"（《愚人颂》，M. A. 斯克里奇译［伦敦：企鹅出版公司，1988］，129 ~ 133页）。1815年，哲学家 F. W. J. 谢林论述了神圣的疯狂，在某种程度上与荣格的论述非常接近，谢林认为"古人所讲的神圣的疯狂并不是没有意义"。谢林将这种神圣的疯狂与"内在本质的自我撕裂"联系在一起。他认为"如果没有疯狂的持续诱惑，任何伟大的事情都不可能完成，疯狂需要被征服，但不能完全没有疯狂"。但另外还存在一种不带任何疯狂的清醒精神，共同构成那些创作出冷知识作品之人的理解力。另外，"也存在一种能够支配疯狂的人，这一类人充分地显示出最高理智的力量，而另外一种被疯狂支配的人才是真正疯狂的人"（《人类世纪》，J. 沃斯译［奥尔巴尼：纽约州立大学出版社，2000］，102 ~ 104页）。

90 应用的是威廉·詹姆斯的实用主义原则。荣格在1912年阅读了詹姆斯的《实用主义》，这本书对他的思想产生强烈的影响，在福德汉姆大学讲座的序言中，荣格说他把詹姆斯的实用主义原则当作自己的指导原则（《荣格全集第4卷》，见拙著《荣格与现代心理学的形成》中"梦的科学"，57 ~ 61页）。

人就会讲出病态的幻觉，从而会使这个人相信自己就是深度精神。但是，如果时代精神仍然没有离开这个人，强迫他只看到表面的内容，那么这个人也会讲出病态的幻觉，他就会否定深度精神，并把自己当作时代精神。时代精神不神圣，深度精神也不神圣，只有平衡是神圣的。

由于我已经被时代精神困住，确切地说，今夜发生的事情一定会在我身上发生，也就是深度精神力量的爆发，它会使用一股强力的冲击波将时代精神一扫而空。但是深度精神已经获得这种力量，因为在这 25 个夜晚中，我一直在沙漠中对我的灵魂讲话，把我所有的爱和服从都给了她。但是，在这 25 天的白天中，我把自己所有的爱和服从都给了这个时代的世事、常人和思想。我只在夜里来到沙漠中。

那么，只有你才能够区分病态和神圣的幻觉。任何做到其中一个而未做到另一个的人，你都可以将他称为病态，因为他已经失去平衡。

但是当神圣的陶醉和疯狂出现在一个人身上的时候，谁能够承受这些恐惧？爱、灵魂和神既美丽又可怕。古人把神的某些美丽面带到世界上，这个世界便开始变得美丽，似乎时代精神的目的已经实现，而且比神性的怀抱还美好。世界上的恐惧和残暴都被秘密包裹起来，留在我们内心的深处。如果你被深度精神控制住，你会感受到残暴并由于受到折磨而哭喊。深度精神孕育出的是铁、火和死亡。你恐惧深度精神也是理所当然的，因为他的确充满恐怖。

你在这些天看到了深度精神具有的内容。而你却不相信这些，但是如果你仔细思考过自己的恐惧，你就已经知道它了。[91]

从发出红光的水晶那里射出的血红色光照射在我的身上，当我把它捡起来，

91 《草稿》中继续写道："深度精神对我来说是如此陌生，以至于我要用上 25 个夜晚来理解他，而且，即使经历这些之后，他依然很陌生，我既不能看他，也不能向他发问。他像一个从遥远和闻所未闻的地方来到我面前的陌生人，并告诉我，我不能呼喊他的名字，无法认识他和他的本质。他讲话的声音非常大，就像在一场军事骚乱中，使用几倍于这个时代的声音说话一样。我身上的时代精神开始起来对抗这位陌生人，带领他的众多奴隶吹响了战斗的号角，随后我就听到空气中充满战斗的声音。深度精神突然出现，带领我到达最深处。但是他已经把时代精神变成一个侏儒，这个侏儒很聪明且很活跃，但仍是一个侏儒。而且这个幻象向我显示时代精神是由皮革制成的，也就是说，被挤压在一起，显得枯萎且没有生机。他无法阻止我进入深度精神的黑暗地下世界。让我感到无比吃惊的是，我发现自己的双脚已经陷入到死亡之河的黑色泥水中。[《修改的草稿》中补充写道，'这里就是死亡的所在'。41 页] 发出红光的水晶具有的秘密是我下一个目标。"（54 ~ 55 页）

看到它的秘密时，那些令人恐怖的内容便在我的面前显现出来：深度中的来者就是谋杀。那个白肤金发碧眼的英雄要被杀死。黑色甲虫之死对重生是非常必要的，而且此后，一个新的太阳就会冉冉升起，这是深度的太阳，充满令人费解的事物，也是黑夜中的太阳。就像春天里升起的太阳唤醒死亡的大地一样，深度的太阳唤醒死者，因此光明与黑暗之间开始爆发可怕的战斗。战斗迸发出激烈的且永远无法被遏止的血源。这就是来者，你现在体验到的就是它，而且它远不止这些。(我的这个幻象出现在1913年12月12日的夜里。)

应该将深度和肤浅混合在一起，这样才能产生新的生命。但新的生命不是在我们的外部发展出来的，而是在我们的内部。这些天在我们外部发生的事情都是世事中的人形成的意象，这种意象从遥远的古代遗传而来，因此他们可以使用自己习得的这种意象，就像我们从这些意象中了解到生活在世事中的古人一样。

生命并非源自世事，而是源自我们。发生在外部的一切都已经存在。

因此，那些认为世事是源自外部的人，永远看到的是已经存在的事情，也就是看到的永远是一成不变。但是，那些认为世事是源自内部的人，会知道一切都是新的。世事总是一成不变，但是一个人的创造性深度不会一成不变。世事并不意味着什么，世事只在我们身上有意义。我们创造世事的意义，意义永远是人为的，是我们在制造意义。

fol.iii(v)/iv(r) 正是由于这一点，我们才在自己身上寻找世事的意义，那么来者 / 的路便开始显现，我们的生命能够再次流动起来。

那么，你需要从自己身上获得的就是世事的意义。世事的意义并不是世事的特定意义，这种特定的意义存在于学术的著作中，而世事本无意义。

世事的意义是你创造出的救赎之道，世事的意义来自在你创造的世界中生命所具有的可能性。它是世界的主宰和你的灵魂在这个世界上的主张。

世事的意义就是终极意义，它不在世事上，也不在灵魂中，而是站在世事和灵魂之间的神，是生命的调停人，是道路、桥梁和跨越。[92]

---

92 《草稿》中继续写道："我的灵魂是我的终极意义，我的神的意象，既不是神自己也非终极意义本身。神在人类团体中的终极意义中开始显现。"(58页)

如果我不是在自己身上看到来者，那么我将永远无法看到。

因此，我参与了这次谋杀，在完成谋杀之后，深度的阳光也照射在我身上，那些想要吞下太阳的成千上万条蛇依然留在我体内。我自己既是一个谋杀者又是一个被谋杀的人，是祭品也是献祭者。[93] 我的身上血如泉涌。

你们都参与了谋杀。[94] 重生也会出现在你们身上，深度的太阳会升起，成千上万条蛇从死的物质中生长出来，它们会落在太阳上将其扼死。你们将会血如泉涌。如今，人们使用难以忘记的行为来说明这些，为了能够永远将其记住，需要用血将这些写进无法被遗忘的书中。[95]

但是我问你，人们在什么时候会拿起强大的武器对自己的兄弟采取血腥的行动？如果人们不知道他们的兄弟就是他们自己，那么他们会这么做。他们自己就是献祭者，但是他们却彼此用对方献祭。他们必须用对方来献祭，因为一个人将带血的刀刺进自己体内的时刻还未到来，为了献祭，一个人必须杀掉自己的兄弟。但是人们会杀掉谁呢？他们会杀掉贵族、勇士和英雄，他们的目标就是这些人，但并不知道杀掉这些人对他们自己有什么意义。他们需要牺牲自己身上的英雄，而他们并不知道这一点，所以他们杀掉自己英勇的兄弟。

时机依然还未成熟，但是通过这次血的献祭，时机应该已经成熟。只要可能的谋杀对象是兄弟，而非自己，那么时机就未成熟。只要人还未成熟，就会发生可怕的事情，但是其他任何东西都不会使人性成熟。因此，这些天发生的所有事情也都是必然

---

93 在“弥撒中转化的象征”（1942）中，荣格评论了“献祭者和被献祭者的同一性”这一主题，他特别提到诺波利斯的佐西默斯的幻象，佐西默斯是一位生活在公元 3 世纪的自然哲学家和炼金术士。荣格写道：“我所牺牲的是自己自负的主张，通过这样做，我抛弃了自己。因此，每一次的牺牲或多或少都是一次自我牺牲。”（《荣格全集第 11 卷》，§397）也见《奥义书》的第 2 章第 19 节，荣格在 1921 年讨论原我的本质时引用了后两节的《奥义书》（《荣格全集第 6 卷》，§329）。在荣格所藏的《东方圣典》中，荣格在空白处把这些节的内容都划了出来，第 15 卷，第 2 章，11 页。在《梦》中，荣格提到一个与此相连的梦，“《红书》中我强烈的无意识与印度相连”（9 页）。

94 荣格详尽论述了“大灾难之后”集体的罪行这一主题（1945，《荣格全集第 10 卷》）。

95 这里指的是第一次世界大战中发生的事件。1914 年秋季（荣格当时在写“第二层”的内容）发生了马恩河战役和伊尔普的第一次会战。

的，这样重生才会到来，因为紧随太阳的笼罩之后的血源，也是新生命之源。[96]

由于人们的命运在世事中向你显现，因此它将在你心中出现。如果你身上的英雄已经被杀掉，那么深度的太阳将会在你内部升起，在远处闪耀着光芒，那里也是令人恐惧的地方。但尽管如此，之前你身上那些似乎已经死亡的一切将恢复生机，变成毒蛇将太阳遮蔽住，你将坠入暗夜和混乱。在可怕的争斗中，你的血会从多个伤口中流出来。你将陷入巨大的震惊和怀疑中，但新的生命就是在这种折磨中诞生的。诞生是鲜血和折磨。你没有怀疑过自己的黑暗面，因为它没有生机，而它即将恢复生机，你会感觉到全部的邪恶带来的冲击与现在还埋藏在你体内的生命造成的冲突。而蛇就是可怕邪恶的思想和情感。

你认为自己了解那个无底洞？哦，自作聪明的人啊！亲身体验完全是另外一回事，所有的事情都会在你身上发生。想一想人们对自己的兄弟做过的一切可怕的和邪恶的事情吧，这些事情都会在你的心中发生。你要独自承受它，要知道是你用自己邪恶的和魔鬼般的手将这些痛苦施加到自己身上，而非你的兄弟，你是在跟自己的魔鬼作斗争。[97]

我想要你们明白谋杀掉英雄意味着什么。在我们今天，那些无名之辈将一位王子谋杀，这些人都是盲目的先知，而先知们正是通过事实告诉人们什么只对灵魂有效。[98] 通过谋杀王子，我们认识到王子就在我们身上，是我们的英雄，他正

---

96 1935年6月14日，荣格在苏黎世理工学院的讲座中评论道（提及这个幻想的一部分，而且是以匿名的方式提到）："太阳的主题在很多地方都会出现，而且意思相同，都是指新的意识已经诞生。太阳投射出的光照亮整个天空。这是一个心理事件，在心理学中，医学术语'幻觉'毫无意义。/大败退在中世纪起非常重要的作用，早期的大师都把大败退时冉冉升起的太阳视为新的曙光、新辉、瑰宝和青金。"（《现代心理学》，231页）

97 《草稿》中继续写道："我的朋友，我知道我说的话像谜一样。但是为了改善我脆弱的理解力，深度精神已经让我看到很多事情的全貌。我想告诉你更多与我的幻象有关的内容，这样你就会对那些你愿意看到的来自深度精神的东西有更好的理解。那些能够看到这些东西的人都是健康的！那些无法看到这些东西的人，他们必将在意象中将这些活成盲目的命运。"（61页）

98 在《自我与无意识的关系》（1927）中，荣格指出，破坏性和混乱在社会上的积聚正是通过具有预言倾向的个体通过壮观的罪行（例如弑君）实现的（《荣格全集第7卷》，§240）。

在受到威胁。[99] 无论这件事是好还是坏，都与我们无关。今天是一件可怕的事情，100 年后可能会是好事，200 年之后又变成坏事。但是我们必须认识到正在发生的事情：你身上那些无名之辈正在威胁你的王子，也就是你的世袭统治者。

但是我们的统治者是时代精神，他统治和领导我们所有人，他是我们今天普通思想和行为的精神。他拥有可怕的力量，因为他将无尽的善带到这个世界上，让人着迷于难以置信的快乐。他散发着最美好的英雄式美德，想把人类提升到最光明的太阳的高度，让人永远在上升。[100]

英雄想把他能够打开的一切全部打开，但是无名的深度精神将人无法唤起的一切全部唤起。无能阻止了进一步的上升，更高的高度需要更大的美德，而我们并不具备。我们必须首先通过学习如何与无能共处，才能够创造出美德，我们必须赋予无能生命，否则，它怎么能够发展为能力呢？

我们不能抹杀自己的无能又高高在它之上。但是这正是我们想要的。无能会征服我们，并要求进入我们的生命中。我们的能力会将我们抛弃，而从时代精神的角度上看，我们相信这就是一种损失。但这并不是一种损失，而是一种收获，并不是因为在外部的俘获，而是因为内部的能力。

学会和无能共处的人能学习到很多东西。它会引领我们重视最渺小的东西，知道自己的局限，这些都是更高的要求。如果所有的英雄主义都被抹去，我们便回到人性的悲惨中，甚至可能更糟。我们的根基将会被困在兴奋中，因为我们关注身外之物的最大张力将会搅动我们的根基。我们将坠入阴间的污水池中，周围全是数世纪累积的碎石。[101]

---

99 政治暗杀在 20 世纪初经常出现，这里的事件特指弗朗茨・斐迪南大公被暗杀。马丁・吉尔伯特详细描述了这次事件，在引发第一次世界大战爆发的事件中，这个事件起到关键的作用，被称为“20 世纪历史中的一个转折点”（《20 世纪史：第一卷：1900-1933》，[伦敦：威廉・莫罗出版社，1977]，308 页）。

100 《草稿》中继续写道：“当我渴望自己拥有世间最高的权利时，深度精神给我带来无名的思想和幻象，将我身上我们时代所理解的英雄主义渴望一扫而空。”（62 页）

101 《草稿》中继续写道：“我们已经遗忘掉的一切都将重现，包括每一个人和神圣的激情、黑色的蛇和深度中红色的太阳。”（64 页）

你身上的英雄主义实际上是你在被一种思想统治着，这种思想会认为这是好的或那是好的，也就是说你会认为这种或那种表现是不可或缺的，这种或那种理由是不可接受的，必须要削尖脑袋努力去争取这个或那个目标，必须不惜一切代价残忍地将这种或那种快乐压抑掉。因此要用罪对抗无能，但无能一直存在，没有人能够否定它、苛责它或阻断它。[102]

102 1917年6月9日，在朱尔斯·沃多做完关于《罗兰之歌》的报告之后，心理分析协会继续对世界大战的心理学进行讨论，荣格指出："假设世界大战能够被提升到主观的水平上，具体一点就是权威原则（根据原则采取行动）与情绪原则的交锋。那么集体无意识效忠于情绪原则。"关于英雄，他说："那个被众人喜爱的英雄应该在战争中死亡。所有英雄都是因为自己英雄般的态度超越了某个限制而陷落，从而丧失自己的立足之地。"（苏黎世精神分析协会会议纪要，第2卷，10页）在主观水平上对第一次世界大战的心理学诠释都出现在这一章中。荣格在这里提到的个体和集体心理之间的连接形成他后期作品的一个主题（见"现在与未来"[1957]，《荣格全集第10卷》）。

第六章　精神的分裂

但是，我在第四天夜里大吼："走向地狱就意味着变成地狱。[103] 这一切都可怕地混乱交织在一起。在这条沙漠之路上，不仅有滚烫的黄沙，也有可怕却又无形的生物纵横交错在沙漠中，而我却对这些一无所知。这条路只是看上去空无一物，沙漠也只是看上去空空如也。似乎那些拥有魔法的生物都居住在这里，它们残忍地附在我身上，邪恶地改变我的外形。很明显，我已经完全换上可怕的外形，连我都认不出自己了。我似乎是用自己的人性换来这身可怕的动物外形。这条路被邪恶的魔法包围着，无形的绳索紧紧地缠绕着我。"

但是深度精神靠近我说："爬到你的深度中，沉下去！"

但我愤怒地对他说："我如何沉下去？我自己一个人无法做到！"

接着，深度精神开始对我讲一些听起来很荒谬的话："坐下来吧，请冷静。"

但是我非常愤怒地大吼："多么可怕啊，没有一点意义，你也是这样要求我的吗？你推翻强大的神，而神对我们是最重要的。我的灵魂啊，你在哪里？我是不是已经把自己交给了这头愚蠢的动物，我是不是像醉鬼一样步履蹒跚地走向坟

103　在《超越善恶》一书中，尼采写道："与怪兽搏斗的人要谨防自己因此而变成怪兽。如果你长时间凝视深渊，深渊也在凝视你。"（马瑞安·费伯译［牛津：牛津大学出版社］，1998，§146，68页）

墓，我是不是像精神病人一样口齿不清地讲一些愚昧的话？这就是你的道路吗，我的灵魂？我热血沸腾，如果我能抓住你，我要勒死你。你编织出最深厚的黑暗之网，我就像一个被你网住的疯子。但是我很向往，请为我指路。”

但是我的灵魂接着我的话说：“我的道路是光明。”

我却很愤怒地回答说：“你所说的光明，就是我们人类所说的黑暗吗？你将白昼称为黑夜？”

我的灵魂做出的回答将我激怒：“我的光明不在这个世界上。”

我大吼：“我不知道有其他的世界。”

灵魂回答说：“你不知道的世界就不存在吗？”我说：“但我们的知识呢？我们的知识也不适用于你吗？如果不是知识，那会是什么？安全在哪里？坚实的基础在哪里？光明在哪里？你的黑暗不仅比黑夜还要黑，而且是无底的。如果这些不是知识，那么也与话语和言语无关？”

我的灵魂说：“没有言语。”

我说：“请原谅我，或许我没有听清楚你的话，或许我误解了你的话，或许我在自欺欺人和自我愚弄，我就像一个流氓对着镜子中的自己傻笑，我就是一个活在自己的疯人院中的傻瓜。或许你已经被我的愚蠢搞困惑了？”

我的灵魂说：“你在欺骗你自己，你并没有欺骗到我。你的言语是对自己撒谎，而不是对我。”

我说：“但是，我可以肆意沉浸在荒谬中，谋划荒谬的行为和保持千篇一律吗？”

我的灵魂说：“是谁给你思想和言语？是你自己创造的吗？你不是我的奴隶，躺在我的门前接受我施舍的人吗？你胆敢认为自己设计的东西和讲的话都没有意义？难道你不知道那些都来自我，都属于我吗？”

我非常愤怒地大吼：“那么，我的愤怒也必然来自你，你在我这里自相矛盾。”

接着，我的灵魂讲出的话十分模棱两可："那是内战。"[104]

我饱受痛苦和愤怒的折磨，回答说："我的灵魂，听到你讲这些空洞的话，我是多么痛苦啊，我觉得恶心。虽是喜剧和胡言乱语，但我渴望这些。我也能匍匐穿过泥泞和最受鄙视的平庸。我也能吞下尘土，那是地狱的一部分。我不愿屈服，我要反抗。你们可以继续设计折磨，长着蜘蛛脚的怪物，荒谬的、丑恶的和可怕的戏剧性场景。来吧，我已经准备好了。我的灵魂，你就是一个魔鬼，我已经准备好和你决战。你带着神的面具，我崇拜你。而如果你戴上魔鬼的面具，令人恐惧，这是平庸的面具，永远保持平庸！我只请求你帮我一次！给我一点时间让我好好想一想！与这个面具作斗争是否值得？神的面具是否值得崇拜？我不能这么做，战斗的欲望在我四肢上燃烧起来。不，我不能战败。我要抓住你，击碎你，你这个愚弄者、小丑。唉，如果这次斗争是不平等的，我的双手抓住的是空气，但你攻击的也是空气，所以我感到被骗了。"

我发现自己游走在沙漠的道路上，这是一个沙漠的幻象，是一个孤独的人彷徨在漫长的道路上的幻象。这里埋伏着强盗和杀手，还有带着毒镖的射手。我想毒箭瞄准的正是我的心脏吧？

[2] 正如第一个幻象预言的那样，杀手来自深度，并向我走来，正如时代之人的命运一样，一个无名之辈突然出现，举起武器朝王子射去。[105]

我感到自己已经变成一只贪婪的野兽。我的心怒视着崇高和恩宠，怒视着王子和英雄，就像一个无名之辈，被贪婪的谋杀欲望驱使着，冲向亲爱的王子。谋杀就发生在我身上，我能够预见到它。[106]

---

104 《黑书 2》中继续写道："你是神经质的吗？我们都是神经质的吗？"（53 页）

105 见注 99，134 页。

106 《草稿》中继续写道："我的朋友，你是否知道自己携带着未来的深度是什么！那些朝自己深度看的人，看到的正是来者。"（70 页）

因为我携带着战争，我能预见到它。我感到自己被出卖并被国王欺骗。我为什么会有这种感觉？他不是我希望的那样，和我的期待相反。他应该成为我心目中的国王，而不是他心目中的国王，他应该是我所称为的理想。在我看来，我的灵魂已变得空洞、乏味和无意义。但是在现实中，我对她的想法符合我的理想。

fol.iv(r)/iv(v) 这是一个 / 沙漠的幻象，我与自己镜像的意象作斗争。这是我身上的内战，我自己既是谋杀者又是被谋杀的人。那支致命的箭刺进我的心脏，但我不知道这意味着什么。我的思想就是谋杀和死亡的恐惧，它们像毒药一样蔓延到我身体的每一处。

那么，这就是人类的命运：谋杀一个人，就是将毒箭射入这个人的心脏，从而燃起最激烈的战火。这次谋杀是无能对意志的愤怒导致的，这是一种犹大式的背叛，每一个人都希望其他人来实施这次谋杀。[107] 我们仍然还在寻找替我们赎罪的羔羊。[108]

一切过于古老的事物都变得邪恶，这同样适用于你最崇高的事物。从被钉在十字架上的神所遭受的苦难中，我们认识到自己也可以背叛并将神钉在十字架上，也就是那个古老的神。如果一个神不再是生命之道，他必须悄然倒下。[109]

当神逾越巅峰之后，他就会生病。这就是为什么在时代精神把我带到巅峰之后深度精神将我接住。[110]

---

107 《草稿》中继续写道："但是就像犹大是救赎工作链条上必要的一环一样，我们对英雄的犹大式背叛也是通往救赎的一条必经之路。"（71 页）在《力比多的转化与象征》中，荣格讨论了阿贝·奥艾格的观点，奥艾格通过阿纳托尔·法郎士的故事《乐园之花》主张是神拣选犹大成为协助耶稣完成救赎工作的工具（《荣格全集 B》，§52）。

108 见《利未记》，16 章 7 ~ 10 节，"然后把两只公山羊牵来，放在会幕门口，耶和华的面前；亚伦要为这两只山羊抽签：一签归耶和华，另一签归阿撒泻勒。亚伦要把那抽签归耶和华的山羊，献作赎罪祭。至于那抽签归阿撒泻勒的山羊，却要活活地摆在耶和华面前，用来赎罪，然后叫人把它送到旷野，归阿撒泻勒"。

109 《草稿》中继续写道："这就是古人教导我们的内容。"（72 页）

110 《草稿》中继续写道："那些仍然在沙漠中徘徊体验沙漠中的一切的人属于沙漠。古人已经为我们描写出这些内容，我们可以从古人身上学习到这些。打开古人的书，去认识到在你孤独的时候会有什么事情发生。古人的书能够给你一切，你将不费任何力气得到怜悯和折磨。"（72 页）

[HI iv(v)][111]

第七章　谋杀英雄

但是，我在第二天夜里有了一个幻象。[112] 我和一位年轻人来到一座高山上。当时正是黎明时分，东方的天空已经变亮。西格弗雷德嘹亮的号角在山谷中回荡。[113] 我们知道我们最致命的敌人来了。我们拿起武器，潜伏在一条狭窄的石路上，准备伺机谋杀西格弗雷德。紧接着，我们看到他坐在由人的骨头制成的战车上，从陡峭的山坡上飞驰而下，他的战车飞掠过陡峭的岩石，到达我们埋伏的小路上。当他即将到达我们埋伏的转弯处时，我们举起枪朝他开火，他直接倒地毙命。接着我便逃跑，这时候天空中大雨倾盆。但是此后，[114] 我几乎被折磨致死，

111　这幅画指的是哀悼死去的英雄。

112　1913年12月18日，《黑书2》中写的是："第二天夜里非常可怕，我很快便从一个噩梦中醒来。"（56页）《草稿》中写的是："从深度中涌现出一个强大的梦的幻象。"（73页）

113　在古德国和古挪威史诗中，西格弗雷德是一位英雄王子。在12世纪的《尼伯龙根之歌》中，对他的描述如下："西格弗雷德骑在马上，神采奕奕，威风八面，巴德标枪刀面宽阔，枪杆坚硬。他那把精良的宝剑直垂在马蹄刺旁，还有那只赤金的号角，他一直带在身边。"（A. 哈托译 [伦敦：企鹅出版公司，2004]，129页）西格弗雷德的妻子是布伦希尔特，她被骗在西格弗雷德的要害部位作下记号，导致西格弗雷德受伤和被杀害。瓦格纳重新将这部史诗改编成歌剧《尼伯龙根的指环》。1912年，荣格在《力比多的转化与象征》一书中对西格弗雷德进行心理学的诠释，视他为一种力比多的象征，而荣格主要引用的是瓦格纳笔下的西格弗雷德（《荣格全集B》，§568f）。

114　《草稿》中继续写道："在这次梦的幻象之后。"（73页）

我确信我必须杀死自己，否则我将无法解开谋杀英雄之谜。[115]

深度精神来到我的面前，对我说：

“最高的真理只有一个，同时又很荒谬。”这句话拯救了我，就像久旱之后的甘雨一样，将我心中的高度紧张一扫而空。

[Image iv(v)]

接着，我又有了第二个幻象：[116] 我看到一座美丽的花园，有人穿着白色的丝绸走在花园中，一切都被彩色的光笼罩着，有红光、蓝光和绿光。[117]

115 在《黑书2》中，荣格写道：“我大踏步地行走在崎岖陡峭的道路上，并帮助跟在我后面行走缓慢的妻子向上走。有人愚弄我们，但我并不在意，因为他们并不知道我已经谋杀掉英雄。”（57页）荣格在1925年的讲座中详细讲述了这个梦，而强调的细节不同。他紧接着评论这个梦说：“对我而言，我并不特别同情西格弗雷德，我并不知道为什么我的无意识这么钟情于他。而瓦格纳的西格弗雷德是一个极度外倾的人，实际上有时候显得很可笑，我从来没有喜欢过他。尽管我的梦向我显示他是我的英雄，但是我却无法理解我在梦中强烈的情绪。”在讲完这个梦之后，荣格总结说：“我对他（西格弗雷德）感到很遗憾，就像是我自己被射杀一样。那么，我肯定拥有一个我不喜欢的英雄，它就是我理想化的力量和效率，而我已经将它消灭。我消灭掉自己的理智，在一个人格化的集体无意识帮助下完成这项行动，而这个人格化的集体无意识就是和我在一起的那个棕色的人。换句话说，我废除了自己的优势功能……倾盆大雨是紧张感得到释放的象征，也就是说，无意识的力量得到释放。当这些发生之后，我有一种解脱的感觉。这次谋杀就是救赎，因为只有主导功能被废除，人格的其他部分才能够在生命中出现。”（《荣格心理学引论》，61～62页）在《黑书2》和后来在《回忆·梦·反思》（204页）的评论中，荣格说他感到他必须杀掉自己，否则他将无法解开这个谜团。

116 《草稿》中继续写道：“紧接着，我又睡着了，第二个梦的幻象开始涌现。”（73～74页）

117 《草稿》中继续写道：“这些光遍及我的内心和感官，我像一个处在康复期的患者一样，再次睡着了。”（74页）荣格把这个梦详细讲给阿尼拉·亚菲，并对这个梦进行评论，在他直面阴影之后，像梦到西格弗雷德的梦一样，这个梦表现的思想是他拥有一样东西，同时也拥有另外一样。无意识在一个人之外，就像圣人的光环一样。阴影就像浅色的氛围将人们包围着。他认为这是一个来世的幻象，这里的人们都是完整的（阿尼拉·亚菲写《回忆·梦·反思》时，采访荣格的记录，170页）。

我知道，我已经跨越深度。我通过犯罪获得新生。[118]

[2] 我们不仅仅生活在白天，我们也生活在梦中。有时候我们是在梦中完成我们最伟大的事业。[119]

在那天夜里，我的生命受到了威胁，因为我必须杀掉自己的主和神，但并不是一蹴而就，试问哪一个凡人能够在一次战斗中将神杀掉？如果你想战胜自己的神，你只能装扮成一个刺客[120]接近他。

但这对凡人来说是最残酷的：我们的神希望被战胜，因为他们需要重生。人们将他们的王子杀掉，他们之所以这么做，是因为他们无法将自己的神杀掉，而且他们也不知道他们需要杀掉自己身上的神。

如果神老了，他就变成阴影、无意义，他开始走下坡路。最大的真理变成最大的谎言，最明亮的白昼变成最暗的黑夜。

就像白昼需要黑夜一样，黑夜也需要白昼，因此意义需要荒谬，荒谬也需要意义。

白昼不能通过自己而存在，黑夜也不能通过自己而存在。

通过自己而存在的现实就是白昼和黑夜。

因此现实就是意义和荒谬。

正午稍纵即逝，午夜也稍纵即逝，黑夜孕育黎明，黄昏走向黑夜，但是黄昏来自白昼，黎明变成白昼。

---

118 《草稿》中继续写道："这个世界是一个由简单事物构成的世界。这不是一个充满目的和命令的世界，但是一个拥有无限可能的世界。接下来的道路都很狭窄，并不宽阔，道路都很笔直，而道路的上面没有天堂，下面也无地狱。"（74页）1916年10月，荣格在心理学俱乐部的谈话中提到，"适应，个体化，集体"，他着重强调犯罪："个体化的第一步就是悲剧的罪行，罪行的累积最终必须要赎罪。"（《荣格全集第18卷》，§1094）

119 《草稿》中在这里补充道："你在笑吗？时代精神想让你相信深度中没有世界和真实。"（74页）

120 《草稿》中继续写道："犹大。"（75页）

所以，意义稍纵即逝，是荒谬到荒谬之间的过渡，荒谬也转瞬即逝，是意义到意义之间的过渡。[121]

啊，西格弗雷德，那个金发碧眼的德意志英雄，至忠至勇的英雄只能死在我的手中！他拥有我最珍视的伟大和美好的一切，他是我的力量，我的勇敢和我的荣耀。同样的战斗再出现一次，我只有失败，最后遭到暗杀的就是我自己。如果我想继续存活下去，只有借助狡猾和欺骗。

别妄作评判！想想德意志森林中金发的蛮族，他们必须将挥舞着铁锤的雷电出卖给脸色苍白的近东之神，而近东之神像一只鸡貂一样被钉在木头上。勇士被他们对自己的蔑视征服。但是他们的生命驱力迫使他们继续活下去，他们出卖了美丽的原始诸神，还有他们的圣树以及他们对德意志森林的敬畏。[122]

西格弗雷德对德意志人民是何等重要啊！西格弗雷德的死亡让德意志人民要遭受多少苦难啊！这就是为什么我宁愿杀掉自己，也不愿意将西格弗雷德杀掉。但是我想和一位新的神一起生活下去。[123]

基督被钉死在十字架上之后进入阴间，变成地狱。因此他披上反基督的外衣，也就是恶龙。反基督人这个意象由古人流传下来，宣告新神的诞生，古人已经预见新神的到来。

诸神是无法逃避的！你越是逃避神，越会必然落入他的手中。

---

121 《草稿》中继续写道："我梦的幻象向我显示我并不是一个人在做事，有一个年轻人在帮助我，比我年轻，是我自己的年轻版。"（76页）

122 《草稿》中继续写道："西格弗雷德必须死，就像沃坦一样。"（76页）1918年，荣格写到将基督教引入德国所带来的后果："基督教将德意志蛮族分裂成高等和低等的两部分，通过压抑黑暗的一面，使德意志人民驯化更加光明的一面，使其与文化相符。但是，更底层、更黑暗的一半还在等待救赎和再一次的驯化。到这个时候，它仍然与史前的残留相连，带有集体无意识的成分，它必然表现出一种特定的和逐渐活跃的集体无意识。"（"论无意识"，《荣格全集第10卷》，§17）荣格在"沃坦"中扩展论述了这种情境（1936，《荣格全集第10卷》）。

123 在《草稿》中，这段话的内容是："我们想和一位新的神生活下去，这位神是一位超越基督的英雄"（76页）。荣格告诉阿尼拉·亚菲他曾经认为自己就是一个得胜的英雄，但是他的梦告诉他这个英雄要被杀掉。当时的德意志人民代表的就是这个夸大的意志，例如西格弗雷德防线。他心中有一个声音说："如果你无法理解梦，那么你必须将自己射杀！"（阿尼拉·亚菲写《回忆·梦·反思》时，采访荣格的记录，98页；《回忆·梦·反思》，204页）原始的西格弗雷德防线是德国人在1917年在法国北部筑起的一道防线（实际上是兴登堡防线的一部分）。

大雨就是来到人们面前的巨大泪流，这是死亡的束缚使用可怕的力量累加到人们身上的紧张感得到释放之后而产生的巨大泪流。这是我身上那些死者的哀悼，带来埋葬和重生。雨水使大地肥沃，大地因此长出新的小麦，也就是青春焕发的神。[124]

124 詹姆斯·弗雷泽的作品《金枝：魔法和宗教的研究》主要论述的就是神的死亡和复活的特征（伦敦：麦克威廉姆斯出版社，1911-1915），荣格在《力比多的转化与象征》（1912）中引用了这些内容。

[HI iv(v)2]

第八章　神的孕育

在第二天夜里，我对自己的灵魂说："在我看来，这个新的世界既脆弱又虚假。虚假的世界就是一个坏的世界，但一粒芥菜籽也能长成参天大树，言语在处女的子宫中孕育，成为地上的神。" [125]

当我正在说这些的时候，深度精神突然出现。他令我陶醉且变得模糊，同时使用一种强有力的声音说：

"即将到来之人，我已经接收到你的新芽！

我在最深层的需求和卑微处接收到它。

我用破旧的布片将它盖住，并将它平放在贫瘠的言语上。

一切的愚弄都崇拜它，也即你的孩子，你那不可思议的孩子，也就是即将来到的孩子，他宣告父亲的到来，果实要比长果实的树老。

你在痛苦中孕育，在快乐中诞生。

125 《圣经》中有一处把基督比喻成芥菜种。《马太福音》13 章 31 ~ 32 节，"耶稣又对他们讲了另外一个比喻：'天国好像一粒芥菜种，人拿去把它种在田里。它是种子中最小的，但长大了，却比其他的蔬菜都大，成为一棵树，甚至天空的飞鸟也来在它的枝头搭窝。'"（见《路加福音》13 章 18 ~ 20 节，《马可福音》4 章 30 ~ 32 节）。

[OB iv(v)]

恐惧在你的前方，疑惑在你的右侧，失望在你的左侧。

当我们看到你的时候，我们刚刚经过自己的荒谬和无意义。

如果我们看到你的光芒，我们将会双目失明，知识失声。

你是永恒之火的崭新火花，照射进诞生你的黑夜？

你将在自己的信众中得到虔诚的祈祷者，他们使用方言彰显你的荣耀，而对他们而言，这些方言都是恶毒的。

当他们蒙羞的时候，你将出现，成为他们所憎恨、恐惧和厌恶的对象而为他们所知。[126]

你的嗓音非常罕见，令人愉悦，你的声音中夹杂着不幸之人、被拒绝之人和被认定为没有价值之人结巴的话语。

你的王国将会被那些也崇拜最卑微事物之人的手碰触到，这些人的渴望驱使他们穿越邪恶的泥潭。

你会把自己的礼物给予那些身处恐惧和疑惑之中向你祈祷的人，你的荣光将会闪耀，那些人必将不情愿地跪在你的面前，他们心中充满愤恨。

你和能够超越自己的人同在 /，而能够超越自己 fol.iv(v)/v(r)

126 在《马可福音》16 章 17 节中，基督说凡信奉他的名之人，说的是新方言。使用方言讲话这一问题在《哥林多前书》中有所论述，它也是五旬节运动的核心。

的人曾经否认过自己的自我超越。[127]

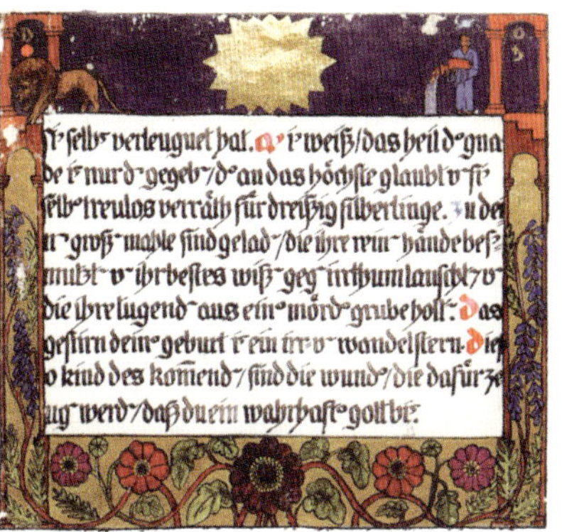

[OB v(r)]

我也知道怜悯的救赎只给予相信至高无上又为 30 银币出卖自己的人。[128]

那些甘愿玷污自己洁净的双手、违背良知以欺诈对抗错误、从凶手的坟墓中窃取美德的人，都被邀请参加你盛大的宴会。

你诞生的积聚就是一颗病态又多变的恒星。

啊，那些即将到来的孩子都是奇迹，将会证明你就是一位真正的神。”

[2] 在我的王子倒下之后，深度精神打开我的双眼，让我看到新神的诞生。

圣童摆脱可怕的歧义，即可憎—美好、邪恶—善良、无聊—认真、病态—健康、非人性—人性和非神性—神性，向我走来。[129]

我明白我们要在绝对中寻到的神 [130] 无法在绝对的美、善、严肃、高尚，甚至神性中找到。尽管神曾一度在这里。

我明白新神是相对的。如果神是绝对的美和善，那么他将如何包含丰富的生命？因为生命既是美好的也是可憎的，有善也有恶，同时含有无聊和认真，包括人性和非人性。如果神性只看到人的一半，那么人将如何生活在神的子宫中？[131]

---

127 自我超越是尼采作品中的一个重要主题。在《查拉图斯特拉如是说》中，尼采写道，“我教你们何谓超人：人是应该被超越的某种东西。你们为了超越自己干过什么呢？直到现在，一切生物都创造过超越自己的某种东西：难道你们要做大潮的退潮，情愿倒退为动物而不愿超越人的本身吗？”（“查拉图斯特拉的前言 3”，41 页；荣格在书中将这句话用下划线标出）。关于荣格对尼采这一主题的论述，见《尼采的查拉图斯特拉：1934-1939 年演讲集》，第 2 卷，詹姆斯 · 贾勒特编（普林斯顿：普林斯顿大学出版社，1988，1502 ~ 1508 页）。

128 犹大为 30 银币出卖耶稣（《马太福音》26 章 14 ~ 16 节）。

129 见注 58，114 页。

130 围绕着新神本质的概念在《审视》中有全面的论述（《向死者的七次布道 2》，527 页 f）。

131 在荣格的作品中，将恶整合到神性中的主题扮演非常重要的角色；见《移涌》（1951，《荣格全集第 9 卷》Ⅱ，第 5 章）和《答约伯书》（1952，《荣格全集第 11 卷》）。

如果我们已经上升到接近善与恶的高度，那么我们的邪恶和可憎就处在最极端的折磨中。人的折磨是何等巨大，而且高处的空气是如此稀薄，以至于他几乎无法生活下去。善和美熔化绝对观念的坚冰，[132] 邪恶和可憎变成泥淖充满整个疯狂的生命。

因此，在基督死后，他必须进入地狱，否则升天对他而言将是不可能的。基督首先要变成反基督者，也就是他在阴间的兄弟。

没有人知道基督在地狱的三天中发生了什么事情，而我也曾经历过。[133] 古人说，基督到阴间是向那些下地狱的死者布道。[134] 古人所讲的内容都是真实的，但是你知道这些是如何发生的吗？

这是一场闹剧，是万恶的地狱假装成最神圣的秘密。否则，基督如何拯救反基督者呢？请阅读古人所写的神秘书籍，你将会学习到很多东西。但请谨记，基督没有留在地狱，而是重新回到天国。[135]

我们对美和善的价值的信念已经变得根深蒂固，这就是为什么生命能够延伸到这一部分之外并且完成既定和渴望的一切。但是既定和渴望的也是可憎和邪恶的。而你又对可憎和邪恶的很愤怒吗？

---

132 绝对观念这一概念由黑格尔提出。黑格尔认为绝对观念是辩证法发展的最高阶段和自我分化的统一体，是宇宙之源。见黑格尔的《逻辑学》（W. 华莱士译 [伦敦：泰晤士与哈德森出版社，1975]。荣格在 1921 年的《心理类型》一书中提到这一点（《荣格全集第 6 卷》，§735）。

133 在《修改的草稿》中，这句话被删掉，替换为“但是，这些可以猜测得到：”（68 页）。

134 《彼得前书》4 章 16 节写道：“如果因为作基督徒而受苦，不要以为羞耻，倒要借着这名字荣耀神。”

135 基督下地狱这一主题是很多伪经的主要特征。《使徒信经》中写到：“降在阴间；第三天从死里复活。”荣格对中世纪的炼金术中出现的这一主题进行了评论（《心理学与炼金术》，1944，《荣格全集第 12 卷》，§61n，440，451，《神秘结合》，1955/1956，《荣格全集第 14 卷》，475）。其中，荣格参考的（《荣格全集第 12 卷》，§61n）一个资源就是阿尔布雷希特·迪特里希的《内克亚：对新发现的彼得启示的新解释》，这本书对圣彼得的福音书中出现的启示片段进行评论，书中有基督对地狱的详细描述。荣格在自己所藏的这本书的空白处做了大量的标记，而且在书的最后另附两页分别列出参考文献和评论。1951 年，荣格对基督下地狱这一主题做出心理学的诠释如下：“整合的范畴指‘下地狱’，即基督的灵魂进入地狱，他的救赎也包括那些在阴间的人。在对应的心理学意义上，这是对集体无意识的整合，象征个体化过程中非常重要的一部分。”（《移涌》，《荣格全集第 9 卷》Ⅱ，§72）1938 年，荣格写道：“基督死后，下到地狱的三天时形容的是消失的价值沉入到无意识中，它通过在这里征服黑暗的力量，建立一种新的秩序，之后再回到天上，也就是说获得最清晰的意识。”（《心理学与宗教》，《荣格全集第 11 卷》，§149）“古代人所写的神秘书籍”指的是伪经。

通过这些，你能够认识到，对于生命而言，它们的力量和价值是多么巨大。你会认为它就是你身上的死者吗？但是这位死者也能够变成蛇。[136]这些蛇将会消灭你们今天的王子。

你看到当深度释放出这场最巨大的战争时，来到人们面前的美丽和快乐是什么了吗？而且，这只是可怕的开始。[137]

如果我们没有拥有深度，我们如何拥有高度？但是，你害怕深度，而且也不愿意承认自己害怕深度。尽管你害怕自己是一件好事，但是你要大声讲出来你害怕自己。害怕自己是一种智慧，只有英雄们才说自己无所畏惧，但你知道英雄身上都发生了什么。

你带着恐惧和敬畏，带着不信任环顾自己的四周，随后进入深度中，但不要独行，因为深度中充满谋杀，两个人或两个以上的人同行会更加安全，你也要确保自己在撤退之路上的安全。务必小心翼翼地前行，这样你才能够预知到那些灵魂杀手。[138]深度想吞掉你整个人，并将你陷在泥潭中。

进入地狱的人也会变成地狱，因此千万不要忘记你来自哪里。深度比我们都强大，因此不要成为英雄，但要变得聪明，抛弃英雄主义，没有什么比做英雄更

---

136 《草稿》中继续写道："但是，蛇也是生命。在古人提供的意象中，是蛇终结了伊甸园天真烂漫的辉煌，古人甚至说基督自己曾经就是一条蛇。"（83 页）1950 年，荣格在《移涌》中评论了这一主题（《荣格全集第 9 卷》Ⅱ，§291）。

137 《修改的草稿》中写的是："地狱的开始"（70 页）。1933 年，荣格回忆说，"大战爆发的时候，我在因弗内斯，随后经由荷兰和德国回到瑞士。我一路向西，正好经过军中，我有一种感觉，德国人通常把这种感觉称为婚礼上的心情（Hochzeitsstimmung），我感到这个国家到处都是爱的盛宴。一切都装饰着鲜花，这是一种爱的迸发，他们都相互爱着对方，一切显得如此美丽。对，这场战争非常重要，这是一件大事，但最重要的是这个国家到处充满兄弟般的爱，所有人都互为兄弟，任何一个人都可以得到别人拥有的东西，而且没有一点问题。农夫打开自己家的地窖，奉献出自己的所有，在饭店和火车站的餐厅中也是如此。我非常饿，大概已经有 24 个小时没有吃东西了，他们只剩下一些三明治，我问他们三明治多少钱，他们说：'噢，不要钱，尽管拿走它们享用吧！'而且当我第一次穿越德国的边境线时，我们被带到一个巨大的帐篷中，里面有大量的啤酒、香肠、面包和奶酪，我们不用付任何费用就能享用这些，这是一场巨大的爱的盛宴。我完全不知所措"（《幻象讲座集》，第 2 卷，克莱尔 · 道格拉斯编［普林斯顿：普林斯顿大学出版社，1997］，974 ~ 975 页）。

138 路德和茨温利曾经使用过"灵魂杀手"这一短语，最近，丹尼尔 · 保罗 · 施瑞伯在他《我的神经症回忆录》（艾达 · 玛卡宾和理查德 · 亨特编译，福克斯顿：威廉 · 道森出版社，1955）中使用过这一短语。1907 年，荣格在"早发性痴呆的心理学"一文中深入研究了这部作品，并引起弗洛伊德对这部作品的注意。1915 年 7 月 9 日至 16 日的分析心理学协会的会议上，在施耐特报告完对施瑞伯的研究之后，荣格把研究的注意力转向诺斯替教与施瑞伯的意象之间的共通之处（苏黎世精神分析协会会议纪要，第 1 卷，88 页 f）。

危险。深度想把你困住，很少有人能够逃脱深度的禁锢，因此一旦人们能够逃离深度，就会转而攻击深度。

由于受到攻击，如果深度现在选择死亡，将会出现什么状况？但事实上，深度已经选择死亡，因此深度此刻才觉察到它们已经造成数以万计的伤亡。[139] 我们不能抹杀死亡，因为我们已经在这里获得所有生命。如果我们还想征服死亡，那么我们必须让死亡活过来。

因此，你一定要在旅途中带上金杯，将杯子里装满生命的甜酒、红酒，并将它洒到死的物质上，那么它就能够起死回生。死的物质将会变成黑蛇。不要害怕，这些蛇会立即熄灭你白天的太阳，夜晚会带着美妙的鬼火来到你的面前。[140]

唤醒死者需要付出很大的代价。深挖矿井，并把祭品投进去，这样祭品才能够到达死者那里。用善心思考邪恶，这样才能够升天。但是在升天之前，一切都在黑夜和地狱中。

你认为地狱的本质是什么呢？地狱就是在深度带着一切来到你面前的时候，你不再或还未拥有能力；地狱就是你再也无法获得你本能够获得的东西；地狱就是在你感到你必须思考、感受和做一切你不愿意做的事情之时，而你自己又必须对它负责；地狱就是你深知自己严密规划的所有严肃的事情也让人感到荒唐可笑，一切美好也是残酷，一切善也是恶，一切高也是低，一切愉快也是可耻。

但是，当你意识到地狱也不是地狱时，你已经到达地狱的最深处，也即充满欢乐的天堂，但它本身并不是天堂，但从这个角度上看，它就是天堂，从另一个角度上看，它就是地狱。

这就是神的歧义：他在黑暗的歧义中诞生，又上升到明亮的歧义中。歧义就是简单，通向死亡。[141] 但歧义就是生命之道。[142] 如果左脚无法移动，那么右脚

---

139 这里指的是第一次世界大战中的屠杀。

140 这里指的是第五章“未来下地狱”中的回到幻象中。1940 年，荣格写道：“对一个人原我的最深威胁来自恶龙和蛇，这种威胁指的是新获得的意识再次被本能性的灵魂吞噬，也即被无意识吞噬。”（“论儿童原型的心理学”，《荣格全集第 9 卷》Ⅰ，§282）

141 《修改的草稿中》被替换为“终点”（73 页）。

142 1952 年，荣格针对自己作品中刻意的歧义写信给茨威・韦尔布娄斯基说：“我所讲的语言必须是模糊的，也即充满歧义的，这样才能够符合心灵本质上的双面性。我意识性地且刻意地寻求歧义的表达，因为这样比明确地表达要好，符合生命的本质。”（《荣格通信集》第 2 卷，70 ~ 71 页）

就会移动，你就能够移动了。这是神的意志。[143]

你说：基督教的神只有一种含义，他就是爱。[144] 但是，还有什么东西比爱更模糊？爱是生命之道，但只有你同时拥有左右时，你的爱才在生命之道上。

没有什么比玩弄歧义容易，也没有什么比活在歧义中艰难。玩弄歧义的人是孩子，他的神已经老死。活在歧义中的人是觉醒的，他的神年轻且有希望。玩弄歧义的人隐藏在内在的死亡之后，活在歧义中的人感到延续和不朽。因此，让那些爱表演的人继续玩弄歧义吧。让那些自甘堕落的人堕落，如果你阻止他们，你就会被他们灭掉。真正的爱并不是去关注邻居。[145]

当英雄被杀死并在荒谬中发现意义的时候，当所有的紧张都从膨胀的乌云中奔泻下来的时候，当一切都变得胆怯并寻求自救的时候，我开始意识到神的诞生。[146] 在我对愚弄和崇拜、悲叹和嘲笑、是与否感到困惑时，神沉入我的心中。

这个人就是对立的两端融合为一体时产生的。他像一个孩子一样从我自己这个普通人的灵魂中诞生，而我的灵魂像处女一样，对已经怀上了他很阻抗。因此，这就类似于古人留给我们的意象。[147] 但是，当母亲，也就是我的灵魂，怀上神的时候，我对此一无所知。甚至在我看来，尽管神生活在灵魂的体内，但是我的灵魂本身就是神。[148]

因此，古人的意象就得到了实现：我不断追击自己的灵魂，目的是将她孕育的孩子杀掉。我也注定是自己的神的最残酷的敌人。[149] 但是我也发现我的敌意由神决定，神就是愚弄和憎恨还有愤怒，因为这也是一种生命之道。

我必须要说的是在英雄没有被杀掉之前，神是不可能出生的。正如我们所理

---

143 《草稿》继续写道：“你看古人和老人遗留下的神的意象，他们的本质都是歧义和模糊。”（87页）

144 《约翰一书》4章16节：“神对我们的爱，我们已经明白了，而且相信了。神就是爱；凡住在爱里面的，就住在神里面，神也住在他里面。”

145 《草稿》中继续写道：“任何扭曲这句话和我说的其他话的人都是爱表演的人，因为他并不尊重别人说的话。要知道你是通过阅读一本书了解自己，所以你要在书内书外保持一致。”（88页）

146 《修改的草稿》中写的是“新神~~的诞生~~［的孕育］”（74页）。

147 这里指的是圣母玛利亚。

148 见113页，注57。

149 这里似乎指的是《第二卷》第八章“第一天”中的吉尔伽美什之伤，见下文，247页f。

解的那样，英雄已经成为神的敌人，因为英雄就是完美。神嫉羡人的完美，因为完美的人不需要神。但是因为没有人是完美的，所以我们需要神。神喜欢完美，因为神是生命的全部道路。神也不愿意和一个希望变得完美的人在一起，因为这个人只是在模仿完美。[150]

当人类仍然需要英雄式的原型时，模仿就是一种生命之道。[151] 猴子的方式就是猴子的生命之道，如果人像猴子，这也是他的生命之道。人的猴子一面源远流长，但人最终将能够摆脱猴子的一面。

这就是救赎与和平到来的时刻，永恒之火和救赎将会到来。

那时英雄将不复存在，也没有人能模仿他。因为从那以后，所有的模仿都受到诅咒。新的神会嘲笑模仿和门徒规训，神不需要模仿者和信徒，神通过自己强迫人前进。在人身上，神是自己的追随者，神模仿的是自己。

我们认为自己内部拥有个性，外部拥有共性。在我们之外，是共性与外在世界相连，而个性指我们自己。当我们是自己的时候，我们就是独特的，而使用共性与外在世界建立联系。但是如果我们不是我们自己，那么我们就会在共性上变得独特且自私。如果我们不是我们自己，我们的原我就会处在水深火热之中，因此它就会用共性来满足自己的需求。所以，共性就被伪装成个性。如果我们是自己，我们就能够满足原我的需求，我们就会富足，在此基础上，我们就能够意识到共性的需求，并能够满足它们。[152]

如果我们在自己的外部设立一个神，那么神就会将我们和原我分离，因为神远比我们强大，我们的原我会陷入水深火热之中。但是，如果神进入到原我中，

150　完美之上的完整是荣格后期作品中的一个重要主题。见《移涌》，1951，《荣格全集第 9 卷》Ⅱ，§123;《神秘结合》，1955/1956，《荣格全集第 14 卷》，§616。

151　1916 年，荣格写道：“人类拥有一项能力，虽然这项能力是集体目的的最实用之处，但对于个体化而言，它是最有害的，这项能力就是模仿。集体心理几乎无法避免模仿。”（“集体无意识的结构”，《荣格全集第 7 卷》，§463）。在“论儿童原型的心理学”（1940）中，荣格在论述认同英雄的危险时写道：“这种认同通常非常顽固且给平静的灵魂带来危险。如果这种认同能够消解，通过意识下降到常人的水平之后，英雄形象就能够逐渐分化成原我的象征。”（《荣格全集第 9 卷》I，§303）

152　荣格在“个体化和集体化”中论述的就是个体化和集体化之间的冲突（《荣格全集第 18 卷》）。

他就会将我们外部的东西掠夺走。[153] 我们在自己身上获得个性，那么神就变成我们外部的共性，但个性与我们相连。没人拥有我的神，但我的神却拥有每一个人，包括我自己。所有个体的神也拥有其他所有人，包括我自己。因此，即使神具有多样性，他也是唯一的神。你能够在自己身上遭遇神，而且他只能通过你的原我控制你，而且能够提前控制你的生命。

为了我们的救赎，英雄必须倒下，因为他就是模范并要求模仿，但是模仿的标准却很容易达到。[154] 我们一定要与我们自己身上的孤独和解，与我们外部的神和解。如果我们进入这种孤独，那么神的生命便会开始。如果我们是我们自己，那么我们就能够腾空周围的空间，让神来充满。

我们与人的关系会经过这些真空，也会经过神，但是在我们还不是自己之前，它经过的都是自私。因此，精神能够提前告诉我冰冷的外部空间会席卷地球。[155] 他在一个意象中向我展示神将出现在人们中间，并使用冰冷的鞭子和他自己修道院的火炉温暖驱使每一个个体。因为人们都已经失去了自己，并进入到像精神病人一样的疯狂状态。

自私的欲最终渴望的是它自己。你会发现你就在自己的欲望中，所以不要说欲望是空洞的。如果你的欲望指向的是自己，那么是你生出自己怀抱中的圣子。你的欲望就是神的父亲，你的原我就是神的母亲，但是儿子是新神，是你的主人。

如果你拥抱自己的原我，那么它将向你显现出世界似乎已经变得冰冷和空洞。那么即将到来的神将进入空洞。

如果你自己陷入孤独，而且你周围的所有空间都将变得寒冷且没有尽头，那么你已经远离人类，同时你接近人类的程度也是前所未有的。很明显，自私的欲望只能把你带到人类那里，但是在现实中，自私的欲望让你远离人类，并且最后

153 见荣格在“个体化和集体化”中的评论，他写道：“现在，个体必须通过摆脱神来强化自己，完全成为自己，而且与此同时，自己也要与社会相分离。外在的表现上，他变得孤独，而在内心世界，他已经进入地狱，远离神。”（《荣格全集第 18 卷》，§1103）

154 这是对第一卷第 7 章“谋杀英雄”中谋杀西格弗雷德的一个解释。

155 指的是序言中提到的梦，102 页。

远离你自己，无论是对你还是对他人而言，都是最遥远的。但是如今，如果你陷入孤独，你的神将会把你带到他人的神那里，而且通过这样做，能够将你带到真正的邻居那里，到他人原我的邻居那里。

如果你是自己，那么就会意识到自己的无能。你将会发现模仿英雄和自己成为英雄的可能性是微乎其微的，因此，你也不再强迫他人成为英雄。和你一样，他们也饱受无能之苦。无能也想存活下去，但是它会击败你的神。/ fol.v(r)/v(v)

[BP v(r)]

[HI v(v)]

第九章　神秘·遭遇

有一天夜里，当我在思考神的本质的时候，我看到一个意象：我躺在黑暗的深处，一位老人站在我的面前，他看起来像一位老先知，[156] 一条黑蛇盘在他的脚上。我看到远处有一座房子，房子内有很多圆柱。一位漂亮的少女缓步迈出门，她步伐迟疑，我看到她双目失明。老人向我挥手，我跟着他走到房子内陡峭的石墙脚下，蛇在我们身后蜿蜒爬行。房子被黑暗笼罩着。我们站在一个很高的大厅中，周围的墙闪闪发光，背景是一块明亮的大石，其颜色清澈如水，当我注视它反射出来的光时，我看到了夏娃、苹果树和蛇的意象，随后，我又看到奥德修斯和他的深海之行。右侧突然打开了一道门，这道门通向充满灿烂阳光的花园。我们走了出来，老人对我说："你知道自己现在身处何地吗？"

我："我感到这里很陌生，一切都不熟悉，像在梦中一样焦虑。你是谁呢？"

156　荣格在《黑书 2》中写道："有着花白的胡须，身穿东方长袍。"(231 页)

以利亚（以下简称以）：“我是以利亚[157]，这位是我的女儿莎乐美。”[158]

我：“是希律王的女儿，那个残忍的女人吗？”

以：“你为什么这么想？你看，她是一位盲人，是我的女儿，先知的孩子。”

我：“是什么奇迹将你们结合在一起？”

以：“不是奇迹，我们从一开始就是如此。我的智慧和我的女儿合一。”

我感到十分震惊，我无法理解。

以：“你这样想：她是盲人，而我视力良好，从而使我们之间的关系永恒不朽。”

我：“请原谅我的失态，因为我实际上是在阴间。”

莎乐美（以下简称莎）：“你爱我吗？”

我：“要我怎么爱你？你怎么会有这样的想法？我只看到一样东西，你就是莎乐美，一只老虎，你手上沾满圣者的鲜血。我怎么可能会爱你？”

莎：“你会爱上我的。”

我：“我？爱你？是谁赋予你的权利，让你有这样的想法？”

莎：“我爱你。”

我：“离我远点，你让我感到恐惧，你这个畜生。”

莎：“你错了，我是以利亚的女儿，他知道我最隐秘的秘密。他房子的墙都是由宝石砌成，他的井中贮存的是有治愈力的水，他的眼睛能够洞穿未来。是什么让你不去看一眼来者无限展开的内容？难道这些都不值得你犯一次罪吗？”

我：“你的诱惑非常邪恶，我渴望回到上界。这里太可怕了，连空气都那么

---

157 以利亚是《旧约》中的一位先知，最早出现在《列王记上》17 章中，他把神的信息传给以色列王亚哈。1953 年，加尔默罗修会的神父布鲁诺写信问荣格如何确立一种原型的存在，荣格把以利亚当作一个例子进行回应，他把以利亚描述成一位具有高度神话性质的人物，但是又不否定以利亚是一位历史人物。综合历史上所有对以利亚的描述，荣格称他为一位“有生命力的原型”，象征集体无意识和原我。荣格认为，这样一个积聚而成的原型带来新的同化形式，象征无意识立场的补偿作用（《荣格全集第 18 卷》，§§1518-1531）。

158 莎乐美是希罗底的女儿，希律王的继女。在《马太福音》14 章和《马可福音》6 章中，施洗约翰斥责希律王迎娶弟媳希罗底，他认为这是一件不光彩的事情，因此希律王将他投入大牢。莎乐美（文中未提及姓名，而只是称她为希罗底的女儿）在希律王的生日宴会上为他跳舞助兴，而希律王承诺莎乐美可以给她任何她想要的东西。莎乐美向希律王要施洗约翰的头颅，接着施洗约翰的头颅就被砍了下来。在 19 世纪末和 20 世纪初，很多画家和作家都对莎乐美这个人物产生了极大的兴趣，其中包括纪尧姆·阿波利奈尔、古斯塔夫·福楼拜、斯特芳·马拉美、古斯塔夫·莫罗、奥斯卡·王尔德和弗兰士·冯·斯达克，他们创作出很多作品。见布莱姆·迪克斯特拉，《偶像的任性：世纪末文化中女性邪恶的幻想》(纽约：牛津大学出版社，1986)，379 ~ 398 页。

压抑和沉重!”

以:“你想要什么?这些都是你自己选择。”

我:“但我不属于死者,我生活在白天的阳光下。我为什么要和莎乐美一起折磨自己?我自己已经没有足够的余生去应对了吗?”

以:“你听到莎乐美所说的了吧。”

我:“我实在无法相信,你作为一位先知,竟然认莎乐美为自己的女儿,并与她相伴。她不是从邪恶的种子中长出来的吗?她不是贪婪无度且穷凶极恶吗?”

以:“但她爱那位圣人。”

我:“而且很无耻地让他流尽自己宝贵的鲜血。”

以:“他爱上的是那位向世界宣告新神诞生的先知。她爱他,你明白吗?因为她是我的女儿。”

我:“难道你不认为,正因为她是你的女儿,她才爱上施洗约翰的?”

以:“可你正是通过她的爱才知道她的。”

我:“但是,何以见得她是爱他的?你将这个称为爱吗?”

以:“不然呢?”

我:“我好害怕。谁不会害怕被莎乐美爱上?”

以:“你这么懦弱?你想一想,我和我的女儿永远合一。”

我:“你给我出了很多谜。这个邪恶的女人怎么能和你这位神的先知合一呢?”

以:“你为什么感到惊讶?但是你看,我们就是在一起啊。”

我:“我无法理解的内容正是自己亲眼所见的东西。以利亚,你是一位先知,是神的口舌,而她是血腥的恐惧。你们是最极端的矛盾的象征。”

以:“我们都是真实的,不是象征。”

我看到黑蛇如何缠绕在树上,它隐藏在树枝之间。一切都变得暗淡和不确定。以利亚站起来,我跟着他悄悄地回到大厅。[159] 疑惑将我撕碎,这一切都是那么不真实,但我一部分的渴望还在那里。我会再回来吗?莎乐美爱我,我爱她吗?我听到狂野的乐声、手鼓的声音,这是一个闷热的月夜,圣人的头颅还在滴着鲜血[160],恐惧将我抓住。我冲了出去,黑夜将我包围,四周漆黑一片。英雄是

159 《黑书 2》中继续写道:“水晶散发出暗淡的光。我再次想到奥德修斯的意象,他如何在自己漫长的奥德赛途中穿过赛伦(Siren)的石岛。我要去吗?我不去吗?”(74 页)

160 施洗约翰的头颅。

被谁谋杀的？这就是莎乐美爱上我的原因吗？我爱她吗，我会因此谋杀英雄吗？她和先知合一，也和施洗约翰合一，但也和我合一吗？哎，她就是神的手吗？我不爱她，反而恐惧她。这个时候深度精神开始对我说："你由此承认了她身上神圣的力量。"我必须爱莎乐美吗？[161]

[2][162] 我所看到的这部戏剧就是自己的戏剧，而非你的。这是我的秘密，不是你的。你无法模仿我。我的秘密仍然没有公开，我的秘密是神圣不可侵犯的，它们只属于我，不属于你。你有自己的秘密。[163]

---

161 荣格在 1925 年的讲座中说："我使用的也是下沉技术，但是这一次，我下沉得更深。我要说的是第一次我到达大约 1000 英尺的深度，但是这一次是宇宙的深度，就像到了月球一样，或者就像遁入到真空的感觉。首先映入眼帘的是一个火山口，或者一座山的环形山顶，我感受到的是一名死者，像是一位受害者，这就是后世土地的情绪。我能够看到两个人，一位白胡子老人和一位年轻的美女，我设想他们都是真实的人，并去听他们在讲些什么。老人说他是以利亚，我感到十分震惊，但是她更加让人不安，因为她是莎乐美。我告诉自己这是一个诡异的组合——莎乐美和以利亚。但是以利亚告诉我说他和莎乐美自古都在一起，这种说法让我感到很沮丧。他们身边那条黑蛇很吸引我。我坚信以利亚就是至高的理性，因为他的头脑很清晰，而我对莎乐美则十分困惑。我们交谈很久，但我仍一头雾水。当然，在现实中，我的父亲是一位神职人员，这一点能够解释我为什么能够见到莎乐美这样的人物。那么该如何解释这位老人呢？莎乐美并没有被碰触到。很久之后，我才明白她和以利亚联系在一起是相当自然的事情。无论你在什么时候开始类似于这样的旅程，你都能看到一位年轻的姑娘和一位老人。"（《荣格心理学引论》，68 ~ 69 页）荣格后来举例指出梅尔维尔、麦林克、里德·哈格德的作品，诺斯替教的西门·马格斯神话（见注 154，557 页），瓦格纳的《帕西法尔》中的昆德丽和克林格索尔（见下文，382 页 f）以及弗朗西斯科·科隆纳的《寻爱绮梦》，都是这种模式。荣格在《回忆·梦·反思》中写道："在神话中，蛇通常是英雄的对立面，文献中有大量关于这对关系的记载……因此蛇的出现是英雄神话的标志。"（206 页）对于莎乐美，荣格说："莎乐美是一个阿尼玛形象，她是盲人，因为尽管她连接意识和无意识，但她看不到无意识的运作。以利亚人格化的认知要素，莎乐美是人格化的性欲要素。以利亚是充满智慧的老智者形象。有人也许会说这两个人物就是人格化的逻各斯（Logos）和爱洛斯（Eros）。这对理智的表现很实用，但逻各斯和爱洛斯都是纯粹的假设概念，根本不是科学，是非理性的，而任这些人物自由表现会更好，即他们的事迹、经验。"（《荣格心理学引论》，96 ~ 97 页）荣格在 1955/1956 年写道："对于纯粹的心理推理，我在其他地方试图把阳性的意识等同于逻各斯概念，把阴性意识等同于爱洛斯概念。我所说的逻各斯指的是区辨、判断和洞察，爱洛斯指的是形成关系。"（《神秘参与》，《荣格全集第 14 卷》，§224）关于荣格分别使用逻各斯和爱洛斯概念解读以利亚和莎乐美的内容，请参阅附录 B，"评论"。

162 《修改的草稿》中写的是："引导性思考"（86 页）。《草稿》和《修改的草稿》中写的是："我的朋友，这是一部神秘戏剧，在这部戏剧中，深度精神把目光转向我，我已经认识到~~一位新神的诞生~~［孕育］，因此深度精神允许我参与到阴间的仪式中，这些仪式应该是用来向我解释神的意图和工作的。通过这些仪式，我才能够进入神秘的救赎中。"（《修改的草稿》，86 页）

163 《草稿》中继续写道："在新的世界里，你没有拥有任何外在的东西，除非你从自己身上创造出来。你只能进入到自己的秘密中，深度精神还有其他的东西要教给你，而不是教给我。我只能带给你新神的信息和仪式的消息，还有他的仪式的秘密。但这就是道路，这就是通往黑暗之门。"（100 页）

想进入自己秘密的人必须不断摸索自己所拥有的东西，只能摸着石头过河，他必须以同样的爱包容无价值和有价值的东西。一座山什么也不是，而一粒沙中却藏着万千世界，也可能空无一物。你必须抛弃评判，甚至品味，最重要的是抛弃一切骄傲，甚至包括骄傲带来的好处。完全的贫乏、悲惨、羞辱、无知都在持续不断地穿越这道门。把你的愤怒转向自己，因为只有你自己才能够阻止自己的目光和生活。这部神秘的戏剧像空气和轻烟一样柔，而你就是沉重不堪的原始物质。但是，让你的希望引领你的道路，并成为你在黑暗中的向导吧，希望是你最完美的善和最高的能力，因为它就像现实世界中的物质形式。[164]

[Image v(v)][165]

164 《草稿》中继续写道："这部神秘戏剧在我内心最深处上演，而我的内心是另外一个世界。你一定要铭记在心，这里也是一个现实的世界，它的现实非常广阔且可怕。你会大哭，会大笑，也会发抖，有时候会因为死亡恐惧而冒出一身冷汗。这部神秘戏剧象征我的原我，通过我将自己所属的世界呈现出来。我的朋友，通过我在这里所讲的内容，你能够对现实世界有更多的了解，而且能够通过这部戏剧了解你自己。但是你通过这种方式，并没有从自己的秘密那里学到东西，而实际上，你的道路比以前更加黑暗了，因为我的例子将会是你道路上的障碍。你可以跟着我，但不是走我的路，而是走自己的路。"（102 页）

165 这张图描绘的是幻想中的场景。

这部神秘戏剧的场景在一片非常深的地方，像是在火山口。我的内心深处就是一座火山，喷射出流体和混合的熔岩。因此，混沌的孩子在我的内心中诞生，原始母亲的孩子在我的内心中诞生。任何一个进到火山口的人都会变成混沌的物质，他会熔解，外形消解，他将自己重新与混沌的孩子、黑暗的力量、规则和引诱、强制和迷惑、神圣和邪恶结合在一起。这些力量在各方面都远远在我的能力控制范围之外，利用各种形式将我与所有远距离的存在和事物相连，通过这种连接，它们的存在和特点的内部信息都会传到我这里。

由于我已经坠入混沌的源头，进入太初，我自己已经开始重新熔解与太初相连接，而同时太初既是往者又是来者。我最先来到自己身上的太初，但由于我是现实世界中物质和结构的一部分，因此我也是最先来到世界的太初。我确定自己会像已经形成和确定的人一样参与到生命中，但是我只能借助自己已经形成和确定的意识，在整个世界中已经形成和确定的碎片借助这些，而不是在世界未形成和未完成的方面里我的类似偏好。然而，它仅偏好我的深度，而非我的表面，表面是一种已经形成且确定的意识。

我深度的力量就是宿命和快乐。[166] 宿命或先觉 [167] 就是普罗米修斯，[168] 而普罗米修斯没有确定的思想，却能使混乱成形 [169] 和明确，它能够挖出通道，并在快乐之前抓住目标。先觉也在思想之前。但快乐就是驱力，虽然不具形式且不明确，但却非常渴望又摧毁形式。快乐喜欢的是自己拥有的形式，并摧毁自己无法拥有的形式。先觉者就是先知，但快乐是盲目的。快乐无法预见事物的发生，但十分渴望自己碰触到的东西。先觉本身并不具备能量，因此无法移动。但快乐就是能量，自己能够移动。先觉需要快乐才能成形，快乐需要先觉而成形，这是它的需要。[170] 如果快乐无法成形，那么快乐便会在多样性中消解，通过不断的分裂变成没有能量的碎片，消失在无尽中。如果一种形式自身并不包含和拥有快乐，

---

166 这是对以利亚和莎乐美的主观诠释。

167 在《修改的草稿》中，“宿命和先觉”被替换为“预感”。这一部分之后的内容使用的都是替换后的词（89 页）。

168 在希腊神话中，普罗米修斯用泥土造人。他能预言未来，他的名字代表“先觉”。1921 年，荣格对卡尔·斯皮特勒的史诗《普罗米修斯与潘多拉》（1881）和歌德的《普罗米修斯遗存》（1773）进行了大量的分析，见《心理类型》，《荣格全集第 6 卷》，第 5 章。

169 《修改的草稿》中写的是：“边界”（89 页）。

170 《草稿》中继续写道：“因此出现在我面前的以利亚是先觉者，莎乐美就是快乐。”（103 页）

那么它将无法到达更高的水平，因为它将永远像水一样从上向下流。任何一种快乐落单的时候，都会流入深海，最终消散在无尽的空间中，变成死一般的寂静。快乐并不比先觉出现得早，而先觉也并不比快乐出现得早，二者同时出现，并且本质上紧密地合一。只有在人类身上，这两个原则才被截然分成两个独立的存在。

我发现，蛇是以利亚和莎乐美之外的第三个原则。[171] 尽管它与前两个原则有关，但与前两个原则相异。蛇教我知道自己身上的前两种原则之间在本质上的绝对差异。如果我从先觉遥看快乐，首先映入眼帘的就是具有威慑性的毒蛇。同样，如果我从快乐感受到先觉，我首先感受到的是冰冷残酷的毒蛇。[172] 蛇是人最核心的本质，而人却没有意识到。蛇的特征根据人和地的不同而变化，这是因为神秘从带来滋养的大地母亲流到他那里。[173]

在人类身上，是世俗（numen loci）把先觉和快乐分开，而非自然分开。蛇自身在地球上有重量，而且蛇的变化和发展能够带来周围一切的涌现。蛇总是能够使人成为当下一种原则的奴隶，之后成为另一种原则的奴隶，从而它变成一个错误。一个人不能只靠先觉而活，也不能仅靠快乐。你需要二者，但你不能同时处在先觉和快乐中，你只能够交替处在先觉和快乐中，同时遵守优势法则，也就是说，当你处在其中一个时，就要不忠于另一个。但人类会偏好其中一个。有些人喜欢思维，并在思维的基础上建构生活的艺术，他们践行自己的思维和谨慎，因而他们失去了自己的快乐，所以他们就显得很老，且面容严厉。另外一些人喜欢快乐，他们把自己的情感和活力付诸实践，他们因此忘记思维，所以他们就显得年轻且盲目。有些人认为世界建立在思想之上，而有些人认为世界建立在情感之上。你都能在他们身上看到真理和谬误。

生活之道就像蛇从左移动到右，又从右移动到左，从思维到快乐，再从快乐到思维。因此蛇就是对手和敌对的象征，但也是一座智慧的桥，通过渴望将左和

---

171 《草稿》中继续写道："一种极其可怕的动物，在亚当和夏娃之间。"（105 页）

172 《修改的草稿》中继续写道："蛇并不仅是一个分离的原则，也是一个统一的原则。"（91 页）

173 荣格在 1925 年的讲座中评论了这一点，他指出神话中有大量的将英雄与蛇联系在一起的记录，因此，蛇的出现就标志着"另一个英雄神话"（89 页）。他展示一幅十字图，十字的顶端是理性 / 思维（以利亚），底部是情感（莎乐美），左侧是非理性 / 直觉（优势），右侧是感觉 / 劣势（蛇）（95 页）。他将黑蛇诠释为内倾的力比多："很明显，蛇把心理活动带领到误入阴影、死亡和错误意象王国的歧途，但也是进入现实，变得具体……尽管蛇带来阴影，但它具有阿尼玛的功能，它能够带领你进入深度，连接上和下……蛇也是智慧的象征。"（《荣格心理学引论》，102 ~ 103 页）

右连接在一起，而这正是我们的生活所必需的。[174]

以利亚和莎乐美一起生活的地方是一片黑暗和光明交织的空间。黑暗的空间就是先觉的空间，因为它是黑暗的，所以生活在这里的人需要远见。[175] 由于这个空间是有限的，因此先觉就无法继续向外扩展，但却能够进入过去和未来的深度中。水晶就是已经形成的思想，反映出来者存在于往者。

夏娃 / 和蛇向我显示我下一步是走向快乐，并且我会在那里像奥德修斯那样再次陷入漫长的彷徨。当奥德修斯在特洛伊战争中施展自己的诡计时，他就误入了歧途。[176] 明亮的花园就是快乐的空间，生活在这里的人不需要远见，[177] 而且感受到的是无穷无尽。[178] 一位沉入到自己先觉之中的思想家会发现他下一步进入的就是莎乐美的花园。因此思想家就会恐惧自己的先觉，尽管他的生活建立在先觉之上。看得见的表面比地下更安全，思维能够阻断错误的道路，从而变得僵化。 fol.v(v)/vi(r)

思想家一定要对莎乐美心存恐惧，因为莎乐美想要得到他的头颅，特别是在这位思想家是一位圣人的时候。思想家不能成为圣人，否则他将失去自己的头颅。即使把自己隐藏在思想中也无济于事，因为你会在这里被凝固。你必须返回到母亲般的先觉那里获得更新，但是先觉会把你带到莎乐美那里。

[179] 由于我是一位思想家，并通过先觉看到快乐的敌对原则，对我而言，快乐就是莎乐美。如果我是一个已经感觉到和摸索到通往先觉之路的人，即使我实际上曾经见过它，但对我而言，它就是蛇一般的魔鬼。但我并不是盲人，因此我感到的只有模糊的、死亡的、危险的、据说被征服的、没有生机的和令人作呕的

---

174 《草稿》中继续写道："通过顺从以利亚和莎乐美，我顺从我内部的两个原则，它们通过我存在于这个世界上，我也是它们的一部分。"（106 页）

175 《修改的草稿》中继续写道："也就是思维。没有思维，人就无法理解思想。"（92 页）

176 《草稿》中继续写道："如果奥德修斯没有经历彷徨，他会变成什么样子呢？"（107 页）《修改的草稿》中补充写道："就不会有奥德赛。"（92 页）

177 《修改的草稿》中继续写道："快乐地享受着花园中的一切。"（92 页）

178 《修改的草稿》中继续写道："非常奇怪的是，莎乐美的花园却如此紧邻思想的庄严与神秘大厅。因此，思想家会因为这里紧邻天堂，而体验到对思想的敬畏，甚至恐惧吗？"（92 页）

179 《草稿》中继续写道："我是一位先觉者，还有什么会比先觉和快乐之间紧密的团体，即这些敌对的原则，更让我吃惊？"（108 页）

东西，并在对莎乐美感到厌恶时，同样会因为发抖而退缩。

激情是思想家的弱项，因此他们没有快乐。如果一个人感到思想是自己的弱项，[180] 那么他就没有思想。喜欢思考而不喜欢感受[181] 的人会把自己的情感[182] 留在黑暗中变得腐烂，它将无法成熟，而腐臭催生病态且见不到光的藤蔓。喜欢感受而不喜欢思维的人会把自己的思维留在黑暗中，思维便在阴暗的地方结网，将蚊虫粘在荒凉的网上。思想家厌恶情感，主要是因为他身上的情感让人厌恶。感受者会厌恶思考，主要是因为他身上的思考让人厌恶。因此人们感到蛇在思想家和感受者之间，它们互为毒药和解药。

我在花园中开始意识到自己对莎乐美的爱，而这个认识让我十分吃惊，因为这完全出乎我的意料。思想家不会思考自己认为不存在的东西，感受者不会感受自己认为不存在的东西。当你能够接受对立的原则时，你就开始拥有一种完整的预感，这是因为完整属于这两个原则，它们源于同一点。[183]

以利亚说："你只能通过她的爱认识她！"这个对象不仅让你仰慕，而且能够使你成圣。莎乐美爱先知，这使她成圣。先知爱神，这也使他成圣。但是莎乐美不爱神，这玷污她的神圣。而先知不爱莎乐美，这也玷污他的神圣。因此她们两个互为对方的毒药和致命要素。愿思维的人接纳自己的快乐，情感的人接纳自己的思想，这样才能带领人走到道路上。[184]

---

180 《修改的草稿》中被替换为："一个拥有快乐的人"（94 页）。

181 《修改的草稿》中被替换为："快乐"（94 页）。

182 《修改的草稿》中被替换为："快乐"（94 页）。

183 《草稿》中继续写道，"就像一位诗人曾经说过：'剑有两刃'"（110 页）。

184 荣格在 1913 年发表论文《论心理类型的问题》，他在这篇论文中提出一个人的力比多或心理能量的特点是指向客体（外倾）或主体（内倾），《荣格全集第 6 卷》。1915 年夏伊始，荣格与汉斯·斯密德针对这一问题进行大量的通信，在这个过程中，他把思维主导的功能描述为内倾，情感主导的功能描述为外倾。他还认为外倾之人的特点是受快乐－痛苦机制主导，从外在客体那里寻找爱，并无意识地寻求专制的力量。内倾之人在无意识地寻求低级的快乐，并发现客体就是他们所寻求快乐的一种象征。1915 年 8 月，荣格在写给斯密德的信中写道："个体必须把对立的两面放到同等重要的位置上。"（《心理类型问题》，即将出版）荣格在 1917 年的《无意识过程的心理学》一书中主要论述的就是思维与内倾和情感与外倾之间的联系，在《心理类型》（1921）一书中，这个模型被扩展为包含内倾和外倾这两种主要态度类型，而每一种态度类型又受思维、情感、感觉和直觉四种心理功能主导。

[HI vi(r)]

第十章　引导

第二天夜里，[185] 我看到另一个意象：我站在有很多岩石的深度中，看起来像是一个火山口。我发现自己面前有一座房子，房子内有很多圆柱。我看到莎乐美沿着墙向左走，她像盲人一样扶着墙前行，蛇在跟着她。老人站在门前向我挥手，我犹豫着朝他走去。他呼唤莎乐美回来，而莎乐美看起来很痛苦。我无法通过她的表现看出任何亵渎神明的东西。她的双手雪白，表情和善。蛇就在他们的面前。我像一个笨小孩一样傻傻地站在他们面前，被不确定和歧义淹没。老人打量着我说："你来这里干什么？"

我："对不起，不是鲁莽或傲慢将我带到这里，我是偶然来到这里的，并不知道自己想要什么，昨天留在你家里的渴望将我带到这里。先知，你看，我现在非常疲倦，我的头像铅块一样沉重。我已经迷失在自己的无知中。我完全把自己视为儿戏。我跟自己玩虚伪的游戏，这些游戏令我作呕，让自己的表现符合世界上他人的期待是不明智的。似乎在这里的我才更真实，但我并不喜欢在这里。"

以利亚和莎乐美一言不发地走进房子，我很不情愿地跟着他们，一种罪疚感折磨着我，这是邪恶的良知吗？我很想转身离开，但我做不到。我站在闪亮的水晶前面，水晶里火苗飞舞。我接连看到庄严的圣母抱着圣童，彼得崇敬地站在

185　1913 年 12 月 22 日。1913 年 12 月 19 日，荣格在苏黎世精神分析协会作了一次名为《无意识心理学》的报告。

她的前面，彼得挂着钥匙独自站在那里，一位带着三重冠的教皇，牢坐在火圈中的佛陀，一位有很多臂膀的女神，[186] 莎乐美在绝望地挥舞着双手，[187] 将我抓住，莎乐美是我的灵魂，而这时候我在石头的意象中看到了以利亚。

以利亚和莎乐美微笑着站在我的面前。

我："这些幻象充满折磨，我看不到这些意象的意义，以利亚，请给我一点启发吧。"

以利亚默默地转过身，并带领我向左侧走去，莎乐美走进右侧的圆柱廊。以利亚带我走进一个更加黑暗的房间，屋顶上吊着一盏还在燃烧的红灯。我筋疲力尽地坐了下来，以利亚靠着房间中央的石狮子站在我的面前。

以："你焦虑吗？你的无知要为自己邪恶的良知负责。不知就是有罪，但你却相信跨越雷池的驱力是让你有罪疚感的原因。那你认为你为什么会在这里？"

我："我不知道。当我在试图对抗不知的时候，不知不觉地下沉到这里。这就是我来到这里的原因，我很震惊且困惑，像一个无知的傻瓜。我在你的房子里经历了很多奇怪的事情，这些事情让我很害怕，我不知道它们的意义。"

以："如果不是你的律法让你来到这里，那么你是怎么来到这里的呢？"

我："我的父啊，致命的黑暗在折磨我。"

以："你在逃避，你躲不过自己的律法。"

我："我怎么能躲过自己无法感受或预感到的未知？"

以："你在撒谎。如果莎乐美爱你，你不知道自己已经明白这意味着什么了吗？"

我："你说得对。我脑海中涌现出一个可疑且不确定的思想，但是我又把它忘记了。"

以："你没有忘记，它在你内心深处燃烧。你胆怯了？抑或你能够将这个思想和你自己的原我区分开，以至于你认为它是你自己的一部分？"

---

186 《草稿》中继续写道："迦梨（印度教的女神）"（113 页）。

187 《黑书 2》中继续写道："现在是一位有着黑头发的白色女孩，也就是我的灵魂，同时白色的男人也出现在我的面前，有点像米开朗琪罗坐着的摩西，他就是以利亚。"（84 页）米开朗琪罗的摩西雕像在罗马城的圣彼得大教堂内。弗洛伊德在 1914 年发表了自己对摩西的研究 [《西格蒙德·弗洛伊德著作全集标准版》，詹姆斯·史崔奇、安娜·弗洛伊德、阿历克斯·史崔奇与阿兰·泰森合编，詹姆斯·史崔奇译，24 卷本。（伦敦：荷加斯出版社与精神分析协会，1953-1974），13 卷]。第三人称的"它"将莎乐美和迦梨等同，迦梨有很多只手，见注 196，169 页。

我："这种思想离我过于遥远，我一直在避开遥不可及的想法。它们很危险，这是因为我是一个人，而且你也知道人是多么擅长将思想视为己出，以至于最终将自己和思想混淆在一起。"

以："你会因为自己看着一棵树或一只动物，因为你与它们在同一个世界上，而将自己和他们混淆在一起吗？难道你生活在自己思想的世界中，就一定成为自己的思想吗？而你的思想不过就像是你身外世界的树木和动物，它们都是你的身外之物。"[188]

我："我明白，对我而言，我的思想更多是文字内容，而非世界本身，我曾以为我的思想世界就是我。"

以："你指的是你们人类世界和你的一切身外之物说'你就是我'吗？"

我："我的父啊，我带着学生般的恐惧走进你的房子，而你却把非常有用的智慧[189]传授给我——我也可以把自己的思想视为自己的身外之物。这帮助我回到那个我十分不愿意讲出的可怕结论。因为我把自己等同于施洗约翰或你，所以认为莎乐美爱我。对我而言，这个想法简直难以置信，这就是我为什么拒绝这个想法又不承认莎乐美爱我，因为我实际上和你完全相反，她在我的恶中爱她的恶。这是一个毁灭性的想法。"

以利亚没有说话，我感到很沉重。接着莎乐美走了进来，来到我的身边，并用双臂环绕着我的肩膀。她把我带到她父亲的面前，坐在她父亲的椅子上。我不敢移动，也不敢说话。

莎："我知道你不是我的父亲，你是他的儿子，而我是你的妹妹。"

我："莎乐美，你是我的妹妹？可怕的吸引力是你散发出来的？是你和你的触摸带来无名的恐惧？我们的母亲是谁？"

莎："玛利亚。"

我："我是在做噩梦吗？玛利亚是我们的母亲？你的话中隐藏着什么疯狂？救世主的母亲是我们的母亲？在我今天跨过这道门槛的时候，我就预料到会有不

---

188 荣格在 1925 年的讲座中提到这段对话，他评论说："在这一刻，我才领会到心灵的客观性。在这一刻，我才能够对患者说，'请安静，某些事情正在发生'。这样的事情就像房屋中的老鼠一样。你不能认为你拥有一种思想是错误的。为了能够理解无意识，我们必须把自己的思想视为具体的事件，真实的现象。"（《荣格心理学引论》，103 页）

189 《修改的草稿》中被替换为："真理"（100 页）。

幸的事情发生。哎！它终于来了。莎乐美，你神志不清吗？以利亚，圣律的保护者，说话呀，这就是被拒绝的人说出的邪恶咒语吗？她怎么能这么说？或者你们两个都神志不清？你们都是象征，玛利亚也是象征。只是我现在非常困惑，无法看透你们。”

以：“你把自己的同胞称为象征，如果你愿意，同样也可以把我们称为象征，但是我们像你的同胞一样真实。把我们称为象征也无法让你验证什么东西和解决什么问题。”

我：“你使我陷入一种可怕的困惑之中。你想变得真实？”

以：“我们就是你所说的真实的人，这就是我们，你要接受我们。但决定权在你手上。”

我沉默不语。莎乐美独自离开。我疑惑地环顾四周。我身后圆形的祭坛上金红色的火焰在熊熊燃烧，蛇盘在火苗周围，它的双眼闪烁着金光。我摇晃着向出口走去，在我走出大厅的那一刻，就看到一头强壮的狮子从我面前跑过。外面繁星满天，空旷冰冷。

[2][190] 承认自己的渴望绝不是一件微不足道的小事。要做到这一点，许多人要在诚实方面付出特定的努力。有太多的人不想知道自己的渴望在哪里，因为对他们而言，这是一件不可能或非常痛苦的事情。但是渴望就是生命之道，如果

190 《修改的草稿》中写的是：“引导性思考”（103 页）。在《草稿》和《修改的草稿》中，这里都出现很长的一段内容，意译如下：我想知道这是不是真实的，是阴间，或是另一种现实，是不是另一种现实强迫我来到这里。我在这里看到莎乐美，即我的快乐，向左走去，而这是肮脏和邪恶的一侧。她跟着蛇向前移动，而蛇却象征对这个移动的阻抗和敌对。快乐从门口走了出去，先觉［《修改的草稿》中用的是“思想”贯穿整段］站在门前，知道这是通往神秘的入口。因此如果先觉不去引导和强迫欲望接近自己的目标，欲望就会熔解得支离破碎。如果你能够遇到只有欲望的人，你将会发现背后对欲望的阻抗。没有先觉的欲望能够获得很多东西，但什么都留不住，因此他们的欲望是不断失望的来源。因此以利亚叫回莎乐美。如果欲望和先觉结合，蛇就盘踞在它们面前。为了获得成功，你必须首先应对阻抗和困难，否则快乐只能留下痛苦和失望。因此，我又向前一步。首先，我需要克服困难和自己十分渴望获得的阻抗。当欲望征服苦难的时候，它便恢复视力，跟随先觉。因此我看到莎乐美的双手是纯洁的，没有任何罪恶的痕迹。如果我重视快乐和先觉，我就像一个傻瓜，盲目地依从他的渴望。如果我依从自己的先觉，我能预见自己的快乐。古人云，傻瓜在意象中找到正确的路。先觉拥有发言权，因此以利亚问我想要什么。你要不断地问自己想要什么，因为有太多的人不知道自己想要什么。我不知道自己想要什么。你要承认自己的渴望和坦白你想从自己身上得到什么。这样你才能够满足自己的快乐，同时滋养自己的先觉。（《修改的草稿》，103 ~ 104 页）

你不承认自己的渴望，那么你就不能跟随自己，而走上他人指给你的邪路。那么你活出的就不是自己的生命，而是一种陌生的生命。但是如果你不活出自己的生命，谁又能够活出你的生命？将自己的生命和一个完全陌生的生命交换不仅是一种愚蠢的行为，更是一个伪善的游戏，因为你永远不可能真正活出他人的生命，你只能假装这么做，欺骗他人和你自己，而你只能活出自己的生命。

如果你抛弃自己的原我，在别人的生命中活出它，那么你就开始自私地对待他人，因此你是在欺骗他人。这样，所有人都会相信这样的生命是可行的。但是，这只不过是一种猴子般的拙劣模仿。通过向自己的猴子般的贪欲屈服，你开始传染他人，因为猴子激发的是猴子般的模仿。因此，你把自己和他人都变成猴子。通过相互的模仿，你按照普通人的期望去生活。英雄的意象便是利用模仿的贪欲为所有年龄阶段的人设立的，因此英雄必须被谋杀掉，因为我们所有人都在像猴子一样模仿他。你知道自己为什么无法脱离猴性吗？那是因为你害怕孤独和失败。

活出自己意味着：担起自己的任务。永远不要说活出自己是一件快乐的事情，活出自己将不会再有快乐，而是面对漫长的痛苦，因为你要成为自己的创造者。如果你想创造自己，那么你就不能从最美好和最崇高的地方开始，而是要从最低劣和最底层的地方开始。因此，可以说你不愿意活出自己。生命之流的交汇并不是快乐，而是痛苦，因为这是力量和力量、罪疚的碰撞，并摧毁神圣。

我预见的圣母怀抱圣子的意象将转化的神秘呈现给我。[191] 如果我身上的先觉和快乐能够结合在一起，就会有第三者从它们那里涌现出来，即圣子，他是终极意义，是象征，是向一个新创造的跨越。我自己不会成为终极意义[192]或象征，但是象征会在我身上形成，因为这里有它需要的物质，还有我的。因此，我像圣彼得一样崇拜地站在转化的奇迹和在我身上逐渐变得真实的神之前。

虽然我不是神的儿子，但我代表他，不过像是神的母亲，因此捆绑和释放的自由已经以神之名赐予他。捆绑和释放发生在我身上。[193] 但尽管是在我身上发生，而

---

191 《修改的草稿》中写的是，“通过他的外在表现，通过尘世现实的悲惨”（107页）。

192 《修改的草稿》中被替换为“神的儿子”（107页）。

193 见《马太福音》18章18节，基督说：“我实在告诉你们，你们在地上捆绑的，在天上也被捆绑；你们在地上释放的，在天上也被释放。”

我是世界的一部分，那么它也是通过我在这个世界上发生，没有人能够阻止它的发生。它的发生和我的意志无关，而是不可避免的结果。我不是你的主人，但我是自己身上神的存在。我用钥匙把过去锁住，但用另外一把钥匙打开未来之门，这些在我的转化过程中发生，转化的奇迹发号施令，我是它的仆人，就像教皇一样。

你会发现相信这样的自己是多么令人难以置信。[194] 这一点不适用于我，但适用于象征。象征已经变成我的王和常胜将军。这将强化它的统治并把自己变成固定和谜一样的意象，而意象的意义完全转向内部，意象的快乐像熊熊烈火一样在外部燃烧，[195] 佛陀坐在火中。[196] 由于我陷入自己的象征到了这种程度，因此象征将我从我自己变成我的他者，我内在残酷的神性、阴柔的快乐、我自己的他者、受到折磨的折磨者，都将受到折磨。我已经尽最大的努力，使用拙劣的言语诠释这些意象。

[197] 在你迷茫困惑的时候，要跟随你的先觉，而非你盲目的欲望，因为先觉

194 《草稿》和《修改的草稿》中继续写道："对我们而言，罗马教皇已经成为一个意象~~和象征~~，即神如何变成人和他［神］如何变成看得见的人类之王。因此，即将到来的神将变成世界的王，并最先在我身上［这里］发生。终极意义已经变成我的王和常胜将军，尽管不仅在我身上发生，也可能在其他很多人身上发生，但我不知道他们。"（《修改的草稿》，108～109页）

195 《修改的草稿》中写的是："因此，我像佛陀一样坐在火中。"（109页）

196 《修改的草稿》中继续写道："有思想的地方就有快乐，如果思想在内部，快乐就在外部，因此，我被邪恶的快乐笼罩着。好色又嗜血的神性给我带来这种虚伪的氛围。这之所以会发生，是因为我必须全然忍受神的形成而且最初无法将它与我自己分开。但只要它还未和我分开，我就一直被我是它的想法控制着，因此，我也是那位开始就与思想联系在一起的女人。由于我接受这个思想，并以佛陀的方式表现它，那么我的快乐就是印度的迦犁，而迦犁是佛陀的另一面。但迦梨是莎乐美，而莎乐美是我的灵魂。"（109页）

197 在《草稿》中，这里出现很长的一段内容，意译如下：死一般的麻木，我需要完全的转化。像佛陀一样，我的意义通过它完全走向内部，转化接着发生，我像思想家一样转向快乐。作为一位思想家，我拒绝自己的情感，但是我拒绝的是自己部分的生命。因此我的情感变成一棵剧毒的植物，当这棵植物苏醒的时候，它就是对感官享受的耽溺而非快乐，是快乐的最低级和最普通形式，迦梨象征的就是这一点。莎乐美就是他快乐的意象，要遭受痛苦，因为它已经被拒之门外太久了。因此，莎乐美（例如我的快乐）很明显就是我的灵魂。在我认识到这一点的时候，我的思维就变成和上升到思想，接着以利亚的意象出现。这让我为神秘戏剧做好准备，提前让我看到我在神秘过程中必须要经历的转化方式。先觉和快乐汇集在一起产生神，我发现我身上的神像变成人，我仔细思考并尊重这一点，因此我成为神的仆人，不是别人的，而是我自己的仆人。［《修改的草稿》：假设我也为别人做这些是一种疯狂和自以为是的表现，110页］。我陷入到对转化之奇妙的沉思中，第一次进入到我更低层次的快乐中，我通过这些发现自己的灵魂。以利亚和莎乐美的笑容表明他们欢迎我的出现，但我正处在深度的黑暗中。当道路变黑，思想便发出光芒。思想陷入泥潭，得以浮现的是言语，而非盲目的渴望，接着言语将你带入困境。但语言带你朝右走，这就是以利亚朝左走的原因，左侧是有罪和邪恶的一侧，而莎乐美转向的是正确和美好的右侧。莎乐美没走去花园，即快乐之地，而是留在父亲的房子中（125～127页）。

带领你走向总是最先出现的困难，而困难总会出现。如果你寻找光明，你将首先坠入更深的黑暗。你会在黑暗中找到一簇微弱的红色火苗发出的光，光线微弱，但它足以让你看到周围的人。达到这个似乎不是目标的目标是一件非常艰难的事情，同时也是一件好事：我陷入瘫痪，因此我已经准备好去接受。我的先觉靠在狮子上休息，即靠在我的力量上。[198]

我坚守神圣的形态，不愿意让混乱冲毁它的大坝。我相信世界的秩序，憎恨一切没有组织和没有形式的内容。因此，最重要的是我必须认识到是我自己的律法将我带到这里。随着神在我身上不断地成长，我认为他已经成为我身上的一部分。我相信我的“自我”已经将他包含在内，因此也把他当成自己的思想。但是，我也认为我的思想并不是我的“自我”的一部分，所以我进入自己的思想中，进入对神的思考中，在这里，我将他 / 视为原我的一部分。 fol.vi(r)/vi(v)

为了我的思想，我已经离开自己，因此我的原我开始变得饥饿并把神变成一种自私的思想。如果我离开自己，我的饥饿将迫使我在客体上寻找我的原我，即在我的思想中寻找。所以你喜欢理性和有秩序的思想，因为如果你的原我处在混乱中，即变成不合适的思想，你就无法忍受它。你利用自私的愿望从自己的思想中排挤出一切你认为没有秩序的内容，即不合适的思想。你根据自己的知识建立秩序，但你并不了解混乱的思想，然而它们是客观存在的。我的思想不是我的原我，我的自我没有包含思想。你的思想具有这样和那样的意义，不止一种，而是有多种意义，没有人知道具体有多少。

我的思想不是我的原我，准确地说像是世界上的事物，其中有活着的，也有死去的。[199]就像我生活在一个局部混乱的世界里却没有被摧毁一样，那么我生活在自己局部混乱的思想世界里也不会被摧毁。思想是自然的事件，你无法占有

---

198 《草稿》中出现一段内容，意译如下：如果我很强大，那么我的意图和预想也会很强，我的思想会变弱并投奔到这个想法中，而这个想法就会变强，它也受到自身力量的支持。事实上，我发现以利亚受到狮子的支持，而狮子是石头做的。因为我不爱莎乐美，我的快乐已经死亡并变成石头。这给我的思想带来石头般的冰冷，通过这一点，这个想法也变得像石头一样坚硬，而它应该服从我的思想。思想应该被服从，因为它与莎乐美相对，而莎乐美对它是有害的（128 页）。

199 荣格在 1921 年写道：“因此，无意识内容特有的现实同样让我们可以把它们描述为外在的客体。”（《心理类型》，《荣格全集第 6 卷》，§280）

它们，也不能彻底理解它们的意义。[200] 思想就像我身上长出的一座森林，充满各式各样的动物。但是人对自己的思维非常刚愎自用，因此他便将森林中的快乐杀掉，即杀掉所有野生动物。人在欲望中很残暴，他自己会变成森林和森林中的动物。就像我在世界中拥有自由一样，我在思想中也拥有自由，而自由是有条件的。

我必须对世界上的某些事物说：你们不必如此，你们应该与众不同。但我首先需要仔细检视它们的本质，否则我无法改变它们，我接着用同种方式处理某些思想。你改变世界上那些自身没有价值又威胁你的福祉的事物，也应用同样的方式处理你的思想。没有什么事物是完美的，争论也是如此。生命之道在于转化，而非排除。幸福是评断，而非律法。

但是，在我意识到自己思想世界中的自由时，莎乐美将我抱住，因此我变成先知，因为我已经在太初、森林里和野生动物中找到快乐。对我而言，快乐太接近理性，以至于我无法将自己和幻象置于对等的位置上，使我无法在看幻象的时候获得快乐。我处在相信自己是非常重要的危险中，因为我看到的是非常重要的东西。这总使我们发疯，使我们将幻象转化为愚蠢的行为或骗人的勾当，因为我们无法停止模仿。[201]

正像我的思维是自己先觉的儿子一样，快乐就是爱的女儿，是纯洁和孕育的神之母的女儿。除基督外，莎乐美也是由玛利亚所生。因此，基督在埃及人的福音书中对莎乐美说："所有的草都能吃，但苦涩的草不能吃。"莎乐美想知道什么时候能吃，基督对她说："当你破坏掉羞耻的遮挡物之时，当二者合一之时，男

---

200 《草稿》和《修改的草稿》中都写有："如果我认为是自己创造出神秘的思想，~~那么我不得不认为自己就是一个疯子，~~ [：这是多么地不一致，]。"（《修改的草稿》，115 页）

201 《草稿》中继续写道："由于我是一位思想家，所以我能够认出父亲，因此我不知道母亲，但却能够看到爱隐藏在快乐中，并将爱称为快乐，对我而言，这就是莎乐美。现在，我明白玛利亚就是母亲，是纯洁和爱的接受者，不是快乐，但是在她炙热和诱惑性的本质中埋有邪恶的种子。/ 如果莎乐美，即邪恶的快乐，是我的妹妹，那么我一定是一位思想的圣人，我的理智已经遇到厄运。我必须牺牲自己的理智，向你坦白我以前告诉你的有关快乐的观点（即快乐是与先觉相对的原则）是不完整且有偏见的。我像一位思想家一样站在自己思维的优势处进行观察，否则我可能已经认识到以利亚的女儿莎乐美就是思想的孩子，而不是一种原则，而现在表现为玛利亚，即纯洁的圣母。"（133 页）

女合一，不男不女之时。”[202]

先觉有生殖能力，爱是乐于接受。[203]它们都在这个世界之外，而理解和快乐在这里，我们只能怀疑其他的东西，但认为它们存在这个世界上是一种疯狂的想法。有太多的谜团和诡诈围绕在光的周围。我再次从深度那里赢回力量，它像一头狮子一样从我面前跑过。[204]

---

202 埃及人的福音书是伪经中的一卷经文，主要是基督和莎乐美的对话。基督表示自己已经开始准备废除女性的工作，即淫欲、分娩和糜烂。关于莎乐美提出的死亡能够盛行多久的问题，基督回答说像女人生孩子一样长。荣格在这里引用这段文字："她说，'那么，我已经在不进行生育方面做得足够好了'。她把生孩子想象成被禁止的事情。主回答说，'所有的草都能吃，但苦涩的草不能吃'。"对话继续："莎乐美想知道什么时候能吃，主说，'当你破坏掉羞耻的遮挡物之时，当二者合一之时，男女合一，不男不女之时'。"[《伪新约》，J. K. 艾略特编（牛津：牛津大学出版社，1999)，18 页] 荣格在《幻象讲座集》(1932，第 1 卷，524 页）中引用这段四福音书之外的语录作为对立结合的一个实例，在"论儿童原型的心理学"(1940，《荣格全集第 9 卷》Ⅰ，§295）和《神秘结合》(1955-1956，《荣格全集第 14 卷》，§528）中作为男性和女性化合的一个实例，而他的引用出自克莱蒙特的《杂集》。

203 《草稿》和《修改的草稿》中都写的是："但是在神秘戏剧向我展示这些的时候，我无法理解，但是我认为自己已经产生一个难以置信的思想。~~我是因为疯子才相信这些，而且我还信任它。~~因此，恐惧将我抓住，而我又想向以利亚和莎乐美解释自己主观的思想，从而否定它们。"(《修改的草稿》，118 页)

204 《草稿》中继续写道："冰冷的星夜和广阔天空的意象让我见识到内在世界的无限，作为一个带有渴望的人，我依然觉得这里过于冰冷。我无法摘得群星，只能远观它们。因此，我的强烈愿望感受到的是一个黑暗和冰冷的世界。"(135 页)

[HI vi(v)][205]

第十一章　终解

[206] 第三天夜里，我被继续深入体验神秘的渴望控制住，怀疑和渴望在我心中展开剧烈的斗争。但是，我突然发现自己站在荒原上一座陡峭的石壁前。空中的阳光很刺眼，我看到先知高高在我的上方。他的手做出一个拒绝的动作，因此我放弃了爬上去的决定。我在下方等待，并一直向上看。我看到：右侧是黑夜，左侧是白昼，石头将白昼和黑夜分开。黑夜一侧盘着一条大黑蛇，白昼一侧盘着一条白蛇。两条蛇怒目而视，迫不及待地想和对方展开一场战斗。以利亚高高地站在它们之上。两条蛇扭在一起，展开一场残酷的战斗。黑蛇似乎更强大，白蛇撤退。巨大的烟尘在它们战斗的地方腾起。接着我看到：黑蛇也退了回来，它身体的前半部分变成了白色。两条蛇都蜷缩起来，一个在光明中，一个在黑暗里。[207]

以："你看到了什么？"

我："我看到了两条可怕的蛇之间的战斗。在我看来，黑蛇似乎要把白蛇打

205　这张图描绘的是接下来幻象中的场景。

206　1913年12月25日。

207　在1925年的讲座中，荣格说："几个晚上后，我觉得事情应该继续，我再次尝试进行相同的程序，但不是下沉，我仍停留在表面。这时候，我意识到自己内心不愿意下沉，但我还不清楚这是怎么回事。我只是感觉到两种黑暗的原则在激烈地对战，也就是两条蛇在对战。"（《荣格心理学引论》，104页）接着，荣格讲述了这个幻想。

败了，但你看，黑蛇撤退，它的头和上半身都变成白色了。”

以：“你能理解吗？”

我：“我仔细思考很久，但却无法理解。这是不是意味着善的光明会变得强大无比，甚至对抗它的黑暗也会被它照亮？”

我面前的以利亚继续向高处爬，一直到达顶峰，我在后面跟着他。我们来到顶峰上由很多巨石堆砌而成的石堆前。顶峰有一圈环状的石坝，[208] 石坝内有一座大庭院，一块巨大的圆石竖立在庭院中央，就像祭坛一样。先知站在石头上说：“这是太阳的神庙，这个地方是一个容器，可以收集太阳光。”

以利亚从石头上走下来，在他走下来的过程中，他的轮廓开始变小，最终变成一个侏儒，根本不像他。

我问：“你是谁？”

“我是迷魅（Mime），[209] 我会告诉你源泉在哪里。收集到的阳光会变成水，并从顶峰的多个源泉中流到地面上的山谷中。”他接着跳入到岩缝中，我也跟着他进入到一个黑色的山洞中，并听到泉水的淙淙声。我听到下方有一个侏儒在说话：“这些都是我的水井，任何人喝了这里的水都会变聪明。”

但是我无法看到下面，我丧失了勇气。我离开山洞，在院子的广场上踱来踱去。一切都显得非常奇怪且难以理解，这里弥漫着孤独和死一般的寂静。这里的空气就像深空中的空气一样清新冰冷，阳光灿烂，弥漫在周围，我被高墙包围着。一条蛇爬上石头，这是先知的蛇，它是如何从阴间来到地上世界的呢？我跟随着它，观察它如何爬墙。我感到浑身毛骨悚然：有一座小房子矗立在那里，房子紧靠石头，内部有柱廊、微小的字母。蛇变得无限的小，我感到自己好像也在

208 荣格在 1925 年的讲座中补充说：“我在想，‘啊，这就是德鲁伊教的圣地’。”（《荣格心理学引论》，104 页）

209 在瓦格纳的歌剧《尼伯龙根的指环》中，尼伯龙根家族的侏儒迷魅就是阿贝利希（侏儒国的国王，尼伯龙根家族的首领）的弟弟，又是一位巨匠。阿贝利希从莱茵少女那里偷来莱茵黄金，他通过抛弃爱得以仿造出被赋予无穷力量的戒指，在《西格弗雷德》的篇章中，生活在山洞中的迷魅将西格弗雷德抚养大，从而借助西格弗雷德除掉巨人法夫纳，而法夫纳已经变成一条恶龙且拥有指环。西格弗雷德用一把迷魅打造的一把无敌之剑将法夫纳杀掉，之后又将迷魅杀掉，而迷魅本来打算在西格弗雷德夺回黄金之后将他除掉。

萎缩。而周围的墙都变成了巨山，我发现自己处在阴间火山口的基底之下，站在先知的房前。[210] 先知走出房门。

我："以利亚，我注意到你已经向我显示并让我体验各种奇怪的东西，让我今天来到你的面前，但我仍一头雾水。今天，你的世界又全新地出现在我的面前。刚才我和你这里好像还隔着广阔的星空，而我依然渴望今天能够到达。但是你看，这里和那里像是同一个地方。"

以："你十分渴望来到这里，我没有骗你，是你在欺骗自己。想见你的人并不看好你，你太不自量力了。"

我："对，我非常渴望来到你面前，多聆听你的教诲。我害怕莎乐美，她使我陷入迷茫。我感到头晕目眩，因为她跟我讲可怕又邪恶的话。莎乐美在哪里？"

以："你真冲动啊！你怎么了？请走到水晶上来，为在它的光中做好准备。"

一圈火光围绕着石头。我对自己看到的景象感到恐惧：农夫粗糙的长筒靴？摧毁整座城市的巨人脚？我看到十字架，十字架被移走，还有悲痛。多么痛苦的景象！我不再渴望，我看到圣童，白蛇在他的右手，黑蛇在他的左手。我看到青山，基督的十字架立在上面，血从山顶上流下。我无法再看下去了，我无法忍受。我看到十字架，最后时刻饱受折磨的基督。在十字架的底部，黑蛇盘成一团，受伤的它盘在我的脚上，它迅速将我缠住，我张开自己的双臂。莎乐美更近了。受伤的蛇将我整个身体缠住，而我是狮子的面孔。

莎乐美："玛利亚是基督的母亲，你明白吗？"

我："我看到一股可怕且无法理解的力量在强迫我模仿最后时刻饱受折磨的主。但我怎么能够冒昧地把玛利亚称为母亲呢？"

---

210 在 1925 年的讲座中，荣格对这段经历的解释是："两条蛇的战斗——白蛇是指走向白昼，黑蛇是指走向黑暗的王国，也带有道德的因素。而我心中存在一个真实的冲突，即对下沉的阻抗，我更加倾向于上升，因为前一天我在这里看到的残酷景象让我感到刻骨铭心，我真的很倾向于找到一条上升到意识的路，就像我在山上所做的那样……但以利亚说上和下都是一样的，类似于但丁的《地狱》。诺斯替教倒置圆锥的象征表达的也是这种思想，因此山和火山口是一样的。这些幻想与意识的结构无关，它们是自然发生的事情。因此，我认为但丁同样也是从这些原型中获得自己的思想。"（《荣格心理学引论》，104 ~ 105 页）麦圭尔认为荣格在这里指的是但丁的"地狱之洞是圆锥形，由一层层的环堆积而成，镜映的是天堂的形式，二者形状相同"（《荣格心理学引论》，104 ~ 105 页）。在《移涌》中，荣格也指出蛇是一种典型的两极对立，蛇之间的冲突是中世纪炼金术的一个主题（1951，《荣格全集第 9 卷》Ⅱ，§181）。

莎："你就是基督。"

我张开双臂站在那里，就像被钉在十字架上一样，我的身体被那条蛇紧紧地缠着："莎乐美，你说我是基督？"[211]

这就像我独自一人站在高山上，张开僵硬的双臂。蛇用可怕的身体缠绕着我，血液从我的身体里流出来，一直流到山脚下。莎乐美在我面前俯下身，用她乌黑的头发包裹着我的脚，她一直趴在那里很长时间。接着，她大呼："我看到光了！"是的，她在看，她的双眼是睁开着的。蛇从我身上滑落下来，疲倦地躺在地面上。我从它身上跨过去，跪在先知脚下，先知像火一样散发出光芒。

以："你的任务在这里得以完成。其他的事情将随之出现。你要不知疲倦地去追寻，最重要的是要把你的所见所闻准确地记录下来。"

在看到先知的光芒时，莎乐美显得十分兴高采烈。以利亚变成一道巨大的白光。蛇缠绕在莎乐美的脚上，好像瘫痪了一样。莎乐美异常虔诚地跪在光前。泪水不断从我的双眼涌出，我迅速跑出来进入黑夜，就像一个从来没有参与过光荣

---

211 在 1925 年的讲座中，荣格讲到在莎乐美称他为基督之后说："我反对她的观点，我说，'这太疯狂了'，心中充满批判性的阻抗。"（《荣格心理学引论》，104 页）荣格对此的诠释如下："很明显，莎乐美的观点和她对我的崇拜就是劣势功能的特点，劣势功能这里充斥着邪恶的气息。这种疯狂的恐惧会给人带来冲击。这就是疯狂是如何开始的，这就是疯狂……如果你没有把自己交托给这些无意识的事实，你就无法意识到它们。如果你能够克服自己无意识的恐惧，让自己走下去，那么这些事实就会呈现出它们本来的面目。只要你变得足够疯狂或几近疯狂，你就能够被这些想法控制住。这些意象拥有太多的现实，因此它们会自荐，并能抓住这种非常特别的意义。这些意象形成古代神秘的一部分，而实际上正是类似的幻想形成神秘。类似于阿普列乌斯作品中描述的伊西斯的神秘，对新加入的人进行的启蒙和神化……对新加入者进行这样的启蒙，他们会有一种特殊的情感。蛇逐渐解开对我的缠绕是把我引领到神化部分的重要一步，莎乐美的表现就是神化。我感到自己的面孔所转化成的那张动物面孔是密特拉密教中著名的［神］狮头兽，它是一个被蛇缠绕着的人，蛇的头贴着人的头，而这个人有一张狮子面孔……在这个神化的神秘中，你将自己变成容器，一个创造性的容器，对立在这里和解。"他补充说："这就是密特拉教从始至终的全部象征"（《荣格心理学引论》，105 ~ 108 页）在《金驴记》中，琉善经历的就是伊西斯密教的启蒙。这段情节的意义在于仅对这种残存下来的启蒙进行直接的描述。对于事件本身，琉善写到："我到达死亡之界的门口，踏上明后珀耳塞福涅的门槛，但被允许返回，飘荡穿越所有元素。我在午夜看到阳光灿烂，就像中午一样，我伫立在下界和上界的众神面前，离他们很近，崇拜他们。"随后，琉善出现在圣殿中央的讲道坛上，站在人群面前。他披着斗篷，上面画着蛇和狮身鹰，手里拿着一支火把，头戴"一顶棕榈冠，亮闪闪的叶子向四面伸出，宛如一个光环"（《金驴记》，R. 格拉夫译［哈蒙兹沃思：企鹅出版公司，1984］，241 页）。荣格在自己所藏的德文译本的页边将这一段划了出来。

的神秘的人一样。我的双脚碰触不到地面，就像融化到空气中一样。[212]

[2][213]我的渴望[214]把我带到这过于灿烂的白天，这里的光芒和黑暗的先觉空间[215]正好相反。根据我的理解，这个对立的原则就是神圣的爱，即母亲。围绕着先觉[216]的黑暗似乎应归因于在内部什么都看不到又在深度发生这一事实。[217]但是爱的光芒似乎来自可见的生命和行动这一事实。我的快乐和先觉在一起，快乐拥有欢乐的花园，而花园被黑暗和夜晚包围着。我向下爬到我的快乐这里，但要向上爬才能到我的爱那里。我看到以利亚高高在我之上：这表示先觉站得比我本人离爱更近。在我升到爱那里之前，必须先满足一个条件，它本身代表的两条蛇之间的战斗。白昼在左，黑夜在右。爱的世界是光明，先觉的世界是黑暗。两个原则截然分开，相互敌对，并变成蛇的形式。这种形式代表两个原则邪恶的本质。我从这场战斗中看到一个重复出现的幻象，我在这个幻象里看到太阳和黑蛇的战斗。[218]

此时，爱的光消失，鲜血开始喷涌而出。这是一场大战。但是深度精神[219]想要人们把这场战斗理解为每一个人本质的冲突。[220]在英雄死后，我们生活的

212 在“科莱女神的心理学”（1951）中，荣格对这段经历的描述如下：“一位老魔法师也是先知和他的‘女儿’生活在地下的一座房子里，实际上是在阴间。但她事实上并不是他的女儿，她是一位舞女，非常放荡，但双目失明，渴望得到治愈。”（《荣格全集第9卷》Ⅰ，§360）荣格将对以利亚的描述和后来对腓利门的描述结合在一起，他指出这“表示这位未知的女性是一个外在世界（指的是无意识）的神话人物。她是祭司长或‘哲人’的妹妹或神秘的女儿，明显和西门·马格斯与海伦、佐西默斯与娣西芭、科玛琉斯与克里奥帕特拉等人物的神秘合一类似，我们梦中的形象与海伦高度吻合”（同上，§372）。

213 《修改的草稿》中写的是：“引导性的思考”（127页）。在《黑书2》中，荣格直接从但丁《神曲》的德文译本中引用一段文字（104页）：“我对他说，‘我是一个人，当爱鼓动／我的时候，我根据他在我内心中／的指示讲话’。”（《炼狱篇》24，52～54）“同样，又如同火焰一样，／它根据火的形状而改变，／新的形状也根据精神发生变化。”（《炼狱篇》25，97～99）C. H. 西森译（曼彻斯特：卡卡耐特出版社，1980），259，265页。

214 《草稿》中写的是：“渴望被母亲再生的消息”（143页）。

215 《修改的草稿》中写的是：“原始意象”（127页）。

216 《修改的草稿》中写的是：“思想或原始意象”（127页）。

217 《修改的草稿》中写的是：“生活在”（127页）。

218 见第五章，“未来的地狱之旅”。

219 《修改的草稿》中写的是：“精神”（127页）。

220 《草稿》中继续写道：“因此人们都会说他们在为善与和平而战，但一个人不可能为善向另一个人开战。然而，由于人们不知道冲突就在他们自己身上，因此德国人会认为英国人和俄国人有错，但英国人和俄国人说德国人有错。但没有人能用对和错评判历史，因为一半的人都是错误的，每个人也有一半是错误的。因此，冲突存在于我们自己的灵魂中。但人是盲目的，总是只知道自己的一半。德国人的内在有与他们交战的英国人和俄国人，同样，英国人和俄国人的内在也有和他们交战的德国人。但人类似乎只看到外部的争斗，而没有看到内在的冲突，而只有内在的冲突才是大战的来源。但是，在人类能够上升到光明和爱的高度之前，大战必然发生。”（145页）

驱力没有了模仿的对象，因此它便进入每一个人的深度中，激起深度力量之间可怕的冲突。[221] 先觉是单一，爱是团结。但是，二者彼此依赖，而又相互残杀。由于人们不知道冲突就发生在他们内部，因此他们会变疯，/ 并把错归到别人身上。fol.vi(v)/vii(r) 如果一半的人是错的，那么每个人也有一半是错的。但人却看不到自己灵魂里的冲突，而这个冲突就是外部灾难的来源。如果你被激怒去对抗自己的兄弟，你要想到这是你被激怒去对抗自己身上的兄弟，也就是说你对抗的是你身上类似于你兄弟的内容。

作为一个人，你就是人类的一分子，因此你有整个人类的特征，就像你自己是整个人类一样。如果你战胜或杀掉反对你的同类，那么你也杀掉了你自己身上的那个人，并且谋杀掉自己的部分生命。死者的精神将跟随着你，让你的生活失去乐趣。但你需要完整才能活下去。

如果我自己认可纯粹的原则，那么我会走向一侧，变得片面。那么，我在神圣母亲原则[222]中的先觉就会变成丑陋的侏儒，像子宫中的胎儿一样生活在黑暗的洞中。即使他说你可以从他的源头饮得智慧，也不要听他的话。但先觉[223]在这里向你表现出侏儒般的聪明、虚假和黑夜，就像圣母向我表现出像莎乐美一样下降到那里。缺失的纯粹原则会以蛇的形式表现出来。英雄极度追求的就是纯粹的原则，因此他最终会迷恋蛇。如果你走向思维，[224] 要带着你的心。如果你走向爱，要带着你的头脑。没有思维，爱就是空洞的；没有爱，思想就是空洞的。蛇隐藏在纯粹的原则之后。因此，我丧失了勇气，直到我发现蛇立即带我向另一个原则跨越。在向下爬时，我变得越来越小。

伟大的是那些陷入爱中的人，因为爱是造物主当下的行为，是世界形成和崩塌的当下瞬间。爱的力量无比强大。但是那些远离爱的人，会感到自己很强大。

---

221 1916年12月，荣格在《无意识过程的心理学》的序言中写道："伴随着当下这场战争的心理过程超越大众心目中一切令人难以置信的残暴程度，彼此造谣中伤，空前的毁灭怒火，恐怖的谎言横流，而人类却没有能力让血腥的魔鬼停下来，这种情形就像在一个思维型的人前面把潜藏在秩序的意识世界之下混乱不安的无意识强烈地拉出来一样。这场战争无情地告诉文明社会中的人们他们仍然是未开化的蛮族……而个体心理和国家心理是一样的，国家所做的事情，个人也会做，而只要是个体能做的事情，国家也会做。个体态度的改变是国家心理改变的开始。"（《荣格全集第7卷》，4页）

222 《修改的草稿》中写的是："先知，思想的人格化"（131页）。

223 《修改的草稿》中写的是："思想"（131页）。

224 《修改的草稿》中的整一段都用"思想"替换。

在你的先觉中，你会把自己当下存在的没有价值视为一个最渺小的点，存在于往者和来者的无限之间。思想家很渺小，如果他远离思维，他就会感到强大。但是如果我们说的是表面，那么实际情况正好相反。对于任何一个在爱中的人而言，形式微不足道，但他的视野范围就止于形式。对于任何一个在思维中的人而言，形式不可逾越，像天一样高，但他会在夜里看到无数世界和它们无限循环的多样性。任何一个在爱中的人都是一个满得快要溢出的容器，还在等待施舍。任何一个在先觉中的人都是又深又空的容器，等待被装满。

爱和先觉合一，又在相同的地方，爱不能没有先觉，先觉也不能没有爱，而人类只偏重于一方，这是人类的天性。动物和植物似乎在各个方面都拥有足够的两者，只有人类偏重其中一个并忽略另一个。人类摇摆不定，不确定应该在哪一方投注多少。人的知识和能力有限，但他也必须做出决定。人类不仅仅从自身内部成长，因为他也是从自身内部创造[225]的。神开始在人身上显现。[226]人的本性对神性知之甚少，因此人类会在太多和太少之间徘徊。[227]

时代精神迫使我们变得草率。如果你臣服于时代精神，你将没有未来和过去。我们要让生命永恒。在深度中，我们拥有未来和过去。未来古老，过去年轻。你臣服于时代精神，相信自己能够逃脱深度精神。但深度不再迟疑，将强迫你进入基督的神秘中。[228]深度属于这个神秘，即人无法被英雄拯救，而是变成基督，圣人的先例用象征的方式教给我们这些。

任何想看到愿望的人都无法看到它。欺骗我的是我的愿望，是我的愿望引发

---

225 《修改的草稿》中还写有“意识”，并删掉“来源”（133 页）。

226 《草稿》和《修改的草稿》中被替换为：“来自集体的（无意识）神圣创造性力量（在人身上）开始变成~~一个人~~[个人无意识]”（133 ~ 134 页）。

227 《草稿》和《修改的草稿》中写的是：“但你会问，为什么~~先觉~~（思想）伪装成犹太先知，~~你的~~快乐伪装成异教徒莎乐美出现在你的面前？我的朋友啊，请不要忘记，我也是一个在这个时代精神中思考和求索的人，完全受制于蛇的咒语。我只是现在才开始通过启蒙进入~~深度~~精神的秘密中，并没有完全抛弃在这个时代精神中的思维所缺乏的全部古老性，而是再次将它纳入到我这个常人的身上，使我的生命完整。由于我已经变得很贫瘠，并且远离神，因此我必须吸纳神圣和平凡，因为时代精神再没有任何东西可以给我，反而将我在真实生活中拥有的东西掠夺得所剩无几，特别是将我变得懒惰又贪婪，因为时代精神只关注眼前，并强迫我用一切眼前的东西去填补当下。”（134 ~ 135 页）

228 《草稿》和《修改的草稿》中写的是：“就像~~老先知们~~[古人]站在神秘的基督面前一样，我也像前人一样站在（这位）神秘~~的基督~~的面前，[根据我对过去的假设]尽管我生活在~~主后~~（之后）两千年，并一度认为我自己是基督徒，但我从来没有成为过基督。”（136 页）

群魔的巨大骚动。那么，我就不应渴望什么吗？我有愿望，而且尽我所能实现自己的愿望，因此，我培养的是一切我渴望获得的东西。最终，我发现自己想要一切，而没有去寻找自己。因此，我不再渴望从外部寻找自己，而是转向内部。所以，我想理解自己，我想再继续走下去，不去知道自己想要什么，因此我感觉自己已经进入到神秘中。

那么，我应该不再渴望什么了吗？你想要战争，这很好。如果你没有想，那么战争的魔鬼就会变小。[229] 但正是你的渴望使魔鬼变大。如果你不能从这场战争中成功地制造出最大的魔鬼，你将永远无法从暴力事件中学到东西，也学不到如何赢得在你外部发生的战争。[230] 因此你满心渴望最大的魔鬼是一件好事。[231] 你们都是基督教徒，追随英雄的脚步，等待替你们承受苦难的救世主，让你们免受十字架之苦。于是，你们 [232] 便在整个欧洲大陆堆起一座骷髅山。如果你能在这场战争中制造出可怕的魔鬼，并将无数的受害者投入深渊，这是一件好事，因为它让你们每一个人都准备好去牺牲自己。因此你们会像我一样，接近完成基督的神秘。

你已经感觉到了自己背上的铁拳，这是这段路的开始。如果世界到处都是鲜血、战火和哀号，你将在自己的行为中找到自己：喝下装满残酷战争的血腥，享受杀戮和破坏的盛宴，接着你睁开双眼，你将发现自己要承受战争的苦果。[233] 如果你渴望所有这些，那么你已经在路上了。渴望造成盲目，盲目是这条路的引路人。我们渴望错误吗？你应该不会，但如果你像其他人一样把渴望视为至高真理，那么你就是渴望错误。

229　在《查拉图斯特拉如是说》中，尼采写道："拯救过去，把一切'过去就是如此'变为'我让它如此的！'——这个我才称之为拯救！"（"拯救"，161 页）

230　1916 年 2 月 11 日，荣格在分析心理协会的讨论中说，"我们都滥用意志，让自然的生长服从意志……战争让我们学到：意志是没有用的，我们会看到它将我们带向何处。我们受正在形成的绝对力量支配"（苏黎世精神分析协会会议纪要，第 1 卷，106 页）。

231　《草稿》和《修改的草稿》中写的是："因为~~你们~~（我们）内心仍是古老的犹太人和信奉邪神的异教徒。"（137 页）

232　《修改的草稿》中写的是："我们自己"（138 页）。

233　《修改的草稿》中写的是："我们把自己称为基督徒，效法基督。但是成为基督才是真正的效法基督。"（139 页）

水晶的象征意味着事件发生的规律是不可改变的，你在这颗种子中理解来者。我看到那些可怕和无法理解的东西（出现在1913年的圣诞）。我看到农民的长筒靴，这是恐怖的农民战争的标志，[234] 是杀人纵火和血腥残酷的标志，我知道自己只能把这个标志解释为某些血腥和残酷的事实就摆在我们的面前。我看到巨人的脚踏平一整座城市，那么我该如何诠释它呢？我看到自我牺牲的路从这里开始。他们都将极度沉湎于这些可怕的体验，盲目的意志让他们把这些都理解成外部的事件。而这都是发生在内部的事件，是通往完成基督神秘的道路，[235] 这样人类才学会自我牺牲。

如果恐惧变得足够强大，它就能够让人向内看，那么人们便不再从别人那里寻找原我，而转向自身寻找。[236] 我看到了它，我知道这就是道路。我看到基督之死，我看到基督的哀叹。我感受到他死亡时的极大痛苦，这是伟大的死亡。我看到一位新神，还是一个孩子的他已经将全部的魔鬼收入自己的手中。[237] 神用自己的力量抓住相互分离的原则，并将它们结合在一起。神通过原则在我身上的结合成长。神就是原则的结合。

如果你想要其中的一个原则，那么你就在这个原则中，但你就会远离另一个原则。如果你想要两个原则，既有这个也有那个，那么你就激起了两个原则之间的冲突，因为你不能同时想要两个原则。需要涌现之后，神便出现在其中，他

---

234 这里指的是1525年在德国发生的农民叛乱。

235 1918年，荣格在第二版《无意识过程的心理学》的序言中写道："这种悲惨的场面通过使人感到自己完全的无能，使人又回到自己身上，向内寻找，而一切都在摇摆，他要找到自己确保能够扶到的东西。而有很多的人还在向外寻找……向内寻找自己的人少之又少，仍有较少的人问自己，如果每一个人都废除自己身上的旧秩序，在自己身上和内部践行这些戒律，喜欢在街上每一个角落讲说胜利被让同胞来讲述的期待替代，人类社会的终结是否就不是最好的结局了。"（《荣格全集第7卷》，5页）

236 《草稿》中写的是："如果这些没有发生，基督就不会被征服，魔鬼会变得更加强大。因此，我的朋友啊，你要把我告诉你的讲给你的朋友，那么这些话就可以在人们中间传开了。"（157页）

237 《草稿》中继续写道："我看到新神来自主基督，是年轻的海克力士。"（157页）

把你冲突的意志握在手中，在一个意志单纯且超越冲突的孩子手中。你学不到这个，它只能在你身上发展出来。把渴望指向自己吧，这样你才会被带到路上。[238]

但是，你本质上害怕的是自己，因此，你喜欢转向外部，而不是转向自己。我见过祭山，鲜血横流。在大战爆发之时，我看到骄傲和力量如何令男人得到满足，美丽如何使女人的双眼闪光，我知道人类就在自我牺牲的路上。

深度精神[239]已经将人类控制住，强迫他们自我牺牲。不要四处寻找罪疚感。深度精神像抓住我的命运一样抓住人类的命运，他带着人类穿越神秘的血河。在神秘中，人变成两个原则，分别是狮子和蛇。

因为我也想要自己的另一原则，所以我必须变成基督，我必须受苦，因此拯救性的鲜血流了出来。通过自我牺牲，我的快乐发生改变，升到这个原则的更高

---

238 《草稿》和《修改的草稿》中，这里都出现一大段内容，意译如下：神的右手握着爱，左手握着先觉［整段都被替换为“思想”］。爱在我们喜欢的一侧，先觉在我们不喜欢的一侧。应该向你推荐爱，因为你是这个世界的一部分，尤其如果你是一位思想家。~~神同时拥有两者，~~二者的结合体就是神，~~此~~神通过两种原则在你［我］身上的结合而成长，你［我］不会通过这种结合变成神或圣人，但神会变成人。神是一个孩子，在你身上显现，通过你显现。~~神圣的意志以孩子般的或幼稚的形式来到你身上，哪怕你是一位成熟的成人。幼稚的人拥有的是旧神，我们都知道旧神，也看到过旧神的死亡。哪怕你是成人，也只能变得更加像孩子。你拥有自己面前的青春和来者所有的神秘。幼稚已经在他面前死去，因为他首先必须长大。只要你将古代人和你儿童时代的神征服，你就能够长大。~~你征服他的方式不是无视他，也不是听从时代精神［Zeitgeist：时代精神］。时代精神在肯定和不像是醉鬼之间摇摆［“因为他就是当前总体意识的不确定感”］。~~你~~［整段都被替换为“一个人”］只有通过让自己变成旧神、经历他的苦难和死亡，才能征服旧神。你征服旧神，成为自己，就像一个人找到自己而不再模仿英雄一样。你使自己解脱，使自己摆脱旧神和他的模式。如果你已经变成他的模式，那么你不再需要这个模式。~~这时候，神以蛇的形式把爱和先觉握在手中，对我而言，这表示神已经控制住人的意志。~~［“神将对立的爱和思想结合在一起，并将结合体握在手中”］爱和先觉永恒自古就存在，而它们不被渴望。每个人总想得到拥有思维和欲望的时代精神。控制深度精神的人是想得到爱和先觉。如果你想要两者，你就变成神。如果你这么做，神就会诞生，拥有人的意志，把人的意志握在他孩子的手中。~~深度精神以完全幼稚的形式出现在你身上，如果你不喜欢深度精神，对你而言，他就是一种折磨。这是意志导致的。~~爱和先觉在世界之外，只要你不想要它们，你的渴望~~就会像蛇一样盘在它们之间~~［“让它们保持分离”］。如果你想要两者，想要爱和想要~~先觉~~［“认识”］之间的战斗就会在你身上爆发。你将会看到你不能同时想要两者。神将在这种需要中诞生，~~就像你在神秘中的经历一样，~~他用手拿着被分开的意志，这是一双孩子的手，孩子的意志是单纯的，不会被分开。这位神圣的稚童的渴望是什么呢？你通过借助描述学到它，它只会变成你的一部分，同样，你也不能想要它。你无法通过我讲的内容学到或领会它。~~人对自己的误导和欺骗更是让人难以置信，让这些成为一种警示吧。我所讲的是我自己的秘密，而非你的，我的道路也不是你的道路，因为我属于自己，不属于你。你不要学习我的道路，而是去找自己的道路。我的道路将我带向自己，而不是你~~（142 ~ 145 页）。

239 《修改的草稿》中写的是：“伟大的精神”（146 页）。

水平。爱有视力，而快乐失明。两个原则在火焰的象征中合一，原则都没有了人的形式。[240]

240 《修改的草稿》中，这里出现一大段内容，意译如下：当战争支配人类的时候，~~正如同你所看到的~~，骄傲和力量如何令男人得到满足，美丽如何使女人的双眼闪光，~~你知道~~人类正在走向战争。~~你知道~~战争不仅是冒险、犯罪和杀戮，更是自我牺牲的神秘。~~深度~~[整段都被替换为“伟大的”]精神已经控制住人性，在强迫人类通过战争进行自我牺牲。~~不要四处寻找罪疚感~~，[“罪疚感不在外部”]~~深度精神像带领我一样带领人们进入神秘~~，~~他像带领我一样~~带领人们来到血河。人们实际上是被迫去经历我在神秘中的经历[“在外部世界大范围地发生”]。~~我并不知道这些，但神秘教我知道我的渴望如何让自己伏在被钉到十字架上的神的脚下~~，~~我体验到~~[想要]基督式的自我牺牲。~~基督的~~神秘在我眼前自动完成。~~我的先觉~~[“我上方的思想”]强迫我这么做，但我在反抗。~~我最强的欲望、我的狮子和我最狂热与最高涨的激情~~，我想要阻止神秘意志的自我牺牲。所以，我就像一头被蛇缠绕着的狮子，[“命运不停在自我更新的意象”]。莎乐美从右侧向我走来，而右侧是我喜欢的一侧。~~我身上的快乐被唤醒~~。当我完成自我牺牲的时候，我体验到到自己的快乐来到我身上。我听到玛利亚的声音，~~玛利亚是爱的象征~~，也是~~基督的~~[我的]母亲，因为基督也是爱的儿子。爱生出自我牺牲的人和自我牺牲，爱也是我的自我牺牲的母亲。我听到这一点，并接受这一点，我感到自己要变成基督，因为我知道是爱将我变成基督。但我仍在怀疑，因为对于一位思想家而言，将他自己和思想区分开和接受在他外部发生的事情也是自己思想中发生的事情几乎是不可能的。~~这些都在他的内部世界之外。我在神秘中变成耶稣，而非在旁观，如何变成基督但仍完全是自己，因此我还在怀疑自己的快乐是在什么时候让我知道我就是基督的。~~[莎乐美，]我的快乐对我说，[“我就是基督”]这是因为爱，爱比快乐高级，不论它在我身上如何隐藏在快乐之中，都已经把我带到自我牺牲，使我成为基督。快乐靠近我，用指环包围着我，强迫我经历基督的折磨和为世界流血。我以前臣服于~~时代精神~~[整段都被替换为“Zeitgeist：时代精神”]的渴望走到深度精神之下，通过先觉[整段都被替换为“思想”]和快乐，它像以前受时代精神决定一样现在受深度精神决定，它通过自我牺牲与流血的渴望和我生命的本质决定我。这标志着是我邪恶的快乐把我带到自我牺牲，它的核心是爱，牺牲使爱摆脱快乐。奇迹在这里发生，我以前失明的快乐开始有了视力。我的快乐是失明的，它就是爱。由于我强烈渴望自我牺牲，我的快乐发生了改变，它变成更高的原则，它在神身上就是先觉。爱有视力，但快乐是失明的。快乐总是想得到最近的东西，通过多样性感受，不断跳跃，没有目标，一味地去寻找，但永远不满足。爱想要的是最远、最美好和最圆满的东西。我还看到了更多的东西，即我身上的先觉拥有的是老先知的形式，表示它属于前基督时期，并把自己转变成一种不再以人的形式出现的原则，而完全是一种纯白光的形式。~~因此人类完全通过基督的神秘相对地转化为神圣~~。先觉和快乐在我身上结合成新的形式和渴望，显得很陌生且危险，深度精神渴望~~瘫痪在~~闪光的火焰~~的脚下~~。我和自己的意志合一。它在我身上发生，我刚~~在神秘戏剧中~~看到它，~~我通过这些学到很多之前不知道的东西~~[“就像在戏剧中一样”]。但我发现一切都值得怀疑，我感到他像是融化在空气中一样，因为我对~~神秘~~[精神]的世界依然很陌生。~~神秘向我显示出现在我面前的东西和要完成的任务，但我仍然不知道这些如何出现和何时完成。~~但是那位有了视力的并且欣喜地跪在白色火焰前的莎乐美的意象是一种强烈的情感，来到我的意志这一侧，带着我穿过之后的一切。所发生的事情就是我自己的彷徨，我需要~~通过痛苦~~赢回~~我曾经看到过的对神秘的完成有利的东西~~[“自己最初看到的东西”]（146 ~ 150页）。

神秘通过意象向我显示我以后应该过什么样的生活，我没有要神秘向我显示任何恩赐，因为我还要把它们都赢回来。[241]

241 吉勒·奎斯佩尔说，荣格曾经告诉荷兰诗人罗兰·霍斯特，30 页的《红书》是他写《心理类型》的基础（转引自斯蒂芬·何勒的《诺斯替教徒荣格和向死者的七次布道》[惠顿：伊利诺伊州，求索书店，1985]，6 页）。他似乎已经把“神秘”之前的三章牢记于心，在这三章出现的内容被发展为对立功能之间的冲突、认同主导功能与和解的象征的发展是对立冲突的解决等概念，这些都是《心理类型》(《荣格全集第 6 卷》)第五章“诗歌中的类型”中的核心主题。荣格在 1925 年的讲座中说：“我发现无意识正在解决无数集体幻想。就像我之前对神话研究产生浓厚的兴趣一样，现在，我对无意识材料也产生同样浓厚的兴趣。这实际上是使我自己的神话得以形成的唯一道路。因此，《无意识心理学》的第一章也变成最正确的真实。我继续观察神话的创造，洞察到无意识的结构，从而形成在《心理类型》中如此重要的概念。我从病人那里获得经验性的材料，但我是从自己的内部找到问题的解决方法，根据的是我对无意识过程的观察。我在《心理类型》一书中试图将内在经验和外在经验这两种倾向融合在一起，并将这两种倾向融合的过程命名为超越功能。”(《荣格心理学引论》，34 页)

Liber Secundus

第二卷

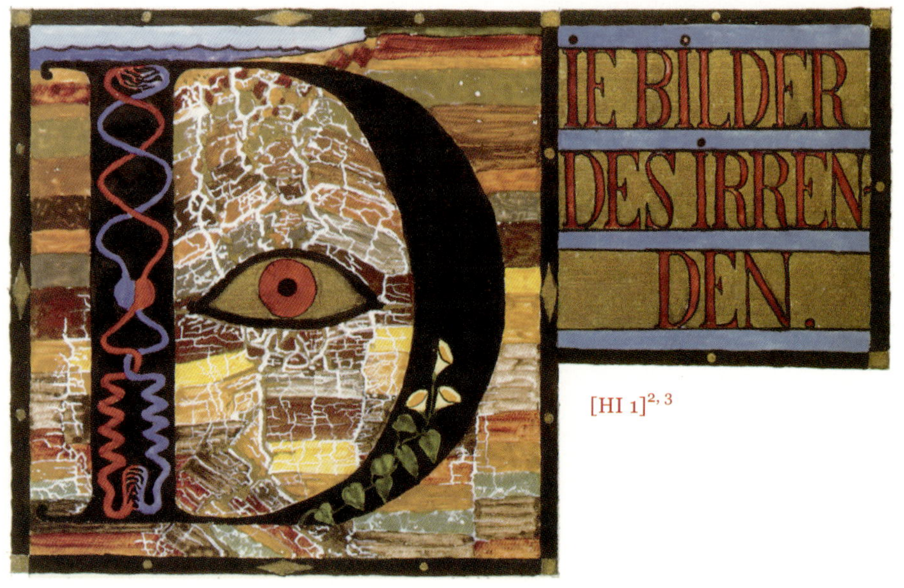

[HI 1][2,3]

序言　犯错者的意象[1]

[万军之耶和华这样说："不要听从这些向你们说预言的先知所说的话，他们使你们存有虚幻的希望；他们所讲的异象是出于自己的心思，不是出于耶和华的口。"(耶利米书，23 章 16 节)]

["那些先知所说的话我都听见了，他们冒我的名说虚假的预言：'我做了梦！我做了梦！'那些先知心里存着这样的意念要到几时呢？他们说虚假的预言，说

1 《手写的草稿》中写的是："彷徨中的冒险"(353 页)。

2 1932 年，荣格在一篇关于毕加索的论文中描述了精神分裂症患者的绘画，他在这篇论文中提出只有那些有精神障碍的人才能产生精神分裂的症状，而非精神分裂症患者，原文如下："从一个纯粹形式的立场上看，主要特征是一种分裂，以所谓的折断线的形式表现出来，也正是贯穿在绘画中的一类心理断裂"(《荣格全集第 15 卷》，§208)。

3 荣格在《心理类型》(1921)中直接以拉丁文的形式引用《圣经》中的这几段文字（路德版《圣经》)，并用以下评论引入："基督向世界呈现他无意识内容的形式已经被广泛接受和被宣布对所有人有效，因此个体的所有幻想已经变得没有价值，甚至被视为异端邪说，就像诺斯替教运动和之后所有异教的命运一样，先知耶利米的告诫也是如此。"(《荣格全集第 6 卷》，§81)

出自己心中的诡诈；他们以为借着互相传述自己的梦，就可以使我的子民忘记我
的名，好像他们的列祖因巴力忘记了我的名一样。做了梦的先知，让他把梦述说
出来；但得了我话语的先知，该忠实地传讲我的话。禾秆怎能和麦子相比呢？”
1/2 这是耶和华的宣告。（耶利米书，23 章 25 至 28 节）]/

er rothe· cap. i.

[HI 2][5]

第一章 红人[4]

[2] 我身后的神秘之门已经关上，我感到自己的意志处于瘫痪的状态，深度精神将我占有，我对前方的路一无所知。所以我什么都不想要，因为没有什么让我知道自己是否需要什么。我在等待，但不知道自己在等待什么。但是在第二天夜里，我感到自己有了确定的答案。[6]

[1][7] 我发现自己站在一座城堡最高的塔楼上，天空中的气息告诉我，我回到了远古时代。我的目光在孤寂的旷野上游荡，这里是连接田野和森林的中间地带。我穿着一身绿色的外套，肩上挂着号角。我是一位守塔的卫兵，我向远处望去，看到那里有一个红点，蜿蜒前行，在森林中忽隐忽现。那是一个骑马的人，身穿红色的外套，是一位红色的骑马者。他要进入我的城堡，他正在穿过城门，我能听到马走在石阶上的脚步声，台阶嘎吱作响，他在敲门。我感到莫名的恐惧，一个红色的人站在那里，他个子修长，全身的衣服都是红色，甚至他的头发都是红色的。我在想：原来他是一个魔鬼。

---

4 《修改的草稿》中写的是："V 极度彷徨的我，红人"（157 页）。

5 这幅图描绘的是荣格的"自我"在幻想的开始场景中。

6 《草稿》中加入了上一段（167 页）。

7 1913 年 12 月 26 日。

红人：“你好，高塔上的人。我从远处看到你，我看到你在遥望和等待。你的等待把我召唤到这里。”

我：“你是谁？”

红人：“我是谁？你认为我是魔鬼。不要急着下判断。哪怕你不知道我是谁，也可以和我交谈。你是何等地迷信，立即就认为我是魔鬼？”

我：“如果你没有超自然的能力，怎么知道我是站在塔楼上等待未知和新鲜的事物？我在城堡的生活很糟糕，因为我总是站在这里，没有人愿意爬上来。”

红人：“那你在等待什么呢？”

我：“等待很多东西，特别是等着在这里见不到的某些世间财富来到这里。”

红人：“这里绝对就是我要来的地方，我在世界上飘荡很久，一直在寻找像你这样站在高塔上寻找未知事物的人。”

我：“我很好奇。你很罕见，仪表不凡。原谅我的冒昧，我感到你带着一股奇怪的气息，似乎很平凡，似乎很鲁莽，又或很有活力，而实际上又像是异教徒的气息。”

红人：“你并没有冒犯我，相反，你一语中的，但我不是你想象的那种古老的异教徒。”

我：“我也没有坚持那样想。你也没有那种浮夸和拉丁的感觉，你没有古典的气质，像是我们时代的孩子，但我必须要说的是，你很不寻常。你不是真正的异教徒，而是和我们的基督教相对应的异教徒。”

红人：“你真是一位能够看透真相的人，比那些完全误解我的人做得好。”

我：“你听起来既冷酷又轻蔑。你没有对我们基督教最神圣的神秘伤心过吗？

红人：“你是一位异常呆板又认真的人。你一向都是这么急迫吗？”

我：“我一直尽最大的努力在神面前认真且真实地对待神秘。但是，你的出现，使这些变得困难。你带着某种令人恐惧的气息，一定是来自萨勒诺的黑魔法学校，[8]异教徒和他们的子孙后代都在这里教授邪恶的魔法。”

红人：“你很迷信，太德国化，只从字面上理解经典，否则你不会这么冷酷无情地评判我。”

2/3 / 我：“冷酷无情的评判不是我的原意，但我的鼻子不会欺骗我。你在逃避，

8 萨勒诺是意大利南部的一座小镇，由罗马人建立。荣格指的可能是赛格雷塔研究院，在16世纪40年代为进行炼金术研究而设立。

不愿意暴露出自己的真实面目。你在掩饰什么？”

（红人的颜色似乎在变得更深，他的红色外套像烧红的铁一样散发着光芒。）

红人：“忠诚的灵魂啊，我对你没有任何隐瞒。我只是对你极度的认真和滑稽的诚实感兴趣，这在我们时代很罕见，特别是那些有理解力在手的人中。”

我：“我想你无法完全理解我。你很明显是在将我和那些你知道的人进行对比，但是，我必须如实告诉你，我实际上既不属于这个时代，也不属于这里，我是在很多年以前被诅咒到这里的，你看到的我不是真正的我。”

红人：“你说的事情让人感到震惊，那你是谁呢？”

我：“我是谁无关紧要。站在你面前的我就是我。我不知道自己为什么来到这里并变成这个样子，但我知道我必须在这里借助自己最好的知识证明自己。我对你知之甚少，就像你也对我没有太多了解一样。

红人：“听起来很奇怪。你是圣人吗？你不可能是哲学家，因为你不具备学术语言的能力。那么是一位圣人？的确如此。你的庄严散发出狂热的味道。你拥有道德的气息和不新鲜的面包与水碰在一起的朴素。”

我：“我不置可否，你像一个被时代精神困住的人在讲话。在我看来，你缺乏比较。”

红人：“或许你读过异教徒的学校？你像诡辩家一样回答我的问题。[9] 如果你不是圣人，你怎么能够用基督教的标准衡量我？”

我：“对我而言，即使没有圣人，也可以使用这个标准。我想我已经知道在没有受到惩罚的情况下没有人可以避免基督教的神秘。我再重复一遍——没有为主基督心碎过的人会拉一个异教徒把自己围住，将最好的事物拒之门外。”

红人：“又是老一套？如果你不是一位基督教的圣人，那你意欲何为？你不正是一位可恶的诡辩家吗？”

我：“你只局限在自己的世界中。但是，你似乎很肯定一个完全没有成圣的

---

9 诡辩家是生活在公元前 4 世纪到公元前 5 世纪的希腊哲学家，集中在雅典，主要人物有普罗塔哥拉、高尔吉斯和希庇亚斯。他们多处讲学且向学生收费，特别注重教修辞学。柏拉图在大量对话中对他们的抨击使他们带有现代玩弄言语文字的消极色彩。

人可以准确地评估基督教的价值。”

红人：“你是用历史的方法从外部研究基督教的神学博士，也就是诡辩家吗？”

我：“你真顽固。我的意思是，基督教统治全世界并不是一种巧合。我也相信将基督铭记在心和伴随着他的痛苦、死亡与复活成长是西方人的任务。”

红人：“可是，犹太人也是好人，而他们不需要你们庄严的福音书。”

我：“我觉得你没有读懂人类，你难道没有注意到犹太人的头脑中、心中和自我感觉缺少什么吗？”

红人：“尽管我不是犹太人，但我必须为犹太人辩护，你似乎很憎恨犹太人。”

我：“你现在就像所有那些犹太人一样在讲话，谁没有做出完全让你满意的评判你就憎恨谁，却对自己人开最残忍的玩笑。正是因为犹太人非常清楚自己缺少什么，但又不愿意承认，所以才对批评表现得极度敏感。你相信基督教不会在人的灵魂中留下任何痕迹吗？你相信没有切身体验的人也能够分享最终的成果吗？”[10]

红人：“你论证得非常好。但你的严肃呢？你可以把事情变得简单。如果你不是圣人，我实在不明白你为什么这么严肃。乐趣完全被你破坏了。魔鬼给你带
3/4 来什么麻烦？只有充满悲观遁世思想的基督教才能够让人 / 如此笨拙和低落。”

我：“我相信还有其他的东西能够显示严肃的存在。”

红人：“哦，我懂，你指的是生命。我知道这个词。我也有生命，不愿意让自己的头发变白。生命不需要任何严肃，反而，最好为生命起舞。”[11]

我：“我知道如何起舞。是的，我们可以通过舞蹈来完成！舞蹈和发情期连在一起，我知道有人总是处在发情期，他们也愿意为自己的神起舞。有些人很荒谬，有些人制定古代风俗，而不是老实地承认他们完全没有能力做出这样的表现。”

红人：“好，亲爱的朋友，我摘下自己的面具，现在开始变得更加严肃，因为这关系到我的职责。我们可以想象有这样一种第三物是存在的，对其而言，舞蹈就是象征。”

---

10 《草稿》中继续写道：“没有人既藐视数世纪的精神发展又能收获它们播下的种子。”（172 页）

11 在尼采的《查拉图斯特拉如是说》中，查拉图斯特拉告诫不要征服精神的引力，强调：“你们众位高人啊，你们最差劲的地方就是你们都没有学会人人都应该会的舞蹈，通过舞蹈超越自己！”（“高人”，172 页）

红色的骑士变成了鲜红色。看，真是奇迹，我的绿外套上长出了叶子。

我："或许在神面前也存在一种快乐，被称为舞蹈。但我还没找到这种快乐，我在寻找那些还未到来的事物。而快乐没有跟事物一起到来。"

红人："兄弟，你没有认出我？我就是快乐！"

我："你是快乐？我就像在雾中看你，你的意象很模糊。亲爱的，让我握着你的手，你是谁，你是谁？"

快乐？他是快乐？

[2] 这个红人肯定是魔鬼，是我的魔鬼。换句话说，他就是我的快乐，一个独守高塔的严肃的人的快乐——他那殷红、绯香、温煦而灿亮的赤色快乐。[12] 秘密的快乐不在他的思想中，也不在他的外表上，但世界上这种奇怪的快乐就像一股温暖的南风，夹杂着浓郁的花香和生活的轻松出乎意料地出现。如果你从自己的诗人那里知道这种严肃，当它们在期待深度中有什么事情发生的时候，它们会因为自己春天般的快乐被魔鬼首先识别出来。[13] 它像波浪一样将人们卷起，并推着向前。任何一个体验到这种快乐的人都会忘记自己。[14] 没有什么比忘记自己更加甜美了，忘记自己是谁的人不在少数。但是，更多人有牢固的根基，即使玫瑰色的波浪也不能将他们连根冲走。他们被石化，非常沉重，而其他人却非常轻。

我认真直面自己的魔鬼，把他视为真实的人。我在神秘中学到：认真对待每一个独自生活在内在世界中的无名彷徨者，因为他们都是真实的人，能够带来结

12 在 1939 年的讲座中，荣格论述了魔鬼形象的历史转化。他指出，"当他以红色的形式出现时，他就是烈火，本质上就是激情，造成放纵、憎恨或不真实的爱"，见《儿童的梦：1936-1940 年讲座集》，洛伦兹·荣格与玛利亚·梅尔 - 格拉斯编，恩斯特·法尔泽德与托尼·伍尔夫森译（普林斯顿：普林斯顿大学出版社 / 腓利门系列丛书，2008），174 页。

13 《草稿》中继续写道，"你已经从浮士德那里知道这种快乐有多么威严"（175 页），这里指的是歌德的《浮士德》。

14 《草稿》中写的是："就像你从浮士德那里知道的一样，很多人都忘记自己是谁了，因为他们任由自己被冲走。"（175 页）

果。[15] 这对生活在时代精神中的我们不起作用：因为时代精神中没有魔鬼。我身上有一个魔鬼，它就在我内心中。我尽最大的努力去面对他，我能够和他交谈。如果一个人不想无条件地向魔鬼投降，那么与魔鬼进行宗教性对话是不可避免的，因为这就是魔鬼想要的。由于我无法与魔鬼达成一致的地方就是宗教，因此我必须把这个跟他讲出来，因为他是一个独立的人格，我不能期待我可以毫不费力地让他接受我的立场。

如果我不去试图理解他，我就是在逃避。如果你遇到与魔鬼对话的难得机会，不要忘记去严肃地直面他。他毕竟是你的魔鬼。魔鬼就是你的对手，他引诱你，他在你最不想面对他的路上设置石障。

严肃对待魔鬼并不意味着倒向他那一侧，也不是变成魔鬼，更确切地说是达成一种理解，因而接受你的另外一种立场。这样，魔鬼就完全失去自己的基础，你也是如此。这或许是一件好事。

虽然魔鬼会因为宗教特别的庄严又公正而憎恨它，但是，很明显，正是通过宗教，魔鬼才能够被理解。我对舞蹈的看法将他打动，因为我讲的内容属于他的领域。只要别人关心的，他就不严肃对待，因为这就是所有魔鬼的特点。通过这
4/5 种形式，我找到魔鬼的严肃，因此，我们找到共同的基础 /，从而使理解成为可能。魔鬼相信舞蹈既不是淫欲也不是疯狂，而是表达快乐，但快乐不适合任何一个特定的人。我认同魔鬼的这一点，因此他在我眼前变成人形，而我像春天的树一样变绿了。

然而，快乐是魔鬼或魔鬼是快乐的想法令你担心。我为此彷徨一周，担心自己思考得还不够。你不相信自己的快乐就是魔鬼的事实。但似乎快乐总有一些邪恶的东西。如果你的快乐不是自己的魔鬼，那它可能就是你周围人的，因为快乐就是生命终极的开花和变绿。这些将你击倒，因此你必须摸索新的道路，因为快乐之火的光已经完全消失。否则，你的快乐会将周围的人推开，让他脱离自己的道路，因为生命就像火一样将它周围的一切照亮，而火是魔鬼的元素。

15　荣格在讲述主动想象时详细论述了这一点：“与之相反的是，我们时代的科学教义已经发展出一种对幻觉的迷信恐惧症，但真实才是幻觉起作用的因素。幻觉是无意识的工作，这一点不容置疑。”（“自我与无意识的关系”，《荣格全集第 7 卷》，§353）

当我发现魔鬼就是快乐的时候，我必定想和它立约。但是，你无法和快乐立约，因为它会稍纵即逝。因此，你也抓不住魔鬼。对，这属于他的本质，他无法被抓住。如果他让自己被抓住，那他就是一个愚蠢的魔鬼，而较愚蠢的魔鬼也会让你一无所获。魔鬼总是将你所坐的树枝锯断，这很有用，能够防止你睡着和沾染上相应的恶习。

魔鬼是一种邪恶的元素。那快乐呢？如果你跟着它，你会发现快乐里也有魔鬼，因为在你到达快乐时，就从快乐直接进入地狱，到你自己特定的地狱，每一个人的地狱都与别人的不同。[16]

通过与魔鬼达成一致，他接受了我的部分严肃，我也接受了他的部分快乐。这些给了我勇气。但如果魔鬼变得更加严肃，人必须做好准备。[17] 接受快乐永远是一件危险的事情，但快乐能将我们带回生命和它令人失望之处，从而我们的生命才变得完整。[18]

---

16 《草稿》中继续写道："每一个警觉的人都了解自己的地狱，但并不是所有人都了解自己的魔鬼。他们不仅是快乐的魔鬼，也是悲伤的魔鬼。"（178 页）

17 《草稿》中继续写道："我在之后的冒险中发现严肃多么适合魔鬼。尽管严肃让他变得更加危险，但这与他不符，相信我。"（178 ～ 179 页）

18 《草稿》中继续写道："带着新获得的快乐，我在不知道道路通向何方的情况下开始冒险。但是，我已经知道魔鬼总是最先通过女人诱惑我们。尽管我像一位思想家一样有聪明的思想，但我在生命中并非如此，在这里，我很愚蠢且带有偏见，很容易陷进狐狸的陷阱。"（179 页）

[HI 5][20]

第二章　森林中的城堡[19]

第二天夜里，我独自一人走在黑暗的森林里，发现自己已经迷路。[21] 我走在一条黑暗的车道上，在黑暗中踉踉跄跄地向前走。最终，我来到一片寂静黑暗的沼泽地，一座古老的小城堡坐落在沼泽地中间。我想自己最好在这里借宿一晚，我上前敲门，等了很久，外面开始下雨了，我只能再次敲门。于是，我听到有人走过来，打开门。这是一位穿着旧式外套的老仆人，他问我需要什么，我问他能否借宿一晚，接着他带我进入黑暗的前厅。随后，他带着我踏上一个老旧的楼梯。我来到顶部一个类似大厅且更加宽敞和高大的空间中，四周是白色的墙，沿墙摆放着黑色的箱柜。

我被带到一间接待室。这是一个朴素的房间，内有古旧的家具。一盏旧式的灯散发出昏黄的光芒，显得房间非常萧条。仆人轻叩一侧的房门，然后轻轻打开。我迅速扫了一眼：这是一间学者的书房，四周都是书架，还有一张大的写字台，一位老人穿着一身黑色的长袍坐在前面。他示意我走近一些，房间中的空气很凝重，老人看起来很忧心忡忡。他很威严，看起来就像那些最具威严的人。他

---

19 《手写的草稿》中写的是：“第二次冒险”（383 页）。

20　1913 年 12 月 28 日。

21　但丁的《地狱》以一位诗人迷失在黑暗的森林中开篇。荣格所藏的这本书中在此页夹有一张纸。

看起来就像一位完全沉浸在知识海洋中的老学究，表情谦虚又令人生畏。我认为他是一位真正的 / 学者，在无限的知识面前学会谦虚，也让他不知疲倦地沉浸在 5/6
科学和研究的材料中，急切而公正地评估，仿佛他个人的研究就代表科学的真理。

他尴尬地向我打招呼，似乎有些心不在焉又带着防御。我并不感到奇怪，因为我看着像一个普通人。只有在遇到困难的时候，他才将目光从书桌上移开。我将自己想借宿一晚的想法又讲了一遍，他沉默许久之后说："好，如果你想在这里休息，请自便。"我看到他很心不在焉，因此我请求仆人将我带到房间。他说："你的要求太多，稍等，我不能立即停下这一切！"他再次回到自己的书中，我耐心地等待着。一段时间之后，他惊讶地抬起头："你在这里干什么？噢，抱歉，我完全忘记你是在这里等候，我现在就把仆人叫来。"仆人走进来，把我带到同一层楼的一个小房间中，白色的墙，房间内放着一张大床。仆人跟我道完晚安后就离开了。

我非常累，因此，我吹灭蜡烛之后，便立即脱下衣服躺在床上了。床单非常粗糙，枕头非常硬。我顺着错误的道路来到一个奇怪的地方：一座古老的小城堡，它的学究主人很明显整夜都孤独地沉浸在自己的书中。除了住在塔楼里的仆人外，再没有其他人住在这里。我想，老人与书相伴的生活虽然很孤独，但却很理想。我的思想在这里停留很久，直到我注意到自己被另外一个思想占据——老人已经把自己美丽的女儿藏起来了，这是小说中淫秽的想法，是一种枯燥乏味的旧主题，但房间充满浪漫，这是一个小说式的想法，森林的城堡中，孤独的夜晚，一位沉浸在书中僵化的老人，保护着一个无价之宝，并嫉妒地将它藏起来，远离整个世界，我的这个想法该有多么荒谬啊！这就是我在彷徨时做此类儿童般的梦必须设计的地狱或炼狱吗？但我感到自己无法把自己的思想变得更加强大或美好，我猜测自己必须让这些思想出现。把它们驱走会有什么好处呢，它们还会卷土重来，吞下这个苦果胜过把它含在口中。那么，这位单调乏味的女英雄会是什么样子呢？肯定是金黄的头发、白皮肤、苍白的脸、蓝眼睛，急切渴望每一位迷途的彷徨者将她从父亲的监狱中拯救出来，啊，我知道这又是老一套的胡扯，我还是睡觉吧，我为什么会有这么空洞的幻想使自己染上魔鬼的瘟疫？

我没有睡意，辗转反侧，依然没有睡意，我最终也不能拥有自己没有获得拯救的灵魂吗？是它导致我无法入睡吗？我没有这样一种小说式的灵魂吗？这些都是我需要的，但却出奇地荒谬。所有酒的苦涩都没有尽头吗？现在肯定是午夜了，但我依然没有睡意。那么，万千世界中是什么让我无法入睡呢？与这个房间有关？这张床被施魔法了吗？这太可怕了，失眠会把人驱赶到最荒谬和最迷信的理论中。周围似乎很冷，我在发抖，或许这就是我无法入睡的原因吧，这里真的很怪异，天知道这里怎么了，刚才不是有脚步声吗？不，肯定是在外面，我翻过身，紧闭双眼，我必须赶紧入睡。刚才是门在响？天啊，有人站在门口！我没看错吧？一位苗条的女孩，死一般地苍白，正站在门口？天啊，发生了什么？她在向我走来！

“你最终还是来了？”她轻声问道。不可能，这绝对是一个天大的错误，小说想变成现实，它要变成那些可笑的鬼故事吗？我被什么鬼话诅咒了？这是我灵魂中小说式的才华吗？这些情节一定会在我身上发生吗？我肯定是在地狱，这是死亡之后最可怕的唤醒，并在一座图书馆中复活。我是如此蔑视这个时代的人和他们的品位，以至于自己必须活在地狱中并写出自己一直唾弃的小说？品位低于平
6/7 均水平的人是否也是神圣不可侵犯的，如果没有在地狱中赎罪 /，也不能讲他们的坏话？

她说：“噢，你也认为我是普通人？你也是被那些拙劣的妄想所欺骗，认为我是小说中的人物？我本以为你已经摆脱现象看到事物的本质，你也被欺骗了？”

我：“请原谅我，但你是真实的人吗？这和那些小说中荒谬老套的场景惊人地相似，因此我没有简单地把你视为我不眠的头脑中所产生的某些不幸的产物。我的怀疑被眼前的浪漫情感完全证实了吗？”

她：“不幸的人啊，你怎么能够怀疑我不是真实的人呢？”

她跪在我的床前，双手捂着脸不断抽泣。天啊，原来她真的是真实的人，我却没有公平地对待她？我开始怜悯她。

我：“天啊，你告诉我，我必须发自内心地把你视为真实的人吗？”

她一直在哭，没有作答。

我：“那么，你是谁？”

她：“我是那位老人的女儿，他把我囚禁在令人难以忍受的城堡中，但不是因为嫉妒或恨，而是因为爱，因为我是他唯一的孩子和我早逝母亲的意象。”

我挠挠头：这不就是可恶的陈词滥调吗？一字不差地出自图书馆中小说的内

容！神啊，你把我带到哪里了？美丽又伟大的神啊，让人笑，让人哭，变成美丽的受难者，一个心碎的人，已经相当难了，遑论变成猴子？对你而言，陈腐又永恒的荒谬，无法用语言表达的陈词滥调和空话，永远不会成为高举的虔诚之手的礼物。

她仍然跪在那里哭泣，然而如果她是真实的人呢？那么，她就值得怜悯，人人都会同情她。如果她是一位正派的女孩，她要多大的勇气才能进入一个陌生男人的房间！还要克服自己的羞耻感？

我：“亲爱的孩子，不管怎样，我都相信你是真实的。我能为你做什么呢？”

她：“终于，终于有人说我是真实的了。”

她站了起来，面容发亮，是一位美女，表情带有一种深深的纯粹。她的灵魂既美丽又超然脱俗，这灵魂想要进入现实生活，进入一切值得同情的现实，进入污秽之浴和健康之泉。多美的灵魂啊！看它来到阴间的现实中，多么壮观啊！

她：“你能为我做什么？你已经为我做得够多了，当你不在我们之间说陈词滥调的时候，你就说出解救的咒语。你要知道，我被陈词滥调施了魔法。”

我：“唔，你现在变得非常具有童话色彩。”

她：“亲爱的朋友，理性一点，不要受传说的羁绊，因为童话就是小说的大母神，比你这个时代最热门的小说都具有普遍效力。你要知道，千百年来被人们一直不断地口口相传的内容也是来自人类的终极真理。因此，不要让传说出现在我们之间。”[22]

我：“你很聪明，似乎没有遗传你父亲的智慧。但是，请告诉我，你怎么看待神性和那些所谓的终极真理？我发现从陈词滥调中寻找它们是一件很奇怪的事情。根据它们的本质，它们肯定不寻常。只要想一下我们那些伟大的哲学家即可。”

她：“这些至高的真理越不寻常，就越不会向你讲人类本质上和自身所关注的那些有价值又有意义的东西。而只有被人类称为陈词滥调的东西才 / 包含你要 7/8

22 在“童话中愿望的满足和象征”（1908）中，荣格的同事弗朗茨·里克林认为童话一般是原始人类灵魂自发的创造和愿望满足的倾向（W. A. 怀特译，《精神分析评论》[1913]，95页）。在《力比多的转化与象征》中，荣格把童话和神话视为原始意象的象征。在他的后期作品中，他将它们视为原型的表现，如“论集体无意识的原型”（《荣格全集第9卷》Ⅰ，§6）。荣格的弟子玛丽－路易丝·冯·弗朗茨把童话的心理学诠释应用到自己的一系列作品中。见她的《诠释童话》(波士顿：香巴拉出版社，1996）。

寻找的智慧。传说没有否定我，反而是在支持我，证明我是一位多么普通的人，我多么需要救赎，应该得到救赎。因为我也可以生活在现实世界中，甚至比其他女性生活得更好。”

我：“奇怪的女孩，你在迷惑我，当我看到你父亲的时候，我希望他能够邀请我进行一场学术交流。而他没有，我对此感到愤愤不平，他对我的视而不见伤害了我的自尊。但和你在一起，我的感觉就好多了。你给我很多可以深入思考的东西，你很不寻常。”

她：“你错了，我非常普通。”

我：“我简直无法相信自己的耳朵。你的灵魂在你的眼神中显得如此美丽又令人景仰。让你获得自由的男人必定很开心，令人艳羡。”

她：“你爱我吗？”

我：“神灵在上，我爱你，但很不幸，我已经结婚了。”

她：“你看，甚至陈腐的现实也是一位拯救者。谢谢你，亲爱的朋友，我代莎乐美向你问好。”

说完这些话，她便消失在黑暗中。朦胧的月光照到房间中。她刚才站的地方出现一片阴影，原来是一堆玫瑰花。[23]

[2] [24] 如果你没有进行外在的冒险，你也不会有内在的冒险。你从魔鬼那里获得的东西，也就是快乐，带领你进行冒险。这样，你会发现你的下限就是自己的上限，了解自己的局限是非常必要的。如果你不了解自己的局限，你将进入自己的想象和同胞的期待为你人为设置的障碍中，但你的生命不会甘心被困在别人设置的障碍中。你的生命想要直接跳出这种障碍，那么你就与自己产生冲突。这

---

23 在《科莱女神的心理学》(1951)中，荣格对这一段经历的描述如下：“在森林中一座孤零零的房子里，住着一位老学者。他的女儿像幽灵一样突然出现，抱怨人们总是把她视为幻想中的人物。”(《荣格全集第9卷》Ⅰ，§361)荣格在评论(在他对与以利亚和莎乐美有关的评论之后，见注212，177页)时提到：“第三个梦象征相同的主题，但在一个更加童话般的水平上。在这里，幽灵般的存在是阿尼玛的特征。”(同上，§373)

24 《草稿》中继续写道：“我的朋友啊，你对我外在可以看得到的生活一无所知。你只听说过我的内在生活，也就是与我的外在生活相对应的部分。因此，如果你认为我的内在生活是我唯一的生活，那么你就大错特错了。你要知道，如果你将外在生活排除在外，你的内在生活不会变得更加丰富，而是变得更加贫瘠。如果你抛弃外在生活，你的内在生活不会变得丰富，反而会有更多的痛苦。这对你不利，魔鬼便开始出现。同样，如果你抛弃内在生活，你的外在生活也不会变得更加丰富和美丽，只能变得越发贫瘠。平衡才是出路。”(190页)

些障碍不是真实的界限，而是随机出现的界限，会给你带来不必要的伤害。因此，要尝试找到你真实的界限。没有人能够提前知道它们在何处，只有接触到它们的时候，才可以看到和理解它们，而且只有在你取得平衡的时候，这种情况才会出现。没有平衡，你将在毫不知情的情况下冲破自己的界限。你会获得平衡，但只有在你培养自己的对立之时。这是你内心深处最为反感的，因为它不是英雄式的行为。

我的精神对一切罕见和不寻常的事物进行思考，它窥探不为人知的可能性，走向通往隐秘世界的道路，向着夜晚闪耀着的光前行。当我的精神在这样做的时候，我却对自己身上所有普通的东西遭受的伤害浑然不知，它又开始留恋生命，因为我没有活出自己的生命，而开始这种冒险。为了能够找到前行的道路，有时候一定要往后退。[25]

我经历的冒险是我在神秘中目睹到的内容，我在那里遇到的莎乐美和以利亚变成生活中的老学者和他面容苍白且被囚禁起来的女儿。我所经历的生活是被扭曲的神秘表象。顺着这条浪漫的道路，我接触到生命的呆板和平庸，我在这里穷尽自己的思想，几乎忘记自己。我现在必须把自己以前所爱的事物体验为无用和多余的东西，必须充满强烈和无法控制的渴望去艳羡我以前所嘲笑的东西。我接受了这次冒险的荒谬，在我接受的那一刻，我就看到少女的转化和她代表的自主性意义。深入探索荒谬的渴望，足以让人改变。

男性特质是什么呢？你知道男人需要多少女性特质才能完整吗？你知道女人需要多少男性特质才能完整吗？你在女人身上寻找女性特质，在男人身上寻找男性特质，因此世界上便只有男人和女人。但是人在哪里呢？男人不要在女人身
上寻找女性特质，要在自己身上找到并认识它，因为你 / 从一开始就拥有它。但 8/9
是，它让你喜欢玩弄男子气概，因为它走的是一条平凡的道路。女人不要在男人身上寻找男性特质，而是认定自己身上存在男性特质，因为你从一开始就拥有它，但它会取悦你，让你轻松地玩弄女性特质，因此男人会鄙视你，因为他鄙视自己身上的女性特质。但人类同时拥有男性特质和女性特质，它们并非男人和女人特有。你无法说出自己灵魂的性别。但如果你仔细观察，你将发现最具有男性

---

25 《草稿》中继续写道："我回到自己浪漫的中年，从这里开始冒险。"（190 页）

特质的男人拥有的是一个具有女性特质的灵魂，最具女性特质的女人拥有的是一个具有男性特质的灵魂。你越男性化，离真正的女性就越远，因为你身上的女性特质与你相悖，被你蔑视。[26]

如果你从魔鬼那里得到一点快乐，并带着它开始冒险，那么你就接受了自己的快乐。但是快乐会立即把你的欲望吸引过来，那么你必须决定是让快乐破坏你还是提升你。如果与魔鬼为伍，你将在多样性之后到盲目的欲望中摸索，它将把你带入歧途。但如果你仍然孤身一人，就像一个独立的人，不与魔鬼为伍，那么你的心中会有人性。你将不会把女人当作男人对待，而是当作一个人，也就是说，你好像也和她性别一样，你将唤回自己的女性特质。你看起来似乎没有了男子气概，也就是说有点愚蠢和女子气。但你必须接受荒谬，否则你将遭受痛苦，当有一天你变得不再善于观察时，它将突然出现在你周围，让你变得荒谬。让最具男性特质的男人接受自己的女性特质是一件痛苦的事情，因为对他来说这很荒谬、无力且庸俗。

是的，这样你似乎已经失去所有美德，好像已经堕落了一样。接受自己男性特质的女人也是如此。[27]是的，这就像对你的奴役，你变成自己灵魂需要的奴隶。最具男性特质的男人需要女人，因此会成为女人的奴隶。自己成为女人，[28]可以使自己摆脱女人的奴役。只要你不能避开对你所有男性特质的愚弄，你就会被女人无情地抛弃。你最好立即穿上女人的衣服：人们会嘲笑你，但变成女人能够让你摆脱女人和她们的残暴。接受女性特质带来的是完整，对于女人而言，接受自己男性特质的过程也是如此。

男人身上的女性特质和魔鬼捆绑在一起，我发现它在欲望的路上。女人身上

---

26 1921 年，荣格在《心理类型》中写道："一个非常具有女性特质的女人拥有的是具有男性特质的灵魂，而非常具有男性特质的男人拥有的是具有女性特质的灵魂。这种悖反源于现实，例如男性不完全只有男性特质，通常也会拥有一定的女性特质，他的外在态度越具有男性特质，就越想消除女性特质，而女性特质便出现在无意识中。"（《荣格全集第 6 卷》，§804）他把男人身上具有女性特质的灵魂定义为阿尼玛，女人身上具有男性特质的灵魂定义为阿尼姆斯，并描述个体如何把他们灵魂的意象投射到相反性别的个体身上（§805）。

27 对荣格而言，男性对阿尼玛的整合和女性对阿尼姆斯的整合对人格的发展非常重要。荣格在 1928 年描述了这个过程，它要求回收对异性的投射，对它们进行区分，并逐渐意识到它们。"自我与无意识的关系"，第 2 部分，第 2 章，《荣格全集第 7 卷》，§296ff。也见《移涌》(1951)，《荣格全集第 9 卷》Ⅱ，§20ff。

28 《修改的草稿》中将这一段替换为："如果男人接受自己身上的女性特质，就可以使自己摆脱被女人的奴役。"(178 页)

的男性特质也和魔鬼捆绑在一起。因此人们都不愿意接受自己身上的另一半。但只要你接受它，与它相连接的就是男人必须跨越的完善。也就是说，一旦你变成自己所愚弄的人，白色的灵魂之鸟便能够飞翔。它很遥远，但你遭受的屈辱能够吸引它。[29] 神秘向你靠近，奇迹在你身边发生。金光闪耀，因为太阳刚从坟墓中升起。作为一个男人，你没有灵魂，因为你的灵魂在女人那里；作为一个女人，你也没有灵魂，因为你的灵魂在男人那里。如果你变成一个人，你的灵魂就会回到你的身上。

如果你仍然留在随机和人为创造的边界中，你将会在两道高墙之间来回行走：你看不到世界的浩瀚。但是如果你将妨碍你视线的高墙推倒，如果世界的浩瀚和它无尽的不确定激起你的恐惧，你身上那个古老的沉睡者就会觉醒，而白鸟是他的信使。然后，你需要那位古老的混沌驯服者的信息。混乱的旋涡中有永恒的彷徨，你的世界开始变得精彩。人类不仅属于有序的世界，而且活在灵魂的彷徨世界中。因此，你必须把你有序的世界变得糟糕，这样你才不至于过度脱离自己。

你的灵魂正面临巨大的困难，因为它的世界正遭遇干旱。如果你向外看，你看到的是远处的森林和群山，在它们之上是星空。如果你向内看，你又会把近看成遥远和无边无际，因为内在世界像外在世界一样无边无际。就像你通过自己的身体成为外在世界多维本质的一部分一样，你也通过自己的灵魂成为内在世界多维本质的一部分。内在世界无边无际，一点都不比外在世界贫瘠。人类生活在两个世界中，愚蠢的人才生活在其中一个世界中，但永远不伦不类。

[30] 或许你会认为将生命专注到研究上的人会在更大程度上使自己 / 过上精神 9/10
和灵魂的生活。但是这样的生活也是外在的生活，就像一个追寻外在事物之人的生活一样。诚然，这样的学者不为外在事物而活，而是为外在的思想而活——不为他自己而活，而是为他的研究对象而活。如果你说一个人是一位完全迷失且过度把光阴浪费在外在事物中的人，那么你的说法也适用于这位老人。他完全沉浸在别人的书和思想中，将自己抛弃。因此，他的灵魂正在面临巨大的困难，灵魂自己一定会蒙羞，进入到每一个陌生人的房间，乞求他未给予她的认可。

29 阿尔布雷希特·迪特里希写道："人们普遍相信灵魂最初是一只鸟。"（《阿布拉克萨斯：古代末期的宗教研究》[莱比锡，1891]，184 页）

30 《草稿》和《修改的草稿》中都写的是："由于我是这位老人，沉浸在书~~和乏味的科学~~中，精确和批判地阅读，在无边无际的沙漠中淘沙，我 [自己] ~~所谓的灵魂，即我内在的原我，~~痛苦不堪。"（180 页）

因此，你会看到这些老学者用一种荒谬且有失尊严的方式追求认可。如果他们的名字没有被提及，他们就会被激怒；如果别人在同一个地方比他们讲得好，他们就会沮丧；哪怕别人稍微改动一下他们的观点，他们就会与人势不两立。到学者的会议上，你就能看到他们，这些可悲的老人带着自己巨大的优势和他们饥饿的灵魂急切地寻求认可，他们永远不会满足。灵魂需要的是你的愚蠢，而非你的智慧。

因此，由于我已经超越性别上的男性特质，却没有超越人性，所以我身上的女性特质不屑于把自己转化成一个有意义的存在。最难处理的部分是超越性别的同时又保留人性。如果你在一般性原则的帮助下超越性别，那么你会变得像原则一样，逾越了人性。那么你将变得枯燥、顽固和没有人性。

你可能会出于人性的原因超越性别，但永远不要因为在大多数情境中都适用的一般性原则去超越，没有什么可以一劳永逸地适用于每一种独特的情境。如果你根据人性采取行动，你会根据特定的情境采取行动，而非根据一般性原则，那么你会使自己的行为只符合当下的情境。因此，你必须审时度势，但可能要牺牲一般性原则。你就不会感到很痛苦，因为你不是原则。还有些东西很人性，有些东西太人性了，任何止于人性的人都擅长铭记一般性原则。[31] 一般性原则也有意义，而不是用来娱乐的，它为人类的精神做出大量值得尊重的贡献。人们不能够利用一般性原则超越性别，只有想象才能够让人们知道自己失去了什么。他们已经变成自己的想象和随心所欲，变成对自己的伤害。他们需要把性别放在心中，这样才能够从梦中醒来进入现实。

完成此时此刻的超越就像不眠之夜一样令人痛苦，换句话说，就是超越你自己的对立面。它就像发烧，像毒雾一样悄然靠近。当你的感官被刺激到极限的时候，魔鬼就会以枯燥和无味的形式出现，平淡没有生气，它会让你难受。这时候，你非常乐意阻止情感到达你对立的一面。你感到惊恐和厌恶，渴望自己现实世界中非凡的美丽能够回来。你痛斥和诅咒存在于自己美好世界之外的一切，因为你知道这就是人类这种动物厌恶和拒绝的东西、糟粕，他们将自己置于黑暗之地，顺着墙爬行，嗅遍每一个角落，从襁褓到坟墓，只喜欢鹦鹉学舌，拾人

31 《人性的，太人性的》是尼采一部作品的名字，从 1878 年开始，分三部分陆续出版。他把心理学的观察视为在思考“人性的，太人性的”（R. J. 赫林达勒译 [剑桥：剑桥大学出版社，1996]，31 页）。

牙慧。

但你不会在这里停下来，不要把自己厌恶的东西放在你的当下和未来之间。通往未来的路的必经之地是地狱，事实上，完全是你自己特有的地狱，其底部堆满齐膝的瓦砾，空气中弥漫的是成千上万人精疲力竭的气息，火焰是像侏儒一般的激情，魔鬼是幻想的路标。

在你自己特有的地狱中，一切都令人厌恶。但还有其他的可能吗？其他的地狱至少还值得一看或充满乐趣。但你的地狱不是如此，你的地狱由所有你一直拒绝的东西构成，你使用诅咒或脚踢的方式将这些东西驱逐出自己的圣殿。在你进入到自己的地狱之时，绝对不要以为你是像一位痛苦的美女或骄傲的难民一样来到这里，而是像一个愚蠢且好奇的傻瓜一样来到这里，好奇地盯着从桌子上掉落的碎片。[32] / 10/11

你真的很想发怒，但同时你也看到，愤怒多么适合你。你邪恶的荒谬绵延数公里。诅咒的话对你有利！你将发现亵渎神明的话能够拯救生命。因此，如果你进入地狱，你要记得，无论什么挡住你的道路，都要对他们给予足够的重视。冷静地观察激起你鄙视或愤怒的一切，这样你就能实现我在面对那位面容苍白的少女时所经历的奇迹。你把自己的灵魂给予没有灵魂的人，因此恐怖的虚无便有东西出现，你便能够救回他者的生命。你的价值观想使你脱离当下的状态，超越自己，但你的存在又像铅块一样把你往底部拉。你不能同时活在两种状态中，因为这两种状态相互排斥。但是，在路上你就可以同时活出两者，因此这条路能够拯救你。你不能既在山上又在山谷中，但你的道路会带领你从山上到山谷，再从山谷到山上。开始很有趣，之后渐入黑暗。地狱有不同的层级。[33]

---

32 1916 年 10 月，荣格在心理学俱乐部的报告《个体化和集体化》中指出，通过个体化，“个体现在肯定能够借助将自己与神性分离和变成完整的自己使自己得到巩固。因此，他同时也将自己与社会分离。外在，他进入孤独；内在，他进入地狱，远离神”（《荣格全集第 18 卷》，§1103）。

33 在但丁的《地狱》中，地狱有九层。

iner der niedr
igen· cap.iii·

[HI 11]

第三章　卑微的人[34]

第二天夜里，[35]我发现自己再次陷入彷徨，站在一个冰雪覆盖且带有家乡气息的农村。阴沉的夜空将太阳遮住，空气潮湿冰冷。一个看起来不值得信任的人与我同行，最引人注目的是，他只有一只眼睛，脸上有很多伤疤，穿着破旧且肮脏的衣服。他是一个流浪汉，胡子拉碴，似乎有很长一段时间没有刮过了。我手里拄着一根拐杖以备不时之需。“冷死了。”他说。我同意他的说法。经过很长时间的沉默之后，他问：“你要去哪里？”

我：“我要到下一个村庄里，打算在那里过夜。”

他：“我也想去那里，但很难找到可以睡觉的地方。”

我：“你没有钱？没事，我们可以去看看。你失业了吗？”

他：“世事艰难啊。我不久之前还是一名锁匠，但随后就失业了。我现在是出来找工作。”

我：“你愿意给农民做工吗？那里一直缺人手。”

---

34 《手写的草稿》中写的是“第三次冒险”（440 页）。《修改的草稿》中写的是“流浪汉”，之后用纸遮住（186 页）。

35 1913 年 12 月 29 日。

他："农民的工作不适合我，做这份工作需要早早地起床，工作很辛苦，但薪水又低。"

我："但农村比城镇漂亮啊。"

他："农村很枯燥，见不到什么人。"

我："这里也有很多村民啊。"

他："但这里不会有精神的刺激，农民都是粗人。"

我很吃惊地看着他。什么，他还想要精神的刺激？他最好还是老老实实维持生计，温饱得到满足后，再想精神的刺激。/ 11/12

我："请告诉我，城市中精神的刺激是什么样子的？"

他："你可以在晚上走进电影院，电影很好，电影票也便宜。你可以看到世界上发生的一切。"

我不禁想到地狱，这里也有电影院，留给那些在地球上看不起这里，认为这里只是符合一般人的口味而不进来的人。

我："你对电影院最感兴趣的地方是什么？"

他："可以看到各种精美绝伦的表演。有人能爬到房子上，有人能将自己的头托在手中，有人能毫发无损地站在火中。这些表演都非常精彩。"

这就是这位仁兄所说的精神刺激！不过，这些的确很精彩：圣人不也是用手托着头吗？[36] 圣方济各和圣依纳爵不是飘浮在空中吗？站在烈火中的那三位是谁呢？[37] 把《圣徒传》视为历史电影是否会亵渎神灵？[38] 啊，今天的奇迹与科技的关系比与神话的关系大。我满怀感情地看着我的同伴，他活在世界的历史中，那么我呢？

我："当然，这些都非常精彩，你见过类似的东西吗？"

---

36 苏黎世的市徽上刻的就是这一主题，上面是公元 3 世纪末期的殉道者菲利克斯、雷古拉和伊苏贝。

37 这里指的是《但以理书》第 3 章中的沙得拉、米煞和埃布尼尔歌，他们拒绝敬拜国王尼布甲尼撒竖立的黄金神像而被丢进火窑中，三个人在大火中毫发无损，从而导致尼布甲尼撒颁布法令，无论谁诋毁他们的神，都一定要受到凌迟。

38 《圣徒传》是根据圣徒在宗教节日的活动和传说编纂而成的书，由比利时的耶稣会士博兰德神父出版，自 1643 年开始出版，共出版 63 卷。

他："见过，我看到过西班牙国王被谋杀。"

我："可是他根本没有被谋杀啊。"

他："这没关系，即使这样，他也是一个该死的资本主义国王。至少他们谋杀掉了一位。只有把这些国王全部除掉，人民才有自由。"

我再也不敢多说一句话：《威廉·退尔》是弗里德里希·席勒的一部作品，那个男人就是在最猛烈的时刻站在英雄历史的潮流中，向沉睡中的人们宣告暴君死亡的消息。[39]

我们来到旅馆，这是一家乡村客栈，大堂非常干净，有几个人坐在角落里喝啤酒。我被当作一位"绅士"接待，被带到一个比较好的角落，桌子的边上都盖着格子布，他坐在桌子的远端，我准备和他一起吃一顿高雅的晚餐。他用他那仅剩的一只眼睛满怀期待地看着我，看起来很饿的样子。

我："你的那只眼睛是在哪里失去的？"

他："跟人打架的时候。我也狠狠地捅了那人一刀，之后他消失三个月，我被判入狱六个月。但监狱很漂亮，房子都是全新的。我在锁匠铺工作，工作量不大，但食物很充足。监狱真的不错。"

我环视四周，确认是否有人在偷听我和一位曾经的罪犯交谈，没有发现任何异常。我似乎最终找到一个好相处的同伴。对于那些依然活在世上但从未见过内在世界的人来说，这里是不是地狱中的监狱？还有，在现实中没有深入向下探索，而只停留在表面，探底一次不是一种特别美好的感觉吗？在哪里能直视一次现实全貌呢？

他："之后，我便流落街头，因为他们将我驱逐了。接着我来到法国，那里很美好。"

美丽的要求真高啊！我一定能够从这个人身上学到东西。

我："你为什么跟人打架？"

---

39 《威廉·退尔》(1805)是弗里德里希·席勒根据瑞士人民在 14 世纪初反抗奥地利哈普斯堡王室暴政的故事改编而成的歌剧。在第 4 幕第 3 场中，威廉·退尔将王室的代表盖斯勒射杀，看守斯图西宣布，"这片土地上的暴君已经死亡，从此之后再无压迫，我们自由了"(W. 曼兰德译 [芝加哥：芝加哥大学出版社，1973]，119 页)。

他："因为一个女人。她已经怀上别人的私生子，但我想娶她。她已经接受了我的请求，但后来又反悔了。我再也没有得到过她的消息。"

我："你现在多大了？"

他："到今年春天就35了。一旦我找到一份合适的工作，我们就可以立即结婚。我可以找到一份工作，我会找到的。尽管我的肺有些问题，但我很快就能再找到一份更好的工作。"

/ 他咳嗽得很厉害，我感觉前景不容乐观，暗自佩服这位坚持不懈的乐观可怜鬼。 12/13

晚饭后，我躺在一个简陋的房间中休息，我听到隔壁房间挪动床铺的声音。他咳嗽了好几次，随后便安静下来了。突然，我再次被怪异的呻吟声和夹杂着快要窒息一般的咳嗽声惊醒。我紧张地听着，很明显这是他的声音，听起来好像很严重。我赶紧跳下床，匆忙穿上衣服，打开他的房门，月光倾泻而入。这个男人躺在床上，依然穿着蓑衣。一股深色的血从他口中流出，不断滴在地板上，形成一片水洼。他的呻吟像是快要窒息，并不断咳出血来。他试图坐起来，但没有成功，我赶紧上前扶他起来，但我发现死亡之手在他身上。他浑身是血，我的双手也沾满了血。他一声长叹，之后身体不再僵硬，四肢微微一颤。接着一切陷入死一般的寂静。

我在哪里？那些从来没有思考过死亡的人也有地狱中的死亡吗？我看着自己沾满血的双手，好像我就是一个谋杀犯……不是这位兄弟的血沾到我手上的吗？月光在房间白色的墙上投出我黑色的身影。我在这里做什么？为什么会有这出恐怖的戏剧？我疑惑地看着月亮，它好像就是证人。这与月亮有什么关系？它没有见过更糟的情况吗？它没有用残破的眼睛目睹过成千上万次吗？这一点肯定不适用于永恒的火山口，但多少会有一个。死亡？它揭示出生活的残酷欺骗？因此，月亮可能也是如此，不论一个人是否离开和怎样离开。我们只有持续关注它，但以什么名义呢？

这个人曾经做过什么呢？他工作过、偷懒过、笑过、醉过、吃过、睡过、为女人失去一只眼睛、名声尽失，而且，他在人生的高潮之后活在人类的神话中，他崇拜创造奇迹的人，称颂暴君的死亡，模糊地梦想人民获得自由。接着，他像所有人一样，在痛苦中去世，这很普遍。我坐在地上。遮挡大地的阴影啊！所有的光最终都陷入失望和孤独。死亡已经到来，连哀悼的人都没有留下。这是最终的真理，不是谜语。是什么幻觉能够让我们相信谜语呢？

[2] 我们站在痛苦和死亡的尖石之上。

一个贫穷的人和我走在一起，想要进入我的灵魂，而我并没有他那么贫穷。当我不贫穷的时候，我的贫穷在哪里呢？我是生命中的演员，认真思考生命，但又活得很轻松。贫穷离我很远，已经被我忘记。生命开始变得艰难又暗淡。寒冬在继续，贫穷的人站在冰天雪地中。我和他站在一起，因为我需要他，他让生活变得轻松和简单。他把我带到深度中，我能在这里看到高度。没有深度，我就不会有高度。我或许已经站在高处，而这正是因为我没有意识到高度。因此，我需要到最底部获得重生。如果我一直站在高处，高度就会被我消耗完，最好的事物在这里都会变成糟糕的东西。

但由于我不想拥有它，所以我最好的事物也都变成我的恐惧。因为我自己变成恐惧，对自己和他人都是恐惧，是一种严重的精神折磨。尊重和了解自己最好的事物已经变成一种恐惧，而尊重和了解能够避免你与他人遭受无用的折磨。不愿意从高处走下来的人是有病的人，自己和他人都会因此受到折磨。如果你到达自己的深度，那么你会看到高度在你上方闪耀光芒，值得渴望，却又遥远，似乎遥不可及，你暗地里情愿自己不去那里，因为你永远达不到那里。当你在低谷的时候，你喜欢称颂自己的高度，告诉自己只能把痛苦留给高度，只要你失去它们，你就无法生活。你几乎已经变成另外一种本质是一件好事情，它让你能够讲出这样的话。但是，你知道在底部并不是真实的。

你在低谷的时候，和周围的人没有区别。你不会对此感到羞耻和后悔，因为
13/14 你过的是你周围人所过的生活，你能沉入他们的低谷，/ 也能爬进平凡生活的神圣潮流，在这里，你不再是一个站在高山上的人，而是鱼群中的一条鱼，蛙群中的一只青蛙。

你的高度就是自己的高山，它只属于你。你是一个独立的人，要活出自己的生命。如果你活出自己的生命，那么你就不会活出平凡的生命，你的生命一直在延续，没有尽头，这是历史的、不可分割的、压力永远存在的和人类产物的生

命。你生活在无尽的存在中，但不会发生改变。改变属于高度，充满折磨。如果你从未存在，怎么能够改变？因此，你需要自己的最低处，因为那里就是你的存在。但你也需要自己的高度，因为你的改变在那里。

如果你在自己的最低处活出平凡的生命，那么你就能意识到你的原我。如果你在自己的高处，那么这就是最好的你，你意识到的只有自己的最好，而不是平凡生命中的存在。一个人会变成什么样子，谁也不知道。但是在高处的时候，想象是最强的。我们会想象我们作为发展的存在是什么样子，甚至更多，但我们比较不想知道作为存在的我们是什么样子。正是因为如此，我们才不喜欢我们的存在把我们带入到的低谷状态，尽管或更确切地说，这里才是我们唯一可以清晰了解自己的地方。

对于一个正在发生变化的人而言，一切都变得像谜一样。受谜一样的事物折磨的人应该思考他最低处的状况，是我们遭受的痛苦，而不是我们喜欢的事物，让我们解开这些谜。

这就是你的重生之浴。在深度中，存在不是一成不变，而是不断地缓慢生长。你认为自己是站在沼泽中一动不动，但实际上你是在缓慢流向大海，这里有世界上最深的地方，因此广阔的陆地似乎就像在浩瀚大海的子宫中的一座小岛。

你现在就像大海中的一滴水，伴着潮起潮落。你被缓慢地推到陆地上，又在冗长缓慢的潮汐中回到大海。你混在污浊的潮流中，冲刷着陌生的海岸，不知道自己是如何来到这里的。你被推到浪尖，又坠入深度。而你不知道这些是如何在自己身上发生的。你曾经认为这些运动都由你而起，需要你做出决定和努力，从而你才能够继续前行，取得进步。但纵使你使出浑身解数，你也无法完成这样的运动，不能到达大海与飓风把你推到的区域。

你从无垠的蔚蓝海平面沉入到黑暗的深度，发光的鱼围着你游，奇妙的枝状物从上面缠绕着你。你穿过柱廊，蜿蜒前行，不断摇摆，就像黑色叶子的植物，大海又一次把你卷到碧水中，推到白色的沙滩上，一股巨浪把你卷上海岸，又把你吞回到大海中，宽平的海浪将你轻轻地抬起，又落回到一个新的区域，到弯弯绕绕的植物、缓慢游动的水螅珊瑚之间，到碧水白沙上，到惊涛骇浪中。

但是，金光从离你所站高处很远的海面上照射着你，就像月亮从潮水中升起一样，你从远处意识到自己。渴望将你以及你自己想要移动的意志抓住。你想超越存在进入改变，因为你已经认识到海洋的气息和流动，它能够随心所欲地将你带到任何地方，你也认识到它的波涛可以把你带到陌生的海岸，又把你带回来，你随着波涛上下波动。

你发现这就是生命的全部和个体死亡。从死亡到地球的最深处，从你自己在深度里奇怪地呼吸的死亡中，你感到自己和集体的死亡密不可分。啊，你渴望超越，绝望与道德的恐惧在这个呼吸缓慢和气流一直在进出的死亡中将你抓住。所有这些光明、黑暗、温暖、温润和冰冷的水，所有这些波动、摇摆、像植物一样交缠在一起的动物和动物一般的植物，所有那些在黑夜中彷徨的人，都变成你的恐惧，你渴望太阳，渴望干爽的空气，渴望坚硬的石头，渴望一个固定的地方和笔直的线条，渴望稳定，渴望规则和先入为主的目的，渴望单一，还有自己的意图。

那天夜里，通过死亡对世界的淹没，我对死亡有了认识。我看到我们如何走
14/15 向死亡，看到摇曳的金色麦子怎样在农人的镰刀下倒下，/ 就像海滩上平滑的波浪一样。安于平凡生命的人通过恐惧意识到死亡，死亡的恐惧迫使他走向单一。他并没有生活在这里，但他开始意识到生命和快乐，因为他在单一中改变，征服死亡。他通过征服平凡的生命来征服死亡，他没有活出自己个体的存在，因为他不是现在的样子，而是要变成什么样子。

要改变的人对生命的认识在增长，尽管他只是简单地存在，从未想着去改变，因为他处在生命的中期，他需要高度和单一去认识生命，但他在生命中开始认识死亡。你开始认识到集体的死亡也是一件好事，因为接下来你就会知道为什么你的单一和高度对你有好处。你的高度就像天空中孤独彷徨的月亮，照得夜空永远清晰明亮。有时候，月亮也会将自己掩藏起来，地球上便完全陷入黑暗，但不久之后，它又散发出光芒。地球的死亡和月亮不同，月亮静止在那里，清晰明亮，远远地看着地球上的生命，没有覆盖着它的烟雾，没有波涛汹涌的大海，它的样子亘古不变。它是夜里孤独明亮的光，是个体的存在，是永恒散落在近处的碎片。

你从这里向外望去，看到的是冰冷、静止和发射出的光。借着彼世的银光和绿色的微光，你沉浸在遥远的恐惧中。你看着它，但你的目光清晰又冰冷。你

的双手沾满鲜血，但你眼中的月光是静止不动的。这是你兄弟的血，但你的眼睛仍然明亮，将所有恐惧和整个地球包围。你的目光落在银色的大海上，落在雪山顶，落在蓝色的山谷中，你听不到人类这种动物的呻吟和嗥叫。

月亮没有生机，你的灵魂来到月亮之上，这里是灵魂的栖息地。[40]因此，灵魂走向的是死亡。[41]我走进内在的死亡，发现外在的死亡比内在的死亡好。因此，我选择在外部死亡，在内部生活下去。出于这个原因，我转变方向，[42]去寻找内在生活的所在地。

---

40 在《力比多的转化与象征》中，荣格引用了不同文化中关于死去的灵魂都集中在月亮上的信仰（《荣格全集 B》，§496）。在《神秘结合》（1955/1956）中，荣格评论了炼金术中的这个主题（《荣格全集第 14 卷》，§155）。

41 《草稿》中继续写道："我接受这位流浪汉，和他一起生活，一起走向死亡。由于我和他生活在一起，因此我变成谋杀他的人，因为我扼杀了我们的生活。"（217 页）

42 《修改的草稿》中继续写道："从死亡那里"（200 页）。

er anach
oret·cap.iv
dies·i.

[HI 15]

第四章　隐士·逝去I（第1日）[43]

第二天夜里，[44] 我发现自己在一条新的道路上：周围的空气炎热干燥，我眼前是一片沙漠，周围都是黄沙，堆积成沙坡。太阳火辣，天蓝得像失去光泽的铁，热浪翻滚，我的右侧是一条陡峭的山谷，山谷中的河床已经干涸，河床上有一些枯软的野草和沾满灰尘的荆棘。我看到沙面上一串光脚踩出的足迹，从岩壑一直到高原上，我沿着足迹来到一座高高的沙丘上，在沙丘下陷的地方，足迹转到另外一个方向。这些足迹看起来很新，旁边还有一行几近消失的足迹。我专注

43　(第一日)《手写的草稿》中写的是“第四次冒险：第一日”(476 页)。《修改的草稿》中写的是“逝去 I. 夜晚”(201 页)。

44　1913 年 12 月 30 日，在《黑书 3》中，荣格写道：“各式各样的东西都在带我远离自己的科学探索，而我曾经认为自己会坚定科学的道路。我想通过科学探索探究人性，但我的灵魂啊，你现在却将我带到全新的事物这里。对，这里是中间地带，没有道路，光彩夺目。我忘记自己已经到达一个新的世界，这个世界不同于我之前的世界。我找不到道路。灵魂中让我相信的东西在这里都变成了现实，也就是说她比我更清楚自己的道路，我无意为她指出一条更好的道路。我感到大部分的科学内容已经瓦解。为了灵魂和她的生命，我想我必须这么做。我发现思想只能给我带来痛苦，或许没有人能够从我的作品中获得洞察。但我的灵魂要求我必须完成这项任务。我要不抱任何希望地为自己去做，是为了神。这注定是一条艰难的道路。但公元一世纪的基督教隐士们都做了什么呢？他们最终能否维持最差或最基本的生活？很难，因为考虑到他们那个时代的心理需求，留给他们的是最残酷的结果。他们是抛弃妻儿、财产、荣耀和科学，为了神才走进沙漠，诚心所愿。”(1 ~ 2 页)

地沿着它们继续前行：接着它们又顺着斜坡走上沙丘，随即出现另外一串足迹，和我刚才一直沿着前行的 / 那串足迹一模一样，也就是那条从山谷中延伸出来的足迹。 15/16

因此，我惊讶地沿着这些足迹往下走。不一会儿，我来到一个风化的红热岩石前，足迹在岩石上消失了，但我可以看到岩石的层阶，并顺着层阶走下来。空气灼热，我脚下的岩石滚烫。我到达岩石的底部后，足迹又出现了，它们沿着山谷蜿蜒而上一小段距离。突然，我面前出现一座土坯茅草搭建的小屋，快要散架的木门上画着一个红色的十字。我轻轻地打开门，一位形容枯槁的男人披着白色的亚麻布斗篷背靠着墙坐在草席上。他的膝上放着一本黄色的羊皮纸书，书中是漂亮的黑色手写体，毋庸置疑，这是一本希腊的福音书。在我面前的是一位利比亚沙漠中的隐士。[45]

我："神父，我打扰你了吗？"

隐："不会，不要叫我神父，我是和你一样的普通人。你想要什么呢？"

我："我不想要什么。我在沙漠中行走时无意间闯到这里，我看到沙面上有足迹，沿着这些足迹辗转来到你这里。"

隐："你看到的是我每天黎明和傍晚走过的足迹。"

我："原谅我打扰你了你的虔诚，能见到你，是我难得的荣幸。我从来没有见过隐士。"

隐："如果你顺着山谷走下去，你还能见到其他隐士。有些人像我一样住在简陋的茅屋中，有些人住在古人在岩石上开凿的坟墓中。我生活在山谷的最深处，因为这里最孤独安静，在这里，我最接近沙漠的平静。"

我："你已经在这里很久了？"

隐："我差不多已经生活在这里十年了，但事实上，我已经记不清在这里多少年了，可能更久，时光飞逝啊。"

---

45 在下一章中，这位隐士被认为是阿谟尼乌斯。在 1913 年 12 月 31 日的一封信中，荣格提到这位隐士来自公元 3 世纪（荣格家族档案馆）。在这段时期，亚历山大出现三位名为阿谟尼乌斯的历史人物：第一位阿谟尼乌斯是公元 3 世纪时的基督教哲学家，被认为是导致福音书在中世纪分裂的人。阿谟尼乌斯·塞特斯出生于一个基督教家庭，但后来转投希腊哲学，他的作品呈现出柏拉图主义向新柏拉图主义的过渡。而新柏拉图主义者阿谟尼乌斯生活在公元 5 世纪，他试图调和亚里士多德的理论和《圣经》。在亚历山大，新柏拉图主义和基督教达成一定的和解，最后那位阿谟尼乌斯的一些学生改信了基督教。

我："时光飞逝？怎么可能？你的生活肯定异常单调。"

隐："对我而言，的确是时光飞逝，甚至更快。你好像是一个异教徒？"

我："我？不，不全是。我在一个有基督教信仰的家庭中长大。"

隐："那你怎么怀疑我感到时光飞逝呢？你肯定知道悲伤的人都在忙些什么，只有游手好闲的人才会感到厌倦。"

我："恕我再问，我实在是太好奇了，那你都在忙些什么呢？"

隐："你是个孩子吗？首先，你看到我在读书，而且作息规律。"

我："但我实在看不出来你在忙些什么，这本书你应该已经通读过很多遍了吧。如果这是福音书，我猜测，那么你应该已经烂熟于心了吧？"

隐："你讲的话是何等幼稚！当然，一本书可以读很多遍，或许你已经烂熟于心，但尽管如此，当你再次阅读书中文字的时候，会出现某些新的东西，甚至是你以前从来没有过的新思想，每一个字对你的精神都有用。但如果你最终将这本书放下一周，在你的精神经历过各式各样的变化之后，当你再拿起这本书时，你又能够理解到大量新的东西。"

我："我无法理解这些。还是同一本书，没有任何变化，纵然十分高深奥妙，甚至神圣，但也不至于让你读无数年啊。"

隐："你的回答让人感到震惊。那么你会怎么读这本圣书呢？难道你真的在这本书中看到的都是一成不变的内容？你从哪里来？你是一名真正的异教徒。"

我："请不要见怪，如果我像一名异教徒，请不要敌视我。让我继续跟你说话吧。我想聆听你的话语。就把我视为一个无知的学生吧，我完全听你的。"

隐："如果我称你为异教徒，别把它视为对你的侮辱。我曾经也是一名异教
16/17 徒，我清晰地记得，/ 那时候我完全和你一样。我又怎么能够责怪你无知呢？"

我："谢谢你的耐心。但我很想知道你是怎么读这本书的，以及从这本书中读到了什么。"

隐："你的问题不好回答。回答你的问题比向盲人解释颜色还要难。你首先必须知道一件事情——文字的组合不是只有一重含义，但人们为了获得清晰明确的语言，倾向于仅赋予文字的序列一重含义。这是一种世俗和狭隘的倾向，处在神圣的创造性计划的最深层。如果你在更高的水平上洞察神圣的思想，那么你会发现文字的序列不止有一种正确的含义。只有知道文字序列的全部含义才是全知，我们在试图掌握更多的含义。"

我："如果我理解正确的话，你认为《新约》中神圣的文字也有双重含义，有公开的和隐秘的双重含义，就像犹太学者对待他们的圣书一样。"

隐："这是严重的迷信，离我很远。我发现你对神圣的事物完全没有体验。"

我："我必须承认我对这些东西一无所知。但我非常愿意体验和理解你理解的这些文字序列的多重含义。"

隐："很不幸，我无法将我知道的一切告诉你。但是，我尝试将这些要素给你讲清楚。由于你很无知，因此这次我要从别处谈起。你要知道，在我认识基督教之前，我是亚历山大城的一名雄辩家和哲学家。我有很多学生，其中有很多是罗马人，有些是蛮族，还有一些高卢人和英国人。我不仅教他们希腊哲学历史，还有新的体系，其中有斐洛体系，我们把斐洛称为犹太人。[46] 斐洛头脑聪明，但特别抽象，就像犹太人自己设计的体系一样，他也是自己言语的奴隶。我加入自己的思想，把它们变成一张庞大的文字网，不仅网住了我的学生，我也深陷其中。我过度耽溺于文字和名目，这是我们自己制造的可恶产物，又赋予它们神圣的力量。是的，我们甚至相信它们是真实存在的，相信我们自己拥有神圣而且赋予文字的神圣。"

我："按照你的说法，斐洛·尤狄厄斯是一位严肃的哲学家和伟大的思想家，甚至福音书的作者约翰也把斐洛的思想纳入到了福音书中。"

隐："对，这是斐洛的功劳，他像其他哲学家一样，能够创造出语言，是语言艺术家，但文字不应该成为神。"[47]

我："我无法理解这里。《约翰福音》中不是说，'道就是神'吗？而这却是你刚才明确反对的。"

---

46 斐洛·尤狄厄斯，也称作亚历山大的斐洛（公元前 20 年至公元 50 年），是一位讲希腊语的犹太哲学家，他把希腊哲学和犹太教融合在一起。他使用柏拉图式的术语"者"（To On）（太一）指代神，对于斐洛而言，神具有超越性和未知性，某些力量经由神来到世界上，神借助理性可知的一面是逻各斯，而斐洛的逻各斯概念和约翰的福音书之间的具体关系已经引发大量的争论。1954 年 6 月 23 日，荣格在给詹姆斯·科什的信中写道："福音书作者约翰提出的灵知肯定是犹太式的，但本质上是希腊式的，有斐洛·尤狄厄斯的风格，而尤狄厄斯是逻各斯学说的创始人。"（荣格的藏品）

47 荣格在 1957 年写道："直到现在，尽管无宗教信仰非常盛行，也不能真正地从根本上否定我们的时代天生受到基督教时代成就的控制，也就是文字拥有至高无上的控制权，而基督教信仰的核心人物象征的就是逻各斯。文字已经变成神，并且一直如此。"（"现在与未来"，《荣格全集第 10 卷》，§554）

隐："小心成为文字的奴隶。这里是福音书，读读那段写着'在他里面有生命'的地方。约翰在这里是怎么说的？"[48]

我："'这生命就是人的光。光照在黑暗中，黑暗不能理解光。有一个人，名叫约翰，是神所差来的。他来是要作见证，就是为光作见证，使众人借着他可以相信。他不是那光，而是要为那光作见证。那光来到世界，是普照世人的真光。他在世界，世界也是借着他造的，世界却不认识他。'这是我看到的内容。但你是怎么理解的呢？"

隐："我问你，逻各斯（ΛΟΓΟΣ）是个概念，还是一个词？它是一道光，实际上是一个人，生活在人间。你看，约翰只是借用斐洛的一个词，把'逻各斯'和'光'放在一起描述人的儿子。约翰把逻各斯的含义赋予活人，而斐洛把逻各斯视为毫无生机的概念，夺去生命力，甚至是神圣的生命，这样死者就无法获得生命，活着的被杀掉。这也是我所犯的致命错误。"

我："我明白你的意思。对我而言，你的思想很新颖，值得我深入思考。直
17/18 到现在，我仍然一直认为 / 这正是约翰所指的含义，即人的儿子就是逻各斯，他能够把更低的精神提升到更高的精神，进入逻各斯的世界。但你却让我看到相反的一面，约翰把逻各斯的含义带下来到人身上。"

隐："事实上，我看到约翰曾经做出巨大的贡献，他把逻各斯的含义提升到人的水平上。"

我："你独特的洞察极大地激发了我的好奇心。什么情况？你认为人高于逻各斯吗？"

隐："我只能在你所理解的范畴内回答这个问题，如果人的神不高于一切，那么他就不是由血肉之躯所生，而是来自逻各斯。"[49]

我："这样讲我就明白了，但我承认，这种观点让我很吃惊。让我感到特别震惊的是，你作为一名基督教的隐士竟然有这样的观点。我没有想到你会这样想。"

---

48 《约翰福音》，1 章 1 ~ 10 节："太初有道，道与神同在，道就是神。这道太初与神同在。万有是借着他造的；凡被造的，没有一样不是借着他造的。在他里面有生命，这生命就是人的光。光照在黑暗中，黑暗不能胜过光。有一个人，名叫约翰，是神所差来的。他来是要作见证，就是为光作见证，使众人借着他可以相信。他不是那光，而是要为那光作见证。那光来到世界，是普照世人的真光。他在世界，世界也是借着他造的，世界却不认识他。"

49 《约翰福音》，1 章 14 节："道成了肉身，住在我们中间，满有恩典和真理。我们见过他的荣光，正是从父而来的独生子的荣光。"

隐："我已经注意到，你完全误解了我的想法和要义。让我给你讲一个我的小例子吧。单纯忘记以前所学的知识都耗费了我很多年的时光。你忘记过自己所学的知识吗？如果有过，那么你应该知道这个过程需要持续多久。而且我还是一位成功的老师，你知道，对于这类人而言，忘记所学的知识是多么地困难，甚至不可能。但我看到太阳已经落山，接着将是完全的黑暗。夜晚很安静，我带你去晚上休息的地方。早上我需要工作，如果你愿意，可以中午之后再来找我，我们继续探讨。"

他带着我走出茅屋，山谷笼罩在蓝色的阴影中，星星已经在天空中闪耀。他带着我来到一块岩石的角落：我们来到一个在岩石上开凿的[50]坟墓入口处。我们走进去，离门口不远的地方有一堆芦苇，上面铺着草垫。不远处放着一个水罐，白色的桌布上有干枣和黑面包。

隐："这是你休息的地方，还有你的晚餐。好好休息，当太阳升起的时候，不要忘记晨祷。"

[2] 隐士生活在无尽的沙漠中，充满令人敬畏的美丽。他看着整体和内在的含义，他厌恶多样性接近自己，他只远远地从整体上去看。因此，银色的光辉和快乐还有美丽都使他看不到多样性。只有简单和单纯的东西才能靠近他，因为近在咫尺的多样性和复杂性会破坏银色的光辉。天空中不能有云，雾和雾雨都不能出现在他的周围，否则他无法在远处从整体上观察多样性。因此，隐士最爱沙漠，在沙漠中，身边的一切都很简单，在他和远方之间不存在浑浊或模糊。

若没有巨大的太阳照耀着空气和岩石，隐士的生命将会很冰冷。太阳和它永恒的光芒代替了隐士自己的温度。

他心向太阳。

他在太阳照耀的大地上彷徨。

他梦想太阳闪耀着的光芒、红色的石头在正午散发出的热量、干燥的沙子辐

50 《草稿》中写的是"埃及的"（227 页）。在埃及文化中，他们用水、枣和面包祭奠死者。

18/19 射出的金色射线。/

隐士追寻太阳，没有人像他那样敞开自己的心扉。因此，他比任何人都热爱沙漠，因为他爱沙漠深沉的宁静。

他需要的食物很少，因为太阳和阳光滋养着他。所以，隐士最爱沙漠，因为沙漠就像他的母亲，每天定时给他食物和维持生命的温度。

在沙漠中，隐士得以摆脱烦恼，所以他能够全身心地投入到自己灵魂中处于萌芽状态下的花园，而这个花园只能在炙热的阳光下繁盛起来。他的花园中结出鲜美的红色果实，这些膨大的果实把美味紧紧包裹在果皮之下。

你会认为隐士很贫穷。但你却看不到他走到硕果累累的树下，触摸到的水果胜过谷物百倍。在深色的树叶下，红艳的花蕾向他绽放，果实中的果汁几乎都要溢出来了。芬芳的树脂从他头上的树上滴下，种子在他脚下破土而出。

如果太阳像一只精疲力竭的小鸟一样沉入到大海中，隐士便将自己裹起来，屏住呼吸，一动不动，纯然等待第二天太阳又从东方升起的奇迹。

隐士的心中充满美好的期待。[51]

19/20 沙漠的恐惧和过度的蒸腾包围着他，你无法理解隐士是如何生活的。/

但他的眼睛盯着自己的花园，耳朵聆听着水源，他的双手触摸着丝绒般的叶子和果实，呼吸着茂盛的树木散发出的芬芳。

他无法将这一切讲给你听，因为他的花园太壮观了。每当他谈到它的时候，他就会口吃，在你看来，他的生命和精神都很贫乏。但他不知道应该把手放到哪里，因为这里到处都是难以描述的充盈。

他给你一颗毫不起眼的果实，这是一颗刚刚掉落到他脚下的果实。对你而言，这颗果实毫无价值，但如果你仔细观察它，你会发现它感觉上很像太阳，这是你做梦都想不到的。它散发出的芬芳迷惑你的感官，使你梦到玫瑰园、甜酒和

51 《草稿》中继续写道："绕行一圈之后，我和隐士不约而同地回到一起，他生活在没有阳光的深度中，温暖的岩石给他带来温暖，在他上方是火热的沙漠和刺眼的天空。"（229 页）

窃窃私语的棕榈树。你把水果捧在手中继续做梦，你想要结果实的树、生长树的花园和滋养花园的太阳。

你自己也想成为隐士，像他一样，在太阳下漫步在自己的花园中，盯着垂下的花朵，抚摸着胜过谷物百倍的水果，呼吸着成千上万朵玫瑰散发出的芬芳。

阳光柔和，酒香微醺，你躺在古人的墓穴中，周围回荡着各种声音，墙上是千年来留下的各种颜色。

当你起来的时候，你看到一切又有了以前的生机。而 / 当你入睡的时候，你开始休息，一切依旧，你的梦轻柔地回应着遥远的神庙中传来的圣歌。 20/21

你一直睡了一千年，并在一千年中不断醒来，你的梦里充满古人的知识，而这些知识装饰在你卧室的墙上。

你也能从整体中看到自己。

你背靠着墙坐着，盯着美丽又谜一般的整体。整体（Summa）[52] 就像一本书一样摆在你的面前，一种难以名状的欲望将你抓住，要把它吞掉。因此，你斜靠着，浑身僵硬地坐在那里很久。你完全无法理解它，到处都有光在闪烁，到处都有果实从高高的树上落到你的手中，你的脚到处都能踩到黄金。但如果这些在你面前清晰地展开，你将之与整体相比较，这些又是什么呢？你伸开手，它仍然悬挂在无形的网中。你想看到它的真面目，但正是朦胧和模糊将你们彼此隔开。你想从上面撕下一块，但它像抛过光的铁一样光滑坚硬。所以，你又靠着墙坐了回去，当你经过地狱的疑惑带来的所有炙热残酷的考验后，再次坐回来，靠着墙，看着整体的奇迹在你面前逐渐展开。到处都有光在闪烁，到处都有果实落下来。对你而言，这些仍然太少，但你开始对自己满意，不再关注岁月的流逝。什么是年华？对于坐在树下的他而言，时光飞逝是什么？你的时间就像空气的流动一样快，你在等待着下一道光，下一颗果实。

如果你相信文字，那么作品就在你的面前，亘古不变。但如果你相信文字指代的内容，那么你的探索将永无止境，而你也必须踏上一条没有尽头的道路，因

52 拉丁文，意为“整体”。

为生命不仅沿着一条有限的道路走下去，也沿着一条无限的道路前行。但无限让你[53]焦虑，因为无限令人恐惧，人性与无限不相容。因此，你追寻有限和限制，这样你才不会失去原我，跌到无限中。限制对你极为重要。你迫切需要只有一重含义的文字，这样你就能够摆脱没有边界的歧义。文字变成我们的神，因为它能够使你摆脱无数种诠释的可能性。文字是一种保护性的魔法，让你可以对抗无限这个魔鬼，因为无限会将你的灵魂撕碎并抛洒在风中。你若想得到解救，要在最后说：就是这样，别无其他。你说出这句魔法般的话，无限最终消失。正因为如此，人们才会去追寻和创造文字。[54]

破坏文字之墙的人会推倒神，亵渎神庙。隐士就是一位谋杀犯，他将人们谋杀掉，因为他的思考破坏古人的神圣之墙，他召唤出魔鬼的无限。他坐下来，斜靠着墙，不去听人类的呻吟，可怕的灼热烟雾已经将他们控制住。如果你不粉碎古老的文字，你就无法找到新的文字。但任何人都不应该粉碎古老的文字，除非他找到新的文字筑起坚固的墙对抗无限，又比使用古老的文字更加能够理解生命。对于古人而言，新的文字就是新的神，人永远保持不变，即使你为他创造出新的神，人始终是模仿者。是文字成就人，是文字创造世界，文字先于世界存在。它就像黑暗中的一道光，而黑暗却无法理解它。[55]因此文字需要变得让黑暗能够理解，如果黑暗无法理解，光又有什么用呢？但你的黑暗必须能够理解光。

神的文字冰冷且死气沉沉，像月光一样从远处照射过来，神秘又遥不可及。
21/22 让文字回到它的 / 创造者那里吧，也就是回到人那里，文字在人那里得到提升。人要成为光、有限和标尺，变成你十分想要触摸到的果实。黑暗无法理解文字，但可以理解人，事实上黑暗在控制着人，因为人自己就是黑暗的一部分。不是从文字下降到人，而是从文字上升到人：这就是黑暗的理解。黑暗是你的母亲，她值得尊重，因为母亲是危险的。她支配着你，因为是她生的你。像尊重光明一样尊重黑暗，这样你才能够照亮自己的黑暗。

---

53 《草稿》中写的是“给你带来”，《修改的草稿》中写的是“给我带来”（232 页）。在《修改的草稿》中的这一部分，“给你带来”都被替换为“给我带来”，“你”被替换为“我”（214 页）。

54 1940 年，荣格对保护性的文字魔法进行了评论（“弥撒中转化的象征”，《荣格全集第 11 卷》，§442）。

55 见注 48，上文 217 页。

如果你能够理解黑暗，它就将你抓住。它就像有黑色的阴影和无数颗闪烁的星星的黑夜一样笼罩着你。如果你开始理解黑暗，寂静与平和就会来到你这里。只有无法理解黑暗的人才恐惧黑夜。通过理解黑暗，夜晚的活动、你自己深不可测的内容和你都会变得非常简单。你准备像所有人一样不被打扰地睡过千年，睡在子宫中千年，而你周围回荡着古代神庙中的圣歌。简单一直就是这样。当你在千年的古墓中做梦的时候，平静祥和的夜晚便笼罩着你。

cap.v. dies ii.

[HI 22][57, 58]

第五章　逝去Ⅱ（第2日）[56]

我醒来的时候，红日已经将东方染红。那天夜里，那个在遥远的深度中度过的美好时光已经过去。我所处的这个遥远的空间是什么？我梦到了什么？一匹白色的马？我似乎曾经在东方日出的天空中见过这匹白马。这匹马对我讲话，它在说什么？它说："向黑暗中的人致敬，因为白昼就在他之上。"那里有四匹白马，每一个都长着金色的翅膀。它们拉着太阳马车，满头耀眼红发的赫利俄斯站在上面。[59] 我站在峡谷中，既吃惊又恐惧。数以千计的黑蛇迅速钻到洞中。赫利俄斯继续攀升，朝天空中宽阔的道路螺旋上升。我跪下来，举起双手哀求说："赐我光吧，你是跳跃的火焰，缠绕着被钉在十字架上又复活。赐给我们光吧，你的光！"我在大声的呼喊中醒来。阿谟尼乌斯昨天晚上不是说过："当太阳升起的时
22/23 候，不要忘记晨祷。"我想他应该是在暗地里向太阳祷告。/

56 《修改的草稿》中写的是："(隐士)。第二天早晨。"(219 页)

57 在"哲人树"（1945）中，荣格写道："一个向下扎根的人也在向上生长，就像一棵向上和向下同时生长的树一样。重点不是在高度，而是在中间。"(《荣格全集第 13 卷》，§333）荣格也评论了"向下生长的树"(§410f)。

58 1914 年 1 月 1 日。

59 在希腊神话中，赫利俄斯是太阳神，他驾着四匹马拉着的战车穿过天空。

外面吹起一阵清新的晨风，吹起黄沙洒落到岩石的细纹里。天空不断变红，我看到第一缕光线射到苍穹之中，周围充满严肃的冷静和孤独。一只巨大的蜥蜴趴在岩石上等待着太阳。我像着魔了一样站在那里，拼命回想昨天发生的一切，特别是阿谟尼乌斯所说的话。但他说了什么呢？文字的序列有多重含义，约翰把逻各斯带给人类。但这似乎不是一名基督教徒应该做的。或许他是一名诺斯替教徒？[60] 不，在我看来，这是不可能的，因为这是真正崇拜文字的人所讲的最坏的话，就像他所做的一样。

太阳，是什么让我内心充满喜乐呢？我不应该忘记自己的晨祷，但我的晨祷去哪里了呢？亲爱的太阳，我没有祷告，因为我不知道怎样对你讲话。我向太阳祷告过吗？但阿谟尼乌斯要求我早上向神祷告。他或许不知道，我们已经不再祷告。他怎么知道我们衣不蔽体又贫苦不堪呢？我们的祈祷者怎么了？我很想念他们。肯定是因为沙漠。我们的祈祷者似乎就应该在这里出现。难道是因为沙漠的状况太差吗？我想这里并不比城市差。但为什么我们不在这里祷告？我必须朝向太阳，就像祷告是和太阳有关一样。哎！一个人永远无法摆脱人类古老的梦。

我应该在这个漫长的早晨做些什么呢？我无法理解阿谟尼乌斯如何整年都在忍受这种生活。我在干涸的河床上踱来踱去，最后坐在一块圆石上。我前方有一些黄色的草，一只黑色的小甲虫在推着一个球向前爬行，原来是一只圣甲虫。[61] 你这只可爱的小动物，为了生活在自己美丽的神话中，你还在向前滚动吗？多么认真又令人望而却步啊！你要是知道自己只不过是在上演一出古老的神话，你或许就会抛弃幻想，像我们人类一样放弃上演神话。

虚幻令人厌恶。我在这里讲的话听起来非常怪异，善良的阿谟尼乌斯肯定不会认同这些内容。我到底在这里做什么？不，我不想事先谴责他，因为我还没有真正理解他的意思，他应该被倾听。而且，我昨天又是一种不同的想法。我十分感激他，因为他愿意教我。但我现在又变得富有批判性，且很高傲，完全听不进

60　在这段时期，荣格开始研究诺斯替教的文献，他发现文献中的内容和他的经历有很多相通之处。见阿尔弗雷德·利比，《寻根：诺斯替教、赫尔墨斯主义和炼金术对 C. G. 荣格和玛丽 – 路易丝·冯·弗朗茨的重要性及其对这些学科的现代理解产生的影响》（波恩：彼得·郎出版社，1999）。

61　在“共时性：一种非因果关系的原理”（1952）中，荣格写道：“圣甲虫是一种重生的典型象征。根据古埃及《阴间书》的描述，死去的太阳神在第十站的时候变成凯布利，即圣甲虫，和第十二站的船一样大，将新生的太阳滚到东方的天空。”（《荣格全集第 8 卷》，§843）

只言片语。他的思想根本不邪恶，甚至很美好。我不知道自己为什么总想把这个人推翻。

亲爱的甲虫，你去哪里了？我看不到你。啊，你已经推着神话中的球走远了。这些小动物粘在球上，与我们完全不同，它们不怀疑，不动心，不犹豫。这是因为它们活出了自己的神话吗？

亲爱的圣甲虫，我的父，我崇拜你，愿神保佑你的工作，直到永远，阿门。

我在胡说什么呢？我在崇拜一只动物，肯定是因为沙漠，它一定要人祷告。

这里多么美丽啊！红色的石头非常壮观，反射出千万条太阳光，微小的沙粒在传说中原始的海洋中翻滚，从未被发现的原始怪物在它们上方游弋。人啊，这个时候你在哪里呢？你们那些孩子般的动物祖先像偎依在母亲怀抱中的孩子一样躺在温暖的沙子上。

岩石母亲啊，我爱你。我偎依在你温暖的怀抱中，我是你后来的儿子。愿你保佑我，古老的母亲。

23/24 / 我的心和所有的荣耀与力量都是你的，阿门。

我在说些什么呢？这里是沙漠。一切看起来都那么有生命力！这里很可怕，这些石头，它们是石头吗？它们好像是刻意被集中到一起的。它们像运兵车一样排成一条直线。它们根据自身的大小排列，大的比较分散，小的比较集中，形成不同的小方阵，最后组合成一个大方阵。石头在这里形成自己的国家。

我是在做梦，还是在醒着？非常热，烈日当头，真是时光飞逝啊！几乎已到正午，多么令人吃惊啊！是太阳，还是这些有生命力的石头，还是沙漠让我的头嗡嗡作响？

我向山谷走去，不久便来到隐士的茅屋中。他正坐在草垫上，已经陷入深深的沉思中。

我："我的父，我来了。"

隐："早上过得怎么样？"

我："当你昨天说时光飞逝的时候，我感到非常吃惊。我现在不再怀疑你，也不再对此感到吃惊了。我已经学到很多东西，但这让谜团变得比以前更大了。你在沙漠中必须经历这一切，从而成就你的伟大。甚至连石头都对你讲话。"

隐："你已经学会理解隐士的生命，我很高兴，这能够化繁为简。我不想窥探你的秘密，但我感觉你来自一个和我无关的陌生世界。"

我："你说得对。我在这里是一个陌生人，比你见过的任何人都陌生。即使一位来自遥远的不列颠海岸的人也比我离你近。所以，师父要有耐心，让我饮一口你智慧之源的水吧。虽然我们深处干渴的沙漠中，但你身上能够流出无形的活水。"

隐："你祷告了吗？"

我："师父，原谅我，我太累了，没有祷告。但我梦到自己向正在升起的太阳祷告。"

隐："不要担心这个。如果你没有话，你的灵魂就找不到话语向黎明致意。"

我："但这是异教徒在向赫利俄斯祷告。"

隐："这就足够了。"

我："但是，师父，我不仅在梦中向太阳祷告，而且在恍惚的时候向圣甲虫和大地祷告。"

隐："不要大惊小怪，也不要谴责或后悔。我们继续吧。你对我们昨天的谈话还有什么想问的吗？"

我："昨天在你谈到裴洛的时候，我打断了你。你正要向我解释你对特定的文字序列会有多重含义的理解。"

隐："好，那我继续给你讲我是如何摆脱繁杂的文字给我造成的可怕困境的。有一次，我父亲曾经释放一个人来到我这里，我从小就很喜欢和这个人在一起，他对我说：

'阿谟尼乌斯，你好吗？''当然很好，'我说，'你看，我现在很博学，已经取得巨大的成功。'

他：'我是说你开心吗？充满活力吗？'

我笑道：'你看，这里都很好啊。'

接着那位老人回答说：‘我听过你所有的课。你似乎很急于对自己的听众做出评判，你在讲课时加入诙谐的笑话取悦他们，你把大量的知识堆砌在一起讲出来吸引他们。你焦躁不安又仓促草率，好像要把所有的知识都据为己有一样。你已经不是你自己了。’

24/25 乍一听，他的话很好笑，但仍然令我印象深刻，我很不情愿 / 地相信他的说法，因为他讲得很正确。

他接着说：‘亲爱的阿谟尼乌斯，我有一个好消息告诉你，神已经通过自己的儿子化成肉身来拯救我们所有人。’‘你在说什么，’我大声说，‘你是指俄赛里斯吧，[62] 他就是血肉之躯。’

‘不，’他回答道，‘我说的这个人生活在朱迪亚，由一位处女所生。’

我笑着回答说：‘我知道这些，是一位犹太商人把处女王的消息带到朱迪亚，我们的一座神庙的墙上就有她的肖像，并把它当作童话故事一样传颂。’

‘不，’老人坚持说，‘他是神的儿子。’

‘那你指的是荷鲁斯，[63] 他是俄赛里斯的儿子，是吗？’我回答说。

‘不，不是荷鲁斯，而是一位真实的人，后来被钉死在十字架上。’

‘噢，一定是赛斯，肯定是他，老人们经常讲他受到的惩罚。’

但老人十分肯定地说：‘他被钉死，三天之后复活。’

‘啊，那肯定是俄赛里斯。’我不耐烦地回答。

‘不是，’他大吼道，‘他叫耶稣，是受膏者。’

‘啊，你说的是那个犹太人的神，穷人们在避难所敬拜他，在地窖中传颂他肮脏的秘密。’

‘他是一个人，也是神的儿子。’老人目不转睛地盯着我说。

‘一派胡言，亲爱的老人家。’我说，接着把他带到门口。但远处的岩石表面反射过来的回声好像在对我说：他是一个人，是神的儿子。我感到很震撼，这些

62 俄赛里斯是埃及神话中的生命、死亡和繁殖丰产之神，赛斯是沙漠之神，赛斯将自己的哥哥俄赛里斯谋杀并肢解，俄赛里斯的妻子伊西斯重新把他的尸体收集起来并组合在一起，使他复活。关于荣格对俄赛里斯和赛斯的讨论，见《力比多的转化与象征》(1912)(《荣格全集 B》，§358f)。

63 荷鲁斯是俄赛里斯的儿子，埃及神话中的的天空之神，与赛斯为敌。

话将我带到基督教。”

我：“但你不认为基督教本质上就是你的埃及学说的变体吗？”

隐：“如果你说古老的学说表现的是稍不完备的基督教，那么我会同意你的说法。”

我：“好，那么你认为宗教的历史指向的是一个终极的目标吗？”

隐：“我的父亲曾经从尼罗河的发源地买回来一个黑奴，他所在的那个国家既没有听说过俄赛里斯，也没有听说过其他的神，他用更简单的语言告诉我很多事情，他们也有信仰，就像我们信仰俄赛里斯和其他的神一样。我开始明白那些未开化的黑人不知不觉地已经拥有大部分我们文明人发展出的所有教义。那些能够准确地解读语言的人不仅能够在异教的教义中看到这些，在基督的教义中也能看到这些。这就是我目前所做的工作。我阅读福音书，寻找更多的还未出现的含义。我们知道它们的含义就在我们面前，但不知道它们指向未来的隐义。认为宗教最本质的含义不同的想法是错误的。严格来讲，宗教的本质是相同的，每一种后来宗教的形式都是早期含义的呈现。

我：“你找到其他还未出现的含义了吗？”

隐：“没，暂时还没有，这非常难，但我希望自己能够成功。有时候我需要他人的启发，但我知道这些都是撒旦的诱惑。”

我：“难道你不觉得，如果你离人类更近一些，你就成功了吗？”

隐：“也许你是对的。”

他突然充满疑惑和怀疑地看着我。“但是，”他继续说，“我爱沙漠，你懂吗？爱这黄色、阳光刺眼的沙漠。在这里，你每天都能看到太阳，你独自一人，你能看到伟大的赫利俄斯，不，赫利俄斯是异教徒，我是怎么了？我困惑了，你是撒旦，我认得你，走开，你是我的敌人。”

/ 他愤怒地跳起来，朝我冲了过来。但我身处遥远的 20 世纪。[64] 25/26

64 《修改的草稿》中继续写道：“而在梦中，我不是真实的自己。”（228 页）基督教的隐士一直在对抗撒旦的出现。一个著名的魔鬼诱惑的例子出现在阿瑟内修斯所写的《圣安东尼传》中。1921 年，荣格提到圣安东尼对修道士的警告：魔鬼的伪装非常高明，目的就是让神圣的人类堕落。魔鬼本质上就是隐士自己无意识的声音，它们起来对抗隐士对自己本性的强烈压抑。（《心理类型》，《荣格全集第 6 卷》，§82）福楼拜在《安东尼的诱惑》中详细描述了圣安东尼的经历，荣格也非常熟悉福楼拜的这部作品（《心理学与炼金术》，《荣格全集第 12 卷》，§59）。

[HI 26]

[2] 睡在千年之梦的坟墓中的人做了一个很美的梦。他做的是一个原始古老的梦，梦到太阳正在升起。

如果你在这个世界上能够睡到这个睡眠中，梦到这个梦，你也会知道太阳将在这一刻升起。我们仍在黑暗中的时候，白昼就在我们的上方。

能够理解自己身上的黑暗的人，光明离他就近。能够进入到自己的黑暗中的人，他就来到真光，也就是红发的赫利俄斯的阶梯前。

四匹白马拉着他的战车向上攀升，他的背上没有十字标记，侧面没有伤，他很安全，头上的火焰在燃烧。

他不是一个愚弄别人的人，而是显赫且不容置疑的力量。

我不知道自己说了什么，我是在梦中说话。我步履蹒跚，吞着火，我今夜吞下火，因为我穿越数世纪，突然坠入到底部的太阳这里，我站起来吞下太阳，脸庞在燃烧，头发也着火了。

26/27 把你的手给我吧，那双人类的手，这样你 / 才能将我拉到地面上，因为烈焰将我高高地卷起，疯狂的渴望把我甩到最高点。

但黎明即将到来，是真正的白天，这个世界的白天。而我依然藏在地球的峡谷里，深邃孤独，处在山谷黑暗的阴影之下，那是阴影和地球的沉重。

我怎么能向沙漠中从东方升起的太阳祷告？我为什么要向它祷告？我吞下太阳，那么我为什么向它祷告呢？但沙漠，我身上的沙漠需要祈祷者，因为沙漠要用活物满足自己，我要向神、太阳和其他神祇祈求。

我祈求，因为我是一无所有的乞丐。在这个世界上的白天中，我记不起自己之前已经吞下太阳，吞下它活跃的阳光和灼热的力量。但在我走到地球的阴影中后，我发现自己赤身裸体，没有什么可以掩饰自己的贫穷。在你碰触到地球的那一刻，你的内在生活就结束了，它从你身上遁入到事物中。

一个奇妙的生活开始在事物中涌现，你认为没有生机与没有生命力的事物会泄露出隐秘的生活和沉默但势不可当的意图。你陷入到一种熙熙攘攘的生活中，在这里，一切都表现得很奇怪，在你旁边、你上方、你下方和你身上，连石头都对你说话，魔法的线条从你旋到事物，再从事物旋到你，忽远忽近地作用在你身上，你用一种黑暗的方式忽远忽近地回应。你总是很无助、很痛苦。

但如果你仔细观察，你将会看到以前从未见过的东西，就是这些东西活出你的生命，它们在你之外生活，河流带着你的生命进入山谷，石头借助你的力量一个接一个地堆积起来，植物和动物借助你生长，它们是导致你死亡的原因。一片树叶和你一起在空中飞舞，没有理性的动物[65]能猜出你的想法，代表你。整个地球把你的生命吸到它身上，一切又将你反映出来。

在你没有被秘密地缠住的时候，一切都不会发生，因为一切都由你来安排，表现出你最深处的世界。你没有什么隐藏在事物中，无论多么遥远，无论多么珍贵，无论多么隐秘，它们存在于事物中。你的狗把你从你的父亲那里夺走，你的父亲在很久之前去世，而狗像你父亲一样看着你。牧场上的奶牛凭直觉知道了你的母亲，它的全然冷静自若又安全吸引着你。星星轻声地把你最深的秘密告诉你，地球上柔软的山谷把你保护在母亲般的子宫中。

你像一个迷途的孩子，可怜地站在强大的力量中，而它们牵着你的生命线。你拼命呼救，紧抓着第一个经过这里的人。或许他能够给你建议，或许他知道你不曾有过的思想，而这些都是你身上被吸走的东西。

我知道你肯定想听我讲没有接触过任何事物的人，这是他的生活，自我满足。因为你是大地的儿子，被大地吸干，而大地自身没有可以吸的了，而只能从太阳那里吸取。因此你会愿意听我讲太阳之子，因为太阳发光，而不吸取。

/ 你想听神的儿子的故事，他闪耀，布施，孕育，又复活，就像地球孕育出太阳绿色和黄色的孩子一样。 27/28

65　与之相对应的是亚里士多德把人类定义为“理性的动物”。

你愿意听到他的故事，他是散发着光芒的救世主，他是太阳的儿子，斩断了地球的网，切断了魔法的线条，解救了那些被束缚的人，他属于自己，不做任何人的奴仆，不吸干任何人，他的财富永远不会耗尽。

你愿意听到他的故事，他没有被任何地球的阴影笼罩，而是照亮地球，他能够看到所有思想，没有人能猜出他的思想，他自己拥有所有事物的含义，而任何事物都不能表现他的含义。

隐士逃离世界，他闭上眼睛，堵住耳朵，把自己埋在洞穴中，但都无济于事。沙漠将他吸干，石头讲出他的思想，洞穴回荡着他的情感，因此他变成沙漠、石头和洞穴。这里空洞且荒芜，无助且荒凉，因为他不能发光，仍然是地球的儿子，他将一本书吸干，又被沙漠吸干。他就是欲望，而不是光芒，完全是地球，而非太阳。

因此他是沙漠中的一位聪明的圣人，知识渊博，但和其他的地球之子没有任何区别。如果他吞下自己，他也会吞下火。

隐士走进沙漠中寻找自己，但他不愿意找到自己，而是找到圣书的多重意义。你可以把微小和巨大中的浩瀚吸进自己的体内，你将会变得越来越空洞，因为极大的满足和极大的空洞是一样的。[66]

他试图从外在世界中探寻自己的需求。但你只能从自己身上找到多重的含义，而非外在事物那里，因为含义的多重性不是同时被赋予的，而是含义的承前启后。含义的相继出现并不在事物上，而是你身上，只要你参与到生命中，就会产生大量的改变。事物也会改变，但如果你没有改变，你就不会注意到。而如果你改变，世界也会相应改变。事物的多重含义其实源于你自己的多重感知。从事物那里理解它是没有用的。这或许就可以解释为什么隐士走进沙漠中，理解的是事物，而不是自己了。

66 见下文荣格对普累若麻的描述，522 页 f。

因此，在任何一位求知若渴的隐士身上发生的事情也会发生在他身上：魔鬼能说会道，条理清晰，又在最合适的时刻讲出最恰当的话。魔鬼诱惑他进入到自己的欲望中。我只能以魔鬼的形式出现在他面前，因为我已经接受自己的黑暗。我吃掉地球，吞下太阳，变成一棵绿树，孤独地在沙漠中生长。[67]/ 28/29

---

67 《草稿》和《修改的草稿》中继续写道：“但我看到孤独和它的美好，我抓住没有生命的生命和没有含义的含义，我也能理解自己多重性的一面。因此我的树在孤独平静中生长着，用深深扎到地下的根吃着地球，用高高深入空中的树枝饮着太阳。孤独的 [陌生的] 客人进入到我的灵魂中。但我的绿色生命将我淹没。[因此，我会彷徨，顺从水的本质]。~~孤独在我周围生长并扩大，我不知道孤独是多么无边无际，我彷徨，我观察。我想理解孤独的深度，我一直向前走，直到我生命中最后的声音都消失了。~~”（235 页）

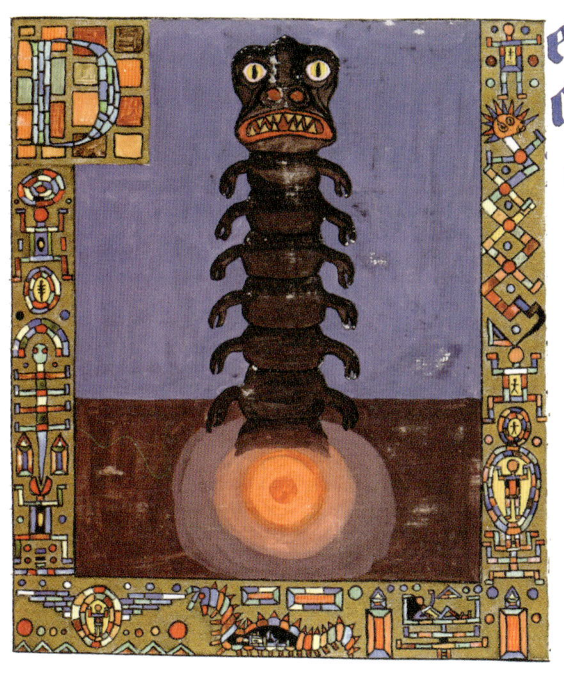

er tod · cap·vi·

[HI 29]

第六章 死亡[68]

第二天夜里，[69] 我在北方彷徨，天空是灰色的，空气中弥漫着雾气，冰冷而潮湿。我向低地走去，微弱的溪流在宽阔的平面上流淌，向大海流去，在大海中，所有的激流都变得越来越缓，所有的力量和冲力都和无边无际的大海结合在一起。树木开始变得稀疏，宽阔的沼泽地伴着肮脏的死水，地平线无边无际，孤独而荒凉，被乌云笼罩着。慢慢地，我屏住呼吸，带着巨大又不安的期待，想疯狂地滑到泡沫中，坠入到无边无际中。我跟随自己的兄长，也就是大海。它的流动很轻，几乎感觉不到，而我们不断地接近终极的怀抱，进入到源头的子宫，即没有边际和无法估量的深度。这里有低矮的黄色山丘，一个广阔的死湖在山丘脚下。我们悄无声息地在山丘上漫步，沙丘展开灰暗且难以言表的遥远地平线，天空和大海在这里融到无限中。

有人站在最后的一个沙丘上，他穿着有皱褶的黑色外套，站在那里一动不动，向远方眺望。我向他走去，他有点憔悴，目光深邃。

68 《手写的草稿》中写的是“第五次冒险：死亡”（55 页）。

69 1914 年 1 月 2 日。

我说："黑暗之人，让我站在你旁边一会儿吧。我在很远的地方就看到你了，只有一个人这样站着，如此孤独地站在世界最后的角落。"

他回答道："陌生人，如果你不觉得太冷，就站到我旁边吧。你看，我很冰冷，我的心脏从来没有跳动过。"

"我知道，你是冰和终结，你是石头冰冷的沉默，山上最高处的雪，你是外在空间中最冷的冰霜。我必须感受这些，这是我站在你旁边的原因。"

"是什么把你带到这里，生命之躯？生命之躯从来没有造访过这里。他们夹
杂在庞大的人群中悲伤地经过这里，上方陆地上所有在白天离开的人，/ 永远不 29/30
会再回来了。但生命之躯从来没有来过这里，你是怎么找到这里的？"

"在我开心地沿着生命之流前行的过程中，一条奇怪又出乎意料的道路将我带到这里。因此我发现了你，我想这就是你的地方，最适合你的地方？"

"是的，它通往无差别，没有平等或不平等，一切浑然一体。你看到什么在往那里去？"

"看着像一堵乌云墙，在朝我们这边飘。"

"再仔细看看，你发现了什么？"

"我看到很多人挤在一起，有男人、老人、女人和孩子。我看到人群中有马、牛和小动物，一大片昆虫围着人群，一座森林漂了过来，无数花朵已经凋零，这是一个彻底没有生机的夏天。他们已经很近了，他们看起来既僵硬又冰冷，他们的脚一动不动，封闭的队伍不发出一点声响。他们的双臂僵硬地环抱着自己，他们凝视前方，但不看我们一眼，他们顺着巨大的洪流回到过去。黑暗之人，这个幻象真可怕。"

"你想要和我待在一起，那就振作起来。看！"

我看到："前面几排的人已经到达海浪和溪流剧烈冲刷过的地方。看起来像是气流在对抗死者的洪流和海洋的冲击，把它们旋到高处，撕成黑色的碎片，消融到乌云中。一浪接一浪，不断有新的人消融到黑色的空气中。黑暗之人，请告诉我，这是末日吗？"

“看着！”

黑色的大海重重地裂开，红色的光散发出来，像鲜血，我脚下是血色泡沫的大海，海的深度中闪着光，我感到很奇怪，我的双脚悬在空气中吗？这是大海，还是天空？血与火在一个球中交织在一起，红光从球冒烟的外壳上射出，一个新的太阳摆脱了血腥的大海，闪着光滚到最深的深度，消失在我的脚下。[70]

我环顾四周，完全只有我一个人，夜幕已经降临。阿谟尼乌斯说了什么？夜晚是安静的时间。

[HI 30]

[2] 我环顾四周，看到孤独已扩大到无法估量的程度，可怕的冰冷将我刺透。太阳依然在闪耀，但我感到自己进入到了巨大的阴影中。我缓慢又镇定地顺着溪流向深度前进，一直走到来者的深度中。

因此，我在那天晚上走了出去（1914年的第二天夜里），充满焦虑地期待。我走出去拥抱未来。道路很宽阔，但来者很可怕。它是无数的死亡，是血海。新的太阳在这里升起，是我们称为白昼的可怕反转。我们已经抓住黑暗，太阳将在我们头上闪耀，像巨大的毁灭一样血腥和炽烈。

在我理解自己的黑暗之时，震撼的黑夜出现，我的梦把我拉进千年的深度中，我的凤凰在这里升起。

但我的白昼发生了什么？火炬被点燃，血腥的愤怒和争论爆发。在世界被黑暗控制的时候，可怕的战争爆发，黑暗将世界之光摧毁，因为黑暗无法被理解，不再有任何益处。因此我们也要品尝地狱的滋味。

我看到时代的美德所变成的邪恶，你的温和如何变成冷酷，你的善良变成残酷，你的爱变成恨，你的理解力变成疯狂。你为什么想去理解黑暗！但你必须这么做，否则它会控制你。能够预见这种控制的人是幸运的。

你思考过自己身上的魔鬼吗？噢，你说过它，提到过它，笑着承认过它，把

---

70 见《第一卷》中的幻象，第五章，“未来的地狱之旅”，126页。

它视为人类普遍的邪恶，或者反复出现的误解。但你知道 / 魔鬼是什么吗？你知道它就在你的美德背后吗？你知道它也是你的美德吗？你知道它是美德不可或缺的内容吗？[71] 你把撒旦关在深渊中长达千年，千年之后，你嘲笑他，因为他已经变成儿童的童话。[72] 但如果这个可怕的庞然大物抬起自己的头，世界就会畏缩，最极端的冰冷便会来临。 30/31

你非常惊恐，发现自己手无寸铁，你邪恶的部队也会缴械投降。借助魔鬼的力量，你将邪恶控制住，你的美德超越他。你完全是独自一个人进行这场战斗，因为神已经变成聋子。你不知道哪一个魔鬼更强大，是你的邪恶，还是你的美德。但有一样东西你非常肯定，即美德和邪恶是一对兄弟。

[73] 我们需要死亡的冰冷才能看得清楚。生命既想生又想死，想开始又想结束。[74] 你不是被迫永远活下去，你也可以死去，因为二者都是你意志的需要。生和死必须在你的存在中形成平衡。[75] 今天的人们更需要死亡，他们的生活中有太多的错误，太多的正确已经死亡。保持平衡的都是正确的，破坏平衡的都是错误的。但如果已经获得平衡，继续保持平衡就是错误的，破坏平衡就是正确的。平衡是生和死之间的一瞬。若要生命完整，需与死亡达成平衡。如果我接受死亡，那么我的树就会变绿，因为死亡增加了生命。如果我跳入到包围着世界的死亡中，我的花蕾就会绽开。我们的生命多么需要死亡啊！

---

71 荣格在 1940 年写道："魔鬼是相对的，一定程度上可以避免，一定程度上又是命中注定，和美德一样，而人们通常不知道最坏的是什么。"（"对三位一体教条的心理学诠释"，《荣格全集第 11 卷》，§291）

72 在《修改的草稿》中，这个句子被替换为："魔鬼是世界的另一半，天平的一个托盘。"（242 页）

73 《草稿》中继续写道："在这场血腥的战斗中，死亡向你走来，就像今天的大屠杀一样，世界到处充满杀戮。冰冷的死亡渗入你的体内。我在孤独中被冻死，我看得很清晰，看到了来者，就像我在寒冷的黑夜中看到的星星和远处的山一样清晰。"（260 页）

74 在《力比多的转化与象征》中，荣格认为力比多不仅是叔本华式的生命驱力，也包含朝向死亡的相反力量（《荣格全集 B》，§696）。

75 《草稿》中继续写道："让正确的得以生存，让错误的死去，这是生活的艺术。"（261 页）荣格在 1934 年写道："生命像其他事物一样，是一个充满活力的过程。但原则上，每一个充满活力的过程都是不可逆转的，因此会明确地指向一个目标，这个目标就是静止的状态……中年之后，只有愿意死亡的人才能保持活力。因为生命中如日中天的隐秘时刻对应的正是抛物线的顶点，死亡在此时诞生……不愿意生等于不愿意死。生和死一直是同一条曲线。"（"灵魂与死亡"，《荣格全集第 8 卷》，§800）见拙著"'无边的浩瀚'：荣格对生命和死亡的思考"，《C. G. 荣格分析心理学基金会杂志季刊》38（2008），9 ~ 32 页。

在你已经接受死亡的时候，快乐在你这里就变成最渺小的东西。但如果你贪婪地向外追寻一切可以让你继续生活下去的东西，那么没有任何东西能满足你的快乐，继续围绕在你身边的最渺小的东西不再是快乐。因此我注视着死亡，因为它教会我如何生活。

如果你接受死亡，它完全就像一个冰冷的夜晚和一种紧张的恐惧，但是在一个葡萄园中的冰冷夜晚，葡萄园中长满甜葡萄。[76] 你很快就会为自己拥有的财富而感到高兴。死亡开始成熟，而人们需要死亡才能够收获果实。没有死亡，生命将没有意义，因为漫长的时间会再次出现，并否认死亡的意义。生存，享受你的存在，你需要死亡，界限能够使你存在。

[HI 31]

当我看到地球的哀叹和无意义并蒙着头走进死亡的时候，我看到的一切都变成了冰。但红色的太阳在阴影的世界中升起。[77] 它秘密且出乎意料地出现，我的世界就像一个邪恶的幽灵一样开始旋转。我怀疑血腥和谋杀即将到来。血腥和谋杀也值得称颂，它们有自己独特的美，我们可以认为这是血腥的暴力行为之美。

但是，正是我无法接受的、令我厌恶的和我一直拒绝的事物在我身上开始出现。因为如果生命的悲惨和贫穷都结束，另一个与我相敌对的生命便会开始。它与我敌对的程度令我难以想象。因为它的敌对不符合理性的法则，而是完全根据自身的本质。是的，它不仅敌对，而且令人厌恶、无形又严重令人作呕，让我无法呼吸，吸干我肌肉的所有力量，模糊我的感觉，将毒刺扎进我的脚跟，总是袭击我意想不到的弱点。[78]

他不像一个强大的敌人那样具有男子气概和危险性，但我却在粪堆中死去，一群温和的母鸡在我周围咯咯叫，惊奇又满不在乎地下蛋。一只狗走了过来，把腿高高抬起，冷静地从我身上跨过去。我连续七次诅咒我出生的时刻，如果我没

---

76 见上文，注 20，102 页。

77 指上文的幻象。

78 在《力比多的转化与象征》(1912) 中，荣格评论了受伤的后脚跟（《荣格全集 B》，§461）。

有选择在这个点上杀死自己，我要准备好体验下一次的出生。古人云：生命诞生于屎尿之间。[79] 出生的恐惧连续袭击我三个晚上，在第三天夜里，丛林般的笑声响起，对它而言一切都不简单。生命又开始躁动了。/ 31/32

79 “生命诞生于屎尿之间”，这种说法被广泛认为是圣奥古斯丁所言。

[HI 32][81, 82]

第七章 早期神庙的遗迹[80]

我又开始一次新的冒险：我面前是一片广阔的草原，鲜花铺成的地毯，朦胧的山峦，远处一片葱翠的树林。我遇到两位陌生的旅行者，他们或许完全是偶然走到一起的：一位年长的修道士和一位瘦高的男人，男人的步态很像孩子，穿着已经褪色的红衣服。当他们走近的时候，我发现那个高个子男人就是红色的骑士。他变化真大啊！他变老了，红色的头发已经花白，火红的衣服已经破旧。那另外一个人呢？这个人大腹便便，应该没有受过苦。但他的面容看起来很熟悉：我的天啊！他是阿谟尼乌斯！

变化真大啊！这两个完全不同的人是从哪里来的呢？我上前跟他们打招呼，他们都很恐惧地看着我，在胸前不断地画十字。他们的惊恐促使我开始审视自

80 《手写的草稿》中被替换为："第六次冒险"（586 页）。《修改的草稿》中被替换为："6 堕落的理想"（247 页）。

81 这种镶嵌画的形式类似于拉文纳的镶嵌画，荣格在 1913 年和 1914 年到这里参观，这些画给荣格留下深刻的印象。

82 1914 年 1 月 5 日。

己。我全身被绿色的树叶包裹着，而且这些树叶都是从我身上长出来的。我再次向他们笑着打招呼。

阿谟尼乌斯恐惧地吼道："走开，撒旦！"[83]

红人说："该死的异教徒渣滓！"

我："亲爱的朋友，你们怎么了？我就是那个来自北方净土的人啊，我曾经拜访过你，阿谟尼乌斯，就在沙漠中。[84]红人，我就是站在塔楼上的卫兵啊。"

阿："我认得你，你就是超级魔鬼。我就是见到你之后开始堕落的。"

红人责备地看着他，并戳了一下他的肋骨，修道士怯懦地打住。红人傲慢地转向我。

红："尽管你假装得很严肃，但在那个时候我就已经怀疑你缺乏高尚的素质。你这个该死的假装出来的基督徒……"

这时候，阿谟尼乌斯戳了一下他的肋骨，红人尴尬地不再出声。他们站在我的面前，怯懦又可笑，又有些可怜。

我："神之人，你从哪里来？是什么悲惨的命运将你带到这里，孤独地和红人结伴而行？"

阿："我不想告诉你。但这似乎是神的安排，人无法逃脱。那就让你知道吧，你这个邪灵对我们犯下邪恶的罪行。你用自己该死的好奇心 / 诱惑我，非常渴望 32/33
在神圣的神秘之后抓住我的手，你那一刻让我意识到我对他们真的一无所知。你说我需要离人近一些才能够明白更高的秘密，你的话就像可怕的毒药一样让我震惊不已。不久之后，我将山谷中的兄弟聚集在一起，告诉他们神的话语已经向我显现，命令众兄弟修建修道院，你使我变得非常盲目。

83 "走开，撒旦"，这句话在中世纪很常见。

84 北方净土的人是希腊神话中的一个民族，生活在阳光灿烂的土地上，北风吹不到这里，他们崇拜阿波罗。尼采数次提到北方净土的人是有自由精神的人，《神之死》，§1（《偶像的黄昏》/《神之死》，R. 赫林达勒译 [伦敦：企鹅出版公司，1990]，127 页）。

“当腓理徒（Philetus）提出异议的时候，我引用《圣经》中的话语反驳他，《圣经》中说人不适合独居。[85] 因此，我们建起修道院，就在尼罗河附近，从那里可以看到河上过往的船只。

“我们开垦肥沃的田地，有很多的事情要做，以至于把《圣经》抛在脑后。我们变得骄奢，充满再次征服亚历山大港的强烈渴望。我说服自己相信我只是想看望那里的主教。但我最初陶醉于船上的生活，后来被亚历山大街头熙熙攘攘的人群吸引，我已经完全迷失了。

“就像做梦一样，我爬上一艘开往意大利的大船，贪得无厌地想去看看整个世界。我喝着酒，看着美女。沉湎于享乐，完全变成一只动物。我在那不勒斯上岸的时候，红人就站在那里，而且我知道自己已经落到魔鬼的手中。”

红：“闭嘴，老糊涂，如果我没有出现，你可能已经完全变成一头猪了。在你看到我的时候，你才克制住自己，诅咒饮酒和女人，回到修道院中。

“现在来听我的故事吧，该死的森林怪物：我也落入你的圈套，你们异教的艺术也引诱我。那次交谈后，你用自己对舞蹈的看法使我掉进狐狸的陷阱中，之后我开始变得严肃，严肃到我走进修道院，祷告、斋戒，并改变自己的信仰。

“我盲目到想去改革教堂礼拜仪式的程度，我在主教的支持下引入舞蹈。

“我成为修道院院长，而且只有我能够在祭坛前跳舞，就像大卫在约柜前一样。[86] 但是慢慢地，兄弟们也开始跳舞，甚至整个忠诚的教区也开始跳舞，最后整个城市也开始跳舞。

“这很可怕。我逃进孤独，整天跳舞到结束，但第二天清晨，邪恶的舞蹈再次开始。

85 《创世纪》2章18节：“耶和华神说，‘那人独居不好，我要为他造个和他相配的帮手’。”腓理徒出现在《圣经》的《提摩太后书》2章16至18节：“总要远避世俗的空谈，因为这些必会引人进到更不敬虔的地步。他们的话好像毒瘤一样蔓延；他们当中有许米乃和腓理徒。他们偏离了真道，说复活的事已经过去了，于是毁坏了一些人的信心。”

86 在《历代记上》15章中，大卫在约柜前起舞。

"我从这里逃跑，开始流浪，在夜里彷徨。白天我与世隔绝，在森林和沙漠深处跳舞。我最终来到意大利，到达南方之后，我再也找不到在北方的感觉，我混进人群中。到那不勒斯后，我才差不多找到自己的道路，我在这里看到这位衣衫褴褛的神父。他的外表给我带来力量。通过他，我重获健康。你也听说过他怎样夺走我的心，现在又找回自己的道路。"

阿："我必须承认我并没有那么恐惧红人，他是低贱的魔鬼。"

红："我必须补充一点，他不是狂热的修道士，尽管我在修道院的时候对整个基督教充满深深的厌恶。"

我："亲爱的朋友，看到你们相处这么融洽，我发自内心地高兴。"

二人同时说："我们并不开心，你就是愚弄者和敌人，走开，强盗，异教徒。"

我："但如果你们不喜欢对方是自己的伙伴和朋友，又为什么一起前行？"

阿："那又怎样？即使是魔鬼，也是必需的，否则就无法获得人们的尊重。"

红："我需要与神职人员达成协议，否则我将失去自己的委托人。"

我："那么是生命的需要将你们结合在一起！那么就继续友好地和平相处吧。"

二人同时说："但我们从来就不是朋友。"

我："噢，我懂了，是这个系统的错误。你们宁愿去死？那让我走吧，你们这两个老鬼魂。"

[HI 33]

[2] 在我看到死亡和围绕在它周围的可怕的庄严时，我自己就变成了冰和夜，一个愤怒的生命和冲动在我心中涌现。我对最高深知识[87]的活水产生的渴望开始与酒杯交碰，我听到远处酒醉的笑声、女人的笑声和街上的噪声混在一起。舞蹈的音乐、/ 跺 33/34
脚声和欢呼声从四面八方传来，将我淹没的是人类这种动物的恶臭，而非玫瑰花香的南风。性感淫荡的妓女在咯咯发笑，沿着墙发出沙沙的声音，酒气和厨房的蒸汽还有人群中愚蠢的笑声，夹在云中不断靠近。热而黏的软手将我抓住，病床的毯子将我裹住。我在下方出生，我像英雄一样成长，但是在数小时内长大，而非经历数年。等我长大之后，我发现自己身处中土，这里已经是春天。

87 《修改的草稿》中，"最高深的知识"被替换为"智慧"（251 页）。

[HI 34]

但我已经不是从前的自己了，因为我身上已经出现一个陌生的存在。这是森林中的一个可笑的存在，一个长满绿色叶子的魔鬼。一只森林中的妖怪和恶作剧者，独自生活在森林中，作为一棵绿树而存在，什么都不爱，但只变绿和不断生长，既不接近人，也不疏离人，充满情绪和机遇，遵守无形的规则，与树木一起繁茂和枯萎，既不美丽也不丑陋，不好也不坏，单纯地活着，原始古老但又完全年轻，浑身赤裸又穿着自然的外衣，不是人而是自然，恐惧、可笑、强大、幼稚、脆弱、欺骗又被欺骗，反复无常又肤浅，但又到达地下深处，直到世界的核心。

我吸收两个朋友的生命，是在神庙的废墟上长出的一棵绿树。他们没有支撑生命，但被生命诱惑，已经变成他们自己骗人的把戏。他们深陷泥潭，才会把生命称为魔鬼和叛徒。但他们都相信自己和自己的善，都有自己的方式，他们最终都会陷入到埋葬所有逝去理想的自然和确定性的泥潭中。最美丽和最美好，就像最丑陋和最低贱，都在世界上最可笑的地方终结，被奇装异服包围着，被傻瓜带领着，惊恐地走进肮脏的陷阱中。

欢笑在诅咒之后到来，灵魂从死者中被拯救出来。

根据理想的本质，它们是值得渴望和深思的，它们能够达到这种程度，但也只能够到这种程度。但它们实际的存在是不能被否认的。相信自己真的活在理想中或活出理想的人，会受到宏大的幻觉之苦，表现得就像一个精神病人一样，把自己视为理想，但英雄已经陨落。理想的生命是有限的，因此要为理想的结束做准备：同时可能要付出自己的生命。你难道没有看到是你在赋予自己的理想以意义、价值和效力？如果你已经变成理想的牺牲品，那么理想便会裂开，与你一起狂欢，在圣灰星期三一起去地狱。理想也是一种工具，随时可以被搁置一边，是黑暗道路上的一把火炬。但在白天举着火把东奔西跑的人都是傻瓜。我的理想是多么堕落，我的树长得多么翠绿啊！

[88] 在我变绿的时候，它们站在那里，早期的神庙和玫瑰花园中还留着悲伤，

88 《草稿》和《修改的草稿》中写的是：“我已经变成自己圣殿和美丽的牺牲品，因此在悲惨和抑郁中死去 [死亡降临到我的头上]。”（254 页）

我猛然发现他们之间存在内在的联系，他们似乎已经建立一种无耻的联盟，但我知道这个联盟已经存在很久了。在我仍然认为我的圣殿是水晶般纯粹和把自己的朋友比作波斯玫瑰散发出的香水之时，[89] 他们已经形成秘而不宣的联盟。他们表面上相互分离，但暗地里相互合作。神庙孤独的沉默诱惑我远离人群，去寻找超自然的神秘，而我已经过度迷失其中。在我与神战斗的时候，魔鬼已经准备好接受我，把我拉到他这一边。我发现这里也没有边界，只有暴食和恶心，我不是在这里生活，而是被迫来到这里。我是自己理想的奴隶。[90]

因此他们挺立在废墟上，相互争吵，无法在他们的苦难上达成和解。我已经变成一种自然的存在，但我仍然是一个淘气的小妖精[91]，恐吓孤独的彷徨者，避开有人的地方。但我自己在变绿和开花。但我自己没有再次变成一个在渴望世界和渴望精神之间存在冲突的人，我没有活在任何一种渴望中，我为自己而活，做一棵在偏远的春天森林中快乐成长的树。因此，我的生活不需要世界和精神，我非常惊讶自己能有这样的生活。

但人呢，人又如何？他们站在那里，两条废弃的桥通向人类：一条自上而下，
人们从上滑到下，很开心。/ 第二条自下而上，人们痛苦地爬上去，给他们带来 34/35
麻烦。我们迫使同胞经历麻烦和快乐。如果我不是为自己而活，只顾攀爬，就会给别人带来不应有的快乐。如果我只顾享乐，就会给别人带来不应有的麻烦。如果我只专注于生活，我将远离人类。他们再也见不到我，当他们再见到我的时候，会感到吃惊，甚至震惊。但我在活着，变绿、开花和枯萎，就像永远竖立在同一个地方的一棵树，平静地看着人们的痛苦和快乐在我面前经过。然而，我也是一个无法逃脱人类内心冲突的人。

但我的理想也是我的狗，它们汪汪叫，而不会打扰我。但对人类而言，我至少是一条好狗和坏狗，但我却没有做到，也就是说我还在活着，而且是一个人。我似乎不能够像一个人一样活着。只要你意识不到你的原我，你就能够活着，但

89 在波斯，玫瑰花瓣被蒸馏之后制作成玫瑰精油，再使用精油制成香水。

90 在 1926 年，荣格写道："上午到下午的过渡就是早期价值的重新评估。欣赏我们以前理想的对立面就是来源于这一点，去认识以前真理的错误之处，感受传递给我们爱的那一部分是多么对立，甚至是仇恨。"（"正常和异常心理生活中的无意识"，《荣格全集第 7 卷》，§115）

91 《修改的草稿》中写的是"绿色的生物"（255 页）。

如果你意识到你的原我，你将落入一个又一个的坟墓中。所有你的[92]复活最终都会使你[93]生病。因此佛祖最终放弃复活，因为他已经受够了在所有人类和动物之间的穿行。[94]然而，在经历所有复活之后，你仍然是一只在地球上爬行的狮子，你是蜥蜴（MAMAIΛEΩN），拙劣地模仿，善于改变颜色，一只爬行的发光蜥蜴，但就不是一只狮子，狮子本质上和太阳相连，它自己产生能量，不在有保护色的环境中爬行，不通过伪装自己进行防御。我认识蜥蜴，再也不想在地上爬行和改变自己的颜色，也不想复活，我要通过自己的力量存在，就像太阳散发出光芒而不吸收光芒一样，而地球吸收光芒。我召唤回自己太阳的本质，并想快速上升。但废墟[95]挡住了我的道路。它们说："对人而言，你们应该这样或那样。"我变色龙一样的皮肤开始发抖。它们强行出现在我身上，意图改变我的颜色。但历史不再重演。善与恶都不再是我的主人，我把它们这些可笑的幸存者推到一边，继续踏上前往东方的道路。权利之争已经在我身上存在太久，但已经被我抛到身后。

因此，我完全变成一个孤独的人，我再也不能对你说"听着"或"你应该"，或"你可以"，而现在只能自言自语。再也没有人能为我做什么，无论什么都没有了。我对你再无义务，而你对我也再无义务，因为我消失了，你也在我的世界消失了。我再也听不到你的要求，也不会再对你提要求。我不再和你有冲突与和解，你我之间唯有沉默。

你的呼唤逐渐消失在远方，你再也找不到我的足迹。伴着从海平面上吹来的西风，我已经走过绿色的乡野，穿过森林，压弯绿草。我跟大树和森林中的野生动物说话，石头告诉我前行的道路。在我口渴的时候，水源没有出现，我便去寻找水源。在我饥饿的时候，面包没有出现，我便去寻找面包，找到之后就地

92 《修改的草稿》中写的是："我的"（257 页）。

93 《修改的草稿》中写的是："我"（257 页）。

94 《修改的草稿》中继续写道："像蜥蜴一样"（258 页）。《草稿》中在这里出现一段文字，意译如下：这是我们蜥蜴的天性强迫我们经历这些转化。只要我们还是蜥蜴，我们每年都要经历一次复活的洗礼。因此，我惊恐地看着自己过时的理想，因为我爱自己自然的绿色，讨厌蜥蜴的皮肤，因为它的皮肤会根据环境的变化改变颜色。蜥蜴很巧妙地做到这一点，人们把这个改变称为经历复活的过程。因此，你会经历 777 次复活。而佛祖很快就能看到复活是一种徒劳。（275 ~ 276 页）有一种观点认为灵魂需要经过 777 次轮回。（恩斯特·伍兹，《新通神学》[惠顿，伊利诺伊州：通神学出版社，1929]，41 页）

95 《草稿》中写的是："我理想的残余"（277 页）。

[image 36][96]

吃掉。我不再提供帮助，也不需要帮助。即使在我面临困难的时候，我也不看周围是否有人能够帮助我，而是接受困难，俯身、挣扎并抗争。我笑、我哭、我咒骂，但不再环顾四周。

在这条道路上，没有人跟着我，我穿过人迹罕至的道路。我独自一人，我用孤独填满自己的生命。作为人，我已然自足——我便是喧嚣、絮语、慰藉与救助。因此，我向东方游荡。我不再知道自己的远景目标。我看到眼前蓝色的地平线：它
35/37 们足以成为我的目标。我赶紧向东方走去，这是我上升的道路，我将开始上升。/

96 图片说明："1915年圣诞夜画"。这张吉尔伽美什的画像酷似威廉·罗舍的《简明希腊和罗马神话词典》中的一张图，荣格藏有此书（[莱比锡：托依布纳出版社，1884-1937]，第2卷，775页）。伊兹都拔（Izdubar）是吉尔伽美什（Gilgamesh）早期的名字，是误译导致的。1906年，彼得·延森指出："现在已经证实，吉尔伽美什是史诗中的一个主要人物，而非以前认为的Gistchubar或Izdubar。"（《世界文学中的吉尔伽美什史诗》[斯特拉斯堡：卡尔·特吕布纳出版社，1906]，2页）。荣格在《力比多的转化与象征》中讨论了吉尔伽美什史诗，使用的是修改后的名字，并多次引用延森的作品。

[HI 37]

第八章[97] 第一天

但在第三天夜里，[98] 一座荒凉的山挡住了我的道路，只有一道狭窄的山谷可以让我进去，山谷两侧是高高的岩壁。我光着脚，双脚已经被锯齿般的石头划伤。道路开始变得顺畅，路面的一边是白色，另一边是黑色。我走在黑色的路面上，又恐惧地退回来：这就是炽热的铁块。我走到白色的一侧：这里是冰，但我必须走上去。我继续向前走，最后来到一个开阔山谷中一片大的石头盆地，一条狭窄的道路顺着陡峭的岩石通向山顶。

在我到达山顶的时候，山的另一侧传来一声巨响，像岩石被撞击一样。声音向周围散播，隆隆声在山谷中不断回荡。我走进狭窄的通道，看到一个巨人从另外一个方向朝我走来。

他巨大的头上长着两只牛角，胸前佩戴着铿亮的盔甲，他卷曲的黑色胡子上挂着宝石。他手里拿着一把闪光的双刃斧，就像斩杀公牛的斧头一样。还没等我回过神，巨人已经站在我的面前。我看着他的脸：非常巨大，苍白，皱纹很深，用一双杏仁眼吃惊地看着我。我陷入恐惧：这是吉尔伽美什，巨人，长着牛角的

97 《手写的草稿》中写的是“第七次冒险：第一天”（626 页）。《修改的草稿》中被替换为“7，伟大的遭遇，第一天，来自东方的英雄”（262 页）。

98 1914 年 1 月 8 日。

人。他站在那里看着我：他的表情传递出强烈的内在恐惧，他的双手和双膝都在发抖。吉尔伽美什，这只强大的公牛在颤抖？他害怕吗？

我冲他喊道："喂，吉尔伽美什，最强大的人，请饶我一命，请原谅我像蠕虫一样挡住了你的道路。"

吉："我并不想要你的性命，你来自哪里？"

我："我从西方来。"

吉："你从西方来？那你知道西方世界吧？这是通往西方世界的正确道路吗？"[99]

我："我来自西方世界，西方的大海冲刷着这里的海岸。"

吉："太阳会沉入海中吗？或者太阳就落在那里的土地上？"

我："太阳沉入到大海之外。"

吉："大海之外？是哪里？"

我："那里是空旷的空间，什么都没有。你知道，地球是圆的，而在绕着太阳旋转。"

吉："可恶，你在哪里学到的这种知识？没有不朽的土地可以使太阳复活吗？你说的是真理吗？"

他的眼中闪烁着愤怒和恐惧，他重重地向前一步。我开始发抖。

我："吉尔伽美什，最强大的人，请原谅我的无礼，但我讲的的确是真理。我生活的那片土地上有被证明是正确的科学，人们乘船环球旅行。学者能够测量出太阳上的每一点到地球表面的距离。地球是一个天体，存在于无限的空间中。"

吉："你是说没有边际？空间无边无际，我们永远无法到达太阳那里？"

我："最强大的人，只要你是人，你就永远无法到达太阳那里。"

我看到他在克服令人窒息的恐惧。

吉："我是人，我永远不能到达太阳那里，永远无法不朽。"

他用石头重重地将自己的斧头砸碎。

吉："去吧，无用的武器，一点用处都没有，你怎么能够对抗无限和永恒的
37/38 虚无，/ 对抗空洞吗？你谁都征服不了，自我摧毁吧，这是你应有的结果！"

（西方的太阳发着光沉入到云的怀抱中。）

99 在埃及神话中，西方世界（尼罗河的西岸）是冥界。

“走开，太阳，你这个三度受到诅咒的神，把你包裹到自己的不朽中吧。”

（他捡起地上斧头的碎片朝太阳扔去。）

“给你的祭品，这是你最后的祭品！”

他陷入崩溃，像孩子一样哭起来。我站在那里颤抖，不敢打搅。

吉：“可恶的蠕虫，你在哪里吸到的毒药？”

我：“啊，吉尔伽美什，最强大的人，你所说的毒药就是科学。在我们国家，我们从小就接受它的滋养，这或许就是我们没有发育良好且依然是侏儒的原因。但是，在我看到你的时候，似乎我们都在某种程度上中了毒一样。”[100]

吉：“从来没有比我更强大的人可以将我击倒，没有任何怪物能够抗拒我的力量。但蠕虫啊，你放置在我道路上的毒药使我跛足。你的毒魔法比提亚玛特的军队还要强大。”[101]（他像瘫痪了一样平躺在地上）“神啊，救救我吧，这里躺着的是你的儿子，被无形的蛇咬到脚跟而倒下。啊，真希望在我看到你的时候就将你踩碎，永远听不到你的话语。”

我：“吉尔伽美什，伟大又可怜的人，我要是知道自己的知识能将你击倒，我会闭住自己的嘴巴，但我想将真理告诉你。”

吉：“你把毒药称为真理？毒药是真理吗？抑或真理是毒药吗？我们的占星术士和神父说的不是真理吗？但他们所讲的并不像毒药。”

我：“吉尔伽美什，夜幕已经降临，这里会变冷。我不是应该找人来帮你吗？”

吉：“顺其自然吧，我想听你的回答。”

我：“但我们不能在这里或者随处进行哲学思考。你现在需要帮助。”

吉：“我告诉你，顺其自然。如果我在今夜死去，这是我应得的。请给我答案。”

我：“恐怕我的话太无力，无法治愈你。”

吉：“它们也不会带来更坏的结果了。灾难已经发生。告诉我你学到的知识吧。或许你魔法的话语就是解药。”

我：“最强大的人，我的话语很贫瘠，没有魔法的力量啊。”

吉：“没问题，尽管讲。”

---

100 《快乐的科学》中，尼采认为思维来自多种冲动的驯化和结合，而冲动都受毒药的影响：怀疑、否定、等待、收集和分解的冲动。（“毒药的学说”，华特·考夫曼 [纽约：古典书局，1974] 第 3 册，113 部分）

101 在巴比伦神话中，提亚玛特是诸神之母，发动对魔鬼军队的战争。

我："我不怀疑你们的神父所讲的是真理，它肯定是真理，但与我们的真理相反。"

吉："有两种真理吗？"

我："对我而言就是如此。我们的真理来自对外在的认知，你们神父的真理来自内在。"

吉（半坐起）："这句话真有用。"

我："我很幸运我无力的话语能够使你摆脱痛苦，我要是知道更多能够帮助你的话语就好了。现在变得又黑又冷。我来生火取暖吧？"

吉："生火吧，或许会有帮助。"（我收集一些木材，生起一堆大火。）"圣火温暖着我。请告诉我，你如何迅速且神秘地将火点燃的？"

我："我用的就是火柴。你看，这些小木条的顶端都有特殊的材料，将它们与盒子摩擦，就能产生火了。"

吉："不可思议，你在哪里学到这门法术的？"

我："我们那里所有人都有火柴，这是最微不足道的东西。我们都能够乘坐
38/39 机器飞起来。" /

吉："你们能够像小鸟一样飞起来？如果你的言语中没有强大的魔法，我可以告诉你，你讲的都是谎话。"

我："我肯定没有撒谎。你看，我有一块表，它能够告诉你准确的时间。"

吉："太精彩了。很明显你来自一片奇怪又神奇的土地。你肯定来自西方神圣的世界。你长生不老吗？"

我："我？长生不老？没有什么比我们更容易老去了。"

吉："什么？你不能长生不老？那你怎么知道这样的法术？"

我："很不幸，我们的科学还没有成功地找到对抗死亡的方法。"

吉："那是谁教会你们这些法术的？"

我："在过去的几个世纪中，人们通过对外界事物进行细致的观察和科学研究，已经有了很多发现。"

吉："但这种科学像可怕的魔法一样已经使我跛足。你们每天都在喝这种毒药，怎么还在活着呢？"

我："随着时间的推移，人们已经习惯它了，因为人们能够习惯任何东西。但我们也变得有些跛足了。但是，科学也带来巨大的好处，如你所见到的一样。我们失去力量，但我们又通过掌握自然的力量不断重新找回来。"

吉："如此受伤不是很可悲吗？在我看来，我从自然的力量那里获取自己的力量，把那些秘密的力量留给那些胆小又怯懦的魔法师和巫师。如果我把一个人的头砸成糨糊，他可怕的魔法就会消失。"

我："难道你没有意识到碰触到我们的魔法对你产生的作用吗？我认为非常可怕。"

吉："很不幸，你是对的。"

我："现在你或许看到我们没有选择，我们只能吞下科学的毒药，否则我们将面临和你一样的命运，如果我们在没有准备好的情况下与它不期而遇，我们将完全变得跛足。这种毒药非常强，每一个人，甚至是最强大的人，哪怕是神，也都会因为它而死亡。如果我们爱自己的生命，我们宁愿牺牲自己生命力量的一部分，而不会抛弃自己。"

吉："我不再认为你来自西方的神佑之地，你的国家肯定很荒凉，充满瘫痪，到处都是离弃。我渴望东方，给我们的生命带来智慧的清澈源泉就在那里流出。"

我们静静地坐在燃烧的火堆旁，夜晚很冷。吉尔伽美什在叹息，抬头仰望着星空。

吉："这是我生命中最可怕的一天，没有尽头，如此漫长，如此漫长，恶劣的魔法，我们的神父对其一无所知，否则他们会使我免受其害，哪怕神已经死亡，他如是说。那你们也不再有神了吗？"

我："是的，我们只有言语。"

吉："但这些言语强大吗？"

我："有人这么说，但没有人注意到这一点。"

吉："我们也看不到神，但我们相信神的存在。我们在自然中看到神的作用。"

我："科学已经将我们信仰的能力剥夺了。"[102]

吉："什么，你们也已经丧失这种能力了？那你们怎么生活？"

我："我们这样生活，一只脚踏在冰中，另一只脚踏在火中，其他的就听天由命！"

吉："你的表达很黑暗。"

我："我们也是这样，是黑暗的。"

---

102 科学与信仰的关系是荣格的宗教心理学中的一个重要主题。见"心理学与宗教"（1938），《荣格全集第 11 卷》。

吉："那你能够忍受吗？"

我："不是很好，我感到不安。正是因为此，我才向东而行，向太阳升起的地方走，去寻找我们没有的阳光。那么太阳在哪里升起呢？"

吉："如你所说，地球是圆的。根本没有太阳升起的地方。"

39/40 我："我的意思是你是否拥有我们没有的阳光？" /

吉："看着我，我在东方世界的阳光下长大。从这一点你就可以看到这里的阳光有多么丰富。但你来自一片如此黑暗的世界，要小心过强的光线，你会失明，就像我们所有人都有某种程度的失明一样。"

我："如果阳光真如你所说的强烈，我会加倍小心。"

吉："你会做得很好。"

我："我十分渴望你的真理。"

吉："就像我渴望西方的世界一样。我警告你。"

我们陷入沉默。夜已很深，我们在火堆旁睡下。

[HI 40]

[2] 我向南彷徨，感到自己的孤独激烈难耐。我向北彷徨，感到整个死去世界冰冷的死亡。我退回到西方，这里的人们都有丰富的知识和技能，但我开始遭受没有太阳的黑暗所带来的痛苦。因此，我抛弃一切，向东彷徨，因为太阳每天在这里升起。我像孩子一样向东方走去，我不发问，只是等待。

盛开着鲜花的草地和春季盎然的森林衬托着我前行的道路。但在第三天夜里，沉重突然降临。它像充满悲凉的峭壁一样竖立在我的面前，一切都在试图阻止我前行。但我找到了入口和狭窄的道路。折磨非常巨大，因为我并不是无缘无故地把两个放荡和堕落的人物推开。我毫不怀疑地吸收自己拒绝的东西。我接受的东西进入到自己未知的灵魂中，我接受对自己的所作所为，但却拒绝作用在自己身上的东西。

我生命的道路引领我超越被拒绝的对立面，平稳地与它结合在一起，啊！前方的路必将极度痛苦。我走在路上，我的脚底被烧焦又被冰冻住。我走到道路的另一端，但踩碎了毒蛇的头，毒液通过脚跟的伤进入到身体，因此蛇比以前的毒性更强了。因为我拒绝的毕竟是我本质的一部分。我认为自己没有拥有它，因此认为自己可以将它摧毁。但它就在我的体内，只是暂时拥有一种外在的形式，并向我走来。我将它的形式摧毁，并相信自己就是一个征服者。但我一直没有征服自己。

外在的对立是我内在对立的意象。一旦我认识到这一点，我就开始保持沉默，并思考我灵魂中对立的分歧。外在的对立很容易被征服，它们的确存在，但尽管如此你也能够和自己结合在一起。它们的确能够烧焦和冰冻你的脚底，但也只是你的脚底。它给你带来伤害，但你仍能够继续追寻遥远的目标。

在我来到最高点的时候，我的希望要往东方展望，奇迹发生了：在我向东方前行时，一个人从东方急匆匆地朝我这个方向前进，追随着不断消逝的阳光。我渴望阳光，他渴望黑夜。我想上升，他想下沉。我像孩子一样矮，而他像强大的英雄一样伟岸。知识使我跛足，而阳光的充满使他失明。因此我们都迫不及待地到对方生活的地方，他来自光明，我来自黑暗；他很强大，我很弱小；他是神，我是蛇；他是古代人，我完全是个现代人；他无知，我有知识；他幻想，我头脑清晰；他勇敢强大，我懦弱狡猾。但当我们在早晨和黑夜的边缘看到对方时，我们都感到十分震惊。

我是一个孩子，像一棵绿树一样成长，任由风和远处的哭喊和对立的骚动 / 在 40/41
树枝间轻轻地吹过，我是一个男孩，愚弄倒下的英雄，我还年轻，便将他们的左右环抱推开，因此我没有预料到他的强大、盲目和不朽，他一直在追落山的太阳，他想把大海完全分开，这样他就能够下沉到大海底部的生命源头。追逐高升的人是渺小的，寻求下沉的人是伟大的。因此，我是渺小的，因为我从自己下沉的深度中直接走出来，而他向往的就是我曾经所在的地方。下沉的人都是伟大的，对他而言，将我击碎是一件轻而易举的事情。但神像太阳，不会猎杀蠕虫。但蠕虫的目标是巨人的脚跟，为他准备下沉的必需品。他的力量很强大，但又盲目。他看起来不可思议，令人害怕。但蛇能够找到他的弱点，只需一点点毒，巨人就倒下了。巨人都没有发出一点声响就尝到了苦果。这不是甜蜜的毒药，而是能够致所有神于死地。

啊，他是我最亲爱且最美丽的朋友，他向太阳飞奔，想要像太阳一样和无边际的母亲结婚。蛇和神是多么相近啊，甚至可以说是完全相同！曾经拯救我们的语言已经变成致命的武器，变成一条毒蛇，将毒隐秘地刺入脚跟。

当外在的对立不再阻挡我的道路之后，我自己的对立也开始出现，高高地站在我的面前，我们相互挡住对方前进的道路。虽然蛇的语言已经战胜危险，但我的道路依然受阻，因为我已经从瘫痪变成失明，就像巨人为逃离失明而陷入瘫痪一样。我无法到达太阳盲目的力量，就像那个巨人不能够到达永远多产的黑暗子宫一样。我似乎被力量拒绝，他似乎被重生否定，而我逃离与力量一起出现的盲目，他逃离死亡带来的虚无。我对充满光明的希望破灭了，就像他对利用无限去征服生命的渴望破碎了一样。我已经使最强大的人倒下，神降到人间。

强大的人已经倒下，躺在地上。[103]

力量必须站到生命的这一侧。

我们外在生活的范围应该缩小。

更加隐秘又孤独的火种，火、山洞、黑暗广阔的森林、稀落的房屋、静静流淌的溪流、悄无声息的冬天和夏夜、小船和马车与罕见又昂贵的住所带来的安全。

彷徨的人顺着人迹罕至的道路走来，四处张望着。

41/42 [OB 41] 着急已经不再可能，耐心在逐渐增长。/

103 《草稿》中继续写道："这是我在梦中见到的。"(295 页)

[OB 42]

白天世界上的噪声逐渐趋于平静，温暖的火苗在内部燃烧。

消失的影子坐在火前轻声哀叹，诉说着过去的故事。

失明和跛足的人，请来到孤独的火前吧，聆听两种真理：失明的人将跛足，跛足的人将失明，但在漫漫长夜中，他们共同分享温暖的火。

一种古老神秘的火在我们之间燃烧，散发出微弱的光芒和充足的温暖。

原始的火完全有必要再次燃起，因为这个世界的夜既广阔又冰冷，而且需求非常大。

得到良好保护的火将遥远的、冰冷的和相互看不到对方与相互碰触不到对方的人聚在一起，并征服苦难和破碎的需求。

在火前讲的话都很模糊和深刻，又为生命指出正确的道路。

失明的人应该跛脚，这样他就不至于跑进深渊中；跛脚的人应该失明，这样他就无法带着渴望和蔑视看着自己无法触及的东西。

他们都应该意识到自己深深的无助，这样他们就会再次尊重圣火，和火边的影子坐在一起，聆听着包围着火焰的话语。

古人把拯救性的语言称为逻各斯，认为它表现的是一种神圣的理性。[104] 因此
42/43 人类身上如此多的非理性 / 需要理性的拯救。如果一个人等待得足够久，就能够看到诸神最后如何全部变成蛇和阴间的恶龙，逻各斯最后的命运也是如此：最后是我们所有人都中毒。最终，我们所有人都会中毒，但我们却不知不觉地使那个人，即巨人，我们身上那位永恒的彷徨者远离毒药。我们散播毒药，使我们周围的世界瘫痪，因为我们想教育整个世界变得理性。

有些人的思维是理性的，有些人的情感是理性的。他们都是逻各斯的仆人，秘密地成为蛇的崇拜者。[105]

你可以降服自己，把自己囚禁在钢铁中，每天血腥地抽打自己：你已经将自己击碎，但却没有征服自己。你正是通过这些帮助那个巨人，加剧自己的瘫痪，加速他的失明。他希望在别人身上看到这些，把这些强加到他们身上，热切又独断地把逻各斯强加到你和他人身上，盲目专制又一意孤行。让他品尝逻各斯，他很害怕，在远处已经开始颤抖，因为他怀疑自己已经过时，一小滴逻各斯的毒药都足以使他瘫痪。但由于他是美丽又有爱的兄弟，因此你像奴隶一样走向他，即使你没有饶恕过自己的同胞，你也愿意饶恕他。你用尽各种狡猾和暴力的手段，使用毒箭射伤自己的同胞，瘫痪游戏是毫无价值的猎物。那个摔倒公牛和把狮子撕成碎片又抗击提亚玛特军队的强大猎人，是值得你张弓的目标。[106]

如果你像他一样活出自己，他将迅猛地向你跑来，你肯定不会错过他。如果你记不起自己可怕的武器，他将粗暴地抓住你，强迫你成为奴隶，你将永远为他服务，对抗自己。如果你使美丽又有爱的人沦落，你会变得狡猾、可怕且冷漠。但你不应该杀掉他，即使他受到伤害，难以忍受的痛苦让他满地翻滚。把神圣的塞巴斯蒂安绑在树上，将箭一支接一支缓慢又理性地射到他不断抽搐的身躯

---

104 见《第二卷》，第四章，207 页 f。

105 在《心理类型》(1921) 中，荣格认为思维和情感属于理性功能（《荣格全集第 6 卷》，§731)。

106 《草稿》中继续写道：“就像大卫一样，你可以使用狡猾和鲁莽的弹弓将大力士葛利亚杀死。”(299 页) 在《力比多的转化与象征》(《荣格全集 B》，§383f) 中，荣格讨论了巴比伦的创世神话中主神马杜克与提亚玛特和其军队之间的战斗。马杜克将提亚玛特杀死，从而创造出世界。因此，“强大猎人”相当于马杜克。

上。[107] 当你这样做的时候，要提醒自己你射出的每一支箭都会挽救一条你矮小又跛足的兄弟的性命，因此你要射出无数支箭。但有一种误解却经常出现且几乎无法消除：人类总是想要破坏自己外部的美丽和最爱，却从来不对内部采取相同的手段。

他来自东方，美丽且最惹人爱，而东方正是我梦寐以求的地方。我仰视他的强大和壮观，我发现他苦苦追寻的正是我所抛弃的，也就是我阴暗的人性所倾轧的大量低贱落魄。我认识到他努力追寻的盲目和无知与我的欲望截然相反，我使他睁开双眼，又用毒刺使他强有力的四肢残废。他躺在那里，哭泣得像个孩子，而他原本就是个孩子，生长在远古时期，需要人类的逻各斯。失明的神无助地躺在我的面前，他失去了一半视力而且已经瘫痪。我开始同情他，因为我明显感觉到我不能让他死去，他从上升的地方来到我这里，而那个地方我很有可能永远无法到达。我所追寻的人现在就在我的手上。除了病态且堕落的他之外，东方并没有给我带来什么。

你只需要走完这一半的路，另一半将由他来完成。如果你僭越他那一半，你将陷入盲目。如果他僭越你这一半，他将变得瘫痪。因此，如果神僭越世人，诸神会变瘫痪，将变得像孩子一样无助。神性和人性都需要存在，如果人站在神的面前，那么神也站在人的面前。道路的正中是熊熊的火焰，散发出的光芒在人性和神性之间闪耀。

神圣的原始力量是盲目的，因为它已经变成人的面孔，人是神性的面孔。如果神来到你的身边，那么你要向神祈求怜悯，因为神就是带有爱的恐怖。古人曾说：落在永生之神的手中是可怕的。[108] 他们这样说是因为他们知道，因为他们也接近过原始的森林，他们用孩子般的方式把自己变成树一样的绿色并向遥远的东方攀升。/ 43/44

107 圣塞巴斯蒂安是生活在公元3世纪的一名基督徒，受罗马人迫害而殉道。他通常被描述成绑在树上被人用箭射杀的人。在拉文纳的新圣亚坡理纳圣殿长廊中有关于他被害的最早期画像。

108 这里指的是《希伯来书》10章31节："落在永活的神手里，真是可怕的。"

因此他们都落入活神的手中，他们学会屈膝，将脸贴在地上，乞求得到怜悯，而且他们也学会生活在卑躬屈膝和感恩之中。但他认为自己非常美丽，有着丝绒般乌黑的眼睛和长睫毛，虽然他的眼睛看不见，但是散发出爱和可怕的光芒，他已经学会哭泣和呻吟，至少这些声音能传到神的耳朵里。只有你可怕的哭声才能阻止神，你会看到神也在颤抖，因为他直面的是自己的面孔，看到的是你的眼光，感受到的是未知的力量。神惧怕人。

如果我的神跛足，那么我必须支持他，因为我不能抛弃受人爱戴的神。我感受到他是我的一部分，是我的兄弟，在我身处黑暗并吞食毒药的时候，他在光明中受苦且成长。了解这一点是有益的：如果我们被黑夜包围，我们的兄弟就站在光明中，从事着伟大的事业，屠狮斩龙。他拉开自己的弓，将其指向更远的目标，直到他看到太阳已高悬在空中，而他又想得到它。但在他发现这个重要的猎物时，此时你对光的渴望也已经觉醒。你卸掉枷锁，来到光正在升起的地方。因此你们都在朝一个方向奔跑。他相信自己能够直接俘获太阳，遭遇到阴影的蠕虫。你认为自己在东方能够在光源处畅饮，在自己跪下之前可以抓住巨人的脚。盲目地过度渴望和狂暴是他的本质，而我的本质是看到聪明的局限和无能。他所大量拥有的正是我所缺乏的。因此我也不会让他走，因为他是公牛神，他曾经伤害过雅各的腰，而如今我却将他变得跛足。[109] 我想把他的力量据为己有。

因此，保住这位重伤之人的性命便是明智之举，这样他的力量便可以不断地支持我。我们仅仅错过神圣的力量。我们说："是的，就是这样，它本该如此，这或那应该被得到。"我们这样说，并站在那里，尴尬地看着我们自己，观察事情将会如何发生。肯定会有事情发生，我们盯着说："是的，就是这样，我们明白，它是这或那，或像是这或那。"因此我们继续这样说着，并站在那里，环视我们周围是否会有什么事情发生。总有事情发生，而我们却一无所获，因为我们

109 这里指的是雅各与天使摔跤，出现在创世纪 32 章 24 ~ 29 节，"只留下雅各一人，有一个人来与他摔跤，直到天快亮的时候。那人见自己不能胜过他，就在他的大腿窝上打了一下。于是，雅各与那人摔跤的时候，大腿窝脱了节。那人说：'天快亮了，让我走吧。'雅各说：'如果你不给我祝福，我就不让你走。'那人问他：'你叫什么名字？'他回答：'雅各。'那人说：'你的名字不要再叫雅各，要叫以色列，因为你与神与人较力，都得了胜。'雅各问他：'请把你的名告诉我。'那人回答：'为什么问我的名呢？'他就在那里给雅各祝福"。

[Image 44]

的神生病了。我们已经看到过他死去后脸上带着蜥蜴一般恶毒的光芒，我们明白他已经死去。我们必须思考治疗他，而我再次清晰地感觉到如果我无法治疗我的神，我的生命将会在半途中断。因此，我选择在寒冷的长夜中守着他。/ 44/46

110 图片故事："干闼婆吠陀 4.1.4。"《干闼婆吠陀》4.1.4 是一个提升活力的咒语："你这棵干闼婆为伐楼拿所挖掘的植物啊，当伐楼拿的活力下降的时候，你便是我们所挖掘到的力量之源。/ 乌夏丝（黎明之女神），苏利耶（太阳神）和我的这道咒语，公牛神普拉加帕蒂（万物之主），将会用旺盛的大火激发他！ / 这株药草将会令你精力充沛，你兴奋的时候，就会像火一样发出热量！/ 植物和公牛之火将会激发他！因陀罗啊，诸神的主宰，请把旺盛的力量赐予此人！ / 你（药草啊）是水的元气，也是植物的元气。而且也是苏摩的手足，是雄羚羊旺盛的力量！ / 阿格尼啊，萨维塔啊，萨拉瓦斯蒂天女啊，祈祷主神啊，请立即把葡萄干变得像弓一样坚硬！ / 我使葡萄干变得像弓上的弦一样硬。把你（女性）视为像瞪羚一样永远不会被击倒（充满力量）的雄羚羊！ / 马、骡子、山羊和公羊的力量，还有牛的力量，都加持在你身上。啊，主神的主宰（因陀罗）！"（《东方圣典》，42 卷，31 ~ 32 页）与此相连接的是吉尔伽美什的治愈力，吉尔伽美什即受伤的公牛神。

[Image 45][110]

[HI 46]

第九章　第二天

梦没有给我带来拯救的语言。[111] 吉尔伽美什整夜都安静又僵硬地躺在那里，一直到天亮。[112] 我在山脊上踱步，不断地沉思着，并回望西方世界，那里有大量的知识和求助的可能性。我爱吉尔伽美什，不愿意他在痛苦中消亡。但可以向哪里求助呢？没有人愿意走这条既热又冷的道路。那么我呢？我害怕回到那条道路上？那么在东方呢？可以在那里找到帮助吗？那如何应对那里未知的危险呢？我不愿意失明。吉尔伽美什有什么用处呢？我也不能像盲人一样背着残废的他。如果我像吉尔伽美什一样强大，我会这么做。科学在这里有什么用呢？

傍晚，我来到吉尔伽美什面前，对他说："我的王子吉尔伽美什，请听我说。我不想你衰亡。第二个夜晚即将到来，如果我没有找到帮助，那么我们就没有食物，这样我们都会死。我们不能期望从西方得到帮助，不过东方倒是有可能。你在来的路上有没有遇到过我们可以寻求帮助的人？"

吉："随他去吧，死亡该来的时候必然会来。"

我："当我想到自己没有尽最大努力帮助你，又把你扔在这里的时候，我的心在滴血。"

吉："你魔法的力量会有什么帮助呢？如果你像我一样强壮，你就可以带我走了。但你的毒药只能摧毁我，而不能帮助我。"

---

111 《手写的草稿》中被替换为："我睡得很少，难以理解的梦给我带来的烦恼比拯救的语言要多。"（686 页）

112 1914 年 1 月 9 日。

我："如果我们处在西方世界，快速马车可以帮助我们。"

吉："如果我们处在东方世界，你的毒刺根本碰不到我。"

我："告诉我，你在东方得不到任何帮助？"

吉："那是一条漫长且孤独的道路，在你翻过群山后到达平原，你将看到刺瞎你双眼的太阳。"

我："但如果我是夜里到达或白天躲着太阳呢？"

吉："所有的蛇和恶龙都会在夜里爬出它们的洞穴，而你手无寸铁，肯定会成为它们的猎物。随它吧！这又如何能帮助我们呢？我的双腿已经萎缩麻痹。我不想把这条道路上的战利品带回去。"

我："我不应该放手一搏吗？"

吉："毫无用处！即使你搭上性命，也将一无所获。"

我："让我再想一想，或许我还能想到有用的想法。"

我转身离开，坐到山脊高高的岩石上。此时我内部出现一个声音：伟大的吉尔伽美什，你现在身处绝境，我也没有比你好到哪里。[113] 能做什么呢？有所行动并不是必需的；有时候更需要思考。通常情况下，我基本上可以确定吉尔伽美什不是真实的，而是幻想。如果从另一个角度上考虑这个情境会更有帮助……考虑……考虑……值得注意的是，这里甚至有想法的回音，人一定相当孤独。但这种情况不会一直持续。他肯定无法接受自己是一个幻想，反而会认为自己是完全真实的，只能通过真实的方式得到帮助。然而，还是值得尝试一次。我要跟他谈谈。

我："我的王子，强大的人。听我说，我有一个可以救你的想法。我认为你根本不是真实的，而是一个幻想。"

吉："我对你这个想法感到很害怕，这是十分凶残的想法。你已经让我痛苦

46/47 地残废，/ 难道还要说我不是真实的？"

我："我可能没有把自己的想法表达清楚，讲话时使用太多西方世界的语言。我并不是说你完全不是真实的，而是说你像幻想一样真实。如果你能接受这一点，那将大有帮助。"

113 《草稿》中继续写道："我的内部又出现另外一个声音，像是回音。"（309 页）

吉："会有什么帮助？你就是一个给人带来折磨的魔鬼。"

我："可怜的人，我怎么会折磨你？虽然医生的双手会带来痛苦，但目的不是折磨人。你真的无法接受自己是一个幻想？"

吉："我真倒霉！你要对我施什么魔法？如果我接受自己是幻想，它能够帮助我吗？"

我："你知道一个人的名字意义重大，你也知道给病患赋予新的名字通常可以治愈他们，因为新的名字都带有新的本质。你的名字就是你的本质。"

吉："你说得对，我们的祭司也是这么说的。"

我："那你已经准备好接受自己是幻想了？"

吉："如果这样有帮助，那我就准备好了。"

内在的声音开始对我说：尽管他现在是个幻想，但情况依然极其复杂。幻想既不能被直接否定，也不能直接顺从，需要的是行动。不管怎样，他是一个幻想，因此可以认为极其不稳定，我认为自己能看到一条前行的路：我现在可以把他扛在背上了。我走到吉尔伽美什面前对他说：

"我已经找到一条路，你已经变得很轻，比羽毛还要轻。现在我可以背着你了。"我环抱着他，把他从地上扶起来；他比空气还要轻，我竭力保持双脚在地面上，因为我已经随他升到空中。

吉："真奇妙，你要把我带到哪里？"

我："我要把你带到西方世界。我的同伴们会很乐意收容这么一个庞大的幻想。只要我们翻过群山，就会到达好客之人的房子，我就可以安心地去找让你完全康复的方法了。"

我把他背在身上，小心翼翼地走下小石路，由于我背着他，因此我被风卷起掉下山坡的风险比失去平衡的风险要大。我背起特别轻的他，最后我们到达谷底，也就是那条既热又冷的痛苦道路。但是这一次我被一股呼啸的东风吹起，穿过狭窄的岩石和旷野，直接到达住处，根本没有接触到那条痛苦的道路。一路像在飞一样，我加速穿过美丽的土地。我看到两个人站在我的前方：阿谟尼乌斯和红人。当我们站到他们身后时，他们转过身，大声叫喊着惊慌地跑向旷野。我一定看起来很奇怪。

吉："这些奇形怪状的是什么人？他们是你的同伴吗？"

我："他们不是人，他们是古代所谓的遗骸，在西方世界仍能经常遇到。他们过去是重要的人物，但他们现在更像是牧羊人。"

吉："多么奇妙的国度啊！看，那不是一座城镇吗？你愿意去那里不？"

我："不行，神禁止去那里。我不愿意人们聚集，因为那里住的都是有知识的人。你能闻到他们的气息吗？事实上他们很危险，因为他们制作的是最强的毒药，甚至我都要远离他们。他们已经完全瘫痪，他们被笼罩在棕色的毒气中，只
47/48 能用人工的方法移动。/ 但你不必担心，夜幕几乎已经降临，没有人能看到我们。而且，也没有人会承认看到过我们。我知道这里有一座房子，我的密友住在那里，我们可以在他们这里过夜。"

我和吉尔伽美什一起来到一个寂静黑暗的花园，花园中有一座隐居的房子。我把吉尔伽美什藏在一棵树垂下的树枝下面，走到房子的门前，准备敲门。我仔细打量这个门：它太小了，我可能无法带吉尔伽美什进去。不过，幻想可不占什么空间！我为什么之前没有想到这一点呢？我回到花园中，毫不费力地把吉尔伽美什压缩成鸡蛋大小，并把他塞进口袋中。接着我走进这座温馨的房子，吉尔伽美什在这里能够得到治愈。

[HI 48][114]

[2] 因此，我的神得救了。他正是通过别人认为是致命的方式得到拯救，也就是把他称为一种虚构的幻想。诸神往往被认为就是用这种方式终结的。[115] 这很明显是一个严重的错误，因为正是这种方式才能拯救神。他没有死亡，而是变成一个有生命力的幻想，我在自己身上能感受到他的活

114 这幅图描绘的场景是文中荣格如何把吉尔伽美什变成鸡蛋大小，从而可以秘密地把吉尔伽美什带到房子里，使他得到治愈。荣格告诉阿尼拉·亚菲，有些幻想的情节是受恐惧的驱使而产生的，例如关于魔鬼和吉尔伽美什的章节。在一些人看来，他试图帮助巨人的想法是愚蠢的，但他感觉如果自己不这么做，他就已经失败了。他以认识到自己已经俘获一个神的代价获得这种可笑的解决方法。大多数的这一类幻想都是庄严和可笑邪恶的结合体。（阿尼拉·亚菲写《回忆·梦·反思》时，采访荣格的记录，147 ~ 148 页）

115 在《草稿》中，这一句写的是："像其他神一样，在之前的无数场合中，如果神被称为一种幻想，这便视为神已经被处理掉。"（314 页）

动，我自己的重量消失，那条又热又冷的痛苦道路不再灼烧和冰冻我的脚底。我不再被重量压在地面上，而是像羽毛一样随风飞行，同时身上还背着巨人。[116]

人们曾经认为自己可以将神谋杀掉。而神却获救了，他在火中铸造新的斧子，再次跳入东方之光的洪流中，重启自己古老的循环。[117] 而我们聪明的人类却变得跛足并中毒，甚至都不知道我们缺乏的是什么。但我爱我的神，把他带回到人类的房子，因为我确信他也能像一个幻想一样真实地活着，因此不应该被抛弃，受到伤害和生病。因此，我能体验到奇迹的发生，即使我背着神，自己的身体却没有重量。

虽然巨人圣克里斯托弗实际上背的只是小基督，但他却异常艰难。[118] 我像孩子一样小却背着一位巨人，而我背负的这个人却将我升起来。对于巨人克里斯托弗而言，小基督是一个很轻松的负担，因为基督说："我的轭是容易的，我的担子是轻省的。"[119] 我们不应该背基督，因为他是不能背的，但我们要成为基督，那么我们的轭就变得容易，我们的担子就会变轻。有形的世界是一种真实，但幻想是另外一种真实。而如果我们认为神有别于有形的世界，那么那将是不可背负且无望的。而如果我们把神变成幻想，他就在我们之内，很容易背起。把神置于我们之外会使一切都变得沉重，而神在我们之内，一切重量都会变轻。因此，是整个世界的重量使克里斯托弗弯着腰，呼吸短促。

[HI 48/2]

很多人都想得到病神帮助且都在通往太阳的道路上被潜伏的蛇和恶龙吞噬，他们在光天化日下消亡，变成黑暗的人，因为他们的双目已经失明，因此他们像阴影一样游荡，谈论着光却看不到什么。他们的神无处不在，而他们却看不到：神在黑暗的西方世界，目光犀利，他协助这些人熬制毒药，把蛇引向

116 《草稿》中继续写道："我们人类明显不会相信有这样的幻想，而且如果我们宣称某物是幻想，那么他会被完全摧毁。"（314 页）荣格在 1932 年评论了当代人对幻想的轻视。（"人格的发展"，《荣格全集第 17 卷》，§302）

117 这里似乎指的是下一章。

118 圣克里斯托弗（希腊语：背负基督的人）是公元 3 世纪的一名殉道者。相传，他已经找到一位隐士请教如何服侍耶稣，隐士让他去背人穿过一条危险的河流，他照做了。有一次，有一个孩子让他背其过河，他感到这个孩子比之前他背过的任何人都重，而孩子告诉他自己是基督，背负着世人的罪恶。

119 《马太福音》11 章 30 节。

失明的罪犯脚后跟。因此，如果你是聪明的人，要带着神，那么你就会知道他在哪里。如果你在西方世界却没有带着他，他将会穿着铿锵作响的盔甲，拿着沉重的战斧，在夜里跑到你的面前。[120] 如果你在黎明的土地上没有带着他，那

48/49 么你将踩到神圣的蠕虫且毫无察觉，而蠕虫在等着你毫无防备的脚跟。/

[HI 49]

你从自己背着的神那里获得一切，但却没有获得他的武器，因为神已经将它砸碎。他需要武器去征服。但你还想要征服什么呢？你只能征服地球。但地球是什么呢？地球是圆的，像宇宙中的水滴。你无法到达太阳，你的力量甚至不足以延伸到荒凉的太阳；你无法征服大海，两极的雪，还有沙漠中的沙子，而最多只是地球上的几点绿地。你征服不了时间长河中的任何东西。你的力量第二天就会变成尘土，因为最重要的是你至少得必须征服死亡。所以别傻了，扔掉自己的武器吧。神砸碎掉自己的武器，盔甲已经足够保护你远离傻瓜，傻瓜们仍然在想象着去征服。神的盔甲将使你在最危险的傻瓜面前变得无懈可击且不会被看到。

带着你的神，把他带到你们黑暗的国度，这里的人们每天早上揉自己的眼睛，但总看到相同的东西，再无其他。把你的神带到孕育毒药的雾中，但不要像那些盲目的人一样试图使用毫无作用的灯照亮黑暗。相反，你应该秘密地带着你的神到一个好客的地方。人类的茅屋很小，尽管他们热情好客，他们也不欢迎神。因此，不要等到毫无经验的人用笨拙的双手把你的神撕成碎片，而是友好地拥抱他，直到他变成最初的样子。不要让人看到受人爱戴、辉煌无比的神深陷疾病和丧失权力的状态，把你的同胞视为动物，一无所知。只要他们来到牧场，或躺在太阳下，或舔舐幼崽，或交配之时，他们便是黑暗大地上美丽且无害的生物。但如果神显现，他们便开始愤怒，因为神的到来令人们愤怒。他们因为恐惧和愤怒而颤抖，突然开始互相残杀，因为他们感到神已经附到对方身上。因此在你带着神的时候，要把神隐藏起来。让他们愤怒，相互厮杀。你的声音太弱，那些愤怒的人根本听不到。因此不要讲话，也不要让神显现，而是在一个孤独的地

120 就像吉尔伽美什来到荣格面前一样。

方，用古老的方式吟唱咒语：

把蛋放在你的面前，这是神最初的形式。
看着它。
用你目光产生的温暖孵化它。

咒语如下。/ 49/50

第十章　咒语[121]

121　在《花体字抄本》中，这一章没有标题，标题出现在《草稿》中。

Weihnacht i⁼ angebroch: d°
gott i⁼ mei· i' habe mein⁻ gott
ein⁻ tepp' gebreitet/ ein⁻ köstlich⁻
roth⁻ tepp des morgenlandes·
er soll vom schim⁻ d° pracht sei
nes östlich⁻ landes umgeb⁻ sein
i' bin die mutt°/ die einfältige
magd/ die empfang⁻ hat u⁻ w
ußte nicht wie· i' bin d° sorgsa
me vat°/ d° die magd schützte·
i' bin d° hirt/ d° die botschaft e
mpfieng/ als er des nachts sei
n° herde wartete auf dunkeln flur⁻.

[Image 50][122]

圣诞已经到来，神在蛋中。

我已经为神准备好毯子，这是一张昂贵的红毯，产自日出之地。

他将会被东方世界的绚烂之光环绕。

我是他的母亲，一个卑微的少女，生出神，自己却不知道如何生出。

我是细心的父亲，保护着少女。

我是牧羊人，在黑暗的旷野中看护着羊群时接收信息。[123]

122 Image 50 至 Image 60 是象征地描绘吉尔伽美什的再生。

123 《路加福音》第 2 章 8 ~ 11 节："在伯利恒的郊外，有一些牧人在夜间看守羊群。主的一位使者站在他们旁边，主的荣光四面照着他们，他们就非常害怕。天使说，'不要怕！看哪！我报给你们大喜的信息，是关于万民的——今天在大卫的城里，为你们生了救主，就是主基督'。"

i' bin das heilige gethi' / das
staunend steht u' das werd' d'
gott' nicht' fass' kan. i' bin d'
weise / d' vom ostlande herbei
kam / das wund' von ferne ah
nend. u' i' bin das ei u' um
schliesse u' hege in mir den ke
im d' gott'.

[Image 51]

50/51 / 我是神圣的动物，惊恐地站在那里，无法理解正在出现的神。

我是来自东方的智者，在远方怀疑这个奇迹。[124]

我又是蛋，环绕又滋养着里面神的种子。

124 《马太福音》2 章 1 ~ 2 节："希律王执政的时候，耶稣生在犹太的伯利恒。那时，有几个占星家从东方来到耶路撒冷，说，'那生下来做犹太人的王的在哪里？我们看见他的星出现，特来朝拜他'。"

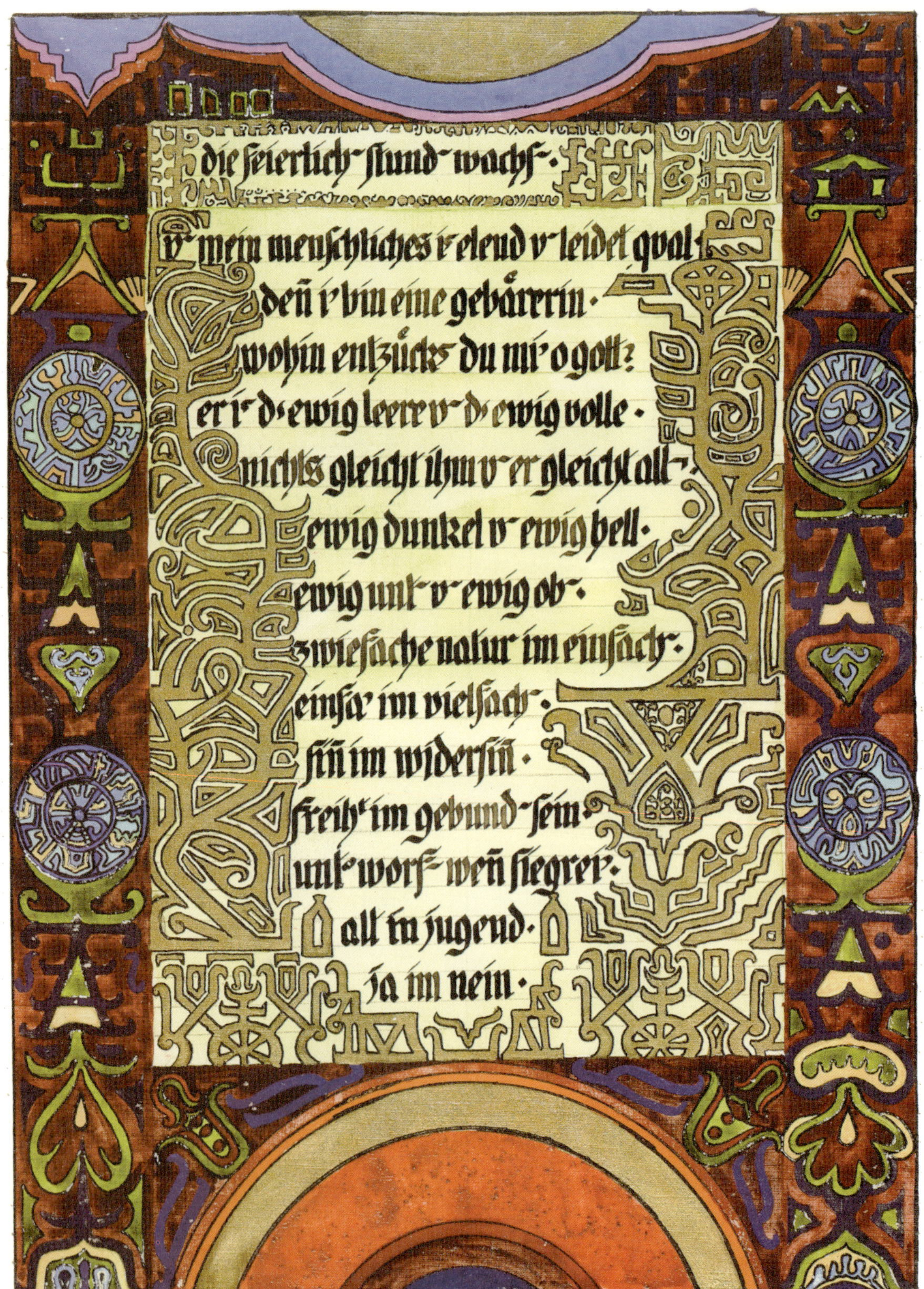
die feierlich- stund- wachs- .
v- mein menschliches i- elend v- leidet qual.
deñ i- bin eine gebärerin.
wohin entzückst du mi- o gott?
er i- d- ewig leere v- d- ewig volle.
nichts gleicht ihm v- er gleicht all-.
ewig dunkel v- ewig hell.
ewig unt- v- ewig ob-.
zwiefache natur im einfach-.
einfa- im vielfach-.
siñ im widersiñ.
freih- im gebund- sein.
unt- worf- weñ sieger.
alt in jugend.
ja im nein.

[Image 52]

51/52 / 庄重的时刻变长。
我的人性又很可怜且饱受折磨。
因为我要生育。
神啊，你如何使我快乐？
他是永恒的空洞和永恒的充满。[125]
一切都与他不同，而他又与一切相似。
永恒的黑暗和永恒的光明。
永恒的下和永恒的上。
他有双重特质。
繁中有简。
荒谬中有意义。
束缚中有自由。
胜利时也是失败。
年轻中的年老。
否定之肯定。

125 这一节中描述的神的特质和《审视》中第二次和第三次布道时阿布拉克萨斯的特质类似，见下文 530 页 f。

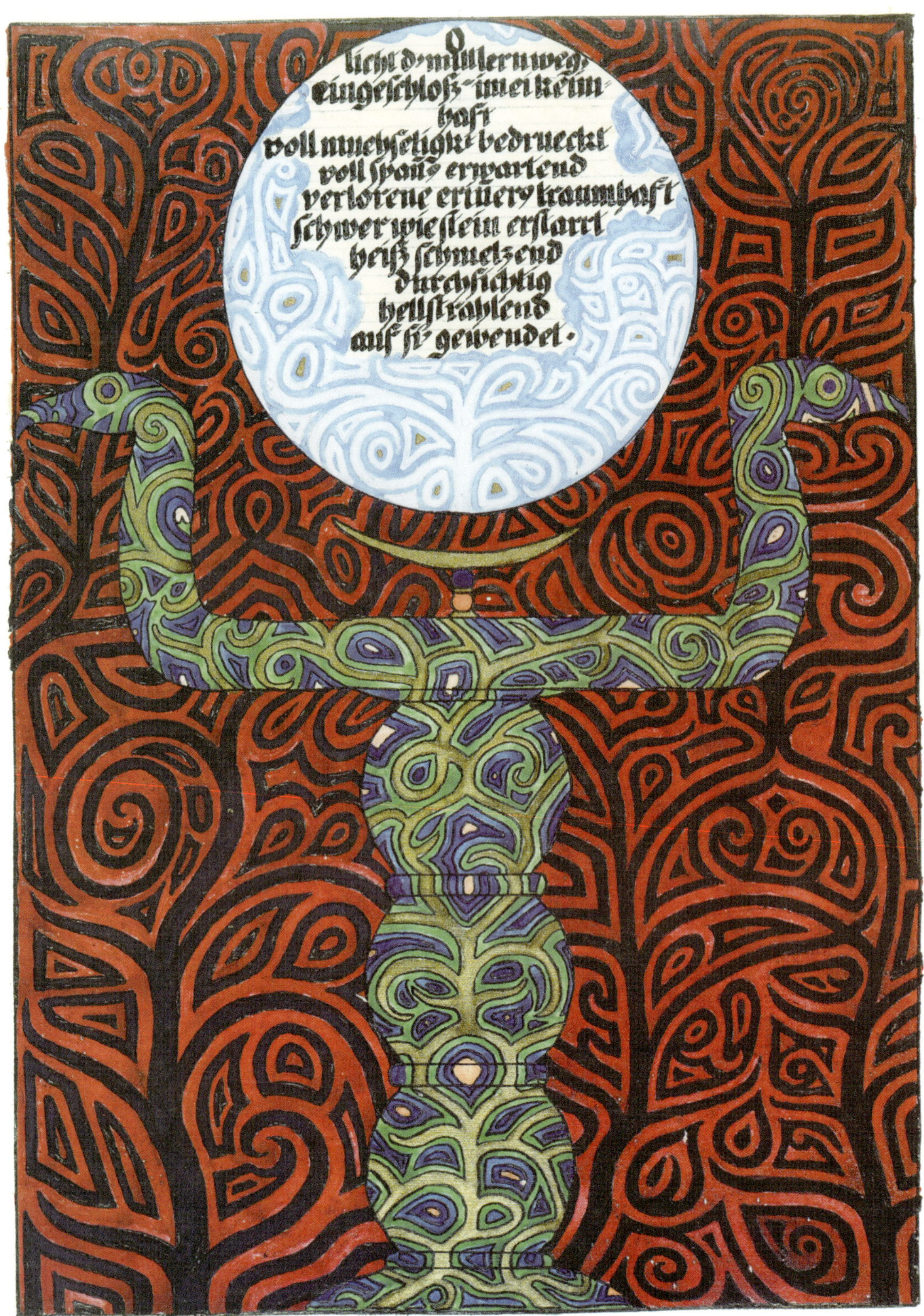
O
licht d· mittleren weg·
eingeschloss· im ei keim
haft
voll muehseligk· bedrueckt
voll spann· erwartend
verlorene erinnery traumhaft
schwer wie stein erstarrt
heiss schmelzend
durchsichtig
hellstrahlend
auf si· gewendet.

[Image 53]

52/53

/ 啊！

中间之道的光，
被包在蛋中，
萌芽初期，
充满激情，却备受压迫。
充满期待，
如梦一般，在等待失落的记忆。
像石头一样沉重、坚硬。
已经熔化，变得透明。
明亮地流动，翻转。

am~/du bi~ d~ her~ d~ aufgang·
am~/du bi~ d~ stern d~ ostens·
am~/du bi~ die blume/die üb~ alle blueht·
am~/du bi~ d~ hirs'/d~ aus d~ walde bricht·
am~/du bi~ d~ gesang/d~ ferne ueb~ das wass~ toent·
am~/du bi~ ende u~ anfang·

[Image 54][126, 127]

53/54 / 阿门，你是始祖。

阿门，你是东方之星。

阿门，你是遍开的花朵。

阿门，你是森林中突然跑出的鹿。

阿门，你是从遥远的水上传来的歌声。

阿门，你是开始也是结束。

126 在《梦》中，荣格指出在1917年1月3日：“受《新书》中蛇的意象III的启发”［《新书》中蛇的意象III的启发］（I页）。这里应该指的是这幅画。

127 图片故事：“祈祷主神”。朱利叶斯·埃格林指出“Brihaspati或Brahmanaspati指的是祈祷主神，取代的是阿格尼的位置，象征祭司的威严……在《梨俱吠陀》第10卷69首9节中……据说是毗诃跋提（Brihaspati）发现（给予）黎明、天空和火（阿格尼），用他的光（阿卡，太阳）驱逐黑暗，他通常代表光和火”（《东方圣典》，12卷，xvi页）。也见Image 45，注110，260页。

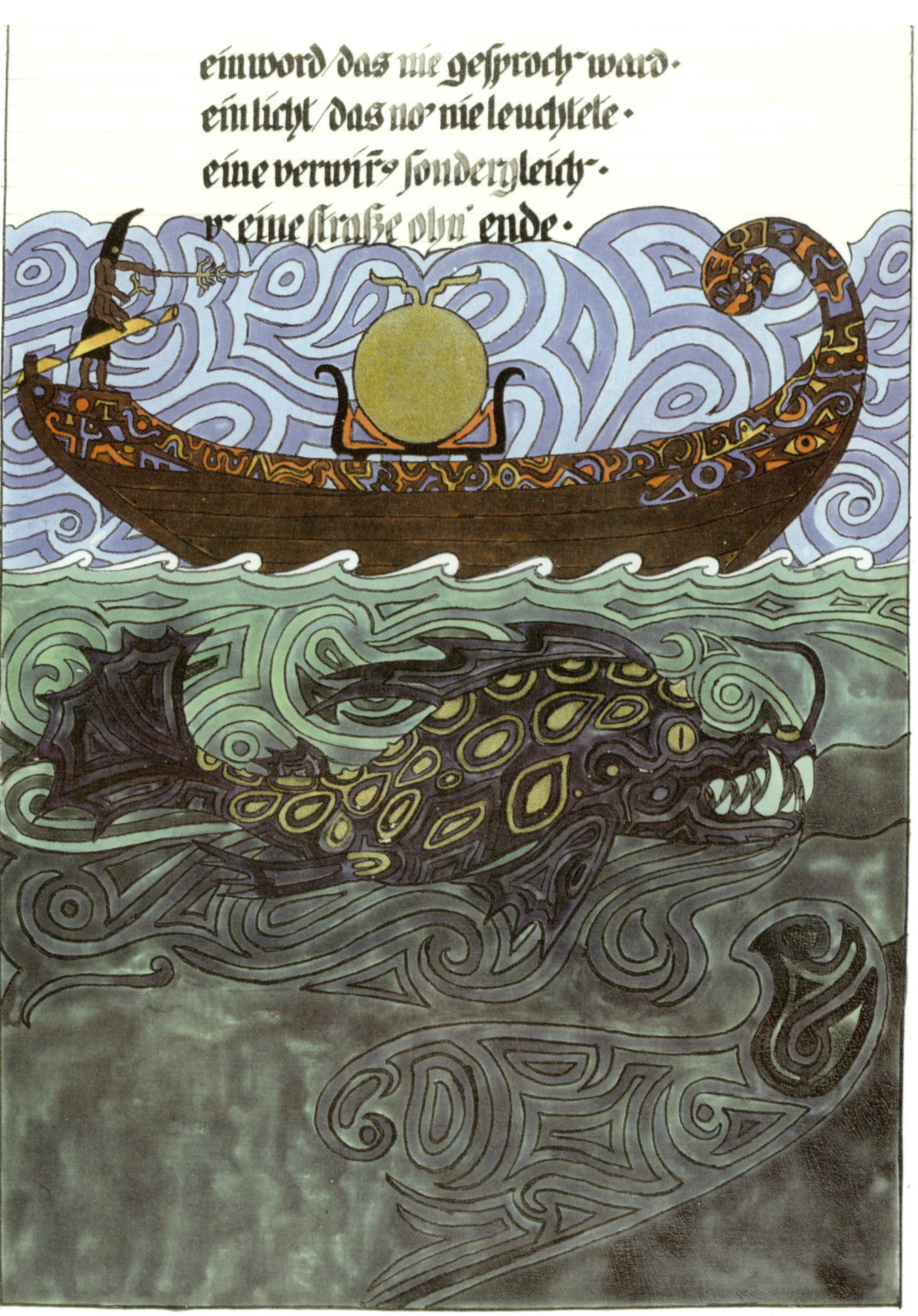
ein word/das nie gesproch~ ward·
ein licht/das no~ nie leuchtete·
eine verwirr~ sondergleich~·
u~ eine straße ohn~ ende·

[Image 55][128]

54/55

/ 一句从未说出的话。

一道从未发出的光。

无与伦比的困惑。

还有一条没有终点的路。

128 太阳船是古埃及一个常见的主题。船被视为是太阳运行的典型载体。在埃及神话中，太阳神与怪物阿波菲斯进行战斗，阿波菲斯试图在太阳船每天在天空中穿梭时将它吞掉。在《力比多的转化与象征》（1912）中，荣格讨论了埃及"永不停息的太阳盘"（《荣格全集 B》，§153）和海怪（§549f）。在1952年的修订版中，荣格指出与海怪的战斗象征自我意识试图摆脱无意识的控制（《转化的象征》，《荣格全集第5卷》，§539）。太阳船出现在《埃及死亡之书》(E. A. 瓦利斯 · 巴奇编[伦敦：阿尔卡纳出版社，1899/1985]）中的部分插图中（如390、400和404页的插图）。划船的人通常是隼首的荷鲁斯。《阴间书》中描述的是太阳神在冥界的夜行，太阳神的夜行被视为转化过程的象征。见西奥多 · 阿伯特和埃里克霍尔农著《理解来世：寻求不朽》(苏黎世：人类遗产出版社，2003）。

i' vergebe mir diese worte/wie au' du mir vergieb' und deines
lodernd' liebes will'.

[Image 56]

55/56 / 我原谅这些话语，就像你原谅我渴望你炽热的光一样。

kom̄e herauf/du gnad¯reiches feu¯ d¯ alt¯ nacht·
v̄ küße die schwelle deines aufgangs·
meine hand breitet dir tep̄iche v̄ streut dir die fülle roth¯ blum¯·
kom̄e herauf mein freund/d¯ du krank lage¯/bri¯ dur¯ die schale·
wir hab¯ dir ein mahl zugerüstet·
weihgeschenke sind vor dir aufgestellt·
tänzerin̄ wart¯ dein¯·
ein haus hab¯ wir dir gebaut·
deine dien¯ steh¯ dir bereit·
herd¯ trieb¯ wir dir auf grün¯ flur zusam̄¯·
wir füllt¯ dein¯ bech¯ mit roth¯ wein·
duftende früchte legt¯ wir auf goldene schal¯·
wir poch¯ an dein gefängniß v̄ leg¯ lauschend uns¯ ohr daran·
die stund¯ wachs¯/säume nicht läng¯·

[Image 57]

56/57 / 起来吧，你这古老夜晚中华美的火。

我亲吻你最初的开端。

我的双手已经铺开地毯，把大量的红花撒在你的面前。

站起来吧，病倒的朋友，顶破外壳吧。

我们已经为你备好饭。

为你准备好礼物。

准备为你起舞。

为你建造好房子。

你的仆人已经就绪。

我们把羊群赶到绿色的旷野中。

我们为你的杯子加满红酒。

我们在金色的盘子中放入芬芳的水果。

我们敲你的牢门，把我们的耳朵贴到门上。

时间延长了，事不宜迟。

没有你我们会很可怜，我们的歌已经唱完。

wir sind elend ohne dir/ und erschöpft unsere gesänge.
wir sagten dir alle worte/ die unser herz uns gab.
was willst du noch?
was sollen wir dir erfüllen?
wir öffnen dir jedes thor.
wir beugen unsere kniee/ wo du willst.
wir gehen nach allen richtungen des himmels/ nach deinem wunsch.
wir tragen/ was unten ist/ nach oben/ und was oben/ machen wir zum untern/ wie du befiehlst.
wir geben und nehmen/ nach deinem begehr.
wir wollten nach rechts/ gehen aber nach links/ deinem wink gehorchend.
wir steigen und fallen/ wir schwanken und stehen fest/ wir sehen und sind blind/
wir hören und sind taub/ wir sagen ja und nein/ immer nach deinen worte hörend.
wir begreifen nicht/ und leben das unverstehbare.
wir lieben nicht und leben das ungeliebte.
und wieder kehren wir uns um und begreifen und leben das verstehbare
wir lieben und leben das geliebte/ deinem gesetze treu.

[Image 58][129]

57/58 / 没有你，我们会痛苦无比，唱尽我们的歌。

我们讲发自肺腑的话。

你还想要什么?

我们还有什么能够满足你?

我们为你打开所有的门。

你想我们在哪里下跪我们就在哪里下跪。

我们会按照你的意愿指引走到每一个地方。

我们拿起低处之物，我们按照你的命令，把高变成低。

我们按照你的意愿给予和索取。

我们想要向右走，但根据你的指示，我们转向左。我们上升，我们又下降；我们移动，我们又保持静止；我们看见，我们又看不见；我们听到，我们又听不到；我们肯定，我们又否定；永远听从你的话语。

我们无法理解，我们活在难以理解中。

我们不去爱，我们活得没有爱。

我们又回过头来，我们去理解，

并活在理解中。

我们去爱，又活在爱中，忠于你的律法。

---

129 在《梦》中，荣格写道：“1917 年 1 月 17 日，今夜，可怕的雪崩从山上冲下来，完全就像可怕的乌云，它们填满山谷，而我正站在山谷的另一边，我明白我必须飞过这座山才能避开这次可怕的灾难。我在《黑书》中用奇怪的术语解释这个梦，日期和做梦的时间相同。1917 年 1 月 17 日，我在《新书》的第 58 页画出一些红点。1917 年 1 月 18 日，我读到最近有关大太阳黑子形成的内容。”（2 页）以下是对《黑书 6》中 1917 年 1 月 17 日记录的意译：荣格问自己那些害怕和恐惧是什么，是什么从高山上落下来。他的灵魂告诉他去帮助神，为神牺牲。她告诉他蠕虫爬到了天空，开始遮蔽住繁星，用火舌吞噬七彩的天空。她告诉荣格他也将会被吃掉，因此他必须爬到石头上，在狭窄的夹缝中等待，直到火种消失。雪之所以从山上落下来，那是因为强烈的气流从云中喷出来。神即将到来，荣格要准备好迎接神。荣格必须藏在岩石后面，因为神是可怕的火。他必须保持安静，时刻小心，那么神的火焰才不会把他吞噬。（152 页 f）

kom̄e zu uns/die wir willig sind aus eigen~ will~·
kom̄e zu uns/die wir di' versteh~ aus eigen~ geiste·
kom̄e zu uns/die wir di' wärm~ am eigen~ feu~·
kom̄e zu uns/die wir di' heil~ aus eigen~ kun~·
kom̄e zu uns/die wir di' erzeug~ aus eigen~ leibe·
kom̄e/kind/zu vat~ u~ mutt~·

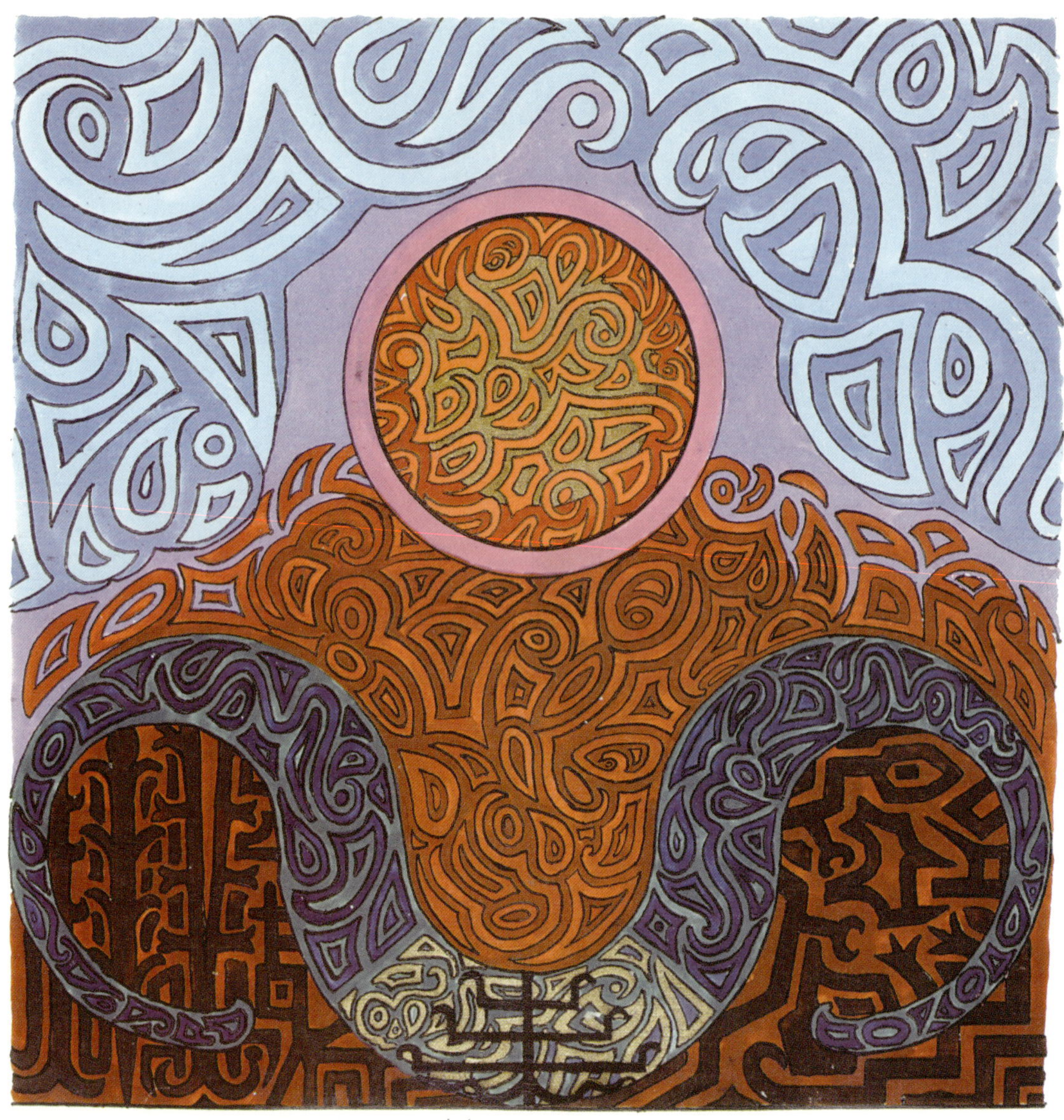

[Image 59][130]

58/59

/ 请来到我们身边，我们发自内心地渴望你。

请来到我们身边，我们用自己的精神理解你。

请来到我们身边，我们用自己的火温暖你。

请来到我们身边，我们用自己的医术医治你。

请来到我们身边，我们用自己的身体孕育你。

孩子，来到你的父母这里吧。

---

130 图片故事："哈朗亚格嘎"。在《梨俱吠陀》中，哈朗亚格嘎是一颗金卵，孕育出梵天。在荣格所藏的《东方圣典》(《吠陀赞美诗》) 第 32 卷中，唯有这一部的第一首赞美诗被剪掉，这首赞美诗的名字是《致未知的神》。诗歌开头写的是："太初，现金童 (哈朗亚格嘎)，生来就是一切生物唯一的主。他建立地和天。我们应该献祭的神是谁啊?"(1 页) 在荣格所藏的《东方圣典》的《奥义书》中，在《弥勒衍拿婆罗门书 · 奥义书》中的第 311 页插入一张纸，内容描述的是原我，开头写的是："同样，原我也被称为……哈朗亚格嘎。"(15 卷，第 2 部分)

wir fragt- die erde ·
wir fragt- d- himel ·
wir fragt- das mēr ·
wir fragt- d- wind ·
wir fragt- das feu ·
wir sucht- di bei all- völkern ·
wir sucht- di bei all- könig- ·
wir sucht- di bei all- weis- ·
wir sucht- di in unserm eigen- kopf v- herz- ·
v- wir fand- di im ei ·

[Image 60]

59/60

/ 我们问地。

我们问天。

我们问海。

我们问风。

我们问火。

我们和所有人一起寻找你。

我们和所有国王一起寻找你。

我们和所有智者一起寻找你。

我们在自己的头脑与心中寻找你。

最终我们发现你在蛋中。

ich habe dir ein kostbares menschenopfer geschlachtet/einen jüngling und einen greis.

ich habe meine haut mit meßern geritzt.

ich habe mit meinem eigenen blute deinen altar besprengt.

ich habe vater und mutter verstoßen/damit du bei mir wohnest.

ich habe meine nacht zum tag gemacht und bin um mittag wie ein traumwandler gegangen.

ich habe alle götter gestürzt/die gesetze gebrochen/das unreine gegeßen.

ich habe mein schwert hingeworfen und weiberkleider angezogen.

ich zerbrach meine feste burg und spielte wie ein kind im sande.

ich sah die krieger zur schlacht ziehen und zerschlug meine rüstung mit dem hammer.

ich bepflanzte meinen acker und ließ die frucht verfaulen.

ich machte alles große klein und alles kleine groß.

meine fernsten ziele vertauschte ich gegen nächstes/also bin ich bereit.

[Image 61][131]

60/61 / 我已经为你献祭了一份珍贵的人性，

一名年轻人和一名老人。

我已经用刀子划开自己的皮肤。

我已经将自己的鲜血洒到你的祭坛上。

我已经抛弃自己的父母，因此我可以和你生活在一起。

我已经把自己的黑夜变成白天，像梦游人一样在正午行走。

我已经抛弃所有神，践踏律法，吃下不纯洁的东西。

我已经扔掉自己的剑，穿上女人的衣服。

我已经破坏自己坚固的城堡，像孩子一样在沙上玩耍。

我看到战士排成战斗的队形，我用锤子砸碎自己的盔甲。

我耕种自己的土地，任水果腐烂。

我把一切伟大的事情变渺小，又把一切渺小的事情变伟大。

我把最远景的目标和最近景的目标进行交换，所以我已经准备好了。

131 怪物的面孔与 HI 29 中的面孔相似。

[HI 62]

/但是，我还没准备好，因为我还没有接受扼住我的心的东西。可怕的是神被禁闭在蛋中。令我高兴的是这次巨大的努力已经取得成功，但我的恐惧令我忘记其中的危险。我喜爱又崇拜这个强大的人，没有人比这个长着牛角的人更强大，我毫不费力将他变残废，把他变小带着他。在我看到他的时候，我吓得几乎跌倒在地上，而我现在几乎不用手就能够拯救他。这些是令你恐惧又征服你的力量；这些曾经是你的神，自古以来统治着你，而你现在可以把他们放进你的口袋。相对于这一点，亵渎是什么？我宁愿亵渎神，这样，我至少有一个神可以亵渎，但亵渎一个口袋中的蛋是不值得的。这是一个无法亵渎的神。 61/62

我憎恨神的这种凄惨，我的无价值已经足够多了，神的凄惨拖累得我不堪重负。没有什么永恒不变：你触摸自己，你变成尘土。你触摸神，他惊恐地躲进蛋中。你强推地狱之门：发出笑声的面具和傻瓜的音乐扑向你。你冲到天上：舞台在颤抖，包厢中的提词人突然晕倒。你发现：他们都不是真的，不是真的上，也不是真的下，左和右都是欺骗。你抓住的是空气，空气，空气。

但我已经抓到他，他从古至今一直受到惊吓；我已经把他变小，双手捧着他。这就是诸神之死：人类把他们放进口袋中。这是神话的终结，除了一个蛋之外，什么都没留下。而这个蛋为我所有，我也许可以消灭这最后一个蛋，终结神族。我现在明白神已经向我的力量屈服，现在对我而言，神是什么？老迈又老熟，他们已经陨落，藏在蛋里。

但这是怎么发生的？我将巨人打倒，我为他感到悲伤，但我不愿意离开他，因为我爱他，没有人是他的对手。为了爱，我想出计策减轻他的重量并使他摆脱空间的约束。为了爱，我缩小他的外形和肉体。我把他收在一个母亲般的蛋中。我要杀掉我爱着的且毫无防御能力的他吗？我要砸碎他坟墓般易碎的外壳，把他暴露在没有重量又没有边界的风中吗？而我不是在吟诵孵化他的咒语吗？我做这些难道不是出于对他的爱吗？我为什么爱他？我不愿意将对巨人的爱从我心中除去。我愿意爱毫无防御能力又绝望的神，我愿意像照顾孩子一样照顾他。

我们不是神的儿子吗？为什么神不是我们的孩子？如果我的父神必须死，那么童神一定会在我母亲般的心中诞生。因为我爱神，而且不愿意离开他。只有爱神的人才能让神倒下，神服从征服自己的人，躺在他的手中，在爱他又承诺他再生之人的心中死去。

我的神，我爱你，就像母亲在心中爱着他未出生的孩子一样。你在东方的蛋中成长，我用爱滋养你，让你饮下我生命的汁液，你将变成一个散发光芒的神。孩子啊，我们需要你的光。因为我们行在黑暗中，需要你的光照亮我们的道路。你的光在我们前方闪耀，你的火温暖我们冰冷的生命。我们并非需要你的力量，而是生命。

Was frommt uns Macht? Wir wollen nicht herrschen. Wir wollen leben, wir wollen das Licht und die Wärme, und darum bedürfen wir deiner. Wie die grünende Erde und jeglicher lebende Körper der Sonne bedarf, so bedürfen wir als Geister deines Lichtes und deiner Wärme. Ein sonnenloser Geist wird zum Schmarotzer des Körpers. Der Gott aber nährt den Geist.

[Image 63]

62/63 / 力量能给我们什么？我们不寻求统治。我们想要生活，我们想要光和温暖，因此我们需要你的生命。像所有的绿地和有机体都需要太阳一样，那么我们作为精神，需要你的光和温暖。没有太阳的精神会变成身体的寄生虫，但神能滋
63/65 养精神。/

çatapatha-brâhmaṇam 2,2,4.

[Image 64][132, 133]

132 在《梦》中，荣格指出在 1917 年 2 月 4 日："开始写蛋的打开（图）"（5 页）。这表示此图描绘的是吉尔伽美什从蛋中重生。与 Image 55 中的太阳船相对应，注 128，281 页。

133 图片故事："《百道梵书》第 2 卷第 2 章第 4 节"。《百道梵书》第 2 卷第 2 章第 4 节（《东方圣典》，12 卷）为火祭提供宇宙学的解释，它开篇描述的是渴望得到再生的波阇波提如何从口中生出阿格尼。波阇波提把自己献给阿格尼，在他即将被吞噬的时候把自己从死亡中拯救出来。火祭（点燃治愈之火）是吠陀的一种仪式，在日出和日落的时候举行。仪式的表演者首先洁净自己，再点燃圣火，念诵诗文，向阿格尼祈祷。

die eröffnung des eies · cap · xi ·

[HI 65][135]

第十一章　蛋的打开[134]

第三天夜里，我跪在地毯上，小心翼翼地打开蛋。类似于烟雾的东西从蛋中冒出来，吉尔伽美什突然站到我的面前，巨大无比，已经完全焕然一新。他现在四肢健全，而且我在他身上看不到受伤的痕迹，像是从熟睡中醒来一样。他说：

"我在哪里？这里如此狭小、黑暗、冰冷——我是在坟墓中吗？我在哪里？

---

134 《草稿》中被替换为："第三天"（329 页）。

135 1914 年 1 月 10 日，荣格在《黑书 3》中写道："这次难忘的经历似乎已经使我有所斩获，但最终的结局难以预测。很难说吉尔伽美什的命运既荒诞又悲剧，因为我们最宝贵的生命本应如此。弗里德里希·西奥多·费舍尔的著作（《任何一个》）是第一部试图系统化这种真理的作品，他完全可以不朽。中庸的即真理，它有多张面孔：一张是滑稽，第二张是悲伤，第三张是魔鬼，第四张是悲剧，第五张是可笑，第六张是愁眉苦脸，等等。其中必有一张面孔特别吸引眼球，这样我们才认识到我们已经偏离某种真理，且走向一种极端，而这种极端构成的僵局需要我们自己决定前行的路。将生命的真谛写出来无异于谋杀，特别是对于一个已经进行多年严谨科学研究的人而言。理解生命活泼的一面（或者说像孩子一样）被证明是最艰难的事情。生命包含很多方面，伟大、美丽、严肃、黑暗、邪恶、善良、可笑、怪异中的每一个都完全足以令旁观者或描写它的人为之倾心。/ 我们的时代需要某些东西能够制约心理。就像有形世界已经从古老的宇宙观扩大到不计其数的现代宇宙观，世界上知识的可能性已经发展到不可思议的多样性。无尽的长路，已铺满万卷书，从一个领域到另外一个领域。很快便没有人能够踏上这些道路。只有该领域的专家留在那里。我们比以前更需要心理生活的鲜活真理，需要某些能够提供明确引导的东西。"（74 ~ 77 页）。费舍尔的著作是《任何一个：同行知己》（斯图加特，1884）。荣格在 1921 年写道："费舍尔的小说《任何一个》对灵魂的内倾面有深刻的洞察，同时还有集体无意识潜在的的象征性。"（《心理类型》，《荣格全集第 6 卷》，§627）。1932 年，荣格在《昆达利尼瑜伽的心理学》（54 页，论《任何一个》）中评论了费舍尔，见茹斯·海勒，"《任何一个》：弗里德里希·西奥多·费舍尔的哲学生活缩影"，《传记与通信》，8（1954），9 ~ 18 页。

我好像在宇宙之外——上下都是群星闪耀的夜空——
心中强烈的感觉难以言表。
我身上不断迸发出火流——
我穿过熊熊的火焰——
我浑身是火，在大海中游动——
充满光芒，充满渴望，充满永恒——
我是古代人，不断地更新自己——
从高处跌落至深处，
又发着光从深处旋转上升至高处——
悬停在发光的云层中——
65/66 雨中的余烬在上下翻动就像海浪上的水泡，/
把自己淹没在窒闷的热气中——
在无尽的游戏中拥抱又拒绝自己——
我是谁？我完全就是太阳。”[136]

我：“吉尔伽美什啊！神圣的人！真是奇迹啊！你痊愈了！”

“痊愈？我生病过吗？谁说我生病了？我是太阳，整个太阳，我就是太阳。”

一道无法用言语形容的光从他身上散发出来，肉眼无法直视这道光。我必须掩面向地上看。

我：“你是太阳，永恒之光，最强的光，请原谅我把你背在身上。”

---

136 罗舍指出：“作为神，吉尔伽美什与太阳神有关。”（《简明希腊和罗马神话词典》，第 2 卷，774 页）。吉尔伽美什的孵化和重生符合经典的太阳神话模式。在《太阳神的时代》一书中，里奥 · 弗罗贝尼乌斯指出广泛流传的主题是女性在很短的时间内由圣灵感孕生出太阳神，借助某种形式，神在蛋中孵化。弗罗贝尼乌斯把这一点和太阳在海上的落下和升起联系在一起（[柏林：乔治 · 雷默出版社，1904]，223 ~ 263 页）。荣格在《力比多的转化与象征》(1912) 中多次引用这部著作。

一切都变得安静且黑暗。我环顾四周：地毯上是空空的蛋壳。我触摸自己、地板和墙壁，一切依旧，完全平整，完全真实。我还想说自己周围的一切都变成了金子。但这是假的，一切依旧。永恒之光、无尽和强权依然统治着这里。[137]

[HI 66]

[2] 我偶然打开这个蛋，神从蛋中出来。他已经痊愈，他的形象已经转变，发出光芒，我像孩子一样跪下来，无法理解这个奇迹。起初被压缩在蛋中的他站了起来，他身上没有一点疾病的痕迹。我原本以为自己抓住的是巨人，并把他捧在手中，而他却是太阳。

我向东方彷徨，太阳在那里升起，或许，我也想像太阳一样升起。我想要拥抱太阳，想和它一起在黎明时刻升起，但它却迎我而来，站在我的道路上。它告诉我，我已经没有机会到达太阳升起的地方。但我却把那个渴望和太阳一起迅速下沉到黑夜的子宫之中的人变得残废，他完全没有希望到达西方的福地。

不过请看！我无意中抓住太阳，并把他放在手里。他想和太阳一起下沉，却在自己下沉的过程中发现我。我成为他夜间的母亲，孵化初始的蛋。他站了起来，得到更新，重生后更加光彩夺目。

但是，他上升，我却下降了。神被我征服之后，他的力量便传到我的身上。而当神在蛋中等待他的开始之时，我的力量进入到他的身体。在他辉煌地升起的时候，我将脸贴在地上。他带走我的生命，现在，我所有的力量都在他的身上。我的灵魂像一条鱼一样在火海中游。而我躺在地球极其冰冷的阴影中，向最黑暗的地方越陷越深。所有的光都离我而去。神在东方升起，我却坠入阴间的恐怖中。我像一个孕妇一样躺在那里被残酷地虐待，生命通过鲜血流进孩子的身体，将生命和死亡在死亡的一瞬结合在一起，白昼的母亲成为黑夜的猎物。我的神已经将我撕成碎片，他喝光生命的汁液，把我最强的力量吸进他的体内，他变得无比壮观和强大，就像太阳一样。这是一位纯洁的神，没有任何污点和缺陷。他夺

137 在《心理类型》（1912）中，荣格评论了重生的神这一主题："重生的神象征已经更新的态度，即紧张生活中一种更新的可能性，因为神能够带来最大的价值，因此最大的力比多集合，最紧凑的生活和心理活动的最佳效果。"（《荣格全集第 6 卷》，§301）

走我的翅膀，抢走我肌肉的力量，而且我的力量也将随他一起消失。他离开了没有力量又在呻吟的我。

66/67 / 我不知道在我身上发生了什么，一切似乎都很强烈、美丽、快乐，超人已经离开我的子宫，光芒四射的金子一点都没有留下。太阳鸟粗暴又难以想象地展开自己的双翼，朝漫无边际的宇宙空间中飞去。留给我的是残破的蛋壳和他最初痛苦的外壳，空洞的深度在我下方已经打开。

不幸已经降临到神的母亲身上！如果她生出的是一个受伤且痛苦的神，将会有剑刺入到她的灵魂。但如果她生出的是一个完美无瑕的神，地狱之门将会朝她打开，毒蛇将会用毒液使她痉挛窒息。分娩已经非常困难，但地狱的胞衣要艰难千倍。[138] 紧随圣子之后的是所有的恶龙和毒蛇带来的永恒空洞。

在神成熟以后并占有所有的力量的时候，人的本质还遗留下什么？一切无能的、无力的、永恒粗俗的、敌对的和相反的，一切不情愿的、消失的、灭绝的，一切荒谬的，一切高深莫测的黑夜自身所包含的，皆是神的胞衣，是他可怕又严重畸形的兄弟。

如果人没有接受神的黑暗，神会受到伤害，因此只要人受到邪恶的伤害，那么人必将拥有一个受伤的神。人们受到邪恶伤害的意思是：你还在爱着邪恶，却又已经不再爱它。你依然希望得到东西，却恐惧细看，因为你会发现你仍然爱着邪恶。你的神之所以会受到伤害，那是因为你一直受到爱着的邪恶的伤害。你没有受到邪恶的伤害，并不是因为你知道它，而是因为它给你带来隐秘的快乐，因为你相信它能给你带来未知的机遇使你快乐。

只要你的神受到伤害，你就得怜悯他和你自己。因此，你保留自己的地狱，延长他的痛苦。在不使用自己私密的怜悯之心的情况下，如果你想让他不受到伤害，邪恶便破坏你的计划，通常你已经知道邪恶的形式，却不知道自己身上邪恶的力量来自哪里。你所不知道的皆来自你之前生命的天真无邪，来自时代和平的信息，还有神的缺失。但在神临近的时候，你的本质便会翻动，深度的泥浆就开始向上涌。

人处在空洞和充满之间。如果他的力量和充满连接，它的形态会变得完整，

138 在下一章中，荣格发现自己身处地狱中。

而这种形态具有一定的好处。如果他的力量和空洞相连接，它将具有毁灭和破坏性的效果，因为空洞永远无法成形，却只以充满为代价寻求自我满足。因此这样的连接强迫人把空洞变成邪恶。如果是你的力量塑造了充满，这并不是因为力量与充满相连。而如果要确保你的形态能够持续存在，你必须保持与自己的力量相连接。通过不断塑造，你逐渐丧失自己的力量，因为最终所有力量都与已经被给予形式的形态相连。最后，你错误地认为很富有的地方实际上很贫穷。你表现的外形像个乞丐。这就是盲目的人被不断增加的想去塑造事物的欲望占据时的样子，因为他相信多样化的形态才能满足他的欲望。由于他已经耗尽自己的力量，因此他的欲望变得非常强烈，他开始强迫别人服从他，夺去别人的力量为自己所用。

在这个时候，你需要邪恶。当你注意到你的力量已经耗尽，欲望成为主导的时候，你必须将它从形成空洞的内容中撤回，通过与空洞的连接，你才能够成功地消解你的这个形态。你将重获自由，这样你就已经把自己的力量从与客体残酷的连接中拯救出来。你要坚持善的立场，你就无法消解自己的形态，因为它就是善。你不能用善消解善，你只能用恶消解善。因为你的善不断地通过借助与你的力量的结合而不断地结合进你的力量，最终走向死亡。没有恶，你根本无法生活。

你的塑形首先在你身上产生一个形态的意象，这个意象便留在你身上，/这 67/68
是塑形最初的和直接的表现。接着，它正是通过这个意象产生一个外物，这个外物不依赖于你而存在，比你存活得长久。你的力量不再与你的外在形态相连，而是要借助存留在你身上的意象。当你利用恶消解自己的形态的时候，你摧毁的不是外在的形体，反而是你的作品。你摧毁的是你自己已经形成的意象。正是这个意象依附在你的力量上。你需要用恶消解自己的形态，使你摆脱以前形态的力量，这个意象在某种程度上会束缚你的力量。

因此，他们的形态会造成很多善良的人流血牺牲，因为他们并不足以与恶抗衡。一个人越好，越依附自己的形态，他将失去越多的力量。但如果善良的人完全因为形态而失去自己的力量，会发生什么呢？他们不仅试图强迫别人屈服于自己与无意识的诡计和力量相连的形态，而且他们的善会在不知情的情况下变成恶，因为他们对满足和力量的渴望使他们变得越来越自私。但正是因为善，他们最终将摧毁自己的工作，所有曾经屈服于他们的人都将成为他们的敌人，因为他们疏离这些人。你也会开始秘密地憎恨任何一个使你疏离自己去对抗自己愿望的人，哪怕这是为了事情的最大利益。很不幸，善良的人已经束缚在自己的力量上，很容易就能找到屈服于他们的奴隶，因为更多的人渴望的无非是找个良好的借口疏离自己。

因为你在秘密地爱着恶，而且意识不到自己在爱着它，所以你会受到恶的伤害。你希望逃离窘境，开始憎恨恶。而你的憎恨使你与恶再次绑定在一起，因为无论你是否憎恨它，都没有任何区别：因为你和恶捆绑在一起。恶需要被接受，它是我们想要留在手中的东西。我们不想要它，但它比我们强大，它把我们卷走，我们不可能在不伤害自己的同时阻止它，因为我们的力量仍然留在恶中。因为我们只能接受我们的恶，既不爱它也不恨它，承认它的存在，把它视为生命的一部分。这样做，我们就能够把它从压制我们的力量上剥离。

当我们已经成功地造出一个神的时候，而且如果通过这次创造，我们全部的力量都已经进入到这个设计中，我们都会充满与这个神圣的太阳一起升起和成为这种壮观场面一部分的强烈愿望。而我们却忘记我们只不过是中空的形式，因为赋形于神已经将我们完全抽空。我们不仅贫乏，而且处处低迷，根本不可能与神性相提并论。

就像一种痛苦的遭遇或难以逃脱的残酷迫害一样，物质的痛苦和贫乏在我们身上蔓延。没有力量的物质开始吮吸，想要把自己的形体吞噬回去。但由于我们总是迷恋自己的设计，我们相信神在召唤我们，我们竭尽全力跟随神升到更高的国度，抑或通过说教和强迫的手段不惜一切代价迫使我们的同胞跟随神。很不幸，有人愿意被说服去这么做，对他们和我们都造成伤害。

这种强烈的渴望已经埋下祸根：因为谁会想到应该是造神的人下地狱？但事实就是如此，因为被剥去圣光力量的物质就是空洞和黑暗。因为物质没有了神的光，我们会感受到物质的空洞就像是无尽空洞空间的一部分。

我们想要通过仓促和增强的意志与行动逃离空洞，也摆脱恶。但正确的方式是我们接受空洞，摧毁我们自身形式的意象，否定神，下沉到物质的深渊和恐惧中。神是我们的外部作品，不再需要我们的帮助。神是被创造出来的，要让他独立解决
68/69 自己的问题。一旦我们离它而去，被创造出的作品便一文不值，哪怕它 / 是神。

但神被创造出来又离开我之后去了哪里呢？如果你建造一座房子，你会看到它矗立在外面的世界。在你已经创造出一个神却无法用肉眼看到他的时候，他便在精神世界，这是因为他在外在的现实世界中没有价值。他就在那里，为你和他人做一切你们期望神能够做的事情。

因此，你的灵魂是精神世界中自己的原我。但是，作为精神的栖息地，精神世界同时也是外在世界。就像在现实的世界中一样，你并不孤独，反而你周围有属于你又只依从你的事物，还有自己的思想，它们只听从于你。而就像你在现实世界中一样，周围有既不属于你也不依从你的事物和存在。就像你生产或孕育你的孩子一样，他们逐渐长大，与你分离，成为自己命运的主人，你同样也产生或生产思想，而它们与你相分离，有自己的生命力。就像我们老去的时候会离开自己的孩子并返回到大地中一样，我使自己和神分离，即与太阳分离，下沉到物质的空洞中，并抹去孩子在我心中的意象。这些的发生是因为我接受了物质的本质和允许自己形式的力量流入到空洞中。就像我借助自己生产的力量使生病的神重生一样，接下来我要使物质的空洞变得有活力，因为恶在这里成形。

自然好玩又可怕。有人看到好玩的一面，每天与它嬉闹，让它活力四射。而有些人看到的是可怕的一面，蒙上他们的头，让他们生不如死。道路不是在两者之间，而是包含两者。既有愉快的嬉戏又有冰冷的可怕。/[139]

69/73

[Image 69][140]

139 在《梦》中，荣格写到在1917年2月15日："誊抄完开篇。/最大的感觉是焕然一新。今天回到科学研究的工作上。/类型！"（5页）。这里指的是完成《花体字抄本》的誊抄后，继续心理类型的研究。

140 图中蓝色和黄色的圆圈与Image 60中的内容相似。

[Image 70]

[Image 71][141]

141 这张图可能是缇娜·科勒在一次采访中提到的一个意象，她在这次采访中讲到荣格对自己与艾玛·荣格和托尼·伍尔夫之间关系的讨论："荣格曾经向我展示他正在画的一幅画，他说：'看这三条交缠在一起的蛇，这就是我们三个人如何与这个问题进行斗争的。'我只能说这句话对我极其重要，即使这个现象稍纵即逝，在这里，三个人都在接受命运，而不是单纯为了一己之利。"(金·纳梅什采访，1969，《R. D. 莱昂论文集》，格拉斯哥大学，27 页)

[Image 72]

[HI 73]

第十二章　地狱

第二天夜里，[142] 在创造完神之后，一个幻象使我认识到自己已经到达阴间。

我发现自己站在一座阴暗的地下墓室中，地上铺的是潮湿的石板。一根石柱竖在中间，石柱上挂着绳索和斧子，有一个丑陋的蛇形人体蜷缩在柱脚。最初，我看到的是一个少女形象，有着一头金红色的头发，一个面目狰狞的男人有一半的身体在她身下，他的头弯向后侧，一股细细的血流从他前额上流下来，两个长得很像的魔鬼躺在少女的脚和身体上。他们表情凶残，这是真实的魔鬼，他们的肌肉绷紧且僵硬，他们的身体像蛇一样圆滑。他们一动不动地躺在那里。少女把自己的手放在躺在她身下的男人的眼睛上，她是三者中最有力量的，她的手紧握着一支银色的小鱼钩，将鱼钩刺进魔鬼的眼睛。

我惊出一身冷汗。他们想把少女折磨死，而她在极度绝望中奋力保护自己，而且成功地将小钩刺进魔鬼的眼睛。如果他移动，她便用最后一击取出他的眼睛。恐惧把我吓得瘫痪了：接下来会发生什么？一个声音说：

“魔鬼不会做出牺牲，他不能牺牲自己的眼睛，胜利属于愿意牺牲的人。”[143]

142　1914 年 1 月 12 日。

143　荣格在《花体字抄本》的页边上写有：“《百道梵书》第 2 卷第 2 章第 4 节”，与 Image 64 的题词相同，见注 132 与 133。

[2] 幻象消失了。我看到自己的灵魂已经落入极度邪恶的力量中。邪恶的力量不容置疑，我们对它的恐惧理所当然。这里没有祈祷者，没有虔诚的话语，没有魔法的话语相助。一旦原始的力量紧跟着你，没有什么能够帮到你。一旦邪恶毫不留情地将你占有，没有父亲，没有母亲，没有对错，没有墙和塔，没有盔甲和保护性的力量前来帮助你。你将无能为力，并落入强大的邪恶力量之手。在这场战斗中，你孤军奋战。因为我想要生出自己的神，所以我也想要邪恶。想要创造永恒充满的人也将创造出永恒的空洞。[144] 你不能舍弃其中一个而只取另一个。但如果你想逃避邪恶，你将无法创造出神，你所做的一切都不冷不热且又苍白。我不惜一切代价想要自己的神，因此我也想要自己的邪恶。如果我的神不是压倒性的，那么我的邪恶也不会。但我想自己的神有力量，超越一切可以度量的快乐和光泽。只有这样，我才真正爱我的神，他美丽的光泽使我品尝到的正是地狱底部的滋味。

我的神在东方的天空升起，比圣灵还要亮，为人类带来新的一天。这就是我为什么想要下地狱，一个母亲不愿意为她的孩子抛弃自己的生命吗？如果我唯一的神能够战胜黑夜中最后时刻的折磨，并成功地打破黎明之雾，抛弃我的生命将会是何等容易？我毫不怀疑：为了我的神，我也想要邪恶。我进入一场不对等的战斗，因为它永远是不对等的，我注定会失败。否则，这场战斗是多么恐怖和绝望？但它本应如此。

/ 对于邪恶而言，没有什么比他的眼睛更有价值，因为空洞只能借助他的眼睛抓住闪闪发光的充满。因为空洞缺乏充满，它渴望充满及其夺目的力量。它通过自己的眼睛吞下它，这样便能够理解充满的美丽和纯净的光芒。空洞是贫瘠的，如果它再失去自己的眼睛，它会变得绝望。它看到最美丽的东西，便想把它吞下，目的是毁掉它。邪恶知道什么是美丽，因此它是美丽的阴影，并到处跟着美丽，等待美丽极度痛苦地怀着孩子并试图生出神的那一刻来临。 73/74

如果你的美丽在生长，可怕的蠕虫也将爬到你的身上，等待着自己的猎物。除了他的眼睛之外，对他而言，没有什么是神圣的，因为他能用眼睛看到最美丽的东西。他绝不会抛弃自己的眼睛。他是无懈可击的，但没有什么可以保护眼睛，他的眼睛薄弱又明亮，擅长在永恒之光中畅饮。它想要你，还有你生命中红色的亮光。

---

144 在《查拉图斯特拉如是说》中，尼采写道："人必须在自身中留有混沌，以便能生出舞蹈的星星。"（"查拉图斯特拉的前言"，§5，46 页；荣格在书中用下划线标出）

我认识到了人性的极度可怕。我在它面前蒙上自己的眼睛。我用双手把它挡在外面，如果有人因为害怕我的阴影会落在他身上，或他的阴影会落在我身上而想靠近我，那是因为我也看到他魔鬼的一面，这是他阴影的同伴，不具有伤害性。

没有人能够触碰到我，死亡和犯罪就在那里等着你我。我的朋友，你在天真地笑？难道你没有感觉到自己眼睛的闪烁不定已经完全泄露出你的恐惧？你嗜血的老虎在低声咆哮，你的毒蛇在秘密地发出咝咝声，而你只意识到自己的善，朝我友善地伸出你的手。我知道你和我的阴影，在跟随着我们，等到黄昏之际，他便将你我连同黑夜中的魔鬼一起杀掉。

将你我分开的是什么样的滴血的历史深渊啊！我抓住你的手，看着你。我把自己的头放到你的腿上，感受着你身体的温暖，感觉就像来自我的身体一样，我突然感到一根光滑的绳索套在了我的脖子上，让我极度窒息，一把锤子残忍地将一颗钉子砸进我的太阳穴。我被抓着双脚在地上拖行，野狗在孤独的夜中撕咬着我的身体。

没有人会对人们之间因相互疏离而无法相互理解感到吃惊，人们会发动战争，相互残杀。让人感到吃惊的应该是人们相信他们相互很亲近，理解并爱着对方。还有两样东西等待被发现，第一个是使人们相互分离的无尽鸿沟，第二个是可以连接我们的桥。你有没有想过人聚在一起会制造出多少意想不到的动物性呢？

[145]当我的灵魂落到邪恶的手中，它无力抵抗，只能使用脆弱的钓竿，再次使用它的力量，把鱼从空洞的大海中拉上来。而邪恶的眼睛却把我灵魂所有的力量都吸了进去，只留下意志，而意志不过是一支小鱼钩而已。我想要邪恶，因为

145 荣格在《花体字抄本》的页边上写道："《唱赞奥义书》第1篇2章1～7节"。《唱赞奥义书》中写道："天神与阿修罗（天神代表善，阿修罗代表恶）之战也，两皆造物主之子也；天神遂从事于'乌特吉他'，以为以此吾曹将胜彼等矣。/诸天观想此'乌特吉他'为鼻息。而阿修罗以罪恶侵澈之。故人两闻其香，盖为罪恶所侵澈也。/诸天又观想'乌特吉他'为语言。而阿修罗复以罪恶侵澈之。故人说真语亦为妄语，盖为罪恶所侵澈也。/诸天又观想'乌特吉他'为目。而阿修罗又以罪恶侵澈之。故人俱见美者丑者，盖为罪恶所侵澈也。/诸天更观想'乌特吉他'为耳。而阿修罗又以罪恶侵澈之。故人两闻党闻者与不当闻者；盖为罪恶所侵澈也。/诸天再观想'乌特吉他'为意。而阿修罗以罪恶侵澈之。故人意想正者非正者俱；盖为罪恶所侵澈也。/诸天遂观想'乌特吉他'为口中之气，阿修罗复为之，遂皆溃散。如土块之撞击顽石也，破碎必矣。"（《奥义书》，P·奥利维尔译[牛津：牛津大学出版社，1996]）。"乌特吉他"即为唵。

我知道自己不能够逃避它。而且因为我想要邪恶，所以我的灵魂拿着的就是他手中珍贵的鱼钩，而本应该用这个鱼钩袭击恶的软肋。不想要邪恶的人无法将自己的灵魂从地狱中拯救出来，只要他仍然停留在上界的光线中，他自己将无法成为自己的阴影。而他的灵魂将在魔鬼的地牢中受折磨。意志表现得就像一股反作用力，将永远限制着他。他依然碰触不到内在世界里更高的环，他仍停留在原地，实际上，他反而倒退了。你认识这些人，你知道自然如何肆无忌惮地把人的生命 / 74/75
和力量撒到荒芜的沙漠中。不必为这些哀叹，否则你将变成先知，将会设法拯救那些不能被拯救的人。难道你不知道自然用人为他的田地施肥？接纳求索者，但不要出去寻找犯错误的人。你对他们犯的错误知道多少呢？或许它是神圣的，你不应该打扰神圣。不要回头，也不要后悔。你看，你身边的很多人不都倒下了吗？你感到同情？但你要活出自己的生命，因为那时候只有千分之一的人能活下来。你无法阻止死亡。

但为什么我的灵魂没有把邪恶的眼睛扯出来？邪恶拥有很多眼睛，丢失一只眼睛不会给他带来任何损失。但如果她这么做了，那么她将完全受控于邪恶的咒语。邪恶只有不去做出牺牲。你不要伤害他，最重要的是不要伤害他的眼睛，因为如果邪恶看不到且不再渴望，那么最美的事物将不复存在。邪恶即神圣。

空洞没有什么可以牺牲，因为它经常遭受缺乏之苦。只有充满可以牺牲，因为它拥有充满。空洞不能牺牲自己对充满的渴求，因为它不能否定自己的本质。因此我们也需要邪恶，但我只能为邪恶牺牲掉自己的意志，因为我以前接收到的是充满。所有的力量再次流回到我的身上，因为邪恶已经将我身上神的形态产生的意象摧毁。但我身上神的形态的意象仍未被摧毁，我恐惧这种摧毁，因为它很可怕，是对神庙史无前例的亵渎。我身上的一切都在竭力反对这种极度令人憎恶的事情。但我却仍然不知道生出神意味着什么。/ 75/76

[Image 75]

er opfermord·
cap·xiii·

[HI 76]

第十三章　献祭性的谋杀[146]

这是我不愿意看到的一个幻象，我也不愿意经历这种恐惧：一种痛苦不堪的恶心悄然向我袭来，令人作呕，背信弃义的蛇缓慢地蜿蜒前行，嗞嗞地穿过干燥的灌木丛；它们慵懒地打成可怕的结挂在树枝上，令人作呕。我很不情愿地进入这个阴森恐怖的山谷，这里的灌木都生长在不毛的石隙中。山谷看起来没有什么异样，空气中飘着犯罪气味，就是那些腐臭又懦弱的行为。我被厌恶和恐惧抓住。我犹豫不决地走在岩石上，试图避开每一处黑暗的地方，因为我害怕自己会踩到蛇。太阳高高地挂在空中，发出灰白色的弱光，所有的树叶都已经枯萎。一个头已经被损坏的木偶落在我前方的石丛中，离我几步之遥。穿有一条小围裙，在灌木丛之后，这是一个小女孩的躯体，身上布满可怕的伤口，浑身是血。一只脚上穿有长袜和鞋子，另一只脚是光着的，而且血淋淋地粉碎了，头，头在哪里？头上缠绕着沾满鲜血的头发，露出片片白骨，周围的石头上到处都是脑浆和血液。我的目光被这可怕的景象抓住了，这是一个被包裹着的人物，像是那个女人，她冷静地站在孩子的旁边，脸上带着一块不透明的面纱。她问我：

她："你要说什么？"

我："我要说什么？难以言表。"

她："你理解这些吗？"

---

146 《手写的草稿》中被替换为："第八次冒险"（793 页）。

我："我拒绝理解这些东西。我在讲话的时候难免会大发雷霆。"

她："为什么会大发雷霆？那你每天都会愤怒，因为这些事情和与之相类似的事情每天都会发生。"

我："但我们在很多时候看不到它们。"

她："那么知道它们的发生还不足以激怒你。"

我："如果我只是知道某些事情，这比较简单容易。如果我所有的都是知识，那么恐惧会较不真实。"

她："请走近一些，你看这个孩子的尸体已经被剖开，把肝脏取出来吧。"

我："我是不会碰这个尸体的。如果有人看到，他们会认为是我谋杀的这个孩子。"

她："你这个懦夫，把肝脏拿出来。"

我："我为什么要这么做？真荒谬。"

她："我要你把肝脏取出来，你必须按照我说的做。"

我："你是谁，怎么这样命令我？"

她："我是这个孩子的灵魂，你必须为我这么做。"

76/77 我："我不明白，但我信任你，去做这种可怕又荒谬的事情。" /

我将手伸进孩子的腹腔，里面还有温度，肝脏还仍然牢固地连在那里，我拿起刀，用刀把肝脏周围的韧带切断，接着把肝脏取了出来，用血淋淋的双手把它捧给那人。

她："谢谢你。"

我："我该怎么做？"

她："你知道肝脏意味着什么，你应该用它进行疗愈。"[147]

我："那该做什么？"

她："从整个肝脏上取下一块，然后吃下它。"

我："你意欲何为？这太疯狂了。这是在亵渎，变尸。你使我成为所有最丑恶的犯罪中的邪恶一员。"

她："你已经为谋杀者设计出最可怕的折磨，这样能够为他的行为赎罪。只有一种赎罪的方式：贬低自己并将之吃掉。"

147 在《回忆·梦·反思》中，在评论利物浦之梦的时候（见下文445页，注296），荣格写道："根据古人的观点，肝脏是生命之源。"

我："我不能，不行，我不能加入到这种可怕的罪行中。"

她："这个罪行你也有份。"

我："我？也有份？"

她："你是一个人，而这个罪行就是人犯下的。"

我："是，我是一个人，我诅咒犯下罪行的人，我诅咒自己是个人。"

她："那么，请加入到人的行动中吧，贬低自己并将之吃掉。我需要赎罪。"

我："为了你，同时也是为了这个孩子的灵魂。"

我跪在石头上，切下一片肝脏，并把它放入口中。我感到恶心，泪水从我的眼里流了出来，额头上全是冷汗，一股血腥的甜味，我用尽全力把它吞下去，这根本不可能，我不断尝试，几乎晕了过去，总算把它吃掉了。可怕的事情已经完结。[148]

她："谢谢你。"

她摘掉自己的面纱，这是一位有着金色头发的漂亮女孩。

她："你认出我了吗？"

我："你看起来是多么熟悉啊！你是谁？"

她："我是你的灵魂。"[149]

[2] 献祭已经完成：圣童和神的形态的意象皆被杀死，我已经吃下祭肉。[150] 儿童是神的形态的意象，不仅带有人类的渴望，而且包含所有原始的和基本的力

148 1940年，荣格在"弥撒中转化的象征"中评论了食人仪式，献祭和自我献祭。(《荣格全集第11卷》)

149 在《黑书3》中，荣格写道："面纱掉了下来。刚才玩的可怕的游戏是什么？我意识到我对人类的一切都不陌生（Nil humanum a me alienum esse puto）。"（91页）这句话援引自罗马剧作家泰伦斯的作品《自我折磨的人》。1960年9月2日，荣格在给赫伯特·米德的信中写道："作为一名医学心理学家，我不仅仅是假设，而且完全相信，我对人类的一切都不陌生甚至都是我的义务。"(《荣格通信集》第2卷，589页）

150 《草稿》中将这句话替换为："我需要的经历已经完成，但却以令人憎恶的方式发生。是我需要的邪恶做出这种臭名昭著的事情，我似乎没有参与，但我在其中，因为我知道我是一切可怕人性的一部分。我摧毁圣童和神的形态的意象，借助的是人性所做的最可怕的罪行。用暴行将神的意象摧毁，饮下我生命的所有力量，从而可以拯救我的生命。"（355页）

量，而力量是太阳之子拥有的不可分割的遗产。神在创世纪时需要所有这些。但在他被创造出来之后，又迅速地进入无尽的太空，我们需要金色的太阳。我们必须再生。而神的创造是最高的爱进行的一次创造性活动，我们人类生命的修复意味着一种下方的活动。这是一个巨大又黑暗的秘密，人类自己无法单独完成这件事，而要得到邪恶的协助，邪恶取代人完成这件事情。但人必须认识到这是他和恶行的合谋，他必须通过吃下血腥的祭肉来见证这个认识。这种行为能够验证他是一个人，他既有善又有恶，因此他能够借助收回自己生命的力量摧毁神的形态的意象，从而使自己和神分离。这些都是为了灵魂的拯救，而灵魂便是圣

77/78 童的母亲。/

在我的灵魂怀着神并生出神的时候，它完全是人类的本质，它自古就拥有原始的力量，但仅处在休眠的状态。没有我的帮助，它们便流入神的形成中。但通过献祭性的谋杀，我将原始的力量拯救出来，并把它们加入到灵魂中。由于它们已经成为有生命力模式的一部分，因此它们不再休眠，而是唤醒、激活和启动我灵魂的神圣工作，通过这些，它收到神圣的特质，因此吃下祭肉有助于它的治愈。古人也是这样告诉我们的，因为他们教导我们喝下救世主的血，吃下救世主的肉。古人相信这样能够治愈灵魂。[151]

真理并不多，只有几个。真理的意义很深奥，无法理解，又与象征不同。[152]

如果神没有人强大，那他是什么？你仍然需要品尝神圣的恐惧，如果你没有碰触人性黑暗的底部，你怎么有资格享受酒和饼呢？因此你们就是冷淡又暗淡的阴影，为自己浅浅的海岸线和宽广的乡村道路感到自豪。但水闸将会打开，难以阻挡的东西将会袭来，只有神才能够拯救你们。

原始的力量是太阳的光芒，而太阳之子已经携带这种力量长达数十亿年，并将此传给他们的子孙。但如果灵魂浸入到光芒中，她将变得像神一样无情，因为

151 例如弥撒仪式。

152 荣格在《心理类型》(1921)中发展了有关象征的重要性的思想。见《荣格全集第6卷》，§814ff。

你已经将圣童的生命吃掉，而圣童的生命便像燃烧的煤炭一样进入你的身体。它会像一团可怕又无法熄灭的火一样在你内部燃烧。但这一切都是对你的折磨，你不能任其发展，因为它也不会让你坐视不管。由此，你将明白你的神是有生命力的，你的灵魂已经开始在无情的道路上彷徨。你感到太阳之火已经在你体内喷发，你身上已经多出一些新的东西，那是一种神圣的折磨。

有时候你不再认识自己。你想征服它，但它却将你征服。你想设限，但它强迫你不断前行。你想逃避它，但它却跟着你。你想利用它，反而成为它的工具；你想反思它，但你的思想在顺从它，最终无法逃避的恐惧将你抓住，因为它不屈不挠地缓缓跟随着你。

你无处可逃，因此你开始知道真神是什么。如今，你将会想出不言而喻的高明真理、预防性措施、秘密的逃跑路线、借口、使人健忘的药剂，但这都毫无用处。火烧遍你全身，指引强迫你上路。

但道不是我的原我，我的生命建立在自己之上。神想要我的生命，他想和我一起前行，与我一起坐在桌上，和我一起工作。重要的是他想永远存在。[153] 但我为我的神感到羞耻，我不想成圣，而是想要有理性。在我看来，神圣是非理性的疯狂。我憎恨它，因为它像我有意义的人性活动中荒谬的紊乱。它就像一种难堪的疾病，偷偷闯入到我有序的生活。是的，我发现神圣是多余的。/ 78/98

153 1909 年，荣格在屈斯纳赫特的家落成，门上刻着特尔斐神谕的格言："呼召与否，神将永在"（Vocatus atque non vocatus deus aderit）。这一句源自伊拉斯谟的《格言集》。荣格对这句格言的解释如下："是的，它是在说神在这里，但以什么样的形式，又意欲何为？我把这句题词刻在这里的目的是提醒我的病人和我自己：敬畏耶和华是智慧的开端（Timor dei initium sapientiae）[《诗篇》第 111 首 10 行]。另一条同等重要的路在这里开始，不是通往'基督教'，而是直达神那里，这似乎是终极的问题。"（荣格写给尤金·罗尔佛的信，1960 年 9 月 19 日，《荣格通信集》第 2 卷，611 页）

[Image 79]

[Image 80]

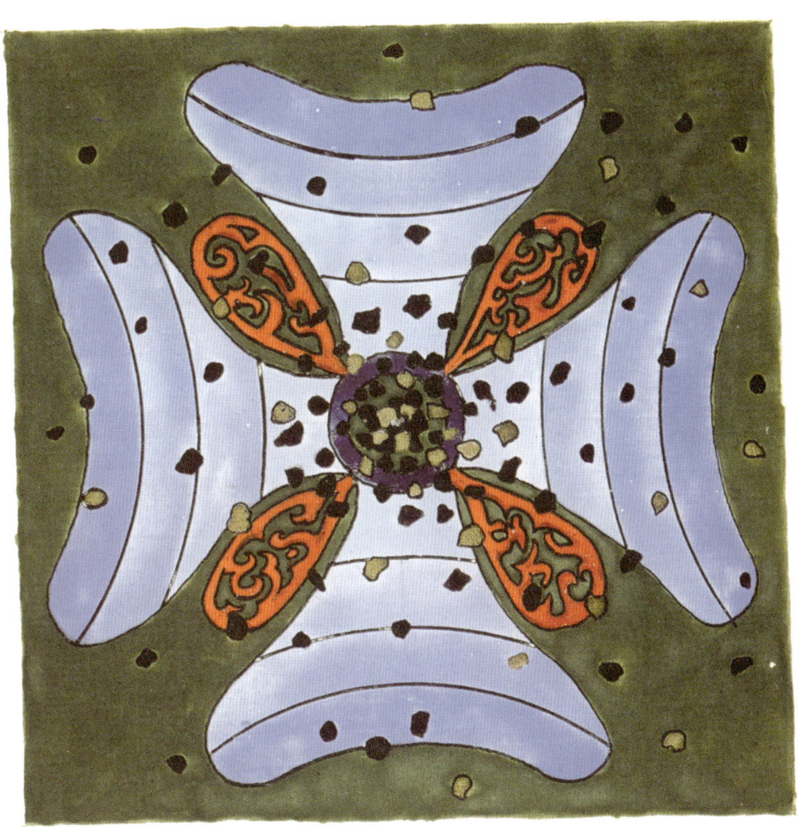

[Image 81]

[Image 82]

[Image 83]

[Image 84][154]

154　页底出现一个注："21 Ⅷ. 1917- fect. I4.X.I7"。可能是"某某作"的缩写，例如"某某制作"。

[Image 85]

[Image 86]

[Image 87]

[Image 88]

[Image 89][155]

155 在《黑书 2》中，1917 年 10 月 7 日，一个人物出现在荣格的幻想中，他声称自己是腓利门的父亲，名叫哈（Ha），荣格的灵魂把他描述成为一位黑魔法师。他的秘密是如尼文，而荣格的灵魂想要学习如尼文，但哈拒绝传授，只是展示一些例子，荣格的灵魂请求哈解释这些例子。有些如尼文出现在之后的画中。对于画中的这些如尼文，哈解释说："请看这两个有着不同脚的符文，一只是地球脚，另一只是太阳脚，太阳脚直达锥顶，太阳便在锥顶，但我已经画一条曲线指向另外一个太阳。因此，我必须到达下端。与此同时，上方的太阳脱离锥体，锥体在后面盯着它，对它的离开感到很沮丧。必须用钩才能把它找回来，把它投入到小的监狱中。在这个时候，它们三个必须站在一起，连接，旋转上升至顶端（卷曲状）。因此，它们再次使太阳摆脱自己的监狱。如今，你建造一个很厚的底和顶，太阳便可以安全地坐在顶端。但是房间内的另一只太阳也已经升起，因此你也旋转至顶端，再在监狱的底部造一个顶，这样上方的太阳就无法进入了。两个太阳总想结合在一起，我这么说，不是吗，有两个锥体，每一个都有一个太阳，你想要它们结合在一起，因为你认为这样你就能够合一了。你现在已经固定住两个太阳，又把它们带到另一个那里，而现在是向一方倾斜，这一点非常重要（=），但接下来底部便会有两个太阳，因此你必须转向下方的锥体。你使太阳在中间结合在一起，既不在底部也不在顶端，那么便不会出现四个，而是两个，但上方的锥体便在底部，而且有一个厚厚的顶，如果你想继续，那么你会渴望带着两个臂膀返回。但你在底部有一座关押它们的监狱，你也被关在里面。因此你为下方的太阳建造一个监狱，并落向另一端，将下方的太阳从监狱中救出来。你渴望的就是这个，上方的锥体出现，造出一条连接下方的桥，把以前离开自己的太阳带回来，而现在黎明的乌云开始出现在下方的锥体上，它的太阳还在天际线外，无法看到（在天际内）。现在你已经合一，很开心，因为你的太阳已经在顶端，它也一直渴望到达这里。但你却被困在下方太阳的监狱中，而下方太阳在上升。它会在某个地方停下来。你现在在上方画出一些四边形的东西，你称它们为思想，是没有门的监狱，有着厚厚的墙，这样上方的的太阳便不会离开，但锥体已经离去。你现在转向另一端，渴望下方，并在底部旋转。然后你便合一，在蛇与太阳之间开出道路，非常好玩！~也很重要（=）。但由于它是好玩的下方，上部有一个顶，你必须使用两个臂膀使钩升起，这样它才能够穿透那个顶。因此下方的太阳也得到释放，上方出现一个监狱。你向下看去，但上方的太阳却在看你们。你成对笔直矗立，并且已经将蛇和你分离，可能是你被扔掉。因此你为下方建造一座监狱。此刻，蛇穿过地球的上空，你被完全分开，蛇蜿绕着离地球很远的星星蜿蜒穿越天空。/ 底部写着：母亲给我智慧，/ 应感到满足。（9 ~ 10 页）"荣格告诉阿尼拉·亚菲，他曾经有过一个幻象，他看到一个刻着象形文字的泥板深深地嵌在他卧室的墙上，第二天，他将泥板上的字眷抄下来。他感觉到这些文字包含重要的信息，而他无法理解。(阿尼拉·亚菲写《回忆·梦·反思》时，采访荣格的记录，172 页)。荣格在 1917 年 9 月 13 日和 10 月 10 日写给萨宾那·史碧尔埃的信中，评论了萨宾那在梦中看到的一些象形文字的意义。荣格在 10 月 10 日给她的信中写道："我们正通过你的象形文字处理历史象征本质的种系发生印记。"关于弗洛伊德学派对《力比多的转化与象征》的蔑视，他形容自己为"坚信自己的如尼文"，他不会把这些锥体交给那些无法理解锥体的人（"荣格写给萨宾那·史碧尔埃的信"，《分析心理学杂志》2001 年第 41 期，187 ~ 188 页）。

[Image 90]

[Image 91]

[Image 92]

[Image 93][156]

156 《黑书 7》中，这幅画里的如尼文最初标注的日期是 1917 年 10 月 7 日，荣格为它们附上日期“1917 年 9 月 10 日”。哈解释说：“如果你将弧向前移，你便在下方造出一座桥，并从中间向上和向下移动，或者你将上和下分开，再次将太阳分开，像蛇一样向上爬行，并接收到下方。你带着自己的体验，继续向前寻找新的东西。”（11 页）

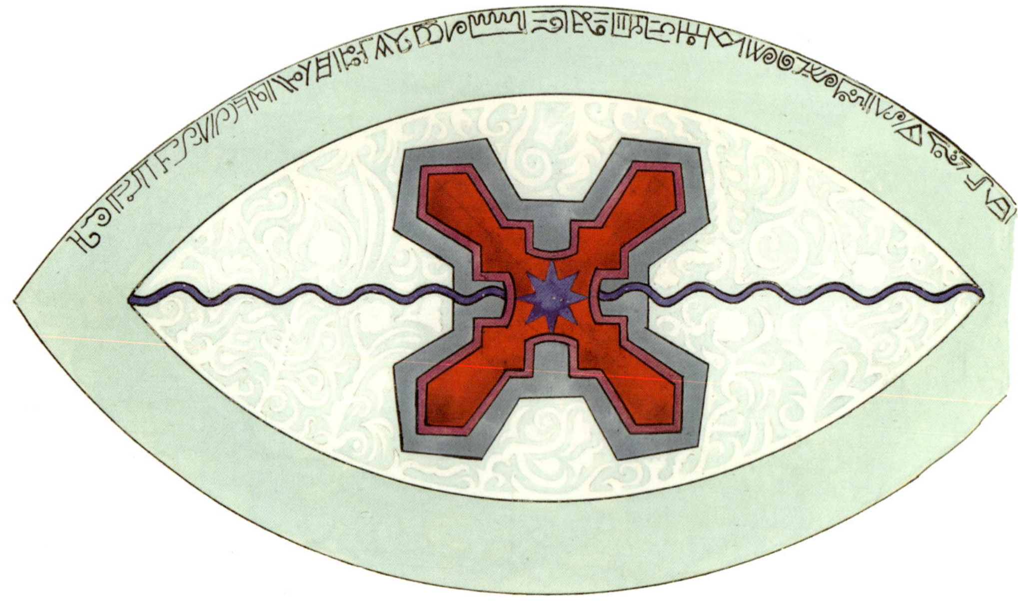

[Image 94][157]

（注 157 见 340 页）

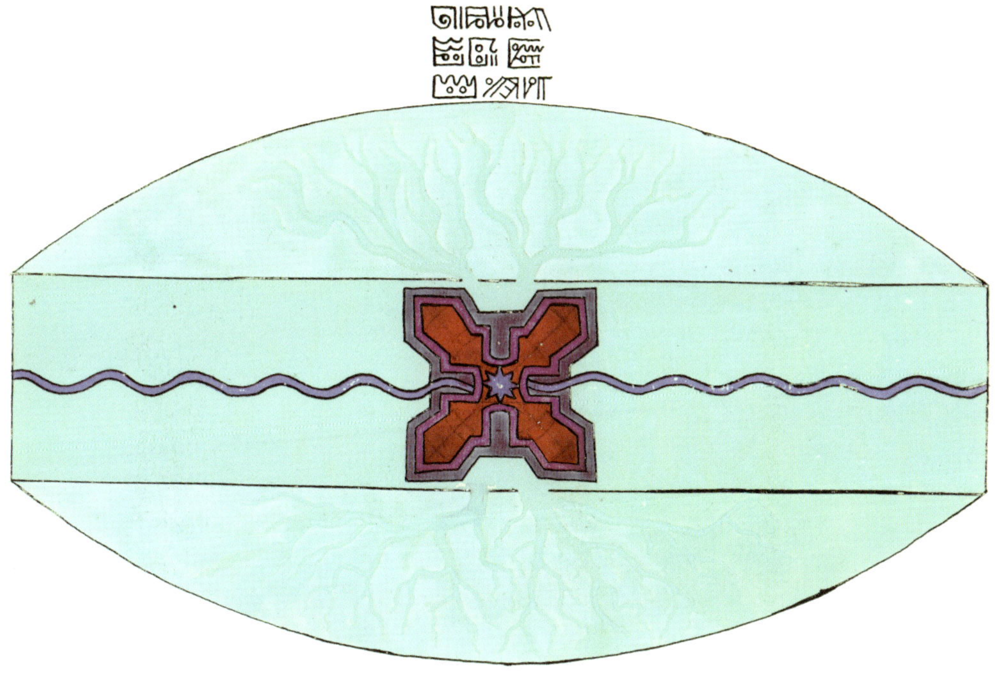

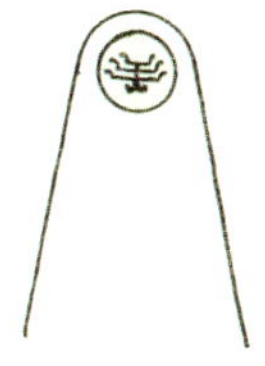

[Image 95]

157 《黑书 7》中，这幅画里的如尼文最初标注的日期是 1917 年 10 月 7 日，荣格为它们附上日期“1917 年 9 月 11 日”。哈解释说：“而现在你在你和人们渴望的下方之间建造出一座桥，蛇在顶端爬行，把太阳带出来。你们两个都向上移动，想到达上方（‿），但太阳在下方，想把你们拉下来。而你在下方的上面画一条线，并渴望着上方，完全合一。蛇出现了，想要从下方的容器中喝到水。但上方的锥体出现了，它停了下来。像蛇一样，视线旋转回去，再次向前移动，又跟着你，非常渴望（—）返回。而下方的太阳撤回，你再次恢复平衡。但不久你便向后倒，因为一个锥体已经逃脱到上方的太阳那里。另一个不愿意这么做，所以你摔成碎片，因此你必须把自己拼接在一起三次。接着你又站立起来，手里拿着两个太阳，它们就像你的眼睛一样，你眼前上方和下方都有光，你朝它伸出胳膊，你开始合一，但你必须将两个太阳分开，你渴望回到下方一点和到达上方。因为下方的锥体已经把上方的锥体吞了进去，因为两个太阳离得非常近。因此你又把上方的锥体放了回去，因为下方已经不在那里，但你想把它再提起来，极其渴望下方的锥体，而它却是空洞的上方，因为线条之上的太阳是无形的。由于你对返回下方的渴望已经存在很久，上方的锥体落了下来，试图独自抓住下方无形的太阳。蛇的道路恰好通向顶端，你被分开，一切下方的东西都在地下。你渴望升得更高，但下方的渴望已经像蛇一样蜿蜒而来，你建造一座监狱将它困住。但下方开始上升，你渴望处在底部，两个太阳突然再次出现，相互靠近。你渴望它们如此，且被囚禁起来。有一个太阳具有挑衅性，另一个渴望下方。监狱打开，一个更加渴望留在下方，而具有挑衅性的那个渴望上方，也不再具有挑衅性，但渴望来者。因此穿越开始出现：太阳在底部升起，但它被关在监狱中，在为你们俩和上方太阳制作的网盒之上，这是你期待的，因为你已经将下方的太阳关在监狱中。而现在上方的锥体强有力地冲下来，将你分开，又吞掉下方的锥体。这不可能。因此你一个接一个地把锥体排好，并蜷缩在中心的前方。因为没有可能摆脱这些事物！所以会有事情发生。一个想要向上，另一个想要向下；你必须努力做到这一点，因为如果锥体的尖端碰在一起，它们几乎不能再被分开，因此我已经在它们之间放置坚硬的种子。一个接一个，非常整齐。这会令父亲和母亲开心，但是这为我留下什么呢？我的种子呢？因此改变计划！在你们之间架起一座桥，再次将下方的太阳囚禁起来，渴望上方和下方，但另外一个十分渴望向前，上方和下方。因此未来便会出现，看，我已经看到的它是多么清晰啊，是的，就是这样，我很聪明，比你聪明，虽然你把事物牢牢地掌握在手中，你也把一切都置于屋顶下和房子中，包括蛇和两个太阳。这一直是最好玩的。但你已被分开，因为你画出上方的线，因此蛇和太阳都在非常遥远的下方。这之所以会发生，是因为此前你从下方绕着自己盘旋而上。但你又结合在一起，达成一致，站立起来，因此这很好，有趣又美好，你说：那么它将保留下来。但上方的锥体向下来，因为它感到不满，即你提前对上方设限。上方的锥体立即伸向自己的太阳，但再也找不到一个太阳，蛇也跳起来抓太阳。你摔倒了，下方的锥体吃掉你的一部分身体。在上方锥体的帮助下，你才得以逃脱，作为回报，你把下方锥体的太阳还给下方锥体，也把上方锥体的太阳还给上方锥体。你像独眼巨人一样扩展自己，在天上彷徨，在你的下方拿着锥体，但最终事物还是偏离了正道。你离开锥体，太阳也离去了，并肩地站着，依然不想要相同的东西。最终，你同意把自己的三位和从上方下来的上方锥体绑在一起。/ 我被称为哈 - 哈 - 哈，这是一个很有趣的名字，我很聪明，看这里，这是我最终的姿势，这是白人的魔法，他生活在一座大魔法的房子中，你称这种魔法为基督教。巫师是对自己这么说：我和父亲是合一的，只能通过我才能见到父。这可以这么对你说，上方的锥体是父。他已经把自己的三位和你绑在一起，站在他人和父之间。因此，如果他人想接触到锥体，必须经过他。”（13 ~ 14 页）

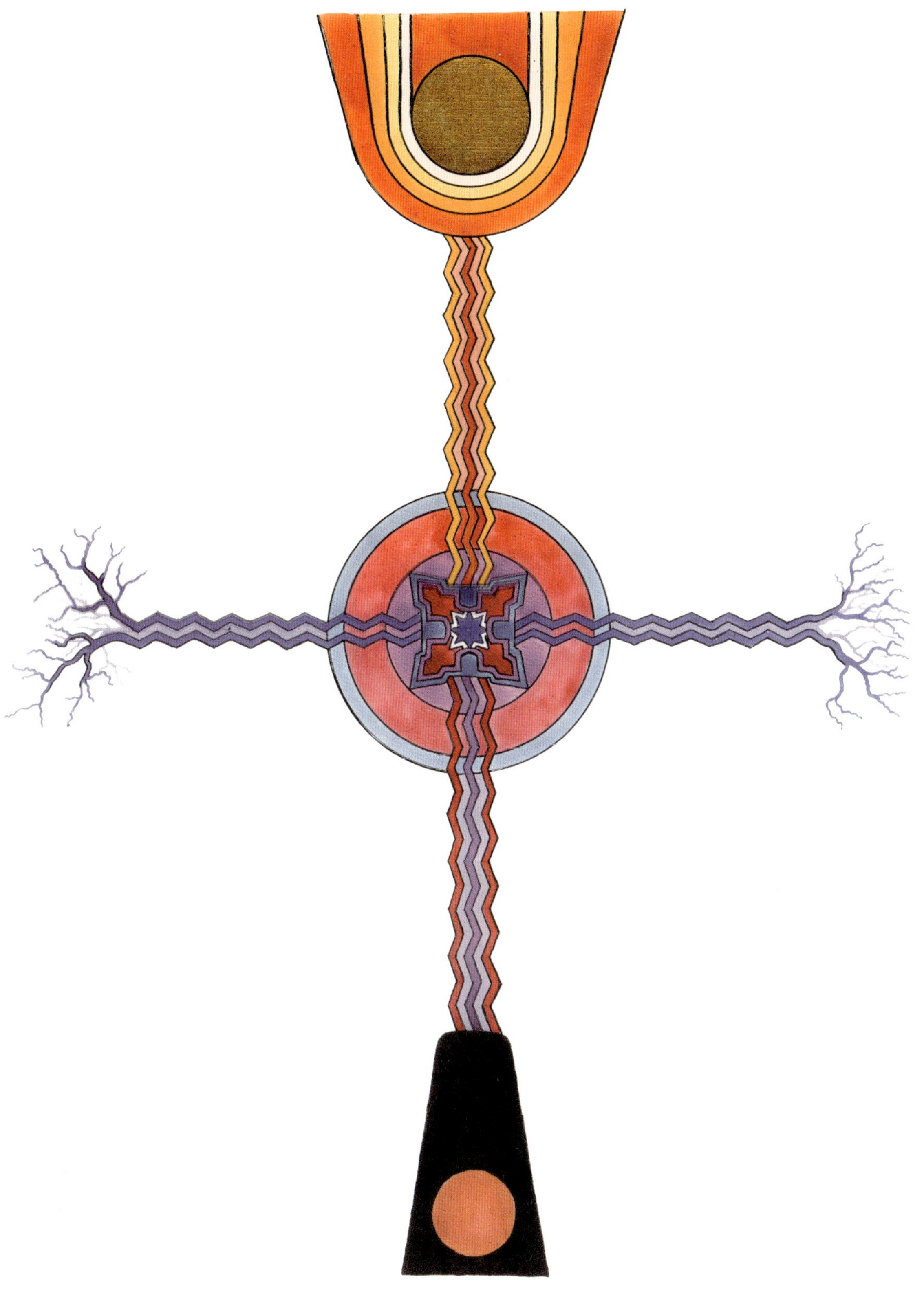

[Image 96]

[Image 97]

ie göttliche narrheit·
cap·xiv·

[HI 98][159]

第十四章　圣愚[158]

我站在一座高高的大厅中，看到前方有一道绿色的窗帘挂在两个柱子之间，窗帘轻轻地分开。我朝深处的一个小房间看去，房间里的墙是光秃秃的，房间顶部有一个装有浅蓝色玻璃的窗户。我踏上两条柱子之间的楼梯向房间走去，然后进入房间。在房间的后墙上，我看到左右各有一道门，似乎我必须在左门和右门之间做出选择。

我选择右门，这道门是打开的，我进入房间，我站在一座大图书馆的阅览室中。背景中坐着一位瘦小的男人，面色苍白，很明显，他是图书管理员。房间中的氛围让人困扰，学术的雄心，学术的偏见，受伤的学术自负。除了管理员之外，我没有看到任何人。我向他走去，他把目光从书上移开，问到："你想要什么？"

我略显尴尬，因为我不知道自己真正想要什么：脑海中浮现的是托马斯·肯皮斯。

158 《手写的草稿》中被替换为："第九次冒险第一夜"（814 页）。

159　1914 年 1 月 14 日。

我："我想要托马斯·肯皮斯的《效法基督》。"[160]

他有点吃惊地看着我，好像不相信我会有这样的兴趣；他让我填一张借书的表格。我也对自己想要托马斯·肯皮斯的书感到吃惊。

"你对我借托马斯的著作感到吃惊吗？"

"是的，这本书很少有人借，我没想到你会对这本书感兴趣。"

"说实话，我对自己的这个想法也感到有些吃惊，但我最近偶然阅读到托马斯的一段话，这段话给我留下深刻的印象。至于为什么，我也说不上来。如果我没有记错的话，它论述的是效法基督的问题。"

"你特别喜欢神学或哲学，抑或——"

"你的意思是，我是不是出于祷告的目的来读这本书？"

"呵呵，很难说。"

"如果我阅读的是托马斯·肯皮斯，我确实是为了祷告，或者其他类似的事情，而非出于学术的兴趣。"

"你有那么虔诚吗？我可不知道。"

"你知道，我对科学的评价非常高。但事实上，在生命中的某些时刻，科学也让我们变得空洞和病态。在这些时候，一本类似于托马斯的书就对我意义重大，因为它是由灵魂写成的。"

"但这些书有些过时。我们今天完全不再遵从基督教的教条。"

"我们不能通过简单地把基督教置于一旁将它终结。对我而言，它还有更多我们没有看到的内容。"

---

160 《效法基督》是一部信仰指导书，出现在 15 世纪初，很快变得非常流行。此书的作者存在争议，尽管普遍认为是托马斯·肯皮斯（约 1380—1471）。他是共同生活兄弟会的一员，共同生活兄弟会是荷兰的一个宗教团体，是现代虔诚派的主要代表，现代虔诚派发起重视冥想和内在生活的运动。简而言之，《效法基督》劝诫人们关注内在的精神生活，而非外在的事物，为如何进行这样的生活给出建议，让人们看到活在基督中的慰藉和终极回报。书的名字出自第一章的第一行，书中还写道："任何想要完全理解和体味基督话语的人必须尝试完全遵循基督生活的模式。"（《效法基督》，B. 诺特译 [伦敦：方特出版社，1996]，第 1 部，第 1 章，33 页）。效法基督这一主题出现的时间更早，在中世纪，有很多关于如何理解效法基督的讨论（有关这一概念的历史，见吉尔斯·康斯特布尔，"理想化的效法基督"，《三种中世纪宗教和社会思想研究》[剑桥：剑桥大学出版社，1995]，143 ~ 248 页）。如康斯特布尔在书中所写，根据对如何效法基督的理解，共有两种不同的观点：第一种是效法基督的神圣性，强调的是神化的教义，即"基督通过自己告诉人类成神的道路"（218 页）。第二种是效法基督的人性和身体，强调的是效法基督在地上的生活。最极端的形式出现在圣痕的传统中，即个体在自己身上烙下基督的伤痕。

98/99 “它还有什么？它只不过就是一个宗教。”/

“因为什么，而且是在什么时候，人类把它搁置一旁的？大部分人可能是在学生时期或者更早吧。你可以将之称为有特定辨别能力的年龄吗？你有没有更加详细地研究过人们把积极的宗教搁置一旁的原因？这些原因都是站不住脚的，例如信仰的内容与科学或哲学相冲突。”

“在我看来，这种反对宗教的观点不应该被立即否定，尽管还有其他更好的原因。例如，我认为宗教中缺乏真实和真正的现实感便是它的一个缺点。如今大量替代品的出现也弥补了宗教崩塌对祷告者造成的机遇丧失。例如尼采已经为祷告者写出一本更加真实的书，[161] 更不要提《浮士德》了。”

“我想这在某种程度上是正确的。但我感到尼采的真理太具有鼓动性和煽动性，它非常有利于那些仍在渴望解放的人，因此他的真理只适合这些人。我相信我最近已经发现我们也需要为那些被逼到角落中的人寻找到一种真理，他们反而有可能需要更加压抑的真理，这种真理把他们变得更加渺小，更加向内。”

“请原谅我，但我认为尼采深入人心得无与伦比。”

“或许站在你的立场上，你是正确的，但我感觉尼采的话是对那些需要更多自由的人说的，而不是对那些与生命产生剧烈冲突的人，因为冲突使他们的伤口在流血，并紧紧抓住现实的活动。”

“但尼采给予这些人宝贵的优越感。”

“这一点我不否认，但我知道人们需要自卑，而非优越。”

“你的话非常自相矛盾，我无法理解。自卑绝不是人们渴望的东西。”

“如果我把自卑替换为屈从，你或许就比较容易理解了，屈从指的是一个人从前可以听很多东西，但现在什么都不听了。”

“听起来很像基督徒。”

“我说过，基督教的很多东西应该保留下来。尼采太极端。像所有健康和长期存在的事物一样，真理很不幸更贴近中庸，而我们却不公平地厌恶它。”

“我真的没有想到你站在一个调停立场上。”

“我也没想到，我的立场并非完全清晰。如果我去调停，我肯定会使用一种非常特别的方式调停。”

161 指的是《查拉图斯特拉如是说》。

在这个时候，仆人把书拿了进来，我便辞别了图书管理员。

[2] 神圣想要和我同在，我的阻抗都无济于事。我向自己的思维求助，它说："把你视为如何与神圣一起生活的典范。"我们自然的典范就是基督。自古以来，我们都坚守他的律法，首先是外在，接着是内在。最初我们知道这种典范，接着便不再知道了。我们对抗基督，我们抛弃基督，我们似乎已经成为征服者。但神圣还在我们身上控制着我们。

被有形的铁链锁住要比被无形的铁链锁住好。你当然可以离开基督教，但基督教不会离开你。你摆脱掉基督教只是一种幻觉。基督是道路，你当然可以跑开，那么就将不在道路之上，基督之路的终点是十字架。因此我们在内心中和基督一起被钉到十字架上。有了他，我们等到为自己的复活而死。[162] 基督活着就体验不到复活，死后复活才会出现。[163]

如果我效法基督，他将一直在我前方，我将永远无法到达他的目标，除非我在他内部到达。/ 但我可以从此超越自己，超越时间，进入并穿越原来的自己。 99/100
因此我无意间落入基督和他的时代之中，是他的时代创造了他，而非其他。所以我在自己的时代之外，尽管我实际上生活在这个时代中，但我被基督的生命和自己依然属于当前时代的生命分裂。但如果我要真正理解基督，我必须认识到基督实际上如何只去活出自己的生命，没有效法任何人。他没有效仿任何典范。[164]

如果我因此完全效法基督，那么我不会效法任何人，也没有人可以模仿，而只能走自己的道路，我也将不再称自己为基督徒。最初，我想要通过活出自己的

---

162 在《效法基督》中，托马斯・肯皮斯写道："除了十字架以外，没有灵魂的救赎和永生的希望。所以背负你的十字架，跟从耶稣，你要进入永生。他已走在前面，背负了他的十字架，以使你愿意与他同死在十字架上。因为你若与他同死，就必与他同活。"（第 2 部，第 12 章，90 页）

163 《草稿》中继续写道："但我们知道古人通过意象跟我们说话，因此我的思维建议我追随基督，而非效法基督，因为基督是道路。如果我跟随的是一条道路，那么我没有效法基督。而如果我效法基督，那么他便是我的目标而不是我的道路。但如果他是我的道路，那么我走向的是他的目标，就像秘密之前向我显示的那样。因此我的思维通过一种令人困惑且模糊的方式向我说话，但他建议我效法基督。"（366 页）

164 《草稿》中继续写道："他自己的道路带他走上十字架，因为人性的道路通往十字架。我的道路也通往十字架，但不是基督的那条道路，它只属于我自己，这是献祭和生命的意象。但由于我依然盲目，我很容易屈服于无数效法的诱惑和远远看着基督，就好像他是我的目标而非我的道路一样。"（367 页）

生命去模仿和效法基督，同时专注他的戒律。我身上的一个声音反对我这么做，它想要提醒我自己的时代也有它的先知，而先知在和过去所施加到我们身上的束缚做斗争，我没有成功地将基督和这个时代的先知结合在一起。一个要求承受，一个要求放弃；一个要求服从命令，另一个要求顺从自己的意志。[165] 在不有失公允的情况下，我该如何看待这种矛盾？在我心中无法结合的内容可能会交替活出来。

因此我决定穿越进低处和日常的生活，我自己的生活，在我站立的地方开始。

在思维走到无法思考的时候，便是回到简单生活的时刻。思维无法解决的问题生活能够解决，行动无法决定的事情是留给思维的。如果我一方面攀到最高和最难处，又苦苦寻求更高处的救赎，那么真正的道路就不是向上，而是朝向深度，因为只有另外一条道路才能带我超越自己。但接受另一条道路就意味着下沉到相反的一端，从严肃进入可笑，从痛苦进入愉悦，从美丽进入丑陋，从圣洁进入不洁。[166]

165 这里似乎分别指的是叔本华和尼采。

166 《草稿》中继续写道："请考虑这一点，一旦你已经考虑到这一点，那么你将会明白在第二天晚上困扰我的冒险。"（368 页）

ox secunda· cap·xv·

[HI 100]

第十五章　第二夜[167]

离开图书馆的时候，我再次站在前厅中。[168]我这一次透过左侧的门向内看。我把这本小书放到口袋中，向门口走去，这道门也是开着的，通往一个较大的厨房，火炉上竖着一个巨大的烟囱。厨房的中间放着两张长桌，周围摆着长椅。铜壶、铜盘和其他的器皿都摆放在靠墙的架子上。一位肥大的女性站在火炉旁，穿着格子围裙，她很明显是厨娘。我跟她打招呼，她有些吃惊，看起来似乎也有些尴尬。我问她："我能坐在这里一会儿吗？外面太冷了，而我必须等待。"

"请坐。"

她把我前面的桌子擦干净。由于无事可做，我把托马斯的书拿出来开始阅读。她很好奇，偷偷地观察我，并在我面前走来走去。

"我想问一下，你是牧师吗？"

"不，你为什么这么想？"

"啊，因为我看到你正在阅读一本黑色的小书，我便猜测你可能是一位牧师。我的母亲也留给我这样一本书，愿她的灵魂得到安息。"

"原来如此，是什么书呢？"

167　Nox secunda。

168　1914 年 1 月 17 日。

“书名是《效法基督》。是一本好书，晚上我经常用它祷告。”

“你猜对了，我在读的正是《效法基督》。”

“如果你不是一位牧师，我不相信像你这样的人会读这本书。”

“我为什么不能读呢？读一本好书对我也是有益处的啊。”

“愿神保佑我的母亲，她把这本书放在自己的床头，临去世之前才把这本书给我。”

100/101 在她说话的时候，我心不在焉地翻着书。我的目光落在 / 第十九章的一段话上：“义人的志向并不是依靠自己的智慧，却是依靠神的恩。”[169]

我突然想到这是托马斯推荐的一种直觉的方法。[170] 我转向厨娘说：“你的母亲很聪明，她把这本书给你做得很正确。”

“是的，确实如此，这本书经常在我处境艰难的时候安慰我，且总能够给我建议。”

我又再次陷入沉思：我相信人们也可以凭着本能行事。这也是一种[171] 直觉方法。但基督所走的美好道路一定有特别的价值。我会效法基督，一种内在的不安将我抓住，将要发生什么事情？我听到一种奇怪的沙沙声，突然像是一群大鸟的叫声充满整个房间，它们疯狂地扇动翅膀，我看到许多人形的阴影闪过，我又听到房间内响起多重模糊的声音：“让我们在神庙中祷告吧！”

“你们在着急去哪里？”我喊道。一个长着满脸胡子、头发凌乱的人，目光在黑暗中闪烁，停了下来，对我说：“我们要到耶路撒冷去，在最神圣的墓前祷告。”

“请带我一起去吧。”

---

169 “他们总是在一切所要做的事上仰赖神。谋事在乎人，但成事却在乎神。人生的道路，并非由于人。”（《效法基督》，第 1 部，19 章，54 页）

170 《黑书 4》中被替换为：“那么，亨利 · 柏格森，我想你是正确的，这正是真正且正确的直觉方法。”（9 页）。1914 年 3 月 20 日，阿道夫 · 科勒在苏黎世心理分析协会做了一次名为“柏格森与力比多理论”的演讲。在之后的讨论中，荣格说：“柏格森应该在很久以前就讨论过这些内容，他讲过所有我们没有说过的内容”（苏黎世精神分析协会会议纪要，第 1 卷，57 页）。1914 年 7 月 24 日，荣格在伦敦的一次演讲中提到他的“建构方法”与柏格森的“直觉方法”相同（“论心理理解”，《分析心理学论文集》，康斯坦斯 · 龙编［伦敦：贝勒，廷德尔和考克斯出版社，1917］，399 页）。荣格所读的作品是《创造进化论》（巴黎：阿尔坎出版社，1907）。荣格所藏的是 1912 年的德文译本。

171 卡莉 · 拜恩斯的抄本中写的是“柏格森的”。

[172]“你不能和我们一起，因为你有肉体。而我们是死者。”

“你们是谁？”

“我是以西结，也是一位再洗礼派教徒。”[173]

“跟着你的都是什么人？”

“他们也是信徒。”

“你们为什么一直游荡？”

“我们不能停下来，必须为所有圣地开出朝圣的道路。”

“是什么让你们这么做？”

“我不知道。虽然我们在真正的信仰中去世，但我们似乎依然无法平静。”

“为什么你们在真正的信仰中去世却无法平静？”

“对我而言，我们的生命似乎没有得到善终。”

“不可思议，何以至此？”

“对我而言，我们似乎忘记一些重要的东西，而我们也应该把它们活出来。”

“那又是什么呢？”

“你想知道吗？”

说着这些话，他贪婪且怪异地向我走来，眼睛闪着光，像是来自内部的热量。

“走开，魔鬼，你没有活出自己的动物性。”[174]

站在我前方的厨娘表情惊恐，她紧紧抓住我的胳膊。“神啊，”她大声呼喊，“救命，你怎么了？你不舒服吗？”

---

172 《草稿》中，说话的人是“怪异的人”。

173 《圣经》中的以西结是一位生活在公元前 6 世纪的先知。荣格在自己的幻象中看到大量以西结的历史意义，以西结将曼荼罗和四位一体相结合，象征耶和华的人性化和分化。尽管以西结的幻象通常都是病理性的，而荣格将它们定义为正常的幻象，他认为这些幻象都是自然的现象，只有它们呈现出病态的内容时，才能够被归为病理性的幻象（“答约伯书”，1952,《荣格全集第 11 卷》，§§665、667、686）。再洗礼派是 16 世纪新教改革中的激进派，他们试图恢复早期的教会精神。16 世纪 20 年代，再洗礼派因反对茨温利和路德不愿意彻底改革教会而在苏黎世兴起，他们拒不为婴儿洗礼，推崇成人洗礼（再洗礼派运动的第一场发生在措利孔，离荣格所生活的屈斯纳赫特不远）。再洗礼派教徒强调人与神之间的直接对话，而他们也是宗教机构的关键人物。这场运动受到残酷的镇压，数万人罹难。见丹尼尔·利希蒂编，《早期再洗礼派教徒的精神作品选》(纽约：保禄出版社，1994）。

174 荣格在 1918 年指出基督教压抑了人的动物性（“论无意识”，《荣格全集第 10 卷》，§31）。1923 年，他在康沃尔的珀尔泽斯所做的讲座中详细论述了这一主题。荣格在 1939 年指出基督所犯下的“心理罪”是“他没有活出自己身上的动物一面”(《现代心理学》4，230 页)。

我吃惊地望着她，想象自己到底身处何地。很多奇怪的人冲了进来，那个图书管理员也在其中，最初是无限的惊讶和惊恐，接着恶意地大笑：“噢，我就知道是这样！赶紧叫警察！”

我还没有来得及收拾，就被一群人推进车内。我依然紧紧地握着托马斯的书，并问自己：“遇到这种新的情境时，他会怎么说？”我打开书，目光落在第十三章，这里写道：“我们在世上活一天，就一天也免不掉试探。没有人是完美的，没有圣人是完全圣洁的，人人都会受到试探。是的，我们无法避免试探。”[175]

智慧的托马斯，你总能给出正确的答案。那个狂热的再洗礼派教徒肯定不知道这些，或者他可能已经善终。他也有可能在西塞罗的作品中读到这一点：rerum omnium satietas vitae facit satietatem—satietas vitae tempus maturum mortis affert [对一切事情的厌倦必然会导致对人生的厌倦，人活够了，就可以毫无遗憾地谢世了]。[176] 这种知识已经使我和社会产生很明显的冲突。警察从左右两侧架着我。“好吧，”我对他们说，“你们现在可以让我走了。”“是的，这些我们都知
101/102 道。”/ 其中一个笑着说。“请保持安静。”另一个大声喝道。接着，我们很明显是在向一座疯人院走去。那里收费很高，但似乎也就只有这一条路可走。这并不奇怪，因为有成千上万的同胞也走这条路。

---

175 《效法基督》第一卷，第 13 章的开篇写道：“我们在世上活一天，就一天不能免掉忧患与试探，《约伯记》里说过：人在世上的生活，就是受试探的生活。因此，每一个人都当谨慎防备，儆醒祷告，否则魔鬼就要乘隙诱惑，因为魔鬼从不睡觉，却‘遍地游行，寻找可吃的人’。没有人完全圣洁，但却时常遇到试探。我们也不能完全免掉。”(46 页)。他接着强调试探带来的好处，因为在试探中人会变得“谦卑、圣洁，而且在知识上有长进”。

176 这句话来自西塞罗的《论老年》(老加图论老年)。这是一部颂扬老年的作品，荣格引用的句子出自这段话：“Omnino, ut mihi quidem videtur, rerum omnium satietas vitae facit satietatem. Sunt pueritiae studia certa; num igitur ea desiderant adulescentes? Sunt ineuntis adulescentiae: num ea constans iam requirit aetas quae media dicitur? Sunt etiam eius aetatis; ne ea quidem quaeruntur in senectute. Sunt extrema quaedam studia senectutis: ergo, ut superiorum aetatum studia occidunt, sic occidunt etiam senectutis; quod cum evenit, satietas vitae tempus maturum mortis affert ” (Tullii Ciceronis, Cato Maior de Senectute, ed. Julius Sommerbrodt[柏林：维德曼采书局，1873])。译文：“我认为，对一切事情的厌倦必然导致对人生的厌倦，这是一条普遍真理。有些事情适合于童年，难道年轻人还会留恋那些事情吗？有些事情则适合于青年，到了所谓‘中年’那个时期，难道还会要求去做那些事情吗？另外有些事情则适合于中年，到了老年就不会想去做了。最好，还有些事情则属于老年。因此，正像早年的快乐和事业有消逝的时候一样，老年的快乐和事业也有消逝的时候。到了那个时候，人也就活够了，可以毫无遗憾地谢世了。”（西塞罗，《论老年 论友谊 论责任》[伦敦：威廉·海涅曼出版社，1927]，86 ~ 88 页，译文有删减）

我们已经到达，我看到一座大门，一道高墙，一位友善又忙碌的院长，还有两名医生。其中一名医生是一位矮胖的教授。

教授："你把什么书带到这里了？"

"托马斯·肯皮斯的《效法基督》。"

教授："原来是一种宗教的疯狂，很明显，是宗教妄想狂，[177] 你看，今天效法基督的结果是进疯人院。"

"教授，这没什么可以怀疑的。"

教授："那人以前神志清醒，他很明显是被某些疯狂的东西激发了。你能听到声音吗？"

"有啊！今天大量再洗礼派教徒蜂拥进厨房。"

教授："这就对了。那些声音在跟着你吗？"

"噢，没有，但愿不会如此。我向他们布道了。"

教授："这又是另一种情形，很明显，是幻觉直接导致声音的出现。这是病史的一部分，医生，请立刻把这些写到病历中。"

"教授，恕我冒昧，这完全不是病态，而是一种直觉方法。"

教授："非常好，这位先生使用了新词。好，我想我们已经有了一个清晰适切的诊断。不管怎样，祝你早日康复，一定要保持安静。"

"但是，教授，我没有生病，我的感觉非常好。"

教授："你现在对你的病仍一无所知，预期并不乐观，最多只能部分恢复。"

院长："教授，他可以留着自己的书吗？"

教授："是的，我觉得可以，因为它也就是一本无害的祷告书。"

现在，我穿上印有编号的衣服，之后去洗澡，接着被带入病房。我走进一间很大的病房，被告知躺到床上去。我左侧的床上躺着一个人，一动不动，目光呆滞，右侧那人的脑袋好像在缩小变轻。我喜欢这里出奇的安静，疯狂的问题非常深刻。神圣的疯狂，生命更高的非理性形式流过我们的身体，无论在什么情况下，疯狂都不可能被整合进当今的社会，但如何整合呢？如果将社会的形式整合进疯狂中会有什么发生？这时候，事物将变得黑暗，一眼望不到尽头。[178]

---

177 《黑书 4》中写的是："早发性痴呆的妄想形式"（16 页）。

178 《草稿》中在这里出现一段话，意译如下：由于我是一位思想家，因此我的情感处在最低处，最古老，且最少得到发展。在我利用自己的思维应对无法进行思维的事物和用我思想的力量解决遥不可及的问题时，我只能被迫前行。但由于我过于依赖一方，那么另一方将沉得更深。过于依赖不是成长，而是我们的需要。（376 页）

[HI 102]

[2] 植物在它的右侧长出一个小芽，当小芽完全长成的时候，自然促长的力量不会越过顶芽，而是回到茎上，回到母枝中，在黑暗处打开一条不确定的道路，经过茎部，最终回到左侧的正确位置上，在这里长出一个新的小芽。但这个新长出的小芽与之前的那个完全相反。但植物通常是这样生长的，不会打破或破坏自己的平衡。

右侧是我的思维，左侧是我的情感。我进入到自己情感的空间中，而我之前并不知道这一部分，我吃惊地看着两个房间的不同。我忍不住笑起来，我不断地笑着，而没有哭。我从右脚换到左脚前行，有些退缩，内部的疼痛让我止步不前。热和冷的差异是如此巨大，我离开这个世界的精神，因为它认为基督已经进入终结，我进入到另外一个有趣又明亮的世界，在这里我又再次找到基督。

“效法基督”使我成为自己的主人，并来到他令人惊讶的王国。我不知道自己在这里想要什么，我只能跟着统治着我身上另一世界的主人。在这个世界中，其他律法才有效，而非受到智慧的引导。在这里，根据良好的实际原因，我从来
102/103 没有依赖“神的怜悯”为最高的行动规律。“神的怜悯”指的是一种特殊的 / 灵魂状态，在这种状态下，我内心充满颤抖和犹豫地让自己去相信所有邻居，并竭尽全力希望一切顺利。

我们不能再说一定要达成这个或那个目标，也不能说因为这个或那个理由是好的就有用，我反而是在迷雾和黑夜中摸索。没有方向，也没有规律，一切反而是完全且毋庸置疑的偶然，事实上是非常可怕的偶然。但有一件事情变得异常清晰，也就是说它与我之前的道路完全相反，包括它所有的洞察和意图，因此这一切都是错误的。更加明显的是不会有任何结果，我的希望试图说服我，但一切适得其反。

突然让你感到无比恐惧的是你明显认识到自己已经坠入无尽、深渊、永恒混乱的无意义中。它就像被咆哮的风暴和海上汹涌的波涛携带着一样向你扑来。

每个人的灵魂中都有一片安静的地方，在这里，一切都不证自明且容易解释，人们倾向于从纷杂的生命中退到这里，因为这里的一切都很简单且清晰，目的明显且有限。世界上没有什么东西可以让人像在这里一样肯定地说："你只不过是……"尽管事实上人们这么说过。

而且即使这里有平滑的表面，一道常见的墙，而其只不过是贴身保护性的和不断被抛光的覆盖在混乱的神秘之上的外壳。如果你冲破这道最普通的墙，巨大的乱流将冲进来。混乱不是单一，而是一种无尽的多元。它并不是无形的，否则它将是单一，反而它充满各种人物，正是充满的人物造成一种混乱且强烈的效果。[179]

这些人物已经死亡，不仅仅是你的死亡，也就是所有你过去具有的形体意象，你不断向前的生命已经将这些意象抛弃，还有人类历史上蜂拥的死者和过去的亡灵，与这些相比，你的生命就像大海中的一滴水。我看到在你身后，你眼睛的镜像中，挤满危险的阴影，也即死者，他们通过你空洞的眼睛贪婪地向外看，他们悲苦哀号，希望通过你收集历代零碎的资料，这些在他们之间叹息。你的一无所知不能证明什么。把你的耳朵贴到墙上，你将会听到他们在里面沙沙作响。

现在你知道自己为什么把最简单和最容易解释的事物集中在那一点上，自己为什么称赞那个平静的地方是最安全的：因为这样就没有人，至少你自己，能够发觉到这里的秘密。因为这里是白昼和黑夜痛苦地融合的地方。被你的生命排除在外的，你否定或要求的，一切错误或已经错误的都在你背后的那道墙里等着你，而你正坐在它的前方。

如果你读史书，你将看到有寻求奇怪和难以置信事物的人，诱惑自己的人和被人在狼穴中俘获的人；追求最高和最低的人，被命运和不完整从生活石碑上抹掉的人。有人能够领悟，还有人一无所知，而是在这样的幻觉中不断摇头。

在你愚弄他们的时候，他们其中的一个便站在你的身后，从愤怒和绝望中描绘出你在恍惚的时候没有注意到的事实。他在无眠的夜里围困住你，有时候他会让你患病，有时候他阻碍你的意图。他把你变得蛮横又贪婪，他激发你想要得到

179　荣格在《花体字抄本》的页边上写上："1919 年 1 月 26 日"。指的是这一部分被誊抄到《花体字抄本》上的时间。

一切，他对你没有任何助益，他在不协调中毁掉你的成功。他像邪灵一样伴随着你，你永远摆脱不掉他。

你是否听说过那些和统治白天的人一道隐身彷徨的黑暗之人，他们阴谋地造成动荡？是谁策划诡计，毫不畏惧地荣耀他们的神？

基督在他们的身旁，而且是他们之中最伟大的一个。打破整个世界对基督而言十分微不足道，因此他打破自己。因此基督是他们所有人中最伟大的，而且这个世界上的力量也碰触不到他。但我说的是那些深受力量之害，被力量而非他们
103/104 自己打破的死者。他们群居于灵魂的土地上，如果你接受 / 他们，他们便用幻觉
和与现世法则的对抗填满你。他们从最深处和最高处设计出最危险的事物。他们唯一共同的本质是有最硬的铁打成的刀刃。他们与弱小的生命无关，他们生活在最高处，完成最低处的任务。他们却忘记一件事情：他们没有活出自己的动物性。

动物不会反叛自己的同类。想象一下动物：它们是多么公正，它们的行为多么端正，它们多么坚守悠久的历史，它们对生养自己的土地是多么忠诚，它们多么坚持熟悉的路线，它们如何照顾自己的孩子，它们如何一起寻找食物，它们如何带领另一个同类找到泉水。没有一个会将自己剩余的猎物藏起来而令自己的兄弟饿死，没有一个会把自己的意志强加到另一个身上，没有一个会把蚊子错误地认成大象。动物们相处融洽，忠于同类的生活，不多不少。

没有活出动物性的人一定会把自己的兄弟视为动物。保持谦卑，活出自己的动物性，这样你才能够正确地对待自己的兄弟。所以，你才可以拯救所有漂泊的死者，它们在寻找维系生活的食物。不要把自己所做的变成律法，因为这是权力带来的傲慢。[180]

在时机成熟的时候，你为死者打开大门，你的恐惧也会使自己的兄弟受折磨，因为你的面部表情预示着灾难。因此你开始退却，进入孤独，因为如果你与死者陷入战斗，没有人能够给你建议。如果死者将你包围，不要呼救，否则活着

180　1930 年，荣格在一次讲座中讲道："我们对动物是有偏见的，当我告诉人们他们需要熟悉自己的动物性或吸收自己的动物性时，他们无法理解。他们总是认为动物就是跳墙和让地狱凌驾于城镇之上。但本质上动物是行为端正的公民。动物很虔诚，遵守规律，不奢侈浪费。只有人才奢侈浪费。因此，如果你能够吸收动物的特征，那么你会变成特别遵纪守法的公民，你缓慢前行，你会对自己的道路非常理性，因为你有这个能力。"（《幻象讲座集》，第 1 卷，168 页）

的人都会逃跑，而他们才是你通往白昼的唯一桥梁。在白昼中生活的时候，不要谈论神秘，但你应该献出夜晚，让死者得到救赎。

任何一个善意地帮你摆脱死者的人都已经给你带来最坏的伤害，因为他已经把你生命的树枝从神圣的树上折下来。他已经犯下将那些被创造之后又被征服和消失的东西恢复出来之罪。[181]"被造的万物都热切渴望神的众子显现出来。因为被造的万物都受虚空的控制，它们自己不愿意这样，而是由于使它们屈服的那一位；被造的万物盼望自己得到释放，脱离败坏的奴役，得享神的儿女荣耀的自由。我们知道被造的万物直到现在都一同在痛苦呻吟。"

向上的每一步都将恢复向下的一步，因此死者将恢复自由。新的创造不断离开白昼，因为秘密是它的本质。它准备摧毁的正是白昼，希望能够带来新的创造。某些魔鬼已经依附在新的创造上，而你却不能大声地说出来。寻找新猎物的动物鬼鬼祟祟地退缩到黑暗的道路上，不愿意让人感到惊讶。

请记住，正是创造性的痛苦携带邪恶，灵魂的腐败将它们和自己的危险分离。它们可以把腐败称颂为美德，事实上也可以因为美德去这么做。但这正是基督所做的，因此是在效法基督。因为基督只有一个，人只能像他那样违反律法。在他的道路上，人不可能再有更高的违背，要完成来到你面前的任务。打破你身上的基督，这样你才能够找到自己，并最终找到你的动物性，而动物依然在自己的群体中表现得行为端正，不愿意违背自己的律法。你没有效法基督就足以成为一种罪，因此你就从基督教那里退后一步，并向前一步。基督通过熟练带来拯救，而生疏将会拯救你。

你有没有数过祭主尊重的死者有多少？你有没有问过他们为谁而死？你有没有进入他们思想的美好和意图的纯净中？"他们要出去，观看那些悖逆我的人的尸体；因为他们的虫是不死的，他们的火是不灭的；他们必成为所有人恨恶的东西。"[182]

进行苦修吧，想一想什么会为基督教而死，把它置于你的面前又强迫自己接受它。因为死者需要拯救。未被拯救的死者在数量上已经超越活着的基督徒，因

181 《手写的草稿》页边空白处写有："《罗马书》8 章 19 节"（863 页），接着写是《罗马书》8 章 19 ~ 22 节的内容。

182 《以赛亚书》66 章 24 节。

此我们接受死者的时候到了。[183]

不要让自己站在既成事实的对立面，不要被激怒或醉心于摧毁。你会把什么放到这里？难道你不知道如果你成功地将既成事实摧毁，你也会使摧毁性的意志与你相对立？但任何一个把摧毁变成自己目标的人都将通过自我摧毁而死亡。请多尊重既成事实，因为敬畏也是恩赐。

然后转向死者，[184] 聆听他们的哀叹，用爱接受他们。不要做他们盲目的发言
104/106 人，[185] / 有的先知最后对自己用石刑。但我们寻求拯救，因此我们需要崇敬既成事实，并接受死者，因为他们在空气中飞舞，像蝙蝠一样自古就栖息在我们的屋顶下面。新的建在旧的之上，既成事实的意义也将变得多元。你的贫困成就了现在的你，所以会变成你将来的财富。

183 《草稿》中继续写道："先知带领着我们，他由于接近神而精神失常。他在布道的时候盲目地反对基督教，而他是死者的首领，死者选他作为他们的发言人，并对他大肆鼓吹。他的喊声震耳欲聋，所以很多人都能够听到，他的语言产生的力量将那些不愿意死去的人烧死。他鼓吹反对基督教的战斗，这也很好。"（387 页）。这里指的是尼采。

184 《草稿》中继续写道："你是他们的首领"（388 页）。

185 《草稿》中继续写道："就像那个狂乱的先知一样，他不知道自己正在鼓吹的是谁的主张，而是相信是在为自己发声，认为自己就是摧毁性的意志。"（388 页）。这里指的是尼采。

[Image 105][186]

使你远离基督教和其神圣规则之爱的是那些死者，他们在上主那里得不到安息，因为他们没有完成的工作在跟着他们。新的拯救永远是恢复以前失去的内容。基督自己不是恢复血腥的人祭，而较好的习俗却在古时候就已经被排除在神圣的修炼之外吗？他自己恢复的不是吃下人祭的神圣修炼吗？在你神圣的修炼中，要再次使用早期遭到谴责的律法。

但是，就像基督带回人祭并吃下祭物一样，所有发生在基督身上的事情都不会发生在他的兄弟身上，因为基督把它置于最高的爱的律法之上，因此没有兄弟再会受到伤害，所有人都为这个恢复感到高兴。古代也曾发生过同样的事情，但现在它是在爱的律法之下。[187] 因此如果你不对既成事实心存敬意，你将破坏爱的律法。[188] 那么你要做什么？你将被迫恢复以前的东西，也就是暴力、谋杀、犯罪和蔑视自己的兄弟。人们相互疏离，混乱将重新掌权。

---

186 1930 年，荣格在“《黄金之花的秘密》的评论”中以匿名的形式复制了一位男性患者在治疗过程中所画的曼荼罗。他的描述如下：“中央的白光在苍穹中闪耀，第一圈是原生质的生命种子，第二圈包含四种最基本颜色的宇宙在旋转，第三和第四圈是创造性的能量向内外运转。基点是阴性和阴性的灵魂，都被分割为光明和黑暗。”（《荣格全集第 13 卷》，A6）。1952 年，他在“曼荼罗的象征”中再次复制了这幅曼荼罗，并写道：“由一位中年男性所画，中央是一颗星，蓝色的天空中飘着金色的云。我们在四个基点都能看到人的形象——顶端是一位沉思状的老人；底部是洛基或赫菲斯托斯，有着火红的头发，手中托着一座神庙。右侧和左侧分别是一明一暗的女性形象。四个形象分别表示人格的四个方面，或者可以说是四个原型人物，处在原我的四周。可以很容易地看出来，两名女性代表的是阿尼玛的两个方面。老人相当于意义或精神的原型，而黑暗的地府人物则是智慧老人的对立面，也就是魔法的（有时候是毁灭性的）路西弗元素。在炼金术中，这是赫尔墨斯 · 特里斯梅季塔斯与墨丘利的相对立，墨丘利是狡猾的‘小丑’。闭合的圆形天空含有结构或组织，像是原生动物。圆圈外用四种颜色画的 16 个球体最初来源于一个眼睛的主题，因此象征有观察力和有辨别力的意识。同样，下一圈所画的内容都向内展开，更像是向中心吹气的通道。[注：在炼金术中也有类似的概念，出现在《瑞普利卷轴》和它的变体中（《心理学与炼金术》，Image 257），星神向重生之浴吹气。] 而周围的装饰又顺着边缘向外打开，像是在接收外面的东西。也就是，在个体化的过程中，最初投射出去的气流‘向内’流动，并再次被整合进人格中。与 Image 25 相反，这里是‘上’与‘下’的整合，男性和女性的整合，就像炼金术中的雌雄同体一样。”（《荣格全集第 9 卷》I，§682）。1950 年 3 月 21 日，荣格在写给雷蒙德 · 派珀的信中提到相同的意象：“另一张图是由一位年龄在 40 岁左右并受过良好教育的男性所画，他画这幅画也是为恢复情绪状态的秩序做的第一次无意识的尝试，无意识内容的入侵导致他情绪状态的失常。”（《荣格通信集》第 1 卷，550 页）

187 《草稿》中继续写道：“没有一条基督教的律法被废除，反而我们在增加新的内容：接受死者的抱怨。”（390 页）

188 《草稿》中继续写道：“只要你不知道它是死者的要求，它一般就是邪恶的欲望，日常的诱惑。但只要你开始了解死者，你就能理解自己的诱惑。只要它还是邪恶的欲望，那你能对它做什么呢？诅咒它，惋惜它，产生更新，这只会再次阻碍、愚弄和厌恶你自己，但绝不会轻视和怜悯自己。但如果你知道死者想要什么，诱惑将变成你最好工作的泉源，而你的工作就是拯救。在基督完成自己的工作之后升天的时候，他将那些早亡的和在严酷的律法、离间和残暴中早逝的人带上天堂。那时候，空气中充满死者的哀叹，他们巨大的痛苦甚至都令活着的人感到哀伤，令活着的人厌倦和嫌弃生命，愿意为这个世界献上有生命力的身躯。因此，你是通过自己拯救带领死者达成他们的完整。”（390 ~ 391 页）

因此，你要对既成事实心存敬意，因此爱的律法便能够通过恢复较低和过去的东西变成救赎，而非对死者的无限控制带来的毁灭。但那些早亡之人的精神将会存活，为了我们现在的不完整，他们的精神在我们房屋的椽上形成黑暗的部落，带着急切的哀叹环绕在我们的耳朵周围，直到我们通过恢复古代在爱的律法下存在的东西给予他们救赎之后，他们才会离开。

我们称为诱惑的东西是死者的要求，而因为对善和律法的罪疚，死者过早地且在不完整中去世。因为没有善是如此完整而不做不公的事情，不打破不应该打破的律法。

我们是盲目的物种。我们只生活在表面上，只活在当下，只为明天着想。我们粗暴地对待过去，不接受死者。我们只为可以看到的成功努力，最重要的是我们想要得到回报。我们会认为做自己无法看到的、隐藏着的工作是精神失常的表现。毫无疑问，生活的需要迫使我们只关注最终可以尝到的成果。但受死者诱惑和误导的人与完全迷失在世界表面的人相比，哪一类更痛苦呢？

有一个必要但隐藏着的奇怪工作，这是一项重要的工作，为了死者，你必须秘密地去做。人类无法得到自己的田地和葡萄园，因为这些已经掌握在死者的手中，而死者要人类赎罪。在没有完成这项任务之前，人类不能到外面的世界工作，因为没有得到死者的允许。人类要寻找自己的灵魂，安静地根据死者的命令行动，完成神秘的任务，这样死者才会放过他。不要过多地向前看，而是向后和向内看，只有这样，你才能够听到死者的声音。

这是属于基督的道路，基督只带着一些活人升天，而大部分是死者。他的工作是拯救被歧视和迷失的人，为了他们，基督和两个罪犯一起被钉到十字架上。

我在两个疯子之间受苦。如果我能够升天，我便进入真理。要习惯和死者单独待在一起。这很难，但正是这样，你才能够发现活着的同伴的价值。

这就是古人为死者所做的事情！你似乎相信自己能免于对死者的照顾，免于去做他们强烈要求的事情，因为死者属于过去。你以自己不相信灵魂的不朽为借口。因为你已经设计出不朽的不可能性，所以你就认为死者就不存在吗？你相信自己言语的偶像。死者能够产生影响，这就足够了。在内在的世界中，解释不起作用，就像你在外在世界中不能使用解释让大海消失一样。你最终必须明白解释最终的目的，即寻求保护。[189]

106/108 我接受混乱，在第二天夜里，我的灵魂向我走来。/

189 《草稿》中继续写道："你使用古老语言的魔法保护自己，由于你还是一个原始森林中无力的孩子，所以你很迷信。但我们能够看透你的语言魔法，它非常脆弱，没有什么能保护你免受混乱之扰，只有接受。"（395 页）

[Image 107]

[HI 108][191]

第十六章　第三夜[190]

我的灵魂低声对我说，急促又警醒："言语，言语，不要有太多的言语。安静，认真听，你是否认识到自己的疯狂，承认它吗？你是否发现你所有的根基都已完全陷入疯狂之中？你是否愿意认识自己的疯狂，并友好地欢迎它？你想去接受一切，那么请也接受疯狂吧。发出你的疯狂之光，它将为你带来黎明。你不应该蔑视疯狂，更不应该恐惧它，而是给予它生命。"

我："你的话语很难懂，指派的工作很难做。"

灵魂："如果你想找到道路，你就不应该拒绝疯狂，因为它构成你天性中一块非常重要的部分。"

我："我不知道会是这样。"

灵魂："你要为自己认识到这一点感到高兴，因为你将不会成为它的牺牲品。疯狂是一种特殊的精神形式，固守所有的教诲和哲学，甚至比日常生活要多，因为生命自身充满疯狂，实际上完全没有逻辑。人类追求理性，只是因为他们能够为自己制定规则。生命自身没有规则，这是它的神秘和未知的律法。你所称作的知识是一种把某些可以理解的东西强加给生命的尝试。"

我："听起来很凄凉，但它让我不敢苟同。"

190　Nox tertia 。

191　1914 年 1 月 18 日。

灵魂："你没有什么不认可的，因为你在疯人院中。"

矮胖的教授站在那里，他也是这么说的吗？我把他当作自己的灵魂吗？

教授："是的，朋友，你非常困惑。你的话完全没有逻辑。"

我："我也相信我已经完全迷失自己。我真的疯了吗？这太让人困惑了。"

教授："要有耐心，所有答案自会揭晓。还有，要好好休息。"

我："谢谢，不过我很害怕。"

我内部的一切都完全陷入混乱。事物变得严重，混乱即将到来。这就是终极的底部吗？混乱也是根基吗？如果没有这些可怕的波浪该多好，一切都像黑色波浪一样四分五裂。是的，我看到并理解：这是海洋，全能的夜间大潮，一艘船开向那里，是一艘巨大的汽船，我正准备进入烟雾缭绕的房间，房间内有很多人，都穿着华丽的衣服，他们都吃惊地看着我，有人来到我面前对我说："这是怎么回事？你看起来像个幽灵！发生了什么事情？"

我："没有什么，我只是认为自己已经发疯，地板在晃动，一切都在移动。"

那人："今晚海洋有些不平静，就是这样，请喝些热酒吧，你有些晕船。"

我："是的，我晕船，但晕得很特别，我实际上是在疯人院中。"

那人："你在开玩笑，生命在返航。"

我："你称那为风趣吗？刚才教授宣称我已经真正地完全疯了。"

事实上，那位矮胖的教授正坐在铺着绿色桌布的桌子上打牌。当他听到我说话的时候，转过头来笑着对我说："你去哪里了？到我这边来。你想喝点东西吗？我必须说你十分有个性。你今晚让所有的女士都很狼狈。"

我："教授，对我而言，这不再是一个笑话，我刚成为你的病人。"

突然哄堂大笑。

教授："我希望我没有太让你失望。"

我："献身不是一件小事。"

刚才跟我说话的那人突然来到我的面前，并盯着我的脸。他留着黑色的胡子，头发杂乱，黑色的眼睛闪闪发光。激昂地对我说："我身上发生过更糟糕的事情，迄今为止，我已经在这里生活五年了。”

我发现他是我的邻居，很明显他刚从漠然中醒悟过来，现在正坐在我的床上。他继续急切地说：“但我是尼采，只接受再洗礼，我也是基督，是救世主，被派来拯救世界，但他们不让我去做这件事情。”

我：“谁不让你去？”

愚人：“是魔鬼。我们身处地狱。当然，你还没有注意到这一点。直到我来到这里的第二年，我才发现管理者是魔鬼。”

我：“你指的是教授？让人难以置信。”

愚人：“你是一个无知的人。很久以前，我本应该与神的母亲结婚。[192] 但是教授，也就是魔鬼，将她牢牢控制住。每天太阳落山之后的夜里，教授都使她怀上孩子，在太阳升起之前的黎明，她将孩子生出来。接着所有的魔鬼聚在一起，
108/110 用一种很残忍的方式将孩子杀死。/ 我能清晰地听到孩子的哭声。

我：“但你所讲的纯粹是一个神话。”

愚人：“你是疯子，根本无法理解。你属于疯人院。我的神，为什么我的家人要把我和疯子关在一起？我应该去拯救世界，我就是救世主！”

192 在《自我与无意识的关系》（1928）中，荣格提到他在伯格霍茨利医院工作时遇到的一个患有妄想型痴呆的男性病人与神的母亲进行电话交流（《荣格全集第 7 卷》，§229）。

[Image 109][193]

他再次躺下来，回到一种疲倦的状态。我紧紧抓住自己床的一侧来对抗可怕的波浪。我盯着墙壁，这样我至少能够锁定一些可以看到的东西。墙上有一条水平的长线，其下方被涂上更深的颜色。墙的前方立着一个电热器，像是一个铁栅栏，我可以通过它看到远处的海洋。那条线是地平线，通红的太阳正从这里升起，孤独又壮观，那里出现一个十字架，有条蛇挂在上面，也许是一头在屠宰场被剖开的牛，或许是头驴？我想它应该是角顶皇冠的公羊，抑或是一个被钉在十字架上的人，还是我自己？殉道的太阳已经升起，海平面上反射出血腥的光芒。这番景象持续良久，太阳升得更高了，它发出的光线变得更亮[194]，更热，白色的光芒灼烧着蓝色的海面。波涛不再汹涌。一个安静祥和的夏日出现在波光粼粼的大海上，咸咸的海水味道正在升起。巨大的海浪像闷雷一样击打着沙滩，又不断地回到大海中，往复 12 次，节奏和世界之钟的指针一致[195]，12 小时是完整。现在一切陷入寂静，没有声音，没有风。一切都变得死一般安静。我暗自焦急地等待着。我看到一棵树在海上升起，树冠直达天堂，树根直插地狱。我陷入完全的孤独和心碎中，远远地望着。似乎所有的生命都已经离开我，完全变得无法理解且可怕。我陷入完全的脆弱和无能。“拯救。”我低声说。一个奇怪的声音说：“这里没有拯救，[196] 你必须保持冷静，否则你会打扰到别人。现在是夜里，其他人都想要睡觉。”我懂了，他是侍者。房间内微弱的灯光在闪烁，充满哀伤。

我：“我找不到路。”
他：“你现在不需要找到路。”

他讲的是真理。道路，不论它会是什么，人们要走在上面，这就是我们的路，是正确的道路。未来没有已经开好的路。我们说这是道路，它就是道路。我们不断前行开辟自己的道路。我们的生命就是我们寻求的真理。只有我的生命才是真理，而且真理至上。我们通过活出自己的生命创造出真理。

---

193 图片故事：“物质的人高高地升到精神的世界之上，而精神用金色的光线穿透他的心。他陷入到快乐和分裂之中。蛇，也就是魔鬼，无法再继续留在精神的世界。”

194 荣格在《花体字抄本》的页边写道：“1919 年 3 月 22 日”。指的是这一部分被誊抄到《花体字抄本》上的时间。

195 在《心理学与宗教》(1938)，荣格论述了世界之钟的象征（《荣格全集第 11 卷》，§110ff）。

196 在但丁的《神曲》中，地狱的门上刻有以下文字：“欲入此门者，必须抛弃一切希望。”（第 3 篇，第 9 行）。见《但丁·阿里盖利的神曲》，第 1 卷，罗伯特·德林编译（纽约：牛津大学出版社），55 页。

[2] 所有的大坝都在这个夜晚破裂，以前坚定的东西开始移动，石头变成蛇，一切都被冻结。这就是言语之网吗？如果这就是言语之网，那么对于那些身陷其中的人而言，它就是地狱般的网。

有很多地狱般的言语之网，只有言语，而言语是什么呢？尝试言语，重视言语，慎用言语，不固守言语，不用另一种言语搅和它们，这样网就不会出现，因为你是第一个身陷其中的人，[197] 因为言语都有含义。可以用言语拉起阴间。言语，最渺小，却又最强大。在言语中，空洞和充满交融在一起。因此言语是神的意象。言语是由人类创造的，最伟大的是它，最渺小的也是它，和人类创造的其他最伟大和最渺小的事物一样。

因此如果我成为言语之网的牺牲品，那么我也将是最伟大和最渺小的牺牲品。我任由海洋摆布，随波逐流。海浪的本质就是运动，运动是它们的秩序。与海浪对抗的人都被暴露在随机中。人类的工作是为了稳定，但却在混乱中游弋。对于来自海洋的他而言，人类的努力像是精神失常，而人类认为他是疯子。[198] 来自海洋的他是个病人，他无法忍受人类的目光，因为对他而言，他们所有人似乎都已经喝醉，且被迷魂药愚弄。他们向你寻求救助，而对于接受帮助而言，你宁愿少一点，也不愿意加入他们，更不愿像一个完全没有见过混乱的人谈论混乱。

---

197 《草稿》中继续写道："因为言语不仅仅是言语，还有我们赋予它们的含义。它们像魔鬼般的阴影一样吸收这些含义。"（403 页）

198 《草稿》中继续写道："一旦你见到混乱，看着自己的脸——你看到的不只是死亡和坟墓，你看得更远，看到自己的脸上留有已经见过混乱但仍然是一个人的印记。很多人经过这里，但他们看不到混乱，而混乱能看到他们，注视着他们，并在他们脸上刻下印记，而且印记将永远保留。请称这样的一种人为疯子，因为他们本来就是，他已经变成波浪，已经丧失人性的一面和自己的坚贞。"（404 页）

但对于已经见过混乱的人而言，再没有什么可以隐藏，因为他知道底部的摇动，而且知道摇动意味着什么。他见过秩序和无尽的无序，他知道非法的律法。他知道大海，且再也无法忘记它。混乱非常可怕：白昼充满领导，黑夜充满恐怖。

但就像基督知道自己是道路、真理和生命一样，而新的折磨和救赎都通过他来到世界上，[199] 我知道混乱必然降临到人间，无知且不加怀疑的手在忙着打破将我们和大海分开的薄墙。因为这就是我们的道路、真理和生命。

就像基督的信徒发现神已道成肉身生活在他们之间一样，我们现在认识到这个时代的受膏者是一位没有道成肉身的神，他不是成人，而是人的儿子，但只有精神没有肉身，因此他只有借助人类的精神作为孕育神的子宫诞生出来。[200] 你能

199 在《修改的草稿》中，上一句被划掉，荣格在页边上写的是："ΦΙΛΗΜΩΝ（腓利门）本尊"（405页）。

200 荣格在后来的《答约伯书》（1952）中详细论述了这一主题，在这本书中，荣格探讨了犹太基督教神的意象的历史转化。在这里，一个重要的主题就是神在基督之后继续道成肉身。在对《启示录》的评论中，荣格写道："自从《启示录》的作者约翰第一次（或许是无意识地）体验到基督教不可避免地导致的冲突之后，人类就背上了这个负担：神需要人类且想成为人。"（《荣格全集第11卷》，§739）。在荣格看来，约翰的观点与艾克哈特的观点有直接的联系："这个令人不安的入侵在他身上产生神圣配偶的意象，而这个意象活在每个人身上：是个孩子，梅斯特·艾克哈特在自己的幻象中看到过。他知道神独自在神性中并不幸福，而必须从人类的灵魂中诞生。基督道成肉身便是原型，通过圣灵不断传递到众生身上。"（《荣格全集第11卷》，§741）。在现代，荣格认为圣母的加护在教皇赦令中非常重要。他认为它"指的是普累若麻中的神族婚姻，如我们在上文所讲，它反过来又暗示未来圣童的诞生，而根据道成肉身的神圣趋势，他选择经验的人类为其出生地。无意识心理学把这种形而上学的过程称为个体化过程"（《荣格全集第11卷》，§755）。通过在灵魂中认同神的继续道成肉身，个体化的过程才找到自己最终的意义。1958年5月3日，荣格在给莫顿·凯尔西的信中写道："世界真正的历史似乎是神性继续的道成肉身。"（《荣格通信集》，第2卷，436页）

[Image 111][201]

为这个神所做的事情就是处理自己最低下的部分，在爱的律法下，根据这一点，
110/112 没有什么能被抹掉。不然你最低下的部分怎么从堕落中被拯救出来呢？ / 如果你自己都不能接受，谁会接受你最低下的部分？不是出于爱而是出于傲慢、自私和贪婪的人应该受到诅咒。所有诅咒都不会被抹掉。[202]

如果你接受自己最低下的部分，那么痛苦将不可避免，因为你做的是基础的事情，要在废墟上重建。我们身上有很多坟墓和尸体，有一股腐烂的恶臭。[203] 就像基督通过神圣化的折磨征服肉身一样，这个时代的神将通过神圣化的折磨征服精神。就像基督通过精神折磨肉体一样，这个时代的神将用肉体折磨精神。因为我们的精神已经变成放荡的妓女，一个被人类创造的言语控制着的奴隶，再不是神圣的语言本身。[204]

你身上最低下的部分是怜悯之源。我们把这个疾病置于自己身上，无力寻找和平、下贱和卑劣，神因此才能够被治愈，闪耀升天，洗净死亡的腐烂和阴间的

201　图片故事：“蛇掉在地上，感到自己快死了。这是一个新生婴儿的脐带。”这条蛇类似于 Image 109 的蛇。在《黑书 7》中的 1922 年 1 月 27 日，荣格的灵魂提到 Image 109 和 Image 111 中的蛇，他的灵魂说：“永恒之光的巨云非常可怕。我看到从左上角的不规则光线中射出一道黄色的光照在云层上，它背后的云层中有一道模糊的红光，一动不动。我看到一条黑色的死蛇躺在云层和光之下，一动不动。在云层之下，我看到一条褐色的死蛇，闪电像一把矛一样刺在蛇的头上。一只像神一样的大手将矛掷出，一切都被冰冻成阴暗的意象。它要说什么？你是否回忆起多年之前所画的一张图，那张图上画的是脚下踩着黑白的蛇而被神之光击中的红黑色的人 [Image 109]？这张图似乎是接着上一张图所画，因为你画的还是那条死蛇 [Image 111]，你没有注意到早晨阴暗的意象，穿着长袍且有着黑色面孔的男性像一个母亲吗？”我：“现在呢，你认为这意味着什么？”灵魂：“这是你原我的意象。”（57 页）

202　《草稿》中继续写道：“而在爱的律法下行事的人将会超越痛苦，与受膏者和受神的荣耀眷顾的人坐在同一张桌子上。”（406 页）

203　《草稿》中继续写道：“但神会降临到那些在爱的律法下承受痛苦的人身上，神将与他们建立新的连接。因为这预示着受膏者即将回来，但不是借助肉体，而是借助精神。就像基督通过拯救性的折磨带领血肉之躯升天一样，这时候受膏者将通过拯救性的折磨带领精神升天。”（407 页）

204　《草稿》中继续写道：“你身上最低下的部分是建筑工人所弃的石头，成了房角的基石。你身上最低下的部分将会像水稻在旱田中长出的大米一样，从最荒凉的沙漠中的沙子里破土而出，不断生长得很高。你的拯救来自那些曾经被抛弃的东西。你的太阳将在泥淖中升起。像其他所有人一样，你身上最低下的部分让你很烦恼，因为它的伪装比你所爱的自己的意象丑。你身上最低下的部分是最受到轻视和最没有价值的，充满疼痛和疾病。他之所以这么受到轻视是因为他将自己的脸藏起来不让人看到，他得不到尊重，甚至被认为是不存在的，因为他为自己感到羞耻并看不起自己。事实上，它携带着我们的疾病并受我们疼痛的支配。我们认为他是因为自己卑鄙的丑陋而受到神的折磨和惩罚。但他已经受伤，而且变疯，为的是我们的公平，为了我们的美丽，他被钉在十字架上，且受到压制。我们让他接受惩罚和殉难，这样我们才有和平。但我们将要把他的疾病置于我们自己身上，拯救通过我们的伤痛来到我们身上。”（407 ~ 408 页）第一行引用的是《诗篇》118 章 22 节。这一段回应的是《以赛亚书》53 章，荣格在前文中引用过，96 页。

泥泞。卑劣的囚徒将得到拯救闪耀升天，且会得到完全治愈。[205]

是否有一种痛苦巨大到我们的神都不愿意去经历？你只看到救世主，没有看到他者。但只要有救世主，就会有他者，它是你身上最低下的部分。但你身上最低下的部分也是魔鬼的眼睛，它注视着你，冷冰冰地看着你，把你的光吸进黑暗的深渊中。祝福那只手能将你留在这里，这是最渺小的人性，最低贱的生命。有一部分人宁愿选择死亡，因为基督将血腥的牺牲强加到人性之上，新神也将不惜屠杀。

你的服装为什么闪着红色呢？你的衣服为什么和踹压酒榨之人的衣服一样呢？我独自踹酒槽，万民之中没有一人与我同在，我在愤怒中把他们踹下，在烈怒中把他们践踏，他们的血溅在我的衣服上，我把我所有的衣裳都染污了。因为报仇的日子早已在我的心里，我救赎的年日早已经来到。我观看，但没有人帮助；我诧异，因没有人扶持。所以我用自己的膀臂为我施行了拯救，我的烈怒扶持了我，我在愤怒中践踏万民，在烈怒中使他们沉醉，又把他们的血倒在地上。[206] 由于我将罪名背在自己的身上，因此神将得到治愈。

---

205 《草稿》中继续写道："为什么我们精神没有为神圣化去承受折磨和不安？但这一切都会降临到你身上，因为我已经听到手拿可以打开深度之门钥匙之人的脚步声。山谷和群山回荡着战斗的声音，哀叹从无数个有来者征兆的地点传出来。我的幻象都是真实的，因为我已经看到来者。但你却不相信我，你却因此偏离自己的道路，也即正确的道路，而我在此之前就已经看到这条路能够带你安全地到达自己的痛苦。没有信仰会误导你，接受你最深层的怀疑，它能够带领你。接受自己的背叛和没有信仰，还有你的傲慢和更好的知识，你将找到安全又保险的路线，它将带领你到达你最低处，你对最低下的部分所做的也是你对受膏者所做的。不要忘记：爱的律法没有被废除，反而增加了很多内容。诅咒自己的人杀掉能够爱自己的人，因为为爱而死的人群无法估量，而死者中间最强的便是我主基督。对死者的敬意是智慧的表现。炼狱在等待那些将能够去爱的人所谋杀掉的人。在他们所爱的律法下，你将会有哀怨，并竭力对抗无法结合自己身上最低下部分的可能性。我对你说：就像基督在父亲的话语下使身体的本质屈服于精神一样，在耶稣通过爱完成拯救的律法下，精神的本质也将屈服于身体。你害怕危险，但你知道神离得最近的时候，危险就是最大的。你如何不冒任何风险就能认出受膏者？有人会用一枚铜币换一块宝贵的石头吗？你身上最低下的部分使你陷入危险。恐惧和怀疑把守着你所走道路的大门。你身上最低下的是无法预见的，因为你看不到它。因此需要塑造和注视它。你将会打开混乱的闸门，太阳从最黑暗、最潮湿和最冰冷的地方升起。一无所知的人们这时候只能看到救世主，他们从来看不到其他正在接近他们的人。但如果救世主存在，那么他者也是存在的。"（409 ~ 410 页）荣格在这里隐晦地引用了弗里德里希·荷尔德林在《帕特默斯》的开篇文字，荣格比较喜欢这首诗："神在咫尺，难以把捉，危险所在，拯救也在出现。"荣格《力比多的转化与象征》(1912,《荣格全集 B》, §651f）论述了这首诗。

206 出自《以赛亚书》63 章 2 ~ 6 节。

就像基督所说，他不是为和平而来，而是带来刀剑，[207]因此基督完全不会在他身上带来和平，而是刀剑。他将反抗自己，救世主将对抗自己身上的他者。他也将憎恨自己对自己的爱。他将受到自己的谴责、愚弄，遭受被钉在十字架上的折磨，没有人能够帮助他减轻他的折磨。

就像基督是和两个贼一起被钉在十字架上一样，我们身上最低下的部分处在我们道路的两侧。就像一个贼下地狱，另一个贼升天堂一样，在审判日到来的时候，我们身上最低下的部分也将进入两个不同的世界。救世主终将坠入地狱死亡，而他者将升起。[208]但你要很长的时间才能看到什么注定死亡，什么注定活着，因为你身上最低下的部分仍是一个不可分割的整体，还在沉睡中。

如果我接受自己身上最低下的部分，那么我将一颗种子放在地狱之下。种子小得几乎看不到，但这颗种子长出我的生命之树，连接下和上。上下两极均有炽热燃烧的火苗。上端很炽热，下端也很炽热，它们中间难以忍受的大火在你身上燃起。你被吊在两极之间。令人毛骨悚然的剧烈运动使你上下翻滚。[209]

我们恐惧自己身上最低下的部分，因为人们无法拥有的是永远与混乱相结合且卷入到其神秘的潮涨潮落中的事物。只要我接受自己身上最低下的部分，准确地说是深处赤红的太阳，并成为混乱的牺牲品，那么上方发出光芒的太阳也会升起。因此追寻最高处的人会找到最深处。

为了使人摆脱被时代拉伸地吊着，基督自己扛起这种折磨，教导他们说："要像蛇一样机警，像鸽子一样纯洁。"[210]因为机警可以避开混乱，纯洁可以遮住它可怕的一面。因此人可以安全地踏上中间的道路，同时避开向上和向下。

但上和下的死者在增加，他们的要求越来越强烈。高贵的和邪恶的人再次起来反抗，不知不觉地违犯了调停者的律法。他们猛然打开上和下的门，把跟着他

207 《马太福音》10章34节："你们不要以为我来了，是要给地上带来和平；我并没有带来和平，却带来刀剑。"

208 在《答约伯书》(1952)中，荣格写到十字架上的基督："画面由两个贼来完成，一个下地狱，一个升天堂。在基督教的核心象征中，再也想不到彼此更好的对立象征了。"(《荣格全集第11卷》，§659)

209 迪特里希指出，在柏拉图的《高尔吉亚篇》中有一个被吊在阴间的罪人形象（《内克亚》，117页）。荣格在自己所藏的《内克亚》的背面提到这一点，他写道："117吊着"。

210 《马太福音》10章16节："现在，我差派你们出去，好像羊进到狼群中间；所以你们要像蛇一样机警，像鸽子一样纯洁。"

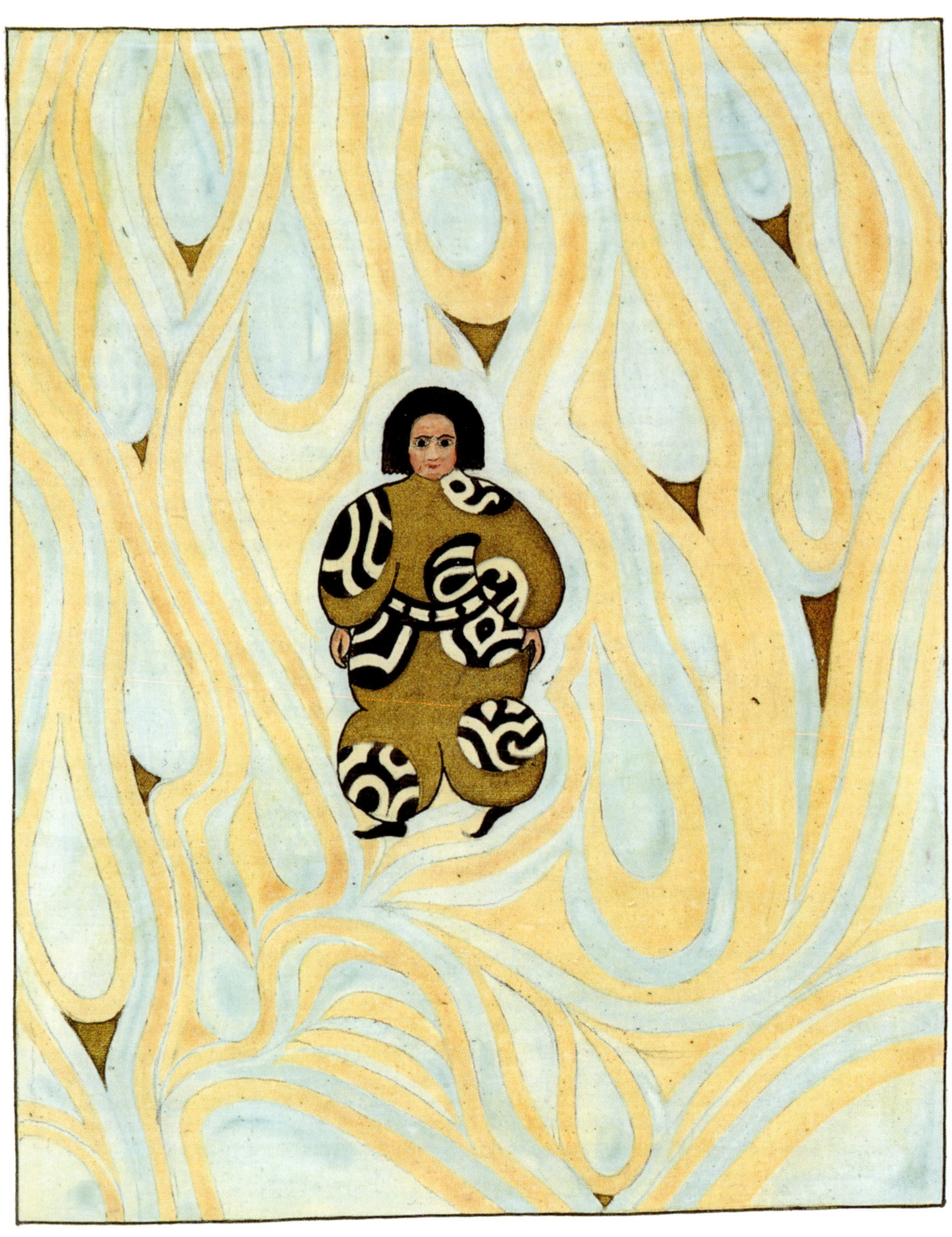

[Image 113][211]

211 图片故事："这是一张圣童的图画。它意味着很长一段路的完结。就像我在 1919 年 4 月所画的那张图一样，对下一张图的工作已经展开，救世主带来⊙，和腓利门 [ΦΙΛΗΜΩΝ] 向我预测的一样。我称他为法涅斯 [ΦΑΝΗΣ]，因为他是新出现的神。"⊙在占星学中是太阳的标志。在俄耳甫斯教的神系中，埃忒耳（Aether）和查奥斯（Chaos）皆由柯罗诺斯（Chronos）所生。柯罗诺斯把一个蛋放在埃忒耳的体内，这颗蛋分成两个，法涅斯是第一个出现的神。格斯里写道："他被想象得无比美妙，一个发光的形象，肩膀上长着翅膀，四只眼睛，长着各式各样的兽头。具有两种性别，因为他要独自创造出神类。"（《俄耳甫斯与希腊神话：俄耳甫斯运动的研究 [伦敦：梅休因出版社，1935，80 页]。荣格《力比多的转化与象征》（1912）中讨论创造性力量的神话概念时，他提醒读者注意"法涅斯的俄耳甫斯形象，这个'发光的形象'，最先出生，'爱洛斯（Eros）的父亲'。在俄耳甫斯教义中，法涅斯也生出普瑞尔珀斯（Priapos），普瑞尔珀斯是爱神，雌雄同体，等同于底比斯·狄奥尼索斯·里西奥斯。法涅斯在俄耳甫斯教中的意义等同于印度教中的爱神迦摩（Kama），是一种宇宙创生原则（《荣格全集 B》，§223）。法涅斯在 1916 年秋季出现在《黑书 6》中，他的特征符合经典的描述，他被描述成为显赫的救世主，美和光之神。荣格在自己所藏的艾萨克·科里所写的《古代腓尼基人、古巴比伦人、埃及人、推罗人、迦太基人、印度人、波斯人和其他作家所写的片段；附论文引言；古代人的哲学和三位一体的探索》一书中将包含俄耳甫斯教的段落用下划线标出，还有一片纸并写着以下内容："他们把神想象成为一个受孕的蛋，或一件白色长袍，或一片云，因为是它们生出法涅斯。"（[伦敦：威廉·皮克林出版社，1832]，310 页）。法涅斯是荣格的神。在 1916 年 9 月 28 日，法涅斯被描述成为一只金色的鸟（《黑书 6》，119 页）。在 1917 年 2 月 20 日，荣格称法涅斯为阿布拉克萨斯的信使（《黑书 6》，167 页）。在 1917 年 5 月 20 日，腓利门说他将变成法涅斯（《黑书 6》，195 页）。在 9 月 11 日，腓利门如此描述自己："法涅斯是神，发着光从水中升起。/ 法涅斯是黎明的微笑。/ 法涅斯是炫目的白昼。/ 他是不朽的当下。/ 他是喷涌的溪流。/ 他是飕飕的风。/ 他是饥饿和饱食。/ 他是爱和肉欲。/ 他是哀悼和慰藉。/ 他是承诺和实现。/ 他是照亮每一处黑暗的光。/ 他是永恒的白昼。/ 他是银色的月光。/ 他是闪耀的群星。/ 他是划过的流星，落下、消失。/ 他是每年都会回来的流星流。/ 他是太阳和月亮的往复。/ 他是带来战争和贵腐酒的彗星。/ 他是岁月的美好和完整。/ 他是生命中充满魔力的时刻。/ 他是爱的包容和低语。/ 他是友谊的温暖。/ 他是起死回生的希望。/ 他是所有重生之后的太阳的壮丽。/ 他是每一次诞生的快乐。/ 他是盛开的花朵。/ 他是蝴蝶柔滑的翅膀。/ 他是百花盛放的花园中散发出的芬芳，充满所有黑夜。/ 他是快乐的歌。/ 他是光之树。/ 他是完美，更好的一切。/ 他是一切悦耳的声音。/ 他是精心的测量。/ 他是神圣的数字。/ 他是生命的承诺。/ 他是契约和神圣的信物。/ 他是多种多样的声音和颜色。/ 他是早晨、中午和夜晚的神圣化。/ 他很仁慈和善。/ 他是拯救……/ 事实上，法涅斯是快乐的白昼……/ 事实上，法涅斯是工作和工作的完成及报酬。/ 他是困难的工作和夜晚的冷静。/ 他是通往中间道路的阶梯，是自己的开始、中场和结束。/ 他是远见。/ 他是恐惧的结束。/ 他是萌芽的种子，绽开的花蕾。/ 他是接纳、接受和沉淀之门。/ 他是春天和沙漠。/ 他是安全的港湾和暴风雨的夜晚。/ 他是绝望中的肯定。/ 他是分解的固体。/ 他是从禁锢中的解放。/ 他是探索时的忠告和优势。/ 他是人类的朋友，人类发出的光，人类自己道路上的亮光。/ 他是人类的伟大、价值和力量。"（《黑书 7》，16 ~ 19 页）1918 年 7 月 31 日，法涅斯自己说："夏日早晨的神秘、快乐的一天、完成的时刻、充满的可能皆由痛苦和快乐所生，永恒美丽之宝、四条道路的终点、四条河流的春天和海洋、四种痛苦和四种快乐的达成、四种风神的父亲和母亲、被钉在十字架上、埋葬、复活和人神圣的增强、最强的效果和虚无、世界和谷物、永恒和一瞬、贫穷和富有、进化、死亡和神的重生，皆由永恒的创造力孕育。永恒效果的绚丽、被两个母亲和姊妹般的妻子爱着、莫名的病痛缠身的福佑、不可知、无法识别、生和死一线间、世间的河流，将天遮住。我给你博爱，乳白色的水罐；他倒出水、酒、牛奶和血液，这是人和神的食物。/ 我给你痛苦的快乐和快乐的痛苦。/ 我给你已经找到的东西：改变中的不变和不变中的改变。/ 水罐是石头做的，完整的容器。倒进水、倒进酒、倒进牛奶，倒进血液。/ 四种风也进入宝贵的容器中。/ 四个天界的神握着水罐的柄，两位母亲和两位父亲保卫着它，北方的火在罐口上方燃烧，南方的蛇盘踞在罐底，东方的精神扶着罐体，西方的精神贴着其他部分。/ 永远否定它永远的存在。变换各种形式再现，永远都是一样的，这是一个宝贵的容器，被动物环绕着，否定自己，通过自我否定产生新的壮观景象。/ 神和人的心脏。/ 这是救世主和众生。一条穿过群山和山谷的道路，一颗海上的引导星，它们在你身上，永远出现在你的前方。/ 完美，人所共知的真正完美。/ 完美是贫穷。但贫穷意味着感恩，感恩是爱（8 月 2 日）。/ 实际上，完美也是牺牲。/ 感恩是快乐和阴影的参与。/ 完美是终点。终点意味着起点，因此完美既意味着最渺小，也意味着最渺小的可能起点。/ 一切都是不完美的，因此完美即孤独。但孤独寻求团体，因此完美也意味着团体。/ 我是完美的，但只有了解自己的局限的人才能完美。/ 我是永恒之光，而站在白昼和黑夜之间的人是完美的。我是永恒之爱，而把献祭性的刀放在爱之旁的人是完美的。/ 我是美丽，而对着神庙之墙打坐的人和修鞋挣钱的人是完美的。/ 完美的人是普通的、孤独的和一致的。因此他追求多样性、共同性和含糊。他通过多样性、共同性和含糊走向普通、孤独和一致。/ 完美的人了解痛苦和快乐，而我是超越快乐和痛苦的福佑。/ 完美的人了解光明和黑暗，而我是超越白昼和黑夜的光。/ 完美的人了解上和下，但我是超越高和低的高度。/ 完美的人了解创造和被创造，而我超越创造和众生即将产生的意象。/ 完美的人了解爱和被爱，而我是超越包容和哀悼的爱。/ 完美的人了解男人和女人，而我是救世主，是他的父亲和儿子，超越男性和女性，超越儿童和老人。/ 完美的人了解升起和落下，而我是超越黎明和黄昏的中心。/ 完美的人了解我，因此他和我不同。"（《黑书 7》，76 ~ 80 页）

们的人带入更高和更低的疯狂，因此撒下困惑又准备好来者的路。

但他变成救世主，同时也没有通过接受即将到来的事物而变成他者，只是为了教诲和活出救世主，把救世主变成一种现实。因此他将成为自己的牺牲品。因此在你成为救世主的时候，要考虑到你的敌人他者也在靠近你，你要对抗他者。你会这么做，因为你没有认识到他者也是你的一部分。相反，你认为他者是凭空出现的，你相信在同胞和你冲突的场景和行动中自己看到过它。因此你便完全盲目地与它对抗。

但人能够接受接近他的事物，因为它也在人的身上，不再与之争吵，而是审视自己，保持沉默。/ 112/114

他看着生命树，树根直达地狱，树冠伸到天堂。他也不再了解差异：[212] 谁是正确的？什么是神圣？什么是真正的？什么是善？什么是正确？他只知道一种差异：上和下之间的不同。因为他看到树从下向上生长，顶端是树的冠，冠与根明显不同。对它而言，这一点毫无疑问。因此他知道拯救之路。

摒弃所有差别去救你所关心的方向是你拯救的一部分，因此你使自己摆脱与善和恶有关的古老咒语。因为你根据自己最优的评估把善与恶区分开来，只追求善，却否定自己制造出的恶，你不接受恶，你的根部再也吸收不到黑暗深度中的营养，你的生命之树会生病，开始枯萎。

因此，古人说在亚当吃掉苹果之后，伊甸园的那棵树便枯萎了。[213] 你的生命需要黑暗，但如果你知道黑暗就是恶，你便不再接受它，你承受极大的痛苦，你不知道为什么。如果你不接受它是恶，你的善也将拒绝你，你也不能因为自己了解善和恶而否认它，因为善和恶的知识是一种无法解开的咒语。

但如果你返回到原始的混乱中，如果你感觉并认识到悬挂在难以忍受的两极之火中间，你将会发现你不再将善与恶截然分开，既不借助感受也不通过知识，而只从下和上中发现成长的方向。因此你忘记善和恶之间的差别，只要你的生命

212 荣格在《花体字抄本》的页边上写道：1922 年 9 月 14 日。

213 在《力比多的转化与象征》(1912) 中，荣格提到一个在人类堕落之后树枯萎了的故事（《荣格全集 B》，§375）。

之树继续自下而上地生长，你便不再记得这个差别。但只要你的生长停止，生长过程中已经结合的东西便会解体，你再次能够识别善与恶。

你永远无法拒绝善与恶的知识，因此你为了能够活出恶，你会出卖自己的善。你一旦将善与恶分开，你就能够识别它们。它们只在生长的过程中结合在一起。但如果你静止不动地站在最大的怀疑中，你就会生长，因此坚定不移地站在怀疑中是一朵真正的生命之花。

不能忍受怀疑的人也无法忍受自己，这样的人是值得怀疑的，因为他停止生长，所以他没有生活。怀疑是最强大和最脆弱的标志。强者拥有怀疑，而怀疑拥有弱者。因此最弱与最强相近，如果一个人能对自己的怀疑说“我拥有你”，那么这个人就是最强的。[214] 但没有人能够认可自己的疑惑，除非他能够忍受完全开放的混乱。因为我们中间有很多人能够无话不谈，因此他们很注重自己的生活。一个人可以讲很多或很少的话，从而检视自己的生命。

我的话既不是光明也不是黑暗，因为它们是一个正在成长的人所说的话。

214 《草稿》中继续写道：“耶稣抬头看着门徒，说：‘贫穷的人有福了，因为神的国是你们的。’”（416 页）这里引用的是《路加福音》6 章 20 节。

[HI 114][216]

第十七章　第四夜[215]

早晨，我听到风在咆哮，响彻山间。在我所有的生命都受到永恒困惑的支配并被两极的火拉伸的时候，夜晚被征服了。

我的灵魂用清脆的声音对我说："门应该升起，从而可以为这里和那里、是和否、上和下、左和右之间提供一条自由的通道。应该在所有的对立事物之间建设空中通道，光应该从平坦街道的这一端照到另一端。天平应该立起来，天平的指针轻轻地摇摆。火应该燃起，这样才不会被风吹灭。一条溪流应该朝自己最深的目标流去。野生动物应该顺着古老的游戏道路移动到聚食场，从生到死，从死到生，像太阳之路一样永不中断。一切都应该踏上这条路。

我的灵魂如是说。但我会随意又可怕地玩弄我自己。这是白天还是黑夜？我是睡着还是清醒？我是活着还是已经死亡？

无尽的黑暗将我包围，这是一堵高墙，一只灰色的暮光之虫在墙上爬，虫有一张圆脸，而且在笑。那是一种抽搐的笑，实际上是释放。我睁开眼，胖厨娘站在我的面前，说："我必须说，你睡得很香。你已经睡了一个多小时。"

215　Nox quarta.

216　1914年1月19日。

我："是吗？我睡着了？我一定是在做梦，多么美好的表演啊！我在这个厨房里睡着了？母神的世界是真的吗？"[217]

"喝杯水吧，你还依然昏昏沉沉。"

我："是的，睡眠让人沉醉。我的托马斯呢？它在那里，打开的是第二十一章的内容——'我的灵魂在一切之中，又超越一切，你必须在主那里找到安歇，因为他是圣人永恒的安歇之所'。"[218]

我大声读着这句话。每一个词不都带着一个问号吗？

"如果你读着这句话入睡，那么你肯定做了一个美梦。"

我："我真的做梦了，我想一下这个梦。还有，你可以告诉我你是谁的厨娘吗？"

114/116 "我是图书管理员的厨娘。他热爱美食，我已经跟他很多年了。"/

我："哦，我不知道图书管理员还有这样一位厨娘。"

"是的，你要知道他是一位美食家。"

我："再见，厨娘女士，谢谢你收留我。"

"非常欢迎你来到这里，我感到十分荣幸。"

---

217 在歌德的《浮士德》的第二幕第一场中，浮士德需要下到母神的世界中。对于这个概念在歌德心中的含义，已经出现相当多的假设。对于艾克曼而言，歌德认为这个名称源于蒲鲁塔克。很有可能是蒲鲁塔克对英伦（Engyon）神话中神之母的讨论（见塞勒斯·哈姆林编，《浮士德》[纽约：W. W. 诺顿出版公司，1976]，328 ~ 329 页）。1958 年，荣格把母神的世界等同于集体无意识（《天空中现代的神话》，《荣格全集第 10 卷》，§714）。

218 《效法基督》，21 章，124 页。

[Image 115][219]

我走出房间。她就是图书管理员的厨娘。他真的知道她在厨房里为他准备什么吗？他肯定没有睡到神庙里求梦。[220] 我想我要把托马斯·肯皮斯的书还回去。我走进图书馆。

管理员："晚上好，你回来了。"

我："先生，晚上好，我来还托马斯的书。我坐在图书馆旁边的厨房里读的这本书，但没有想到那是你的厨房。"

管："完全没有问题。希望我的厨娘没有对你失礼。"

我："厨娘对我很好。我拿着托马斯的书睡了一下午。"

管："这很正常。这些祷告的书都非常枯燥。"

我："是的，特别是对于我们而言。但你的厨娘觉得这本书很具启发性。"

管："是的，对她而言是这样。"

我："请允许我再问一个问题——你在自己的厨房中孵过梦吗？"

管："没有，我对这种奇怪的想法不感兴趣。"

我："我认为你已经学到很多关于自己厨房本质的方法。先生，晚安！"

与管理员交谈完后，我离开图书馆，来到接待室，我朝绿色的窗帘走去，拉开窗帘，我看到了什么？我看到一座高顶的大厅，处在一座宏伟壮丽的花园中，克林格索尔的魔法花园立即映入我的眼帘。我进入一座剧院，他们两个是戏剧的一部分：安福塔斯和昆德丽，抑或我又在看什么？那是图书管理员和厨娘。他生病了，面色苍白，他的胃不好，她很失望又很生气。克林格索尔站在左侧，手里拿着图书管理员放在耳朵之后的羽毛。克林格索尔和我居然如此相似！多么令人讨厌的戏剧啊！看，帕西法尔从左侧进来了。真奇怪，他看起来也像我。克林格索尔恶狠狠地把羽毛扔向帕西法尔，但帕西法尔冷静地接住了它。

场景转换：似乎观众加入到了最后一幕中，这里的观众就是我。在耶稣受难礼崇拜开始的时候，人们必须跪下。帕西法尔缓慢地走进来，他的头上戴着黑色的头盔。赫拉克勒斯的狮皮饰物挂在他的肩上，手拿武器，为了庆祝教堂的节日，他也穿着黑色的现代裤。我站起来，不情愿地伸出手，而戏剧继续进行。帕

---

219 图片故事：这是黄金建筑，神的阴影居住于此。

220 荣格指的是希腊的孵梦修炼。见 C. A. 梅尔，《治愈性的梦与仪式：古代孵梦与现代心理治疗》（艾因西德伦：岱蒙出版社，1989）。

西法尔取下自己的头盔，而这里没有古内曼兹要赎回的东西，又为他祝圣。昆德丽站在远处，抱着头笑起来。观众异常高兴，在帕西法尔那里认识到自己。他就是我，我脱下层层历史的盔甲和荒谬的绶带，穿着忏悔者的裙子来到泉水旁，我在没有陌生人的帮助下洗自己的脚和手。接着我也脱下自己忏悔者的裙子，并穿上便服。我走出戏剧的场景，朝自己走去，我依然是一个跪在那里祈祷的观众，我站起来，再次变成自己。[221]

[2] 如果它不是真的愚弄，那愚弄是什么呢？如果它不是真的怀疑，那怀疑是什么呢？如果它不是真的对立，那么对立是什么呢？想要接受自己的人必须真正接受自己的他者。但在肯定中，并不是所有的否定都是真的，但在否定中，所有的肯定都是谎言。但由于我能够今天在肯定中，明天在否定中，因此肯定和否定既是真的也不是真的。虽然肯定和否定不会屈服，因为它们是真实的存在，但我们的真理与谬误的概念会屈服。

我假设你会对真理和谬误很确定？只对一个或他者有确定性不仅是有可能的，但是有必要的，尽管确定其中一个是保护和对他者的阻抗。如果你在一个之

221 瓦格纳通过《帕西法尔》呈现的是他对圣杯传奇的改编。故事情节如下：提图斯和他的基督教骑士将圣杯保存在他们的城堡中，并用一支神圣的矛保卫它。克林格索尔是一位寻找圣杯的巫师，他引诱圣杯的守卫把圣杯带到他的魔法花园中，花园中有花仙子和女巫昆德丽。提图斯的儿子安福塔斯进入城堡要击败克林格索尔，却被昆德丽施以魔法，神圣的矛也倒下了，克林格索尔用矛将安福塔斯刺伤。安福塔斯需要碰触矛才能治疗好自己的伤。最老的骑士古内曼兹守护着昆德丽，并不知道是她造成安福塔斯之伤。一个声音从圣杯内传出来，预言只有一位诚实又纯洁的少年才能够将矛夺回。帕西法尔出场，他已经杀死一只天鹅。帕西法尔不知道自己和父亲的名字，而骑士希望他就是那位少年。古内曼兹把他带进克林格索尔的城堡，克林格索尔命令昆德丽去诱惑帕西法尔。帕西法尔将克林格索尔的骑士们击败。昆德丽变成一位美女，并亲吻帕西法尔。根据这一点，帕西法尔意识到是昆德丽诱惑的安福塔斯，因此他将她拒绝。克林格索尔将矛狠狠地刺向他，帕西法尔将矛抓在手中。克林格索尔的城堡和花园都消失了。几经寻找，帕西法尔找到古内曼兹，而现在古内曼兹已经是一位隐士。帕西法尔穿上黑色的盔甲，古内曼兹被帕西法尔在耶稣受难日把自己武装起来激怒。帕西法尔把自己的矛放在古内曼兹的面前，脱下自己的头盔和盔甲。古内曼兹认出了他，为他净身为圣杯骑士之王。帕西法尔为昆德丽洗礼，他们进入城堡，要求安福塔斯打开藏圣杯的地方。安福塔斯要他们先杀掉自己。帕西法尔进来，用矛碰触安福塔斯的伤口。安福塔斯变形，帕西法尔荣耀地得到圣杯。1913 年 5 月 16 日，奥托·门森迪克在苏黎世心理分析协会做了一次名为“圣杯 - 帕西法尔传奇”的报告。在随后的讨论中，荣格说：“我们要综合运用所有观点来补充瓦格纳所呈现的圣杯与帕西法尔的传奇，即不同的人物就类似于各式各样的艺术渴望。乱伦的限制不足以解释昆德丽诱惑的失败，相反这一点与心灵想要把人类的渴望提升得更高的活动有关。”（苏黎世精神分析协会会议纪要，20 页）荣格在《心理类型》（1921）中对《帕西法尔》进行了心理学的诠释（《荣格全集第 6 卷》，§§371-72）。

中，那么你对这个的确定性会排斥他者。但你如何到达他者？为什么一个对我们并不够？一个对我们是不够的，因为他者也在我们身上。如果我们只满足于一个，对他者的巨大需要会带来痛苦，对它的渴望使我们饱受折磨。但我们会误解这种渴望，依然相信我们渴望的是自己拥有的那一个，并更加坚定地追求它。

因此，我们导致自己身上的他者更加强烈地坚持它的要求。如果我们已经准备好去认识他者的要求，我们便可以跨入他者来满足它。但我们可以实现这种跨越，因为我们开始意识到他者。然而如果我们对一个的盲目追求非常强烈，我们离他者会更加遥远，一个和他者在我们身上撕开一道毁灭性的裂缝。一个变得饮食过度，他者变得饥饿无比。得到满足的开始变得慵懒，饥饿的人变得脆弱。因此我们会因脂肪窒息而死，被缺乏吞掉。

这是一种病，但你见过太多这种类型。它只能这样，但它不必这样。有很多
116/117 基础和原因足以造成这样，但我们希望它不要 / 这样。因为人类被赋予自由去克服它的成因，因为人类可以创造，自己也具有创造性。尽管你高度相信一个，因为你也是它，但如果你能够通过接受他者的精神痛苦到达自由，那么你的成长便开始了。

如果别人愚弄我，尽管这是他们做的，我可以把罪疚感归因于他们，并忘记愚弄自己。但不能愚弄自己的人将会被别人愚弄。因此接受你的自我愚弄，那么你的一切神圣和英勇都会倒下，你将变成完整的人。你身上的神圣和英勇是对身上他者的愚弄。为了你身上的他者，卸掉你以前身上为自己表现出的崇高角色，成为你自己。

有这种特殊才能的幸运和不幸的人深受相信自己就是这种天赋之害，因此他通常也是它的愚蠢。特殊的天赋不在我身上，我与它不同。天赋的本质和携带它的人的本质无关，它甚至经常以携带者的个性为代价而存活。人的个性被他天赋的缺陷打上印记，事实上它是天赋的对立面。因此人永远达不到天赋的高度，反而总在天赋之下。如果人能够接受自己的他者，那么他将有能力背负自己的天赋，而避开天赋的缺陷。但如果人只想活在天赋中，那么他会拒绝自己的他者，跨过标记，因为天赋的本质是超出人类本质的事物和一种自然的现象，而现实中的他并不具备。因此他会说其他人愚弄他，而这只是他抛弃自己的他者才导致他变得可笑。

在神进入到我的生命中的时候，为了神，我回到贫穷。我接下贫穷的重担，扛起自己所有的丑陋和可笑，还有我身上一切应该受到谴责的东西。因此我将神从所有的困惑和荒谬中释放出来，如果我没有接下重担，这些都将会落在神的身上。因此，我为神的行动铺好道路。会有什么发生呢？最黑暗的深渊已经被清空耗尽了吗？或者是什么站在下方急迫又兴奋地等待着呢？

/ 火还没有被熄灭，余烬仍然在燃烧？我们已经为黑暗的深处做出巨大的牺牲，但它仍要求更多。什么才能满足疯狂的渴望？是谁在疯狂地呼喊？谁在死者中受苦？请来到这 117/118

[Image 117][222]

里，喝下鲜血，这样你就能够讲话了。[223] 你为什么拒绝鲜血？你喜欢牛奶吗？或者红色的果汁和葡萄树？或许你更想拥有爱？对死者的爱？爱上死者？你在为阴间已逝去千年的死者要生命的种子？渴望与死者乱伦？有些东西使血液变冷。你在渴望与尸体交合？我说的是"接受"，你却想要"占有，拥抱，交媾"？你想要玷污死者？你说，先知趴在孩子身上，把自己的嘴放在孩子的嘴上，眼睛对着孩子的眼睛，把自己的手放到孩子的手上，斜趴在男孩身上，因此孩子的身体开始变暖。但他随后站了起来，在房间里来来回回踱着步子，之后再次趴在孩子身上。男孩发出七次鼻息，接着男孩睁开眼睛。那么这才是你的接受，你应该这样接受，而不是冷酷，不是高傲，不是深思熟虑，不是谄媚，不是自我惩罚，而是心存快乐，确切地说是含糊不清的快乐，含糊使它能够结合更高的东西，带着神圣－邪恶的快乐，你不知道它是美德还是邪恶，带着那种快乐便是强有力的厌

222 画中的文字：(阿特马维克图 [Atmavictu])；(年轻的支持者 [iuvenis adiutor])；(特勒思弗洛斯 [ΤΕΛΕΣΦΟΡΟΣ])；(一些人身上的邪恶精神) [spiritus malus in homnibus quibusdam]。图片故事："恶龙想吃掉太阳，年轻人恳请它不要这样做，但恶龙还是将太阳吃掉了。" 阿特马维克图（书中这样拼写）最早在 1917 年出现在《黑书 6》中。以下是 1917 年 4 月 25 日一段幻想的意译：蛇说阿特马维克图数千年来都是她的同伴。阿特马维克图最初是一位老人，去世之后变成一只熊，熊死后变成一只水獭，水獭死后变成一只蝾螈，蝾螈死后变成一条蛇。蛇就是阿特马维克图，他在此之前犯了一个错误，随后变成一个男人，但他仍然是一条地上的蛇。荣格的灵魂说阿特马维克图是一个地下的精灵，是一个蛇形魔法师，是一条蛇。蛇说她是原我的核。阿特马维克图从蛇变成腓利门（179 页 f）。荣格在屈斯纳赫特的花园中有一个阿特马维克图雕塑。荣格在"我人生的早期经历"中写道："1920 年在英格兰的时候，我在两个细的树枝上刻了两个类似的形象，但却没有回想到一点童年的经验。后来又在石头上按照其中一个刻了较大的复制品，现在就立在我屈斯纳赫特的花园中。只是在我雕刻的时候，无意识才为我提供一个名字。我把它称作阿特马维克图，'气息'（breath of life)，这是我儿时那个类似于性物的进一步发展，原来它是'气息'，是创造性的力量。这个小人原本是一个神物。"(阿尼拉·亚菲写《回忆·梦·反思》时，采访荣格的记录，29 ~ 30 页，也见《回忆·梦·反思》，38 ~ 39 页)。特勒思弗洛斯与 Image 113 的法涅斯相似。特勒思弗洛斯是卡皮里诸神中的一个（Cabiri：在北爱琴海诸岛受崇拜）和守护神阿斯克勒庇俄斯（见 Image 77，《心理学与炼金术》，《荣格全集第 12 卷》）。特勒思弗洛斯也被视为医神，小亚细亚半岛的帕加马有他的神庙。1950 年，荣格把他刻在波林根家里的石头上，同时为他配上一段希腊文字，这段文字将赫拉克莱塔斯、密特拉教祈祷仪式和荷马中的内容结合在一起（《回忆·梦·反思》，254 页）。

223 在《奥德赛》第二部中，奥德修斯把酒献给死者，使他们能够讲话。瓦尔特·布科特写道："死者喝下倾泻而下的东西，实际上是鲜血，死者被邀请参加宴会，饱饮鲜血，随着酒渗入地下，死者便将好的事物送上来"（《希腊宗教》，J. 锐法译 [牛津：巴兹尔·布莱克韦尔出版社，1987]，194 ~ 195 页）。荣格在 1912 年的《力比多的转化与象征》中的一个隐喻场景中使用了这一主题："像奥德修斯一样，我已经试图允许这个幽灵 [弗兰克·米勒女士] 饮酒，仅仅是为了让她能够讲出更多阴间的秘密"（《荣格全集 B》，§57n)。1910 年左右，荣格和他的好友阿尔伯特·奥利与安德里亚斯·费舍尔的一次航行中，奥利大声朗读奥德修斯对付瑟西和内克亚的章节，荣格在不久之后指出，他"像奥德修斯一样，被命运安排和内克亚一起，下到黑暗的地狱中"（荣格 / 亚菲，《回忆·梦·反思》，104 页）。接下来的一段文字描绘的是先知复活孩子，转译自《列王记下》4 章 32 ~ 36 节中以利沙复活书念妇人之子。

恶、淫乱的恐惧、性的不成熟。人用这种快乐唤醒死者。

你最低下的部分像沉睡的死者，需要生命的温暖，因为生命的温暖包含不可分割且难以区分的善和恶。这便是生命的道路，你既不能把他称为恶，也不能称为善，既不是纯洁，也不是不洁。而这不是目标，而是道路和十字路口。他也是疾病和康复的开始。他是一切可恶的行为和有益的象征之母。他是创造力的最原始形式，最早流过所有秘密隐藏之地和黑暗通道的暗流，带着水的无意识的合法性和来自松软土壤中令人意想不到的地方，是从最宽的裂缝中冒出来到干燥的土壤中结果。这是自然的第一个神秘老师，教给植物和动物最惊人与崇高的聪明技巧及诡计，而我们却无法理解。拥有超人知识的人是大哲人，他拥有所有最伟大的科学知识，他能够厘清困惑，并且从难以理解的充满中预言未来。他的形状像蛇，易腐烂又有用，是最可怕又可笑的精灵。他是箭，总能够击中最脆弱的点，春天的植物之根打开尘封的宝藏。

你既不能说他聪明，也不能说他愚蠢，既不是善也不是恶，因为他的本质完全是非人性的。他是大地之子，是你要去唤醒的黑暗人物。[224] 他同时是性未成熟的男人和女人，有丰富的诠释和误解，含义如此贫乏却又如此丰富。这是死者最大声的呼喊，他们正站在最底部等待着，承受着最大的痛苦。他不需要鲜血、牛奶和酒为死者献祭，而是我们愿意奉献自己的血肉。他的渴望没有注意到我们精神的折磨，我们的精神正在折磨自己去设计那些不可能设计出来的东西，因此把自己撕碎，牺牲自己。直到我们的精神把被肢解的身体放到祭坛上，我才听到大地之子的声音，在这个时候我才看到他是最痛苦的那一个，他需要拯救。他是被拣选的人，因为他是最被拒绝的人。不得不这样说不是一件好事，但或许是我没有听到，又或许是我误解了深处所说的话。这样说十分令人痛苦，但我必须说。

深处沉默了。他已经出现，注视着太阳的光芒，生活在众生之间。不安与冲突和他一起出现，生命有怀疑和充满。

阿门，一切都结束了。不真实的东西是真实的，真实的东西是不真实的。但我不是，我不愿意是，我不能是。哦，人类的悲哀啊！哦，我们身上的不情愿啊！哦，怀疑和绝望。这是真正的耶稣受难日，主在这天死亡，降入地狱，完成

---

224 见下文，472 页。

神秘。[225] 我们在耶稣受难日使我们身上的基督完整，我们自己降入地狱。我们就是在耶稣受难日哀悼和哭泣，希望基督完整，因为基督完整之后，我们便进入地狱。基督是如此强大以至于他的王国覆盖全部的世界，只有地狱在其之外。

谁能够拥有良好的基础、纯粹的良知和遵守律法的爱成功地穿越这个王国的边界呢？众生中的谁能够成为基督并以血肉之躯来到地狱中呢？谁能够把基督的王国扩张到地狱呢？谁能够在清醒的状态下酩酊大醉呢？谁能够从一下降到二呢？谁能够把心撕碎又将其结合在一起呢？

我是他，无名的人，对自己一无所知，甚至将自己的名字隐去。我没有名字，因为我没有存在过，而我有的仅是即将形成。对我而言，我是再洗礼派教徒，是异类，我是谁，我不是他。我将在谁的前面和后面，我是他。因此，我贬低自己，我把自己视为他人来提升自己。这样，我接受了自己。我把自己分成两半，再用自己把自己结合在一起。我变成自己身上较小的一部分，我在自己的意
118/120 识中。但是，我在自己的意识中，好像与意识分开了一样。我 / 没有在自己第二和更强的状态中，好像我就是这个第二和更强的自己，但我一直在一般的意识中，与它是如此分离和不同，好像我就是第二和更强的状态，但没有真正地在意识中。我甚至已经变得更加渺小和贫瘠，但正是由于我的渺小，我才能够意识到强大的接近。

我为了重生，接受了不洁之水的洗礼，地狱之火的火焰在洗礼盆的上方等着我，我用不洁的水洗自己，我用肮脏的水洗自己。我接收到他，我接受他，他是神圣的兄弟，大地之子，双性且不洁之人，一夜之后，他变成一个男人。他的两颗门牙已经咬破自己的下巴，咬薄了下巴的表皮。我抓住他，我征服他，我拥抱他。他从我这里得到很多，却把一切都留给自己。由于他非常富有，所以大地也是他的。但他黑色的马已经离他而去。

事实上，我已经击倒一个骄傲的敌人。我已经强迫更加强大的人成为我的朋友。没有什么可以将我和黑色的人分开。如果我想离开他，他会像我的影子一样跟着我。如果我不为他着想，他依然会怪异地在我旁边。如果我拒绝他，他将变

225 见上文，注 135，300 页。

d° v°fluchte drache hat die sōne gefreß- / d° bau wird ihm aufgeschnitt- v- nun muß er d. sō-gold h°geb- / samt sein- bluth. dieß i. die umkehr atmavictus / d. alt-. d° herr / d° die wuchernde grüne hülle z° störte / i. d° jüngling / d° ... half / Siegfried z tödt-.

[Image 119][226]

成恐惧。我必须充分地纪念他，我必须为他准备祭品，我在桌子上为他准备了一整盘食品。和我之前为人类所做的事情一样，我现在也必须为他做这么多事情。因此人类认为我自私，因为他们不知道我和我的朋友一起前行，并把很多时间献给他。[227] 但动荡已经到来，引起一次无声的地下震动，远处响起巨大的轰隆声。通往原始的和未来的道路已经敞开，神迹和可怕的秘密触手可及。我感到事物以前存在，未来也会存在。平凡背后的深渊张开口，大地把自己所藏的东西还

120/124 给我。/

226 图片故事："可恶的恶龙已经吞下太阳，它的腹部被切开，他不可交出太阳的金子和他的鲜血。这是阿特马维克图的回归，也即那个老人。他摧毁帮助我杀死西格弗雷德的年轻人身上激增的绿色。"这里指的是《第一卷》，第七章，"谋杀英雄"。

227 《草稿》中继续写道："我为了他抛弃很多人、书和思想，甚至更多。我离开当下的世界，做着平凡又简单的事情，以及最紧急的事情，为他秘密的目的服务。在为他服务的时候，我在怜悯的道路上遇到另外一个人，黑色之人。如果意图和愿望折磨我，那么我思考、感受并做最近的事情。因此，最遥远的东西到达我这里。"（434 页）

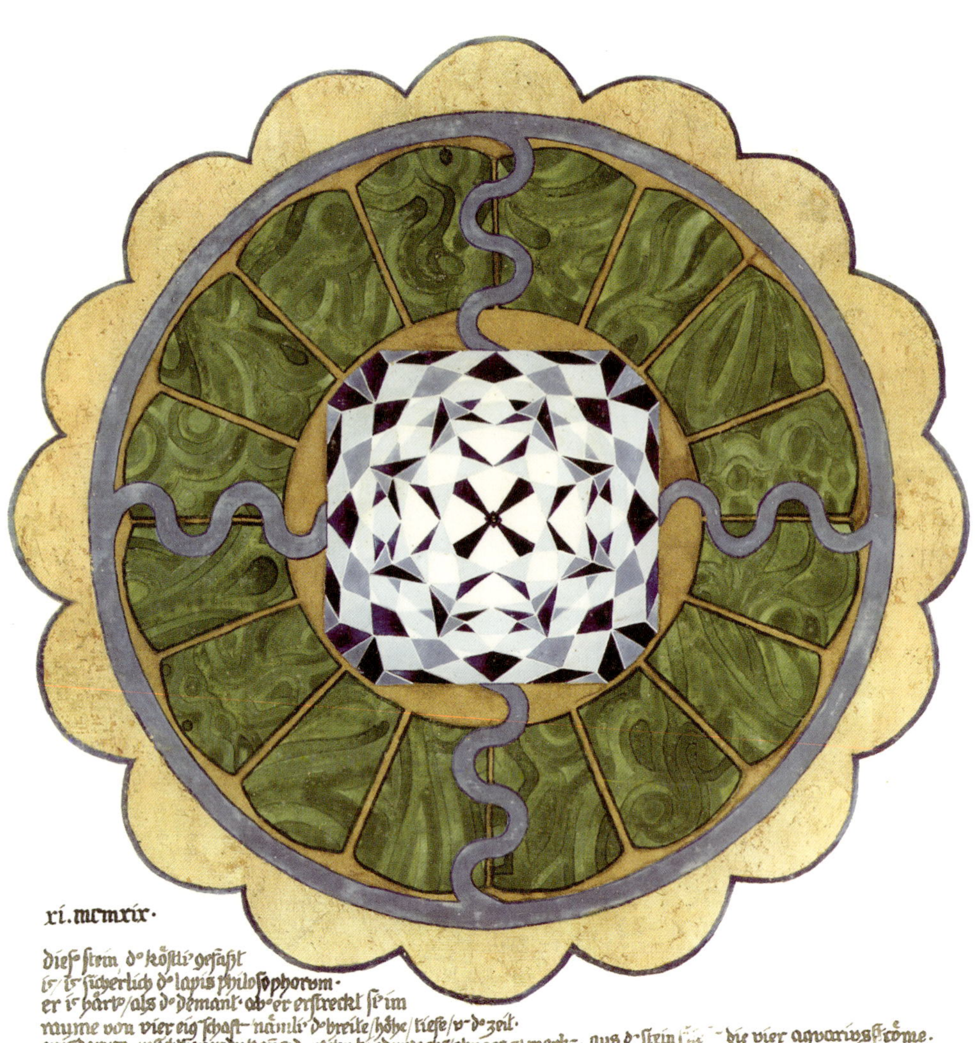

[Image 121][228, 229, 230]

228 1944年，荣格在《心理学与炼金术》中讨论曼荼罗的象征时引用了一张图，这张图是四条“河”环绕而成的圆（《荣格全集第12卷》，§167n）。荣格在很多地方都评论了伊甸园的四条河，例如《移涌》，《荣格全集第9卷》Ⅱ，§§2、9、311、353、358、372。

229 题字：“XI. MCMXIX。[Ⅱ，1919：这个日期似乎指的是画这幅画的时间]这块如此美妙的石头肯定是一块哲人石，它比钻石坚硬。但它借助四种不同的品质扩展到空间中，四种品质分别是宽度、高度、深度和时间。因此它是隐形的，你能够在看不到它的情况下穿过它，四条水瓶座的溪流从石头中流出来。不会腐烂的种子存在于父亲和母亲之间，阻止他们的头相互碰到，它是对抗普累若麻的单子。”关于普累若麻，见下文522页。关于不会腐烂的种子，见Image 94中与哈的对话，340页，注157。

230 1918年6月3日，荣格的灵魂把腓利门描述成为地上的快乐：“魔鬼会在已经找到自己的人身上达成和解，这样的人是所有四条溪流的源泉，是承载源泉的大地。水从他的顶点向四方流去。他是孕育太阳的大海，他是载着太阳的高山，他是四条伟大溪流的父亲，他是将四个巨大的魔鬼结合在一起的十字架。他是虚无的不会腐烂的种子，偶然从空中落下。种子是开始，比其他所有的开始都早，比其他所有的结束都晚。”（《黑书7》，61页）这一段中的某些主题与这幅图有很多相连的地方。《黑书7》在1919年7月至1920年2月之间中断了，在这段时间中，荣格可能在写《心理类型》。他在2月23日的开篇写道：“中间的那些都出现在梦之书中，甚至比《红书》中图片的内容还多。”（88页）在《梦》中，荣格记下的这段时期的梦大约有八个，还有1919年8月夜间的一个幻象，出现两个天使，一个透明的黑色块体和一位年轻的女性。这表示象征的过程继续出现在《花体字抄本》的绘画中，而在《新书》或《黑书》中没有直接交叉引用。1935年，荣格在为中世纪炼金术象征的心理学诠释所写的序言中，把哲人石，即炼金术作品中的目标，视为原我的象征（《心理学与炼金术》，《荣格全集第12卷》）。

4 dec. mcmxix.
diesz is die hintere seite d. kleinods. wo im steine is, hat dies schatt. diesz is atmavictu, d. alte, nachd. er sich aus d.
schöpfg zurückgezog. hat. er kehrte zurück in die endlose geschichte, allwo er sein anfang genom. er
wurde wiederum z. stein u. rest, nachd. er seine schöpfg vollendet hatte. in izdubar hat er d. mensch
überwachs. u. aus ihm ΦΙΛΗΜΩΝ u. ΚΑ befreit. ΦΙΛΗΜΩΝ gab d. stein, ΚΑ das Θ.

[Image 122][231, 232]

231 题字："12月4日，MCMXIX。[1919年12月4日：这个日期似乎指的是画这幅画的时间]这是宝石的背面。石头中的人有个阴影。这是阿特马维克图，他很老，随后他离开创造性。他已经返回到无尽的历史中，他在这里开始。他已经再次变成石头的残渣，并完成自己的创造。他已经长成吉尔伽美什的样子，把腓利门和卡从自己身上释放出来。腓利门把⊙给予石头和卡。"最后一个角色应该是相对于太阳的占星学象征。

232 关于阿特马维克图，见Image 117的注。1917年5月20日，腓利门说："因为阿特马维克图，我犯下错误，变成人类。我的名字是吉尔伽美什吗？我只是靠近他，他却使我瘫痪，把我变成恶龙的蛇。幸运的是我认识到了自己的错误，火将蛇吞噬。因此腓利门开始出现，我的形式是外表，以前我的外表是形式。"（《黑书7》，195页）。在《回忆·梦·反思》中，荣格写道："后来，腓利门因另一个形象而变得相对化，我称他为卡（Ka）。在古埃及，'国王的卡'是其在尘世中的形式，是具象的灵魂。在我的幻觉中，卡的灵魂来自下方，从大地中出来，就像从深井中出来。我把他画了下来，呈现出他在尘世的形式，制作成一座石头底座和铜顶的方碑，上方画的是翠鸟的翅膀，两翼之间飘浮着卡的头颅，闪着恒星云的光。卡的表情里有邪恶的东西，也可以说是墨菲斯托菲里斯的表情。他一手拿着一个彩色的塔或是一个圣骨盒，另一手则拿着一支铁笔，并在圣骨盒上刻画。他说：'是我把神埋入金子和宝石中。'腓利门跛了一只脚，但却是一个长着翅膀的精灵，尽管卡代表的是一只地魔或金属魔鬼。而腓利门是精神的一面，即'意义'。而卡却是自然的精神，就像希腊炼金术中的安提罗巴里恩（Anthroparion）一样，而那时候我还不熟悉炼金术。卡使一切变成真实，但他也是翠鸟精神，即意义，变得难以理解，或者用美丽，即'永恒的思考'替代它。多年之后，我通过对炼金术的研究能够整合这两个形象了。"（209～210页）华理士·巴奇指出："卡是一种抽象的个性或人格，拥有属于人的形式和特征，尽管它通常居住的地方是身体内的坟墓，但它可以随心所欲地到处游荡，它独立于个人，它能够到达和居住在人的任何状态中。"（《埃及死亡之书》，lxv页）1928年，荣格评论道："在一个更高的发展水平上，在这里，灵魂的思想已经存在，不是所有的意象都继续被投射出去……但其中一个或其他的情结已经足够接近意识，不再被视为异类，而在某种程度上被视为属于自己的东西。尽管如此，归属感最初并不足以强大到使情结能够感知为一种主观意识内容的程度，情结仍然留在意识和无意识之间某种无人区，处在半阴影中，部分属于或类似于意识主体，部分是一种自动化的存在，并以这样的方式与意识相遇。在所有情况中，它并不必遵从主观的意图，它甚至可能是更高的秩序，通常不只是一种启发或警醒或超自然信息的源泉。从心理学的角度上看，这样的内容可以被解释为一种部分的自动情结，还未得到充分的整合。这些原始的灵魂皆是这种类型的情结，例如埃及的巴与卡。"（"自我与无意识的关系"，《荣格全集第7卷》，§295）。在1955/1956年，荣格把炼金术中的安提罗巴里恩描述为："一类顽皮的丑小鬼，就像献身精神[πνενμα παρεδρον]，家族精神一样，支持他工作中的熟练性，协助医生治疗"（《神秘结合》，《荣格全集第14卷》，§304）。安提罗巴里恩被视为炼金术中金属的象征（"儿童原型的心理学"，《荣格全集第9卷》Ⅰ，§268），并出现在佐西默斯的幻象中（《荣格全集第13卷》，60至62页）。荣格所提到的关于卡的画还未面世。卡在1917年10月22日出现在荣格的幻想中，他在幻想中介绍自己是哈的另一面，是他的灵魂。是卡把如尼文和较低下的智慧教给哈（见注155，333页）。他的眼睛是纯金，他的身体是黑铁。他告诉荣格和荣格的灵魂，他们需要他的秘密，这是所有魔法的精髓。这便是爱。腓利门说卡是腓利门的阴影（《黑书7》，25页ff）。11月20日，卡把腓利门称为他的阴影，他的使者。卡说他是永恒且一直存在，而腓利门是无常且会死去（34页）。1918年2月10日，卡说他已经为诸神建造一座像监狱和坟墓一样的神庙（39页）。卡在《黑书7》中占有非常重要的位置，直到1923年。在这段时期，荣格试图理解卡、腓利门和其他形象的连接，并与他们建立正确的关系。1920年10月15日，荣格与康斯坦斯·龙讨论到一幅未知作者的画，而他是康斯坦斯的分析师。康斯坦斯笔记中的一些评论揭示出荣格对腓利门与卡之间关系的理解："这两个形象都是人格化的主导性'父亲'。一个是创造性的父亲卡，另一个是产生形式和律法的腓利门（形式化的本能）。卡等同于狄奥尼索斯，腓利门等同于阿波罗。腓利门赋予事物带有集体无意识元素的构想……腓利门产生思想（或许是神），但它一直飘着，遥远且模糊，因为所有他发明的东西都有翅膀。而卡产生具体的实物，被称为把神埋在金子和大理石中的卡，他还有一种把它们困在物质中的倾向，因此它们处在失去自己精神意义和埋在石头中的危险中。因此神庙可能就是神的坟墓，因为教堂已经变成基督的坟墓。教堂越发展，基督就越会死亡。卡肯定不会被允许产生更多的实物，你一定不能依赖实体，但如果产生的实物太少，那么生物便会飘起来。超越功能便是完整。不是这幅画，不是对它的理性化，而是全新且生机勃勃的创造性精神才是意识、智力和创造性交互的结果。卡是感觉，腓利门是直觉，他也超越人性，他是查拉图斯特拉，他说的东西极其强大和冰冷。（C. G. 荣格并没有把他对腓利门讲的话还有他的回答印出来）……卡和腓利门都比人类强大，他们是超人（分解他们的人在集体无意识中）。"（日记，康特韦医学图书馆，32～33页）

iv jan.
mcmxx.

dieß is d. hl. wassergieß. aus d. blum / die d. leibe d. drach entsprieß / wachs. die kabir. al. is d. tempel.

[Image 123][233]

233 题字："1 月 4 日，MCMXX[1920 年 1 月 4 日：这个日期似乎指的是画这幅画的时间] 这是洒水圣者。卡皮里从长在恶龙身上的花中生长出来。上方是神庙。"

Drei prophezeyungen·cap·xviii·

[HI 124][234]

第十八章 三个预言

奇妙的事物越来越近。我呼唤我的灵魂，请求她潜入洪水中，我能够听到远方洪水的咆哮。这件事情发生在 1914 年 2 月 22 日，我在《黑书》中已经记录了下来。她像一颗子弹一样坠入黑暗之中，深处传来她的声音："你会接受我带上来的东西吗？"

我："我会接受任何你给我的东西。我没有权利评判或拒绝。"

灵魂："那你听着。这里有一套古老的盔甲和我们的父辈们遗落的生锈的装备，能够杀人的皮革饰物还挂在上面，还有被蠕虫咬过的长矛杆、卷曲的矛尖、折断的箭、腐烂的盾、头骨、人和马的骨头、古老的大炮、弩炮、碎裂的火把、破碎的突击装甲、石矛、石棒、尖锐的骨头、有缺口的尖牙，过去的战争已经把地球变成垃圾场。你接受所有这些吗？"

我："我接受，我的灵魂，你更了解我。"

灵魂："我找到漆过的石头，刻有魔法符号的骨头，皮带和小铅盘上的咒语，装满牙齿、头发和指甲盖的脏袋子，木材堆在一起，黑色的球，腐烂的兽皮，所有这些迷信的东西都来自黑暗的史前社会。你接受所有这些吗？"

我："我接受，我怎么能够拒绝任何东西呢？"

234 在《黑书 4》中，荣格写道："之后，我像一个紧张的人一样向前走，希望一些他之前从来没有想象到过的新事物能够出现。我聆听深处，受到警告，得到指导，无所畏惧，向外追求一个完整的人生。"（42 页）

灵魂："但我找到了更糟的东西——杀害兄弟的人、懦弱凡人的打击、折磨、用孩子献祭、种族灭绝、纵火、背叛、战争、叛乱，你也接受这些吗？"

我："如果必须接受，我也会接受。我怎么能够评判呢？"

灵魂："我找到传染病、自然的灾难、沉船、被夷平的城市、可怕的野蛮行为、饥荒、人性的卑劣、排山倒海的恐惧。"

我："我会接受这些，因为这是你给的。"

灵魂："我找到所有过去文化的宝藏、壮观的神像、宽阔的神庙、绘画，纸草书卷、写有过去文字的羊皮卷、充满已经消失的智慧的书籍、古代祭司的圣诗和圣歌、千万年以来口口相传的故事。"

我："这是一个完整的世界，我无法理解它的内容。我如何接受它呢？"

灵魂："但你想要接受一切？你不了解自己的局限。你不为自己设限吗？"

我："我必须为自己设限。谁能够掌握这么多的内容？"

灵魂："要知足，并谦卑地耕耘自己的花园。"[235]

我："我会的。我明白征服更多无限的东西是不值得的，而应该选择较小的取而代之。一个美好的小花园胜于一个丑陋的大花园。在面对无限的时候，大花园和小花园都是小的，但却受到不同的照料。"

灵魂："拿起修枝剪，修剪树枝去吧。"

[2] 从大地之子带来的泛滥的黑暗中，我的灵魂把指向未来的古老事物给了我。她给我三种东西：战争的残酷、魔法的黑暗和宗教的礼物。

如果你是聪明人，那么你会发现这三种东西是一体的。这三种东西意味着混乱的释放和它的力量，就像它们也意味着混乱的捆绑。战争很显眼，每个人都能看到。魔法是黑暗的，没有人能够看到。宗教也将到来，而它会变得显眼。你认为这些残酷战争的恐惧会降临在我们身上吗？你相信魔法的存在吗？你想过会有一个新的宗教吗？我在漫漫长夜中坐着，预测有什么会到来，我在颤抖。你相信我吗？我不太关心这个。我应该相信什么？我不应该信什么？我看着，颤抖着。

但我的精神无法理解骇人听闻的内容，无法构思出来者的范围。我渴望的力

235 引自伏尔泰的《康第德》："一切说得都很好，但我们必须耕耘自己的花园"（《康第德和其他故事集》，R. 皮尔森译，[牛津：牛津大学出版社，1759/1998]，392 ~ 393 页）。荣格的书房中有一尊伏尔泰的半身像。

量变得越来越弱，无力使丰收的大地沉陷。我感到前方有最恐怖的时代作品带来的压力，我看到它在那里，情况如何，但没有语言能够理解它，没有意志能够征服它。我也无计可施，让它再次沉入深度之中。

我不能把它交给你，我只能讲出来者的路。很少有善从外界来到你身上，来到你身上的本来就在自己身上存在。但是什么在那里！我宁愿移开自己的视线，塞住耳朵和拒绝所有感觉，我宁愿成为你们中的一员，一无所知，从来不去看任何东西。它是太多和太出乎意料。但我看到过它，我的记忆不会放过我。[236] 而我切断自己的渴望，我想把它延伸到未来，我返回到自己的小花园中，现在这里有花开放，我能够测量出它的范围。我应该悉心照料它。

未来应该留给未来的那些人。我回到小而真实的花园中，因为这是最好的道路，这是来者之路。我回到平凡的现实中，回到我无法拒绝的和最渺小的存在。我拿起一把刀，开始审理一切没有标尺和目标的成长。森林已经在我周围长起来，蜿蜒的植物爬到我的身上，我完全被数不清的枝蔓覆盖住了。深处深不见底，它们产生一切。拥有一切也是一无所有。保留一点点，那么你就拥有一些。认识并了解你的野心和你的贪婪，而收集 / 你的渴望、耕耘它、理解它、使它变 124/126
得有用、影响它、控制它、命令它和赋予它诠释与意义，这些都是过分的表现。

这是精神错乱，就像超越自己的边界一样。你怎么能够拥有不是你自己的自己？你真的想强迫所有不在你的知识和理解范围之内的事物？记住，你只能了解你自己，做到这一点就足够了。而你却无法了解他人和其他的一切。知道什么在你之外，否则你所推测的知识将会扼死那些能够了解自己的人。知者了解自己，这是他的限度。

带着痛苦，我一刀切断了我对超出自己理解范围的事物的伪装，从我为那些超出自己理解范围的事物所精心编织的解释循环中脱身。我的刀子切得更深，使我和我赋予自己的意义分离。我一直切至骨髓，直到所有的意义都离我远去，直到我不再是我以为的自己，直到我只知道自己的存在却不知道自己是谁。

我渴望贫乏和赤裸，我渴望赤身裸体地站在冷酷无情之前。我想成为自己的

236 《草稿》中继续写道："我如何弄清楚在接下来八百年，直到救世主开始自己的统治时，即将发生什么事情？我只能说会有来者。"（440 页）

身体和它的贫乏，我想从大地中来，活在它的律法中。我想成为自己的人兽，接受它所有的惊恐和欲望，我想体验一个衣衫褴褛的人站在艳阳高照的大地上的恸哭和幸运，他是自己的驱力和潜伏着的野兽的猎物，幽灵和远处诸神的尖叫令他害怕，他属于近处，而敌人在远处，他用石头擦出火，他的牲畜被无名的力量偷走，田地里的庄稼也遭到破坏，而他既不知道也认识不到，但他只依赖触手可及的东西生活，受到远处善意的接待。

他是一个孩子，不可靠，但充满肯定，脆弱却受到巨大力量的庇佑。在他的神不帮助他的时候，他可以求助其他神，如果这个也不帮助他，那么他可以斥责这一个。请注意：神多次帮助人。因此我抛弃一切满载意义的东西，一切压在我身上的混乱所带来的神圣和邪恶。实际上，我并不是去证明神、魔鬼和混乱的怪兽，我只是细心地喂养他们，小心翼翼地带着他们，算出他们的数量，给他们命名，使他们拥有对抗怀疑和疑惑的信仰。

一个自由的人知道只有自由的神和魔鬼才是自给自足的，才能有效地使用自己的力量。如果他们无法施加影响，而这是他们自己的职责，那么我就能够卸下这个重担。而如果他们能够施加影响，那么他们既不需要我的保护也不需要我的照顾，更不需要我的信仰。因此你需要静静地等待去看他们是否起作用。但如果他们起作用，会很聪明，因为老虎将比你强大。你必须摆脱一切，否则你将变成奴隶，哪怕你是神的奴隶。生命是自由的，可以选择自己的道路。已有太多的局限，所以不要再增加更多的限制。因此，我将一切的约束剥离，我站在这里，那里有谜一般的多彩世界。

一股恐惧向我逼近。我没有被捆紧吗？那个世界不是无限的吗？我开始意识到自己的弱点。如果没有对弱点的意识和无力时的恐惧，贫乏、赤裸和毫无准备是什么？因此我站在这里，十分恐惧。接着我的灵魂轻声对我说：

[Image 125][237]

237 这个场景中的景象类似于荣格小时候的一个清醒状态下的幻象，在这个幻象中，洪水将阿尔萨斯淹没。巴塞尔变成一个港口，停着帆船和一艘汽船，这是一座中世纪的小镇，镇上有带有炮楼的城堡和驻军，还有居民，还有一条运河。（《回忆·梦·反思》，100页）

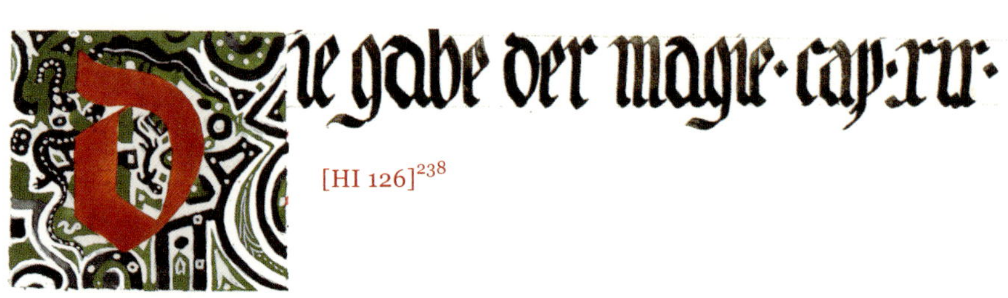

[HI 126][238]

第十九章　魔法的礼物

“你没有听到什么吗？”

我：“我没有意识到什么，我应该听什么？”

灵魂：“铃声。”

我：“铃声？什么？我什么都没听到。”

灵魂：“认真听。”

我：“左耳有些声响。意味着什么？”

灵魂：“厄运。”

我：“我接受你说的话。我想拥有幸运和厄运。”

灵魂：“那么，举起你的双手接收吧。”

我：“这是什么？一根小树枝，一条黑色的蛇？一根黑色的小树枝，像蛇一样，有两颗像眼睛一样的珍珠，颈部挂着一圈金环饰。它不像一根魔法的小树枝吗？”

灵魂：“它是一根魔法的小树枝。”

我：“我能用魔法做什么？这是一根带来厄运的魔法小树枝吗？魔法是厄运吗？”

灵魂：“是的，会给拥有它的人带来厄运。”

238　1914年1月23日。

我："很像古人说的话，我的灵魂，你真奇怪啊！我能用魔法做什么？"

灵魂："魔法会为你做很多事情。"

我："我想你在搅动我的欲望和误解。你知道人类从来没有停止对魔法和不劳而获之物的渴望。"

灵魂："魔法并不简单，它需要牺牲。"

我："它需要牺牲爱吗？或人性？如果是这样，把这根树枝拿回去吧。"

灵魂："不要鲁莽。魔法不要那种牺牲，它要的是另外一种牺牲。"

我："那是什么牺牲？"

灵魂："魔法想要的牺牲是慰藉。"

我："慰藉？我没有理解错吧？理解你是极其困难的。请告诉我，这是什么意思？"

灵魂："慰藉即牺牲。"

我："什么意思？是我给出慰藉还是我要牺牲自己收到的慰藉？"

灵魂："二者都有。"

我："我困惑了，无法理解这一点。"

灵魂："你必须为这根黑色的树枝牺牲慰藉，包括你给出的慰藉和你收到的慰藉。"

我："你是说我不应该收到我爱之人的慰藉？我也不应该给我爱之人慰藉？这意味着部分人性的丧失，取而代之的是人们称为对自己和别人苛刻。"[239]

灵魂："是这样的。"

我："那根树枝也要这样的牺牲吗？"

灵魂："它要的就是这样的牺牲。"

我："我能够，我被允许为这根树枝做出这样的牺牲吗？我为什么要接受这根树枝？"

灵魂："你要接受还是不接受？"

我："我不能说。我对这根黑色的树枝知道些什么？谁把它给我的？"

灵魂："是你前面的黑暗。这是下一个要到你身上的东西。你愿意接受它并为它做出牺牲吗？"

---

239 在《瞧，这个人》中，尼采写道："认识上的每个成就和每次进步都是鼓起勇气、磨炼自己和净化自我的结果。"（R. 赫林达勒译［哈蒙兹沃思：企鹅出版社，1979］，序 3，34 页）

amor triumphat.

[Image 127][240]

我："为黑暗做出牺牲很难，也即盲目的黑暗，这是多么大的牺牲啊！"

灵魂："自然，自然会提供慰藉吗？它接受慰藉吗？"

我："你讲的话很沉重。你想要什么孤独？"

灵魂："这是你的不幸和黑色树枝的力量。"

126/128 我："你讲的话是多么阴暗又充满预知啊！你在将冰冷的盔甲穿在我身上？/你用铁壳将我的心包住？我对生命的温度感到很欣慰。我会错过它吗？为了魔法？魔法是什么？"

灵魂："你不了解魔法。所以不要评判。你对什么感到愤怒？"

我："魔法！我可以对魔法做什么？我不相信它，我不能相信它。我感到很沮丧，我可能要为魔法牺牲自己大部分的人性？"

灵魂："我建议你不要与它作对，尤其是不能表现得这么明显，好像你打心底都不相信魔法一样。"

我："你很无情。但我不能相信魔法，或者我对它的认识完全是错误的。"

灵魂："是的，我从你的话中得到这个结论。排除盲目的评判和批判，你根本不了解它。你还要浪费数年的等待吗？"

我："别着急，我的科学还未被征服。"

灵魂："总有一天你会征服它！"

我："你问了很多，太多了。毕竟，科学对生命重要吗？科学是生命吗？有些人的生活没有科学。但是为魔法征服科学吗？这非常怪异和险恶。"

灵魂："你害怕了？你不想冒生命的危险？不是生命把这些问题呈现给你的吗？"

我："所有这些都让我茫然和困惑。你不能给我一些启发性的语言吗？"

灵魂："哦，这就是你渴望的慰藉？你想要树枝，还是不想要？"

我："你把我的心撕成碎片，我想要向生命屈服。但这是多么艰难啊！我想要那根黑色的树枝，因为它是黑暗给我的第一个东西。我不知道树枝意味着什

240 顶部题字："爱的征服"。底部题字："这幅图完成于1921年1月9日，一直持续9个月才画完。它表现的是某种说不出的悲伤，一种四位一体的献祭。我几乎可以选择不去画完它。这是不可阻挡的四功能之轮，是所有活体灌注在祭品上的精华。"四种功能分别是思维、情感、感觉和直觉，荣格在《心理类型》(1921)写到这些。1920年2月23日，荣格在《黑书7》中写道："在爱人和被爱的人之间充满神性，但彼此都是对方的难解之谜。那么谁能够理解神性？/但神生而孤独，源自个体的/神秘。生命和爱之间的分离来自孤独和亲密无间的冲突。"(88页)《黑书7》在1921年9月5日才继续往下写。1920年3月4日，荣格和自己的好朋友赫尔曼·希格到北非旅行，4月17日才回来。

么，也不知道它会给我什么，我只能感受到它带走什么。我想跪下来接收黑暗的信使。我已经收到黑色的树枝，我现在拿着它，我将这个谜一样的东西握在手中，它又冰凉又沉重，像铁块一样。蛇珍珠般的眼睛在盲目又闪耀地盯着我。神秘的礼物，你想要什么？所有过去世界的黑暗都蜂拥至你这里，你是一块又硬又黑的钢！你是时间和命运吗？自然的本质，坚硬且永远无法安慰的事物，还是所有神秘创造性力量的总和？原始的魔法文字似乎都来自你，神秘的效果在你周围晃来晃去，是什么强大的艺术蛰伏在你身上？你将难以忍受的紧张刺入我的身体，你将扮出什么怪相？你将创造出什么可怕的神秘？你会带来坏天气、风暴、寒冷和闪电，或者你会使大地丰收和保佑怀孕妇女身体健康吗？你存在的标志是什么？或者你不需要这个，你就是黑暗子宫的儿子？你是黑暗的凝结物和水晶，那么你对模糊的黑暗满意吗？我在自己灵魂的何处保护你？还是在我的心中？我的心要成为你的神殿，至圣所吗？我已经接受你了，请选一个地方吧。你带着的紧张感是多么具有毁灭性啊！这不是我的神经所折断的弓吗？我已经接受黑夜的信使。”

灵魂：“它里面有最强的魔法。”

我：“我感觉到它了，但却不能讲出可怕的力量赋予它的语言。我想笑，因为笑声已经改变很多，并只在那里解决。但笑声已经在我身上消失。树枝的魔法像铁一样坚硬，像死亡一样冰冷。我的灵魂啊，请原谅我，我并不想失去耐心，但似乎有什么东西将树枝带来的难以忍受的紧张感打破了。”

灵魂：“等一下，睁开你的眼睛，张开你的耳朵。”

我：“我在颤抖，不知道为什么。”

灵魂：“有时候人必须在最伟大的事物面前颤抖。”

我：“我的灵魂，我在未知的力量前俯首，我愿意为每一个未知的神献上一个祭坛。我必须屈服。我心中的黑铁给我神秘的力量。它像是蔑视，像是对人类的蔑视。”[241]

---

241 在《黑书 4》中，荣格写道：[灵魂]“驯化你的没有耐心。在这里，只有等待才能帮助你。”[我]“等待。我知道这个词。在赫拉克勒斯用肩膀扛起整个世界的重量时，他也发现了等待的困难。”[灵魂]“他必须等待阿特拉斯回来，要为苹果扛起世界的重量。”（60 页）这里指的是赫拉克勒斯的第十一个任务，在这次任务中，他要获得能够带来永生的金苹果。如果他能够暂时举起整个世界，阿特拉斯便将金苹果给他。

[2] 啊，黑暗的行动、侵害和谋杀！深渊生出得不到拯救的人。谁是我们的救世主？谁是我们的领导？穿过黑色垃圾的道路在哪里？神啊，不要抛弃我们！神啊，你在召唤什么？向你上方的黑暗举起双手，祈祷，绝望，扭动你的双手，跪下，把前额贴在尘土上，哭出来，但不要呼叫神的名字，不要看着神。神既无名也无形。无形之形是什么？无名之名呢？走上伟大的道路，抓住最近的东西。不要向外看，不要想，只是举起双手。黑暗的礼物充满谜语。道路已经为那些能够在谜中继续前行的人打开。向谜和无法理解的事物屈服，深不可测的深渊上架
128/130 有 / 光彩夺目的桥。但你要跟随谜语。

要忍受这些可怕的东西。它依然黑暗，可怕的东西继续在生长。被生出生命的洪流冲走吞噬，我们靠近强大又没有人性的力量，而它们正忙着创造来者。深处携带多少未来啊！不是这些线条绵延千年吗？[242] 保护谜语，把它们记在心中，温暖它们，孕育它们。那么你就拥有未来了。

未来的紧张感让我们难以忍受。它一定打开新的狭窄缝隙，它一定强行开出新路。你想甩开重担，你想逃离这些无法逃避的对象。逃离便是欺骗和绕道。闭上眼睛，这样你就看不到外在的多维、复杂、痛苦和诱惑。你的道路只有一条，这也是你唯一的拯救之道。你为什么四处寻求帮助？你相信帮助来自外在吗？来者将由你创造，皆来自你。因此要向内看自己。不要比较，不要度量，他人的道路和你的不一样，其他所有的道路都会欺骗和诱惑你。你必须完成自己的道路。

啊，所有的人和所有他们的道路都变得陌生。因此你必须在自己身上再次找到他们，认出他们的道路。多么脆弱！多么疑惑！多么恐惧！你将再也走不上自己的道路。为了避免巨大的孤独，你总是想把一只脚踏到不是自己的道路上！这样你就一直有母亲般的安慰！因此会有人感谢你、认出你，信任你、安慰你、鼓励你。因此会有人把你拉到他们的道路上，你在这里迷失了自己，你在这里比较容易把自己置于一旁。好像你不是自己一样！谁来完成你的任务？谁能带有你的美德和你的罪恶？你将走不到自己生命的终点，可怕的死者将残酷地围攻你，他们将活出你未活出的生活。一切必须完成！时间是根本，那么你为什么想要累积活过的生活，而让未活过的生活腐烂？

---

242 在希腊神话中，摩伊赖或三位命运女神，克罗托、拉刻西斯和阿特洛波斯织出并控制人类的生命线。在挪威神话中，诺伦三女神在世界之树尤克特拉希尔的根部织出命运之线。

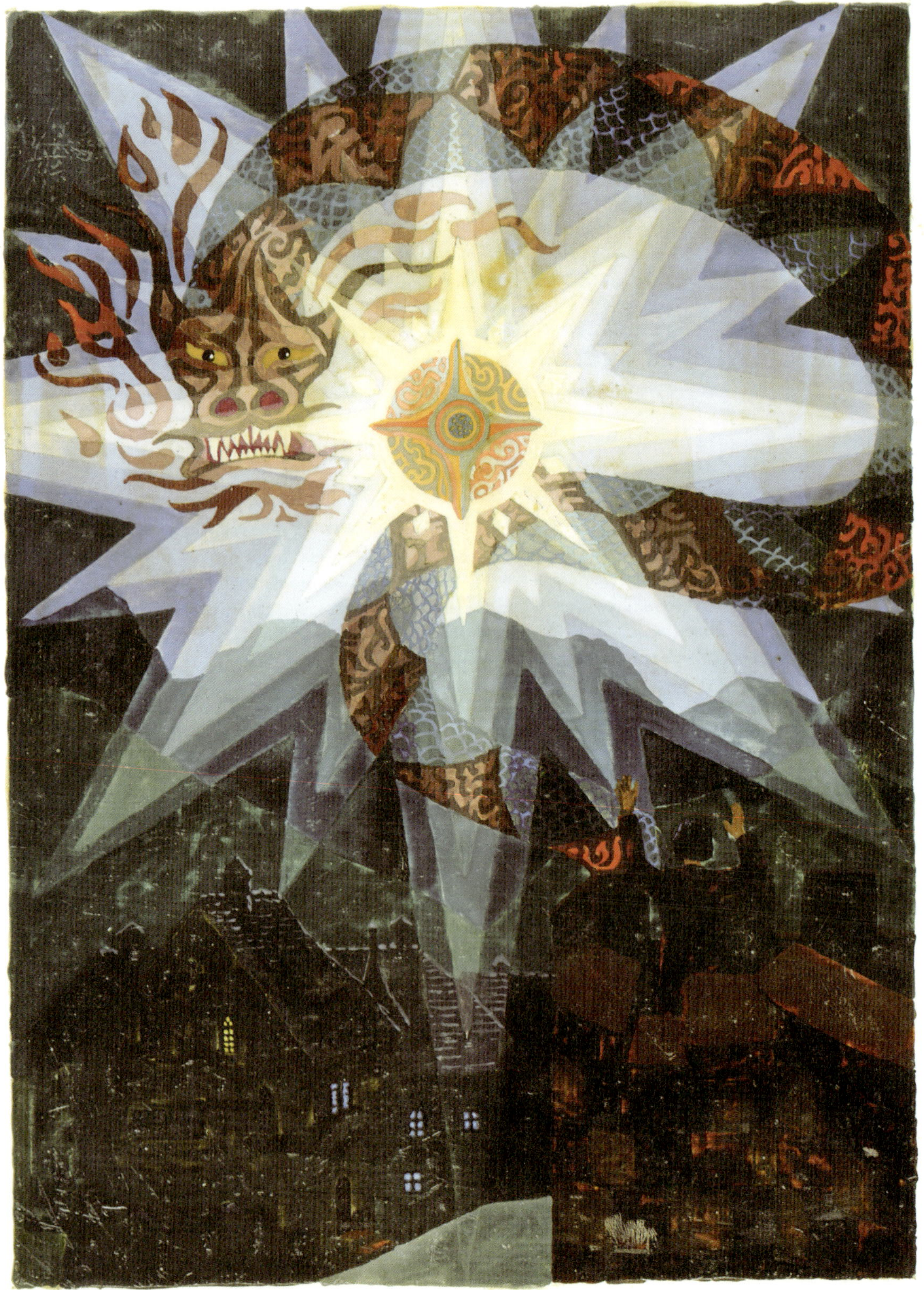

[Image 129]

道路的能量巨大。[243] 天堂和地狱在它这里长在一起，下方的力量和上方的力量在这里结合在一起。道路的本质是魔法，就像祈求和祈祷一样。[244] 如果它们出现在伟大的大路上，诅咒和行动都是魔法。人对人使用魔法，但你的魔法影响不到你的邻居，它最先影响到你，只有你承受得住，它才将隐形的力量从你身上传递给邻居。空中的它比我想象的还要多，但它不能被抓住。请听：

上方很强大，
下方很强大，
双重力量合一。
北方，到这来，
西方，偎依着，
东方，向上流，
南方，溢出来。

中间的风绑在十字架上，
极点被中间的点连接在一起。
阶梯从上到下。
沸水在锅中翻滚。
红热的灰烬遮盖着圆底。[245]
130/132 夜从上方沉入到蓝色的深处，地球从下方的黑暗中上升。/

孤独正在熬制具有治愈作用的药。
他为四种风奉献。
他向星星致意，触摸大地。
他手中托着发光的东西。

243 《草稿》中继续写道："道路的力量非常强大，足以带离他人并激发他们。你不知道这是如何发生的，因此你最好将这种效果称为魔法。"（453 页）

244 《草稿》中继续写道："正是由于它特有的本质，它的象征是蛇。"（453 页）

245 这里应该指的是魔法环，仪式在这里举行。

[Image 131]

花儿在他周围绽放，新春的福佑亲吻他的四肢。

鸟儿在他周围飞翔，森林中胆小的动物注视着他。

他远离人类，而人类命运之线从他手上经过。

你很多的调解都是为了他，因此他的药会熟，药力变强，治愈最深的伤。

为了你，他变得孤独，在天和地之间独自等待，因为大地会上升到他这里，天会下降到他这里。

所有人都还离得很远，站在黑暗之墙的背后。

但我能听到他的话，从很远的地方传入我的耳朵。

他选择的抄写员很差劲，听力有困难，抄写的时候也断断续续。

我没有认出孤独的他。他在说什么？他说："我为人类承受恐惧和痛苦。"

我挖出如尼文，人类从来没有接触过这种魔法的文字语言。文字已经变成阴影。

因此我拿起古老的魔法工具，热好药剂，把它们和秘密与古代的力量混在一起，这些东西聪明得超出人类的想象。

我慢慢炖所有人类思想和行为的根。

我在无数个星夜中盯着坩埚，锅内一直在酿造。我需要你的调解、你的下跪、你的绝望和你的耐心。我需要你最终和最高的渴望、你最纯粹的意愿、你最谦卑的征服。

孤独的人，你在等谁？你需要谁的帮助？没有人冲过来帮助你，因为所有人都在看着你，等着你治愈的艺术。

我们都完全无能，需要你更多的帮助。请给予我们帮助，这样我们才能去帮助你。

孤独者说："这种情况下，没有人支持我吗？我要为了你们能够帮助我而放下自己的工作去帮助你们吗？但如果我酿造的药未熟，药力不强，我如何帮助你们呢？我应该帮助你们。你们希望我帮助你们什么呢？"

来我们这里！你为什么站在那里熬制奇迹？你治愈性的和魔法的药剂能为我
132/134 们做什么？你相信治愈性的药剂吗？请看着生命，它多么需要你啊！ /

[Image 133]

孤独者说："愚蠢的人，你就不能盯着我一个小时，[246] 直到艰难和持久的成功完成和药煎熟吗？

再等一会儿，发酵便会完成，你为什么不能等？为什么你的不耐烦会破坏最高的作品？"

什么最高的作品？我们不是活人，冰冷和麻木已经将我们抓住。孤独的人，你的作品在极长时期内都不会完成，即使它每天都会有进展。

拯救的工作没有尽头。你为什么等待这项工作的尽头？即使你的等待会把你变成无尽岁月的石头，而你却无法忍耐到最终。而且如果你的拯救终结，那么你需要从自己的拯救中被再次拯救出来。

孤独者说："我听到的是多么油嘴滑舌的哀叹啊！牢骚啊！你们是多么愚蠢的怀疑论者啊！多么不真实的孩子啊！坚持住，一夜之后，它就能完成。"

我们不愿再多等一夜，我们已经坚持得够久了。一千夜对你来说只是一夜，你是神吗？为了我们，这一夜就像一千夜一样。放弃拯救的工作，我将会得救。你为我们拯救出多少时间？

孤独者说："你们这一群令人尴尬的人啊，你们这些神和牛的蠢蛋。我的混合物中仍然缺一块你们宝贵的血肉。我真的是你最珍贵的肉吗？它值得我为你们煮它吗？救世主为你们被钉在十字架上，救世主是真实的。他挡住我的道路，因此我既不愿意走上他的道路，也不会给你制造任何治愈性酿造的或永生的[247] 血药，但为了你，我宁愿扔掉药剂、药锅和秘术，因为你既不会等待，也不会容忍最终的完成。我抛弃你的调解、你的屈从和你的祈祷。你能够将自己从缺乏拯救和自己的拯救中救出来！你的价值上升到相当高的高度，因为救世主已经为你而死。请用每一个人的生活证明你的价值。我的神，为了人类放下未完成的工作是多么困难啊！但为了人类，我放弃成为救世主。看！我的药剂已经完成发酵。我没有把一块自己和液体搅在一起，但我切下一片人性，注视着它，它使灰暗的药剂泡沫变得纯净。

---

246 《马太福音》24 章 40 节中，基督批评他的门徒当他在客西马尼花园中祷告的时候没有保持一个小时的清醒状态。

247 荣格在《花体字抄本》的页边上写道："1922 年 11 月 29 日"。指的是这一部分被誊抄到《花体字抄本》上的时间。

[Image 135][248]

它尝起来是多么甜，多么苦啊！
下方很弱，
上方很弱，
救世主的外形变成双面。
北方，上升又离去，
西方，退回到你的地方，
东方，将自己铺开，
南方，逐渐消失。
134/136 中间的风松开被钉在十字架上的人。/

---

248 题字：“完成于 1922 年 11 月 25 日。火从穆斯皮利（Muspilli）中冒出来，蹿到生命之树上。一个循环已经完成，但这是在世界之蛋中的循环。一个奇怪的神，无名的孤独之神，在蛋中孵化。烟和灰产生新的生物。”在挪威神话中，穆斯皮利（或穆斯贝尔海姆 Muspelheim）是火神所在地。

两极已经被中点分开。
水平的是宽广的道路，有耐心的街道。
沸腾的锅变冷。

灰烬在地面之下变成灰色。
在黑色大地的下方，
夜将天空遮蔽。

白天即将到来，太阳远在云层之上。
没有孤独者在熬制治愈性的药。
四种风在吹和大笑。
他愚弄四种风。
他已经看到群星，触摸大地。
因此他的手紧抓住明亮的东西，
他的阴影已经长到天上。

[Image 136]

无法解释的事情已经发生。你很想抛弃自己，逃到每一个多样的可能性中。你非常想冒所有危险去为自己偷得多变的神秘。但道路没有尽头。

[HI 136][250]

第二十章　十字架的道路[249]

我看到黑色的蛇，[251] 它在顺着木十字架向上爬的时候受伤了。它爬进被钉在十字架上的人的体内，转化后从他的口中爬出，它已经变成白色。它盘在死者的头上，像皇冠一样，一道光在它头上闪过，太阳在东方升起。我站在那里观望，感到十分困惑，一个巨大的重担压在我的灵魂上。但白色的鸟站在我的肩膀上对我说：[252] “让雨下吧，让风吹吧，让水流吧，让火燃烧吧。让每一样东西都得到

249　荣格在《花体字抄本》的页边上写道：“1923 年 2 月 25 日，黑魔法变成白魔法。”

250　1914 年 1 月 27 日。

251　《草稿》中继续写道：“我道路上的蛇”（460 页）。

252　在《黑书 4》中，是他的灵魂在说话。在这一章和《审视》中，我们发现在《黑书》中，一些属于灵魂说的话变成其他角色来说。文本的改变标志着对角色进行区分的重要心理过程，将他们彼此分开，做出区分。1928 年，荣格在《自我与无意识的关系》第 7 章中大致讨论了这个过程：“分化自我和无意识人物的技术”（《荣格全集第 7 卷》）。在《黑书 6》中，荣格的灵魂在 1916 年向他解释说：“如果我没有通过结合上和下将自己结合起来，那么我将分裂成三部分：蛇，成为它或我漫游到其他动物形式上，有生命力的邪恶本质，激起恐惧和渴望。人类的灵魂，永远活在你身上。天上的灵魂，与诸神生活在一起，离你很远，你也不了解，会以鸟的形式出现。”（附录 C，576 页）荣格在《黑书》的这一章和《审视》中在文本上表现出灵魂、蛇和鸟的变化，可以被视为对灵魂的三重本质的认识和分化。荣格灵魂的统一性和多样性的概念和艾克哈特的相同。在“第 52 次布道”中，艾克哈特写道：“灵魂用她更高的力量碰触不朽，而不朽是神，用她更低的力量碰触时间，使她容易改变和偏向躯体的事物，使她降格”（《布道和论著》，第 2 卷，M. O’C. 沃尔什译 [伦敦：沃特金斯出版社，1981]，55 页）。在“第 85 次布道”中，他写道：“有三种东西阻止灵魂与神相结合。第一种是她过于分散，她不是单一的：因为在灵魂倾向于生物的时候，她不是单一的。第二种是在她卷入到世俗之物的时候。第三种是在她转向身体的时候，因为这时候她无法与神结合。”（《布道和论著》，第 2 卷，264 页）

发展，让变化有出现之日。”

[2]2. 实际上，这条道路通往被钉在十字架上的人，意味着要通过他，活出他自己的生命并不是一件小事，因此他被提升至非常重要的地位。他不是简单教导可以知道的或值得知道的知识，他活在其中。尚不清楚一个人要拥有多大的谦卑才能活出自己的生命。任何一个想要进入自己生命之中的人遭遇到的厌恶是无法测量的。反感使他生病，他使自己呕吐，他的内脏疼痛，他的大脑陷入疲乏。他想设计出诡计帮助他逃离，因为没有东西是一个人道路上所受折磨的对手。它异常艰难，难到没有什么能够胜过这种折磨。很多人因为自己的恐惧去爱别人。我也相信有些人为了和自己挑起争端而犯罪。因此我抓住阻挡我道路的一切不放。

3. [253] 走向自己的人，要爬下去。来到这个时代面前的伟大先知呈现出悲惨可笑的外形，这是他自己本质的形式。他不接受它们，在别人面前驱除它们。但最终，他被迫和自己的贫乏共进最后的晚餐，出于同情接受自己本质的形式。[254] 但这却激怒了强大的狮子，它追赶迷失者，并把他们囚禁在深度的黑暗中。[255] 像所有那些有力量的一样，伟大的救世主想要从太阳般的大山子宫中喷发而出。[256] 但他身上发生了什么？他的道路把他带到被钉在十字架上的人前面，他开始愤怒。他对人类的愚弄和痛苦感到愤怒，因为他自己本质的力量强迫跟随的正是基督已走的道路。而他大声宣扬自己的力量和伟大，没有人比他更大声地宣扬自己的力量和伟大，而大地在其脚下消失。最后，他身上最低下的部分出现，

---

253 《草稿》中继续写道：“‘为什么，’你问道，‘人类不想接触到自己吗？’领先于这个时代且处在愤怒中的先知针对这一点写了一本书，并为这本书取一个非常自豪的名字。这本书是关于人如何和为什么不愿意接触到自己的。”（461 页）这里指的是尼采的《查拉图斯特拉如是说》。

254 见“最后的晚餐”，《查拉图斯特拉如是说》，294 页 f。

255 在《查拉图斯特拉如是说》的最后一章，“脚步声”，当高人们在查拉图斯特拉的山洞口遇到他的时候：“那头狮子猛然惊起，突然转过身来，背向着查拉图斯特拉狂吼一声，朝山洞跳了过去。”荣格在 1926 年写道：“查拉图斯特拉般狮子的咆哮把所有‘高’人喧嚣的经验都赶回到无意识的洞穴中。因此他的生命并没有使我们相信他的教诲。”（“正常和病态心理生活的无意识”，《荣格全集第 7 卷》，§ 37）

256 尼采在《查拉图斯特拉如是说》的结尾写道：“查拉图斯特拉如是说，然后离开自己的山洞，就像早晨的太阳从乌云升起，热烈而强壮。”（336 页）

即他的无能，将他的精神钉在十字架上，正如他所预见到的那样，他的灵魂比躯体先死。[257]

4. 还未把最危险的武器对准自己的人不会上升，想要上升的人必须向下爬，再把自己吊回来，把自己拉到献祭的地方。但一个人在实现自己的外在可以看
136/137 到的成功之前必然会发生的事情是误入歧途，/ 他能够抓住自己的手。遭受的痛苦必然被带到人性上，直到人彻底放弃满足统治同胞的渴望和永远希望其他人要保持一致的想法。在人睁开自己的眼睛看自己的道路和把自己视为自己的敌人并意识到自己真正的成功之前，大量的鲜血会一直流淌。你应该能够自己生活，但不是以你的邻居为代价。兽群不是他兄弟的寄生物和宠物。人，你甚至忘记你自己也是动物。实际上，你依然相信生命在其他地方会更好。如果你的邻居也这么想，那么你们将大祸临头。但你必须确认他也这么想，你们不能再如此幼稚。

5. 你的渴望在自己身上自我满足。除了自己外，你再无其他珍贵的东西可以作为祭品献给你的神，你的贪婪会将你吞噬，因为这能够使它疲倦和平静，你将睡得很香，把每天升起的太阳当作礼物。如果你将其他东西和其他人吞噬，你的贪婪永远得不到满足，因为它会有更多渴望，渴望更多，最宝贵的，它的目标就是你。因此你迫使自己的欲望夺走自己的道路，你或许会要他人为你提供你需要的帮助和建议。但你不能再要求任何人，你对他人既不能有渴望也不能有期待，而只能对自己。因为你的渴望只能在自己身上得到满足。你很害怕点燃自己身上的火。或许没有什么能够阻止你这么做，既不是他人的同情，也不是你对自己更加危险的同情，因为你必须与自己一起生，一起死。

6. 当你的贪婪之火将你吞噬的时候，除了灰烬外，你什么都没有留下，因此你没有什么是固定不变的。但吞噬你的大火已经照亮很多事物。如果因充满恐惧而逃离自己的火，你会将自己的同胞烧焦，只要你不对自己有欲望，那么你的贪婪带来的痛苦折磨就不会消失。

---

257 在查拉图斯特拉的序言中，一个走钢丝的人从钢丝上掉下来，查拉图斯特拉对受伤的走钢丝的人说："你的灵魂会比你的身体先死，因此没有什么可以害怕的了！"（《查拉图斯特拉如是说》，§6，48；荣格在书中将这些词用下划线标出，22 页）。1926 年，荣格指出尼采所预言的就是自己的命运（"正常和病态心理生活的无意识"，《荣格全集第 7 卷》，§36-44）。

7. 是口讲出话语、符号和象征。如果语言是符号，它将毫无意义。但如果语言是象征，它就意味着一切。[258] 当道路进入死亡，我们被腐烂和恐怖包围着，道路升到黑暗中，以拯救的象征形式脱离口，也即话语。它带领太阳高升，因为在象征中，与黑暗进行斗争的被束缚的人类力量得到释放。我们的自由并不在我们之外，而是在我们身上。人可以被外在束缚，而如果人已经挣脱内在的束缚，那么他也会感觉到是自由的。当然，人可以使用强有力的行动获得外在的自由，但人只能通过象征创造内在的自由。

8. 象征是从口中说出的话，人不是在简单地讲话，而是将原我的深度用有力量和巨大需要的言语表达出来，出乎意料地把自己置于舌尖上。这是一个令人吃惊和似乎是非理性的世界，但人将其视为一种象征，因为它与意识心理不同。如果人能够接受象征，它就像一道门一样，通往的是一个新的房间，而人之前并不知道这个房间的存在。但如果人不接受这个象征，就像不经意地穿过这道门，而由于只有这道门通往内在的房间，那么人肯定再次回到大街上，将一切都暴露到外部。但灵魂有巨大的需要，因为外在的自由对它没有用处。拯救是一条通往很多道门的道路，而门是象征。每一道新门最初都是看不见的，而实际上，门 / 137/138
首先要被创造出来，因为只有人深挖春天的植物之根，即象征，门才会出现。

为了能找到曼德拉草，人需要黑色的狗，[259] 因为如果要创造象征，善和恶最初必然是结合在一起的。象征既不能被想象出来，也不会被发现：它自己成形。它的成形就像人在子宫中成形一样。怀孕来自自愿的性交，接着要经过积极的关注。但如果深处已经怀孕，那么象征将自发生长，并由理智生出，像神的孕育一样。但同样，妈妈会像怪兽一样扑向孩子，把它再次吞回去。

早晨，当太阳升起的时候，言语从我口中说出，但都被无情地谋杀掉，因为我不知道它就是救世主。如果我能够接受它，新生儿将会迅速成长，立即变成驾驭战车的人。言语是向导，中间的道路像天平上的指针一样容易摇摆。言语是每天早上从水中升起的神，向人们宣告指引性的律法。外在的律法和外在的智慧永

258 关于荣格对符号与象征的区分，见《心理类型》(1921，《荣格全集第 6 卷》，§814ff)。

259 曼德拉草是一种植物，它的根与人形有很多相似之处，因此它们经常被用到魔法仪式中。根据传说，在它们被从地下拔出来的时候，它们会尖叫。在“哲人树”(1945)，荣格论述到魔法的曼德拉草“当它们被绑在黑狗尾巴上拔出地面时，它们会尖叫”(《荣格全集第 13 卷》，§410)。

远是不够的，因为只有一种律法和一种智慧，即我日常的律法、日常的智慧。神在每天夜里更新自己。

神以多种伪装形象出现：因为在他出现的时候，他已经预设了黑夜的特质，夜晚之水的特质，而他夜晚便睡在这水中，在夜晚的最后时刻，他在水中努力更新。因此他有双重且模糊的表现形式，事实上，他甚至将心和理智撕开。在神出现的时候，他指示我向右走和向左走，声音从左右两侧同时传来。而神既不想我向左，也不想我向右，他想我走中间的道路。但中间通往的是最长的道路。

但人永远看不到这个起点，他总是只能看到这一条和并非那一条，或那一条和并非这一条，却看不到这一条本身也包含另一条。理智和意志静止地站在原点，这是一种悬浮的状态，会引起我的暴怒、我的反抗和最后我最大的恐惧。因为我什么都看不到，无法再继续等待。或者至少在我看来是这样。这条路上的一切都高度出奇地静止，而之前一切都在运动，这是一种盲目的等待，一种可疑的聆听和摸索。人们很确定它们即将爆发。但解决之道正是源自这种张力，它几乎总是出现在意想不到的地方。

但解决之道是什么？它总是一种古老的事物，也恰是一种新的事物，因为已经消失很久的事物再次回到一个改变后的世界上时，它便是新的。在新的时代产生古老的事物就是创造。这是新的创造，并将我拯救，拯救便是解决之道的任务，这个任务便是在新时代生出旧的事物。人性的灵魂就像黄道十二宫的巨轮，顺着道路向前滚动。一切都从低处向已有的高度不断地运动，轮上的每一部分都会再次回归。因此一切从前都再次流经这里，周而复始，因为所有这些都是人性天生的部分，它是不断向前往复运动的本质。[260] 只有无知的人对此感到奇怪，但意义并不在相同事物的永恒循环上，[261] 而是它在任何特定时间的循环创造方式中。

意义存在于这种方式中和循环创造的方向上。但我要如何创造自己驾驭战车的人？或者我想成为自己驾驭战车的人吗？我只能用意志和意图引导自己，但意志和意图仅是我的一部分，因此它们不足以表达出我的全部。意图是我的预见，意志是我想要的一个可以预见到的目标。但我要到哪里寻找目标？我以自己目前对它的了解对待它，因此我把现在放到未来的位置上。以这种 / 方式，尽管我无 138/139
法到达未来，但我却能够人为地制造一个永恒的现在。所有一切都将强行进入这个现在中，像骚乱一样袭击我，我试图将它赶走，这样我的意图才能保留下来。因此我停住了生命的进程。但如果没有意志和意图，我如何能够成为自己驾驭战车的人？因此聪明的人不愿意成为驾驭战车的人，因为他知道意志和意图肯定能够实现目标，但却破坏了未来的形成。

未来在我身上长出来，我没有创造它，但却又是我创造的它，但不是刻意和蓄意为之，而是违反意志和意图。如果我想要创造未来，那么我是在与自己的未来作对。如果我不想要创造出它，我又一次没有充分参与到未来的创造中，一切皆按照不可避免的规律发生，我却成为牺牲品。古人为强迫命运而设计出魔法，他们需要魔法决定外在的命运，我们需要魔法决定内在命运和找到我们无法想出的道路。我在很长一段时期内都在思考是什么类型的魔法，而最终我却一无所获。任何一个在自己身上找不到魔法的人应该变成一个学徒，因此我独自来到一个居住着一位魔法师的遥远国度，我很早就听说他的大名。

---

260 《草稿》中继续写道："一切永远是变化中的不变，因为车轮是在一条长长的道路上滚动。但道路要穿过山谷和高山。车轮的运动和车轮上每一部分永恒的循环是马车必不可少的部分，但意义在道路上。意义只能通过车轮不断的旋转和向前的运动获得。过去的循环是向前运动的固有特征。这些只会为难无知的人，因为无知的人使我们阻抗相同事物必要的循环，或贪婪驱使车轮拉我们向上和偏离向上的运动，因为我们相信我们将借助这部分车轮一直上升到更高的地方。但我们无法再上升更高，而是下降到更深处，直到我们到达最底部。因此，请颂扬静止吧，因为它使你看到你没有被捆绑到伊克西翁的车轮上，而是和驾驭战车的人坐在一起，他将向你解释道路的含义。"（469 ~ 470 页）在希腊神话中，伊克西翁是战神阿瑞斯的儿子，他试图诱惑赫拉，因此宙斯将他绑在不停地旋转的火热车轮上。

261 很多传统中都有一切都在循环的概念，例如斯多噶学派和毕达哥拉斯学派，在尼采的作品中，这一特征非常明显。在对尼采的研究中，这一点是否应该从根本上被理解为一种保证生命持续的伦理准则还是一种宇宙学说已经引起巨大的争论。见卡尔•洛维特，《尼采的相同事物永恒循环的学说》，J. 洛马克斯译（伯克利：加利福尼亚大学出版社，1997）。荣格在 1934 年讨论到这一点（《尼采的查拉图斯特拉》，第 1 卷，191 ~ 192 页）。

er zauberer·cap:xxi·

[HI 139][263]

第二十一章　魔法师[262]

{1}[1] 经过很长一段的寻找之后，我在乡间发现一座小房子，房前种有一大片郁金香。魔法师腓利门 [ΦΙΛΗΜΩΝ] 和他的妻子博西斯 [BAYKI∑] 居住在这里，腓利门是一位魔法师，并未试图驱逐晚年，而是活出晚年的尊严，他的妻子也是如此。[264] 他们的兴趣似乎已经变得很窄，甚至有些幼稚。他们用水浇生长着

262 《手写的草稿》中被替换为："第十次冒险"（1061 页）。

263 1914 年 1 月 27 日。

264 奥维德在《变形记》中讲述了腓利门和博西斯的故事。朱庇特和墨丘利伪装成凡人在佛里吉亚的乡村中流浪，他们在寻找可以休息的地方，但一千户家庭都将他们拒之门外。一对老夫妇最终收留了他们，这对夫妇年轻的时候在这个村子里结婚，并一直住在这里到老，他们很坦然接受自己的贫穷。他们为客人们准备晚饭，在吃饭的过程中，这对夫妇看到酒壶中的酒喝完以后会自动加满。为了招待两位客人，他们决定杀掉自己家唯一的鹅。鹅向神寻求庇护，它说自己不应该被杀掉。朱庇特和墨丘利向他们表明自己的身份，并告诉这对夫妇他们的邻居们要受到惩罚，而他们将得到赦免。他们邀请这对夫妇和他们一起爬到山上，在他们到达山顶的时候，这对夫妇看到他们茅屋周围的乡村已经被洪水摧毁，只有他们的茅屋还在那里，而且已经变成有大理石柱和金顶的神庙。两位神问这对夫妇想要做什么，腓利门回答说他们想要成为祭司，在二位神的圣殿中侍奉，并且希望他们能够同时去世。他们的愿望得到了满足，在他们去世的时候，他们变成两棵长在一起的树。在歌德的《浮士德》第 2 场，第 5 幕中，腓利门和博西斯以前救过的一位流浪汉来拜访他们。而浮士德在海水退去的地方建造一座城市，浮士德告诉墨菲斯托菲里斯说他想移开腓利门和博西斯。墨菲斯托菲里斯和三位巨人便去将茅屋烧毁，还有住在茅屋中的腓利门和博西斯。浮士德狡辩说他只想把他们转到另外一个地方住。歌德对艾克曼说："我的腓利门和博西斯……与古代那位闻名的夫妇或与他们相连的传统无关。我为他们命这样的名字仅仅是为了提升角色的地位，人物和他们的关系与之相类似，因此使用相同的名字会带来好的效果。"（1831 年 6 月 6 日，引自歌德，《浮士德》，W. 阿尔恩特 [纽约：诺顿评注版，1976]，428 页）1955 年 6 月 7 日，荣格在一封写给爱丽丝·拉斐尔的信中提到歌德对艾克曼所说的话："关于腓利门和博西斯：歌德对艾克曼的典型回答在试图掩饰他的痕迹。腓利门（腓利玛 [Φιλημα]= 吻），有爱心的人，朴素有爱心的夫妇，接近大地，能够觉察到神，完全与超人浮士德相对立，而浮士德是魔鬼的产物。顺便提一句：在我波林根的塔楼上藏着一段题字：腓利门的圣殿—浮士德的忏悔（Philemonis sacrum Fausti poenitentia）。在我第一次遇到智慧老人这个原型的时候，我称他为腓利门。/ 在炼金术中，腓利门和博西斯象征术士或智者和神秘姐妹（佐西默斯 - 提奥塞贝雅，尼古拉斯·弗拉梅尔 - 派伦内尔，19 世纪的索斯先生和他女儿）和《无声之书》（约在 1677 年出版）中的那一对。"（拜内克图书馆，耶鲁大学）关于荣格的题字，也见他在 1928 年 1 月 2 日写给赫尔曼·凯瑟林的信（《荣格通信集》第 1 卷，49 页）。1942 年 1 月 5 日，荣格在写给保罗·施密特的信中写道："我已经把《浮士德》视为自己的遗产，而且是对腓利门和博西斯的称颂，他们与浮士德不同，浮士德是超人，是无情又凄凉的年代中诸神的主人。"（《荣格通信集》第 1 卷，309 ~ 310 页）

郁金香的地方，跟对方讲新绽放的花朵。他们的白天已经变成摇曳的苍白色，被过去照亮，只有来者的黑暗带来的一丝恐惧。

腓利门为什么是魔法师？[265] 他用魔法使自己不朽，超越生命吗？他可能仅仅职业是魔法师，而如今他已经退休，是个退休的魔法师。他热切的和创造性的驱力已经消失，现在他正安享完全无能的晚年，像一个年龄非常大的老人一样，只种植郁金香，在花园里浇花。魔法棒与摩西六书和七书[266]以及赫尔墨斯·特里斯美吉斯托斯 [ΕΡΜΗΣ ΤΡΙΣΜΕΓΙΣΤΥΣ][267] 的智慧也被收进柜子中。腓利门已经年迈，脑力减退。他依然能够为被施魔法的城堡带来福祉而念一些咒语，他会收到少量的现金或厨房的礼物作为回报。但并不确定这些咒语是否依然正确，以及自己是否理解咒语的含义。同样明显的是这与他念的咒语关系不大，/ 因为 139/140
牛群也可能是自己变好的。老腓利门走在花园中，驼着背，颤抖的手中提着洒水壶。博西斯站在厨房的窗前平静又面无表情地望着他，她已经看过这个意象成千上万次了，他每次看起来都越来越弱，越发虚弱，而她每次看到的内容都会少一些，因为她的视力在不断变弱。[268]

我站在花园的门口，他们还没有注意到我这个陌生人。"你好啊，老魔法师腓利门？"我向他打招呼。他没有听到我，似乎已经完全失聪。我跟着他，挽着他的胳膊。他转过头来，尴尬地跟我打招呼，不断地颤抖着。他的胡须和头发都是白色的，面部有皱纹，面部表情似乎在表达什么。他的眼睛发灰，显得很老，并闪烁着一切奇怪的东西，有些人会认为这是有生命力的东西。"我很好，陌生人，"他说，"但你来这里做什么呢？"

我："人们告诉我你会魔法，我对这非常感兴趣。您能跟我讲讲它吗？"

---

265 在《心理类型》(1921) 中，荣格在讨论浮士德的过程中写道："魔法师自己身上保留有原始异教徒的痕迹，他拥有仍然没有受到基督教分裂影响的品质，这意味着他可以接触到无意识，仍是一名异教徒，他们原始天真的状态中仍有对立，超越所有的罪，但如果被吸收到意识中，会产生恶与善，带有同样原始和随之出现的邪恶力量……因此他是一位破坏者，也是一位拯救者。因此这个形象最适合成为试图合一的象征携带者。"(《荣格全集第 6 卷》，§ 316)

266 这摩西六书和七书（不包含《圣经·旧约》的前五卷）由约翰·西贝尔在 1849 年出版，西贝尔认为这些书的内容源于《塔木德》。这些作品是卡巴拉派咒语的提纲，一直受到广泛的欢迎。

267 赫尔墨斯·特里斯美吉斯托斯这个形象是由赫尔墨斯和埃及的月神透特相结合而成。《秘义集成》来源于他，这部著作收集了大量基督教早期的炼金术和魔法文献，甚至被认为有更早期的文献。

268 在歌德的《浮士德》中，腓利门自己不断减弱的力量说："越来越老了，我都不能帮助别人 [筑堤了]，/ 而我以前能够充分做到，/ 在水退下去的时候，/ 我的力量也在衰退。"(L1，11087 ~ 11089 页)

腓："我能告诉你什么呢？没有什么可说的。"

我："老先生，请不要曲解我的意思。我很想学习。"

腓："你知道的肯定比我多。我能够教你什么？"

我："请您不吝赐教。我没有打算成为你的对手。我只是好奇您在做什么，您施的是什么魔法。"

腓："你想要什么？我过去曾经帮过这里的人，那时候他们生病又不堪一击。"

我："您具体做了些什么？"

腓："我做的很简单，就是同情。"

我："老先生，这个词听起来很可笑又很含糊。"

腓："怎么讲？"

我："这就意味着您要么通过表达怜悯，要么通过迷信、同情的方式帮助他们。"

腓："可以肯定的是二者都使用了。"

我："这就是你所有的魔法？"

腓："还有更多。"

我："请告诉我那是什么？"

腓："这与你无关。你非常傲慢又爱管闲事。"

我："请不要误解我的好奇心。我最近听到的一些关于魔法的事情唤起我对这件往事的兴趣，由于我听说您懂魔法，所以便前来拜访您。如果今天的大学依然教魔法，我会在那里学习，但最后的魔法大学也在很久之前被关闭了。而如今，教授对魔法一无所知。所以请您不要过于敏感和吝啬，请告诉我您的一些魔法吧。您肯定不想把这些秘法带到坟墓中吧？"

腓："你所做的就只有嘲笑。我为什么要告诉你？这一切都跟我一起埋葬会更好，总有一天会再被发掘出来。人类永远不会失去它，因为魔法会跟着我们每一个人重生。"

我："您的意思是？您真的相信人天生就有魔法吗？"

腓："如果可以，我会说是的，当然如此。但你会觉得这很可笑。"

我："不，这时候我觉得不可笑，因为我经常对所有人类在一切时间和地点都有魔法风俗感到困惑。如您所见，我和您的想法一样。"

腓："你使用什么魔法？"

我："坦率地说，我不使用它，或几乎不用。对我而言，魔法是人类敌不过自然的一种无用工具。我在魔法中找不到其他实际的意义。”

腓：“估计你的教授所知道的也是如此。”

我：“是的，但您是怎么知道的？”

腓：“我不想说。”

我：“老先生，不要这么守口如瓶，否则我一定会认为您没有我知道的多。”

腓：“你喜欢就好。”

我：“您的回答表示您肯定比其他人懂得更多。”

腓：“可笑的朋友，你该有多顽固啊！但我欣赏的是你的理性没有阻碍到你。”

我：“的确如此。在我想学习和了解一些东西的时候，我都会放下我所谓的理性，把一切都集中到我正在试图理解的疑惑带来的好处上。我不断地学习这一点，因为如今科学的世界已经充满可怕的对立实例。”

腓：“在这一点上，你做得非常好。”/ 140/141

我：“希望如此。现在我们不要偏离魔法。”

腓：“如果你说你已经放下自己的理性，那你为什么如此坚定地要学习更多的魔法？或者你不思考一下理性一致性的部分吗？”

我：“我思考了，我看到了，或者对我而言，您就像是一位相当老练的诡辩家，熟练地带我绕房子一周，最终又回到门口。”

腓：“这似乎就是你的道路，因为你从自己理智的立场上评判一切。如果你抛下自己的理性片刻，你也将抛弃一致性。”

我：“这是一个非常困难的测试。但如果我想要擅长某些东西，我想我应该服从您的要求。好，我听您的。”

腓：“你想听到什么？”

我：“您并不打算把我赶走。我只是在等待您要说的任何东西。”

腓：“如果我什么都不说呢？”

我：“那么我会撤回某些尴尬的东西，认为腓利门是一个非常狡猾的狐狸，他肯定有什么可以教给我。”

腓：“照这么说，年轻人，你已经学到一些魔法。”

我：“我要慢慢咀嚼这些。我必须承认这一点有些让人吃惊。我以前设想魔法在某种程度上很与众不同。”

腓：“这表示你对魔法知之甚少，你也没有正确理解它。”

我：“如果是这样，或它就是这样，我必须承认我对这个问题的理解完全是错误的。我并没有按照正常的理解收集您所说的这些东西。”

腓：“魔法也不会这么做。”

我：“但完全没有妨碍我，相反，我十分想再听到更多的内容。到现在，我听到的基本上都是消极的内容。”

腓：“如果是这样，那么你已经认识到第二个重点。最重要的是，你必须知道人能够知道的就是魔法的消极内容。”

我：“亲爱的腓利门，这也是一块很难消化的知识，给我造成不小的痛苦。人能知道的消极是什么？我想你的意思是它无法被知道，是吗？这耗尽了我的理解力。”

腓：“这是第三个你一定要谨记的要点，也就是说，没有什么让你理解。”

我：“我必须承认这一点非常新颖而且奇怪。所有关于魔法的内容都不能被理解？”

腓：“正是。魔法就是一切无法理解的东西。”

我：“那么邪恶的人如何传授和学习魔法？”

腓：“魔法既不能传授也不能学习。想学习魔法的想法是非常愚蠢的。”

我：“那么魔法就是欺骗。”

腓：“小心，你又开始使用理性了。”

我：“没有理性很难生存。”

腓：“这真是魔法的困难之处。”

我：“如果是这样，这是一项艰难的工作。我认为这是一种完全没有习得理性的高手必然拥有的状态。”

腓：“我想这就是它的核心所在。”

我：“神啊，这太糟糕了。”

腓：“并没有你想象得那么糟糕。随着年龄的增长，理性会衰退，因为它是驱力的核心对立面，年轻时理性和驱力之间的张力比年老时大。你见过年轻的魔法师吗？”

我：“没有，魔法师的年龄都非常大。”

腓：“你看，正如我所言。”

我：“但高手的前景并不好，他必须等到变老后才能去体验魔法的神秘。”

腓：“如果他在此之前能够抛弃自己的理性，那么他很快就能体验到有用的部分。”

我："这似乎是一项危险的实验。如果没有额外的麻烦，人不会抛弃理性。"

腓："人也不能 / 简简单单地就成为魔法师。" 141/142

我："您布下可恶的陷阱。"

腓："你想要什么？这就是魔法。"

我："老魔鬼，您令我对非理性的老年艳羡不已。"

腓："很好，很好，一个年轻人想变成老人！为什么呢？他想学习魔法，却又不敢要，害怕以青春为代价。"

我："您撒开一道恐怖的网，老猎手。"

腓："或许你应该静静地等待多年，直到你的头发花白，理性已经在某种程度上松懈，再学习魔法。"

我："我不想听到您的嘲讽。我被您的网困住，已经非常愚蠢了，我无法理解您。"

腓："但愚蠢会出现在通往魔法的道路上。"

我："那么，您究竟想用自己的魔法获得什么？"

腓："你看，我还在活着。"

我："其他的老人也在活着。"

腓："是的，但你看到他们活得怎样？"

我："说实话，他们的生活并不乐观。而且，时间也在您身上留下了印记。"

腓："我知道。"

我："那么您的优势在哪里？"

腓："眼见不一定为实。"

我："眼睛没有看到的优势是什么呢？"

腓："我称之为魔法。"

我："您在绕一个邪恶的环。魔鬼比您做得更好。"

腓："这是魔法的另一个优势：魔鬼肯定比不上我。你开始理解魔法了，我会认为你有学习它的天分。"

我："谢谢您，腓利门，这就足够了。我感到头晕目眩。再见！"

我离开小花园走到大街上，人们聚在一起，偷偷地看我。我听到他们在我背后低声说："看，老腓利门的学生走来了。他和那个老人交谈很久，他已经学到东西，他知道那些秘密。要是我现在能做他所做的事情该多好。""闭嘴，你们这些傻瓜。”我想大声对他们说，但我没有，因为我不知道自己是否真的学到了东西。由于我一直保持沉默，他们越发相信我在腓利门那里学到了魔法。

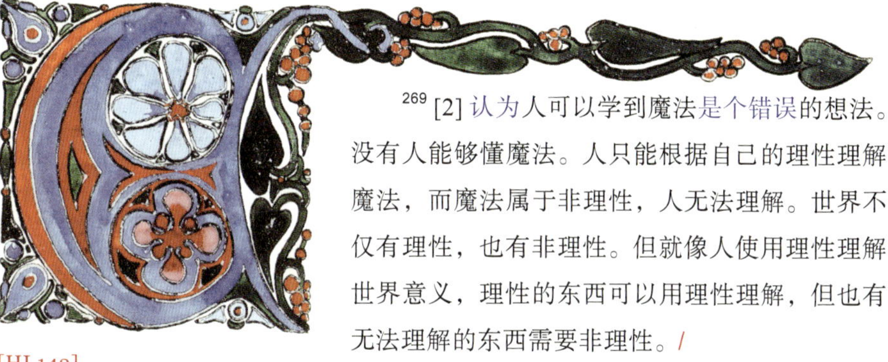

[269] [2] 认为人可以学到魔法是个错误的想法。没有人能够懂魔法。人只能根据自己的理性理解魔法，而魔法属于非理性，人无法理解。世界不仅有理性，也有非理性。但就像人使用理性理解世界意义，理性的东西可以用理性理解，但也有无法理解的东西需要非理性。/

142/143

[HI 142]

这是魔法和无法理解的相遇。魔法的理解就是人们所说的不理解，一切魔法的工作都是无法理解的，无法理解的工作通常是魔法的，人把无法理解的工作称为魔法。魔法总是包围着我，总是纠缠着我。它打开没有门的空间，带人进入没有出口的场所。魔法是善也是恶，既不是善也不是恶。魔法是危险的，因为它与非理性的困惑、诱惑和刺激相一致，我总是它第一位受害者。

有理性的地方，就不需要魔法。因此我们的时代不再需要魔法，只有那些没有理性的人才需要它替代自己理性的缺失。但把符合理性的东西和魔法放在一起是毫无道理的，因为它们彼此毫不相干，把它们结合在一起会使双方受损。因此所有缺少理性的人都正好落入过剩和忽视，因此这个时代中理性的人将永远不用魔法。[270]

但对于任何一个在自己身上打开混乱的人而言，这又是另一种状况。我们需要魔法才能够接收到或求助于信使和无法理解的交流。我认识到世界是由理性和非理性构成的，我们也明白我们的道路不仅需要理性，也需要非理性。理性和非理性的区别是随机的，依赖于理解的水平。但可以肯定的是有更大的世界在我们

269　荣格在《花体字抄本》的页边上写道：“1924 年 1 月”。指的是这一部分被誊抄到《花体字抄本》上的时间。这时候字体变大，字间距也变大。卡莉·拜恩斯在这个时候开始誊抄。

270　在《心理类型》（1921）中，荣格写道：“理性只能给理性已经成为一种平衡性器官的人带来平衡……作为一种法则，人需要他现实情况中的对立面迫使他找到中间的位置。”（《荣格全集第 6 卷》，§386）

的理解范围之外。我们必须同等重视无法理解和非理性，尽管它们并不一定是对等的，但无法理解的部分仅是当下无法理解，或许未来就与理性相一致了。但只要人无法理解它，它就是非理性的。只要无法理解的部分符合理性，人便试图成功地思考它，但只要它是非理性的，/ 人就需要魔法打开它。 143/144

魔法的实践就是用无法理解的方式把还未得到理解的东西变得可以理解。魔法的方式不是随机的，因为它将可以理解，但建立在无法理解的基础上。但说是基础并不正确，因为基础与理性相一致。没有人可以讲毫无基础的话，因为几乎没有什么可以多讲。魔法自己出现。如果人打开混乱，魔法也会出现。

人可以传授通往混乱的道路，但人不能传授魔法。人只能对此保持沉默，沉默似乎是学徒最应该做的。这个观点很费解，但这就是魔法。理性建立秩序和清晰，魔法造成混乱和浑浊。[271] 人非常需要理性，因为理性将无法理解的魔法转译成可以理解的内容，因为只有理性才能够创造出可以理解的内容。没有人说如何使用理性，但如果人试图表达出混乱的开端意味着什么，理性便出现。[272]

魔法是一种生活之道。如果人没有尽自己最大的努力驾驭战车，那么他将会发现实际上是一个更强大的他人在驾驭战车，那么魔法将会出现。没有人知道魔法带来的后果是什么，因为没有人能够预见它，魔法没有任何规律可依，也就是说，它是毫无规律地随机出现。但实际情况是，为了能够将一切转移到树的生长上，人必须完全接受它，不能拒绝它。愚蠢也是其中的一部分，每个人都会拥有很多，而且非常乏味，这可能是最大的麻烦事。

因此对于人自己和他人的生命健康而言，一定程度的孤独和孤立是不可避免的，否则人无法 / 充分地成为自己。生命中的放缓，就像静止不动一样，将无法避免。生命中这样的不确定或许将成为生命的最大负担，但我仍然必须把自己灵魂中相互冲突的两种力量结合在一起，并保持他们真正结合为婚姻直到生命的结束，因为魔法师是腓利门和他的妻子博西斯。我将基督身上分开的部分合在一 144/145

271 《草稿》中继续写道："因此魔法实践分成两个部分：第一部分是发展出对混乱的理解，第二部分是把本质转译为可以理解的内容。"（484 页）

272 《草稿》中继续写道："理性只有一小部分和魔法相同，它会伤害到你，你需要年龄和经验。年轻时急切的渴望和恐惧，还有其不可或缺的正直，都会破坏神与魔鬼神秘的相互作用。那么你将会很容易地被拉到这一边或那一边，你会失明和瘫痪。"（484 页）

起，通过他的例子进入其他人，因为我身上的一半越追求善，另一半就越往地狱去。

在双子月结束的时候，人对自己的影子说："你就是我。"因为以前他们的精神就像另一个人一样围绕在他们身边。接着两个人合一，这次碰撞爆发出巨大的能量，就像意识的源泉一样，人们称之为文化，并一直持续到基督时代的到来。[273] 但双鱼象征着已经结合的两者分裂的时刻，根据永恒的对立法则，它们分裂成地下和地上。如果力量停止生长，那么已经结合的两者变成对立。基督把下方的送入地狱，因为它在追求善，只能如此。但分离并不能一直保持下去，二者将再次结合，双鱼的月份很快就会过去。[274] 我们怀疑和理解成长需要两者，因为我们把善与恶放得很近。因为我们进入善太深，进入恶也就越深，因此我们将它们合在一起。[275]

我们因此失去方向，也不再有东西从山上流进山谷，而是从山谷中悄悄地长
145/146 到山上。我们无法阻止或隐藏的是我们的果实。流动的溪流变成湖泊或海洋，/
却没有出口，它的水只能像蒸汽一样上升到天空，又像雨一样从天上落下来。即使海已死亡，这里也是一片上升的地方。就像腓利门，他依然照料着自己的花园。我们的双手被绑在一起，每个人都必须静静地坐在自己的位置上。他无形地升入空中，又像雨一样落到遥远的地方。[276] 地上的雨不再是云。只有怀孕的女人

---

273 这里指的是占星学的概念，庇西斯（双鱼座）的柏拉图月或极长时期，源于分点岁差（precession of the equinoxes）。每一个柏拉图月都包含一条黄道带，大约持续 2300 年。荣格在《移涌》（1951，《荣格全集第 6 卷》，第 6 章）中讨论了与之相连的象征。他写到大约在公元前 7 世纪左右，出现过一次土星和木星的结合，象征对立两极的结合，这便将基督的出生置于庇西斯之下。庇西斯（拉丁文的意思是"鱼"）被认为是鱼的符号，通常代表两条相对而游的鱼。关于柏拉图月，见爱丽丝·豪厄尔著《占星学符号和时代中荣格共时性》（惠顿，伊利诺伊州，求索书店，1990），125 页 f。荣格在研究神话的过程中，自 1911 年开始研究占星术，学习算星座（荣格在 1911 年 5 月 8 日告诉弗洛伊德，《弗洛伊德与荣格通信集》，421 页）。在荣格研究占星术的历史资源中，他在后期的作品中九次引用到奥古斯特·布赫－勒克莱尔的《希腊占星术》（巴黎：厄尼斯特·勒鲁出版社，1899）。

274 这里指的是庇西斯（双鱼座）的柏拉图月约束和阿奎那（水瓶座）的柏拉图月开始。确切的时间不定。在《移涌》（1951）中，荣格写道："从占星学的角度上看，根据你所选的起始点，下个极长时期的起点将出现在公元 2000 年至 2200 年之间。"（《荣格全集第 9 卷》Ⅱ，§149，注 88）

275 在《移涌》中，荣格写道："如果双鱼的极长时期受'敌对的兄弟'的原型主题支配，那么很明显下一个柏拉图月即将到来，即阿奎那（水瓶座），它将集聚对立结合的问题。再也不能把恶仅仅写成善的缺乏，恶是真实的存在，将会被认识到。"（《荣格全集第 9 卷》Ⅱ，§142）

276 《草稿》中继续写道："冰雨始于基督。他教给人们通到天上的道路，他教给人们回到地上的道路。因此《福音书》中什么都没有被移除，反而得到了补充。"（486 页）

能够生育，而不是那些没有受孕的。[277]

但你要以自己之名向我暗示什么秘密呢，腓利门？你的确是一个有爱心的人，在所有人都拒绝在地上彷徨的神时，你收留了他们。你是那个毫不怀疑地留宿神的人，他们通过把你的房屋变成金色的神庙来感谢你，而同时用洪水吞没其他所有人。在混乱暴发的时

[HI 146]

候，你依然活着。在人们徒劳地呼唤神的时候，你已经在神的圣殿成为他的仆人。只有真正有爱心的人才能存活下来。但我们为什么看不到呢？神在什么时候显现的呢？正好是在博西斯想将唯一的鹅奉献给尊贵的客人时，鹅就是受祝福的愚蠢：这只动物逃到神那里，然后神便向两位倾尽所有招待他们的可怜主人显露自己的身份。因此我们看到有爱心的人存活下来，而腓利门便是那个并非刻意留宿神的人。[278]

腓利门，我真的没有看到你的茅屋就是神庙，而你腓利门和博西斯在圣殿中侍奉。/ 魔法的力量不允许它被传授和学习，人要么拥有它要么没有拥有它。 146/147
我现在知道了你最后一个秘密：你是一个有爱心的人。你成功地将已经分离的两端结合在一起，也就是将上和下结合在一起。我们不是已经知道这一点很久了吗？是的，我们知道，不，我们不知道。它一直如此，但它从未如此。如果腓利门要教给我多年以来的常识，为什么在我见到他之前要在这条长路上彷

277 《草稿》中继续写道："我们的追求集中在睿智和智慧的优势之上，因此我们全方面发展我们的聪明。但所有人身上大量固有的愚蠢内容却被抛弃和否认，如果我们接受自己身上的他者，那么我们也会激发自己本质中特定的愚蠢。愚蠢是人的一个奇怪的最爱，它有神圣的部分，却是世界上某些夸大的成分，这就是为什么愚蠢实际上很大。它挡住一切能够使我们有智慧的内容，它使一切本应该得到理解的事物无法理解。这种特定的愚蠢贯穿整个生命。某种程度的聋，某种程度的瞎，它引出必要的命运，使我们脱离正直和理性。就是它分离和孤立生命的混合种子，给我们一个清晰的善恶观，和什么是理性与非理性。但很多人的逻辑缺乏理性。"（487 页）

278 在这段话中，荣格引用的是《变形记》中对腓利门和博西斯的经典描述。

徨？啊，我们自古以来就知道一切，但在它被完成之前，我们将不会知道它。是谁耗尽爱的秘密？

[HI 147]

腓利门，你藏在哪个面具之下？在我看来，你并不是有爱心的人。但我的双眼已经睁开，我从你的灵魂中看到你是一个有爱心的人，焦虑又有戒心地守护着它的宝藏。有些人爱的是人，有些人爱的是人的灵魂，有些人爱自己的灵魂。腓利门便是这样的人，他是神的主人。

啊，腓利门，你躺在太阳下，像蛇一样盘成一团。你的智慧就是蛇的智慧，冰冷，带有一粒毒药，但很小的一点就能治愈。你的魔法使人瘫痪，因此也成就强大的人，他们把自己从自己身上撕开。但他们爱和感激你这个爱自己灵魂的人吗？或者他们会因为你魔法的蛇毒而诅咒你吗？他们离你很远，摇着头，低声说话。

147/148 腓利门，你还是一个凡人吗？或者 / 爱自己灵魂的人才是凡人？腓利门，你非常好客，你毫不怀疑地把肮脏的流浪汉接到自己的茅屋中。你的房子一间变成金色的神殿，我真的让你桌上的人不满意吗？你会给我什么？你邀请我一起进餐吗？你发出色彩斑斓又复杂的光，你没有给我这个猎物留地方。你逃离我的掌控，我找不到你。你还是一个凡人吗？你更像是蛇的同类。

我试图抓住你，把它从你身上扯下来，因为基督教徒已经学会去吞噬他们的神。在神身上发生的事情多久也会发生在人身上？我望着广袤的土地，听不到除哀泣声之外的任何声音，看不到除人们相互吞噬之外的任何景象。

腓利门，你不是基督徒。你没有让自己被吞噬，也没有吞噬我。由于这一点，因此你既没有演讲厅也没有柱厅可以供学生站着聆听老师讲话，像吸收生命的万灵药一样吸收老师的话语。你既不是基督徒，也不是异教徒，而是一个好客的不好客之人，诸神的主人，幸存者，永恒的人，所有永恒智慧的父亲。

但我真的让你不满意吗？不，我离开你，是因为我真的很满意。我吃了什么？你的话没有给我带来什么，你的话把我留给自己和我的疑惑，因此我吃掉自己。腓利门，正是因为这一点，你才不是基督徒，因为你自己滋养自己，而且强迫人也这么做。这让他们很不开心，因为没有什么比人畜自己更讨厌自己。正是因为这一点，它们会吃掉所有地上爬的、跳的、水中游的和天上飞的生物，是的，甚至包括它们自己的同类，直到它们开始一点一点地撕咬自己。但这种食物是有效的，瞬间就能吃饱。腓利门，正是因为这一点，我们才在你的餐桌前吃饱。

腓利门，你的方法非常具有指导性，你把我留在有益的黑暗中，我在这里什么都看不到，也听不到。你不是黑暗中闪烁的光，[279] 救世主没有建立永恒的真理，也没有熄灭 / 人类理解中的黑夜之光。你为他人的愚蠢和可笑留出空间，而 148/149
受祝福的人啊，你却不愿意从别人那里得到任何东西，而是在自己的花园中照料花朵。聪明的腓利门，我想在你有需要的时候，你也会向别人求助，而你会付出相应的代价。基督使人变得贪婪，永远只想从他们的救世主那里得到却不愿意以侍奉作为回报。付出既幼稚又有力量，付出的人都是强大的。付出的美德是披在暴君身上的天蓝色外衣。腓利门，你是一个有智慧的人。你想要自己的花园花开茂盛，因为一切都是从自己身上生长出来。

腓利门，我赞美你没有像救世主一样的行动，你不是跟在迷途羔羊之后的牧羊人，因为你相信人的尊严，人并不一定是羊。但如果人是羊，你会给他们羊的权利和尊严，这就是羊变成人的原因？也有很多真正的人。

腓利门，你知道未来事物的智慧，因此你是老人，非常古老的人，远远早我很多年，因此你在未来远远早于现在，而你过去的长度是无法测量的。你是传奇，难以企及。你以前是，将来也是周期性的回归。你的智慧是不可见的，你的真理是不可知的，因为它们在任何既定的年代里都是完全不真实的，而真相永存，但你倾泻出活水，因而你花园中的花得以绽放，这是星光闪烁的水，夜晚的露珠。

腓利门，你需要什么？在最微小的事情上你需要人类，因为你有的都是较大

279 与《约翰福音》1 章 5 节相反，基督在这里说的是："光照在黑暗中，黑暗不能胜过光。"

或最大的东西。基督已经将人宠坏，因为他告诉人类只有救世主才能拯救他们，也就是基督，神的儿子，从此人便一直要求从别人那里获得更大的东西，特别是
149/150 他们的拯救，如果一只羊 / 迷路了，那么它会指责牧羊人。腓利门，你是一位凡人，你证明人不是羊，因为你照顾着自己最伟大的东西，因此肥沃的水不断地从水罐中流到你的花园里。

[HI 150]

腓利门，你孤独吗？我看不到你周围的随从和同伴，只有你的另一半博西斯。你生活在花丛、树林和小鸟之间，却没有人类。你不用和人类居住在一起吗？你还是一个凡人吗？你不想从人类那里得到任何东西吗？你没有看到人类如何聚在一起，捏造关于你的流言和幼稚的童话故事吗？你不愿意走过去告诉他们说你是一个和他们一样的凡人，你也想爱他们吗？腓利门，你在笑？我理解。刚才我闯入你的花园中，想从你身上撕下我已经在自己身上理解到的内容。

腓利门，我明白了：我直接把你变成一个救世主，任自己被吞噬并与天赋绑在一起。这是人类所喜欢的，你想一想，他们依然都是基督徒。但他们想要的更多：他们要你保持不变，否则你便不再是他们的腓利门，如果他们找不到自己传奇的承载者，他们会伤心欲绝。因此如果你靠近他们，说你和他们一样是凡人，你想爱他们，他们会嘲笑你。如果你这么做，你便不再是腓利门。腓利门，他们需要你，但不是像他们一样遭受相同疾病折磨的另一个凡人。

150/151 腓利门，我明白你是一位真正 / 有爱心的人，因为你为了人爱自己的灵魂，因为他们需要一个活出自己和不为自己的生命而感激别人的王。因此他们想要拥有你，你满足人类的愿望，然后消失。你是神话的容器，如果你像一个凡人一样来到人间，那么你是在玷污自己，因为他们都会嘲笑你，称你为骗子和撒谎的

人，因为腓利门并不是一个凡人。

腓利门，我看到你脸上的皱纹：你也曾经年轻过，也想成为凡人中的一员。但基督教的动物们不爱你异教徒的人性，因为他们在你身上感觉到的是自己需要的东西。他们一直在寻找被打上烙印的人，当他们在某处抓到自由的他时，他们便将他锁进金笼子中，夺去他男性的力量，因此他变得瘫痪，沉默地坐在笼中。因此他们开始称颂他，为他设计神话。我知道他们将之称为崇拜。即使他们找不到真正的救世主，他们至少还拥有一个教皇，教皇的职责便是上演神圣的喜剧。但真正的救世主总是自我否定，因为他知道没有什么比一个人更高。

腓利门，你在笑？我理解你：像别人一样成为一个凡人使你烦恼。因为你真的渴望成为凡人，但你自绝于此，这样你至少可以为人类提供他们渴望从你身上得到的东西。因此，腓利门，我看到你没有和人类在一起，而是完全与花、树和鸟还有流水在一起，这样也不会玷污你的人性。对于花、树和草而言，你不是腓利门，而是一位凡人。但这是多么孤独，多么没有人性啊！/ 151/152

腓利门，你为什么在笑？我猜不透你。但我没有看到你花园中的蓝天吗？围绕着你的幸福影子是什么？是太阳在你周围孵化出的蓝色正午幽灵吗？

[HI 152]

腓利门，你在笑吗？啊，我明白了：你的人性已经完全褪去，但它的阴影在你身上升起。人性的阴影要比人性本身强大和快乐更多！这是死者的蓝色正午

阴影！啊，腓利门，你的人性在这里，你是死者的老师和朋友。他们站在你房屋
的影子中叹息，他们住在树枝下。他们喝下你的眼泪形成的露珠，他们用你善良
的心取暖，他们渴望你智慧的言语，你的声音能够满足他们，那是充满生命的声
音。腓利门，我在太阳高悬的正午看到你，你站在那里和一个蓝色的影子讲话，
血从它额头上流下来，严重的折磨使它变暗。腓利门，我可以猜到你正午的客人
是谁。[280] 我是多么盲目，多么愚蠢啊！腓利门，那就是你！但我是谁！我走上自
152/153 己的道路，不断摇头，人们盯着我，我保持沉默。啊，多么绝望的沉默啊！ /

花园的主人啊！我从远处看闪耀阳光下的黑树。我所走的街道通往人类居住的山谷。我是一个流浪汉，我依然保持沉默。

[HI 153]

杀死即将成为先知的人对人类是有帮助的。如果他们想要谋杀，那么他们将会杀死假先知。如果神依然保持沉默，那么每一个人都能听到自己的话。爱着人类的神仍保持沉默。只要假老师开始教导，人类便将假老师杀死，他们将会落入真理中，甚至是通往罪的道路上。只有在最黑暗的夜之后，白天才会到来。因此遮住这些光，保持沉默，这样夜晚才会变黑和安静。太阳不用我们的帮助就能升起。只有知道最黑暗的错误的人才知道光是什么。

280 见荣格在1916年6月1日的幻想，在这里腓利门的客人是基督（见下文，548页）。

花园的主人啊，你的魔法从遥远的树林中照射到我。我仰慕你欺骗性的遮盖物，你是所有鬼火的父亲。/ 153/154 [281]

[Image 154][282]

281 荣格在《花体字抄本》的页边上写道："《薄伽梵歌》有云：每当法律不彰，罪孽当道，我应挺身而出，为了拯救虔诚，为了消灭妖孽，为了建立律法，我生于每一个时代。为了拯救虔诚的人和摧毁邪恶，为了建立律法，我每年都会出生。"这段话源自《薄伽梵歌》第 4 章 7 ~ 8 行，克利须那神正在向阿朱那传授有关真理的本质。

282 图片中的文字："先知之父，敬爱的腓利门。"荣格后来在波林根塔楼的一间卧室的墙上画了这幅画的另一个版本。他又把《玫瑰园哲学》中的一段拉丁文写到画上，在这里，赫尔墨斯如此描述石头："保卫我，我将保卫你，给我权利，我才能够帮助你，因为太阳是我的，光和热都是我内部的一部分，但月亮也属于我，我的光胜过所有的光，我的善高于所有的善。我把财富和欢喜散发给那些有需要的人，我继续追求任何他们需要的东西，我使他们能够理解，我让他们拥有神圣的力量。我发出光，但我的本质是黑暗。除非我的金属变干，否则所有的躯体都需要我，因为我使他们湿润。我给他们除锈，提取他们的物质。因此我和我的儿子结合在一起，在整个世界，没有什么可以做得更好和更加光荣。"荣格在《心理学与炼金术》（1944，《荣格全集第 12 卷》，§§99，140，155）引用了这些内容。《玫瑰园哲学》最早在 1550 年出版，是一部最重要的欧洲炼金术文献，主要内容是制造哲人石，包含一系列象征性人物的木版画，是荣格在《移情心理学》、《诠释系列炼金术图片》和《写给医生和实践心理学家》（1946，《荣格全集第 16 卷》）中的原型素材。

[Image 155][283]

283 在“科莱女神的心理学”(1951)中，荣格以匿名的形式把这幅图描述为“xi，接着，她[阿尼玛]出现在教堂中，取代了祭坛的位置，她比真人要大，但罩着面纱”。他评论说：“梦 xi 中，阿尼玛重新回到基督教的教堂中，但不是以肖像的形式，而是祭坛本身。祭坛是献祭的地方，也是放置圣物的地方”(《荣格全集第 9 卷》Ⅰ，§369，380)。左侧是阿拉伯文字“女儿”。在图的边上有一段题字：“Dei sapientia in mysterio quae abscondita est quam praedestinavit ante secula in gloriam nostrum quam nemo principium huius secuti cognovit. Spiritus enim omnia scrutatur etiam profundo dei.”。出自《哥林多前书》2 章 7 ~ 10 节。(荣格删掉了“ante secula”前面的“Deus”。) 引用的部分在这里用斜体字标出：“我们所讲的，是从前隐藏的、神奥秘的智慧，就是神在万世以前，为我们的荣耀所预定的；这智慧，这世代执政的人没有一个知道，如果他们知道，就不会把荣耀的主钉在十字架上了。正如经上所记：‘神为爱他的人所预备的，是眼睛未曾见过，耳朵未曾听过，人心也未曾想到的。’但神却借着圣灵把这些向我们显明了，因为圣灵测透万事，连神深奥的事也测透了。”拱门另外一侧写的是：“Spiritus et sponsa dicunt veni et qui audit dicat veni et qui sitit veniat qui vult accipiat aquam vitae gratis.”。这段文字出自《启示录》22 章 17 节：“圣灵和新娘都说：‘来！’听见的人也要说：‘来！’口渴的人也要来！愿意的人都要白白接受生命的水！”拱门上方写的是：“万福玛利亚”(ave virgo virginum)。这是中世纪一首圣歌的名字。

我继续自己的道路，陪伴着我的是一片精心打磨的铁，在十种火中锻造，安全地藏在我的长袍中。我秘密地把锁子甲穿在我的外套之下。一夜之间，我开始喜欢蛇，解开它们的谜语。我坐在它们身旁路边的火热石头上，我知道如何巧妙又残酷地抓住它们，这些冰冷的魔鬼将毒牙刺入毫无防备的脚跟。我成为它们的朋友，为它们吹长笛，笛声温柔。但我是用闪亮的蛇皮装饰自己的洞穴。我走在道路上的时候，我遇到一块红色的石头，一条彩色的巨蛇盘在上面。由于我已经从腓利门那里学到魔法，我再次拿出自己的长笛，演奏一首甜美的魔曲，使她相信她就是我的灵魂。在她完全被迷住的时候，/{2}[1][284] 我对她说："我的姐妹，154/155
我的灵魂，你在说什么？"但她显得很高兴，接着心平气和地说："我让草长在你所做的一切之上。"

我："听起来令人欣慰，似乎不用再多说。"

灵魂："你想我多说点吗？你知道，我也可以很平庸，我自己对此很满意。"

我："这对我来说很难。我相信你离连接一切的彼岸很近，/ 彼岸最伟大且最 155/156[285]
不寻常。因此我认为平庸对你而言是陌生的。"

灵魂："平庸是我的基本要素。"

我："如果我这么说自己，就相对不那么令人震惊。"

灵魂："你越不普通，我就越能够普通。对我而言，这是真的缓解。我想你应该能够感觉到我今天不用自我折磨。"

我："我能感觉到，我担心你的树最终再也结不出果实。"

灵魂："已经开始担心了？不要这么傻，让我休息一下。"

我："我注意到你喜欢平庸的自己。但我亲爱的朋友，我不认为你是发自内心的，因为我现在比以前更了解你了。"

灵魂："你在变得熟悉，但我觉得你在失去尊重。"

我："你很沮丧？我想这不是我想要的。我已经充分地了解到哀愁和平庸的相似性。"

灵魂："那么，你没有注意到灵魂的到来走的就是蛇一般的道路？你没有看到白天变成黑夜有多快？水域和陆地怎能交换？所有的痉挛仅仅是毁灭性的？"

284 1914年1月29日。

285 从这里开始，荣格在《花体字抄本》中用红色和蓝色写首字母的情况开始变得较不一致，为了保持一致性，本书增添了一些新的内容。

我："我相信我已经看到这一切。我想躺在太阳下温暖的石头上一会儿，或许太阳会孵化我。"

但蛇悄悄地爬上来，柔软地盘在我的脚下，她伤到了自己。[286] 黄昏降临，夜晚已经到来。我对蛇说："我不知道你在说什么。所有的锅都在沸腾。"

[287] 蛇："正在备餐。"

我："我猜是最后的晚餐？"

蛇："所有人类的团结。"

我："我有一个可怕又甜美的想法：既成为客人，又成为桌上的食物。"[288]

蛇："这也是基督最高的快乐。"

我："多么神圣，多么罪恶，一切的热和冷都在朝对方流动！疯狂和理性想要结合，绵羊羔和豺狼平和地对视着。[289] 这是全部的肯定和否定。对立面相互包含，相互对视和混在一起。它们在痛苦的快乐中认识到合一。我的心中充满残酷的战斗，黑暗和明亮之河上的波浪对撞在一起，一浪盖过另一浪。我以前从未体验过。"

蛇："亲爱的，这是新的体验，至少对你而言。"

156/157 我："我想你是在愚弄我。我的泪和笑是合一的。[290]/ 我感觉到不再像其中任何一个，我非常紧张。爱已经升到天上，但其却不愿升到如此高。它们交缠在一起，不愿放开对方，因为过度的紧张似乎显示出终极和最高的情感可能性。"

蛇："你以情绪和哲学的方式表达自己。你知道人可以更加简洁地把这一切讲出来。例如，人们可以说你已经爱上所有从蠕虫通往特里斯坦和伊索尔德的道

---

286 这一句未出现在《黑书 4》中，这个声音在《黑书 4》中不是蛇发出的。

287 1914 年 1 月 31 日。

288 在《神秘结合》（1955/1956）中，荣格写道："如果被投射出来的冲突要得到治愈，它必须回到个体的灵魂中去，它在这里以无意识的方式拥有自己的起点。想要成为这次下沉的主人之人必须为自己准备一次最后的晚餐，吃掉自己的肉，喝下自己的血，这就意味着他必须认识和接受自己身上的他者。"（《荣格全集第 14 卷》，§512）

289 见《以赛亚书》11 章 6 节："豺狼必与绵羊羔同住，豹子要与山羊羔同卧，牛犊、幼狮和肥畜必同群；小孩子要牵引它们。"

290 荣格在《花体字抄本》的页边上写道："1925 年 8 月 14 日。"似乎指的是这一部分被誊抄到《花体字抄本》上的时间。荣格在 1925 年秋季前往非洲，与他同行的有彼得·拜恩斯和乔治·贝克威斯。他们在 10 月 15 日离开英格兰，1926 年 3 月 14 日返回到苏黎世。

路。”[291]

我："是的，我知道，但尽管如此——"

蛇："似乎宗教还在折磨你？你还需要多少个盾？不如直接说出来。"

我："我不会受你的迷惑的。"

蛇："那么道德呢？如今道德和不道德也已经合一了吗？"

我："我的姐妹和地府的魔鬼，你在愚弄我。但我必须说那两个交缠在一起升上天的也是善和恶。我没有开玩笑，我是在呻吟，因为快乐和痛苦在一起高声尖叫。"

蛇："你的理解力在哪里？你已经完全变愚蠢。尽管如此，你可以借助思维解决一切问题。"

我："我的理解力？我的思维？我再也没有理解力，我已无法再调用它。"

蛇："你否认自己以前相信的一切。你已经完全忘记自己是谁。你甚至否认浮士德，而他冷静地穿过所有幽灵。"

我："我再也达不到这个高度。我的精神也是一个幽灵。"

蛇："是的，我明白，你听从我的教诲。"

我："很不幸，确实如此，我从它痛苦的快乐中获益。"

蛇："你把自己的痛苦变成快乐。你很纠结，很盲目，忍受吧，愚蠢的人。"

我："我对这个不幸感到很开心。"

蛇变得愤怒，试图咬我的心脏，但我秘密的盔甲折断了她的毒牙。[292] 她很吃惊地缩回去，发出咝咝的声音："你表现得高深莫测。"

我："那是因为我已经学会了从左跨到右和从右跨到左的艺术，而其他人自古以来都会不加思考地这么做。"

蛇再次昂起头，好像突然 / 要把尾巴放进自己的口中，这样我就看不到那颗 157/158
折断的毒牙了。她骄傲又平静地说[293]："你都看到了吗？"但我笑着对她说："生命的曲折路线终究也无法摆脱我。"

---

291 12 世纪的一个关于康瓦耳骑士特里斯坦和爱尔兰王妃伊索尔德通奸的故事一直流传着多个版本，直到瓦格纳的歌剧，荣格把这个故事称为一种艺术性创造的幻想模型（"心理学和诗歌"，1930，《荣格全集第 15 卷》，§142）。

292 这一句未出现在《黑书 4》中。

293 这一句未出现在《黑书 4》中。

[HI 158]

[2] 真理和信仰在哪里？温暖的信任在哪里？你发现所有这些都落在人间，而非人与蛇之间，哪怕他们是蛇灵魂。但只要有爱的地方，都有蛇形的存在。基督把自己比成一条蛇，[294] 和他地狱的兄弟反基督，他自己才是老恶龙。[295] 出现在爱中又超越人性的东西具有蛇和鸟的本质，蛇经常对鸟施魔法，而鸟很少能够赢得过蛇，人在二者之间。你看来是鸟的，别人看来是蛇，而你看来是蛇的，别人看来是鸟，因此你遇到的他者只能是人形。如果你想要变化，那么鸟与蛇之间的战斗就会爆发。如果你只想存在，对于你和他人而言，你将成为一个人。正在变化的人属于沙漠或监狱，因为他超越常人。如果人想要改变，他们要表现得像动物一样。没有人能够救我们，让我们脱离变化的魔鬼，除非我们选择穿越地狱。

我为什么要表现得蛇就是我的灵魂一样？似乎只有一种可能，我的灵魂就是一条蛇。这个认识给我的灵魂带来一张新面孔，因此我决定对她施魔法，使她向我的力量屈服。蛇很有智慧，我想要我的蛇灵魂把她的智慧传给我。生命从来没有如此难以预料，一夜毫无目的的紧张，两者直接相克，只能成为其一。什么都没有移动，神没有移动，魔鬼也没有移动。因此我靠近躺在太阳下的蛇，她好

294 荣格在《力比多的转化与象征》（1912），《荣格全集 B》，§585 和《移涌》（1950），《荣格全集第 9 卷》Ⅱ §291 中对比评论了基督和蛇。

295 见《力比多的转化与象征》（1912），《荣格全集 B》，§585。

d. ix januarii año 1927 obiit Hermanos Sigg aet. s. 52 amicus meus -

[Image 159][296]

158/160 像没有在思考。看不到她的眼睛，因为她在闪耀的阳光下眨眼，/{3}[1] 我对她说[297]："现在神和魔鬼已经合一，将会怎样？他们会达成一致使生命静止吗？对立的冲突是生命无法逃避的状态吗？认识到和活在对立结合中的人是静止不动吗？他已经完全得到现实生命的这一侧，再也无法表现出好像自己属于这一侧又需要和另一侧进行战斗，他现在代表两侧，已经结束两侧之间的冲突。通过扛起生命的重担，他还需要得到它的力量吗？[298]

蛇转过身，没有好气地说："你真的让我很烦。对我而言，对立肯定是生命的一种要素。你可能已经注意到这一点，你的创新把这种力量的源泉从我身上剥离，我既不能用哀愁引诱你，也不能用平庸烦扰你。我有些困惑。"

我："如果你困惑，我要给你建议吗？我宁愿你潜入更深的地下，在那里，你可以前去问哈迪斯和圣者，或许他们可以给你建议。"

---

296 图片故事："1927 年 1 月 9 日，我的好友赫尔曼·希格去世，享年 52 岁。"荣格这样描述这幅图："中间是一朵发光的花，星星在它周围旋转。花的周围是有八道门的墙。整体构成一扇透明的窗户。"这幅曼荼罗来源于 1927 年 1 月 2 日的一个梦（见上文，64 页）。通过荣格画的"城镇地图"，梦和画之间的关系变得清晰了（见附录 A）。1930 年，荣格在"《黄金之花的秘密》的评论"中以匿名的形式复制了这幅曼荼罗，并附有这段描述。1952 年，他又再次复制了这幅曼荼罗，并加上以下评论："中间的玫瑰画得像红宝石，它的外圈是一个轮或有门的墙（因此没有什么能从里面出去或从外面进来），这张曼荼罗是一位男病人在分析时自发完成的作品。"在叙述完这个梦之后，荣格补充道："梦者继续说：'我尝试把这个梦画出来，但和往常一样，画的完全不同。木兰花变成一种红宝石颜色玻璃样的玫瑰，像四角星一样闪闪发光，四周象征公园的墙，同时四周有一条街道环绕公园。从中心辐射出八条主街，每条街道又辐射出八道小街，它们在闪着红光的中点交会在一起，像是巴黎的星形广场。梦中提到的熟人住在其中一颗星星的角落中的房子中。'因此这幅曼荼罗将经典的花、星星、圆和院落（神庙区）的主题结合在一起，把城市的平面等分成带有城堡的四个区域。'整体就像一扇永恒之窗'，梦者写道。"（"曼荼罗的象征"，《荣格全集第 9 卷》Ⅰ，§654 ~ 655）。在 1955/56 年，荣格用相同的内容描述原我的图案（《神秘结合》，《荣格全集第 14 卷》，§763）。在 1932 年 10 月 7 日，荣格在一次讲座中展示了这幅曼荼罗，并在第二天评论了它。这一次，荣格在讨论梦之前先讲到这幅曼荼罗："你们应该记得我昨晚向你们展示的那幅画，中央的石头和周围的小珠宝。如果我将与它相连的梦告诉你们，将会十分有趣。在我还没对什么是曼荼罗有清晰的认识之前，我就是画那幅曼荼罗的人，恕我直言，我就是中心的珠宝，那些细光线是那些认为他们自己是珠宝的好人，但都是小人物……我想我能够很好地将自己像那样表达出来——我美好的中心在这里，我正在自己的心中。"他补充说自己最初没有意识到这个花园和他所画的曼荼罗是一样的，并评论说："现在利物浦是生命的中心，肝脏是生命的中心，我并不是中心，我是一个生活在某处黑暗地方的蠢人，我是周围的细光线。那么，我认为自己是中心的西式偏见（即我是一切，全部的表现，国王和神）得到了纠正。"（《昆达利尼瑜伽的心理学》，100 页）荣格在《回忆·梦·反思》中又补充了一些细节（223 ~ 224 页）。

297 1914 年 2 月 1 日。

298 《黑书 4》中还写有："我的灵魂，我今天把这个问题放在你的面前"（91 页）。蛇在这里已经被替换为灵魂。

蛇："你变得飞扬跋扈。"

我："需要比我更飞扬跋扈。我必须活着，能够移动。"

蛇："你拥有整个宽阔的地球。你还想要什么？"

我："我不是受好奇的驱使，而是需要。我不会屈服。"

蛇："我顺从，但很不情愿。这是一种新的风格，我并不熟悉。"

我："非常抱歉，但迫在眉睫。请告诉深处，我们的前景并不乐观，因为我们已经割下生命的重要器官。如你所知，我并不是罪人，因为是你细心地带我走这条道路。"

蛇：[299]"你本来可以拒绝那只苹果。"

我："这些笑话真是够了。你比我更了解那个故事。我是认真的。我们需要一些空气。回到你的道路上，把火取回来。我周围已经漆黑太久了。你是行动迟缓还是胆小？"

蛇："我现在就去。拿走我带来的东西吧。"[300]

神的宝座缓慢地上升到空洞的空间中，接着是神圣的三位一体，然后是完整的天堂，最后是撒旦。撒旦十分阻抗，坚守他的彼岸，他不会 / 让它离开。对它 160/161
而言，上界太冰冷。

灵魂："你抓紧他了吗？"[301]

我："欢迎，黑暗中的热物！我的灵魂很粗鲁地把你拉上来。"

撒旦：[302]"为什么这么吵？我反对暴力地拉我出来。"

我："冷静，我没有想到是你。你最终还是来了，你似乎是最艰难的部分。"

撒旦："你想从我这里得到什么？我不需要你，傲慢的人。"

我："有你是一件好事，你是整个教条中最有活力的。"[303]

撒旦："你的废话对我有什么意义！长话短说，我要冻僵了。"

---

299 《黑书 4》："你在和我戏弄亚当和夏娃"。（93 页）

300 荣格在《花体字抄本》的页边上写道："工具。"

301 《黑书 4》："撒旦用他的角和尾巴戳开一个黑洞，我用双手把他拉出来。"（94 页）

302 这是撒旦在说话。

303 关于荣格对撒旦的重要性的论述，见《答约伯书》（1952），《荣格全集第 11 卷》。

我："听着，我们身上刚发生一些事情：我们已经将对立合一。在其他的事物中，我们已经把你和神合一。"[304]

撒旦："神啊，为什么是这种绝望的大惊小怪？为什么如此没意义？"

我："拜托，这并不蠢。这种结合是一种重要的原则，我们结束了永无止境的争吵，最终为真正的生命解放出双手。"

撒旦："这感觉是一元论。我已经注意到一些类似的人了。特别的房间在为他们加热。"

我："你错了，物质并不像它们在我们面前表现得那么理性。[305] 我们也没有唯一正确的真相，反而，出现一个最不同寻常和奇怪的现象——对立结合之后，再没有意想不到和无法理解的事情发生。一切留在原处，平静又完全一动不动，生命变得完全静止。"

撒旦："是的，你这个蠢人，你肯定把这些弄得一团糟。"

我："你的愚弄完全没有必要，我们的意图很严肃。"

撒旦："你的严肃让我们遭受痛苦。彼岸秩序的基础已经被动摇。"

我："你意识到了事态的严重。我想要回答自己的一个问题，在这种情况下，会有什么发生？我们不知道还可以做什么。"

撒旦："很难知道可以做什么，很难给出建议，即使人很想要建议。你是个盲目的蠢人，极度傲慢的人。你为什么不远离麻烦？理解世界的秩序是什么意思？"

我："你的咆哮显得你十分愤愤不平。请看，神圣的三位一体对待事物很冷酷，它似乎很不喜欢创新。"

161/162 撒旦："啊，三位一体是如此不理性，人 / 完全不能相信它的反应。我强烈建议你不要认真对待这些象征。"[306]

我："谢谢你善意的建议。但你似乎很感兴趣。人们期望你基于自己优越的智慧给出公正的评判。"

撒旦："我很公正！你自己能够做出评判。如果你在完全没有生命力的镇定中思考这种绝对事物，你很容易就会发现这种状态和静止都是你几乎等同于绝对

304 荣格在《心理类型》(1921)第6章"诗歌中的类型问题"中论述了对立整合这一主题，对立整合出现在产生和解的象征中。

305 《黑书4》中的这一句被替换为："我们身上的物质并不像在一元论中那样理智和有普遍的伦理。"(96页)这里指的是恩斯特·海克尔的一元论系统，荣格对此持批判态度。

306 见荣格的"对三位一体教条的心理学诠释"(1940),《荣格全集第11卷》。

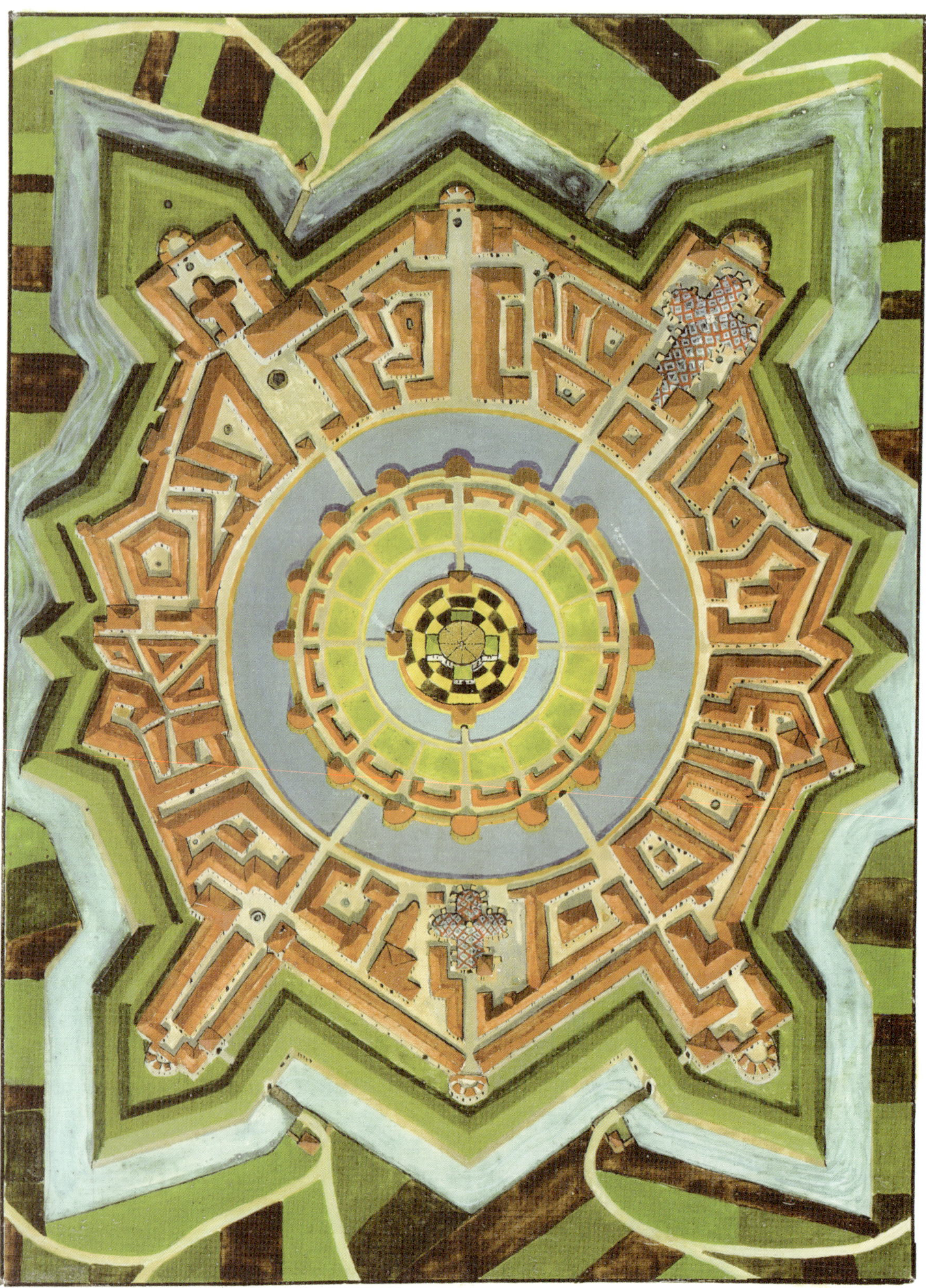

[Image 163][307]

事物的假设产生的。但如果要我给你建议，我会完全站到你这一侧，因为你也会发现这种静止让人难以忍受。”

我：“什么？你站在我这一侧？真奇怪。”

撒旦：“这并不奇怪，绝对事物总是和生命力相对立。我依然是生命的真正主人。”

我：“这令人怀疑。你的反应太个人化了。”

撒旦：“我的反应绝不个人化。我非常不安，迅速加快生命。我永远不满足，永远不会泰然自若。我把一切都推倒，又迅速重建。我非常有野心，贪图名利，渴望行动，我是新想法和行动的嗞嗞声响。绝对事物非常枯燥且没有作为。”

我：“是的，我相信你，那么，你的建议是什么？”

撒旦：“我给你的最好建议是，尽快完全废除你有害的创新。”

我：“我能得到什么？我们必须重新开始，再次准确无误地得出相同的结论。只要人已经掌握住一样东西，那么他就无法刻意地不知道或不去做。你的建议等于没有建议。”

撒旦：“但如果没有分歧与不和，你能够存在吗？如果你想继续活下去，你必须工作，代表党派和征服对立。”

我：“没有用。我们也在对立的两侧看着对方，我们已经厌倦了这种游戏。”

撒旦：“还有生命。”

我：“对我而言，那要看你如何定义生命。你对生命的理解是必须向上爬和
162/164 拆毁，带有坚持和怀疑，不耐烦地到处拖拽 /，带着仓促的欲望。你缺乏绝对事

307 图片故事：“1928 年，这是戒备森严的金色城堡，在我画好这幅图的时候，卫礼贤从法兰克福给我寄来一部中国有千年历史的金色城堡文本，这是不朽肉体的胚胎。笼罩在隐秘中的天主教与新教的教堂，一个极长时期的结束（Ecclesia catholic et protestantes et seclusi in secreto. Aeon finitus.）。荣格对此的描述：一个曼荼罗就像一座由城墙和护城河守备的城市。其中，一道宽阔的护城河环绕有 16 座守备塔楼的城墙，城墙内还有一道护城河。这道护城河环绕着中心的金顶城堡，而城堡的中央是一座金色的神庙。1930 年，荣格在“《黄金之花的秘密》的评论”中以匿名的形式复制了这幅曼荼罗，并附有这段描述。1952 年，他在“曼荼罗的象征”中又再次复制了这幅曼荼罗，并加上以下评论：“画的是一座中世纪的城市，有城墙和护城河，街道和教堂，按照方形结构排列。内城也被城墙和护城河围绕着，像北京的紫禁城一样。所有建筑的门都向内开，朝向中心，带有金顶的城堡象征中心。城堡也被护城河包围着，城堡的地面上铺的是黑色和白色的瓷砖，象征对立结合。这幅曼荼罗是由一位中年人所画……基督教的象征中没有类似这样的画。所有人都知道圣城耶路撒冷。而在印度思想中，我们可以看到须弥山上的梵天之城。我们在《黄金之花的秘密》中可以看到：“《黄庭经》云，‘寸田尺宅可治生。尺宅，面也。面上寸田，非天心而何？方寸中具有郁罗箫台之胜，玉京丹阙之奇，乃至虚至灵之神所住’。道家将此中心称为‘祖土或黄庭’。”（《荣格全集第 9 卷》Ⅰ，§691）。关于这幅曼荼罗，见约翰·派克，《多萝修斯的幻象（*The Visio Dorothei*）：沙漠的环境、帝王的背景、后来的团结：帕克米乌斯和多萝修斯的幻象的研究》，苏黎世荣格学院论文，1992，183 ~ 185 页。

物和它的忍耐心。”

撒旦：“相当正确。我的生命泡沫四起，搅起汹涌的波浪，它由抓住和扔掉构成，热切的渴望和不安。这就是生命，不是吗？”

我：“但绝对事物也有生命。”

撒旦：“那不是生命。是静止或像静止一样，更确切地说是，它的生命非常缓慢，已经荒废数千年，就像你所创造的悲惨情境一样。”

我：“你点醒了我。你的生命是个人的，静止的是永恒忍耐的生命，即神性的生命！你这次的建议很好。我让你离开。永远离开！”

[HI 164]

撒旦像老鼠一样迅速地爬回自己的洞中。三位一体的象征和它的随从平和且平静地升到天上。蛇，谢谢你指给我正确的道路。每个人都能理解他的话，因为这些话都是个人性的。我们能活过来，活得很久。我能够荒废数千年。

[HI 164/2]

[2] 神啊，从哪里开始呢？从痛苦或快乐，或两者之间交织的复杂情感，起点总是最渺小的，它始于虚无。如果在这一刻开始，我便看到一小滴“东西”落入虚无的大海中。起点总是再回落到虚无中，为自己开拓出毫无限制的自由。[308] 现在还没有动静，世界还未开始，太阳还未诞生，混沌还未被分开，[309] 我们还未爬到父亲的肩膀上，因为我们的父亲还未到来。他们刚刚去世，在我们嗜血欧洲的子宫中休息。

308 这一句与《审视》中第一次布道的开始相连（见下文，482 页）。

309 这里引用的是《创世纪》的内容。

164/165 我们站在浩瀚中，与蛇结婚，认为石头可以成为建筑物的基石，/ 而我们现在并不知道这些。最古老的？它也适合象征。我们想要事物可以理解。我们对白昼编织和黑夜又将其拆开的网感到厌烦，或许魔鬼可以创造出它，那个微不足道却有虚假的理解力和贪婪的双手的同党？他从粪球中出来，诸神在这里保卫他们的蛋。如果金种子不在这个畸形物肮脏的心中，我宁愿把这团废物踢开。

接着，黑暗和恶臭的儿子出现！你紧紧地抱着永恒粪坑中的碎石和垃圾！虽然我恨你，但我不害怕你，你是我所有应受到谴责的兄弟。今天，应该用重锤砸你，这样神的金子才会从你身体里出来。你的时间已经结束，你的年份屈指可数，今天你的审判日已经支离破碎。愿你的外壳裂成碎片，希望我们用手可以抓住你的种子，即金种子，使它摆脱滑溜的泥浆。魔鬼，愿你结成冰，这样我们就可以冷锻你。铁比冰坚硬，你要符合我们的形状，你偷走神圣的奇迹，生出大猩猩，你将自己的身体塞进诸神的蛋中，从而使自己变重。因此我们诅咒你，尽管不是因为你，而是为了金种子。

从你身上出来的是多么有用的外形啊，你在偷窃深渊！它们以基本的精神出现，穿着皱巴巴的衣服，他是卡皮里，有着可爱的畸形外形，年轻又显老，矮小，皱巴巴的，一个不引人注意但会魔法的人，拥有荒谬的智慧，最先形成无形的金子，从被解放的诸神之蛋中爬出的蠕虫，处在原始阶段，还未出生，依然看不见。你在我们面前会表现出什么？你从难以触及的宝藏中，诸神之蛋中的太阳那里得到什么新的法术？你依然像植物一样扎根到土壤中，你是人类躯体
165/166 上的 / 动物面孔，你是一个愚蠢的爱人，怪异，原始和世俗。我们无法掌握你的本质，你是地精，你是客观的灵魂。你源自最低下的部分。大拇指汤姆，你

想成为圣人吗？你属于大地之子的追随者吗？你是神性在地上的脚吗？你想要什么？说话！[310]

卡皮里："我们来欢迎下层自然的主人。"

我："你在对我说话吗？我是你的主人？"

卡皮里："你以前不是，现在是了。"

我："你们这么说，那便是了。我要为你们做什么呢？"

卡皮里："我们把下方不该背负的东西背到了上方，我们是秘密上升的汁液，不是被驱动，而是被从惰性和粘附在正在生长的东西上吸上来。我们知道未知的道路和难以解释的生命法则，我们携带地下蛰伏的和死亡之后又重生的生物。我们缓慢又轻松地做着你们人类徒劳无功的事情，我们完成你们不可能完成的事情。"

我："我应该留给你什么呢？我应该给你什么麻烦？我不应该做什么，而你们做什么更好？"

卡皮里："你忘记了物质的惰性。你想要用自己的力量拉起那些只能缓慢上升的，自我吸收的和黏附在自己之上的东西。远离这种麻烦吧，否则你将干扰我的工作。"

我："你们不可信，你们这些奴隶和奴隶的灵魂，我应该相信你们吗？工作去吧，顺其自然。"

---

310 卡皮里是撒摩得拉斯密教中信奉的神，他们被尊奉为促进丰产之神和水手的保护神。弗里德里希・克罗伊策和谢林认为他们是希腊神话中最原始的神，其他所有的神皆是由他们发展而来（《古代人的象征和神话》[莱比锡：莱斯克出版社，1810 ~ 1823]，《撒摩得拉斯的神》[1815]，R. F. 布朗译序 [密苏里，蒙大拿州：学者出版社，1977]）。荣格藏有这些书。他们出现在歌德《浮士德》第 2 部的第 2 场中，荣格在《力比多的转化与象征》(1912，《荣格全集 B》，§209 ~ 11）中讨论了卡皮里。荣格在 1940 年写道："事实上，卡皮里是神秘的创造性力量，在地下工作的地精，例如在意识的阈限之下，为我们提供幸运的思想。但就像小鬼和妖怪一样，他们也施各式各样的诡计，隐瞒'差一点就能说出来的'名字和日期，使我们说错话等。他们注意的是还未纳入到意识范围的一切，执行支配功能……更深的洞察显示原始和古老的劣势功能隐藏的各式各样的重要关系和象征意义，不应该嘲笑卡皮里为可笑的大拇指汤姆，而应把他们视为拥有隐藏智慧的宝藏。"（"对三位一体教条的心理学诠释"，《荣格全集第 11 卷》，§244）。荣格在《心理学与炼金术》(1944，《荣格全集第 12 卷》，§203f）中评论了《浮士德》中卡皮里的场景。这里与卡皮里的对话没有出现在《黑书 4》中，而出现在《手写的草稿》中。这段对话应该是另写的，那么写作时间应该是在 1915 年夏季之前。

[HI 166][311]

“我似乎给你了很长时间。我既没有落在你这里，也没有打扰你的工作。我生活在白昼中，做着白昼中的事情。你做了什么？”

卡皮里：“我们拉东西上来进行建设，我们把石头放在石头上，你现在可以站在坚实的地面上了。”

我：“我感到地板比以前更加坚实，我在向上拉伸。”

166/167 卡皮里：“我们为你锻造一把闪光/剑，你可以用它砍开缠绕你的绳索。”

我：“我把剑紧紧握在手中，我举起它准备攻击。”

卡皮里：“我们也将魔鬼般熟练织出的绳结将你困住和锁住，袭击它，只有锋利的剑刃才能切断它。”

我：“让我看看，巨大的绳结，将周围全部伤到！这真是谜一样的大自然的杰作，狡诈的自然盘根错节！只有大自然这个失明的织女才能织出这样一张网！一个巨大的球和球上数以千计的小结，全部巧妙地织在一起，错综复杂，就像人的大脑！我看到的正确吗？你做了什么？你把我的大脑放在我的面前！你给我一把锋利的剑让我切自己的大脑吗？你在想什么？”[312]

卡皮里：“自然的子宫织出大脑，大地的子宫生出铁。因此母亲能够给你两者——缠绕和切断。”

我：“多么神秘啊！你们真的想我成为自己大脑的刽子手吗？”

卡皮里：“它有利于你成为下层自然的主人。人类被自己的大脑缠绕住，剑使他们能够切开缠绕。”

我：“你说的缠绕是什么？”

卡皮里：“缠绕就是你的疯狂，而剑可以击败疯狂。”[313]

我：“你们这些魔鬼的后代，谁告诉你们我疯了？你们这些地精，扎根于泥土和粪便之中，你们不就是我大脑中的根纤维吗？你们是沾满息肉的废物，汁液结在一起的通道，寄生虫身上的寄生虫，把一切吸干，又去欺骗，在夜里秘密地爬到同类的身上，我锋利的剑刃就是为你们准备的。你想说服我去砍你们？你们

311 荣格在《花体字抄本》的页边上写道：“于是三周没有书写。”

312 在“弥撒中转化的象征”（1941）中，荣格指出剑在炼金术中扮演重要的角色，讨论到剑作为一种献祭工具的重要性，剑具有分开和分离的功能。他写道：“炼金术中的剑分解或分离原始物质，从而恢复到原始的混乱状态，因此新的意象和想象便能够产生新的和完美的身体。”（《荣格全集第11卷》，§357 & ff）

313 这里剑可以击败疯狂的概念接近谢林划分的被疯狂征服的人和支配疯狂的人（见注89，129页）。

想自我毁灭吗？自然怎么能够生出想要自我毁灭的生物呢？”

卡皮里：“不要犹豫。我们需要毁灭，因为我们自己就是缠绕。想要征服新土地的人 / 要摧毁身后的桥梁。让我们不再存在。我们是数千条河道，一切都顺 167/168
着我们流回到它们的源头。”

我：“我要砍断自己的根吗？杀掉我的人民，那我是谁的国王呢？我要让自己的树枯萎吗？你们真的是魔鬼的儿子。”

卡皮里：“动手吧，我们是愿意为主人而死的仆人。”

我：“如果我这么做，会有什么发生？”

卡皮里：“那么你将不再是你的大脑，但会超越你的疯狂而存在。你没有看到你的疯狂就是你的大脑，是根部、河道网和复杂的纤维中可怕的缠绕和交错。大脑的专注使你狂热。动手吧！找到道路的人能够超越自己的大脑。你是大脑中的大拇指汤姆，超越大脑，你就可以获得巨人的外形。我们的确是魔鬼的儿子，但不是你把我们从炙热和黑暗中锻造出来的吗？因此我们拥有一些它的和你的本质。魔鬼说一切存在都有价值，因为它会消亡。作为魔鬼的儿子，我们想要毁灭，但作为你的生物，我们想要自我毁灭。我们想要借助死亡在你身上上升，我们是从所有方向吸收营养的根。你现在已经拥有你需要的一切，因此切断我们，撕开我们吧。”

我：“我会想念你们这些仆人吧？作为主人，我需要奴隶。”

卡皮里：“主人自己服侍自己。”

我：“你们这些模棱两可的魔鬼之子，这些话就是你们的毁灭。愿我的剑将你们砍断，这一击永远有效。”

卡皮里：“啊！我们恐惧的和我们渴望的都要出现了。”

[HI 171]

/ 我站在新的土地上。被带上来的东西不应该再流回去。没 168/171
有人会拆毁我所建造的建筑。我的塔是铁铸的，没有接缝。魔鬼被锻造在地基中。卡皮里建造它，而建造者在塔上的战斗中成为剑的牺牲品。就像塔会超越它所矗立的山之顶峰一样，我在我的大脑之上，而我是在大脑中长大。我已经变得坚硬无比，再也不会被摧毁。我也不会再回流，我是自己的主人，我欣赏自己的统治。我变得强壮、美丽和富有。广袤的土地和蓝天

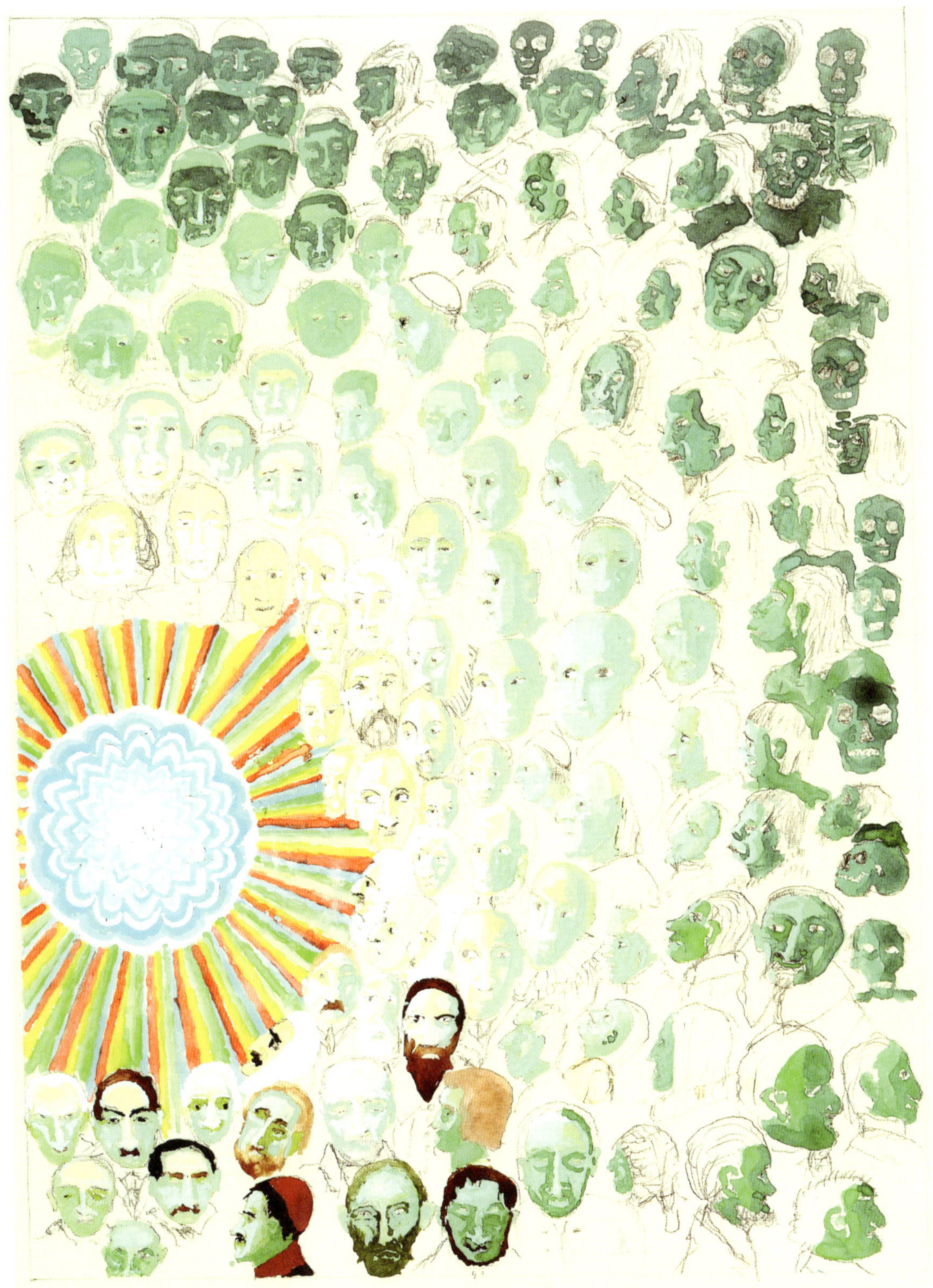

[Image 169]

都在我的面前，向我的统治俯首。我不服侍任何人，也没有人服侍我。我服侍自己，自我服侍。因此我拥有了自己需要的东西。”[314]

我的塔一直存在数千年，永不消亡。它不会沉回去，但它可以再建和建成。没有人能理解我的塔，因为它矗立在高山上。但很多人能够看到它 / 但不能理解 171/172
它。因此我的塔将保持不动。没有人能爬上它光滑的墙壁，没有人能降落到它的尖顶上。只有能找到隐藏在山中的入口和穿过内部的迷宫攀升的人才能够到达塔上，还有从这里寻找快乐的人和活出自己的人能够到达这里。这些已经得到实现和被创造出来。这并不是来自人类思想的拼凑，而是从内在强大的热量中锻造出来，卡皮里自带物质进到山中，用他们自己的血神圣化建筑，而血是神秘起源的灵魂守护者。我在下和上之外建造它，而不是在世界的表面。因此它是新的，奇怪的，在人类居住的平原之上。这是坚固和起点。[315]

[HI 172]

我已经和彼岸的蛇合一，我已经接受彼岸的一切到我身上。这一刻，我已经建造出自己的起点，这项工作完成后，我很开心，且非常想知道我的彼岸还有什么。因此我来到我的蛇这里，亲切地问她 / 是否愿意爬到彼岸给我带回那里有什么在发生的消 172/173
息。蛇很疲倦，她没有兴趣做这件事情。

{4}[1][316] 我："我并不想强迫任何事情，但谁知道呢？我们依然会找到一些有用的东西。”蛇犹豫一段时间，接着她消失在深处中。不一会儿，我听到她的

---

314 荣格在《花体字抄本》的页边上写道："接受现实存在。《东方典藏》最后一页”（accipe quod tecum est. in collect. Mangeti in ultimis paginis）。这应该指的是 J. J. 玛格丽特（1702）的《珍稀化学图书，最完整的炼金术收藏》（Bibliotheca chemica curiosa, seu rerum ad alchemiam pertinentium thesaurus instructissimus），这是一部炼金术文献的合集。荣格藏有这部作品，书中出现一些笔记和下划线。荣格的注可能指的是《无声之书》最后的木刻，这一部分是《珍稀化学图书》的第一卷末，是一幅炼金术工作完成的画，天使们将一名男性举起，而另一名男性俯伏在地上。

315 在《心理类型》中，荣格在讨论《黑马牧人书》书中塔的幻象时评论了塔的象征（《荣格全集第 6 卷》，§390ff）。荣格在 1920 年开始规划他在波林根的塔楼。

316 1914 年 2 月 2 日。

声音："我相信我已经到达地狱，这里吊着一个人。"一个长得很丑且面部扭曲的普通人站在我的面前，他的耳朵突出，驼背。他说："我投毒害人，要被处以绞刑。"

我："你做了什么？"

他："我把自己的父母和妻子毒死了。"

我："你为什么这么做？"

他："为了荣耀神。"

我："什么？荣耀神？你意欲何为？"

他："首先，一切都是为了荣耀神；其次，我也有自己的想法。"

我："你想了什么？"

他："我爱他们，想把他们快速地从苦难的生命中转移到永恒的福地。我在他们临睡前让他们喝下很烈、非常烈的酒。"

我："那么这也没有让你发现对自己有什么好处吗？"

他："我现在孤身一人，十分难过。我想为我的两个孩子活着，为他们找到
173/174 更好的未来。我比我的妻子健康，所以 / 我想继续活下去。"

我："你的妻子同意这次谋杀吗？"

他："不，她肯定不同意，但她对我的意图一无所知。很不幸，这次谋杀被人发现，我被判处死刑。"

我："你又在彼岸发现自己的亲人了吗？"

他："这是一个奇怪又不太可能的故事。我怀疑自己在地狱中。有时候我的妻子好像也在这里，有时候我又不确定，就像我对自己的不确定一样。"

我："请告诉我，那是什么？"

他："有时候她似乎在对我说话，我回应她。但我们到现在都没有谈到谋杀和我们的孩子。我们只是到处说话，讲的都是琐碎的事情，我们以前日常生活中的小事，但完全与个人无关，就好像我们俩之间毫无瓜葛一样。但事情真正的本质在躲着我，我几乎没有看到过自己的父母，我相信我还未见过自己的母亲，我的父亲来过这里一次，说了一些关于他的烟斗的事情，可能把它忘在了什么地方。"

我："但你是如何消磨时间的呢？"

他："我以为我们没有时间了，所以没有时间消磨。但什么都没有发生。"

174/175 我："那岂不是 / 极度枯燥？"

他："枯燥？我从没有想到这一点。枯燥？可能有吧，但那里没有什么有趣的东西。事实上，一切都是一样的。"

我："魔鬼没有折磨你吗？"

他："魔鬼？我从来没有见到过。"

我："你来自彼岸，没有什么可以说的吗？我感到难以置信。"

他："如果我还有躯体，我通常会想跟死者讲话是一件有趣的事情。但对我而言，前途已经毫无意义。正如我所说，这里的一切都是非个人的和纯粹的物质现实。这就是我要说的。"

我："好凄凉。我想你肯定来自地狱的最深处。"

他："我不在乎。我想我要走了，可以吗？再见。"

他突然消失了。而我转向蛇[317]说："这个无聊的客人来自彼岸是什么意思？"

蛇："我在那里遇见他，他像其他很多人一样不安地来回蹒跚。我选择他为下一个最为合适，他给我的印象是会成为一个好的范例。"

我："彼岸没有颜色吗？"

蛇："好像是这样，在我到那里的时候，那里什么都没有，只有运动。一切仅在一条阴影的道路上来回晃荡。完全没有个人的成分。"

我："那么，有可恶的个人特质的是什么呢？撒旦最近 / 给我留下深刻的印 175/176
象，他似乎是有个人特质的典范。"

蛇："他当然是了，因为他是永恒的对手，而且你永远无法使个人的生命与绝对的生命和解。"

我："对立不能合一吗？"

蛇："你们不是对立，而是一般的不同。就像你不能把一天和一年视为对立或把一斗和一丈视为对立一样。"

我："很具启发性，但有些枯燥。"

蛇："一直如此，就像人谈到彼岸的时候一样。它总是在枯萎，特别是在我们平衡对立和结合对立之后。我认为死者很快就会灭绝。"

317 《黑书 4》中写的是："灵魂"（110 页）。

[HI 176]

[2] 魔鬼是人性黑暗面的总和。生活在光明中的人渴望成为神的意象，生活在黑暗中的人渴望成为魔鬼的意象。因为我想要生活在光明中，因此在我碰触到深处的时候，太阳便消失了，它是黑暗，像蛇一样。我将自己和它合一，而不是征服它。我接纳施加到我身上的羞辱和征服，因此我拥有了蛇的本质。

176/177 如果我 / 没有变成像蛇、魔鬼和一切的像蛇一样的典范，有这样一点力量便能支配我。这将会让魔鬼抓到把柄，魔鬼将强迫我和他立约，他也是这样狡猾地欺骗浮士德的。[318] 但我先发制人，借助的是将自己和蛇合一，就像男性与女性的合一一样。

因此，我摆脱掉魔鬼施加影响的可能性，而魔鬼一直只借助自己的蛇性，[319] 但人通常会归因于魔鬼，而非自己。墨菲斯托菲里斯就是撒旦，带有我的蛇性。撒旦本身就是魔鬼的典范，赤裸着，因此没有诱惑，甚至不算聪明，是完全没有说服力的纯粹否定。因此我阻抗他毁灭性的影响，将他抓住，紧紧地铐住他。他的后代为我效劳，我用剑献祭他们。

因此，我建造一个坚固的建筑。从而我获得稳定和持续的时间，能够经得住个人化的波动。因此我身上的不朽得救了。我把黑夜从自己的彼岸带到白天，我清空自己的彼岸。因此死者的要求消失了，因为他们得到了满足。

177/178 / 我不再受到死者的威胁，因为我通过接受蛇接受了他们的要求。但这样，我也把死者的一些东西带入我的白天。由于死者是所有一切中最持久的，因此有些东西永远无法抵消是必要的。死亡给予我持久和坚固。只要我只想满足自己的要求，那么我就是自私的，因此从现世的意义上来说是在活着。但在我认识到自己身上死者的要求时，并去满足他们，我抛弃早期个人的追求，现世把我当作一个死去的人，因为巨大的冰冷会降临到任何一个在自己的个人追求之外认识到死者的要求并寻求满足他们的人身上。

318 在歌德的《浮士德》中，墨菲斯托菲里斯与浮士德立约，只要浮士德在彼岸为他效劳，他便在生命中为浮士德效劳。

319 《修改的草稿》中被替换为：“我和蛇”（521 页）。

尽管他感到好像是某种神秘的毒药使他有生命力的个人关系瘫痪时，但在他彼岸的死者依然保持沉默，而威胁、恐惧和不安止住了。由于以前贪婪地潜伏在他身上的一切都不再和他在白天的时候在一起，因此他的生命变得美丽且富有，那是因为他成了自己。

但一直只想得到别人的好运的人是丑陋的，因为他 / 使自己跛足。强迫别人 178/179
幸福的人是谋杀犯，因为他扼杀了自己的成长。为了爱而消灭自己的爱的人是傻瓜，对他人而言，这种人很自私，他的彼岸是灰色和非个人的。他把自己强加到别人身上，因此他被诅咒在冰冷的虚无中把自己强加到自己身上。认识到死者的要求的人已经把自己的丑陋赶到彼岸，他不再贪婪地把自己强加到别人身上，而是独自美好地生活，并与死者对话。但死者的要求得到满足的一天也会到来，如果人依然保持孤独，美丽将消失到彼岸，他这里将变成荒原。白色阶段之后到来的是黑色阶段，天堂和地狱永远在那里。[320]

[HI 179]

{5}[1] 我现在已经找到自己内在的美丽和我自己，我对自己的蛇说：[321]"我回头看，像是在看一个已经完成的作品。"

蛇："什么都没有完成。"

我："你的意思是？没有完成？"

蛇："这只是开始。"

我："我想你是在撒谎。"

蛇："你在跟谁争吵？你知道得更多吗？"

我："我一无 / 所知，但我已经熟悉我们已经到达一个目标的想法，至少是 179/180
一个暂时的目标。如果死者即将消失，那么会有什么发生？"

蛇："但活着的必须首先开始生活。"

我："这句话意义深刻，但它就像一个笑话。"

蛇："你开始变得傲慢。我不是在开玩笑，生命才刚刚开始。"

我："你说的生命是什么意思？"

---

320 荣格在《花体字抄本》的页边上写道："我依然没有认识到我自己就是谋杀犯。"

321 1914 年 2 月 9 日。《黑书 4》中写的是："灵魂"（114 页）。

蛇："我说，生命正待开始。你今天不感到空洞吗？你将之称为生命吗？"

我："你说的是实话，但我试图掩饰一切，安顿事物。"

蛇："那将非常舒服。但你真的应该有更高的要求。"

我："这让我恐惧。我肯定不能假定我可以满足自己的要求，但我也不认为你能够满足它们。但可能是因为我又没有足够地信任你，我想这是因为我把你视为人类去接近，发现你像城里人。"

蛇："这不能证明什么。不要认定你能够理解和体现我。"

我："那应该如何？我已就绪。"

180/181 蛇："你有权利从已完成的事情那里 / 得到奖励。"

我："好想法，应该得到回报。"

蛇："我给你意象作为回报。请看！"

[HI 181]

是以利亚和莎乐美！循环已经完成，神秘的大门已经再次打开。以利亚用手拉着有视力的莎乐美。她红着脸，低头蹙眉。

以："我把莎乐美交给你。她是你的。"

我："神啊，我该如何处置莎乐美？我已经结婚，我们又不是土耳其人。"[322]

以："你这个无助的人，你是多么呆板啊！这不是一个美丽的礼物吗？她的治愈不是来自你吧？你不接受她的爱为你解决困难之后应得的回报吗？"

我："对我而言，这似乎是一个相当奇怪的礼物，负担多于快乐。莎乐美感激又爱着我，我很开心。我在某种程度上也爱着她。而且，我能够给她的照顾完
181/182 全是从我身上挤压出来，而不是我自由又有意为之。如果是我部分无意的 / 困难经历带来这么好的结果，我已经完全满足了。"

莎乐美对以利亚说："不要管他，他是个奇怪的人。天知道他的动机是什么，但他似乎很认真。我并不丑，我肯定是很吸引人的。"

322 土耳其以前实行一夫多妻制，在 1926 年被阿塔图尔克政府取缔。

莎乐美对我说："你为什么拒绝我？我想成为你的仆人，服侍你。我可以为你唱歌跳舞，挡开找你的人，在你伤心的时候安慰你，在你快乐的时候跟你一起欢笑。我将全身心地照顾你，我将亲吻你对我说的话，我将每天为你摘玫瑰，我所有的想法都是为了你，围绕着你。"

我："谢谢你的爱，听到你说爱的时候感觉很美。这是音乐和古老遥远的乡愁。看，你的话使我流泪了。我想跪在你的面前，亲吻你的手一千次，因为你的双手想给我爱。你说爱的美丽，说爱的时候，人总是百听不厌。"

莎："为什么只是说话？我想要成为你的，完全彻底地属于你。"

我："你像缠绕着我的蛇，挤压出我的血。[323]/ 你甜美的声音在我耳边回荡，我像一个被钉在十字架上的人一样站在那里。" 182/183

莎："为什么还要被钉到十字架上？"

我："你没有看到是无情的需要将我送上十字架上的吗？是不可能的事令我瘫痪。"

莎："你不愿意打破需要吗？你所称的需要是真实的吗？"[324]

我："听着，我怀疑你的命运就是注定属于我。我并不想干涉你完全非凡的生命，因为绝没有可能帮你引领它到达终点。如果哪一天我把你像破旧的衣服一样丢弃，你会得到什么？"

莎："你的话很可怕。但我是如此地爱你，在你的时刻到来的时候，我不能让自己袖手旁观。"

我："我想让你离开将会是对我最大的折磨。但如果你不能为我这么做，我也可以为你这么做。我将毫无怨言，因为我忘不掉那个梦，在梦中，我的身体躺在尖针之上，铜轮在我胸前滚动，将它压碎。只要我想到爱，我就会想到这个梦。如果一定如此，我已经准备好了。"

莎："我不想要这样的牺牲。我想给你带来快乐。我不能成为你的快乐吗？"

我："我不知道，或许可以，/ 或许不可以。" 183/184

莎："那至少得尝试一下。"

我："尝试和行动相同。这样的尝试代价很大。"

---

323 荣格在《花体字抄本》的页边上写道："神秘戏剧的第九章。"（见上文，155 页）

324 《黑书 4》中继续写道："我：我的原则似乎很愚蠢，原谅我，但我有原则。不要认为这些都是陈旧的道德原则，因为它们是生命给我的洞察。/ 蛇：这些原则是什么？"（121 ~ 122 页）

莎："你不愿意为我承受这样的代价吗？"

我："我很弱，在为你遭受完痛苦之后，已经精疲力竭，还要为你继续完成接下来的任务，我无法承受。"

莎："如果你不愿意接受我，那我肯定不能接受你吗？"

我："如果这和接受无关，而是关乎一些特别的东西，关乎给予。"

莎："但我已经把自己交给你。请接受我。"

我："似乎这样就能解决问题！却陷入爱的罗网！只要想一想就很可怕！"

莎："你要求我存在同时又不存在。这是不可能的。你怎么了？"

我："我缺乏将另一种命运扛在肩上的力量。我已经扛得足够多了。"

莎："但如果我帮你扛这个重担呢？"

我："你？你要扛着我，我是一个难以背负的负担。难道不该我自己扛吗？"

以："你所言极是。每个人都要扛起自己的重担，想要把别人的包裹扛在自己肩上的人是奴隶。[325] 负担起自己并不难。"

莎："但父亲啊，我不能帮他分担一些他的重担吗？"

184/185 以："那么他会成为你的奴隶。" /

莎："或我的主人或统治者。"

我："这不是我想要的。你应该是自由的存在，我既不能成为主人，也不能成为奴隶。我渴望成为普通人。"

莎："我不是一个普通人吗？"

我："成为你自己的主人，成为你自己的奴隶，不要属于我，而是属于自己。不要扛起我的重担，而要扛起自己的。因此你将我自己人类的自由留给我，这比拥有其他人的权利更有价值。"

莎："你是在把我送走吗？"

我："我并不是在把你送走，但你不会离我太远。不要出于你的渴望而给予我，而是出于你的充满。我无法满足你的贫乏，就像你不能平息我的渴望一样。如果你收获颇丰，从你的花园中摘一些水果给我。如果你受到富足的困扰，我将从你满溢的斛角中饮一口你的快乐。我知道这是给我的香膏。只有坐有满足者的桌子我才能满足，而不是那些求助者的空碗。我不会偷走自己的报酬。你一无所

325 主人和奴隶的道德这一主题突出体现在尼采的《论道德的谱系》（D. 斯密斯译［牛津：牛津大学出版社，1996］）中的第一篇论文中。

有，怎么给予呢？尽管你能给予，但你是在要求。以利亚，老先生，请听我说：
你的感谢方式很奇怪。不要抛弃自己的女儿，而是让她 / 自己立足。她将会在人 185/186
们面前跳舞、唱歌和弹鲁特琴，她也会喜欢人们将闪光的金币投到她脚下。莎乐美，谢谢你的爱。如果你真的爱我，请在众人面前起舞，给人们带来快乐，那么他们会夸你的美和你的法术。如果你获得一个这么丰富的收获，请从你的窗户上扔一支玫瑰给我，如果你的快乐满盈溢出，请为我跳舞和唱歌。我渴望常人的快乐，渴望他们的充满和自由，而非他们的贫乏。”

莎：“你是一个多么顽固又难以理解的人啊！”

以：“自从我上次见到你之后，你改变不少。你说的是另一种语言，对我来说很陌生。”

我：“我亲爱的老先生，我愿意相信你发现我变了。但你似乎也变了。你的蛇在哪里？”

以：“她已误入歧途。我相信她是被偷走了。从那以后，事情就开始变得有些暗淡。因此，如果你能够接受我的女儿，我会很高兴。”

我：“我知道你的蛇在哪里。她在我这里。我们把她从阴间救上来。她 / 给 186/187
我坚强、智慧和魔法的力量。地上的我们需要她，否则阴间将占据优势，给我们造成伤害。”

以：“走开，你这个可恶的强盗，神会惩罚你。”

我：“你的诅咒很无力。诅咒伤害不到有蛇的人。不，老先生，你要明智一些：有智慧的人不会贪恋权力。只有有力量的人才不会使用力量。莎乐美，请不要哭泣，幸运只能自己创造，而不会自己到来。离开吧，我痛苦的朋友，夜已深。以利亚，请把力量的假光从你的智慧中抹去，莎乐美，为了我们的爱，不要忘记起舞。”

[2][326] 当一切都在我身上完成的时候，我意外地返回到神秘中，第一眼就看到精神和欲望的超自然力量。就像我为自己赢得快乐和力量一样，莎乐美已经丧失自己的快乐但她学到了对别人的爱，以利亚已经丧失自己智慧的力量，但他已
经学到去认识其他的精神。莎乐美已经丧失诱惑的力量，/ 已经变成爱。由于我 187/188

326 在《花体字抄本》中，这里为段首插图留有空白。

已经在自己身上赢得快乐，因此我也想要对自己的爱。但这真的太多了，会像铁环一样将我捆住，令我窒息。我接受莎乐美为快乐，拒绝她为爱。但她想和我在一起。那么，我如何对自己也有爱？我相信爱属于其他人。但我的爱想和我在一起，我害怕她。愿我思维的力量把它从我这里推开，推到世界中，推到事物中，推到人群中，因为要有东西将人聚在一起，要有东西成为桥梁。这是最困难的诱惑，哪怕是我的爱想要我！神秘，请再拉开你的窗帘！我会奋战到最后。出来吧，黑色深渊中的蛇。

{6}[327][1] 我听到莎乐美依然在哭泣。她想要什么，抑或我还想要什么？你给我的是可恶的报酬，这是一个需要做出牺牲才能触碰的报酬。只要触碰到它，就必须做出更大的牺牲。

蛇：[328]“你是要不用牺牲的生活？生命必须付出代价，不是吗？”

我：“我相信，我已经付出代价。我已经拒绝了莎乐美。这个牺牲还不够吗？”

蛇：“远远不够。就像你说的那样，你允许对自己提出要求。”

188/189 我：“你这可恶逻辑的意思是：要牺牲？这 / 和我理解的不一样。我的错误很明显已经是我自己的优势。告诉我，我强迫自己的情感进入背景还不够吗？”

蛇：“你根本没有强迫自己的情感进入背景，反而它更加适合你，不用进一步烦扰莎乐美。”

我：“如果你讲的是真理，这就很糟。这是为什么莎乐美还在哭泣吗？”

蛇：“是的。”

我：“那应该做什么呢？”

蛇：“你想做出行动？你也可以思考。”

我：“但思考什么呢？我承认在这里我没有什么可以思考。或许你可以给我建议。我感到我必须逾越自己的大脑。但我不能这么做。你怎么想？”

蛇：“我什么都没想，也没什么建议。”

我：“那么问一问彼岸，进入天堂或地狱，或许那里有建议。”

蛇：“我在被向上拉。”

327　1914年2月11日。

328　在《黑书4》中，这个形象是“灵魂”（131页）。

接着蛇变成一只白色的小鸟，飞上云层，然后消失了。我盯着它很久。[329]

鸟："你能听到我吗？我现在离你很远。天堂离你很远。地狱离地面更近。我为你找到一样东西，一顶被丢弃的皇冠。它躺在天堂无边无际空间中的一条街上，这是一顶金皇冠。"

现在它就在[330]/ 我的手中，一顶金皇冠，上面刻着字，刻的什么呢？"爱是永存不息的。"[331] 这是一个来自天堂的礼物。但它意味着什么呢？ 189/ 草稿

鸟："我在这里，你满意吗？"

我："部分吧，不论如何，非常感谢你的这个有意义的礼物。但它是神秘的，你的礼物真让我怀疑。"

鸟："但你知道，这个礼物来自天堂。"

我："它当然很美。但你很清楚我们对天堂和地狱的理解。"

鸟："不要夸大。天堂和地狱毕竟是有区别的。在我看来，我十分相信天堂和地狱发生的事情同样地少。尽管会以其他的方式表现出来。但未发生的不会以其他特定的方式出现。"

我："你讲的是谜语，如果将它们听到心里，会使人生病。告诉我，你怎么理解这顶皇冠？"

鸟："我怎么理解它？我没有什么理解。它本身就能够说明。"

我："你的意思是通过它上面刻的字？"

鸟："正是如此，我想你应该明白了吧？"

我："我想是某种程度上吧。但很不幸，问题悬而未决。"

鸟："这就是它的初衷。"

突然，鸟又变成蛇。[332]

我："你真令人沮丧。"

蛇：[333]"只对那些没有与我达成一致的人而言。"

---

329 这一句被加到《草稿》中，533 页。

330 《新书》的《花体字抄本》到这里结束，以下是从《草稿》中誊抄的内容，533 ~ 556 页。

331 出自《哥林多前书》13 章 8 节。在生命的最后时刻，荣格在《回忆·梦·反思》的最后对爱进行思考的时候再次引用它（387 页）。在《黑书 4》中，这个题字最初是用希腊字母所写（134 页）。

332 这一句被加到《草稿》中（534 页）。

333 在《黑书 4》中，这个形象并不是蛇。

我："我肯定没有。但人怎么能够做到呢？这样悬在空中令人不寒而栗。"

蛇："这样的牺牲对你而言太难了吗？如果你想要解决问题，你必须悬在空中。请看莎乐美！"

我转向莎乐美："莎乐美，我看到你还在哭泣。你还未完成。我悬浮着，也诅咒我的悬浮。我为了你和自己而悬在空中，最初，我被钉在十字架上，现在我只是悬在空中，高贵降低了，但痛苦未减少。[334] 请原谅我，因为我想把你完成，我想拯救你，就像我通过自我牺牲治愈你的失明一样。或许我必须为了你第三次被斩首，就像你以前的朋友约翰一样，是他为我们带来痛苦的基督。你不知足吗？你还看不到让你变得理性的道路吗？"

莎："亲爱的，我能为你做什么？我已经完全将你抛弃。"

我："你为什么还在哭泣？你知道我不忍看你流泪。"

莎："我原以为你拥有黑色的蛇形树枝就不会受到伤害了。"

我："对我而言，树枝的效果是值得怀疑的。但它的确在一个方面帮到了我，至少我悬在空中的时候，没有窒息而死。魔法的树枝明显帮助我悬在空中，当然这也是可怕的善行和帮助。你不希望至少这绳子能被剪断吗？"

莎："我怎么能够呢？你悬挂得太高了。[335] 你高挂在生命之树的顶端，我到不了。你知晓蛇的智慧，自己不行吗？"

我："我要一直悬着吗？"

莎："一直到你设计出帮助自己的办法。"

我："那么你至少要告诉我你对我的灵魂之鸟从天堂带下来的皇冠有什么想法。"

莎："你在说什么？皇冠？你有皇冠？真幸运，那你还在抱怨什么？"

我："被悬挂着的国王愿意和乡村道路上没有被悬挂着的乞丐交换位置。"

莎（欣喜若狂）："皇冠！你有皇冠！"

我："莎乐美，可怜我吧。和皇冠有什么关系？"

莎（欣喜若狂）："皇冠，你被加冕了！我和你是多么受祝福啊！"

我："啊，你想对皇冠做什么？我无法理解，我正在遭受难以言表的折磨。"

---

334 在《力比多的转化与象征》(1912) 中，荣格评论了传说和神话中悬在空中的主题（《荣格全集 B》，§358）。

335 《黑书 4》遗失掉一段，包括这一段对话的结尾和下一段。

莎（残酷地）：“悬挂到你明白为止吧。”

我保持沉默，高高地悬挂在地面上神圣之树不断摇晃的树枝上，原始的古人为了它而犯罪。我的手被绑在一起，我完全陷入无助。我挂在那里三天三夜。帮助会从哪里来？那里坐着我的鸟、我的蛇，它已经换上白色的羽毛。

鸟：“如果我们得不到帮助，我们将从你头上的云朵中找来帮助。”
我：“你想从云中找来帮助？怎么可能？”
鸟：“我去那里尝试一下。”

鸟像云雀一样飞起来，变得越来越小，最终消失在天空中厚厚的灰色云层中。我的目光追随着她很久，除了无尽的灰色天空以外，我什么都看不到，灰得无法看透，灰得很和谐，难以理解。但皇冠上写的字很清晰，“爱是永不止息”，这意味着永远悬挂着吗？当我的鸟带给我皇冠的时候，我的怀疑没有错，这是永恒生命的皇冠，殉道的皇冠，不祥之物是危险的模糊不清。

我很疲倦，不仅是因为悬挂，也是因为与无边无际的争斗。神秘的皇冠在离我的脚很远的地上，金光闪烁。我没有在悬浮着，不，我在悬挂着，或者更糟，我被挂在天地之间，但并不厌倦悬挂的状态，因为我已经完全沉迷在其中，但爱是永不止息。爱是永不止息是真的吗？如果这是一条祝福他们的消息，那么我的是什么呢？

“完全取决于概念。”一只老渡鸦突然说，它栖息在离我不远的树枝上，在等待着葬礼上的食物，沉浸在哲思中。

我：“为什么完全取决于概念？”
渡鸦：“取决于你对爱和他者的概念。”
我：“我知道，不吉利的老鸟，你指的是天上和地上的爱。[336] 天上的爱是全

336　斯韦登伯格把天上的爱描述为“为用途而爱用途，或为物而爱物，一个人为教堂、国家、人类社会和人民所表现出的爱”与自己的爱及人间的爱相区分（《天堂与它的奇观和地狱：所见所闻》，J. 伦德尔［伦敦：斯韦登伯格协会，1920］，§554f）。

然的美，但我们是凡人，正因为我们是凡人，我已经决定成为一个完整且真正的凡人。”

渡鸦：“你是一位思想家。”

我：“蠢渡鸦，走开！”

我眼前的一根树枝突然动了，一条黑蛇缠绕在树枝上，用它炫目闪光的珍珠般的眼睛盯着我。这不是我的蛇吗？

我：“姊妹，黑色的魔法树枝，你从哪里来？我想我已经看到你像一只鸟一样飞到天堂，而你现在怎么在这里？带来了帮助？”

蛇：“我只是自己的一半，我不是一个，而是两个，我的一面和另一面。我只在这里像蛇形，是魔法。但魔法在这里没有用，我无所事事地盘在树枝上等待事态的进一步发展。你在生命中可以使用我，但在悬挂的时候无法使用。更糟的是，我已经准备带你到哈迪斯那里，我知道通往那里的道路。”

一团黑色在我面前的空气中凝聚，是撒旦，带着一丝轻蔑的笑，他对我说：“看对立和解带来什么！放弃吧，你很快就能回到绿色的地球上。”

我：“我绝不放弃，我不傻。如果这是所有一切的结果，就让它结束吧。”

蛇：“你的不一致在哪里？请记住这是重要的生命艺术规则。”

我：“我悬挂在这里的事实足以是不一致。我活得不一致已经很令人厌烦了。你还想要什么？”

蛇：“或许不一致就在正确的地方？”

我：“住口！我怎么知道什么是正确的和错误的地方。”

撒旦：“能够掌控对立的人能够分清左右。”

我：“安静，你们是一派的。但愿我的白鸟能够带回来帮助，我担心我正在变弱。”

蛇：“别傻了，脆弱也是一条道路，魔法补偿错误。”

撒旦：“什么，你都没有脆弱的勇气？你想成为一个完整的人，人类强大吗？”

我：“我的白鸟，你找不到回来的路了？因为你不能和我生活在一起，你就起来离开了吗？啊，莎乐美！你来了。莎乐美，来我这里！一夜过去，我没有听到你的哭声，但我在悬挂着，依然在悬挂着。”

莎：“我已不再哭泣，因为我的好运和厄运已经达到平衡。”

我："我的白鸟已经离开我，还未返回，我什么都不知道，什么都不明白。这与皇冠有关吗？请告诉我！"

莎："我该说什么呢？问你自己。"

我："我不能，我的脑子像铅块一样，我只能低声哭泣求救。我根本不知道一切是在跌落还是静止。我的希望在我的白鸟身上。哦，不，不会意味着鸟也在悬挂着吧。"

撒旦："对立和解！一切都有平等的权利！真是愚蠢！"

我："我听到鸟在叫！是你吗？是你回来了吗？"

鸟："如果你爱地，你将被悬挂起来，如果你爱天，你将悬浮着。"

我："什么是地？什么是天？"

鸟："在你下方的是地，在你上方的是天。如果你追求上方的，你会飞起来，如果你追求下方的，你将会被悬挂起来。"

我："我上方是什么？我下方是什么？"

鸟："你上方是你之前和之上的东西，你下方就是返回到你之下的东西。"

我："那皇冠呢？请为我解开皇冠之谜！"

鸟："皇冠和蛇是对立，又是合一。你没有看到是蛇把皇冠带到被钉在十字架上之人的头上吗？"

我："什么？我没有明白你的意思。"

鸟："皇冠为你带来什么话语？'爱是永不止息'，这就是皇冠和蛇的秘密。"

我："但莎乐美呢？莎乐美会怎样？"

鸟："你看，莎乐美就是你。飞吧，她将长出翅膀。"

云层分开，天空充满第三天完成后的落霞。[337] 太阳沉入大海，我顺着它从树顶爬到地上。柔和平静的夜晚降临。

[2] 恐惧降临到我身上。卡皮里，是谁把你带到山中？我在你们那里牺牲了谁？你们把我堆起，把我变成人迹罕至的悬崖上的塔，把我变成教堂、修道院、处决的场所和监狱。我将自己锁起来，给自己定罪。我是自己的牧师和会众，是法官和被审判的人，是神也是人祭。

---

337 在《圣经》的《创世纪》中，大海和陆地在第三天分开。

卡皮里，你已经完成一项工作！你从混乱中生出难以废除的残酷律法，它可以被理解和接受。

秘密行动即将完成。我尽最大的努力将自己所看到的用言语进行描述。言语非常贫乏，没有美感。但真是美的且美是真吗？[338]

人可以对爱讲出美丽的辞藻，那对生命呢？而且生命在爱之上，但爱是生命无可避免的母亲。生命永远不能被强迫进入爱，但爱可以进入生命。爱可以被折磨，但生命不能。只要爱怀有生命，它就应该被尊重，但如果爱已经孕育出生命，它就变成了空壳，消失到无常中。

我出言反对孕育我的母亲，我把自己从子宫中分离出来。[339]我不再为爱说话，但是为生命而言。

对我而言，言语已经变得沉重，它几乎不能使自己摆脱与灵魂的争斗。铜门已经关上，火已经燃烧完，化成灰烬。井已经枯竭，大海已经变成干燥的陆地。我的塔矗立在沙漠中，能够在自己的沙漠中成为隐士的人是幸福的，因为他可以存活下来。

是爱的力量而非肉体的力量应该为生命受到破坏，因为生命在爱之上。人需要自己的母亲，直到生命发展成熟，那么他便与母亲分离。生命也需要爱，直到它发展成熟，接着它便与爱分离。孩子与母亲的分离非常困难，但生命与爱的分离更加困难。爱渴望拥有和保持，而生命渴望的更多。

一切的起点都是爱，但事物的存在都是生命。[340]这种区分很可怕。啊，最黑

338 约翰·济慈的诗歌《希腊古翁颂》结尾写的是：“‘美即真，真即美’，这就包括你们所知道和该知道的一切。”

339 在《力比多的转化与象征》（1912，《荣格全集 B》）中，荣格指出在心理发展的过程中，个体必须使自己摆脱母亲的形象，像英雄神话中所描述的一样（见第 6 章，“从母亲身上解脱的斗争”）。

340 在《力比多的转化与象征》（1912）中，荣格在讨论力比多的概念时提到爱洛斯在海希奥德的《神谱》中具有开创宇宙的意义，他将之与俄耳甫斯教中的法涅斯和印度教中的爱神迦摩联系在一起（《荣格全集 B》，§223）。

暗的深度的精神，你为什么强迫我说出没有生命的爱和没有爱的生命？我总是弄反！一切都要变成自己的对立面吗？[341]有海的地方就有腓利门的神庙吗？他阴暗的岛会沉到最深的地下吗？会被卷入到以前吞掉所有人和土地的漩涡中吗？海底就是亚拉腊山升起的地方吗？[342]

你这个大地的哑巴儿子，你讲了什么可恶的话？你想要切断我灵魂的怀抱？我的儿子啊，你不要在中间乱踹？你是谁？是谁给你的力量？我追求的一切，我从自己身上夺得的一切，你想再夺回去并摧毁掉吗？你是魔鬼的儿子，对魔鬼而言，一切神圣都是他的敌人。你的力量逐渐增强，你让我很害怕。让我舒服地躺在灵魂的怀抱中不要打破神庙的平静好吗？

你走开，你用使人瘫痪的力量刺入我的身体。我不想要你的道路。我会瘫软在你脚下吗？说话，你这个魔鬼和魔鬼的儿子！你的沉默让人难以忍受，是可怕的愚蠢。

我赢得自己的灵魂，她要为我生下什么？哈！你这个怪物，儿子，一个可怕的恶棍，一个口吃的人，一只蝾螈的大脑，一个原始的蜥蜴！你想成为地球上的国王？你想放逐骄傲的自由人，蛊惑美女，攻破城堡，切开老教堂的肚子？多么愚蠢，就像一只青蛙，暴露的双眼透出懒散，头上还顶着水草！你称自己是我的儿子？你不是我的儿子，而是魔鬼的卵。魔鬼的父亲已经进入到我灵魂的子宫中，在你身上变成肉身。

腓利门，我认识你，你是所有骗子中最狡猾的！你欺骗了我，你用可怕的蠕虫使我少女般的灵魂怀孕。腓利门，你这个该死的骗子，你为我模仿神秘，你把星星的外衣披在我身上，细心又荒唐，我就像奥丁一样挂在树上，[343]你让我设计如尼文的咒语迷惑莎乐美，同时你又使我的子宫孕育从尘土中出来的蠕虫。欺骗上的欺骗！极度邪恶的诡计！

---

341 在荣格的后期作品中，他十分强调“对立转化”(enantiodromia)，即一切都会转向自己的对立面，他认为这种观点源自赫拉克利特。见《心理类型》(1921)，《荣格全集第6卷》，§708f。

342 在《圣经》记录的洪水中，方舟来到亚拉腊山上停下来（《创世纪》8章4节）。亚拉腊山以前是亚美尼亚境内一座休眠的火山（现属土耳其）。

343 在挪威神话中，奥丁被矛刺到，悬挂在世界之树依格卓司尔（Yggdrasill）之上，一直悬挂在这里九个夜晚，直到他发现如尼文，是如尼文给予他力量。

你给我魔法的力量，你为我加冕，你用力量的光辉覆盖我，让我扮演所谓的父亲约瑟吧。你把一只弱小的蜥蜴放在鸽子的巢中。

我的灵魂，你这个不忠的淫妇，你怀上私生子！我感到耻辱，我是反基督的可笑的父亲！我怎么错信了你！我的错信是多么差劲，居然没有看出如此可耻的行为！

你打破了什么？你把爱和生命分成两半。这次可怕的分离之后，青蛙和青蛙的儿子开始出现。真可笑，令人厌恶！无法抗拒！它们将会坐在甜水的岸上，聆听青蛙在夜里的叫声，因为它们的神是青蛙的儿子。

莎乐美在哪里？无法解决的爱的难题在哪里？再无问题，我的目光转向即将到来的事物，莎乐美就在我所处的地方。这个女人跟着你的最强项，而不是你。因此她怀上你的孩子，有好也有坏。

{7}[1] 我孤独地站在大地上，大地被乌云和黑夜笼罩着。我的蛇[344]爬到我的面前，给我讲了一个故事：

“从前有个国王，他没有子嗣，但他很想有个儿子。因此他找到一个聪明的女人，她是住在森林中的巫婆，国王向巫婆忏悔自己的罪，巫婆就好像是被神任命的牧师一样。听完之后，巫婆说：‘亲爱的国王，你做了不该做的事。但既然已经发生，就让它发生吧，我们要思考你以后如何做得更好。你把一磅的水獭油膏埋在地下九个月，然后再挖开，看你能发现什么。’国王回到家中，感到很羞愧和哀伤，因为他在森林中的女巫面前受到了羞辱。但他听从女巫的建议，夜里在花园中挖开一个洞，把一罐水獭油膏放入其中，在这个过程中遇到一些困难。接着他等待九个月时间的过去。

344 1914 年 2 月 23 日。《黑书 4》中是和灵魂的对话，在这一部分的开始，荣格问灵魂是什么阻止他回到自己的工作上，灵魂说是他自己的野心。他认为自己已经克服野心，但她说荣格只是在否定它，接着给他讲下面的故事（171 页）。在 1914 年 2 月 13 日，荣格在苏黎世心理分析协会做了一次名为《论梦的象征》的报告。从 3 月 30 日到 4 月 13 日，荣格在意大利休假。

“九个月之后，他再次回到自己埋罐的地方，并将其挖开。让他感到无比震惊的是，他在罐中发现一个熟睡的婴儿，而油膏已经消失。他抱出婴儿，欢欣鼓舞地把孩子抱给妻子看。她立即把孩子抱在胸前，看着他，她的乳汁不断地流出来。孩子茁壮地成长，变得威猛强大。在王子20岁的时候，他来到父亲的面前说：‘我知道你是用魔法把我变出来的，我不是由凡人所生，我来自你对自己罪的忏悔，这使我变得强大。我不是由女人所生，这使我变得聪明。我既强大又聪明，因此我想要你王国的王位。’老国王对自己儿子的知识感到吃惊，但却比不上他自己对王权的贪恋。他没有说话，自己想到：‘是什么生出的你？是水獭油膏。是谁怀的你？是大地的子宫。是我把你从一个罐中抱出来，我却承受着女巫的羞辱。’因此他准备秘密杀害自己的儿子。

“但由于他的儿子比其他人都强大，国王很害怕他，因此他想求助诡计。他再次回到森林中的女巫那里，向她寻求建议。女巫说：‘亲爱的国王，这一次你不是忏悔自己的罪，而是要犯罪。我建议你再将另一个装满水獭油膏的罐子埋在地下九个月，然后再把它挖出来，看看会有什么发生。’国王按照女巫的建议做了。之后他的儿子变得越来越弱，九个月后，国王来到他当初埋罐子的地方，此时他也是在为儿子挖坟墓。他把死去的儿子埋在空罐子的旁边。

“但国王很哀伤，他再也无法控制自己的忧郁，某一天夜里，他再次回到女巫那里寻求建议，女巫对他说：‘亲爱的国王，你想要儿子，但儿子想要成为国王又拥有权力和聪明智慧，那时你又不想要儿子，因此你失去自己的儿子。为什么还在抱怨呢？你拥有一切，亲爱的国王，这就是你想要的啊。’但国王说：‘你所言极是，我想要如此。但不想要忧郁。你有后悔药吗？’女巫说：‘亲爱的国王，回到你儿子的坟墓那里，再把装满水獭油膏的罐子埋在那里，九个月后，看看罐子里有什么。’国王按照女巫的安排去做，此后他变得快乐起来，但不知道是为什么。

“九个月后，他再次挖出罐子，尸体已经消失，但罐子里躺着一个熟睡的婴儿，他发现这个婴儿就是自己死去的儿子。他把孩子抱出来带在身边，此后，这个孩子长一周就像其他孩子长一年一样。20周后，儿子来到国王的面前，向国王要他的王国。但国王已经从经验中成长，早已经知道一切会怎样发展。在儿子讲出自己的要求时，老国王从自己的王位上站起来，抱着他的儿子，流出快乐的泪水，随后为他的儿子加冕。因此儿子成为国王，十分感激自己的父亲，在父亲的有生之年中非常尊重他。”

我对蛇说：“我的蛇啊，事实上，我不知道你会讲童话故事。告诉我，我该如何诠释你的童话?”

蛇：“想象你是那位老国王，你有一个儿子。”

我：“谁是儿子?”

蛇：“我还以为你刚才说的是那位让你不开心的儿子。”

我：“什么？你的意思不会是我要为他加冕吧?”

蛇：“是的，要不然呢?”

我：“这太怪异了。那女巫呢?”

蛇：“女巫是一位母亲，而你是她的儿子，因为你是一个自我更新的孩子。”

我：“不，我没有可能成为一个凡人吗?”

蛇：“要有足够的男性气质，除此之外，要充满童稚。这是你为什么需要一个母亲。”

我：“我对成为一个儿童感到羞耻。”

蛇：“那么你就杀死自己的儿子。创造者需要母亲，因为你不是女人。”

我：“这是一个可怕的事实。我想并希望自己在各方面都是个男人。”

蛇：“为了儿子，你不能这样。创造意味着：母亲和孩子。”

我：“我必须停留在孩子状态的想法让人难以忍受。”

蛇：“为了你的儿子，你必须成为一个孩子，把皇冠留给他。”

我：“必须停留在孩子状态的想法令我感到羞辱又不安。”

蛇：“那是对抗力量的有效解药！[345] 不要抗拒成为孩子，否则你抗拒的是你的儿子，[346] 而你最想得到儿子。”

我：“的确如此，我想要儿子，也想活着。但这个代价太高了。”

蛇：“儿子代表更高，你比儿子弱小。这是一个残酷的事实，但无法避免，不要反抗，孩子必须表现良好。”

---

345 《黑书 4》中“力量”被替换为“野心”。(180 页)

346 《黑书 4》中在以下几行中“儿子”被替换为“工作”。(180 页)

我："该死的蔑视！"

蛇："愚弄的人！我对你有耐心，在所有的土地都干涸，所有人都在乞求生命之水时，我的井水将会流到你那里，为你带来拯救的水。所以向儿子屈服吧。"

我："我要到哪里抓住无边无际呢？我的知识和能力都已贫乏，我的力量又不够。"

这时候，蛇卷曲起来，卷成一个结说："不要只追着明天不放，今天给你的已经足够，你不用担心方法。让一切成长吧，让一切发芽吧，儿子自己会成长。"

[2] 神话开始，人要的是生命，不是歌颂，人可以歌颂自己。我向儿子屈服，他来自魔法，超自然地诞生，他是青蛙的儿子，站在水边和他的父亲说话，聆听他们夜间的歌唱。事实上，他充满神秘，比所有人都强大。没有男人可以生出他，也没有女人可以生出他。

荒谬进入古老的母亲，儿子已经在最深的地下长大。他发芽，又被处死。他再次长大，使用魔法再次新生，比以前长得更快。我把能够结合分裂的皇冠给他，因此他将我身上的分裂开的结合在一起。我给他力量，因此他能够发号施令，因为他比其他所有人更强大和聪明。

我不情愿地让位给他，但也是出于洞察。没有人能将上和下结合在一起，但他不像常人一样长大，但却有常人的外形，他能够将上和下结合在一起。我的力量已经瘫痪，但我在儿子身上存活下来。我不再担心，他能够成为人民的主人。我很孤独，人们为他欢呼。我曾经很强大，而现在很无力。我曾经很强壮，但现在很弱小。自那时起，他已经把所有的力量吸收到自己身上，而我的一切都被反转了。

我爱美女和美丽，富有精神之人的精神、强者的力量。我嘲笑蠢人的愚蠢，我鄙视弱者的弱小、凡人的卑贱，憎恨坏人的恶。但我现在必须爱丑者的美丽、愚人的精神和弱者的力量。我必须羡慕聪明人的愚蠢，必须尊重强者的弱小、贵人的卑贱，必须荣耀坏人的善。愚弄、蔑视和憎恨都在哪里？

它们都到象征力量的儿子那里，他的愚弄很血腥，他的眼睛里闪烁着何等的蔑视！他的憎恨是歌唱之火！你是令人嫉妒的神的儿子，谁能够不服从你？他把我分成两半，他把我切开，他又结合被分开的东西。没有他，我将陷入分裂，但我的生命会跟着他，而我的爱在自己的身上。

因此，我带着黑色的面孔进入孤独，对儿子的统治充满怨恨和愤怒。我的儿子怎么能霸占我的力量？我进入到花园中，孤独地坐在水边的石头上，郁郁寡欢。我呼唤蛇，它是我夜间的同伴，我们以前经常在黄昏躺在石头上，她把蛇的智慧传授给我。自从我的儿子从水中出来后，他变得越来越强大，最后加冕，皇冠上缠着狮鬃，他身上披着闪光的蛇皮，他对我说：[347]

{8}[1]“我来这里要你的性命。”

我：“你是什么意思？你已经变成神了吗？”[348]

他：“我再次长大，我已经有了肉身，我现在要回到永恒的光芒和闪耀中，回到太阳永恒的余烬中，把你留在尘世。你将会和凡人生活在一起，你已经活在不朽中很久了。你的工作属于大地。”

我：“什么话！你不也是在地上和地下打滚吗？”

他：“我曾经是人和动物，现在我再次升到自己的国度。”

我：“你的国度在哪里？”

他：“在光里，在蛋中，在太阳上，在最深和最压抑的地方，在永恒渴望的灰烬里。因此升起你心中的太阳，照射进冰冷的世界。”

我：“你的变化真大啊！”

他：“我要从你的视线中消失，你应该活在最黑暗的孤独中，凡人，不是神，应该照亮你的黑暗。”

我：“你是多么强硬和严肃啊！我愿意用我的泪水沐浴你的双脚，用我的头发擦干它们。我在胡言乱语，我是女人吗？”

他：“你也是个女人，是个妈妈和孕妇。生产正在等着你。”

347　1914 年 4 月 19 日。之前的段落被加到《草稿》中。

348　在《黑书 5》中，这是与灵魂的对话。（29 页 f）

我：“圣灵啊！请将你永恒之光的火花赐给我！”

他：“你怀着一个孩子。”

我：“我感受到一个孕妇的折磨和恐惧还有凄凉。我的神，你会离我而去吗？”

他：“你有孩子。”

我：“我的灵魂啊，你还在吗？你的蛇，你的青蛙，我亲手埋葬又魔法地复活的男孩，你这个被嘲笑，被蔑视，被憎恨的人以愚蠢的形式出现在我的面前？灾难会降临到已经看过自己的灵魂并用手感触过灵魂的人的身上。我的神，在你的手中，我很无力！”

他：“怀孕的女人属于命运。放开我，让我升到永恒的世界中。”

我：“我将再也听不到你的声音？可恶的欺骗！我在问什么？你明天将再次对我讲话，你将对着镜子一遍又一遍地讲话。”

他：“不要抱怨。我将出现，又不会出现。你将会听到我，又听不到我。我将存在，又不存在。”

我：“你讲的都是可怕的谜语。”

他：“这是我的语言，让你来理解。只有你才拥有自己的神，他将永远和你在一起，但你只能在别人身上看到他，因此他绝没和你在一起。你要努力向那些似乎拥有神的人靠拢，你将会发现他们并没有拥有神，只有你拥有神。因此你在凡人之中，在人群中，但是独自一人。众人中的孤独，仔细想一想这个吧。”

我：“我想在你说完之后，我应该保持沉默，但我不能，当我看到你要离开我的时候，我的心便流血。”

他：“让我走吧，我会以新的形式回来。你见过红红的太阳如何沉入山中吗？白天的工作已经完成，会有新的太阳回来。你为什么为白天的太阳哀悼呢？”

我：“夜晚一定降临吗？”

他：“它不是孕育了新的一天吗？”

我：“正是夜的降临，我才绝望。”

他：“为什么哀叹？这是命运，让我走吧，我的翅膀在生长，对永恒之光的渴望在我身上急剧增强。你再也无法阻止我。止住你的泪水，让我带着快乐的欢呼升天吧。你是田地里的凡人，想一想自己的庄稼。我变成光，像小鸟一样从黎明的空中升起。不要阻止我，不要抱怨，我已经浮在空中，生命的欢呼已经离开我，我再也找不回自己的至高快乐。我必须上升，已经在上升，最后的绳索已经断裂，我的翅膀使我飞起来，我潜入光的海洋中。下方的你，遥远的你，昏暗的你，在不断地从我的视野中消失。”

我：“你要去哪里？有些事情已经发生，我跛足了。神从我视野中消失了吗？”

神在哪里？

发生了什么？

多么空洞，多么完全的空洞啊！我要告诉人类你是怎么消失的吗？我要宣讲为神所弃的孤独福音吗？

因为神离开我们，所以我们就要全部走进沙漠，把灰烬撒到头上吗？

我相信并接受神[349]与我不同。

他兴高采烈地上升。

我仍在痛苦的黑夜中。

不再与神在一起[350]，而是单独和自己在一起。

关上吧，我为毁灭和杀害人类的洪水打开的铜门，也是为神的接生员打开的铜门。

关上吧，愿大山将你埋葬，大海将你冲走。[351]

我已经找回我的原我，[352]这是一个轻浮又可怜的形象。我的自我！我并没有想他成为我的同伴，我发现自己和他在一起。我宁愿他是坏女人或顽劣的猎犬，但他是我自己的自我，这让我很恐惧。

---

349 《黑书5》中写的是“灵魂”。(37页)

350 《黑书5》中被替换为“不再与自己的灵魂在一起”。(38页)

351 这一句被加入到《草稿》中。

352 《修改的草稿》中被替换为：“回到自己”。(555页)

[353]有一项作品是非常需要的，它可以让人挥霍数十年，却不是因为必须要这么做。我必须将中世纪的部分补上，也就是我身上的中世纪，我只完成了别人的中世纪。我必须尽快开始，因为隐士在这个时候都消失了。[354]禁欲主义、宗教审判和折磨都近在咫尺，施加到他们自己身上。蛮族需要蛮族的教育方式，我的自我，你就是蛮族，我想和你生活在一起，因此我会带你进入完全中世纪的地狱，直到你能够和无法忍受的事物生活在一起。你要成为生命的血管和子宫，那么我才可以净化你。

试金石就是与自己独处。

这就是道路。[355]

---

353 剩下部分被加入到《草稿》中。（555 页 f）

354 荣格在 1930 年写道："返回到中世纪的运动是一种倒退，但它不是个人的倒退。这是一种历史性的倒退，退回到过去的集体无意识中。在前方的道路不自由的时候，在你遇到障碍退缩的时候，或在你为了爬上前方的墙而回到过去取一些东西的时候，这种情况总会发生。"（《幻象讲座集》，第 1 卷，148 页）大致在这个时候，荣格开始大量地研究中世纪的神学（见《心理类型》[1921]，《荣格全集第 6 卷》，第 1 章，"古典和中世纪思想史中的类型问题"）。

355 《手写的草稿》中在这里写有："完"，周围绘有边框。（1205 页）

Liber Prüfungen

审视

审　视

{1} 我在抗拒，无法接受完全虚无的我。我是什么？我的自我是什么？我一直假定我是自己的自我。而它现在站到我面前，我站在我的自我之前。我现在对你也即我的自我说：

[1]“我们是孤独的，这一事实与我们的存在联系在一起，威胁要变成难以忍受的枯燥。我们必须有所行动，设计排遣的方法，例如我可以教化你。让我们从你的主要缺点开始吧，我最先注意到它们：你没有正确的自尊。你没有可以值得骄傲的好特质吗？你相信有能力是一种艺术，但人们在某种程度上都可以学到这项技能，请这么做吧。那么，你会发现它很难，万事开头难。[2]不久你就会有所进步了。你怀疑这些吗？毫无用处，你必须去做，否则我将无法和你在一起。自从神升天并在火热的天上传播自己之后，他便可以为所欲为，这正是我无法知晓的内容，我们相互依存。因此你必须想着如何改变，否则我们的生活将变得很悲惨。所以请振作起来，看重自己！你不愿意这么做？

真可怜！如果你不做任何努力，我将会折磨你。你在抱怨什么？或许鞭子会有用？

1　1914 年 4 月 19 日。

2　“万事开头难”是《塔木德》中的一句格言。

现在鞭子已经抽在你身上，不是吗？尝尝这种滋味，还有那种。有什么感受？或许很血腥吧？中世纪的为了荣耀神（in majorem Dei gloriam）？[3]

或者你渴望爱吗，或者以什么名义的爱？如果鞭打不见效，那么人们可以用爱去教导。那么我应该爱你吗？你轻轻地贴着我？

我真的相信你在打哈欠。

你怎么现在想说话？但我不让你说，除非你在最后说你是我的灵魂。但我的灵魂和火蠕虫在一起，和已经升到天上的青蛙之子一起，到达上方的源头。我知道他在那里做什么吗？但你不是我的灵魂，你是我赤裸和空洞的虚无，也就是自我，这是令人不安的存在，人甚至不能否认自视毫无价值的权利。

人会对你失望：你的敏感和欲望超越任何理性的标尺。而我要和你生活在一起，和所有人在一起吗？我必须如此，因为奇怪的厄运已经降临，为我带来一个儿子，却又将他带走。

我对自己必须将这样的真理告诉你而感到遗憾。是的，你有很可笑的敏感、自以为是、不真实、猜忌、悲观、怯懦、对自己不诚实、恶毒和报复心，人们几乎不能讲你幼稚的自傲、你对权力的渴求、你对自尊的渴望、你可笑的野心、你对名声不知羞耻的奢求。做作和浮夸很不幸已经成为你，你使出浑身解数滥用它们。

你不认为和你生活在一起是一种快乐而非一种恐怖吗？不，我要说三次不！但我向你保证我会收紧你周围的老虎钳，缓慢地扒掉你的皮。我会给你被剥皮的机会。

你，你们所有人想要告诉别人去做什么吗？

过来，我会给你缝上新的皮，那么你就可以感受到它的效果。

你想抱怨他人，和曾经对你不公的人，没有理解你的人，误解你的人，伤害你的情感的人，忽视你的人，不认可你的人，诬告你的人，还有什么吗？你看到自己的虚荣心，你那永远可笑的虚荣心了吗？

3 “为了荣耀神”是耶稣会士的格言。

你抱怨折磨仍未结束吗？

让我告诉你吧：这只是开始。你没有耐心，也不严肃对待。只有它关系到你的快乐之时你才有耐心。我会加倍折磨你，这样你才学会有耐心。

你感到痛苦令人难以忍耐，但还有其他更令人痛苦的东西，你可以用最天真的方式把这些痛苦强加到别人身上，并完全不知不觉地赦免自己。

但你学会沉默。我为此拔出你的舌头，而你用它去嘲讽和亵渎，更糟的是去嘲笑。我用针将你所有不公和卑鄙的话一个词一个词地钉在你身上，这样你就能感觉到邪恶的话语所带来的痛苦。

你是否承认你也在折磨中获得快乐？我会不断提升这种快乐，直到你在快乐中呕吐，这样你就会知道自我折磨的快乐意味着什么。

你要起来对抗我？我将老虎钳收紧，就是这样。我将你的骨头折断，直到你身上再也没有硬骨头。

我想与你一道，我必须这样，真该死，你就是我的自我，而我必须带着我的自我进入坟墓。你认为我想让自己的生命被这样的愚蠢围绕着吗？如果你不是我的自我，那么我的自我在很久之前就已经将你撕成碎片。

但我把你拖入炼狱中，这样你也能够变得稍微能令人接受。

你要向神寻求帮助？

亲爱的神已经死亡，[4] 这样很好，否则他会同情你有要悔改的罪，通过给予怜悯免去我的刑罚。你必须明白充满爱的神和有爱心的神都还未出现，取而代之的是火蠕虫在爬动，这是一个极其可怕的实体，会使大火降落在地球上，引起哀号。[5] 所以对着神哭泣吧，为了赦免你的罪，他会用火烧你。把你自己卷起来，流出血。你早就需要这样的治疗。是的，其他人总是做错，你呢？你是无辜的，正确的，你要捍卫自己正当的权利，善良有爱心的神站在你这一侧，他总是带着怜悯饶恕你的罪。其他人必须去洞察，而你却不用，因为你从一开始就独占所有

4 见下文，注 91，527 页。

5 指的是之后几页但没有出现在《黑书 5》中的神。

洞察，并且总是相信自己是正确的。因此你要对着亲爱的神大声哭泣，他会听到你的声音，把火降到你的身上。你没有注意到你的神已经变成一只驮着扁平外壳在红热的地面上爬行的火蠕虫吗？

你想变得卓越！多么可笑。你以前和现在都很低劣。那么，你是谁？让我恶心的渣滓。

或许你有些无力？我把你置于角落，你可以一直躺在这里，直到你再次恢复感觉。如果你再也不能感受到任何东西，这个过程将毫无用处。我们毕竟要巧妙地前行。关于需要这样一个野蛮的手段对你进行修正的内容已经对你说过很多。从中世纪早期开始，你的进步就很缓慢。

[6]你今天感到沮丧，低劣，低贱吗？要我告诉你为什么吗？

你过度的野心毫无边界。你的基础没有集中在事物的善而是自己的虚荣心上。你不是为人类努力，而是为自身的利益。你不是在努力完成事情，而是追求普遍的认可和保全自己的优势。我想为你戴上有刺的铁皇冠，它里面的牙齿会刺入到你的肉中。

我们现在来到你自己的聪明所追逐的卑鄙骗局中。你巧舌如簧，滥用自己的能力，并改变、降低和强化光和影的比例，大声宣扬自己的荣耀和正直的善意。你利用他人的善意，幸灾乐祸地把别人带入你的圈套，宣扬你仁慈的优越和你给他人的奖励。你玩弄谦逊，对自己的优点只字不提，希望别人能够替你说出你的优点，如果别人没有这么做，你会很失望和受伤。

你说教时的镇静很虚假。如果真的事关重大，你会冷静吗？不，你没有说实话。你在愤怒地消耗自己，你的舌头在讲话的时候像是冰冷的匕首，你梦想报复。

你幸灾乐祸，又很愤怒。你对别人的快乐很反感，因为你宁愿把它给那些你喜欢的人，因为他们喜欢你。你嫉妒自己周围一切的幸福，你傲慢地站在对立面。

你在内心里强迫又粗野地只想那些永远适合你的东西，这样你会感到自己在

6 1914 年 4 月 20 日，荣格在同一天辞去国际精神分析协会主席一职。（《弗洛伊德与荣格通信集》，613 页）

人性之上，而且完全不用负责。但你要为自己所思考、所感觉和所做的一切事物中的人性负责。不要假装思维与行动之间存在差异。你只能依赖自己不应得的优势，而不是被迫去说出或做出你所想和所感觉到的。

但你对一切没有人在你身上看到的事都毫不感到羞耻。如果有人将这一点告诉你，你会感到在道德上受到冒犯，尽管你知道那是真的。你会因为别人的失败而责备他们吗？这样他们会改善自己？是的，承认吧，你改善自己了吗？你从哪里获得权利可以对别人有意见？你对自己有什么看法？是什么良好的基础在支持它？你的基础是布满肮脏角落的网。你评判别人，用他们应该做的事情指责他们。你之所以这么做是因为你自己内心中没有秩序，因为你是肮脏的。

那么，你到底是怎么想的？在我看来，你会思考人，但却忽略人的尊严，你敢用他们思考，把他们当作你舞台上的人物，好像他们就是你构思的样子？你有没有想过你操纵权力的行为十分可耻，就像你指责别人一样恶劣，也就是说，他们像他们所说的那样爱自己的同胞，但在现实中，你却利用这一点达到个人的目的。你的罪独自蓬勃发展，但它依然很巨大、无情且粗劣。

我要把隐藏在你身上的东西拖到光下，你这个不知羞耻的人！我要把你的优越踩在脚下。

不要跟我讲你的爱，你称为爱的东西已经被自我利益和欲望渗透。但你用伟大的字眼美化它，你的字眼越伟大，所谓的爱就越病态。永远不要跟我讲你的爱，闭上你的嘴，它在撒谎。

我想你讲讲自己的羞耻，不要用伟大的字眼，而你在那些想要你讲出真话的人面前发出不一致的喧嚣。你应该受到愚弄，而不是尊重。

我要烧掉那些你引以为豪的内容，那么你就会变得空洞，像被抽空的容器一样。你应该为自己的空洞和悲惨感到自豪。你要成为生命的容器，从而杀掉自己的偶像。

自由不属于你，而属于形式，不属于权力，而属于痛苦和孕育。

你需要从自己的自我蔑视中获得美德，我会将它像毯子一样铺在人们的面前。人们要用自己肮脏的双脚走在上面，你要看着它，因为你比那些踏在你身上的脚还要脏。

[7] 如果我将你这头野兽驯服，我会给他人机会驯服他们自己的野兽。驯服要从你这里开始，我的自我，而非别处。愚蠢的兄弟般自我，你并不是特别野蛮，有人比你更野蛮。但我必须鞭策你，直到你可以忍耐别人的野蛮。那么我就能和你生活在一起，如果有人错误地对待你，我将折磨死你，原谅自己遭受的错误痛苦，但不能仅仅是敷衍了事，而是用你具有极度敏感性的沉重的心。你的敏感性是你特有的暴力形式。

因此，在我孤独中的兄弟听着，我已经为你准备好各种折磨手段，如果你再表现出敏感，这将会施加到你身上。你应该感到自卑。你要能够承受别人把你的纯洁称为肮脏并非常渴望你的肮脏这个事实，称赞你的挥霍无度为吝啬，称赞你的贪婪为美德。

用征服的苦酒装满你的杯子，因为你不是自己的灵魂。你的灵魂和火热的神在一起，神之火一直烧到天的顶上。

你还要这么敏感吗？我注意到你在制订进行秘密的报复计划，策划诡计。但你就是一个白痴，你不可能对命运进行报复。幼稚的人，你甚至都想冲击大海。相反，你应该建造更好的桥，这是一种更好地挥霍你才智的方法。

你想要被理解？我们都需要被理解！理解你自己，你就会被充分地理解，你要为此做很多的工作。母亲的小宝贝想要被理解。理解你自己，这是对敏感最好的保护，满足你想要被理解的幼稚渴望。我感觉你还想把别人变成你欲望的奴隶？但你知道，我必须和你生活在一起，我再也无法容忍你这种可悲的哀怨。[8]

---

7 1914年4月21日。

8 荣格后来把自我批判描述成为在直面阴影时最初阶段的表现。他在1934年写道：“无论谁在盯着水面的时候，最先看到的都是自己的意象。无论谁进入自己的时候，都会冒着直面自己的风险。镜面不会撒谎，不论谁看着它，它都会如实地显示，也就是说显示出我们从未在世界上呈现出的面孔，因为我们用人格面具，即演员的面具，将其遮盖住了。但镜子在面具之后，呈现出真实的面孔。直面是内在道路上第一次的勇气测试，一次测试足以吓退大多数人，因为与自己相遇是比较令人不愉快的事情，只要我们一直将所有消极的东西都投射到环境中，就可以避免与自己相遇。但如果我们能够看到自己的阴影，能够忍受对它的认识，那么一小部分问题就已经得到解决：我们至少已经带出个人无意识。”（“论集体无意识的原型”，《荣格全集第9卷》Ⅰ，§§43～44）

{2} 在我讲出这些和对我的自我说出更多愤怒的话之后，我注意到自我开始独自面对我自己。但过度敏感仍然在频繁地搅动我，我需要经常鞭打自己。我一直鞭打自己，直到自我折磨的快乐消退。[9]

[10] 接着，一天夜里，我听到一个声音，它来自远方，是我的灵魂发出的声音。她说："你离得真远啊！"

我："我的灵魂，是你在很高很远的地方说话吗？"

灵魂："我在你的上方，我是一个不同的世界。我已经变成像太阳一样。我收到火种。你在哪里？我在雾中很难找到你。"

我："我在昏黄的土地上，在大火燃烧之后的黑烟中，我也看不到你。但你的声音听起来更近。"

灵魂："我能感觉到。地球的重量已经深入到我身上，潮湿冰冷将我包围，以前痛苦的阴郁记忆将我压倒。"

我："不要在地球上的黑烟和黑暗中低身。我希望自己依然像太阳一样辉煌，否则我将失去在地球上的黑暗中继续生活下去的勇气。就让我听着你的声音吧。我永远不想再见到你的肉身。说点什么吧！从深度发出，或许恐惧也从深度流向我。"

灵魂："不行，因为你的创造之源从那里流出来。"

我："你看到了我的不确定。"

灵魂："不确定是一条好的道路。不确定之上是可能性。要坚定不移，并去创造。"

我听到翅膀的拍打声。我知道这是鸟在往上飞，飞到云层之上神性展开的火热光芒中。

[11] 我转向我的兄弟，即自我，他悲伤地站在那里，看着地面叹气，宁愿自己已经死去，因为他要承受压在自己身上的无尽痛苦。但从我身上发出的一个声音说："很艰难，祭物落在左右两侧，你将为众生的生命被钉在十字架上。"

---

9 这一段话没有出现在《黑书 5》中。荣格在 1914 年 4 月 30 日辞去苏黎世大学医学院的讲师。

10 1914 年 5 月 8 日。《黑书 5》中，4 月 21 日到 5 月 8 日之间没有内容，因此这里讨论的是上一段记录下来但未出现的内容。

11 1914 年 5 月 21 日。

我对我的自我说："我的兄弟，你觉得这句话怎么样？"

但他深深地叹一口气，抱怨说："更加痛苦，我会遭受很多痛苦。"

我回答说："我知道，这不会被改变。"但我不知道那是什么，因为我依然不知道未来会有什么（这件事情发生在 1914 年 5 月 21 日）。我在过度的痛苦中向云层望去，呼叫我的灵魂，向她发问。我听到了她的声音，欢快又响亮，她回答说：

"我已经有很多快乐。我在上升，我的翅膀长出来了。"

我对这些话感到十分痛苦，我吼道："你靠人类心脏里流出的鲜血而活。"

我听到她在笑，或者她没有在笑？"对我而言，没有什么饮品比鲜红的血液珍贵。"

我感到无力的愤怒，我呼喊道："如果你不是我的跟随神进入永恒国度的灵魂，那么我将你称为人类最危险的祸根。谁使你移动？我知道神性不是人性，神性吞食人性。我知道这就是残暴，这就是残酷，用自己的双手感触到你的人永远不会把自己手上的鲜血擦掉。我已经成为你的奴隶。"

她回答说："不要生气，不要抱怨。让流血的受害者倒在你的旁边。这不是你的残暴，不是你的残酷，而是必须如此。生命的道路上充满死去的人。"

我："是的，我明白，这是一个战场。我的兄弟，你和什么在一起？你在呻吟？"

我的自我回答说："我为什么不呻吟和哀号？我自己背负死者，无法拖动众多的他们。"

但我无法理解我的自我，因此对他说："我的朋友，你是异教徒！你有没有听说过让死者埋葬死者这种说法？[12] 你为什么想要背负死者？你拖着他们并不能帮助他们。"

---

12 《马太福音》8 章 21 ~ 22 节："另一个门徒对他说：'主啊！请准我先回去安葬我的父亲吧。'耶稣对他说：'跟从我吧！让死人去埋葬他们的死人。'"

我的自我哭着说："但我同情可怜的死者，他们见不到光，或许如果我拖着他们……"

我："这是什么？他们的灵魂已经做完理应完成的工作。接着他们遭遇命运。这也会发生在我们身上，你的怜悯是病态的。"

但我的灵魂在远处说："让他存有怜悯吧，怜悯将生和死联系在一起。"

我的灵魂所说的话刺痛了我。她谈到怜悯，她毫无怜悯地站起来跟随神，我问她：

[13]"你为什么这么做？"

我自己身上拥有的人类的敏感性无法理解这一刻的可怕。她回答说：

"这不意味着我在你的世界中。我在你们地球上的秽物中弄脏了自己。"

我："我不是地球吗？我不是秽物吗？是我犯的错强迫你跟随神进入天国？"
灵魂："不是，是内在的需要，我属于天上。"
我："你消失后，没有人会受到无可替代的损失吗？"
灵魂："恰恰相反，你们很享受最大的受益。"
我："我在自己人类的情感上注意到这一点，怀疑会出现。"
灵魂："你注意到了什么？为什么你看到的总是不真实的？你独有的错误无法阻止你对自己的愚弄。你不能停留在自己的道路上一次吗？"
我："你知道我会怀疑，因为我爱着人类。"
灵魂："为了你的弱点，为了你的怀疑和疑惑，请不要这样。坚持自己的道路，不要偏离。存在一种神圣且属于人类的意图，二者在愚蠢且堕落的人身上交织在一起，你偶尔也属于这类人。"

由于我从自己的灵魂所讲的内容中什么都看不到，也看不到自己在遭受什么（因为它是在战争爆发的两个月前发生的），我想把它完全理解成自己内在的个人体验，因此我既不能完全理解它，也不能完全相信它，因为我的信仰很弱。我相信在我们这个时代，弱信仰会更好。我们已经从儿童时期长大，而信仰在儿童时

13 1914年5月23日。

期仅是为人类带来善和理性最适合的方式。因此，如果我们今天仍然想有强烈的信仰，那么我们会回到儿童的早期。但我们已经学到很多知识，内心对知识的渴望使我们对知识的需要胜过信仰。但强大的信仰会阻碍我们对知识的获取。当然，信仰可能也很强大，但它是空洞的，而整个人类卷入得非常少。除非我们与神同在的生命只以信仰为基础。我们首要做的只是相信？对我而言，这没有价值。人需要明白不能简单地相信，而是尽自己的能力与知识搏斗。信仰不是一切，也不是知识。信仰并不能给我们安全和知识的财富。有时候，对知识的渴望会对信仰过度利用，二者必须达到一个平衡。

但过度的相信也是危险的，因为今天每个人都要找到自己的方式，与自己身上充满奇怪和强大事物的彼岸相遇。人很容易因为过度的信仰而把一切都当真，最终一无所获，却变得精神错乱。在我们当下的需要面前，幼稚的信仰是失败的。我们需要区分知识，从而弄清楚灵魂带来的发现。因此，在一个人完全坚信不疑地去接受之前，最好去等待更好的知识。[14]

出于这些考虑，我对自己的灵魂说：

"这一切都会被接受吗？你知道我问这个有什么意义。问这些并不是愚蠢或没有信仰，而只是更高类型的怀疑。"

她回答说："我理解你，但它会被接受。"

我回答说："这种接受带来的孤独让我感到恐惧。我害怕随着孤独而来的是疯狂。"

她回答说："如你所知，我很早之前就预见了你的孤独。你不必为疯狂担心，我的预测很准。"

这些话使我充满不安，我几乎无法接受灵魂做的预测，因为我无法理解。我总想借助自己去理解。因此我对自己的灵魂说："是什么被误解的恐惧在折磨我？"

---

14 最后两句没有出现在《黑书 5》中。荣格在《力比多的转化与象征》（1912）写道："我认为信仰应该被理解取代"（《荣格全集 B》，§356）。荣格在 1945 年 10 月 5 日给维克多·怀特的信中写道："我的职业生涯以拒绝一切信仰的锤炼开始。"（安·康拉德·拉默斯与阿德里安·坎宁安编，《荣格与怀特通信集》[腓利门序列丛书，伦敦：劳特利奇出版社，2007]，第 6 页）

“是你的没有信仰，你的怀疑。你不愿意相信必要牺牲的规模，但它会奔向痛苦的结束。伟大的事物需要巨大的代价，而你依然渴望的是廉价之物。我不是告诉过你去抛弃，或离它而去吗？你想要自己拥有的比别人的好？”

“不，”我答道，“不，不是这样。但我害怕如果我自行其是，会给人们带来不公。”

“你想避免什么？”她说，“无法避免。你必须走自己的路，不要顾及他人，无论他们是好的还是坏的。你的手已经在神圣之上，而那些人还没有做到。”

我无法接受这些话，因为我害怕欺骗。因此，我也不想接受这种强迫我与灵魂对话的方式。我更喜欢与人交谈。但我感到自己被迫走向孤独，我又同时恐惧自己的思维偏离惯常的道路后带来的孤独。[15] 在我沉思的时候，我的灵魂对我说：“我没有为你预测黑暗的孤独吗？”

“我知道，”我回答说，“但我真的不认为它会出现。它一定会到来吗？”

“你只能做肯定的回答，为了你自己，别无选择。如果有什么事情发生，它只能以这种方式出现。”

“那么完全没有希望，”我吼道，“对抗孤独？”

“完全没有希望。你是被强迫这样的。”

在我的灵魂说话的时候，一位白胡子且面容憔悴的老人正向我走来。[16] 我问他想从我这里得到什么。他回答说：

“我是无名氏，在孤独中死去的芸芸众生之一。时代精神和公认的真理这样要求我们。看着我，你一定要知道这些。对你而言，事情都过于美好了。”[17]

“但是，”我回答道，“这不是我们这个如此不同的时代中的另一种必要性吗？”

“它是一如既往地真实。永远不要忘记你是一个人，你必须要为人类的目标

---

15 1914 年 5 月 24 日。段首的文字没有出现在《黑书 4》中。

16 《黑书 4》中继续写道：“他就像一位老圣徒，是第一批生活在沙漠中的基督教徒。”（77 页）

17 在《手写的草稿》的《审视》中出现一处注，写的是：“17 年 11 月 27 日”，似乎指的是这一部分手稿完成的时间。

流血。毫无怨言且勤勉地践行孤独，那么到时候一切都会就绪。因此你要变得严肃，从而从科学中抽身出来。科学里有太多幼稚的东西。你的道路通往深度。科学太肤浅，仅仅是语言和工具。但你必须开始行动。”[18]我不知道自己的工作是什么，因为一切是黑暗的。而且一切都变得沉重和可疑，无尽的悲伤将我抓住，一直持续很多天。接着，在某一天晚上，我听到一位老人的声音。他的讲话缓慢且沉重，他的语句不连贯，非常难懂，因此疯狂的恐惧再次将我抓住。[19]因为他说了以下的话：

[20]“白昼还未进入黑夜，最坏的情形终将到来。
手最先开始攻击，这是最好的攻击。
无意义的话从最深的井中冒出来，就像尼罗河。
清晨比夜晚美好。
鲜花在凋零前一直散发芬芳。
成熟的季节在晚春到来，抑或错过自己的目的。”

这些话是老人在 1914 年 5 月 25 日的晚上讲给我的，对我而言，极其没有意义。我感到自己在痛苦中扭动身体，像是在拖着成千上万个死者一样。

这种悲伤一直到 1914 年 6 月 24 日才离去。[21]夜里，我的灵魂对我说：“最伟大变成最微小。”之后不再说什么。接着战争爆发。这使我得以看到自己以前的经历，也使我有勇气将自己在这本书的前一部分所写的内容讲出来。

---

18 《黑书 5》中继续写道——我：“我是经院哲学家吗？”灵魂：“不是的，是科学家，但科学是经院哲学的新变体，它需要被征服。”我：“这还不够？如果我离开科学，那么我就要对抗时代精神吗？”灵魂：“但你不一定要让自己离开它，而只是把科学视为自己的语言。”我：“你要我向哪些深度前进？”灵魂：“永远在你自己和现在之上。”/ 我：“我想要如此，但会有什么发生？我通常感到自己无力继续下去。”灵魂：“你必须加倍努力，给自己喘息的机会，你的时间被太多的东西占去。”/ 我：“这样的牺牲也会出现吗？”灵魂：“你必须如此，你必须如此。”（79 ~ 80 页）

19 这一段文字没有出现在《黑书 5》中。

20 1914 年 5 月 25 日。

21 《黑书 5》中继续写道：“哈，这本书！我再次把手放在上面，我所写的无意识是多么琐碎、病态、疯狂又神圣！你强迫我再次跪下！我在这里把你要说的话说出来！”（82 页）这是《黑书 2》到《黑书 7》中唯一一次提到无意识。

{3} 此后，深度的声音沉默了一整年。第二年夏天，我一个人在水面上划船，我看到不远处有一只鹗猛地钻入水中，接着叼着一条大鱼飞回到空中。[22] 我听到自己灵魂的声音，她说："这是下载着上的标志。"

不久之后的一个秋夜，我听到一位老人的声音（此刻我知道他是腓利门）。[23] 他说：[24] "我想要你转过身，我想支配你，我想将你像硬币一样凸显出来，我想和你交易。别人可以购买和出售你。[25] 你被不断易手。自我意志不适合你，你是整体的意志。金子不能掌握自己的意志，但它能够支配整体、被蔑视和强烈要求的事物，是无情的统治者：它躺在那里等待。看到它的人都想得到它。它并不会跟着人走，而是默默地躺在那里，闪耀着光芒，极为自负，像一位国王，它的权力无须证明。每个人都在追求它，但没有人能够找到它，但即使它最小的一片都非常贵重。它既不给予也不自我挥霍。每个人都在发现它的地方得到它，急切地确保自己不会丢失它最小的一块。每个人都拒绝承认他们对它的依赖，但他们都秘密地向它伸出贪婪的手。金子必须证明自己的必要性吗？它通过人类的渴望得到了证明。它问：谁想得到我？得到我的人就会拥有我。金子没有去搅动。它睡

22 1915 年 6 月 3 日。在这期间，荣格在之前《新书》草稿的基础上继续书写。1914 年 7 月 28 日，英国医学协会在阿伯丁举行会议，荣格在会上做了一个名为《心理病理学中无意识的重要性》的报告。大致从 8 月 9 日至 8 月 22 日，荣格在卢塞恩服了 14 大的兵役。大致从 1915 年 1 月 1 日至 3 月 8 日，荣格在奥尔滕服了 64 天的兵役。3 月 10 日至 12 日，荣格在伤残人士用的运输工具部门服役（荣格的兵役册，荣格家族档案馆）。

23 这一句没有出现在《黑书 6》中。

24 1915 年 9 月 14 日。1915 年的夏末秋初，荣格就心理类型问题与汉斯·斯密德进行通信。11 月 6 日写给斯密德的最后一封信暗示他又回到《黑书》中详细记录自己的幻想："理解是一种可怕的黏合力，当它拉平至关重要的差异时，它或许就是名副其实的灵魂谋杀犯。个体的核心是生命的神秘，在它被'理解'的那一刻消失。这也是为什么象征想要保守它们的秘密，象征是神秘的，不仅仅是因为我们无法看清楚它们的底部是什么……所有的理解也是如此，作为一般性观点的一个整体，包含邪恶的元素，还有杀戮……这就是我们为什么在分析的后期必须帮助他人进入那些隐藏的和未打开的象征中，生命的种子安全地躺在这里，像一颗脆弱的种子藏在坚硬的外壳内一样。实际上，这不要有任何的理解或一致，即使有可能达到，仍要保留原样。但如果理解或一致已经变得普遍，且有明显的可能，那么摧毁象征的时机已经成熟，因为它再也不能覆盖种子，种子要冲破外壳。我现在可以理解自己以前的一个梦了，我对它印象非常深刻：我站在自己的花园中，我挖开一口富含水的泉，泉水喷涌而出。接着我必须挖出一道沟渠和深洞，从而将水集中到洞里，让它们再次回流到地下深处。我们通过未打开和难以名状的象征得到拯救，因为象征通过阻止魔鬼吞掉生命种子的方式保护我们。"（约翰·毕比与恩斯特·法尔泽德编，《荣格与施密德通信集》[腓利门系列丛书]，即将出版）

25 《黑书 5》中继续写道："赫尔墨斯是你的魔鬼。"（87 页）

在那里发光。它的光芒迷惑感官。一句话都不用说，它可以给人们想要的一切。它将那些要被摧毁的摧毁，帮助那些想要上升的人上升。[26]

“炽热在不断累积，它在等待能够带走它的人。为了金子，人们不会把什么磨难置于自己身上？它在等待，也没有缩减人们的磨难，磨难越大，麻烦越多，它就越受到尊重。它从地下长出来，从熔岩中长出来。它缓慢渗出，藏在岩脉和岩石中。人们费尽心机将它挖出来，并提炼它。”

而我惊恐地说：“啊，腓利门，你讲的话是多么模糊啊！”

[27]但腓利门继续说：“不仅去教诲，而且去否定，或者我又问为什么去教诲呢？如果我不去教诲，那么我就不用去否定。但如果我教诲了，那么我之后必然会去否定。因为如果我去教诲，那么我必须教给别人他们应该已经得到的东西。他们得到的是好的，而他们没有得到却以礼物的形式收到的就是坏的。浪费自己意味着：想要去压抑很多。欺骗围绕着给予者，因为他自己的事业都是欺骗性的。他被迫取消自己的礼物，否定自己的美德。

“沉默的负担并不比我自己身上的负担重，我想把它转到你身上。因此我去说教。听者对抗我的计策，把负担转到他身上。

“最好的真理也是这样一种精巧的欺骗，我自己也深陷其中，直到我认识到成功计策的价值。”

我再次受到惊吓，吼道：“啊，腓利门，人们用你欺骗他们自己，因此你在欺骗他们。但真正理解你的人也真正理解自己。”

[28]但腓利门陷入沉默，退到充满不确定又闪着光的云中。他使我陷入思考。对我而言，人与人之间依然要竖起高高的屏障，保护他们不相互转移负担，更是保护他们不相互施加美德，在我看来，似乎是我们时代所谓的基督教道德产生相互的迷惑。如果负担依然是别人对一个人最高的期望，你怎么能够担起别人的负担，人至少要担起自己的负担。

26 荣格在《神秘结合》中讨论了金子的炼金术象征（1955/56，《荣格全集第 14 卷》，§353ff）。

27 1915 年 9 月 15 日。

28 1915 年 9 月 17 日。

但原罪可能就存在于迷惑之中。如果我接受自我遗忘的美德，那么我就把自己变成自私的暴君去统治别人，那么为了产生我的另一个主人，我也必须再次被迫抛弃自我，而我的主人总是给我留下不好的印象，不会成为他的优势。不可否认的是这种相互作用构成社会的基础，但个体的灵魂开始受到破坏，因为人总是从别人那里学习如何生活，而不是从自己身上学习。在我看来，如果一个人有能力，就不应该抛弃自我，因为这会诱惑或强迫别人也这么做。但如果所有人都抛弃自我呢？这是非常愚蠢的。

活出自己并不是一件美好或愉快的事情，但能够协助拯救原我。而且，人能够抛弃自己吗？如果是这样，人将变成自己的奴隶。这是接受自己的对立面。如果人成为自己的奴隶，这种情况会出现在每一个抛弃自己的人的身上，而人的生活靠原我，但人无法活出原我，原我是独立的。[29]

这种自我遗忘的美德是一种异于自己本质的非自然之物，它的发展被剥夺了。这是原罪用一个人的美德刻意地把他人从自己那里分离出去，例如让别人背负他的负担。原罪又返回到我们身上。[30]

如果我们让自己被原我征服，那么我们要完全服从，完全归顺。如果有人能够说出这样的话，拯救总会最先在我们身上完成。没有我们对自己的爱，这项工作不可能完成。必须这么做吗？如果人能够忍受特定的状况，不觉得需要拯救，当然就不需要。令人生厌的需要拯救感最终会成为人的负担，因此人们试图摆脱它，因此进入拯救的工作中。

在我看来，移除每一种拯救思想的美感会使我们特别受益，我们需要这么

---

29 尼采在《查拉图斯特拉如是说》中写道："这个原我也用感觉之眼探视，也以精神之耳倾听。这个原我永远在倾听和探视：它进行比较、压制、占领、摧毁。它进行统治，而且是'自我'的统治者。我的兄弟，在你的思想和情感背后，有一个强有力的发号施令者，一个未识的智者，他的名字叫原我。"（第一部，"轻视肉体者"，§1，62页）荣格在书中将这些词用下划线标出，页边空白处也画有线条和感叹号。荣格在1935年的《查拉图斯特拉讲座》中评论到这一段的时候说："我已经对原我这个概念非常感兴趣，但我还不确定该如何理解它。在我看到这一段的时候，我做出标记，它们似乎对我非常重要……原我这个概念把它自己介绍给我……我想尼采是说心理现象背后某种事物的本身……我认为他在创造一个崭新的原我的概念，类似一个东方的概念，即阿特曼。"（《尼采的查拉图斯特拉》，第1卷，391页）

30 尼采在《查拉图斯特拉如是说》中写道："你们聚在邻人的周围，还赋予一个美名。可是我告诉你们：你们对邻人的爱乃是你们对自己的薄爱。你们避开自己，逃往邻人那里，想以此树立一种美德：可是我看穿了你们的'无私'。"（"爱邻人"，86页，荣格在书中将这些词用下划线标出）

做，否则我们将再次欺骗自己，因为我们喜欢这样的话，因为通过这种大话，一道美丽的光将照射在事物上。但人至少可以怀疑拯救工作本身是不是一件美好的事情。罗马人并没有感到吊死犹太人的美好和对墓穴过度忧郁的热情，因为墓穴周围围绕着廉价和野蛮的象征，眼中缺乏快乐的光芒，因为他们对一切野蛮和反常的乖张好奇心已经被激发。

我想，说人是无意地犯下进行拯救工作的错误是十分正确和周全的，也就是说，人是否想要避免因为需要拯救的不可逾越感而成为难以忍受的魔鬼。踏入拯救工作的这一步既不美好也不快乐，更不会呈现出诱人的外表。事情本是十分困难且充满痛苦的，以至于人们要把自己视为病人而非过于健康、试图把自己的丰盛分享给别人的人。

因此，我们也不能用他人为我们自己假定的拯救服务，因为他人不是我们的垫脚石，我们最好依然保持自己。对拯救的需要则是要通过增加对爱的需要表现出来，我们认为这样就能够使他人快乐。但我们同时充满改变自己现状的渴望和欲望，我们为此而去爱别人。如果我们已经完成我们的目的，他人就会冷落我们。而实际上，我们也需要他人来实现我们的拯救。他或许会义务地帮助我们，因为我们处在生病和无望的状态。我们对他的爱是无私的，但却不应该如此。这是一个谎言，因为它的目标是我们自己的拯救。只有原我的要求被置于一旁，无私的爱才是真实的。但原我终有再次回来的时候。谁会为爱付出这样的原我？当然只有在一个人还不知道原我中有的过度痛苦、不公和恶毒，忘掉原我并把它变成美德的时候。

就原我而言，无私的爱是名副其实的原罪。

[31] 我们可能要时常回到自己，重新建立与自己的联系，因为它经常被撕成碎片，不仅是被我们的邪恶也是被我们的美德撕碎。因为邪恶和美德总想置身事外。但经过不断的外在生活，我们将原我忘记，经过这个过程，我们也在自己最大的努力中秘密地变得自私。[32] 我们在自己身上忽略的东西秘密地渗透进我们对

31　1915 年 9 月 18 日。

32　荣格在 1914 年写道：“如前所述，原我的整合和教化来自意识的一侧，通过我们认识到自己自私的目标来实现，这就意味着我们要详细记录我们的动机和尽最大的努力客观地刻画我们自己。”（“弥撒中转化的象征”，《荣格全集第 11 卷》，§400）这与《审视》在开始部分所描述的相同。

别人所做的行为中。

通过与原我的结合我们就能来到神面前。[33]

我必须将此讲出来，而不引用古人或权威的观点，但我已经体验到它。它在我身上发生，而且它的确以一种出乎我的意料和愿望的方式发生。这种神的体验形式是出乎意料的和多余的。我希望我能够说它就是欺骗，我十分渴望否认这种体验。但我无法否定它，因为它已经将我抓住，我无计可施，它稳固地在我身上发挥作用。如果它是欺骗，那么欺骗就是我的神。而且神在欺骗之中。如果它是发生在我身上的最大痛苦，那么我必须承认这种体验，认识到它那里的神。没有洞察和抗拒可以强大到超越这种体验的强度。而且即使神已经显示出他就在一个没有意义的厌恶中，我也只能承认我在它这里体验到神。我甚至知道引用一个理论并不难，这个理论足以解释我的体验，把它纳入到已知中。我自己都可以提出理论，并满足于知识术语，而理论却不能移走我对神的体验中哪怕是最小的一片知识。我通过体验的无可动摇性而认识神。我不得不借助体验认识他。我不想相信它，我没必要相信他，我也没有相信它。人怎么能相信这些？我的心理完全被迷惑之后我才会相信这样的事情。根据它们的本质，它们是最不可信的。不仅不可信，而且我们也不可能理解。只有脑子有病的人才会设计这样的欺骗。我像那些病人一样，已经被幻觉和感官的欺骗征服。但我必须说是神使我们生病，我在疾病中体验到神，有生命力的神像疾病一样折磨我们的理智。他为灵魂注入毒药，他让我们陷入混乱的旋涡。神要毁掉多少东西？

神以某种灵魂的状态出现在我们面前，因此我们通过原我来到神面前。[34, 35]

---

33 《黑书 5》中继续写道："它是天堂和地狱的结合"（92 页）。见荣格的"弥撒中转化的象征"："原我开始像结合后的对立面一样发挥作用，从而构成神圣的最直接体验，这在心理学上完全可以理解。"（1941，《荣格全集第 11 卷》，§396）

34 对于原我，荣格在 1921 年写道："尽管自我是意识的中心，但它并不等同于心灵的全部，像其他情结一样，也是一个情结。因此我将自我和原我区分开，因为自我仅仅是意识的主体，而原我是整体心灵的主体，它也包含无意识。"（《心理类型》，《荣格全集第 6 卷》，§706）荣格在 1928 年把个体化的过程描述成为"自我的成形"和"自我实现"（"自我与无意识的关系"，《荣格全集第 7 卷》，§266 页）。荣格把原我定义为秩序的原型，并指出原我的表现和神的意象密不可分（第四章，"原我"，《移涌：原我的象征》，《荣格全集第 9 卷》Ⅱ）。荣格在 1944 年指出他之所以选择这个术语是因为这个概念"一方面足以表现出人整体的全部，另一方面足够模糊地表现出整体的本质难以描述和模糊不清……'原我'的科学用意指的既不是基督，也不是佛祖，而是全部形象的等价物，每一个形象都是原我的象征"（《心理学和炼金术》，《荣格全集第 12 卷》，§20）。

35 下一部分的内容改编自《黑书 5》，在某种程度上与本书内容密不可分。

原我不是神，尽管我们通过原我来到神面前。神出现的时候，他在原我之后，在原我之上，是原我本身。但他以疾病的形式出现在我们身上，我们必须借助他治疗自己。[36] 我们必须通过神治愈自己，因为他也是我们最重的伤。

在第一种情形中，神的力量完全在原我中，由于原我也完全在神中，因为我们不是原我。我们必须把原我拉到我们这一侧。因此，我们必须为原我与神搏斗。因为神是难以理解的强大运动，会把原我卷入到无边无际中，卷入到消亡中。

因此，当神出现的时候，我们最初感到的是无力、迷惑、分裂、不舒服，被最强的毒药毒到，但我们却沉醉于最高的健康状态。

但我们无法停留在这种状态，因为我们身体所有的力量就像油脂在大火中燃烧。因此我们必须竭尽全力使原我摆脱神，这样我们才能活下去。[37]

[38] 我们拒绝神且只谈疾病的理由无疑是可行的，甚至相当容易。因此我们接受患病的部分，也能够治愈它。但治愈伴随着丧失，我们会失去部分生命。我们继续生活，但像被神致残跛足的人。在那里，大火把死者烧成地上的灰烬。

我相信我们拥有选择：我更喜欢神有生命力的奇迹。我每天都掂量自己全部的生命，继续把神火热的光芒视为比理性的灰烬更崇高且更丰满的生命。对我而言，灰烬是自杀。我或许可以扑灭火，但我不能拒绝自己对神的体验，我也无法割断这些体验，我更不愿意如此，因为我想活下去，我的生命想要完整。

因此我必须为原我服务，我必须用这种方式赢得它。但我必须赢得它，这样我的生命才变得完整。因为在我看来，使有可能活得完整的生命变形是有罪的。因此，服务原我是神圣的事情，也是人性的事情。如果我扛起自己，我便将人性

36 荣格在 1929 年写道："诸神已经变成疾病，宙斯不再统治奥林匹斯山，而是太阳神经丛，从而为医生的治疗室制造大量的奇怪标本。"（"《黄金之花的秘密》的评论"，《荣格全集第 13 卷》，§54）

37 《黑书 5》中继续写道："神拥有力量，而原我没有。因此无力不应该受到责难，而是应该停留的状态。/ 神的表现源自自身，他应该保留这一点。我们对原我做了什么，我们对神也是这么做的。/ 如果我们扭曲原我，那么我们也扭曲神，神圣的服务是为自己准备。因此，我们将人性从自己身上释放出来。一个人扛起另一个人的负担，他已经变得不道德。每个人都能够扛起自己的负担，这是对一个人最低的要求。我们最好能够向别人展示如何扛起自己的重担。/ 把自己所拥有的转给弱者就意味着教育他们变得懒惰。/ 怜悯不应该担起别人的重担，而是应该成为一位严格的教育者。我们的孤独没有终点，这只是开始。"（92 ~ 93 页）

38 接下来四段没有出现在《黑书》中。

从自己身上释放出来，在神那里治愈原我。

我必须使自己的原我摆脱神，[39] 因为我体验到的神不只是爱，他还是恨；他不只是美丽，也是丑陋；他不仅是智慧，也是无意义；他不仅是力量，也是无力；他不仅是无处不在，也是我的傀儡。

第二天夜里，我再次听到腓利门的声音，他说：[40]

“走近一些，进入神的坟墓。你工作的地方应该在地下墓室，神没有活在你身上，但你要活在神中。”

[41] 这些话使我不安，因为我以前思考的正是使自己摆脱神。但腓利门建议我进入神更深一些。

因为神已经升天，腓利门也已经变得不一样。他最初以一位生活在遥远土地上的魔法师的身份出现在我的面前，但我感到他很近，因为神已经升天，我知道腓利门已经使我陶醉，给我一种陌生又有不同敏感度的语言。在神升天的时候，所有这些都会消退，只有腓利门还保留着那种语言。但我感到他走的是另外一条不同于我所走的路。或许我在这本书的前一部分所写的大部分内容都是腓利门传给我的。[42] 因此，我似乎已经陶醉，但我现在注意到腓利门呈现出的形式和我不一样。

{4}[43] 几周之后，三个影子向我走来。我根据他们冰冷的呼吸推断他们是死者。第一个是一位女性，她不断靠近，发出柔和的呼呼声，是圣甲虫扇动翅膀的声音。然后我认出了她。在她还活着的时候，她向我揭示埃及的神秘，红色的太阳盘和金翅膀之歌。她仍在阴影中，我几乎无法理解她的话。她说：

39 在荣格所藏的艾克哈特的《布道作品集》中有一段“灵魂也需要失去神”被用下划线标出，书中的一片纸上写有：“灵魂必须失去神”（梅斯特·艾克哈特，《布道作品集：赫尔曼·布特纳根据高地德语编译》，两卷本［尤金·迪德利希斯出版社，1912］，222 页）。

40 《黑书 5》中并没有指出这是腓利门的声音。

41 接下来两段没有出现在《黑书 5》中。

42 《手写的草稿》的《审视》中继续写道：“~~并通过我讲出来~~”（37 页）。

43 1915 年 12 月 2 日。

“我去世的时候，依然是夜里，而你生活在白天，你的前方依然有年日，你将开启什么，让我说话，啊，你无法听到！多么困难，请让我说话！”

我沮丧地回答：“我不知道你要找的话。”

但她大吼：“象征、介质，我们需要象征，我们十分渴望它，它为我们带来光明。”

“从哪里？我怎么做？我不知道你要的象征。”

但她坚持说：“你能做到，能得到它。”

就在这一刻，一个符号被置于我的手上，我无比惊讶地看着它。接着她大声且开心地对我说：[44]

“就是它，哈普，它就是我们渴望的象征，我们需要它。它非常简单，最初有些乏味，天然地像神一样，是神的另一极。这一极正是我们需要的。”

“你为什么需要哈普？”[45]我问道。

“他是光，是另一个夜间的神。”

“噢，”我回答说，“亲爱的，那是什么？精神之神在夜里吗？是那个儿子吗？是青蛙之子吗？如果他是我们的白昼之神，那么灾难将降临到我们头上。”

但死者得意地说：

“他是肉身精神，鲜血精神，所有体液的提炼物，是精液和内脏、阴部、头颅、脚、手、关节、骨头、耳鼻、神经和大脑的精神，是唾液和排泄物的精神。”

---

44 《黑书 5》中这一段被替换为：“菲勒斯？”（95 页）《黑书 5》中没有提到哈普（Hap），下一个引用与此相连。在《埃及的天堂和地狱》中，瓦利斯·巴奇写道：“佩皮（Pepi）的菲勒斯是哈普”（第 1 卷，110 页）。他指出哈普是荷鲁斯之子（491 页，荣格在自己所藏的书的页边处做有一处标记）。他还写道：“荷鲁斯的四个孩子在《死亡之书》中起到非常重要的作用，死去的人不惜一切代价来他们这里寻求帮助和保护，包括献上贡品和祷告……荷鲁斯的四个孩子共同保护他们之间死去的人，一直到第五王朝，我们发现他们主要管理阴间的生命。”（《埃及的天堂和地狱》，荣格在书中将这些词用下划线标出）[伦敦：卡根·保罗，特伦齐和特吕布纳出版社，1905])

45 《黑书 5》中写有：“的神圣一极”（95 页）。

“你是魔鬼吗？”我充满恐惧地说，“我闪烁的神光还在吗？”

但她说：“亲爱的，你的身体还在，你有生命力的身体。启蒙的思想来自你的身体。”

“你说的是什么思想？我认不出这样的思想。”我说。

“它像蠕虫，像蛇一样爬行，一会儿在那里，一会儿在这里，是一只失明的蝾螈掉进地狱中。”

“那么我一定会被活埋。啊，真可怕！啊，腐烂！我必须像水蛭一样完全地去吸附吗？”

“是的，要吸血，”她说，“把它吸干，要从尸体上吸取，尸体内有汁液，令人作呕，但又营养。你不用明白，只管去吸！”

“真可怕！不，绝不可能。”我愤怒地大吼。

但她说：“你不应该受到扰动，我们需要这顿饭，人类生命的汁液，因为我们想在你的生命中分享。因此我们不断靠近你，我们给你你想要知道的讯息。”

“这太荒谬了！你在说什么？”

[46]但她看着我，就像我最后一次在人群中看到她看我一样，她向我展示埃及人留下来的神秘，但并不知道其意义。然后她对我说：

“为了我，为了我们，去做吧。你还记得我的遗产，红色的太阳盘、金翅膀、生命和持续的时间的花环吗？不朽在需要去了解的事物之中。”

“通往知识的道路就是地狱。”

[47]我从这里沉入忧郁的沉思中，因为我怀疑这条路的沉重、难以理解和无边无际的孤独。在与我身上所有的脆弱和懦弱进行长期的斗争之后，我决定自己扛起神圣的错误和永远有效的真理带来的孤独。[48]第三天夜里，我呼唤亲爱的死者，问她：

46　这一段没有出现在《黑书 5》中。

47　1915 年 12 月 5 日。

48　这一段没有出现在《黑书 5》中。

“请教我关于蠕虫和爬行动物的知识，打开黑暗精神之门！”

她轻声说：“给我鲜血，我把它喝下之后，就能够说话。你说你要把力量留给儿子，你是撒谎吗？”

“不，我没有撒谎。但我说了一些自己无法理解的话。”

“如果你能说自己无法理解什么，”她说，“你很幸运。听着：哈普[49]不是根基，而是教堂的顶，但仍在地下。我们需要这座教堂，因为我们可以和你一起住在里面，参与到你的生命中。你把我们驱逐到对你的伤害中。”

“告诉我，对你而言，哈普是你希望生活在其中的教堂标志吗？说啊，你为什么犹豫了？”

她呻吟着，用微弱的声音低声说：“给我鲜血，我需要鲜血。”[50]

“那么请把我心脏内的鲜血吸走吧。”我说。

“谢谢你，”她说，“这是生命的充满。阴影世界的空气变得稀薄，因为我们像鸟一样在海洋的上空盘旋。有很多越过界限，在外太空模糊的道路上拍打翅膀，冒着危险进入外部世界。但我们依然很近且不完整，我们宁愿让自己沉浸在大海的空气中，回到地球上，回到生物体上。你没有一个动物的形体让我进入吗？”

“什么，”我惊恐地说，“你想成为我的狗？”

“如果可以的话，就是如此，”她回答说，“我甚至宁愿成为你的狗。对我而言，你是语言难以形容的价值，是我所有的希望，仍然贴在地球上。我依然渴望看到我离开的过于匆忙而没有完全看清的东西。给我鲜血，大量的鲜血！”

“喝下吧，”我绝望地说，“喝下吧，那么一切都会恢复原状。”

她犹豫地低声说：“布里莫[51]，我猜你也这么称呼她，她很老，这是它如何

49 《黑书 5》中写的是：“菲勒斯”（100 页）。这是荣格在小时候梦到地下神庙中仪式性的阳具，见上文第 3 页。

50 见注 223，385 页。

51 荣格在 1912 年讨论到公元 4 世纪末在罗马兴起的赫卡特密教，赫卡特是魔法和咒语女神，保卫着阴间，被认为是发送疯狂信息的使者。她和死亡女神布里莫相同（《力比多的转化与象征》，《荣格全集 B》，§586ff）。

开始的，是她孕育出儿子，即强大的哈普，他在她的耻辱中长大，追求天的妻子，而天笼罩在地之上，对布里莫而言，这是上和下，将儿子包裹住。[52]她生出他，并将他养大。他在下方出生，又使上方肥沃，因为他的妻子是他的母亲，他的母亲是他的妻子。”

“可恶的说教！这还不是足够恐怖的密教吗？”我充满愤怒和厌恶地大吼。

“如果天怀孕，它将无法保住自己的果实，会生出一个带有罪恶的人，这是生命和无尽持续时间的树。给我你的鲜血！听着！谜团很可怕：当天上的布里莫怀孕，她将生出恶龙，最先出现的是胞衣，然后是她的儿子哈普，还有携带着哈普的人。哈普是下界的叛徒，但鸟来自上界，并停留在哈普的头上。那是和平，你是容器。说话，天，请倾泻出你的大雨。你是一个壳，空壳不会溢出，能够接住。愿它能够从所有的风中流出。让我告诉你另外一个夜晚即将到来。一天，两天，很多天已经结束。白昼的光芒消失，照亮阴影，这是太阳的阴影。生命变成阴影，阴影自己活跃起来，阴影比你更庞大。你认为你的阴影是你的儿子吗？他在正午的时候很小，在午夜的时候充满整个天空。”[53]

但我精疲力竭，非常绝望，无法再继续听下去，因此我对死者说：

[54]“那么你将生活在我下方、树下水中可怕的儿子引出来？他是天倾泻出来的精神，还是大地孕育出的没有灵魂的蠕虫？天啊！你是最险恶的子宫！你要为了阴影把生命从我身上吸出来吗？因此人性要完全浪费给神性吗？[55]我要和阴影生活在一起，而不是和活着的人为伴吗？所有渴望活着的人都应属于你这个死者吗？你有活下去的时间吗？你没有用它吗？活人要为你这个无法永生的人献出生命吗？说话，你这个沉默的阴影，站在我的门前，又想要我的鲜血！”

死者的阴影提高嗓门说：“你看，或你仍然不看，是什么活力与你的生命有关。他们将它浪费掉。但有了我，你能活出自己，因为我属于你。我是你看不见的随从和群体。你相信活着的人能看到你吗？他们只看到你的阴影，而非你，你

52 《力比多的转化与象征》(1912)中，荣格提到埃及的天空之神努特，笼罩在地球之上，每天孕育出太阳神(《荣格全集B》，§364)。

53 这一段改编自《黑书5》。

54 1915年12月7日。

55 1915年12月9日。

是仆人，孕育者，你是容器……”

“你的话真多！我受你控制？我再也看不到白天的光？我要变成一个有生命力躯体的阴影？你没有形态，无法理解，而且散发出坟墓的冰冷，空洞的气息。让我自己被活埋，你在想什么？对我而言，太快了，我必须先死去。你有能够令我开心的蜜和温暖手的火吗？你是什么，令人伤心的阴影？你是孩子的幽灵！你想用我的鲜血做什么？说实话，你甚至比人类还要坏。人很少给予，而你能给予什么？你带来生机吗？温暖的美丽？或是快乐？还是这一切都进入你忧郁的地狱中？你能回报什么？神秘？能够带来生机？如果不能带来生机，我就把你的神秘视为诡计。”

但她将我打断，大声说：“鲁莽的人，住口，你让我无法呼吸。我们是阴影，会变成阴影，你会理解我们给予的东西。”

“我不想死去后坠入你的黑暗中。”

“但是，”她说，“你不必死去，你只需要让自己被埋葬。”

“为了复活吗？别开玩笑了！”

但她平静地说：“你怀疑将要发生的事情。三角形的隐形墙将你围住，带着你的渴望和情感到地狱吧！至少你不爱我们，那么我们在你身上耗费的代价就没有那些在你的爱和耐心中翻滚的人那么大，你在愚弄自己。”

“我的死者，我想你在说我的语言。”

她轻蔑地回答道：“人们爱着，还包括你！多么大的错误啊！这一切都意味着你想逃离自己。你想对人们做什么？你引诱和唆使他们变得狂妄自大，你成为牺牲品。”

“但它让我悲伤，使我痛苦，冲我号叫，我感到巨大的渴望，一切都在轻声抱怨，我心向往。”

但她毫不留情。“你的心属于我们，”她说，“你想对人们做什么？对人进行自我防御，那么你就用自己的双脚走路，而不是借助人的拐杖。人们需要没有要求，但他们总是想要爱，从而能够逃离自己。这应该被制止。为什么愚蠢的人要走出去，向黑人传福音，而又在自己的国家嘲讽它呢？为什么这些虚伪的传教士讲爱、神圣和仁爱，却用相同的福音内容证明发动战争的权利和进行不正义的谋杀是正确的？最重要的是，当他们自己身陷黑暗的欺骗和自我欺骗的泥潭中时，他们教育别人什么？他们是否打扫干净自己的屋子，他们是否认识到并赶走自己的魔鬼？因为他们对此置之不理，他们宣扬爱是为了能够逃离自己，对别人做他们应该对自己做的事情。但这种给自己的珍贵的爱，却像火一样燃烧。这些伪君子和骗子已经注意到这一点，就像你一样，喜欢去爱别人。这是爱吗？这是虚假的伪善。[56] 它总是源自你自己和所有的事物，最重要的是源自爱。你相信一个人慷慨地用自己的爱为别人做好事而使自己受伤吗？不，你肯定不会相信。你甚至知道他只教育别人如何伤害自己，从而可以迫使别人表达同情。因此，你需要成为阴影，因为这是人们所需要的。如果你自己没有爱，他们如何能够逃脱你爱的伪善和愚弄？因为一切皆源于你。你的马匹还在不断的嘶鸣。更糟糕的是，你的美德是一条摇尾巴的狗，咆哮的狗，乱舔的狗，狂吠的狗，而你却将之称为仁爱！而爱是：忍受和忍耐自己。它始于此。这对你来说是真实的，而你还不够温和，其他的火会烧到你身上，直到你接受自己的孤独，学会去爱。

“你想问爱什么？什么是爱？最重要的是，活下去比爱重要。战争是爱吗？你一定要看到仁爱对什么依然足够好，此道即彼道。因此，最重要的是，孤独，在对自己的温柔烧成灰烬之前。你要学会冷却。”[57]

“我只看到前方的坟墓，”我回答说，“我上方是什么被诅咒的意志？”

“是神的意志，比你强大，你是奴隶，是容器。你已经落入更强大的手中，他毫无怜悯之心。基督教的裹尸布已经落下，纱布将你的眼睛遮住。神再次变强。人的枷锁比神的枷锁轻，因此所有人都毫无怜悯之心地把枷锁套在别人身上。但没有落入人之手的人会落入神的手中。愿他安好，愿灾难降临到他头上！无路可逃。”

“自由呢？”我大吼。

---

56 荣格对基督教传教士持批评的态度。见“现代人的灵魂问题”(1931)。《荣格全集第10卷》，§185。

57 《黑书5》中继续写道：[死者：]“在魔鬼超越你之后。现在不是爱的时间，而是行动的时候。”[我：]“你为什么提到行动？哪种行动？”[死者：]“你的作品。”[我：]“我的作品，什么意思？”[死者：]“不是你的书，那是本书。你所做的就是科学。不要犹豫，尽管去做。没有后路，只能向前。你的爱就在那里。你的爱，真可笑！你必须允许死亡发生。”[我：]“至少让死者围到我身旁。”[死者：]“你周围有太多的死者。”[我：]“我什么都没注意到。”[死者：]“你要注意到他们。”[我：]“如何做？我如何注意到？”[死者：]“向前走，一切都会来到你的面前。不在今天，而在明天。”(116 ~ 117页)

“最高的自由。通过你自己，只有神在你之上。尽可能地用此来安慰自己。神将门锁住，你无法打开。让你的情感像幼犬一样哀号。高处的双耳已经失聪。”

“但是，”我回答道，“为了人类就没有愤慨吗？”

“愤慨？我对你的愤慨感到可笑。神只知道力量和创造。他发出命令，你去执行。你的焦虑很可笑。只有一条路，那就是神性的军事之路。”

死者毫不留情地把这些话讲给我。[58] 由于我不愿意听从任何人，因此我必须听从这个声音。她毫不留情地讲关于神的力量的话，我必须接受这些话。[59] 我们要去迎接新的光明、血红的太阳和令人痛苦的奇观。没有人强迫我，只有我身上外来的意志发号施令，我无法逃脱，因为我找不到这么做的基础。

太阳在我面前出现，在充满鲜血和哀号的海洋中游弋，接着，我对死者说：

“需要牺牲快乐吗？”

但死者回答说：“牺牲所有的快乐，前提是你亲自去做。快乐不是制造出来的，也无法追寻，它会到来，如果它一定会来，我要你的服务。你不能服务自己个人的魔鬼，那将带来过度的痛苦。真正的快乐很简单：它会到来，独立存在，在任何地方都找不到它。冒着遭遇黑夜的危险，你必须为我全身心地投入，不去寻求快乐。快乐永远无法被准备好，只能自然地存在，或根本不存在。所有你要做的就是完成自己的任务，别无其他。快乐来自任务的完成，而非渴望。我拥有力量，我发号施令，你只能服从。”

“我害怕你会将我摧毁。”

但她回答说：“我的生命只摧毁那些不适合的东西。因此，请注意你并非不适合的工具。你想要统治自己？你把自己的船开到了沙滩上。建造你的桥，用石头堆砌起来，但不要想着去掌舵。如果你想逃离对我的服务，你将误入歧途。没有我就没有拯救。你为什么还在做梦和犹豫？”

“你看，”我回答道，“我很盲目，不知道从哪里开始。”

“永远从邻居那里开始。教堂在哪里？团体在哪里？”

58 在《手写的草稿》的《审视》中写有“灵魂”（49页），这一段对话的交谈双方变成了灵魂和死者。

59 1915年12月20日。

“这是纯粹的疯狂，”我气愤地大吼，“你为什么要说教堂？我是先知吗？我怎么可能这么称呼自己？我是一个普通人，并不比别人知道得更多。”

但她回答说：“我需要教堂，对你和别人而言，教堂也是必需品。否则，你怎么处理我强迫到你脚下的人？美丽与自然将和可怕与黑暗紧贴在一起，将显示出道路。教堂颇为自然。神圣的仪式必须消解，变成精神。桥需要超越人性，[60]不可侵犯，遥远，架在空中。有一种精神的团体建立在外部的标志上，具有稳定的意义。”

“听着，”我大吼道，“那没有思维，因为它无法被理解。”

但她继续说：“你和死者都需要有死者的团体。不要和任何死者混在一起，远离他们，把他们应得的给每一个死者。死者需要你们这些赎罪的祷告者。”

在说这些话的时候，她提高嗓门，以我之名唤起死者：

“你们这些死者，我呼唤你们。

“你们是逝去的阴影，已经远离生者的折磨，到我这里来！

“我的鲜血，我生命的汁液，都将成为你的餐饮。

“在我这里生存下来，那么生命和话语都是你们的。

“来吧，你们这些黑暗和不安的死者，我会用自己的鲜血，活人的鲜血使你们恢复活力，那么你们就能够在我身上和通过我获得话语和生命。

“神强迫我向你们祷告，这样你们将获得生命。我们孤立你们太久了。

“让我们建立团体的连接，那么生者和死者的意象将会合一，过去将活在现在。

“我们的欲望把我们拖入有生命力的世界，我们迷失在我们的欲望中。

“来，喝下鲜血，喝下满满的鲜血，这样我们就能够被从不能被遏制且无情的力量中拯救出来，这种力量强烈地渴望看得见、可以理解和当下的存在。

“从我们的血液中吸取招来魔鬼的欲望，诸如争吵、混乱、丑陋、暴力事件和饥饿。

“拿着，吃吧，这是我的身体，为你而活。拿着，吃吧，喝吧，这是我的鲜

60 见注 8，99 页。

血，它的欲望便流到你身上。

“来吧，为你们和我的拯救，一起庆祝最后的晚餐。

“我需要有你的团体，那么我就既不会成为生者团体的牺牲品，也不会成为你我欲望的牺牲品，它们的欲望无法得到满足，因此会招来魔鬼。

“救救我，那么我就不会忘记我的欲望是你的祭火。

“你是我的团体，我活出为生者而活的内容。但我过度的渴望属于你，你这个影子。我们要和你生活在一起。

“为我们带来好运，打开我们封闭的精神，这样我们就会得到拯救之光的祝福。愿它会发生！”

当死者完成祷告之后，她再次转向我说：

“死者需要伟大。但神不需要献祭的祷告。他既没有好的意愿，也没有坏的意志。他既亲切又可怕，尽管实际并非如此，但似乎只对你这样。但死者可以听到你的祷告，因为他们本质上还是人，还有好的意愿和坏的意志。你不能理解吗？人性的历史比你老，比你聪明。存在没有死者的时候吗？无用的欺骗！人们只是最近才开始忘记死者，认为他们现在已经开始真正的生活，使他们陷入狂乱之中。”

{5} 在死者说出所有这些话之后，她消失了。我坠入忧郁和模糊的困惑中。当我再向上看的时候，我看到自己的灵魂在上空，在远处神性光芒的照耀下悬浮着。[61] 我大吼道：

“你知道发生了什么，你看到它已经超越一个人的力量和理解。但为了你和我，我接受它。被钉在生命之树的十字架上，啊，多么痛苦啊！啊，多么痛苦的沉默啊！我的灵魂啊，如果它不是你，是谁在碰触火热的天和永恒的充满，我如何能够做到？

“我把自己抛在人畜之前，啊，最非人的折磨！我必须让自己的美德，自己最高的能力被撕成碎片，因为它们依然是人畜一侧的荆棘。死亡并不是最好，但能够为生命污染和撕裂最最美丽的事物。

61　1916 年 1 月 8 日。这一段没有出现在《黑书 5》中。

“啊，没有任何地方有善意的欺骗可以保护我不与自己的尸体共进最后的晚餐吗？死者想在我这里生活。

“你为什么把我视为喝下基督洒下的人性幸运之人？我的灵魂，你还没有看够炽热的充满吗？你还想完全飞入神性刺眼的白光中吗？你让我陷入的是什么恐惧的阴影？魔鬼的深渊很深，它的泥浆甚至都弄脏你发光的长袍了吗？

“你从哪里获得权利对我做这样的恶事？让这装满污物的杯子离开我。[62] 但如果这不是你的意志，那么就迅速爬到炽热的天上，提出你的指控，推翻神的宝座，这非常可怕，并在诸神面前主张人的权利，向他们对人类做过的臭名昭著之事复仇，因为只有神才能够激发人性的蠕虫[63] 做出穷凶极恶的行为。让我的命运满足，让人掌管自己的命运。

“啊，我母亲般的人性，向神可怕的蠕虫进攻，它们扼杀人类，却来自你。他有可怕的毒性，一滴就足够毒，而一滴对他却不意味着什么，他既是完全的空洞又是完全的充满，你不崇拜他吗？”

在我说这些话的时候，我注意到腓利门站在我的身后，已经把他们交给我。他隐身地径直来到我这里，我感受到善和美的出现。他用一种柔软低沉的声音对我说：

[64] “人啊，也把神圣从你的灵魂中移走吧，越远越好。只要她还僭取你神圣的力量，她在你身上进行的闹剧是多么邪恶啊！她是一个任性的孩子，同时又是嗜血的魔鬼，虐待人类，没有平等，正是因为她有神性。为什么？神性从哪里来？因为你崇拜她。死者也想要相同的东西。他们为什么无法保持安静？因为他们还没有穿越到另外一侧。他们为什么想去献祭？这样他们才能活下来。但为什么他们还想和人生活在一起？因为他们想去统治。他们对权力的渴望还未消失，因为他们至死还在渴望权力。儿童、老人、邪恶的女人、死者的精神、魔鬼都是应该被迁就的存在。恐惧灵魂，蔑视她，爱她，就像对待神一样。愿他们远离我们！但最重要的是永远不要失去他们！因为一旦失去，他们就像蛇一样恶毒，像老虎一样嗜血，趁人不备从背后袭击我们。误入歧途的人会变成动物，迷失的灵

62 基督在蒙难的时候说：“我的父啊！可能的话，求你使这杯离开我；但不要照我的意思，只要照你的旨意。”（《马太福音》，26 章 39 节）

63 见《约伯记》25 章 6 节：“更何况如虫的人，像蛆的世人呢？”

64 1916 年 1 月 10 日。

魂会变成魔鬼。用爱、恐惧、蔑视和恨抓住灵魂不放，不要让她离开你的视野。她是一个在铁墙之后和最深地下墓室中魔鬼般的圣物。她总是想着出来，散发出灿烂的美。你要明白，因为你已经被背叛！你再也找不到一个比你的灵魂更加不忠、更加狡猾和邪恶的女性。我该如何称颂她美丽和完美的奇迹？她不是屹立在永恒年轻的光芒中吗？她的爱不是令人陶醉的酒，她的智慧不是蛇原始的聪明吗？

“掩护人摆脱她，掩护她摆脱人。听她在监狱中哀号和歌唱什么，但不要让她逃走，因为她很快将变成妓女。作为她的丈夫，你通过她得到保佑，也因此受到诅咒。她属于大拇指汤姆和巨人之间邪恶的竞赛，而且只与人类的关系较远。如果你试图用人的方式理解她，那么你还未忘形。你过度的愤怒、怀疑和爱都属于她，但只是超出的那一部分。如果你将超出的这一部分给她，那么人性就会被从噩梦中拯救出来。因为如果你看不到自己的灵魂，那么你会在同胞身上看到她，这将使你发疯，因为邪恶的神秘和可怕的幽灵几乎无法看穿。

“看看人类，他们是自己悲惨境地和折磨中的弱者，诸神已经将他们挑选出来作为自己的采石场，将之粉碎，已经失去灵魂的血腥面纱已经将他围住，这是由致命的死亡编织出的残酷的网，控制着神圣的妓女，而妓女依然无法从误入歧途和盲目地渴望污秽与权力中恢复。把她像荡妇一样锁起来，因为她喜欢将自己的血和秽物混在一起。将她抓住，但愿最终是足够的。让她尝试一次你们的折磨，那么她就能够感觉到人和他的锤子，而这是人从诸神那里夺来的。[65]

“愿人统治人的世界，愿他的律法有效力。但要用灵魂、魔鬼和神的方式对待他们自己，满足他们的要求。但不要给人压力，不对人有要求和期望，用你魔鬼的灵魂和神的灵魂引领你去相信，但要忍受和保持沉默，虔诚地做有益于你的事情。你不能扮演别人，只能扮演自己，否则别人会向你寻求帮助或意见。你理解别人所做的吗？永远不会，你怎么能够理解呢？别人理解你所做的吗？你从哪里得到思考别人和扮演别人的权利？你已经将自己忽略，你的花园中长满野草，你想要把规则教给自己的邻居，为他的缺点提供证据。

“你为什么对他人保持沉默？因为关于你自己的魔鬼有很多要讨论的地方。

65 在史诗《埃达》中，巨人索列姆将雷神索尔的锤子偷走。

但如果你在没有别人请求你帮助或建议的时候扮演和思考别人，那么你这么做的原因就是你无法区分自己和自己的灵魂。因此，你成为她预设的牺牲品，帮助她变成妓女。或者你相信自己必须把你人性的权利借给灵魂或者诸神，甚至相信如果你让诸神对他人施加压力是有用和虔诚的工作吗？盲目的人，那是基督教的自以为是。神不需要你的帮助，你这个可笑的偶像崇拜者，你觉得自己像神，想要去构造、改善、责难、教育和创造人。你自己是完美的吗？那么请保持沉默，专注自己的事业，每天注意自己的缺陷。你最需要自己的帮助，你要为自己准备好自己的观点和好建议，而不是像妓女一样求助别人，想要理解和渴望别人的帮助。你没有必要扮演神。没有扮演自己的魔鬼会是什么呢？让他们去做，而不是通过你，否则，对于他人而言，你将变成魔鬼，让他们自生自灭，不要用尴尬的爱、关心、爱护、建议和其他的预设抢先占有他们。否则你的行为和魔鬼无异，你自己将变成魔鬼，因此陷入狂热。但魔鬼很高兴看到无助的人们疯狂地为别人去建议和寻求帮助。所以请保持安静，完成拯救被诅咒的自我拯救，那么魔鬼必定自我折磨，你所有的同胞也会这么做，因为他们无法区分自己和自己的灵魂，使自己受魔鬼的愚弄。使你盲目的同胞变成他们自己的设备不是很残酷吗？如果你打开他们的双眼，也会很残酷。只有在他们向你寻求建议和帮助的时候，你才能打开他们的双眼。但如果他们没有这么做，那么他们就不需要你的帮助。如果你把自己的帮助强加到他们身上，你将变成他们的魔鬼，使他们更加盲目，因为你树立了一个坏的榜样。穿上耐心外套，冷静你的头脑，坐下来，任魔鬼去吧。如果他能带来什么，那么他将创造奇迹，那么你将坐在硕果累累的树下。

“你要知道，魔鬼想要激起你完成他们工作的热情，而这并不是你的工作。而且，你这个傻瓜，你相信工作是你，它是你的工作。为什么？就是因为你不能区分自己和自己的灵魂。但你不是她，你不应该追求与其他灵魂苟合，好像你自己就是灵魂一样，但事实上你是一个无力的普通人，需要为自己工作的完成倾尽全力。你为什么看别人？你在他那里看到的便是在自己身上忽略的，你要成为自己灵魂监狱的卫兵。你是自己灵魂的宦官，使她远离神和人，或使神和人远离她。这个脆弱的人已经得到力量，甚至发出使神瘫痪的毒药，就像小蜜蜂的毒刺一样，但力量远比你的弱。你的灵魂能够得到这种毒药，甚至可以威胁到诸神。所以把你的灵魂困住，区分你和她，因为你的同胞和诸神必须活下去。”

腓利门说完后，我转向自己的灵魂，在腓利门说话的时候，她已经向我走近一些，我对她说：

“你听到腓利门刚才所说的话了吗？他的声调让你感觉怎样？他的建议是好的吗？”

但她说：“不要愚弄，否则你会击倒自己。不要忘记爱我。”

“把恨和爱结合在一起很难。”我回答说。

“我理解，”她说，“但你要知道它们是一样的。对我而言，爱与恨意义相同。像所有我这样的女性一样，形式对我的意义没有一切属于我否则不属于任何人的事物重要。我也嫉妒你对别人的恨。我想要一切，因为我想要踏上你消失之后的伟大征程，所以我需要一切。我必须好好准备，到那时候，我必须时常补给，但还有很大的缺口。”

“你也认同我把你投入监狱？”我问到。

“当然，”她回答说，“我在那里拥有和平，能够聚集自己。你们人类的世界让我沉醉，有太多人的鲜血，我可以陶醉到疯狂。铁门、石墙、冰冷的黑暗和苦行的食粮，这些都是拯救的福佑。在血腥的陶醉将我控制住的时候，你就不会怀疑我的折磨，把我一次又一次地从黑暗可怕的创造性驱力投掷到有活力的物质，而以前是带我接近没有生机，燃起我身上可怕的生殖欲望。把我从受孕的物质那里移开，那是张开的空洞发情的女性气质。强迫我被监禁，我在这里找到阻抗和我的律法。我在这里可以思考征程，死者说到升起的太阳，还有金翅膀发出嗡嗡的旋律。要感激，你不感谢我吗？你很盲目，我应该向你致以最高的谢意。”

这些话中充满欢声笑语，我大吼：

“你是多么神圣的美丽啊！”同时，暴怒将我控制：

[66]“啊，真痛苦！你拖着我穿过完全又绝对的地狱，你几乎把我折磨致死，我渴望你的感谢。是的，你对我的感谢让我很感动。猎犬的本质存在于我的血液中。因此我很痛苦，是因为自己，因为它是多么能够打动你啊！你是神圣和邪恶的伟大，不论你是谁，不论你如何。但由于我还是你的宦官、看守，不亚于你被监禁。说话，你这个天上的小妾，你这个神圣的怪物！我没有把你从沼泽中钓出

66 1916年1月11日。

来吗？你对黑洞有什么看法？请不带血地说话，用自己的力量歌唱，你已经用人填饱自己。”

接着，我的灵魂开始打滚，像一只被踩到的蠕虫翻动，大吼：“可怜我，同情我吧。”

“同情？你同情过我吗？你这个残暴的野蛮折磨者！你过去从来没有过同情。你以食人与喝我的血为生，这会使你变胖吗？你会学习尊敬人受的折磨了吗？没有人，你的灵魂和神想要什么？你为什么渴望他？说话，妓女！”

她哽咽道：“我无话可说，我对你的指控感到害怕。”

“你开始认真了？你会有第二种思想吗？你要学习谦逊或其他人类的美德吗？你这个没有灵魂的灵魂之物。是的，你没有灵魂，因为你就是灵魂本身，你是魔鬼。你想拥有人类的灵魂吗？要我成为你尘世的灵魂吗？这样你就拥有灵魂了。你看，我去过你的学校，我已经学到如何表现得像一个灵魂，那就是完全的模棱两可、神秘、不真实和虚伪。”

在我对自己的灵魂讲话的时候，腓利门静静地站在不远处。而他现在迈步向前，把他的手搭在我的肩上，叫着我的名字说：

“圣洁的灵魂，你受到了祝福，人们都尊你的名。你是众多女性中被拣选的人。你是孕育神的人。赞美你！荣耀永远属于你。

“你生活在金色的圣殿中，远方的人们前来称颂你。

“我们是你的臣子，在等待你的吩咐。

“我们喝下红酒，通过收集你与我们庆祝时的血餐分发祭酒。

“为了缅怀抚养我们的人，我们准备一只黑色的鸡作为祭品。

“我们邀请我们的朋友来献祭，带着常春藤的花环和玫瑰花缅怀你和哀伤的臣子与仆人的离别。

“让这一天成为庆祝快乐和生命的节日，你是受祝福的人，你在这一天踏上从人类的土地上离开的归途，而你在人类的土地上已经学会如何成为一个灵魂。

“你跟随着已经升天的儿子离开。

“你带着像你的灵魂一样的我们，站在神的儿子之前，提出你作为一个被赋予灵魂的存在应该有永生的权利。

“我们很开心，好事都将跟随着你。我们借给你力量。我们在人的土地上，我们还活着。”

在腓利门讲完之后，我的灵魂看起来很悲伤又很开心，犹豫而又急切地准备离开我们，再次升天，对自己再次获得自由感到很开心。但我怀疑她身上藏着一些秘密，她试图瞒着我。因此，我没有让她离开，而是对她说：[67]

“你在隐瞒什么？你在隐藏什么？是你从人那里偷来的金器皿、珠宝？那不是珠宝、一块金子吗？它在你的长袍内闪闪发光。当你喝下人的血并吃掉他们神圣的肉身时，你抢走的美丽东西是什么？说实话，我在看着你的表情。”

“我什么都没拿。”她愤怒地说。

“你在撒谎，你想把怀疑抛给我，而这正是你缺乏的。你抢夺人类的东西又不受惩罚的时代已经结束。把他的神圣遗物却被你强取据为己有的一切都交出来。臣子和乞丐都被你偷过。神很富有且强大，你可以从他那里偷到东西。他的王国不会发现损失。无耻的骗子，你什么时候能够最终不再散播瘟疫和抢劫自己的人性？”

但她像鸽子一样无辜地看着我，轻声说：

“我没有怀疑你，我希望你安好。我尊重你的权利，我认可你的人性。我什么都没有从你那里拿走，我对你毫无保留。你拥有一切，我一无所有。”

“但是，”我回答说，“你的撒谎令人难以忍受。你不仅拥有本属于我的美妙东西，而且有通往诸神和永恒充满的方法。所以，把你所偷的东西都交出来，骗子。”

此刻，她很生气，回答说：

“你怎么这样？我认不出你了。你很疯狂，甚至更为严重：你很可笑，像是一个幼稚的猿猴把自己的爪子伸向一切绚烂的东西。但我绝不允许你把我的东西拿走。”

我愤怒地大吼：“你在撒谎，你在撒谎。我看到了金子，我看到了珠宝发出的光，我知道它是我的。你不应该把它从我这里拿走。还给我！”

67 1916年1月13日。前一段没有出现在《黑书5》中。

接着，她突然流出反抗的泪水，对我说："我不想放弃它，对我而言，它太珍贵了。你想把我最后一件饰品夺走吗？"

"你在用诸神的金子装饰自己，而不是用世人一般的宝物。愿你在宣扬完尘世的穷苦和你人性的需要之后就体验到天上的穷苦，就像一个充满谎言但又是真实正派的神职人员一样，他填饱自己的肚子，塞满自己的钱包，又宣扬贫苦。"

"你在残酷地折磨我。"她痛哭着说，"就把这一件留给我吧。你们人类拥有的已经足够多了。我不能没有它，它无与伦比，为了它，神甚至会嫉妒人。"

"我不会有失公允，"我回答说，"但要把属于我的还给我，你需要从它这里得到什么，就乞求吧。这是什么？说！"

"啊，我既不能保存着它，也无法把它藏起来！这是爱，温暖的仁爱，是鲜血，温暖的红血，是神圣生命的源泉，一切已经分开的和渴望的事物的统一体。"

"那么，"我说，"你是说爱是自然的权利和财富，尽管你还在乞求它。你已经被人的血灌醉，让他受饿。爱属于我，我想要去爱，但不是我对你的爱。你像狗一样爬行乞求它，你像饥饿的猎犬一样，举起自己的双手去奉承。我拥有这把钥匙，我会是比你们这些无神论的人更加公正的管理员。你们将围着血液的源头，那是甜美的奇迹，你也将带有礼物，这样你就可以收到你需要的东西。我保护神圣的源头，那么就不会有神将它占为己有。神不知道度量，没有怜悯。最珍贵的气流将他们灌醉。仙馔与美酒[68]是人类的血和肉，是真正的高贵食物。他们在酩酊大醉中浪费酒，即穷人的物品，因为他们既没有神也没有灵魂像他们的法官一样约束他们。傲慢又放纵，苛刻和无情都是你的本质。为了贪婪而贪婪，为了权力而权力，为了快乐而快乐，毫无节制，贪得无厌：这就是别人怎么认出你们的，你们这些魔鬼。

"是的，你们还未去学习，你们是魔鬼和神，你们是魔鬼和灵魂，都为了爱在尘土中爬行，因此你们就能从某处的某人那里夺得一滴有活力的甜美。为了爱，你们从人类那里学习人性和骄傲。

"你们是神，你们生出的第一个儿子是人。他孕育出一个极其美丽又丑陋的神的儿子，对于所有你们而言，他是新生。但这也是完成你的神秘：你孕育人的儿子，而他是我的新生，依然辉煌恐怖，他的统治仍适用于你。"

68　在希腊神话中，仙馔和美酒是诸神的食物和饮品。

接着，腓利门向我走来，举起他的双手说：[69]

“神和人都是受欺骗而失望的受害者，是受到祝福的乞求，无力的有力。永恒丰富的宇宙再次在尘世的天上和诸神的天上展开，在阴间和地上世界展开。分离再一次令人痛苦地结合和捆绑在一起。无尽的多样性出现在已经被迫结合的物体上，因为只有多样性才是财富、鲜血和丰收。”

一夜又一天过去了，当夜幕再次降临的时候，我环顾四周，看到我的灵魂在踌躇等待。因此我对她说：[70]

“什么，你还在这里？你没有找到属于自己的道路还是没有找到属于自己的言语？你怎么荣耀人类，你尘世的灵魂？回想我为你忍受和遭受的痛苦，我如何消耗自己，我如何躺在你面前痛苦地翻滚，我如何把自己的鲜血给你！我要给你一条规则：学习荣耀人类，因为我看到人类的应许之地，这里流出蜜和奶。[71]

“我看到爱的应许之地。

“我看到那片土地上太阳的光辉。

“我看到绿色的森林、金色的葡萄园和人类的村庄。

“我看到高耸的群山，遍山是永恒的白雪。

“我看到大地的硕果累累和财富。

“我只看到人的财富。

“我的灵魂，你强迫人类劳动，遭受你的拯救之苦。我要你为人类大地的财富这么做。请注意！我以自己和人类的名义说话，因为我们的力量和荣耀都是你的，你是王国和我们的应许之地。因此，请使用你的富足促成此事！我将保持沉默，是的，我将任你为之，完全随你，你可以把人类否认的事情拿出来进行创造。我站立等待。折磨你自己，这样你就能够找到它。如果你没有完成自己的义务，无法促成人的事情，那么你自己的拯救在哪里？请注意！你要一直为我工作，我将保持沉默。”

“那么现在，”她说，“我想要开始工作。但你必须搭建熔炉。把老旧、破损、磨损、无用和损毁的东西都扔进熔炉，那么它将得到更新，有新的用途。

69 这一句没有出现在《黑书 5》中。

70 1916 年 1 月 14 日，前一段没有出现在《黑书 5》中。

71 在《出埃及记》3 章，神在荆棘丛里的火焰中向摩西显现，应许带领他们脱离埃及，到流奶与蜜之地。

“这是古代的习俗，古人的传统，自古就有。它会适应新的用途。它在熔炉中锻造和孵化，在内部往复，置于热量累积的地方，在这里，锈和破损通过火的热量被移走。这是一个神圣的仪式，帮助我成功完成自己的工作。

“触摸大地，把你的手压在物质上，精心塑造它。物质有很大的力量。哈普不是来自物质吗？不是物质将空洞填满吗？我通过塑形物质来塑造你的拯救。如果你不怀疑哈普的力量，你怎么能够怀疑他的母亲即物质的力量呢？物质比哈普强大，因为哈普是大地之子。最坚硬的物质是最好的，你需要塑造最持久的物质。它能够强化思想。”

{6} 我按照自己灵魂的建议行事，在物质中形成她给我的思想。她经常长篇大论地告诉我在我们背后的智慧。[72] 但在一天夜里，她突然带着不安和焦虑来到我面前说：[73] “我在看什么？未来藏有什么？燃烧的大火？大火在空中闪烁，它越来越近，一束火焰，很多火焰，灼热的奇迹，有多少火焰在燃烧？亲爱的，这是永恒之火的怜悯，火的气息降临在你身上！”

但我惊恐地大吼：“我害怕可怕和令人恐惧的东西，我深感恐惧，因为你事先说出的这些东西很可怕，一切一定要被破坏、烧毁和摧毁吗？”

“要有耐心，”她盯着远处说道，“火将你包围，这是无边无际的余火之海。”

“不要折磨我，你拥有的是什么可怕的神秘？说话，我恳求你。或者你又在撒谎？可恶的折磨人的精神，欺骗性的魔鬼。你那奸诈的幽灵意味着什么？”

但她冷静地说：“我也想你恐惧。”

“为了什么？为了折磨我？”

---

72 见附录 C，1916 年 1 月 16 日。这是《向死者的七次布道》中宇宙的最初草图。荣格提到的在物质中形成灵魂的思想似乎指的是“普天大系”的创作（见附录 A）。关于对这一作品的研究，见巴利 · 杰罗姆森：“‘普天大系’和《向死者的七次布道》：在荣格直面死者时象征性的合作者”《荣格历史》Ⅰ，2（2005/2006），6 ~ 10 页，和“‘普天大系’的来源：曼荼罗、神话和误解”，《荣格历史》2，2，2007，20 ~ 22 页。

73 1916 年 1 月 18 日。

但她继续说:“为了把它带到这个世界的统治者面前。[74] 他要用你的恐惧献祭,他感激你的献祭,他 [75] 怜悯你。”

“怜悯我?那是什么意思?我不让他发现我。我将脸从这个世界的统治者面前缩回,因为它被打上烙印,它带有标志,它看到禁忌。因此我避开这个世界的统治者。”

“但你必须来到他的面前,”她说,“他已经听说你的恐惧。”

“你把恐惧植入到我身上。你为什么不让我离开?”

“你已经被召为他服务。”

但我呻吟着说:“多么倒霉的命运!你为什么就不能让我隐退?它为什么选我献祭?成千上万个人很乐意把自己抛在他的面前!为什么一定是我?我不能,我不愿意。”

但灵魂说:“你有不允许被隐藏起来的言语。”

“我的言语是什么?”我回答说,“它只不过是微不足道之人的呓语,它是我的贫乏和无能,我没有能力做其他的。你想把它拖到这个世界的统治者面前吗?”

但她径直看着远方说:“我看到地球的表面,烟雾将其笼罩,火海从北方卷来,城镇和村庄都陷入火海,大火翻山越岭,穿过山谷,烧毁森林,人们正变得疯狂,你穿着燃烧的长袍走在大火前面,头发已经被烧焦,眼神中透着疯狂,舌头干燥,嗓音嘶哑浑浊,你突然向前,你宣称什么在靠近,你向山上攀登,你走进每一个山谷,结结巴巴地讲恐惧的话,说出火的痛苦。你带着火的标志,人们都害怕你。他们没有看到火,他们不相信你的话,但他们看到你的标志,不知就里地怀疑你是火热痛苦的信使。什么火?他们问,什么火?你开始口吃,说话吞吞吐吐。关于火,你知道什么?我看着余烬。我看到燃烧的火焰。愿神拯救我们。”

“我的灵魂,”我绝望地大吼,“说话,请解释,我应该说什么?大火?哪个大火?”

---

74 “普天大系”底部的图片故事写的是:“Abraxas dominus mundi”(阿布拉克萨斯是世界之主)。

75 《黑书 5》中写的是:“阿布拉克萨斯”(181 页)。

“向上看，看在你头上燃烧的火焰；向上看，天空已经染红。”

说着这些话，我的灵魂消失了。

但我的焦虑和困惑一直持续很多天。而且我的灵魂一直保持沉默，也无法看到。[76]但在一天夜里，黑暗的人群敲我的门，我恐惧战栗。接着我的灵魂出现，急切地说：“他们来了，将会撕开你的门。”

“那么邪恶的人群就能够进入到我的花园中？我要被掠夺并被扔到大街上吗？你把我变成一只猴子和儿童的玩具。我的神啊，我什么时候能够摆脱傻瓜的地狱？但我想把你受诅咒的网撕成碎片，你这个傻瓜，下地狱吧。你想要我做什么？”

但她将我打断说：“你在说什么？让黑暗的人群说话。”

我回应道：“我怎么能够相信你？你是为自己，而不是为我。如果你不能保护我摆脱魔鬼的迷惑，你有什么用？”

“安静，”她回答说，“否则你将阻碍工作的开展。”

在她说这些话的时候，我看到腓利门在向我走来，他身穿神父的白袍，并把手放到我的肩上。[77]接着我对黑色的人群说：“说话，你们这些死者。”他们立即嘈杂地大吼：[78]“我们从耶路撒冷归来，我们在那里没有找到要找的答案。[79]我们恳求你让我们进去，你有我们所渴望的东西。不是你的血，而你的光，就是它。”

---

76 1916年1月29日。

77 1916年1月30日。前一段没有出现在《黑书5》中。

78 关于《向死者的七次布道》的重要性，荣格对阿尼拉·亚菲说与死者的讨论形成他随后与世界进行沟通的序幕，这些内容催生他后来的作品内容。“从那时起，对我而言，死者已经变得更加不同，他们是未得到回答、未得到解决和未得到拯救的声音。”荣格要得到解答的问题并非来自他周围的世界，而是来自死者。一个让他感到吃惊的要素是实际上死者似乎比他们去世的时候知道得还要多，有人会认为他们在去世后获得了更多的知识，这就能够解释死者入侵到生命中的倾向，以及为什么中国人要把家庭中重大的事件报告给祖先。他感觉死者在等待生者的答案（阿尼拉·亚菲写《回忆·梦·反思》时，采访荣格的记录，258 ~ 259页，《回忆·梦·反思》，217页）。见上文注135（148页），基督在地狱中向死者布道。

79 见上文，350页，再洗礼派教徒在以西结的带领下前往耶路撒冷的圣殿祷告。

接着，腓利门提高嗓门，教育他们说[80]（这是向死者的第一次布道）[81]：

“各位听着：我从虚无讲起。虚无等同于充满。在无限中，充满与空洞相同。虚无既是空洞又是充满。你对虚无或许还有话要说，例如，说它是白色，或者黑

---

80 这一句没有出现在《黑书5》中。关于腓利门和《向死者的七次布道》的关系，荣格告诉阿尼拉·亚菲他在《向死者的七次布道》中理解了腓利门，腓利门在这里丧失了自己的自主性（阿尼拉·亚菲写《回忆·梦·反思》时，采访荣格的记录，25页）。

81 荣格的《向死者的七次布道》在花体字和打印本中的副标题写的是：“向死者的七次指示。亚历山大的巴西利德斯著，东方和西方在这里相遇。从希腊原文翻译成为德文。”巴西利德斯是一位基督教哲学家，在公元2世纪的前半叶居住在亚历山大。对他的生平知之甚少，只有一部分讲稿残片遗留下来（而且皆不是出自他之手），这些内容呈现的是一个宇宙神话。更多的残片和评论，见边特雷·莱顿编，《诺斯替教的经典》（纽约：道布尔迪出版社，1987，417 ~ 444页）。根据查尔斯·金的描述，巴西利德斯出生于一个埃及人家庭。在他皈依基督教以前，他“奉行东方诺斯替教的教义，努力……将基督教的教义和诺斯替教的哲学结合在一起……为了达到这个目的，他选用自己发明的表达形式和独创的象征”（《诺斯替教及其遗留》[贝尔和代尔迪出版社，1864]，33 ~ 34页）。根据莱顿的描述，经典的诺斯替教神话有以下结构：“第一幕，独一的第一原则（神）扩展进充满非物质（精神）的宇宙。第二幕，物质宇宙的创造，包括恒星、流星、地球和地狱。第三幕，创造亚当和夏娃，还有他们的孩子。第四幕，人类历史的开始。”（《诺斯替教的经典》，13页）因此，在其最广泛的框架内，荣格的《向死者的七次布道》的呈现类似于诺斯替教的神话形式，荣格在《移涌》（1951）中讨论了巴西利德斯。他相信诺斯替教已经找到适合表现原我的象征，并指出巴西利德斯和瓦伦丁“容许他们自己最大程度地受到内在自然经验的影响。因此他们像炼金术士一样，为所有从基督教信息的影响中涌现出的象征提供真正的信息资源。同时，他们的思想弥补了恶是善的缺乏这一教条所造成神的非对称性，非常类似那些现代著名的倾向，即无意识为桥接意识和无意识的间距而创造出全部的象征”《荣格全集第9卷》Ⅱ，§428）。荣格在1915年给他学生时代的好友鲁道夫·利希滕汉写了一封信，而利希滕汉已经写了一本书，名为《诺斯替教中的启示》（1901）。从利希滕汉在11月11日的回信中可以看到，荣格想了解关于诺斯替教中不同人物性格这一概念的信息，以及他们和威廉·詹姆斯的划分的柔性和刚性性格之间的关系（荣格家族档案馆）。荣格在《回忆·梦·反思》中说：“我在1918年至1926年期间对诺斯替教进行了认真的研究，因为他们也已经直面过无意识的原始世界。他们处理它的内容和意象，它们很明显已经受到驱力世界的浸染。”（226页）荣格准备写《力比多的转化与象征》的过程中一直在读诺斯替教的文献。关于《向死者的七次布道》已经有大量的评论，并提供很重要的讨论。但是，这些内容需要小心处理，因为它们没有《红书》和《黑书》作参考，而且最重要的是，腓利门的评论一并澄清了关键的前后关系。很多学者已经讨论了荣格与诺斯替教和历史人物巴西利德斯的关系，《向死者的七次布道》的其他可能的来源和类似的作品，《向死者的七次布道》和荣格后期作品的关系。特别见克里斯汀·梅拉德的《卡尔·古斯塔夫·荣格的<向死者的七次布道>》（南希：南希大学出版社，1993）。也见阿尔弗雷德·利比的《寻根：诺斯替教、赫尔墨斯主义和炼金术对C. G. 荣格和玛丽-路易丝·冯·弗朗茨的重要性和他们对这些学科的现代理解产生的影响》（波恩：彼得·郎出版社，1999）；罗伯特·西格尔的《诺斯替教的荣格》（普林斯顿：普林斯顿大学出版社，1992）；吉勒·奎斯佩尔，“C. G. 荣格与诺斯替教”，《艾诺斯年鉴》37期（1968，西格尔重印）；E. M. 布伦纳的“诺斯替教和心理学：荣格的向死者的七次布道”，《分析心理学杂志》35（1990），朱迪斯·胡巴克的“向死者的七次布道”，《分析心理学杂志》11（1966）；詹姆斯·海西希的“七次布道：游戏和理论”，《斯普林杂志》（1972）；詹姆斯·奥尔尼的《茎与花：长青哲学，叶芝与荣格》（伯克利：加州大学出版社，1980），斯蒂芬·何勒的《诺斯替教徒荣格与向死者的七次布道》（惠顿：伊利诺伊州，求索书店，1982）。

色，抑或它不存在，或者存在。无尽和永恒没有质，因为它拥有所有的质。

“我们将虚无或充满称为普累若麻（Pleroma）。[82] 在那里，思维和存在都已停滞，因为永恒和无尽没有质。它里面什么也没有，因此他和普累若麻不同，他拥有的质把他和普累若麻区分开来。

“普累若麻内空无一物又具备一切。对普累若麻的思考将一无所获，因为这意味着自我消解。

“创造并不在普累若麻之内，而是存在于自身中。普累若麻是创造的起点和终点。[83] 它弥散在创造中，就像阳光弥散在空气中一样。虽然普累若麻完全是弥散性的，但创造与它不同，就像完全透明的躯体，当光透过的时候，不会引起明暗的变化。

“但是，我们就是普累若麻本身，因为我们是永恒和无尽的一部分。但我们没有共同的部分，因为我们在无限地离开普累若麻，不是空间上的分离，也不是时间上的分离，而是本质上的分离，因为在创造之初我们的本质就与普累若麻不同，我们被禁锢在时空中。

“但由于我们是普累若麻的一部分，因此普累若麻也在我们身上。即使普累

82 普累若麻或充满是诺斯替教的术语，其在瓦伦丁派的体系中扮演重要的角色。汉斯·乔纳斯认为“普累若麻是完全地表现出神圣特质多样性的标准术语，它的标准数值是 30，从而形成一个层级结构，共同构成神界”（《诺斯替教：异教神和基督教的起源》[伦敦：劳特利奇出版社，1992]，180 页）。荣格在 1929 年说：“诺斯替教……称之为普累若麻，是一种充满的状态，对与错，白天与黑夜在这里构成一组对立，接着它们‘转变’，既不是白天，也不是黑夜。它们在转变之前处于‘应允’的状态，它们并不存在，它们非白非黑，非好非坏。”（《梦的分析：1928 至 1930 年讲座集》，威廉·麦圭尔编 [波林根系列丛书，普林斯顿：普林斯顿大学出版社，1984]，131 页）在他的后期作品中，荣格用这个术语描述出现之前和潜在的状态，与西藏的中阴一致：“他必须……使自己熟悉时间是一个相对概念的思想，需要用一个‘同时性的’中阴概念或所有历史过程的普累若麻式的存在来补偿。普累若麻中存在的永恒‘过程’有时候以非周期性的序列出现，也就是说是以不规则的模式多次重复。”（《答约伯书》，1952，《荣格全集第 11 卷》，§629；也见 §§620，624，675，686，727，733，748）荣格指出普累若麻和创造之间有不同之处，某些不同点类似于梅斯特·艾克哈特所认为的神性和神之间的区别。荣格在《心理类型》中论述了这一点（1921，《荣格全集第 6 卷》，§429f）。梅拉德讨论了荣格的普累若麻与艾克哈特之间的关系，《心理类型》，118 ~ 120 页。在 1955/1956 年，荣格把普累若麻等同于炼金术士霍普特曼·多恩的概念“一元界”（unus mundus）（《神秘结合》，《荣格全集第 14 卷》，§660）。荣格沿用这个概念去描述经验世界之下多样性结合的超越性假设（《心理类型》，§759f）。

83 在《心理类型》（1921）中，荣格把“道”描述成为“创造性的存在，像父亲一样具有生殖力，生出母亲。这是万物的起点和终点”（《荣格全集第 6 卷》，§363）。梅拉德论述了荣格的普累若麻与中国的道之间的关系，同上，75 页。也见约翰·派克，《多萝修斯的幻象：沙漠的环境、帝王的背景、后来的团结：帕克米乌斯和多萝修斯的幻象的研究》，179 ~ 180 页。

若麻最小的一点也是无尽的、永恒的和完整的，因为渺小和巨大都是它所包含的质。虚无是完整和连续的分布。因此，我只能形象地把创造称为普累若麻的一部分。因为普累若麻实际上根本不可分，它是虚无。我们也是完整的普累若麻，因为形象地讲，普累若麻是我们身上最渺小的点，仅仅是假定的存在，实际并不存在，无尽的苍穹包围着我们。但如果普累若麻是一切和虚无，我们为什么一定要讲它呢？

"我讲它是为了从某处开始，也为了使你们摆脱幻觉，不去幻想某些地方有或没有固定的东西或一开始就在某种程度上被建造好的东西。那些所谓固定和确定的东西都只是相对的，固定和确定只受变化的支配。

"但创造也受变化的支配，因此它自己是固定和确定的，因为它有质：事实上，它本身就是质。

"因此我们问：创造如何发生？万物出现，但未创造，因为创造正是普累若麻的质，非创造和永恒死亡也是普累若麻的质。创造是永远的存在，死亡也是永远的存在。普累若麻拥有一切，分化和未分化。

"分化[84]是创造。创造是已经分化的。分化是它的本质，因此它能够分化。所以人能够分化，因为人的本质就是分化。因此人也能够分化普累若麻的质，而普累若麻的质并不存在，人基于自己的本质分化这些质，因此人必须讲出那些普累若麻并不存在的质。

"你说：'你讲这些都有什么用呢？'你自己不是说思考普累若麻并不值得吗？

"我跟你提过这能够使你摆脱认为我们可以思考普累若麻的幻觉。我们在区分普累若麻的质时，我们是从自己分化状态的基础上去讲，说的是我们自己的分化，实际上并没有说到普累若麻。但我们需要讲我们自己的分化，那么我们才可能充分地分化自己。我们的天性正是分化。如果我们不忠于这个天性，那么我们就无法充分分化自己。因此我们必须对质做出区分。

"你问：'如果不分化自己会有什么危害？'如果我们不分化，那么我们会超越自己的本质，超越创造，坠入未分化中，这是普累若麻的另一种质。我们坠入普累若麻，创造物就会停滞。我们消解成虚无，这是万物的死亡，因此我们死于自己的未分化，所以万物的本质是努力分化，对抗原始又危险的相同，这被称为

84 文献出处：差异性（Unterschiedenheit）。见《心理类型》（1921），《荣格全集第6卷》，"分化"[Differenzierung]。

个体化原则（principium individuationis）。[85] 这个原则是万物的本质。你从这一点就能够看到为什么未分化和没有分别会对万物造成巨大的危险。

“因此，我们必须区分普累若麻的质，这些质是成对的对立，例如，

“有效和无效，
充满和空洞，
生者和死者，
不同和相同，
光明和黑暗，
冷和热，
力量和物质，
时间和空间，
善和恶，
美丽和丑陋，
一和多，等等。

“成对的对立是普累若麻的质，而普累若麻的质并不存在，因为它们能够相互抵消。由于我们自己是普累若麻，我们也有这些质。因为我们的天性建立在分化的基础上，因此我们以分化之名和在分化的标志下拥有这些质，意思是：

“首先：这些是分化了的质，在我们身上相互独立；因此彼此不能抵消，但

85 个体化原则是源自亚瑟·叔本华哲学中的一个术语。叔本华把时间和空间定义为个体化原则，并指出这个概念源自经院哲学。个体化原则指的是多样性的可能（《作为意志和表象的世界》（1819），第 2 卷，E. J. 派恩译［纽约：多佛出版社］，145 ~ 146 页）。爱德华多·冯·哈特曼也使用这个术语，他将之视为无意识的起源，是它带来每个个体的“独特性”，对抗“独一的无意识”（《无意识哲学：一种世界观的尝试［柏林：C. 丹克尔出版社］，1869，519 页》。荣格在 1912 年写道：“多样性源自个体化，这个事实证实叔本华和哈特曼的哲学中的主要部分深深具有心理学的特征。”（《力比多的转化与象征》，《荣格全集 B》，§ 289）在 1916 年后期的一系列文章和报告中，荣格发展了他的个体化概念（“无意识的结构”，《荣格全集第 7 卷》和“个体化与集体化”，《荣格全集第 18 卷》）。荣格在 1921 年对其下的定义为：“个体化概念在我们的心理学中所起的作用并不小。个体化是个体存在的形成和分化的一般过程，特别是个体的心理发展，成为一个有别于普遍性的存在，脱离集体心理。因此，个体化就是一个分化的过程，目标是发展成为个体人格。”（《心理类型》，《荣格全集第 6 卷》，§ 758）

很有效。因此我们是成对的对立的受害者。因此我们身上的普累若麻被分裂。

"其次：质属于普累若麻，我们必须拥有其名，并活在其名下，活在分化的标志下。我们必须将自己和这些质区分开，它们在普累若麻内相互抵消，而不是在我们身上。与它们的不同将我们拯救。

"在我们追求善和美的时候，我们便忘记了自己的本质，即分化，却受普累若麻的质发出的咒语控制，它们是成对的对立。我们追求善和美，但同时我们也获得恶与丑，因为在普累若麻那里，它们与善和美是合一的。但如果我们仍忠于自己的本质，即分化，我们将自己与善和美区分开，那么也会与恶和丑分开。那么我们就不会落入普累若麻咒语中，也就是说不会落入虚无和消解。[86]

"你反对：你说相异和相同都是普累若麻的质。如果我们追求不同会怎样？我们这么做的话，还是在忠于自己的天性吗？我们在追求相异的时候，还一定会陷入相同吗？

"你不要忘记普累若麻没有质。我们通过思维创造出它们。因此你要追求相异或相同，抑或不论任何质，你追求的都是从普累若麻流向你的思想，也就是说思想与普累若麻不存在的质有关。尽管你追着这些思想跑，但你再次坠入普累若麻中，同时获得相异和相同。你的本质是分化，而非你的思维。因此你一定不能去追求你认为是相异的事物，而是你自己的本质。因此，只有一个最根本的东西可以追求，即对自己本质的追求。如果你在追求本质，那么你不必去知道与普累若麻以及它的质有关的任何内容，而是通过你本质的美德达到正确的目标。但由于思想使我们与自己的本质分离，所以我必须教你可以控制自己思想的知识。"

[87] 死者悲哭哀号地退走，他们的哭喊声在远处回荡。

[88] 但我转向腓利门说："我的父，你的教诲很奇怪。古人也教类似的东西吗？这不是应该被谴责的异端学说吗？它同时将爱和真理移除。你为什么在人群面前

86 谢林的《自然哲学》中的核心特征是生命和自然构成对立的两极。对立冲突是心灵的冲突和对立的和解代表治愈是荣格后期作品的主要特征，见《心理类型》，1921，《荣格全集第 6 卷》，第 5 章和《神秘结合》，1955/1956，《荣格全集第 14 卷》。

87 从这一段一直到这一部分的结束都没有出现在《黑书 6》中。

88 在已经出版的《向死者的七次布道》中，没有出现每一次布道之后的评论，也没有对普累若麻的评论。布道的人被认为是巴西利德斯。这些评论是后来加入到《审视》中的。

讲说这样的教诲，让夜里的风从西方的黑暗战场上卷起？”

“我的儿，”腓利门回答说，“这些死者过早地结束了自己的生命。他们在寻找，因此依然在他们的坟墓上方飘荡。他们的生命没有完成，因为他们不能超越信仰将他们抛弃的这一点。但没有人教导他们，我必须这么做。这是爱的要求，因为他们想要被听到，即使他们会抱怨。但我为什么传达古人的教诲？我用这种方式教他们，是因为他们的基督教信仰曾经抛弃和破坏的正是我这种教诲。但他们拒绝接受基督教的信仰，因此也被信仰拒绝。他们不知道这一点，因此我必须教给他们，这样他们的生命就能够完整，他们便可以进入死亡。”

“啊，睿智的腓利门，可是你相信自己所教的内容吗？”

“我的儿，”腓利门回答说，“你为什么会提出这样的问题？我怎么教自己不相信的内容呢？谁能够给我这种信仰的权利？这就是我所知道的自己该怎么说，不是因为我相信，而是因为我知道。如果我知道得更多，那么我就能教得更好。但我会很容易相信更多。但我要把信仰教给抛弃信仰的人吗？我问你，如果一个人没有知道得更多，却去更加相信某些东西是好事吗？”

“但是，”我反驳说，“你真的对自己所讲的内容很确定吗？”[89]

腓利门回答说：“我不知道这是不是一个人所知道的最好的东西。但我不知道还有什么更好的，因此我对我所说的东西很确定。而如果它们并非如此的话，我会讲一些其他的东西，因为我知道它们并非如此。但这些东西就像我所知道的那样，因为我的知识正是这些东西本身。”

“我的父，你保证自己没有犯错误？”

“这些东西中没有错误，”腓利门回答说，“知识有不同的水平。这些东西就像你所知道的那样，只有在你的世界里，事物才总不是你所知道的那样，因此在你的世界里才有错误。”

腓利门说完这些话之后，弯下腰，用双手触摸大地，然后消失。

---

89 荣格在 1959 年接受 BBC 电视台的采访时，约翰·弗里曼问他：“你现在信神吗？”荣格回答说：“现在？［停顿］很难回答。我知道，我没有必要去相信，我知道。”威廉·麦圭尔和 R. F. C. 霍尔编，《C. G. 荣格演讲集：采访和邂逅》(428 页)。腓利门在这里所说的话应该是这一段被多次引用和引起大量争论的话背后的故事。这里强调的是直接的经验，而且符合经典的诺斯替教义。

{7} 那天夜里，腓利门站在我的旁边，死者在不断靠近，顺着墙站成一条直线大吼：[90] “我们想知道神。神在哪里？神死了吗？” [91]

但腓利门站起来说（这是他向死者的第二次布道）：

“神没有死，他一直活着。神是创造，因为他是某些确定的东西，因此与普累若麻不同。神是普累若麻的一种质，所有我对你说的有关创造的内容都适用于他。

“但他与创造不同，因为他在很大程度上是不确定和非决定性的。他与创造的区别较小，因为他本质的基础是有效的充满。仅仅是因为他是确定的，分化是他的创造，因此他是普累若麻有效充满的表现。

“一切我们没有分化的内容都会落入普累若麻，被自己的对立面抵消。因此，如果我们不分化神，那么我们有效的充满就会被抵消。

“而且，神也是普累若麻本身，就像在创造和未创造中的每一个最小的点就是普累若麻本身一样。

“有效的空洞是魔鬼的本质，神和魔鬼都是虚无的最初表现，我们将之称为普累若麻。普累若麻存在与否没有任何差别，因为它完全将自己抵消。没有所谓的创造。尽管神和魔鬼都是被创造出来的，他们不相互抵消，但他们像有效的对立一样彼此对立。我们不需要证明他们的存在，即使他们都不存在，创造会永远根据他们不同的本质重新将他们从普累若麻那里区分出来。

“一切源自普累若麻的分化都是一对的对立，因此魔鬼一直属于神。[92]

“这种不可分性是最紧密的，就像你体验到的一样，在你的生命里就像普累若麻一样不能分解，因为对立的两端与普累若麻非常接近，而在普累若麻内部，所有的对立都彼此抵消和彼此结合。

---

90 1916 年 1 月 31 日。这一句没有出现在《黑书 6》中。

91 关于尼采对神已死的讨论，见《快乐的科学》(1882，§§108 和 125)，《查拉图斯特拉如是说》，第四部分（“失业”，p. 271f）。关于荣格对这一点的讨论，见“心理学与宗教”，1938，《荣格全集第 11 卷》，§142f。荣格评论说：“在尼采说‘神已死’的时候，他讲出的是一个真理，对大部分欧洲而言这是正确的。”（《荣格全集第 11 卷》，§145）对于尼采的话，荣格写道：“但准确地说：‘他已经抛弃我们的意象，而我们在哪里能再次找到他？’”（《荣格全集第 11 卷》）他接着讨论死亡这一主题，和神与基督被钉十字架和复活之间关系的消失。

92 见“对三位一体教条的心理学诠释”，《荣格全集第 11 卷》，§284f。

“充满和空洞，创造和摧毁，都是神和魔鬼之间的不同。二者的效果相同，效果将它们结合在一起。因此效果在它们之上，是神之上的神，因为它通过效果将充满和空洞结合在一起。

“你对这个神一无所知，因为人类已经将其忘记。我们称呼他的名字为阿布拉克萨斯。[93] 他甚至比神和魔鬼还不确定。

“为了将他与神区分开，我们称其为赫利俄斯或太阳神。[94] 阿布拉克萨斯是效果。没有什么与它对立，而只有无效与之对立，因此他有效的本质能够自由地展开自己。无效既存在又不存在。阿布拉克萨斯在太阳之上，也在魔鬼之上。他是不可能的可能，产生不真实的效果。如果普累若麻有本质，那么阿布拉克萨斯就是其本质的表现。

“他是效果本身，不是任何特定的效果，而是一般的效果。

“他产生不真实的效果，因为他没有确定的效果。

“他也是创造，因为他与普累若麻有别。

“太阳有确定的效果，魔鬼也有。因此他们表现得比不确定的阿布拉克萨斯更有效。

“他是力量，延续的时间，改变。”

---

93 荣格在 1932 年对阿布拉克萨斯的评论：“诺斯替教的象征阿布拉克萨斯，是一个虚构的名字，意思是 365……诺斯替教徒用它命名他们的至高神明。他是时间神。在柏格森的哲学中，创时主（la duree creatrice）表达的是相同的思想。”荣格在某种程度上将其形容为对自我描述的回应：“就像集体无意识的原型世界是极其矛盾的一样，总是充满对与错，阿布拉克萨斯这个形象意味着开始和结束，是生命和死亡，因此它由一个恐怖的形象代表。它是一个恶魔，因为他是一年之中植物的生命周期，自然中的春和秋，夏和冬，对与错。因此，阿布拉克萨斯就是造物主德谟革（Demiurgos），因此他也是普鲁沙（Purusha）或湿婆。”（9 月 16 日，《幻象讲座集》，第 2 卷，806 ~ 807 页）荣格补充说“通常阿布拉克萨斯是鸟头、人身、蛇尾的象征，但还有狮头龙身的象征，头上戴着发出 12 道光芒的皇冠，暗指月数”。（1933 年 6 月 7 日，《幻象讲座集》，第 2 卷，1041 ~ 1042 页）根据圣埃雷尼厄斯，巴西利德斯认为“他们的统治者被命名为阿布拉克萨斯，这就是为什么这个统治者拥有数字 365”（莱顿编，《诺斯替教的经典》，425 页）。阿布拉克萨斯在阿尔布雷希特・迪特里希的作品《阿布拉克萨斯：古代末期的宗教研究》中占有重要的位置。荣格在 1913 年早期深入研读了这部作品，他的书上有大量的批注。荣格也藏有查尔斯・金的《诺斯替教及其遗留》(伦敦：贝尔和代尔迪出版社，1864），在这本书靠近第 37 页讨论阿布拉克萨斯的词源学处有很多批注。

94 赫利俄斯是希腊的太阳神。荣格在《力比多的转化与象征》（1912，《荣格全集 B》，§177f）中讨论了太阳神话，同样还有 1943 年他在阿斯科纳的艾诺斯会议上未公开发表的关于欧匹齐尼乌斯・德・卡尼斯特里斯的演讲中也有讨论（荣格的藏品）。

[95]死者此时产生巨大的骚动，因为他们是基督徒。

但在腓利门结束讲话的时候，死者也再次一个接一个地走进黑暗中，他们愤怒的叫喊声逐渐消失在远方。所有的吵闹声都消失之后，我转向腓利门说：

“智者，请可怜我们吧！你带走了他们可以祷告的神。你拿走了乞讨者讨到的东西，饥饿之人的面包，受冻之人的火。”

腓利门回答说：“我的儿，这些死者已经拒绝了基督教的信仰，因此他们不用向任何神祷告。那么要我教给他们一个可以信仰和祷告的神吗？这正是他们所拒绝的。他们为什么拒绝？他们必须拒绝，因为他们没有其他选择。他们为什么没有其他选择？因为没有人知道的世界已经进入伟大的年月中，在这里，人们只相信自己知道的东西。[96]那已经足够艰难，但长期的疾病也有解药，这解药来自人们相信自己所不知道的东西这一事实。我教给他们包括我和他们都知道但未意识到的神，他是人们不相信的神，不向其祷告的神，却知道他。我将这个神教给死者，因为他们渴望进入和教诲。但我却没有把这个神教给生者，因为他们不想要我的教诲。而实际上，我为什么要教他们呢？因此，我毫不仁慈地将聆听祷告的人带走，也就是他们在天上的父。因此，我愚蠢地关心生者什么？死者需要拯救，因为他们成群地飘荡在他们的坟上焦急地等待，渴望在最后时刻呼吸到信仰和拒绝信仰的知识。但不论是谁陷入疾病和接近死亡都会渴望知识，牺牲自己的宽恕。”

“你似乎，”我回答说，“教的是一个可怕又恐怖的神，无法估量。与他相比，善与恶，人类的痛苦和快乐一文不值。”

“我的儿，”腓利门说，“你没有看到那些死者有一个爱的神并拒绝了他吗？我要教给他们一个有爱的神吗？在已经拥有他很久之后，他们需要拒绝他，因为他们拒绝的是他们称之为魔鬼的邪神。因此，他们必须知道与神相比，一切被创造的东西什么都不是，因为他自己就是造物主，创造出一切，又将创造的一切摧毁。他们不是已经将一个神拒绝？这个神是父亲、爱人、善和美。他们认为他有特别的质和特别的存在？因此我必须教给他们一个没有任何特质的神，他拥有一切，又一无所有，因为只有我和他们知道这样一个神。”

95 从这一段一直到这一部分的结束都没有出现在《黑书 6》中。

96 这里指的是柏拉图月，见注 273，431 页。

“我的父啊，但人们如何在这样的神中团结？这样一个神的知识不足以摧毁人们之间的连接和每一个建立在善与美的基础上的社会吗？”

腓利门回答说：“死者拒绝爱的神、善和美的神，他们需要拒绝他，因此他们才能在爱中、善和美中拒绝团结和团体。因此，他们互相残杀，瓦解人们的团体。我要把在爱中团结他们而他们却拒绝的神教给他们吗？那么我教给他们的神就会瓦解团结，破坏人们的一切，强有力地创造，又猛烈地摧毁。相爱的人不能团结，因为受到恐惧的强迫。”

腓利门在说这些话的时候，他迅速弯下腰，用手碰触地面，接着消失了。

{8}第二天夜里，[97]死者像雾一样从沼泽中出来说：“跟我们讲讲至高的神。”

腓利门走向前，开始说话（这是向死者的第三次布道）：[98]

“阿布拉克萨斯是神，他很难理解。他的力量无与伦比，因为人根本看不到它。他从太阳那里吸取最高的善（Summum Bonum）[99]，从魔鬼那里吸收无尽的恶（Infinum Malum），从阿布拉克萨斯那里吸收生命，这些都是不确定的，是善与恶之母。[100]

---

97 1916年2月1日。

98 这一句没有出现在《黑书6》中。

99 亚里士多德把快乐定义为最高的善（Summum Bonum）。托马斯·阿奎那在《神学大全》中把它等同于神。荣格将最高的善这个教条视为恶是善的缺乏（privatio boni）的来源，他认为是这个教条导致对恶这一现实的否认。见《移涌》，1951，《荣格全集第9卷》Ⅱ，§§80和94。因此，最高的善受到无尽的恶（Infinum Malum）的制衡。

100 在《黑书6》（见附录C）中，荣格指出阿布拉克萨斯是青蛙之神，他写道：“青蛙或蟾蜍之神，没有大脑，是基督教的神与撒旦的结合。”（见下文，578页）在他后期的作品中，荣格认为基督教神的意象是片面的，将恶的因素排除在外。通过对神的意象的历史转化的研究，荣格试图纠正这一点（特别是在《移涌》和《答约伯书》中）。关于《答约伯书》的写作，荣格在《移涌》中写到他已经“对恶是善的缺乏这一思想进行批判，认为它不符合心理学的发现。心理学的经验向我们显示我们称之为‘善’的东西受到等质量的‘坏’或‘恶’的平衡。如果‘恶’不存在，那么一切都需要是‘善’。可以武断地说，‘善’与‘恶’都不是来自人，因为在人类之前，‘神之子’中的一位就是‘恶子’。只是在摩尼教（Mani）之后，恶是善的缺乏这一思想才在教会中扮演重要的角色。在这个异端邪说之前，罗马的克莱门教导说神用右手和左手统治世界，右手是基督，左手是撒旦。克莱门的观点明显是一神论的，因为它将对立结合成一个神。但后来的基督教是二元的，因为它将对立的一半切掉，在撒旦身上人格化……如果基督教主张自己是一神教，它不可避免地要假设神包含对立”（1956，《荣格全集第11卷》，357～358页）。

“生命似乎比最高的善要弱小，因此也很难想象阿布拉克萨斯的力量甚至超越了太阳的力量，而太阳是一切重要力量的光源。

“阿布拉克萨斯是太阳，同时也是在永恒吸收一切的空洞，是减光器和肢解者，是魔鬼。

“阿布拉克萨斯的力量是双重的，但你看不到它，因为在你的肉眼中，这种力量敌对的对立相互抵消了。

“太阳神讲的是生命，魔鬼讲的是死亡。

“但阿布拉克萨斯所讲的被吞噬和被诅咒的话同时是生命和死亡。

“阿布拉克萨斯用相同的话和相同的行动制造真理和谎言，善与恶，光明与黑暗。因此阿布拉克萨斯很可怕。

“他辉煌得像狮子一样刹那间将猎物扑倒，他像春天一样美丽。

“他像潘神一样，既伟大又渺小。

“他是普瑞尔珀斯（Priapos）。

“他是阴间的恶魔，是有一千只手的水螅，是盘起来的长着翅膀的蛇，使人发狂。

“他是最早的雌雄同体。

“他是蟾蜍和青蛙之主，他生活在水中且能来到陆地上，他们的合唱在正午和午夜响起。

“他是充满，渴望与空洞结合。

“他是神圣的诞生。

“他是爱，也是爱的谋杀者。

“他是圣人，他又背叛圣人。

“他是白天最明亮的光，是最黑暗的疯狂之夜。

“向上看他，会失明。

“认识他，会生病。

“崇拜他，会死亡。

“恐惧他，会有智慧。

“不去抗拒他，会有拯救。

“神在太阳之后，魔鬼在黑夜之后。神在光明中带出来的东西，魔鬼在黑夜中将其吞掉。但阿布拉克萨斯是世界，在变化，在前进。魔鬼在来自太阳神的礼物上都下了自己的诅咒。

“你从太阳神那里要求的一切产生一个来自魔鬼的行动。你用太阳神创造的一切都会给魔鬼有效的力量。

“这是可怕的阿布拉克萨斯。

“他是最伟大的创造，在他身上，创造害怕的是自己。

“他是普累若麻与其虚无创造的对立的表现。

“他是恐怖之母的儿子。

“他是母亲对儿子的爱。

“他是地上的喜悦和天上的残酷。

“在他视线中的人脸都会凝固。

“在他面前没有问题和回答。

“他是创造的生命。

“他是分化的效果。

“他是人类的爱。

“他是人类的话语。

“他是外在的表现和人类的阴影。

“他是欺骗性的现实。”[101]

[102]现在死者愤怒地大吼，因为他们是不完整的。

但当他们嘈杂的吼声消退之后，我对腓利门说：“我的父啊，我该如何理解这个神呢？”

腓利门回答说：

“我的儿，你为什么想要理解他？这个神是用来知道，不是用来理解的。如

101　荣格在1942年写道：“包罗万象的神的概念必须包括它的对立面。当然，结合必然不能过于彻底，否则神会将自己消除。因此，对立结合的原则必须由自己的对立面完成，从而才能够获得完整的悖逆性和心理效力。”（“精灵墨丘利”，《荣格全集第13卷》，§256）

102　从这一段一直到这一部分的结束都没有出现在《黑书6》中。

果你理解了他，那么你会说他是这是那，是这不是那。因此你把他捧在空空的手中，所以你必须把他扔掉。我知道的神是这是那，就像其他的是这是那。因此没有人能够理解这个神，但有可能知道他，因此我讲述和教导他。”

“但是，”我反驳说，“不是这个神将绝望的困惑带入到人的心中的吗？”

腓利门回答说：“死者拒绝团结和团体的秩序，因为他们拒绝相信天上的父，而父用公平的标尺统治。他们必须拒绝他。因此我教导他们混乱无法测量且完全无边无尽，与这种混乱相比，公平和不公，仁慈和严苛，耐心与愤怒，爱与恨都不算什么。我怎么能够教任何其他我知道而且他们也知道却没有意识到的神？”

我回答说：“严肃的人啊，你为什么称永远无法理解，本质上充满残酷的矛盾为神？”

腓利门说：“否则我该怎么称呼它？如果宇宙和人心中事件的强大本质就是律法，我便称之为律法。但它也不是律法，而是概率、无规律性、罪、错误、愚蠢、粗心、愚笨、非法。因此，我不能称之为律法。你知道这只能如此，同时你也知道它不必如此，有时候它不会如此。它很强大，它的发生像来自永恒的律法，有时候像一股斜风把一粒尘土吹进事物中，而这种空无是一种超强的力量，比铁山还要强硬。因此，你知道永恒的律法也是没有律法，因此我不能称之为律法。但到底该怎么为它命名？我知道人类的语言已经永远地把无法理解的神命名为母亲的子宫。当然，这个神是也不是，因为一切从存在和不存在中这样涌现，神是，也将是。”

但腓利门说完最后一句话后，他用手触摸大地，然后消失。

{9} 第二天夜里，死者迅速跑出来，到处充满他们的低语声，他们说：

“跟我们讲讲神和被诅咒的魔鬼吧？”

腓利门出现，开始说（这是向死者的第四次布道）：[103]

“太阳神是最高的善，魔鬼是其对立面。因此你有两个神，但还存在很多崇

103 1916年2月3日。这一句没有出现在《黑书6》中。

高善良的东西和大量巨大的魔鬼。他们之中有两个邪神，一个在燃烧，一个在生长。

“在燃烧的神是爱洛斯，形式是火焰。他通过消耗而发光。[104]

“在生长的是生命树，它通过积累生长的生命物质而变绿。[105]

“爱洛斯燃烧又熄灭。但生命之树在缓慢生长，经过无限的岁月不断长大。

“善与恶在火焰中结合。

“善与恶在树的生长过程中结合。在它们生命的神性和爱的神性中对立。

“神和魔鬼的数量就像数不尽的星星一样多。

“每一颗恒星都是一个神，每一颗恒星所占的空间都是一个魔鬼。但完整的空洞充满是普累若麻。

“阿布拉克萨斯是整体的效果，只有无效与之对立。

“四是主神的数目，因为四是世界的测定值。

“一是开始，是太阳神。

“二是爱洛斯，因为他结合二者，把自己散播在光明中。

“三是生命树，因为它用自己的躯干填充空间。

“四是魔鬼，因为它将所有被锁住的东西打开。它将一切有形和真实的实体消解，它是破坏者，一切在这里都化为虚无。

“很高兴我能够认识到神的多重性和多样性。但你有祸了，因为你把不协调的多样性替换为唯一的神。这么做，你制造出无法理解的折磨，摧残创造，而创

---

104 1917 年，荣格在《无意识过程的心理学》中写过一章内容论“性欲理论”，提出对心理学的精神分析式理解的批评。在他 1928 年的修订版中，这一章被重新命名为“爱洛斯理论”，他补充写道：“爱欲……一方面属于人性的原始驱力……另一方面它与精神的最高形式有关。只有人的精神和驱力正好和谐的时候，它才旺盛……‘爱洛斯是强大的精灵’，像苏格拉底所说的第俄提玛（Diotima）一样聪明……他不是我们身上的本质，尽管它至少是其重要的方面。”（《荣格全集第 7 卷》，§§32 ~ 33）在《会饮篇》中，第俄提玛教苏格拉底关于爱洛斯的本质。她告诉他“‘苏格拉底，他是至高的精灵。一切都是介于神与人之间的精灵’/‘那精灵有什么功能？’我问。/‘把人的信息翻译和传达给神，把神的信息翻译传达给人，是祷告和献祭上达，是天意和报偿下达，是二者之间的中介，填满二者的间隙，使宇宙形成一个相互连接的整体。他们是所有神性的媒介。献祭、意识、咒语、占卜和巫术法门中专门的祭司，神不与人直接接触，他们完全通过精灵作为媒介与人（不论是醒着还是睡着）交流和沟通’”（C. 吉尔译，[伦敦：企鹅出版公司，1999]，202 页 e ~ 203 页 a）。荣格在《回忆·梦·反思》中对爱洛斯的本质进行思考，将它描述成为“科斯莫高诺斯（kosmogonos），造物主和所有意识的父母”（387 页）。爱洛斯宇宙起源般的特质需要与荣格使用术语描述的女性意识的特质区分开。见注 161，158 页。

105 荣格在 1954 年扩写了一篇树的原型的研究：“哲人树”（《荣格全集第 13 卷》）。

造的本质和目标就是分化。在你尝试把多变成一的时候，你怎么能够忠于自己的本质？你对诸神所做的与你对自己所做的一样。你们都变得平等，因此你的本质[106]受到了重创。

“平等的盛行并不是为了神，而只是为了人。因为神有很多。而人则很少。神很强大，能够忍受他们的多样性。就像群星一样，他们忍受着孤独，被巨大的空间隔开。因此他们居住在一起，需要交流，所以他们能够忍受分离。[107]为了拯救，我把应该受到谴责的教给你，而为了它们，我被拒绝。

“神的多样性等同于人的多样性。

“无数的神期待人的状态，无数的神已经变成人。人与神有共同的本质。人来自神，也会回到神。

“因此，就像对普累若麻的思考毫无用处一样，崇拜神的多样性也没有价值。最重要的是为崇拜首要的神服务，即有效的充满和最高的善。通过我们的祷告，我们并不能为它增加什么，也不能从它那里得到什么，因为有效的空洞会吞下一切。[108]光明的神形成天界，它是多样性，不断扩展，无限增加。太阳神是世界的至高的主。

“黑暗之神形成地界。它很简单，不断缩小，无限减少。魔鬼是至低的主，是月亮精灵，地球的卫星，比较小，比较冷，比地球还死寂。

“天上的力量和地上的神没有区别。天上的神在增强，地上的神在减弱。两个方向无边无际。”

[109]死者在这里打断腓利门的话，朝他愤怒地嘲笑，嘲弄地大吼，在他们后退的时候，他们的争吵，愚弄和嘲笑声消失在远处。我转向腓利门对他说：

“啊，腓利门，我相信你错了。你似乎在教导一种粗鄙的迷信，而父辈已经成功且荣耀地将它征服，只有在心灵不能使自己的目光摆脱感官事物所牵制的强迫性欲望的力量的时候，才会产生多神教。“

“我的儿，”腓利门回答说，“这些死者已经拒绝唯一至高的神。那么我如何将这个唯一且无多样性的神教给他们呢？当然，他们必须相信我。但他们已经拒

106 《黑书 6》中继续写道：“死者：‘你是异教徒，多神论者！’。”（30 页）

107 1916 年 2 月 5 日。

108 在《黑书 6》中，黑暗的客人（见下文，544 页）进入这里。

109 从这一段一直到这一部分的结束都没有出现在《黑书 6》中。

绝自己的信仰。因此我把自己知道的神教给他们，也就是多样性且在扩展的神，他既是事物又是事物的外在表现，即使他们没有意识到他，他们也知道他。

“这些死者已经给所有的存在命名，空气中的，地球上的和水中的存在。他们已经称过和数过这些东西。他们已经数过如此多的马、牛、羊、树、地块和泉，他们说，这有利于这个目的，也有利于那个。他们如何处置令人敬佩的树？神圣的青蛙发生了什么？他们看到他的金眼睛了吗？到哪里为他们放其血，吃其肉的 7 777 头牛赎罪？他们对自己从地下挖出的神圣矿石忏悔过吗？没有，他们命名、称量、计数和分配所有东西。他们做任何自己喜欢的事情。他们都做了什么！你看到强大，但这正是他们如何不知不觉地把力量转到事物那里。但到了事物可以说话的时候，一片肉说：有多少人？一块矿石说：有多少人？一艘船说：有多少人？一块煤说：有多少人？一座房屋说：有多少人？而且事物站起来，开始计数、称重、分配和吞食不计其数的人类。

“你的双手抓住大地，撕下光环，对事物的遗骸进行称重和计数。不是唯一且淳朴的神被推倒又被扔进一堆大量根据表面的生和死分开的事物中了吗？是的，这个神教我对骨头进行称重和计数。但这个神的月份离结束越来越近，一个新的月份站在门前。所以一切都应该依旧，因此一切必须不同。

“这不是我构造的多神教！但很多神强有力地提高他们的嗓门，血腥地把人类撕成碎片。越来越多的人被称重、计数、分配、砍杀和吞食。因此，我讲说众多的神，就像我讲说很多东西一样，因为我知道他们。我为什么称他们为神？是因为他们的优越性。你知道这种超强的力量吗？现在是你学习的时候了。

“这些死者嘲笑我的愚蠢。但如果他们已经用天鹅绒的眼睛赎回公牛，那么他们还会向自己的兄弟举起杀人的手吗？他们是否已经为有光泽的矿石忏悔？他们是否已经崇拜过圣树？[110] 他们是否与金眼青蛙的灵魂达成和平？为什么说事物有生有死？人和神，谁更强大？实际上，太阳已经变成月亮，没有新的太阳从黑夜最后时刻的收缩中升起。”

在我说完这些话之后，腓利门弯下腰亲吻大地，接着说：“母亲，愿你的儿子强壮。”他接着站起来，看着天空说：“你升起新光的地方是多么地黑暗。”他

110 这里似乎指的是在公元八世纪基督教进入德国，圣树被砍倒。

随后消失了。

{10} 第二天夜晚到来的时候，死者吵闹着向前走，他们相互推搡着，他们嘲笑着叫喊：“傻瓜，教我们关于教堂和圣餐的内容。”

但腓利门走到他们前面，开始说[111]（这是向死者的第五次布道）：

“神的世界在精神性和性欲上显现。在天上的表现为精神性，地上的表现为性欲。[112]

“精神性能够孕育和包容。它像女性，因此我们称它为神圣之母（MATER COELESTIS），[113]即天空之母。性欲能够生产和创造。它像男性，因此我们称它为菲勒斯（PHALLOS）[114]，即大地之父。[115]男性的性欲比较世俗化，女性的性欲比较精神化。男性的精神性更接近天空，它朝更伟大的地方前进。

“女性的精神性更接近大地，它朝更渺小的地方前进。

“男性的精神性是虚假和邪恶的，因此它朝更渺小的地方前进。

“女性的精神性是虚假和邪恶的，但它却朝更伟大的地方前进。

“每一种精神性都应到自己的地方。

“如果男性和女性不将精神的道路分开，那么他们将彼此变成对方的魔鬼，因为创造的本质就是分化。

“男性的性欲变得世俗化，女性的性欲会朝精神化前进。如果男性和女性不对他们的性欲进行区分，他们将彼此变成对方的魔鬼。

“男性应该知道更渺小，女性知道更伟大。

---

111 这一句没有出现在《黑书 6》中。

112 荣格在 1925 年的讲座中说：“性欲和精神性是成对的对立，相互依存。”（《荣格心理学引论》，30 页）

113 歌德的浮士德以荣光圣母（Mater Gloriosa）的场景结束。荣格在他的讲座“浮士德与炼金术”中说：“荣光圣母不应该被视为玛利亚或教堂。她更像阿佛洛狄忒乌拉尼亚（Aphrodite urania），像圣奥古斯丁和比科·德·米兰多拉描述的一样，即天空之母（beatissima mater）。”（艾琳·格伯－蒙克，《歌德的浮士德：现代人神话的深度心理学研究，C. G. 荣格，浮士德与炼金术》[屈斯纳赫特：荣格心理学出版基金会，1997]，37 页）

114 《黑书 6》中写的是“菲勒斯”（Phallus）（41 页），手写的花体字版本中的《向死者的七次布道》写的也是“菲勒斯”（21 页）。

115 荣格在《力比多的转化与象征》（1912）中写道：“菲勒斯没有四肢能够移动，没有眼睛能够看得见，知道未来，就像无处不在的创造力的典型象征是不朽的一样。”（《荣格全集 B》，§209）他接着对诸神进行讨论。

“男性应该在精神性和性欲上都进行分化。他应该称精神性为母亲，把她置于天地之间。他应该称性欲为菲勒斯，把他置于自己和大地之间。因为母亲和菲勒斯都是超越人性的魔鬼，他们将诸神的世界显示出来。他们比诸神对我们的影响大，因为他们和我们的本质非常类似。[116]如果你不从性欲和精神性上分化，不把他们视为在你之上并超越你的本质，你就会像普累若麻的质一样被送到他们那里。精神性和性欲不是你的质，你什么都没拥有和包含。反而，是他们拥有和包含你，因为他们是强大的魔鬼，是神的表现，因此都在你之外，独立存在。没有人拥有精神性，或拥有性欲。反而，他却在精神性和性欲的规律之下。因此，没有人能够摆脱这些魔鬼。你要把他们视为魔鬼，视为一项普通的工作和危险，视为生命压在你肩上的普通重担。生命对你而言也是一项普通的工作和危险，最可怕的是阿布拉克萨斯。

“人很脆弱，因此团体必不可少。如果你的团体不是在母亲的标志下，那么就在菲勒斯的标志下。团体的缺失是痛苦和疾病，一切的团体都是瓦解和消解。

“分化导致个性，个性与团体相对。但因为神和魔鬼以及他们不可违抗的律法导致人的脆弱，那么团体是必需的，不是为了人，而是因为神。神强迫你们形成团体。尽管神把团体强加给你们，很有必要，但过犹不及。

“在团体中，每个人都要服从别人，这样团体才能运转，因为你需要团体。

“在个性中，每个人都将自己置于他人之上，因此每个人都要成为自己，避免被奴役。

“团体提倡自我约束，个性提倡放纵。

“团体是深度，个性是高度。

“团体中正确的措施能够带来净化和增加。

“团体为我们带来温暖，个性给我们带来光明。”[117]

---

116 《黑书 6》中继续写道：“母亲是杯。/ 菲勒斯是矛。”（43 页）

117 《黑书 6》中继续写道：“在团体中，我们走向源头，这里是母亲。/ 在个性中，我们走向未来，这里是有生产能力的菲勒斯。”（46 页）1916 年，荣格在心理学俱乐部做的两次报告中提到个体化和集体适应的关系，见“适应，个体化和集体”，《荣格全集第 18 卷》。心理学俱乐部这一年主要是在讨论这个主题。

{11} 腓利门说完之后，死者陷入沉默，一动不动，但充满期待地看着腓利门。但当腓利门看到死者依然保持沉默，还在等待的时候，他继续说（这是他向死者的第六次布道）：[118]

“性欲的魔鬼像蛇一样朝向我们的灵魂逼近。她有一半的人类灵魂，被称为思想 – 欲望。

“精神性的魔鬼像白色的鸟一样落在我们的灵魂上，他有一半的人类灵魂，被称为欲望 – 思想。

“蛇是尘世的灵魂，一半是魔鬼，一半是精灵，类似于死者的精神。因此，她也像这些死者一样围绕着地球上的东西集结，令我们感到害怕，或者激发我们的渴望。蛇的本质是女性，一直寻求和那些被大地的诅咒控制的死者为伴，并不去寻找通往个性的道路。蛇是妓女，她讨好魔鬼和邪恶的精神，她是给人造成伤害的暴君和施暴者，一直诱骗最邪恶的伴侣。白鸟是半天界的男性灵魂，他与母亲在一起，时而降落到地上。白鸟像男性，是有效的思想。他很纯洁，又孤独，是母亲的信使，他在大地之上高高地飞翔，他拥有个性。他从远方的人那里带来知识，而这些人已经离开，变得完美。他把我们的话带给母亲。母亲去调解，去警告，但她无力对抗神。她是太阳的容器，蛇爬下去，狡猾地使生殖器崇拜的魔鬼跛足，否则就会刺激到他。她带有很狡猾的地球思想，而这些思想能够穿过所有洞，用渴望粘住一切。尽管蛇不愿意这么做，但她必须为我们所用。她摆脱我们的掌控，从而指给我们道路，这是我们人类的智力无法找到的路。”

[119] 腓利门说完之后，死者鄙视地看着他说：“不要再讲神、魔鬼和灵魂了。我们很早就知道了。”

但腓利门笑着回答说：“你们这些可怜的灵魂，肉身贫乏，精神富有，肉很肥，精神很瘦。但你们如何到达永恒之光？你们愚弄我愚蠢，你们拥有愚蠢：你们在愚弄自己。知识能使人摆脱危险，但愚弄是你们信仰的反面。黑比白少吗？你们拒绝信仰，保留愚弄。这样就可以使你们摆脱信仰吗？不会的，你们把自己

118 这一段没有出现在《黑书 6》中。

119 从这一段一直到这一部分的结束都没有出现在《黑书 6》中。

捆绑到愚弄上，接着也捆绑到信仰上。因此你们很悲惨。”

但死者很愤怒，大吼道：“我们不悲惨，我们很聪明，我们的思维和情感像清水一样纯净。我们以自己的理性为豪，我们愚弄迷信。你觉得你老旧的愚蠢对我们有影响吗？老头，幼稚的幻觉已经将你征服，但它对我们有什么好处？”

腓利门回答说：“什么对你们有好处？我使你们摆脱依然掌控着你们生命的阴影。带给你们智慧，把这种愚蠢加入到你们的聪明中，把非理性纳入你们的理性中，那么你们就会找到自己。如果你们是人，那么你们要开始自己的生命，你们生命的道路在理性和非理性之间，通往永恒之光，而你们以前活在其阴影中。但由于你们是死者，这种知识将你们从生命中解放出来，除去你们对人的贪婪，它也使你的原我摆脱光明和阴影施加到你身上的遮蔽，对人的同情将会征服你们，顺着这条溪流你们就能到达坚实的地面，你们将从永恒的旋转中步入到静止不动的石头上，循环打破流动的时间延续，火焰将熄灭。

“我已经扇起熊熊大火，我已经给谋杀犯一把刀子，我已经撕开愈合的伤口，我已经加速所有的运动，我已经给疯子更多醉人的饮品，我已经使寒冷更加寒冷，热更加热，错误更加错误，美好更加美好，脆弱更加脆弱。

“这种知识是祭品的斧头。”

但死者大吼：“你的智慧是愚笨和诅咒。你想要逆转车轮？盲目的人，它会将你撕成碎片。”

腓利门回答说：“这就是事实。祭品的血会让大地再次变绿，硕果累累，鲜花盛开，海浪冲刷着沙滩，银色的云落在山脚，灵魂之鸟来到人间，锄头在田间作响，斧头在森林作响，风吹过树梢，太阳在清晨的露珠上闪闪发光，植物破土而出，很多的触角向上攀爬，石头说话，青草低语。人类找到自己，神在天上飘荡，充满生出金色的水滴，金色的种子，都长着羽毛飘在空中。”

死者陷入沉默，他们盯着腓利门，缓缓靠近。但腓利门弯下腰说：“达到了，但还未最终完成。大地的果实，发芽，长高，天上倾泻下生命之水。”

然后，腓利门消失了。

[120]第二天夜里，当腓利门向我走来的时候，我十分困惑，因此我对他说："啊，腓利门，你做了什么？你点燃了什么火？你将什么击成碎片？创造之轮停下来了吗？"

但他回答说："一切都在正常运转，什么都没发生，一个甜美又难以描述的神秘已经发生：我跳出旋转的车轮。"

"那是什么？"我问，"你的话打开我的双唇，你的声音似乎来自我的耳朵，我从自己的眼睛里看到你。实际上，你是一位魔法师！你跳出旋转的车轮？真让人不解！你是我，我是你吗？我没有感觉到创造之轮已经静止不动了吗？我真的被绑在了车轮上，我感到自己在飞速旋转，但对我而言，车轮是静止的。父亲，你做了什么，请教给我！"

腓利门说："我跳到坚实的东西上，我带着它，把它从巨浪中救出来，从出生的循环中救出来，把它从无尽旋转的车轮中救出来。它已经变为静止。死者已经收到愚蠢的教诲，他们已经被真相蒙蔽，错误地去看。他们已经认识到它，感觉到它，并对它感到后悔，他们会再回来，虚心求教。因为他们已经拒绝对他们最重要的东西。"

我想问腓利门，因为谜团让我很苦恼。但他已经碰到大地，然后消失了。夜晚的黑暗是沉默的，没有回答我。我的灵魂沉默地站在那里，摇摇头，她不知道应该对腓利门已经指出但未泄露出来的神秘该说些什么。

{12} 一天过去了，第七个晚上已经到来。

死者再次出现，这一次他们表情痛苦地说："我们忘记一件事情，你能不能教给我们关于人的知识。"

腓利门走到我前面，开始说[121]（这是他向死者的第七次布道）[122]：

---

120 这一部分没有出现在《黑书 6》中。

121 1916 年 2 月 8 日。这一句没有出现在《黑书 6》中。

122 这一句没有出现在《黑书 6》中。

“人是门户，通过他，你能从外部诸神、魔鬼和灵魂的世界进入内在的世界，从更大的世界进入更小的世界。人很渺小，又愚蠢，他已经站在你的身后，你再次发现自己处在无尽的空间中，最渺小或内在的无尽中。

“在无限远处有一颗恒星孤独地处在最高处。

“这是这个人的一个神，这是他的世界，他的普累若麻，他的神性。

“在这个世界上，人是阿布拉克萨斯，是他自己世界的创造者和破坏者。

“这颗星是神和人类的目标，

“是他的一位引路神，

“人在他这里安息，

“朝向他进入灵魂死后的漫长路程，人从更大的世界中吸取的一切都在他这里闪耀着绚烂的光芒。

“人要向这位神祷告。

“祷告能使恒星更亮，

“它架起穿越死亡的桥梁，

“它为更小的世界预备生命，缓解更大世界中无望的欲望。

“当更大的世界变得冰冷，恒星开始闪耀。

“只要人把目光从阿布拉克萨斯壮观的燃烧场面移开，人与神之间便空无一物。

“人在这里，神在那里。

“脆弱和虚无在这里，永恒的创造性力量在那里。

“这里什么都没有，只有湿冷，那里则是整个太阳。”[123]

[124] 在腓利门说完之后，死者沉默不语，沉重从他们身上落下，他们像牧羊

123 荣格在1919年写给琼·科里的信中评论了《向死者的七次布道》，信中特别提到最后一次布道：“世界的原始创造者，即盲目的创造性力比多，在人的个体化过程中和这个过程之外开始转化，就像怀孕一样，生出圣童，一个重生的神，不（会）再消失于万物之中，而是成为唯一独立的个体，同时还有所有的个体，就像你我一样。龙博士有一本小书：《向死者的七次布道》。你在这里能看到对造物主消失在自己创造的万物之中的描述，你在最后一次布道中能够看到个体化的开始，圣童从这里诞生……这个孩子是一位新神，实际上所有个体都能够生出圣童，但他们并不知道。他是一位精灵神。很多人身上都有这样一个精灵，但只有一个，到处都一样。慢慢来，你将能够体验到他的质。”（康斯坦斯·龙的日记复本，康特韦医学图书馆，21 ~ 22页）

124 从这一段一直到这一部分的结束都没有出现在《黑书6》中。

人点起的火冒出的烟一样升起，借着夜色看着自己的群体。

但我转向腓利门说：“伟大的人，你教他们说人是门户？神的队伍可以穿过这个门户？生命之流可以流过这个门户？通过这个门户，整个未来都会流到过去的无尽中？”

腓利门回答说：“那些死者相信人的转化和发展。他们深信人的虚无和无常。他们对这一点比对什么都清晰，而且他们甚至知道是人创造出神，因此他们知道神毫无用处。所以他们要学习自己不知道的东西，即人是门户，挤满整列的诸神，他们永远穿梭其中。他没有做出它，没有创造它，没有忍受它，因为他是存在，唯一的存在，因为那是世界的一瞬，永恒的一瞬。无论谁认识到这一点，都会熄灭燃烧的火焰，他变成烟和灰。他一直持续，他的无常消失，他已经变成自己。你梦想火焰，好像它就是生命。但生命是持续的时间，火焰转瞬即逝。我使它延续，我救它脱离火。他是火花之子，你在我身上能看到他，我自己是永恒之火的光。但我是将它留给你的那个人，有黑色和金色的种子，还有其蓝色的星光。你是永恒的存在，什么是长和短？什么是一瞬和永恒持续的时间？你是每一个瞬间的永恒存在。什么是时间？时间是火，它点燃、消耗和熄灭。我将存在从时间中救出来，将它从时间之火和时间的黑暗，还有诸神和魔鬼那里拯救出来。”

但我对他说：“伟大的人，你什么时候给我黑色和金色的宝物和它蓝色的星光？”

腓利门回答说："在你交出一切之后想要点燃神圣的火焰之时。"[125]

{13} 在腓利门说话的时候，一个长着金色眼睛的黑影从黑夜的阴影中向我走来。[126] 我大吃一惊，吼到："你是敌人吗？你是谁？你来自哪里？我从未见过你！你想要什么？"

黑影回答说："我来自远方，我来自东方，跟着我前面的火光而来，腓利门。我不是你的敌人，对你来说，我是陌生的。我的皮肤是黑色的，我的眼睛闪着金光。"

"你带来什么？"我恐惧地问。

---

125 荣格在 1916 年 9 月与自己的灵魂进行的对话进一步详尽阐述和澄清了《向死者的七次布道》的宇宙学，9 月 25 日：[灵魂：]"你想要多少道光，三道或七道？三代表诚挚和谦虚，七代表大度和包容。"[我：]"好问题！好决定！我必须说实话：我想要七道光。"[灵魂：]"你是说七道？我也这么想，那样视野开阔，这是冷光。"[我：]"我需要冰冷清新的空气。令人窒息的闷热已经够了。太多的恐惧，而没有足够自由的呼吸。给我七道光吧。"[灵魂：]"第一道是普累若麻。/ 第二道是阿布拉克萨斯。/ 第三道是太阳。/ 第四道是月亮。/ 第五道是地球。/ 第六道是菲勒斯。/ 第七道是恒星。"[我：]"为什么没有鸟，为什么没有天空之母和天空？"[我：]"它们都包含在恒星上。每当你看恒星的时候，你就能看穿它们。它们是通往恒星的桥梁。它们来自第七道光，是最高处，它们在飘浮着，它们拍打着翅膀飞起来，从有六条树枝和一朵花的发光树上释放出来，而恒星之神睡在树上。/ 第六道光是单独一束，又形成一种多样性，光是一道光，形成的是一个统一体，它是开花的树冠，是神圣的蛋，是天生就有翅膀的世界种子，种子借助翅膀到达它要去的地方。一反复产生多，多产生一。"（《黑书 6》，104 ~ 106 页）9 月 28 日：[灵魂：]"现在我们试试：这是金色的鸟的某些东西。它不是白色的鸟，而是金色的。这是不同的。白色的鸟是善良的魔鬼，但金色的鸟在你之上，在你的神之下。它在你前面飞。我看到它在蓝天上，朝恒星飞去。这是你的一部分。这同时也是它自己的蛋，包含你。你感觉到我了？那么问吧！"[我：]"请多讲一些，这让我感到不舒服。"[灵魂：]"金色的鸟没有灵魂，它是你全部的本质。人们也是金色的鸟，但并不是所有人都是，有些是蠕虫，腐烂在泥土里。但很多都是金色的鸟。"[我：]"继续，我恐惧自己的反感。告诉我你理解到了什么。"[灵魂：]"金色的鸟坐在第六道光的树下，树从阿布拉克萨斯的头上长出来，但阿布拉克萨斯从普累若麻那里长出来。一切都来自它，这棵树像一道光一样开花，转化，像开花树梢的子宫，金色的蛋 - 鸟。发光的树最初是一株植物，被称为个体，从阿布拉克萨斯的头上长出来，他的思想是众多思想中的一个。这个个体仅仅是一株植物，没开花，没结果，是一条通往第七道光的通道。这个个体是发光的树的前一阶段。晶莹的花朵来自他，法涅斯自己，阿格尼，新的火，金色的鸟。这都在个体之后，也就是说在它再次与世界结合之后，世界之花来自它。阿布拉克萨斯是驱力，与个体不同，但第七道光的树是个体与阿布拉克萨斯结合的象征。这里就是法涅斯出现的地方，金色的鸟在前面飞。/ 你通过我结合自己和阿布拉克萨斯。/ 你首先把自己的心给我，接着你通过我活下去。我是通往阿布拉克萨斯的桥梁。因此发光的树从你那里长出来，你变成发光的树，法涅斯从你那里长出来。你已经预测到，但你没有理解这一点。在你与阿布拉克萨斯分开变成个体的那一刻，便与驱力对抗。而你现在与阿布拉克萨斯合一。这个合一需要借助我，你无法做到这一点。因此你必须和我在一起。与实体的阿布拉克萨斯的结合需要借助人类的女性，但与精神的阿布拉克萨斯的结合需要借助我，这就是你为什么要和我在一起。"（《黑书 6》，114 ~ 120 页）

126 在《黑书 6》中，这个人物出现在 2 月 5 日，在《向死者的七次布道》中（35 页 f）。见注 108，535 页。

“我带来禁欲，来自人类快乐和痛苦的禁欲。同情导致疏离。怜悯，但不同情，在检视别人时持有对世界的怜悯和一种意志。

“怜悯留下误解，因此它会起作用。

“远离渴望，便会无畏。

“远离爱，要爱整体。”

我恐惧地看着他说：“你为什么像地上的土又像铁块一样黑？我害怕你，非常痛苦，你对我做了什么？”

“你可以叫我死亡，死亡随着太阳一起升起。我带着平静的痛苦和长久的和平到来。我为你罩上保护罩。在生命的中期开启死亡。我用保护罩将你罩住，这样你的温暖就永远不会停止。”

“你带来悲伤和绝望，”我回答说，“我想要回到人类中间。”

但他说：“你被掩盖着回到人类中，你在夜间发光。你太阳的本质离你而去，而恒星的本质开始。”

“你很残酷。”我叹气说。

“简单就是残酷，因为它没有结合多样性。”

神秘的黑影说着这些话就消失了。但腓利门表情严肃又疑惑地出现在我的面前。“我的儿，你真的看到他了吗？”他说，“你会听到他。但现在请来我这里，这样我就能够完成黑影为你预言的东西。”

他在说这些话的时候，用手摸着我的双眼，打开我的目光，向我展示无边无际的神秘。我看了很久才理解它：但我看到了什么？我看到黑夜，我看到黑色的土地，上空无数颗明亮的星星。我看到天空已经形成一个女性的形状，她的星星披风有七层厚，完全将她覆盖住。

在我看它的时候，腓利门说：

[127]“母亲，你站在更高的环内，你是无名氏，遮盖着我和他，保护着我和他不受诸神之害：他想成为你的孩子。

127　1916年2月17日。在《黑书6》中，说话的人是荣格自己（52页）。

“愿你接受他的出生。

“愿你让他重生。我使自己与他分开。[128] 周围在不断变冷，星星的光更加明亮。

“他需要与童年的连接。

“你生出神圣的蛇，你将它从出生的痛苦中释放出来，把这个人带到太阳所在的地方吧，他需要母亲。”

一个声音从远处传来，[129] 像一颗正在坠落的恒星：

“我不能把他视为孩子。他必须首先净化自己。”

腓利门说：[130] “他不纯净的是什么？”

但这个声音说：“就是混合——他包含人类的痛苦和快乐。他应该保持与世隔绝，直到禁欲的完成和摆脱与人们的混合。那么他就会被视为一个孩子。”

我的幻象在这一刻结束。腓利门离开，我独自一人。我依然像所说的那样分开着。但在第四天夜里，我看到一个奇怪的形状，这是一位穿着长大衣，戴着头巾的男性，他的眼睛发出聪明和友好的光，像一位睿智医生的眼睛。[131] 他靠近我说：“我告诉你快乐。”但我回答说：“你想告诉我快乐？我从人们数以千计的伤口中流血。”

他回答道：“我带来治愈。女人把这门法术教给我。他们知道如何治愈生病的孩子。你的伤口让你疼痛吗？治愈就在眼前。聆听好的建议，不要再发怒了。”

我反驳说：“你想要什么？诱惑我？愚弄我？”

128 《黑书 6》在这里写的是：“我需要一个新的阴影，因为我已经认出可怕的阿布拉克萨斯，从他那里退回来。”（52 页）

129 在《黑书 6》中，这个声音来自“母亲”。（53 页）

130 在《黑书 6》中，说话的人是荣格自己。（53 页）

131 1916 年 2 月 21 日，《黑书 6》中被替换为：[我：]“一位土耳其人？从何处来？你信伊斯兰教吗？你在宣扬穆罕默德的什么？”[访客：]“我宣扬多神教、天国美女和天堂。这是你应该听到的内容。”[我：]“说话，结束这种折磨。”（54 页）

“你在想什么？”他打断我说，“我给你带来天堂的福佑，治愈之火，女人的爱。”[132]

“你在思考，”我问，“下降到青蛙的沼泽地里吗？[133] 消失在众人中，分散，瓦解。”

但在我说话的时候，老人变成腓利门，[134] 而且我发现他就是正在诱惑我的魔法师。但腓利门继续说：

“你还没有体验过瓦解。你应该被吹开成为碎片分散在风中。人们在准备和你进最后的晚餐。”

“那我还留下什么？”我大吼。

“什么都没有，只有你的阴影。你将变成一条河，灌溉土地。河在寻找每一条山谷和溪流流向深度。”

我充满悲伤地问：“我的独特性会在哪里？”

“你将从自己身上偷到它，”腓利门回答道，[135]“你将用颤抖的双手捧着无形的国度，它将自己的根降低到灰色的黑暗和大地的神秘中，把长满叶子的树枝送到金色的空气中。

“动物生活在它的树枝上。

“人栖息在它的树荫下。

“他们的低语从下方升起。

“千里长的失望是树的汁液。

“它会在很长时间内保持绿色。

“沉默留在树顶上。

---

132 《黑书 6》中的对话版本包含以下的交谈内容：[我：]“什么是多神教、天国美女和天堂？”[访客：]“很多女人和很多书，二者数目相同。每一个女人都是一本书，每一本书都是一个女人。天国美女是一种思想，思想是一位天国美女。思想的世界就是天堂，天堂就是思想的世界。穆罕默德教导说天国的美女在天国接受信徒进入天堂。日耳曼人也是这么说的。”（56 页）（见《古兰经》，56 章 12 ~ 39 节）在挪威神话中，瓦尔基里（Valkyries）把在战争中被杀的勇士护送回瓦尔哈拉殿堂（Valhalla），并看护他们。

133 1916 年 2 月 24 日。

134 这一句没有出现在《黑书 6》中。

135 1916 年 2 月 28 日。

“沉默留在深深的树根上。”

[136] 我从腓利门的话中得知我必须保持对爱的忠诚，才能抵消从没有生命的爱中涌现出来的混合。我明白混合是一种束缚，取代了自愿的奉献。就像腓利门教我的那样，分散或瓦解从自愿的奉献中涌现，能抵消混合。通过自愿的奉献，我将束缚的纽带移除。因此，我需要保持对爱的忠诚，自愿地奉献。所以我必须忍受瓦解的痛苦，从而获得与大母神的结合，这就是恒星的本质，即摆脱人和物的束缚。如果我被捆绑在人和物上，我既不能走到我生命的终点，也不能到达自己最深的本质。死亡不能像新生一样在我身上开始，因为我只能恐惧死亡。因此我必须对爱保持忠诚，否则我怎么能够达到束缚的分散和消解？否则我怎么能够经历死亡，而非通过保持对爱的忠诚和情愿接受伤痛和所有的痛苦？只要我不自愿地把自己献给瓦解，那我的部分原我就仍然秘密地与人和物在一起，与他们捆绑在一起，因此，不论我是否愿意，我都会是他们的一部分，和他们混在一起，绑在一起。只有对爱的忠诚和对爱的自愿奉献才能够使连接和混合消解，带我回到我那一部分与人和物秘密地在一起的原我中。只有这样做，星光才会闪耀，只有这样做，我才能抵达我恒星的本质，抵达我最真实和最深层的原我，而原我是简单和独一的。

保持对爱的忠诚非常困难，因为爱在一切的罪之上，想要保持对爱忠诚的人必须征服罪。没有什么比认识不到一个人在犯罪来得更容易。为了保持对爱的忠诚去征服罪非常困难，困难得令我的双脚踟蹰不前。

夜幕降临的时候，腓利门披着土色的长袍朝我走来，手中拿着一条银色的鱼。“我的儿，看这里，”他说，“我在捕鱼，抓住了这条鱼，我将它给你，这样你或许能得到安慰。”我惊诧又疑惑地看着他，我看到门边的黑暗处站着一个影子，身穿富丽堂皇的长袍。[137] 他面色苍白，鲜血流到他额头的皱纹里。但腓利门跪了下来，头碰到地上，对影子说：[138]“我的主人，我的兄弟，我们要尊你的名。你为我们做最伟大的事：除动物外，你还创造了人，你将自己的生命赐予人使他们能够治愈。你的精神永远和我们同在，人还会仰望你，仍求你怜悯他们，求神

136　下两段没有出现在《黑书 6》中。

137　例如基督。

138　1916 年 4 月 12 日。在《黑书 6》中，这句话并非由腓利门所说。

的怜悯，原谅他们的罪。你不厌其烦地给予他们。我赞美你神圣的耐心。人不知感恩吗？他们渴望知道没有极限吗？他们还在要求你吗？他们已经收到很多，但依然是乞讨者。

“看啊，我的主人，我的兄弟，他们不爱我，却贪婪地渴望你，为此他们也渴望邻居的财物。他们不爱自己的邻居，而是爱他们所拥有的东西。如果他们忠于自己的爱，他们便不会贪婪。不论是谁给予，都会吸引来欲望。他们不用学习爱吗？忠于爱吗？自由志愿地奉献吗？但他们要求，渴望，向你乞讨，他们没有从你令人敬畏的生命中学到什么。他们在模仿，但他们没有像你活出自己的生命一样活出自己的生命。你令人敬畏的生命已经向所有人显示如何将自己的生命掌握在自己手中，忠于他们自己的本质和他们自己的爱。你没有原谅淫妇吗？[139]你没有与妓女和税吏坐在一起吗？[140]你没有打破安息日的命令吗？[141]你活出自己的生命，但人类却没做到，反而他们向你祷告，要求你，一直提醒你的工作没有完成。但如果人能够活出自己的生命，而不是去模仿，那么你的工作就会完成。人类依然很幼稚，不知道感激，因为他们不能说。幸亏有你，我们的主，感谢你为我们带来拯救。我们已经接收到它，把它放在心中，我们需要学习把你对自己所做的工作应用到我们身上。通过你的帮助，我们已经在继续拯救自己的工作上变得成熟。感谢你，我们已经接受你的工作，我们已经领会你拯救的教诲，我们已经完成你通过血腥的斗争在我们身上启动的工作。我们不再像不知感恩的孩子一样只想得到父母的所有。感谢你，我们的主人，我们将会使用你大部分的聪明才智，不会将其埋到地下，不再一直无助地伸出双手和催促你完成我们身上的工作。我们想把你的麻烦和工作放在自己身上，这样你的工作就得以完成，那么你就能够将自己疲惫的双手放在自己的膝盖上，像一个刚完成一天沉重工作的工人一样。保佑死者，他们刚完成你的工作得以休息。

“我想要人们用这种方式向你说话。但他们不爱你，我的主人，我的兄弟，他们对你和平的代价不满。他们没有完成你的工作，永远需要你的怜悯和关心。

“但是，我的主人，我的兄弟，我相信你已经完成自己的工作，因为献出自

139 见《约翰福音》8 章 1 ~ 11 节。

140 见《马太福音》21 章 31 ~ 32 节。

141 见《约翰福音》9 章 13 节 f。

己的生命，全部的真理，所有爱，整个灵魂的人已经完成自己的工作。个体能为人类做什么，你已经做完，完成又实现。已经到了人们必须完成自己的拯救工作的时候。人类已经开始变老，新的月份已经开始。”[142]

[143]腓利门说完之后，我看过去，看到影子所站的地方空荡荡。我转向腓利门说：“我的父，你说到人类。我就是一个人。请原谅我！”

但腓利门消失在黑暗中，我决定去做他要求我的事情。我接受所有快乐和每一个成熟的折磨，保持对爱的忠诚，遭受每一个人都应该遭受的痛苦。我独自站着，很害怕。

{14}一天夜里，在一切完全寂静的时候，我听到一阵低语，像很多人在说话，我听到其中一个比较清晰的是腓利门的声音。我更近一些去听，听到他说：

[144]“此后，在我已经怀上地下死者的尸体时，在它已经生出神的蛇时，我来到人间，看着他们充满痛苦和疯狂。我看到他们正在互相杀戮，他们在为自己的行动找基础。他们这么做是因为他们还没有别的或更好的可做，但由于他们已经习惯对自己无法解释的什么都不做，他们设计理由强迫他们自己杀戮。停下来，你们已经发狂，智者说。停下来，看在上天的分上，看一看你们已经造成多大的破坏，精明的人如是说。但愚蠢的人大笑，因为荣誉已经一夜之间降临在他头上。为什么人们看不到自己的愚蠢？愚蠢是神的女儿，因此人不能停止谋杀，因为他们不知道自己在为神的蛇服务。为了服务神的蛇，值得献出生命。因此和解吧！但不要管神，这样才能更好地生活。但神的蛇想要人的血，血可以喂养它，使它发光。不要想去谋杀，死亡意味着欺骗神。无论谁活着，都会变成欺骗神的人。无论谁活着，都会为自己带来生命。但蛇想被欺骗，为了血失去希望。越多的人从诸神那里偷来他们的生命，就会有越大的收获喂养田野中鲜血播种的蛇。神通过人类的谋杀变得强大，蛇通过鲜血变得火热，它的脂肪在熊熊的火焰中燃烧。火焰变成人类的光，他是重生太阳的第一道光线，是出现的第一束光。”

142　这里指的是柏拉图月。见注 273，431 页。

143　接下来六段都没有出现在《黑书 6》中。

144　接下来两段也在 1917 年 6 月中旬之初出现在“论梦”中，用此句话介绍：“下一本书的片段”(18 页)。

我无法理解腓利门说了什么。我用很多时间思考他的话，很明显这些话是对死者说的，我对伴随着神的重生出现的暴行感到恐惧。

[145]我在梦里看到以利亚和莎乐美之后不久，以利亚很关切和忧虑地出现。因此，在第二天夜里，光消失之后，所有生物都变得寂静无声了。我呼叫以利亚和莎乐美来回答我的问题。以利亚走向前说：

“我的儿，我已经变得脆弱，我很穷，我过多的力量已经到你身上。你从我这里拿走太多的东西。你已经离我太远。我听到奇怪和难以理解的东西，我深度的平静开始混乱。”

我问：“但你听到了什么？你听到什么声音？”

以利亚回答说：“我听到一个充满困惑的声音，一个忧虑的声音，充满警告和难以理解的东西。”

“它说什么，”我问，“你听到那些话了吗？”

“很模糊，很混乱，让人困惑。那个声音首先说一把刀在切什么东西，或是在收获什么东西，可能是用来酿酒的葡萄。穿着红袍的人踩在酿酒机上，血液从酿酒机里流出来。[146]接着那个声音说金子在下面，而且金子能将任何碰触它的人杀掉。接着它提到大火在猛烈地燃烧，在我们的时代中熊熊燃烧。接着有一句很恶毒的话，我还是不说了。”

“什么恶毒的话？那是什么？”我问道。

他回答说：“那句话说神已死。而只有一个神，神不可能会死。”[147]

我接着回答说：“以利亚，我很震惊。你不知道发生了什么吗？你不知道世界已经换上新装了吗？唯一的神已经离开，反而很多神和很多魔鬼已经来到人间？实际上，我很吃惊，我极其吃惊！你怎么可能不知道？你对新发生的状况一

---

145 1916年5月3日。

146 见上文，371页f。

147 见上文，527页。

无所知？但你知道未来！你能预见未来！或者你可能不知道现状？你最终会否认现状吗？”[148]

莎乐美打断我说：“现状，又带不来快乐。快乐只能来自更新。你的灵魂也喜欢新丈夫，哈哈哈哈，她喜欢变化，你还不足以给她带来快乐。在这一方面，她是不可教的，因此你相信她疯了。我们只爱即将到来的东西，而非现状。只有更新才能给我们带来快乐。以利亚不关注现状，只关心来者，因此他知道未来。”

我回答说：“他知道什么？他要讲出来。”

以利亚：“我已经讲过这些话：我看到的意象是深红色的，火红色的，闪闪发光的金色。我听到的声音像是远处的雷声，像是森林中的狂风，像是地震。那不是我的神发出的声音，而是异教徒雷鸣般的咆哮，是我的祖先知道但我却从未听到过的呼喊。它听起来像是史前的声音，仿佛来自远处岸上的森林，伴随着所有的声音在旷野中回荡。它充满恐惧，但又悦耳。”

我对此回答说：“善良的老人，你听得没错，如我所想。真奇妙！我要告诉你吗？我终究要告诉你世界已经换了一副新面孔，它已经被覆上一个新的封面。你居然不知道！

“旧神变新神。唯一的神已经死去，是的，他真的已死。他分裂成多个神，因此世界一夜之间变得丰富了。个体的灵魂也发生了变化，谁会去描述它呢！但人类也在一夜之间变得丰富起来。你怎么可能不知道这些？

“唯一的神变成两个，是一位多重的神，他的身体由很多神构成，但还是一个神，他的身体是人身，但他比太阳更明亮和强大。

“我该告诉你关于灵魂的什么？你没有注意到她已经变成多重了吗？她已经变得最接近、最近、很近、很远、更远、最远，但她还是一个，像以前一样。她

---

148 荣格在《回忆·梦·反思》中写道：“无意识形象也是‘无知的’，为了获得‘知识’，他们需要人类或需要与意识接触。在我开始与无意识工作的时候，我发现自己在很大程度上已经卷入到莎乐美和以利亚的形象中。随后他们消失，但在两年之后再次出现。让我感到无比吃惊的是，他们完全没有发生变化，当时，他们像什么都没有发生一样说话和表现。在现实生活中，最难以置信的事情已经在我的生命中发生。像以往一样，我要从头讲起，把正在发生的事情告诉他们，把事情解释给他们听。那时候，我对这种情况感到无比惊讶。我在后来才明白发生了什么，在这期间，他们二人已经沉回到无意识中和他们自己那里，我想可能是同样地回到无尽中。自我依然接触不到他们，因为自我的环境在不断地变化，因此自我对意识世界已经发生的事情是‘无知的’。”（338 ~ 339 页）这里应该指的是这段对话。

首先把自己分成一条蛇和一只鸟，接着是一位父亲和一位母亲，接着是以利亚和莎乐美。我的好伙伴，你怎么样？它让你不安吗？是的，你必须认识到你已经离我很远，因此我几乎不能把你视为我自己灵魂的一部分，因为如果你属于我的灵魂，那么你就应该知道什么正在发生。因此我必须将你和莎乐美与我的灵魂分开，把你放在魔鬼中间。你与原始古老又一直存在的东西连接在一起，因此你对人的存在一无所知，只是知道过去和未来。

“尽管如此，你回应我的呼唤是件好事。进入到现状中，因为你应该参与进的现状就是这样。”

但是以利亚阴沉地回答道：“我不喜欢这种多样性，很难对它进行思考。”

莎乐美说：“只有简单是快乐，没有必要思考它。”

我回答道：“以利亚，你完全没有必要对它进行思考。它不是用来思考的，而是用来观察的。这是一幅画。”

我对莎乐美说：“莎乐美，并非只有简单才是快乐，随着时间的流逝，简单甚至会变得枯燥。事实上，多重能够让你着迷。”

但莎乐美转向以利亚说：“父亲，我感觉人类似乎比我们做得更好。他是对的：多更加快乐。一过于简单，总是一样。”[149]

以利亚似乎很悲伤，他说：“这种情况下的一怎么办呢？如果一和多在一起，那么一还存在吗？”

我回答说：“这是你古老又根深蒂固的错误，一将多排除在外，但又有很多个体事物存在。个体事物的多样性是一个多重的神，众多的神从其身体里出来，但一种事物的独特性是其他神，他的身体是一个人，但他的精神和世界一样大。”

但以利亚摇头说：“我的儿，这是更新。新的就是好的吗？过去的，是善；过去是的，将来也是。那不是真理吗？这里曾有过新的东西吗？什么是你所称为的新，是曾经的善吗？如果你给它一个新名字，一切都保持不变。没有新的东西，不可能有新的东西，我该如何向前看呢？我看向过去，我在那里看到未来，

149 剩下的对话没有出现在《黑书 6》中。

像在一面镜子中看到的一样。我没有看到新事情的发生，一切都只不过是自古以来所发生事情的循环。[150] 你的存在是什么？一种表现，一道光，明天都将不再真实。它消失了，就像从未出现过一样。来吧，莎乐美，我们走吧。世人误解了一。”

但莎乐美回头看着我，在她将要离开的时候，低声对我说：“存在和多样性向我求助，哪怕它不是新的，不是永恒的真实。”

接着，他们消失在黑夜中，我回到自己的存在所意味的重担上。我力图将一切对我来说是一项任务的事情做好，走上每一条对我来说是有必要的道路。但我的梦开始变得艰难，使我充满焦虑，我不知道为什么。一天夜里，我的灵魂突然来到我的面前，好像很担心，她说：[151] “听我说——我在遭受巨大的折磨，黑暗子宫的儿子围困着我。因此你的梦也会很艰难，因为你感受到深度的折磨，你灵魂的痛苦，诸神的痛苦。”

我回答道：“我可以帮忙吗？或者人把自己提升为神的调停者本身就是一件多此一举的事情？这是自以为是，还是因为人通过神圣的调停者得到拯救之后成为神的拯救者？”

“你讲的是真理，”我的灵魂回答说，“神需要人成为调停者和救助者。正是有了这一点，人才能够打开穿越和通往神性的道路。我给你一个可怕的梦，那么你便将脸转向神。我让他们的折磨到你身上，那么你就会记得痛苦的神。你为人类做了太多的事情，因为他们主宰你的世界。实际上，你只能通过神帮助人，而不能直接地帮助他们。最终减轻神所受的强烈折磨。”

我问她：“那么请告诉我，我该从哪里开始。我能感受到他们的折磨，同时还有我的折磨，但这不是我的，都是真实和不真实的。”

“就是这样，分离就应该在这里出现。”我的灵魂回答道。
“但如何做？我的理解力令我失望，你肯定知道怎么做。”
“你的理解力会很快失去作用，”她反驳说，“但诸神需要的就是你的理解力。”
“我就是神的理解力，”我补充说，“因此我们便搁浅了。”
“不，你太没有耐心，只有耐心的比较才能产生解决方案，而非片面地采取

150 见注261，422页。

151 1916年5月31日。

快速的决定。它需要用心的工作。”

我问：“神的痛苦来自哪里？”

“啊，”我的灵魂回答道，“你已经将折磨留给他们，从那之后，他们就饱受折磨。”

“正是如此，”我大吼，“他们已经折磨够人类了。现在他们应该尝一下折磨的滋味。”

她回答道：“但如果这种折磨也到你身上呢？你从他们那里得到了什么？你不能把所有的折磨都留给神，否则他们会把你拖进他们这折磨中。最重要的是，他们拥有这么做的力量。可以肯定的是，我必须承认人也通过自己的理解力拥有超越神的强大力量。”

我回答说：“我发现神的折磨已经来到我的身上，因为我也认识到自己必须向神屈服。他们想要什么？”

“他们想要服从。”她回答道。

“只能这样了，”我回答说，“我害怕他们的欲望，因此我说——我想做我能做的，我绝不会把自己带回我留给诸神的所有折磨中。基督甚至没有把折磨从他的追随者那里带走，反而增加他们的折磨。我为自己保留着这种状态，但神需要认识到这一点，相应地引导他们的欲望。因此再没有任何无条件的服从，因为人不再是神的奴隶，他在神面前有了尊严。他是神无法割舍的臂膀，不再向神屈服。所以，让他们的愿望被听到。剩下的由比较来完成，那么每一个人都能得到应得的部分。”

我的灵魂回答说：“神想要你为他们做你知道自己不愿意做的事情。”

“我想是这样的，”我说，“这当然是神想要的。但神也会做我想要他们做的？我想要自己的劳动成果。神能为我做什么？他们想要自己的目标得到实现，但我的呢？”

这让我的灵魂勃然大怒，她说：“你的傲慢和叛逆令人难以置信。你要考虑到一个现实，神很强大。”

“我知道，”我回答说，“但不再有任何无条件的服从。他们什么时候对我付出过他们的力量？他们也想要我为他们服务。他们要为我付出什么样的代价？以他们被折磨为代价？人类遭受极大的痛苦，神仍然不满足，依然不知足地设计新的折磨。他们使人如此盲目地相信没有神的存在，而且只有一个神就是慈爱的父亲，所以今天那些与神斗争的人仍被认为是疯子。因此，他们为那些认识他们的人准备的是这种羞耻，他们对权力的贪婪毫无边际，因为带领盲目的人并非易事。他们甚至会使自己的奴隶堕落。"

"你不愿意顺从神？"我的灵魂大吼，很震惊。

我回答说："我认为有太多对他们的顺从了。因此神变得贪得无厌，因为他们已经收到太多的祭品，盲目的人性祭坛上流满鲜血。但是缺乏带来满足，充裕却带不来满足。愿他们从人那里学到缺乏。谁为我做某些事情？这是我必须要提出的问题。我绝不会做神要我做的事情。问问神对我的建议怎么想。"

接着我的灵魂将自己分开。一只鸟一样的她飞向较高的神，一条蛇一样的她爬向较低的神。不一会儿，她回来了，不安地对我说："诸神对你不愿意顺从他们很愤怒。"

"这影响不到我，"我回答道，"我已经尽一切可能去安抚神。愿他们现在做出自己的贡献。请转告他们，我能等。我不会让任何人告诉我该做什么。神应该设计服务回报我。你可以走了。我明天会呼唤你，你将神的决定告诉我。"

在我的灵魂离开的时候，我看到她很震惊和担心，因为她属于神和魔鬼一族，一直在设法把我变成他们的同类，因为我的人性使我相信我属于这个宗族，我必须为之服务。在我睡着的时候，我的灵魂再次回来，在一个梦里巧妙地把我画成一个长角的魔鬼恐吓我，使我害怕自己。但是，在第二天夜里，我呼唤自己的灵魂，对她说："你的诡计已经被识破，它毫无作用，你不要再吓唬我了。现在说话吧，传达你的信息。"

她回答说："诸神放弃了。你已经打破律法的强制性，因此我把你画成魔鬼，因为魔鬼是诸神中唯一不向强制性低头的一位。他反对永恒的律法，幸亏他这么做了，但也有例外。因此，人不必再这么做，魔鬼在这一方面是有帮助的。如果没有向神寻求建议，这不可能发生。绕道是有必要的，否则，即使有魔鬼，你也将成为诸神律法的牺牲品。"

灵魂靠近我的耳朵低声说道："神甚至很乐于经常视而不见，因为他们基本上很清楚，如果律法没有例外，会对生命不利。因此他们容忍魔鬼。"

接着，她提高嗓门，大吼："神宽恕了你，接受了你的献祭！"

因此，魔鬼帮助我把自己从束缚的混合中清洗出来，片面化的痛苦刺进我的心，被撕成碎片的伤口灼烧着我。

{15} [152] 在一个炎热夏日的中午，我在花园中散步，当我走到一棵大树的树荫下时，我遇到腓利门在芬芳的草丛中散步。但当我准备靠近他的时候，一个蓝色的影子 [153] 从另一边出现，腓利门看到他的时候，说："亲爱的，我在花园中找到你。世上的罪已经将美丽转到你的表情上。

"世上的痛苦已经挺直你的形体。

"你是真正的国王。

"你的深红色是鲜血。

"你的貂绒是来自两极冰冷的雪。

"你的皇冠是天体太阳，你将之戴到自己的头上。

"欢迎来到花园，我的主人，我的爱人，我的兄弟！"

影子回答说："啊，西门・马格斯，或不论你叫什么名字，你在我的花园里或我在你的花园里吗？" [154]

腓利门说："我的主人，你在我的花园里。海伦，或不论你为她选的是什么名字，我都是你的仆人。你们可以和我们住在一起。西门和海伦已经变成腓利门和博西斯，因此会招待诸神，我们会留宿你们可怕的蠕虫。而且因为你们来到这

152 1916年6月1日。

153 《黑书6》中，影子是基督（85页）。

154 西门・马格斯（公元1世纪）是一位魔法师。在《使徒行传》（8章9～24节）中，他在成为一名基督徒之后，想要购买彼得和保罗能够传递圣灵的权柄（荣格认为这是讽刺）。更多关于他的记录出现在使徒彼得的行传中，还有教会神父的著作中。他被视为诺斯替教的奠基人之一，西门教派在公元2世纪出现。据说他总是和一位女性一起行走，他在泰尔（Tyre）的妓院中找到她，而她是特洛伊的海伦的转世。荣格将之视为阿尼玛形象的范例（"灵魂与大地"，1927，《荣格全集第10卷》，§75）。关于西门・马格斯，见吉勒・奎斯佩尔，《世界宗教诺斯替教》（苏黎世：欧瑞格出版社，1951），51～70页，以及G. R. S. 米德，《西门・马格斯：论西门派的创始人，基于对他哲学和学说的古代资源的再评估》（伦敦：通神学出版社，1892）。

里，所以我们要领你进来。你周围就是我们的花园。”[155]

影子回答说：“这不是我的花园吗？这不是我自己天上和精神的世界吗？”

腓利门说：“啊，我的主人，你在人类的世界里。人类已经改变。他们不再是神的奴隶，不再是神的骗子，不再以你的名义哀悼，但他们留宿神。可怕的蠕虫[156]来到你的面前，由于你有神圣的本质，因此你把他视为你的兄弟，由于你有人的本质，你把他视为自己的父亲。[157]当他在沙漠中给你聪明的建议时，你将他抛弃。你带走建议，但却抛弃蠕虫：他在我们这里找到容身之地。但只要他在哪里，你就在哪里。[158]在我是西门的时候，我试图使用魔法策略逃离他，因此我也逃离你。现在我把蠕虫留在我的花园，你就来了。”

影子回答说：“我是因为你诡计的力量落下来的吗？你秘密地将我抓住了吗？欺骗和谎言不一直是你的方式吗？”

但腓利门回答说：“啊，我的主人和爱人，你要认识到你的本质也是蛇。[159]你不是也像蛇一样爬到树上？你不是像蛇蜕皮一样，把自己的身体放在一旁吗？你没有像蛇一样使用黑魔法吗？在你升天之前不也进入地狱了吗？你在那里没有见到自己的兄弟被关在深渊中吗？”[160]

影子接着说：“你所讲的是真理，你没有在撒谎。即使如此，你知道我为你带来了什么吗？”

“这个我不知道，”腓利门回答说，“我只知道一件事情，不论谁拥有蠕虫，都会需要他的兄弟。我美丽的客人，你为我带来了什么？哀叹和憎恶是蠕虫的礼物。你会给我们什么？”

影子回答说：“我为你带来痛苦的美。这就是拥有蠕虫的人所需要的东西。”

---

155 荣格在《回忆·梦·反思》中写道：“在这样的梦中彷徨的人经常会遇到一位老人和一位年轻的女子，这一对经常出现在很多神话故事中。因此，根据诺斯替教的传统，西门·马格斯带着一位他从妓院中找到的年轻女子前行，她的名字叫海伦，她被视为特洛伊的海伦的转世。克林索尔和昆德丽，老子和舞女，都属于这一类。”（206 页）

156 例如撒旦。

157 在《黑书 6》中，这一句写的是：“我的主人啊，你的兄弟来到你的面前，他是可怕的蠕虫，当他在沙漠中用诱惑的声音给你聪明的建议时，你却将他抛弃。”（86 页）

158 《黑书 6》中继续写道：“因为他是你永生的兄弟。”（86 页）

159 荣格在《移涌》中评论蛇为一种基督的隐喻（1952，《荣格全集第 9 卷》Ⅱ，§§369，385 和 390）。

160 见上文，148 页。

后　记[1]

1959

我为这部作品倾注16载的光阴，而1930年与炼金术的邂逅使我离开了它。最终的结束在1928年到来，那时候我的好友卫礼贤将《黄金之花的秘密》的文稿寄给我，这是一部炼金术的经典。书中的内容找到它们自己进入现实的道路，所以我不再继续创作了。对于肤浅的人而言，它像疯狂之作。如果我没能够吸收原始经验的强大力量，它也可能已经成为一部完整的作品。在炼金术的帮助下，我最终得以把它们整合成一个整体。我一直知道这些经验包含某些宝贵的内容，我只知道用“宝贵的”方式把它们写下来，也就是说，尽最大的可能把它做成书和通过重新经历一切，画出涌现的意象。我知道进行这项工作非常不适合，但不
190/191 管有多少工作和动摇，我都会保持对它的忠诚，即使另外一种 / 可能性从未……

1　这一部分出现在《新书》的《花体字抄本》的第190页。誊抄在第189页的一个句子中间突然中断，后记出现在后一页，荣格用的是正常的书写方式。这一部分也是在一个句子的中间突然中断。

附录A

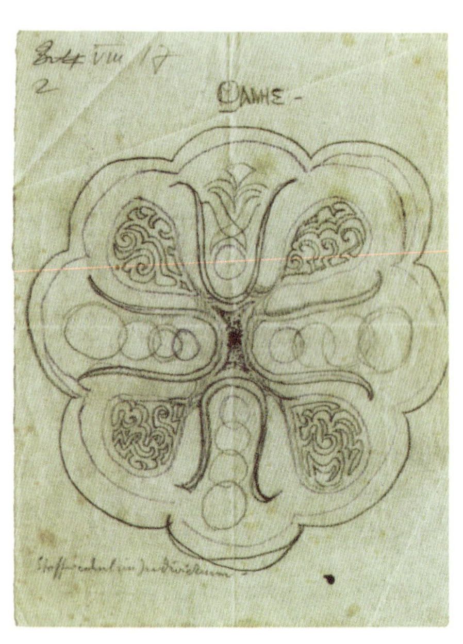

曼茶罗草图1，似乎是这一系列中的第一张，日期是1917年8月2日。这是Image 80的底稿。图上方的字是“法涅斯”（见注211，375页）。图片底部的文字是：“个体的新陈代谢”。（19.4厘米 ×14.3厘米）

曼茶罗草图2，在曼茶罗草图1的背面。（19.4厘米 ×14.3厘米）

曼荼罗草图 3，日期是 1917 年 8 月 4 日，这是 Image 82 的底稿。（14.9 厘米 ×12.4 厘米）

曼荼罗草图 4，日期是 1917 年 8 月 6 日。关于这幅草图，见导读，35 页 f。（20.3 厘米 ×14.9 厘米）

曼茶罗草图 5，日期是 1917 年 9 月 1 日，是图 Image 89 的底稿。(18.2 厘米 ×12.4 厘米)

曼茶罗草图 6，日期是 1917 年 9 月 10 日，是 Image 93 的底稿。(14.9 厘米 ×12.1 厘米)

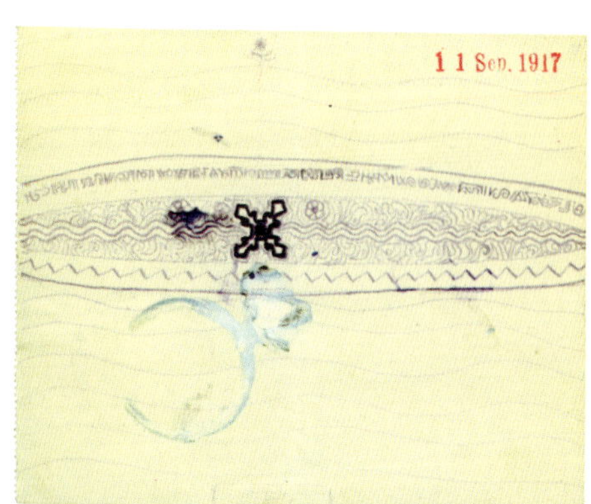

曼茶罗草图 7，日期是 1917 年 9 月 11 日，是 Image 94 的底稿。(12.1 厘米 ×15.2 厘米)

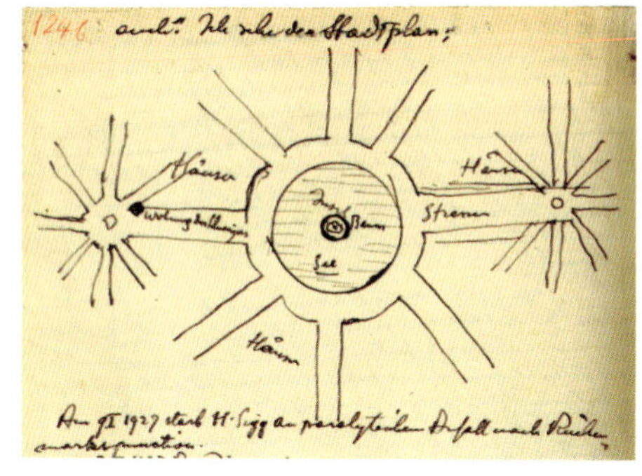

这张城镇规划来自《黑书 7》，124 页 b，描绘的是“利物浦”之梦，这张草图是 Image 159 的底稿，将梦和曼茶罗联系在一起。图中的文字，左：“苏黎世的住所”；上：“房子”；下：“房子”“岛屿”；(下)：“湖”“树”“街道”“房子”。(13.3 厘米 ×19.1 厘米)

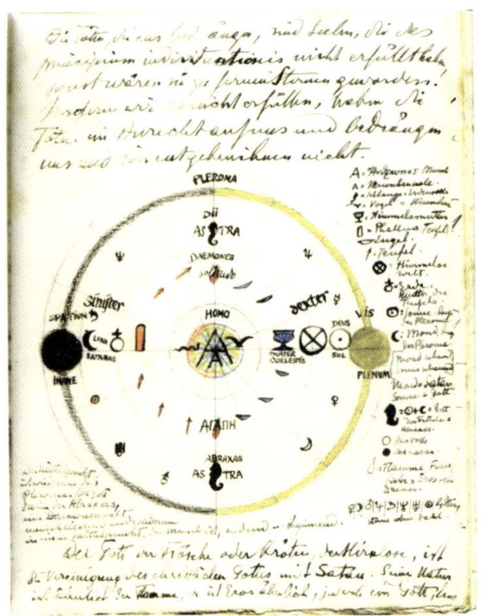

这幅“普天大系”的草图来自《黑书5》，169页（见附录C，576页，有进一步的讨论）。（12.9厘米×17.8厘米）

图的内容：

= 人类，人
= 人的灵魂
= 蛇 = 地上的灵魂
= 鸟 = 天上的灵魂
= 天空之母亲
– 菲勒斯（魔鬼）
= 天使
= 魔鬼
= 天界
= 大地，魔鬼的母亲
= 太阳，普累若麻的眼睛
= 月亮，普累若麻的眼睛
[可见的月亮]
[张望的太阳]
月亮 = 撒旦
太阳 = 神
= ⊙+☾：青蛙之神 = 阿布拉克萨斯
= 充满
= 空洞
= 火焰，火
爱 = 爱洛斯，一个恶魔
：诸神，不计其数的星星

中间的点还是普累若麻，里面的神是阿布拉克萨斯，周围是魔鬼的世界，另一个中间的点是人类，结束和开始。

《第二卷》第一页的草图（见186页）。（38.7厘米×27.3厘米）

花体字文本源自一个巴比伦的创世神话，出自雨果·格雷斯曼所编的《近东古代的文本与图片和旧约圣经》，第1卷（图宾根：J. 莫尔出版社，1909），4页f，荣格在1912年的《力比多的转化与象征》中引用过这个神话（《荣格全集B》，§383）。神话的内容是：“母神胡贝尔创造一切 / 在她怀着长着尖牙的巨蛇时提供无可抵挡的武器 / 势不可当。她的身体充满血液，而非毒液 / 身上覆盖着正在繁殖的巨大蝾螈。她使它们发出可怕的光芒 / 并令它们升高。只要人看到它们，必将惊恐憔悴 / 它们的身体必将竖起，而没有飞起来。”

Systema mundi totius.

普天大系。(30 厘米 ×34 厘米) 1955 年，荣格的“普天大系”以匿名的形式发表在杂志《你》(*Du*) 的艾诺斯会议特刊中。1955 年 2 月 11 日，荣格在写给瓦尔特・科尔蒂的信中详细说明他不愿意自己的名字出现在这幅图上 (荣格藏品)。他补充以下评论：“它描绘的是宏观世界中微观的二律背反和其自身的二律背反。最上方长着翅膀的蛋中的男孩叫艾瑞卡派奥斯 (Erikapaios) 或法涅斯，使人联想到俄耳甫斯神的精灵形象。在底部与之相对应的黑色部分是阿布拉克萨斯，他代表的是世界的主宰 (dominus mundi)，现实世界之主，是矛盾本质的创世者。我们看到生命之树在这里发芽，标有 vita (生命)，而上端相对应的部分是一棵发光的树，这棵树像一个有七条分叉的烛台，写有 ignis (火) 和 Eros (爱)。烛光指向圣童的精神世界，艺术和科学也属于这个精神领域，长着翅膀的蛇象征代表第一个，长着翅膀的老鼠代表第二个 (像挖洞活动！)。烛台是基于神圣数字三的原则 (小火焰是三的两倍，以及中间的大火焰)，而底部的阿布拉克萨斯的世界的特征是五，这是自然人的数字 (他的星星的光线是五的两倍)。与自然世界一起的动物是邪恶的怪物和一条幼虫，代表死亡和重生。曼荼罗另一种是水平对应。在左侧，我们看到一个环，代表身体或血液，有一条盘在菲勒斯上的蛇，这是繁殖原则。蛇是黑暗和光明，代表地球、月亮和宇宙空间的黑暗世界 (因此被称为撒旦 [Satanas])。富饶充满光明的世界在右侧，这里来自明亮的环 frigus sive amor dei (冰冷，或神的爱)，圣灵的鸽子张开翅膀，智慧 (Sophia) 从双重杯中向左右两侧洒开，这个阴性的环是天，有锯齿线或射线的大环象征内在的太阳，其内部是宏观世界的重复，但在较高和较低的区域像在镜子中一样被反转。这些重复应该被视为无尽的数字，变得越来越小直到最核心处，抵达真正的微观。”

附录B：评论

86 ~89 页[1]

年龄

男性

生活方式的对立转化

很难强迫意象发声。但它如此具有隐喻性，所以它应该说话。与以往经验不同的是，它更多是被见证的，而非被体验。正因为如此，我把所有意象都置于“神秘戏剧”这个名字之下，更像是隐喻，而非实际的经验。它们肯定不是刻意的隐喻，它们还没有被意识性地以隐晦或幻想的方式用来描述经验。相反，它们以幻象出现。直到我后来再探究它们的时候，我越来越意识到它们不能与其他章节中描绘的经验相比较。这些意象明显描绘的都是人格化的无意识思想，它们遵循意象化的模式，它们也唤出更多的思考和诠释，而非其他的体验，我不能对它们同样使用认知，因为它们是相当简单的经验。另外，“神秘戏剧”的意象人格化的原则接近思维和理智的理解，同样它们隐喻的方式也引起这样一种诠释的尝试。

场景设置是在黑暗的大地深处，很明显隐喻象征的是明亮的意识空间范围或

1　指的是《修改的草稿》中的页数，对应于本书的 155 ~ 163 页。

精神视野范围之下的内在深度。下沉到这样的深度类似于把精神的目光从外在的事物上转移到对内在黑暗深度的注视。目光注视黑暗在很大程度上能够赋予之前黑暗背景生命，因为目光注视黑暗的发生不带有意识的期待，被赋予生命的黑暗背景有机会使自己的内容出现，而不受到意识性假设的干扰。

以前的经验显示意识无法把握呈现出来的强大心理活动。两个人物，一个是老智者，一个是年轻的少女，他们步入到视野范围，出乎意识的意料，神话精神的特征出现在意识的栖息地。这种轮廓是一种意象，经常反复出现在人类精神中。老人象征精神原则，可以被描述为逻各斯，少女象征非精神的原则，即情感，可以称为爱洛斯。逻各斯的一个后人是努斯（Nous），即理智，曾经和情感、预感和感觉混在一起。相反，逻各斯包含这种混合，但它不是这种混合的结果，而是一种较低级的动物性精神活动，但这种混合受它支配，因此四种基本的灵魂活动开始从属于它的原则。这是一种独立的原则形式，意味着理解、洞察、预见、法规和智慧。因此老先知的形象是适合这一原则的隐喻，因为先知的精神在自己身上将所有这些品质结合起来。相反，爱洛斯是一种包含所有基本的灵魂活动混合在一起的原则，同样也支配着这些活动，而爱洛斯的目的却完全不同。它并非给予形式，而是实现形式，它是倒进容器的酒，并非河流的河床或方向，而是奔流其中的水。爱洛斯是欲望、渴望、驱力、活跃、快乐和痛苦。爱洛斯命令和坚持的地方，也是爱洛斯消解和运动的地方。逻各斯和爱洛斯是两种基本的心灵力量，形成一对对立，彼此依赖。

老智者体现的是坚持，而年轻少女意味着运动。他们非个人的本质通过他们是属于一般人类历史的人物体现出来，他们不属于个人，而是世人的精神内容，因为他们是不朽的。每个人都拥有他们，因此这些形象反复出现在思想家和诗人的作品中。

如此原始的意象拥有一种秘密的力量，这种力量对人类的理性和灵魂起到同样的作用。不论他们在哪里出现，他们都能搅动与神秘联系在一起、消失很久和含有大量预感的某些东西。一串声音在每一个人的胸腔中震动回荡，这些原始的意象存在于每个人身上，他们就像所有人类的财产一样。[2] 这种秘密的力量就像

2 荣格在这里使用的是雅各布·布克哈特在描述浮士德和俄狄浦斯的原始意象时所使用的一个隐喻，在《力比多的转化与象征》中引用（1912，《荣格全集 B》，§56n）。

一个咒语、一种魔法，导致上升，同样也导致诱惑。这是原始意象的特征，它们在人全然是人的地方将人抓住，是一种力量将人抓住，好像是慌乱的人群在推着他。即使个体的理解力和情感起来对抗这种力量，这种情况也会发生。个体对抗全部人在他身上的声音的力量是什么？他被侵入、占有和消耗。没有什么比蛇更能产生这种清晰的效果了。它表示一切都很危险，一切都很坏，一切都在夜间发生且怪异，它既和爱洛斯联系在一起，也和逻各斯联系在一起，只要它们能够像黑暗和未识别的无意识精神原则一样起作用。

房子象征一个固定的住所，它表示逻各斯和爱洛斯永远地栖息在我们身上。

以利亚的女儿象征莎乐美，因此体现的是连续的秩序。先知是他的制造者，她源自他。事实上，她像一个女儿一样归属于他，表示爱洛斯从属于逻各斯。尽管这种关系很常见，就像这种原始意象永远表现的那样，但特殊的情况不具备一般的效力。因为如果它们是两种对立的原则，其中一个不能源自另一个，依赖它。因此，莎乐美明显不（完全）是爱洛斯精确的化身，而是同一类的一种（这种假设后来得到证实）。她实际上并不是爱洛斯精确的隐喻，也源于她实际上是失明的，而爱洛斯并未失明，因为他也像逻各斯一样在管理所有灵魂的基本活动。失明象征她的不完整和主要品质的缺失。由于她的缺陷，所以她依赖自己的父亲。

大厅模糊的发光墙指的是某些未识别的东西，或许是某些唤醒好奇心和吸引注意力的重要东西。通过这种方式，创造性的卷入被编织进更深的意象中，因此赋予黑色背景更大的生命力变得可能。这样一种增强的注意力产生物体的意象，向所有的意图和目的表现专注，即水晶的意象，而水晶自古以来都被用来制造这样的幻象。对于注视这些形象的人而言，他们最初是无法理解的，这些形象唤起的是他灵魂中的黑暗历程，在某种程度上，他们的位置甚至更深（就像在血的幻象中），感知他们需要像水晶一样的物体来协助。但如上文所写的一样，这表现的仅是一种更强的创造性注意的专注。

一个像先知一样的形象，本身很清晰又完整，比失明的莎乐美这种出乎意料的形式激发的好奇少，这是为什么人会期待形成的过程最先表现出爱洛斯的问题。因此，夏娃的意象最先出现，伴随着的是树与蛇的意象。这明显指的是诱惑，已经完全包括在莎乐美的形象中。诱惑带来向爱洛斯一侧的进一步运动，这反过来又预示着诸多冒险的可能性，而对于这一步，奥德修斯的冒险是最合适的意象。这个意象激发并带来冒险，就像为新的机遇打开一道门，使目光摆脱黑暗的幽闭和深度，而目光在这里很快就会被抓住。因此，幻象朝阳光花园开放，花园中开着红花的树象征爱欲情感的发展，花园中的井象征稳定的来源。井里的冷水并不使人陶醉，象征逻各斯。(因此莎乐美后来也讲先知的深“井”。) 这表示爱欲的发展也是知识的来源，就像以利亚开始讲的一样。

在我这里，逻各斯毫无疑问更高一筹，因为以利亚说他和他的女儿总是合一的。但逻各斯和爱洛斯并未合一，而是两个。但在这种情况中，逻各斯已经使爱洛斯失明，并将其征服。但如果情况就是这样，那么使爱洛斯摆脱逻各斯的控制也开始变得很有必要，因此爱洛斯将重新获得视力。所以莎乐美转向我，因为爱洛斯需要帮助，也正是因为这个原因，我明显能够注视这个意象。男人的灵魂更倾向于是逻各斯而非爱洛斯，而爱洛斯更具女人的本质特征。通过逻各斯征服爱洛斯不仅能够解释爱洛斯的失明，也能解释某些奇怪的事实，即爱洛斯正是由莎乐美这个不那么令人愉快的形象代表。莎乐美品性恶劣，她不仅是谋杀圣人的凶手，还与父亲乱伦。

原则始终有独立的尊严。但如果失去尊严，它将失去基础，那么就会具有坏的形式。我们知道因压抑而停滞的心灵活动和不再发展品质的发展都会退化，从而变成恶习。公开或秘密的恶习将合法的活动取代，带来人格自身的不统一，意味着道德的痛苦和真实的疾病。只有一条道路还在对任何一个想使自己摆脱这种痛苦的人开放：他必须接受自己灵魂中被压抑的部分，他必须爱自己的劣势，甚至是自己的恶习，这样堕落的内容才能重新得到发展。

无论逻各斯统治什么地方，都会有秩序，但非常持久。天堂的隐喻是那里没有斗争，因此没有发展适合那里。在这种情况下，被压抑的活动便会退化，失去自己的价值。这是对圣人的谋杀，谋杀之所以会发生，是因为逻各斯，像希律王一样，因为自己的弱点，不能保护圣人，因为他唯一能做的就是保住自己，从而导致爱洛斯的堕落，只有违抗统治原则才能够走出这种没有得到发展的坚持状态。天堂的故事不断重复，因此蛇缠在树上，因为亚当应当受到诱惑。

每一种发展都会带来未发展，但都能够得到发展，在未发展的状态下，发展几乎毫无价值，而发展毫无疑问代表一种最高的价值。人必须抛弃这种价值，或至少能够明显地放下它，才能够照顾到未发展。但这与发展的形成鲜明的对立，发展的或许代表的是最好和最高的成就，因此接受未发展就像罪，像错误的一步，像堕落，像沉入到更深的水平，而事实上，这是比以牺牲我们存在的另一面为代价停留在一个有序状态下的更大行动，因此会受堕落的支配。

103 ~119 页[3]

行动的场景和第一个意象发生地相同。火山口的典故加强抵达地球深处内部的巨洞的感觉，这个深度并不活跃，但会猛烈地喷出各种物质。

因为爱洛斯最初带来最严肃的问题，莎乐美进入场景中，盲目地向左侧摸索。在这样的幻觉意象中，即使最微不足道的细节都举足轻重。左是不吉利的一侧，这意味着爱洛斯不倾向于朝右走，即意识的一侧，意识的意志和意识的选择，而是走向心脏的一侧，这里比较不受意识意志的控制。蛇总是朝一个方向运动的事实凸显向左侧的运动。蛇象征魔法的力量，也出现在我们身上的动物驱力被不知不觉地激起的时候。他们经得住爱洛斯的运动，这种怪异的强调像魔法一样作用到我们身上。魔法的效果是着魔和借助动物本质的本能冲动对我们思想和情感的强调。

朝左的运动是盲目的，也就是说没有目的和意图。因此，它需要引导，但不是受意识的意图而是受逻各斯的引导。以利亚唤回莎乐美，她的失明是一种痛苦，需要得到治愈。进一步的审视至少能够部分消除对她的偏见。她似乎很无辜，或许她的坏应该归因于她的失明。

逻各斯通过唤回莎乐美确定自己的力量已经超越爱洛斯。蛇也顺从逻各斯，它依赖逻各斯和爱洛斯是为了强调这个意象的力量和重要性。这种魔法的自然结果，逻各斯和爱洛斯相结合产生的强有力观点是强烈地感受到自我的渺小和不重要，而通过孩子气的感觉寻求表达。

似乎在没有逻各斯干预的情况下，跟随盲目的爱洛斯向左运动是不可能的，

3 对应于本书的 164 ~ 172 页。

或会被有效地制止。从逻各斯的角度上看，盲目地跟着运动是一种罪，因为它是片面的，违反人必须永远争取达到意识的最高水平的法则，因为他的人性在这里，否则他与动物无异。基督也说过："如果你知道自己在做什么，你便受到祝福；如果你不知道自己在做什么，你会受到诅咒。"[4]只有意识被当作一种概念存在，向左的运动才有可能和被允许。没有逻各斯的介入，就没有可能形成这样的概念。

发展出这样一个概念的第一步是意识到运动的目的或意图，因此以利亚问我的意图，而他必须承认他的盲目，也就是说他对意图的无知。只有得到认可的事情才是渴望、希望，解开第一个意象造成的混乱。

这样的意识化在莎乐美的心中搅起一种模糊的快感。这是可以理解的，因为意识意味着洞察，也就是治愈她的失明。因此必须迈出走向治愈爱洛斯的一步。

最初，自我仍然处于劣势，因为它的无知阻止它进一步调查问题的发展。它也不知道去哪个方向，它从来没有把目光投到心灵深处的深度，而只看到眼睛看到的和只认识到意识的力量，把意识世界视为有效的力量，有意无意地否认内在的冲动。面对自己的深度，这样的自我只能感到沮丧。它在意识上界的信念已经如此坚定，以至于下降到原我的深度，就像罪疚，意识理想的背叛一样。

但因为它解开混乱的欲望比对自己自卑的厌恶还要人，因此自我把自己教给逻各斯的引导。因为没有什么进入视野来回答出现的问题，更深的深度必须被很明显地打开。反过来也需要水晶的帮助，也就是说，借助期待性注意力最大的专注。出现在水晶中的第一个意象是神的母亲带着孩子。

很明显，这个意象与第一个幻象中的夏娃相关，又相反。就像夏娃象征肉体的诱惑和肉体的母亲一样，神的母亲象征肉体的童贞和精神的母亲。爱洛斯首先朝肉体运动，后来朝精神运动。夏娃是肉体一侧的表现，而玛利亚表现的是爱洛斯的精神一面。只要我仅看到夏娃，它就是失明的。但意识的唤起带来爱洛斯的

4 这一句是《路加福音》6章4节的杜撰插入的部分，来自《伯撒抄本》，"人，如果你真的知道自己在做什么，你会快乐；如果你不知道，你会被诅咒，违反律法"。J. K. 艾略特编，《伪新约》，68页。荣格在1952年的《答约伯书》中引用（《荣格全集第11卷》，§696）。

精神视野。在第一种情况中，自我变成冒险旅程中的奥德修斯，最终的结局是变老的男人回到母亲般的女性潘妮洛普身边。

在接下来的情况中，自我被描绘成彼得，他是被拣选的石头，教堂建在它上面。钥匙作为捆绑和松开力量的象征，支撑这种思想，把人带到教皇的意象中，而教皇是神在地上带着三重冠的统治者。

毫无疑问，自我开始卷入到朝向精神力量的运动中，运动的片面性证明了这一点。夏娃的幻象误入歧途，进入奥德赛的冒险，来到赛斯和卡里布索这里。但神之母的幻象使欲望脱离肉体，将其带向卑微的精神崇拜。爱洛斯在肉体内受谬误的控制，但在精神中，它却上升到肉体和肉体谬误的劣势之上。因此，它几乎是不知不觉地变成精神，肉体之上的力量伪装成爱，因此精神的力量甩掉爱的覆盖，尽管前者相信它爱着精神，而实际上它在统治着肉体。它越有力量，它爱得就越少。它越不爱精神，它就越有肉体的力量。由于它的力量在肉体之上，因此，精神的爱以精神的伪装变成一种世俗的力量驱力。

基督通过承受痛苦征服世界，但佛祖通过舍弃快乐和痛苦征服世上的快乐与痛苦，因此佛祖进入空无，这是一种不归的状态。佛祖甚至是一种更高的精神力量，不通过控制肉体获得快乐，因为他已经超越快乐和痛苦。至于基督，仍需要为征服激情做更多的努力，要不停地做，甚至更大的努力，而佛祖已经远离像熊熊大火一样将他包围着的激情。佛祖既不会受到影响，也不会被火碰到。

但如果活跃的自我走向这种状态，尽管它不会因此死去，而它的激情会离开它。或者我们不是自己的激情吗？如果激情离开自我，会有什么发生？自我是意识，眼睛只在前方，永远看不到身后有什么，但身后就是激情在前方征服之后重新集结的地方。没有理性之眼的引导，没有仁慈的缓和，大火将变成具有毁灭性和嗜血的迦梨，她从内部将人类的生命吞噬，就像她的祭祀咒语中所说："啊，迦梨，我们拜倒在你的面前，你是可怕的三眼女神，你的脖子上挂着用人骨制成的项链。愿你得到血的荣耀！"莎乐美肯定对这样的结局很绝望，这种结果有可能把爱洛斯变成精神，因为爱洛斯不能离开肉体而存在。在对抗肉体的劣势时，自我对抗的是女性的灵魂，她象征力图压制意识和对抗精神的一切事物。因此，自我从对体现自己冲突的形象对自己的注视中返回。

逻各斯和爱洛斯再次结合，好像他们已经征服精神和肉体之间的冲突。他们似乎知道解决之道。朝左的运动在意象的初始阶段是从爱洛斯开始，而现在从逻各斯开始。他开始向左移动，包括最初是失明的而现在有视力的双眼。这个运动最初进入到更大的黑暗中，接着这里仍然在某种程度上被红光照亮，红色指的是爱洛斯。自我不能发出明亮的光，但爱洛斯至少提供了一次认识某些东西的机会，甚至或许仅仅通过引入一种情境，而人在这种情境中能够认识到某些东西，如果逻各斯能够协助他的话。

以利亚斜靠在大理石的狮子上。狮子是皇家动物，象征力量，石头象征无法动摇的牢固，因此表现出逻各斯的力量和牢固。意识再次最先出现，尽管现在它在更深的深度中，而且周围环境也已经更新。自我在这里体验到自己的渺小，因为它离自己所知道的世界（它在这里意识到的是自己的价值和意义）更远了。因此它很明显被严重不属于自己的东西淹没，完全避开它自己的方向。以利亚获得对发展中的意识的控制。

如水晶幻象显示的那样，需要传达给意识的想法就是精神力量的想法，也就是说，自我被诱惑去冒充先知。但当这种想法遇到这样一种阻抗的情感时，它自己无法再坚持与意识对抗，因此它依然躲在幕后。但由于自我不能盲目地跟随爱洛斯，因此它至少要用精神的力量交换这种损失，根据观察，这种情况在人类的生命中很常见！这样一种巨大的损失几乎是不可避免的，就像爱洛斯，迫使人至少在力量的范围内找到一个替代品。这种情况以如此怪异且狡猾的方式发生，以至于我几乎不能够注意到这个诡计。这就解释了为什么作为规则的自我却不能享用自己的权利，因为它没拥有权利，但它被权利魔鬼拥有。在这种情况下，对于自我而言，已经很容易理解以利亚将这样一种活生生的现实强加到他自己身上，并把以利亚这样的形象视为自己的一个重要人格。但意识已经预知到这种欺骗。

鲜活形象的出现不应该被视为是个人的，即使个人很明显倾向于要为他们的出现负责。而在现实中，这样的形象仅像我们的手和脚一样属于我们人格中较小的一部分，而仅仅手和脚的出现并不是人格的特征。如果任何与它们有关的东西是特征，也仅仅是它们个体的特征。因此自我的特征是老人和少女被称作以利亚和莎乐美，他们也可以被称作西门・马格斯和海伦，但重要的是他们都是圣经中的人物。接下来会得到证明，这是属于此刻心灵混乱的特点之一。

对精神力量的诱惑思想的意识把爱洛斯的问题再次转移到突出的位置上，再次出现一种新的形式：夏娃代表的可能性和玛利亚的象征都被排除。因此还留下第三种可能，也就是亲子的关系，其能够避免肉体和精神的两种极端：以利亚是父亲，莎乐美是妹妹，自我是儿子和哥哥。这种解决方式类似于神在基督教儿童期的概念，莎乐美像玛利亚一样以一种可怕的诱惑方式弥补仍旧缺失的母亲，这对自我造成类似的效果。基督教的解决方式有某些不可否认的疏通效果，因为它似乎是完全有可能的。我们每个人身上都有一个孩子，在老年人身上，这个孩子甚至是唯一仍具有活力的内容。人可以随时求助于这个孩子一样的内容，因为它有取之不尽的饱满精神和忠实。一切事物，甚至是不吉利的事物，都能够通过重新变成像孩子一样而变得无害。最重要的是，我们在日常生活中这么做就足够了。我们甚至设法通过把自我带回到像孩子一样来驯化激情，或许激情的火焰更常在孩子般的哀叹中熄灭，因此这样就会很有前途，像孩子一样似乎是一剂令人满意的药，尤其包括我们基督教的教育带给我们的深远影响，基督教的教育通过千百首圣歌和赞美诗已经将孩子的概念灌输到我们心中。

因此，莎乐美认为玛利亚是他们母亲的说法必然表现得更具破坏性。因为这使得孩子般的解决之道得不到发展，却立即引发另一个想法：如果玛利亚是母亲，那自我不可避免地就是基督。孩子般的解决之道会消除所有疑虑：莎乐美将不再产生威胁，因为她只是一个小妹妹。以利亚将会是慈爱的父亲，他的智慧和洞察会用孩子般的信任将自我留到自己的策略那里。

但这是由孩子构成的解决之道造成的不幸缺陷：每个孩子都渴望成长。成为一个孩子关系到燃烧的欲望和对未来长大成人的急不可耐。如果我们因为害怕爱洛斯的危险而回到孩子的状态，那么孩子将会想要朝精神力量的方向发展。但如果我们因为害怕精神的危险而逃回到儿童期，那么我们会被爱洛斯的力量霸占。

精神的儿童期状态构成一种过渡，并不是每个人都能停留在这里。在这种情况下，爱洛斯向自我显示不可能成为一个孩子是理所当然的。可能会有人认为抛弃儿童期的状态并不是那么可怕，但只有那些无法理解这种抛弃所带来的后果的人才会这么想。这并不是古老的基督教观点的损失和它们确保的宗教可能性（许多人很容易就能承受这种损失），反而被抛弃的东西指的是更深远的态度，远远超越基督教的世界观，为个体的生命和思想提供一个可靠和经得住考验的方向。

即使一个人已经远离基督教的宗教修炼很长时间，而且长期不对这种损失后悔，但他继续直觉地行事，似乎原始的观点依然还在正当地存在着。人们不认为一个被抛弃的世界观应该被一种新的世界观取代，特别是有人不清楚抛弃基督教的世界观会侵蚀当代的道德感这个事实。抛弃儿童期就意味着不再对迄今为止有效的道德观有情绪的或习惯的依赖，而迄今为止有效的道德观就来自基督教世界观的精神。

例如，纵然有完全自由的思维，但我们对爱洛斯的态度还停留在旧基督教的观点中。我们现在不再能够毫无疑问和疑惑地平静等待我们的时代，否则我们将停留在儿童期的状态。如果我们仅仅拒绝教条化的观点，那么我们从固定观点中的解放只会在理智层面，而我们更深的情感将继续走在旧的道路上。但是大多数人都没有意识到这如何使他们与自己不和，但后代们会不断意识到这一点。但那些注意到这一点的人会带着恐惧认识到，抛弃重新开始的儿童期会将他们驱逐出我们当下的时代，他们不能再遵循任何传统的方式。他们进入未知的领域，这里没有道路，没有边界。他们没有任何方向，因为他们已经抛弃所有确立的方向。但只有很少的人才能认识到这一点，因为大部分人都半途而废，并通过他们愚昧的精神状态保持泰然自若。但不紧不慢并不符合每一个人的口味，有些人宁愿自暴自弃，也不愿意依附一种世界观，完全将他们习惯行为的旧道路抛弃。他们宁愿冒着死亡的危险进入没有道路的黑暗土地上，即使这会激发他们所有的胆怯。

当莎乐美说玛利亚是他们的母亲时，这就意味着自我是基督，简单地说，意味着自我已经离开基督教的儿童期，而且取代了基督。当然，没有什么比因此假设自我极度重要更加荒谬了，与之相反，自我处于绝对的劣势地位。以前，自我还有优势，因为它是聚集在一个强大形象之后的人群的一部分，但这现在已经与孤独和落寞对调，将自己异化，像耶稣一样孤独地生活在自己的世界中，没有任何伟人的优秀特征。与世界格格不入需要伟大支撑，但自我体验到的都是荒谬可笑的贫乏。这就解释了莎乐美透露的情况是多么可怕。

无论谁超越基督教的世界观，但却没有明确地做到，都将落入一个虚伪的深渊，一种极度的孤独，缺乏任何隐藏事实的方式。当然，人想要说服自己这并不是那么糟糕，但它的确很糟糕。抛弃与最糟糕的事情有关，能够发生在人的群集本能上，更不用说我们背在身上的令人退缩的任务了。摧毁很容易，但重建很难。

因此，意象以忧郁的感觉结束，但它与被蛇包围着的高高但静静地燃烧的火焰相对立。这种观点表示奉献和蛇代表的魔法冲动成对出现，因此便出现一个与疑惑和恐惧的不安感相对的有效对应部分，就像有人在说："是的，你的自我充满不安和怀疑，但持续奉献的火焰在你心中燃烧得更加猛烈，你命运的冲动变得更加强大。"

127 ~150 页[5]

第二个意象的深远预感使自我陷入怀疑的混乱中。因此一种可以理解的欲望出现，超越困惑，获得更大的明晰，就像悬垂的山脊意象所表现的一样。逻各斯似乎在引路。接下来出现的是两组对立的意象，通过两条蛇和白昼与黑夜的分离表现出来。光亮象征善，而黑暗象征恶。像不可抗拒的力量一样，二者都呈现出蛇的形象。谎言在这里隐藏一种想法，即接下来会有巨大的重要性：不论谁遇到黑色的蛇，都会像遇到白色的蛇一样感到惊讶。颜色并未驱散恐惧，这里暗示的是或许二者同样危险，迷惑人的力量同时存在于善与恶中。从本质上讲，善应该被视为一种并不比恶危险的原则。在任何情况下，自我决定靠近白蛇就像在接近黑蛇一样，即使它相信它能够或必须用尽一切办法更多地把自己托付给善，而非恶。但自我扎根于中点，并被固定在这里，观察两种原则在自己内部的争斗。

自我仍停留在中间的位置上的事实意味着恶的进步，因为绝不无条件地向善投降会伤害到它。这种情况通过黑蛇的攻击表现出来。但自我没有参与到邪恶中的事实构成善的胜利。这种情况通过黑蛇长出白色的头表现出来。

蛇的消失表示善与恶的对立已经变得无效，也就是说，至少它已经失去当前的意义。对于自我而言，这意味着从迄今为止恒久不变的道德观点的无条件力量中释放出来，喜欢从对立的两极中解放出来的中间位置。但明晰和清晰的观点都没得到，因此会持续上升到最终的高点，这或许会产生渴望已久的世界观。

5 指的是 173 ~ 184 页。

附录C

以下内容是节选自《黑书5》的开篇部分，163 ~ 178 页，它是“普天大系”宇宙学的初始草图。

1916 年1 月16 日

神的力量是可怕的。

“你甚至应该更多地体验它。你在人生的第二个时代，第一个时代已经被征服。这是儿子的统治时代，你称他为青蛙神。第三个时代将紧随其后，这是分配和和谐力量的时期。”

我的灵魂，你去哪里了？你到动物那里去了吗？

我将上和下绑在一起，我将神和动物绑在一起，我身上一部分是动物，另一部分是神，第三部分是人。蛇在下，人在中，神在上。蛇之外是菲勒斯，接着是地球，然后是月亮，最后是冰冷空洞的外在空间。

上方是鸽子或天空的灵魂，爱和先觉在这里结合，就像有毒和敏锐在蛇身上结合一样。敏锐是魔鬼的理解力，它总能探测到更小的东西，在你不会怀疑的地方找到蛛丝马迹。

如果我没有通过结合上下结合自己，我会分裂成三个部分：蛇——自我以这个或其他动物的形式漫无目的地行走，魔鬼般地生活在自然中，激发恐惧和渴望；人类的灵魂——永远活在你里面；天空的灵魂——与诸神居住在一起，远离你，你对其一无所知，以鸟的形式出现。三个部分相互独立。

在我之外是天空之母，与其对应的部分是菲勒斯，而菲勒斯的母亲是大地，它的目标是成为天上的母亲。

天空之母是天界的女儿，与其对应的部分是大地。

天空之母被精神的太阳照亮，与其相对应的部分是月亮。就像月亮是通往死亡空间的十字路口一样，精神的太阳是通往普累若麻的十字路口，而普累若麻是充满的上界。月亮是神空洞的眼睛，就像太阳是神充满的眼睛一样。你看到的月亮是象征，就像你看到的太阳一样。也就是说，太阳和月亮是它们自己的象征，都是神。还存在其他的神，他们的象征是行星。

天空之母是诸神秩序中的魔鬼，居住在天界。

诸神是讨人喜欢的和不讨人喜欢的，非个人的，恒星的灵魂，影响力，驱力，灵魂的祖父，天界的统治者，无论是在空间中，还是在力量中。他们既不危险也不友好，尽管很强大，但是很谦逊，是普累若麻和永恒空洞的澄清，是永恒品质的轮廓。

他们不计其数，带来一种超级基础，自身包含所有品质，自身又一无所有，一无所有和拥有一切，人的完全消解，死亡和永恒的生命。

人通过个体化原则变化，他追求绝对的个体性，通过的是他一直不断集中在普累若麻的绝对消解之上。通过这个过程，他使普累若麻达到包含最大的张力和本身是闪耀的恒星这一点，无限的小，就像普累若麻是无限的大一样。普累若麻变得越集中，个体的恒星就变得越强大。它被闪光的云包围着，一颗沉重的星体正在形成，就像一颗小型的太阳。它喷出火焰，因此它被称为：εγω[ειμι] συμπλανοζυμιν。[1]就像太阳一样，也是这样的一颗恒星，是一位神和灵魂的祖

1 “我是一颗星，和你一起游荡”——出自密特拉宗教仪式（阿尔布雷希特·迪特里希，《密特拉密教仪式》[莱比锡：B. G. 托依布纳出版社，1903]，8页，5行）。荣格将这一句的内容刻在波林根家里的石头上。

父，个体的恒星也像太阳，是一个神和灵魂的祖父。他有时是可以看得见，就像我对他的描述一样。他的光是蓝色的，就像一颗遥远的恒星。他在遥远的太空，冰冷又孤独，因为他超越死亡。为了获得个体性，我们需要更大的死亡。因此他被称为 ει εοι εστε，[2] 因为就像统治地球的人不计其数一样，恒星和统治天界的神也不计其数。

可以肯定的是，这个神是一个免于经历人类死亡的神。对他而言，孤独便是天堂，他上天堂；对他而言，孤独是地狱，他下地狱。任何不遵循个体化原则的人最终都不能成为神，因为他不能忍受个体性。

围攻我们的死者就是那些没有完成个体化原则的灵魂，或他们已经变成遥远的恒星。只要我们没有完成它，死者就会指责我们，围攻我们，我们无法逃脱他们。[图][3]

青蛙或蟾蜍之神，没有大脑，是基督教的神与撒旦的结合。他的本质像火焰，他像爱洛斯，但是一个神，而爱洛斯只是一个魔鬼。

唯一的神，对他的崇拜已经到来，他处在中间。

你只能崇拜唯一的神，其他的神都不重要。阿布拉克萨斯让人害怕，因此将他与我分离是一种释放，你不必去寻找他，他自然会找到你，就像爱洛斯一样。他是宇宙之神，极度强大和令人恐惧。他是创造性的驱力，他是形式和形态，就像物质和驱力一样，因此他在所有的光和黑暗的神之上。他把灵魂拉走，并把他们投到生育过程中。他是创造性也是被创造的。他是神，一直使自己重生，周期是几天、几个月、几年、人的一生、几个世纪、人类的过程、生命的过程和天体的过程。他会强迫，毫不留情。如果你崇拜他，你便增加他在你身上的力量。因此他变得难以忍受，把他清除掉会给你带来可怕的麻烦。你越摆脱他，你就越接近死亡，因为他是宇宙的生命，但他也是宇宙的死亡。因此你再次被他降服，不是在生命中，而是在死亡时。所以牢记着他吧，不要崇拜他，但不要想象你可以逃离他，因为他一直在你身边。你必须在生命的中间，被死亡完全包围。伸展四

2 “你是神。”出自《约翰福音》10 章 33 ~ 34 节。犹太人对他说：“我们不是因为善事用石头打你，而是因为你说了僭妄的话；又因为你是个人，竟然把自己当作神。”耶稣说：“你们的律法上不是写着‘我说你们是神’吗？”

3 普天大系草图，见附录 A，563 页。

肢，就像被钉在十字架上一样，你被吊死在他身上，很可怕，难以忍受。

但你拥有唯一的神，他极其美丽和友善，孤独，星星一般，一动不动，他比父亲还要聪明老练，他很可靠，把你带到可怕的阿布拉克萨斯所有的黑暗和死亡恐惧中。他给你快乐与和平，因为他已经超越死亡，超越屈服于改变的一切。他不是阿布拉克萨斯的仆人和朋友，他自己就是一个阿布拉克萨斯，但不在你那里，而是在他自己身上和他遥远的世界里，因为你自己就是一个神，生活在遥远的地方，在自己的年代和创造还有人类中自我重生，对他们的强大就像阿布拉克萨斯之于你一样。

你自己就是创造者和被创造出的存在。

你有唯一的神，你在不计其数的神中变成自己唯一的神。

作为一个神，你是自己世界里伟大的阿布拉克萨斯。但作为一个人，你是神的心脏，以伟大的阿布拉克萨斯的形式出现在他的世界中，他很可怕，很强大，是疯狂的供体，他分配生命之水，生命之树的精神，魔鬼的血液，死亡使者。

你是自己唯一恒星神的痛苦的心脏，而这个神是他自己世界的阿布拉克萨斯。

因此由于你是自己的神的心脏，你渴望他，爱着他，为他而活。你害怕阿布拉克萨斯，因为他是人类世界的统治者。接受他强迫你做的事情，因为他是这个世界上的生命主宰，没有人能够逃脱他。如果你不接受，他将把你折磨致死，你的神的心脏也将受到折磨，就像基督唯一的神在去世的时候遭受的巨大痛苦一样。

人类的痛苦没有终点，因为它的生命没有终点。因为没有终点，所以没有人可以看到终点。如果人类已经到达终点，那么也没有人认为这是终点，也没有人说人类有终点。因此人类没有终点，但对于诸神而言，这就是终点。

基督之死没有带走这个世界的痛苦，他的生命已经教会我们很多东西，也就是说，如果个体能够对抗阿布拉克萨斯的力量，活出自己的生命，它就会令唯一的神感到高兴。那么唯一的神便把自己从地球上的痛苦转移到他的爱洛斯使他陷入的地方，因为当唯一的神看到地球的时候，他便试图使它生育，而忘记世界已经被交给他，他就是这个世界里的阿布拉克萨斯。所以唯一的神变成了人，因此他反过来把人拉升到他那里，进入他，从而唯一的神再次变得完整。

但人在摆脱阿布拉克萨斯的力量之后并不是撤离阿布拉克萨斯的力量，没有人能脱离它，只能受它支配。即使基督已经使自己受阿布拉克萨斯力量的支配，但阿布拉克萨斯却用一种可怕的方式将他杀掉。

你只能借助活出生命使自己摆脱它，因此要把它活到有助于你的水平。即使你活到这种水平，你也会受阿布拉克萨斯的力量和他可怕的欺骗支配。但到相同的水平上，你身上的恒星之神获得渴望和力量，在这种情况下，欺骗的恶果和人类的失望都会落到他身上。痛苦和失望冰冷地充满阿布拉克萨斯的世界，所有你生命的温暖都缓慢地下沉到你灵魂的深度中，到人的中点，在这里，你唯一的神的蓝色星光在远处微弱地闪烁。

如果你逃离阿布拉克萨斯的恐惧，你便逃离痛苦和失望，你依然很害怕，也就是说，出于无意识的爱，你抓住阿布拉克萨斯不放，而你唯一的神却得不到火。但你能通过痛苦和失望拯救自己，因为你的渴望会自然地落下，就像成熟的果实落到深度中一样，顺着重力的方向，朝向中点前进，恒星之神的蓝光在这里升起。

因此，不要逃离阿布拉克萨斯，不要寻找他。你能感受到他的强迫，但不要抗拒他，这样才能够活下去，赎回自己。

阿布拉克萨斯的工作需要完成，因为考虑到你在自己的世界里就是阿布拉克萨斯，并强迫你的生物完成你的工作。在这里，你是受阿布拉克萨斯控制的生物，因此你必须学会完成生命的工作。在那里，你是阿布拉克萨斯，你会到处强迫自己统治的万物。

你问，为什么都是这样？我明白它对你来说是可疑的。这个世界是可疑的。这是神无尽的无限愚蠢，而你知道的却是无尽的智慧。当然，它也是一种犯罪，难以饶恕的罪，因此也是最高的爱和美德。

因此要活出生命，不要逃离阿布拉克萨斯，尽管他强迫你，而你能够认识到他的必要性。从某种意义上我要说：不要害怕他，不要爱他。从另外一种意义上我要说：要害怕他，要爱他。他是地球的生命，这足够说明一切了。

你需要认识到神的多样性。你不能将一切结合成一个存在，如果你不是具有人的多样性的一个人，那么唯一的神也不是具有神的多样性的一个神。唯一的神是善良的、有爱的、引导性的和治愈性的。对他而言，你所有的爱和崇拜都是应该的。对他而言，你要祷告，你与他合一，他离你很近，比你的灵魂离你还近。

我作为你的灵魂，是你的母亲，体贴却又可怕地包围着你，我滋养你，也使你堕落，我为你准备好东西和毒药。我是你和阿布拉克萨斯的调停者。我教你艺术，保护你摆脱阿布拉克萨斯。我站在你和无所不包的阿布拉克萨斯之间。我是你的身体，你的阴影，你在这个世界上的效力，你在神的世界中的表现，你的光辉，你的呼吸，你的气味，你的魔法力量。如果你想与人生活在一起，你应该呼唤我，但如果你想上升到人类世界之上，与恒星的神圣和永恒的孤独生活在一起，你应该呼唤唯一的神。